高职高专土建类专业“十四五”规划教材

建筑力学与结构

主编　杨文选

郑州大学出版社

图书在版编目(CIP)数据

建筑力学与结构 / 杨文选主编. — 郑州 ：郑州大学出版社，2021. 5
ISBN 978-7-5645-5520-7

Ⅰ. ①建… Ⅱ. ①杨… Ⅲ. ①建筑科学－力学－高等学校－教材②建筑结构－高等学校－教材 Ⅳ. ①TU3

中国版本图书馆 CIP 数据核字(2021)第 052103 号

建筑力学与结构
JIANZHU LIXUE YU JIEGOU

策划编辑	祁小冬	封面设计	苏永生
责任编辑	崔　勇	版式设计	凌　青
责任校对	杨飞飞	责任监制	凌　青　李瑞卿

出版发行	郑州大学出版社有限公司	地　　址	郑州市大学路 40 号(450052)
出 版 人	孙保营	网　　址	http://www.zzup.cn
经　　销	全国新华书店	发行电话	0371-66966070
印　　刷	郑州宁昌印务有限公司		
开　　本	787 mm×1 092 mm　1 / 16		
印　　张	24.25	字　　数	574 千字
版　　次	2021 年 5 月第 1 版	印　　次	2021 年 5 月第 1 次印刷

书　　号	ISBN 978-7-5645-5520-7	定　　价	59.00 元

本书作者

主　编　杨文选

副主编　谢颖川　张彩香　赵立菊

编　委　段亚弟　王　静　王　焱

魏子阳

前言

本书是土木工程类专业的专业基础课程，根据建设行业对岗位职业能力的需求，结合高职高专教育教学的特点，紧紧围绕技术技能型人才的培养目标，将建筑力学和建筑结构两门课程整合而成，编写力求突出实用性，强化对学生基本应用能力的训练，同时兼顾可持续发展能力的培养。通过学习，学生应能正确识读结构施工图，并能分析、解决工程实际中的一些问题。

本书编写突出以下三个特点：①力学部分是解决结构问题的基础。因此力学部分编写追求实用性，着重力学基本知识的编写，注重受力分析和基本计算，强调解决两个问题：一是为在施工现场处理各种受力问题提供必要的力学知识，二是为解决工程实际中的结构问题提供必要的理论基础。②结构部分充分体现为施工服务的意识。着重从施工应用的角度把握建筑结构课程的改革方向，主要弄清基本构件的计算及应用，淡化公式推导，突出结构及构件的构造要求和现行结构类规范的学习及应用。③体现实用性、应用性要求，对基本构件以定量为主，对整体结构以定性为主；对结构构件以常用为主，点面结合。同时强化实践性教学环节，每个模块都附有基本知识和技能训练项目。

本教材由河南工业和信息化职业学院杨文选任主编，谢颖川、张彩香、赵立菊任副主编。具体编写分工如下：绪论、模块 9、模块 10 由杨文选编写；模块 1、模块 2 由河南工业职业技术学院谢颖川编写；模块 3、模块 7 由漯河职业技术学院张彩香编写；模块 4 由信阳职业技术学院赵立菊编写；模块 5、模块 12 由河南工业职业技术学院王焱编写；模块 6 由河南工业和信息化职业学院王静编写；模块 8、模块 11 由漯河职业技术学院段亚弟编写；模块 13 由河南工业和信息化职业学院魏子阳编写。

本书编写过程中，得到了编者所在学校、郑州大学出版社有关领导及编辑的大力支持，同时参阅并借鉴了许多同类教材的相关内容，在此一并表示衷心的感谢！

由于编者水平有限，书中不妥之处恳望读者批评指正。

编者

2020 年 10 月

前言

编者

目录

绪　论

0.1　建筑力学与结构的研究对象

各种建筑物和构筑物在建造和使用过程中，都要受到各种力的作用，如建筑物自重、人及设备自重、风、雪、地震等的影响，这些力如何作用在建筑物上，会对建筑物产生怎样的影响，能不能保证建筑物的安全使用？这些问题都要依靠建筑力学与结构来解决。

建筑力学与结构的研究对象是建筑结构及构件，主要解决建筑物的安全与使用问题。

所谓建筑结构是指由梁、板、柱、墙、基础等构件相互联系、相互支承而形成的建筑骨架，它能承受和传递各种力的作用，简称结构（图 0-1）。

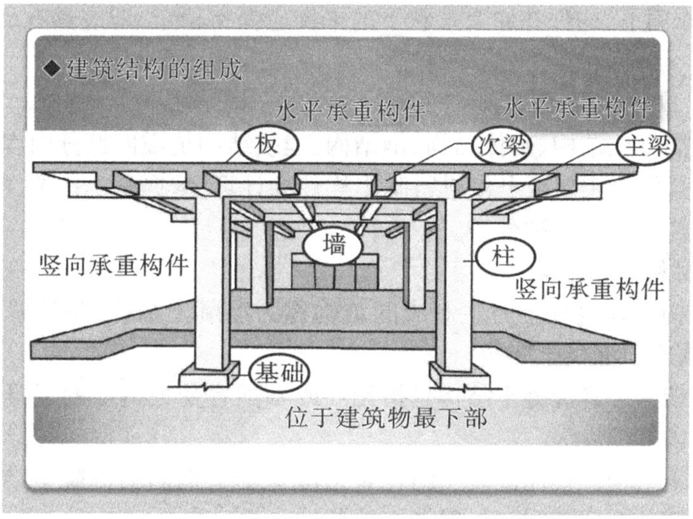

图 0-1　建筑结构组成

所谓构件是指组成建筑结构的一系列水平构件（如梁、板等）、竖向构件（如柱、墙等）和基础等。

建筑结构按照几何特征不同，可分为三类。

(1)杆系结构　长度方向尺寸远大于横截面上两个方向尺寸的构件称为杆件,由若干杆件通过适当方式相互连接而组成的结构体系称为杆系结构,如刚架、桁架等。

(2)板壳结构　板壳结构也称为薄壁结构,是指厚度远小于其他两个方向上尺寸的结构,其中表面为平面形状者称为板,曲面形状者称为壳。

(3)实体结构　实体结构是指长、宽、高三个方向尺寸相仿的结构,如重力式挡土墙、水坝、建筑物基础等。

为保证结构和构件的安全使用,我们必须要对不同类型的构件进行受力情况分析,建筑力学就为我们提供了分析的理论基础。有了这个基础,就为我们设计建造不同类型的结构打开了希望之门,建筑结构是研究结构及构件的材料、计算与构造的一门应用科学。

0.2　建筑力学与结构课程的内容和任务

0.2.1　建筑力学的内容和任务

建筑力学主要研究的是杆系结构。主要学习静力学的基本概念,物体的受力分析,平面力系的平衡问题,结构的组成规则,静定、超静定结构的内力、应力分析。主要任务是掌握必要的力学概念,熟练进行简单静定结构的力学分析,了解内力及应力分布特点,保证构件在各种力的作用下,满足以下三个要求:

(1)在外力作用下,不发生破坏,即应具有足够的强度。

(2)在外力作用下,构件所产生的变形在工程允许范围内,即应具有足够的刚度。

(3)在外力作用下,构件在原有形状下的平衡应保持稳定,即应具有足够的稳定性。

0.2.2　建筑结构的内容和任务

建筑结构由混凝土结构、砌体结构、钢结构、建筑结构抗震四部分内容组成,是一门综合性很强的应用科学。主要任务是进行基本构件的计算,掌握基本构造,能正确识读结构施工图。建筑结构有以下两种分类。

(1)按所用材料不同分类

1)混凝土结构　以混凝土为主制成的结构称为混凝土结构,包括素混凝土结构、钢筋混凝土结构、预应力混凝土结构。

①素混凝土结构　素混凝土结构是指无筋或不配置受力钢筋的混凝土结构,主要用作基础垫层或室内外地坪等。

②钢筋混凝土结构　钢筋混凝土结构是指配置受力钢筋的混凝土结构。试验表明,钢筋和混凝土这两种性质不同的材料能有效地结合在一起共同工作。其原因如下:首先,混凝土和钢筋之间具有良好的黏结力,使两者能可靠地结合成一个整体,在荷载作用下能共同变形;其次,钢筋与混凝土具有相近的温度线膨胀系数[钢筋为 1.2×10^{-5},混凝土为 $(1.0\sim1.5)\times10^{-5}$],当温度变化时,两者材料之间不会因为相对变形过大而破坏黏结力;第三,钢筋被混凝土包裹,有效避免了钢筋的锈蚀,提高了耐火和耐久性能。

钢筋混凝土结构具有其他结构无法比拟的特点。其主要优点为强度高、整体性好、耐火性好、耐久性与抗震性好,并具有良好可塑性等。但缺点是材料自重大,抗裂性能差,隔声、隔音性能较差,施工时费工费料。随着钢筋混凝土应用技术的不断发展,这些缺点正在不断地加以克服,如采用轻质高强混凝土以减轻自重;采用高性能混凝土提高混凝土的力学性能和耐久性等。目前钢筋混凝土结构广泛应用于工业建筑与民用建筑的方方面面。

③预应力混凝土结构　预应力混凝土结构是指在承担使用荷载之前通过张拉钢筋的方法在混凝土的受拉区,预先建立一个压应力的混凝土结构。能有效克服钢筋混凝土结构抗拉性能差的缺点,并且能提高构件的刚度,减轻自重、节约钢筋,使其应用范围进一步扩大,但这种结构构造、设计和施工复杂,且延性差。预应力混凝土结构应用非常广泛,特别是在大跨度结构、承受动力荷载的结构以及不允许开裂的结构中广泛应用。

2)砌体结构　砌体结构是指普通砖、毛石、料石、各类砌块等块体利用砂浆砌筑而成的结构。砌体结构历史悠久,主要优点是易于就地取材、成本低廉、耐久性较好,但由于砌筑劳动强度较大,结构自重大,构件强度不高,故其适用范围受到一定的限制。实际工程中,砌体结构主要用于以受压为主的竖向承重构件,少量用于工业建筑中。

3)钢结构　钢结构是指用钢材通过焊接、螺栓、铆钉等连接制成的结构。它是继钢筋混凝土结构之后具有广阔发展前景的建筑材料。钢结构具有强度高、延性好、重量轻、抗震性能好、可靠性高、易于施工等优点。特别适合于大跨度结构、吊车吨位很大的重工业厂房、高耸结构等。但是,钢材耐腐蚀和耐火性差、成本较高等缺点,则限制其大面积使用。

4)木结构　木结构是指以木材为主的结构。对环境污染小,易于就地取材,材质轻、强度较高,可再生、可回收,但由于木材资源短缺,加之易燃、易腐蚀、变形大等缺点,现在很少作为建筑结构材料使用。

(2)按结构受力和构造特点分类

1)混合结构　混合结构是竖向承重结构采用砌体材料,而楼(屋)盖采用钢筋混凝土等材料组成的结构。混合结构房屋施工方便,造价较低,但由于砌体材料强度较低,且整体性较差,所以,混合结构的房屋一般用于层数不多的民用建筑(如住宅、宿舍)中,一般的教学楼、办公楼、旅馆等建筑中。

2)框架结构　框架结构是由梁、柱组成的承重骨架,梁柱连接方式一般为刚接,局部也可能采用铰接。框架结构是目前建筑结构中使用较广泛的结构形式之一,多为混凝土结构,也有钢结构和木结构。其优点是房屋的平面、空间分隔灵活,承受竖向荷载的能力较强;其缺点是抵抗侧移的能力较弱。一般多层工业与民用建筑大多采用框架结构。

3)剪力墙结构　剪力墙结构是由整片的钢筋混凝土墙体和钢筋混凝土楼(屋)盖组成。剪力墙结构整体刚度大,抗侧移能力强,其缺点是建筑空间划分受到限制,且造价相对偏高,一般适用于有较多横墙的建筑物,如高层住宅、宾馆及酒(饭)店等。

4)框架－剪力墙结构　在框架结构内纵横方向适当布置厚度大于 140 mm 的钢筋混凝土墙体的结构体系。其中,剪力墙主要承担水平荷载,框架主要承担竖向荷载,抗侧移能力比框架结构有所提高,适合于高度在 45～90 m 的建筑(即 15～30 层)中使用。

5)筒体结构　筒体结构是由钢筋混凝土墙或密集柱围成的一个抗侧移刚度很大的

结构，犹如一个嵌固在基础上的竖向悬臂构件。筒体结构能抵抗更大的侧向力，适合于高层或超高层建筑。

6）大跨度结构　大跨度结构是指用网架、悬索结构或混凝土薄壳、膜结构作为屋盖，支承在四周的柱和墙体上而形成的结构，适用于体育馆、航空港和火车站等公共建筑。

随着我国国民经济的飞速发展、综合国力的增强、建筑科技的进步，房屋建筑中体现"以人为本"的思想被广泛地接受，人们对建筑物提出的多样性要求，使得建筑结构的形式也日益多样化。

建筑结构是一门综合性较强的应用科学，其发展涉及数学、力学、材料及施工技术等科学。随着我国生产力的提高及结构材料研究的发展，计算理论的进一步完善以及施工技术、施工工艺的不断改进，建筑结构科学将会发展到更高的阶段。

0.3 学习本课程的基本要求

本课程是一门系统性、综合性很强的应用科学，需要结合数学、力学、材料及施工实践等知识，系统地学习和领会其基本知识、设计理论构成，同时需要有配套实验，并注意以下问题：

（1）建筑力学部分系统性很强　后面的内容都是以前面内容为基础的，因此学习时要及时理解所学的概念、原理和方法，要加强练习，掌握计算方法，不能拖欠，以免造成学习困难。

（2）要理论联系实际　一方面建筑力学是学习结构部分的基础，它来源于实际工程，上升到理论进行研究，理论分析时又要考虑实际情况，因此，要多观察实际工程中的结构，尝试用建筑力学方法分析问题；另一方面，建筑结构的实用性很强，并且建筑结构构件的计算方法，绝大部分是建立在实验的基础上，公式复杂，符号多，不容易掌握，因此除了课堂学习以外，还要加强实验、实践环节的理解和掌握；可以帮助我们分析和解决工程实际中的结构和施工问题。

（3）要重视各种构造措施　所谓构造，是指无法计算确定，但通过实验和工程实践证明不可缺少的那一部分，是对结构计算必不可少的补充。在对结构和构件设计计算时，计算与构造要求同样重要，因此，要充分重视对构造要求的学习，并注意弄清其中的道理。

（4）要注意培养综合分析问题的能力　本课程不仅要解决构件的强度、变形问题，还要解决结构设计问题，如结构方案、构件选型、材料选择及构造要求等。结构设计是一个综合性的问题，需要考虑多方面的因素。因此，实际中往往需要通过试算、调整，同时进行适用性、材料、造价、施工的可行性等各项指标的综合分析比较，才能做出合理的选择。

（5）要注意加强识图能力的培养　识读结构施工图是本课程的最重要目标。一是要掌握基本的结构概念，二是要理解和熟悉有关构造要求，这是识图的基础。

（6）要重视学习工程建设标准　本课程与《混凝土结构设计规范》（2015 年版）（GB 50010—2010）、《砌体结构设计规范》（GB 50003—2011）、《钢结构设计规范》（GB 50017—2017）、《建筑抗震设计规范》（GB 50011—2010）、《建筑结构荷载规范》（GB 50009—2012）、《建筑结构可靠性设计统一标准》（GB 50068—2018）配套使用，应学会使用这些规范。学习本课程时，对规范条文的运用是一个非常重要的问题。规范条文是对多年来建筑结构方面的科学技术水平、理论计算方法和工程实践经验的总结，以及对国际上有关标准的先进成果的吸收。只有对规范条文的概念和实质有正确的理解，才能确切地应用其内容，充分发挥设计者的主动性和创造性。

基础知识与技能训练

基础知识训练

一、填空题

1. 建筑结构是指________________________________。

2. 房屋建筑结构一般由____________、____________、____________、____________、__________等构件组成。

3. 混凝土结构是__________、__________和__________的统称。

二、简答题

1. 本课程的研究对象是什么？

2. 本课程的内容和要求是什么？

3. 建筑结构按几何特征如何分类？

4. 如何对建筑结构进行分类？其各自的适用范围是什么？

5. 钢筋和混凝土共同工作的原因是什么？

技能训练

观察各种类型房屋，判断它们属于什么类型的结构。

模块1 静力学基本知识

* 学习任务与目标

学习任务 1. 了解建筑力学在建筑工程中的作用。
2. 掌握静力学的基本概念。
3. 掌握受力分析的基本方法。

知识目标 1. 建筑力学在建筑工程中的作用；力的概念、力的效应、力的平衡、静力学公理、力系、力的分解与合成。
2. 常见的约束与约束类型；受力分析的方法，受力图的画法。
3. 梁、板、柱的简化要求，支座形式及荷载的简化。

技能目标 能够在实际工程中运用力学概念进行简单受力分析的能力。

1.1 力与平衡的概念

1.1.1 力的概念

力是物体之间相互的机械作用，这种作用的效果是使物体的运动状态发生改变（外效应），例如行驶的汽车，在刹车时靠摩擦力慢慢停下来；或者使物体发生变形（内效应），例如弹簧受拉后伸长，混凝土试块在压力机的压力下被压碎，等等。

力是物体与物体之间的相互作用，那么力不能脱离物体而单独存在，某一物体受到力的作用，一定有另一物体对它施加作用。研究物体的受力问题时，必须分清施力物体和受力物体。比如人推小车，人对小车有推力，同时小车对人也有反作用力。若以小车为研究对象，人是施力物体，小车是受力物体。若以人为研究对象，人是受力物体，小车是施力物体。

实践证明，力对物体的作用效果取决于三个要素：力的大小、力的方向和力的作用点。如图1-1所示。

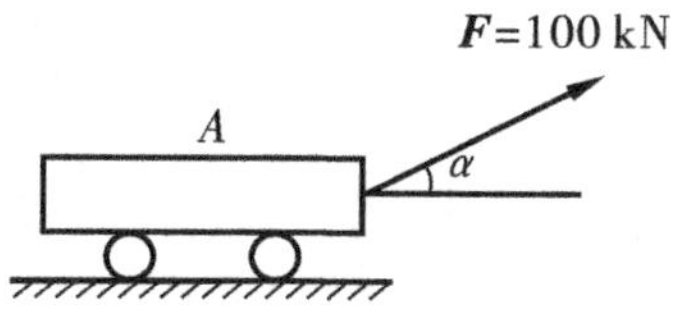

图1-1　力的图示

描述一个力时，要全面表明力的三要素，用一个有向线段来描述其方向与大小。用该有向线段的起点或终点描述其作用点。线段所在的直线称为力的作用线。

力的三要素任一要素发生改变时，都会对物体产生不同的效果。

力的大小表示物体间相互作用的强烈程度。为了度量力的大小，必须确定力的单位。在国际单位制里，力的常用单位为牛顿（N）或千牛顿（kN），1 kN＝1000 N。

力的方向包含方位和指向两个含义。例如，重力的方向是铅垂向下的，“铅垂”是力的方位，“向下”是力的指向。

力的作用点是指力在物体上的作用位置。力的作用位置，一般并不是一个点，而往往有一定的范围，但是，当力的作用范围与物体相比很小时，就可以近似看成一个点，而认为力集中作用在这个点上。作用在这一点上的力，称为集中力，工程中也称集中荷载。

力是一个有大小和方向的物理量，所以力是矢量。力用一段带箭头的线段来表示。线段的长度表示力的大小；线段与某定直线的夹角表示力的方位，箭头表示力的指向；线段的起点或终点表示力的作用点。用字母表示力时，用粗黑体字 $\boldsymbol{F}$ 或 $\overline{\boldsymbol{F}}$。而普通字母 F 只表示力的大小。

1.1.2　刚体与平衡的概念

1.1.2.1　刚体

任何物体在力的作用下，都会发生大小和形状的改变，即发生变形。但在正常情况下，实际工程中许多物体的变形都是非常微小的，对研究物体的平衡问题影响很小，可以忽略不计，这样就可以将物体看成是不变形的。

在外力的作用下，大小和形状保持不变的物体，叫作刚体。

刚体是一个理想化的力学模型。使力学分析得到很大的简化。

例如，对办公楼中的梁进行受力分析时，我们就把该梁看成刚体，梁本身的变形可以忽略。在静力学中，我们把所讨论的物体都看作刚体，但在讨论物体受到力的作用时是否会被破坏及计算变形时，就不能再把物体看成刚体，而应看作变形体。

1.1.2.2　平衡

静力学是研究物体在力作用下的平衡规律的科学。

平衡是物体机械运动的特殊形式,严格地说,物体相对于惯性参照系处于静止或做匀速直线运动的状态,即加速度为零的状态都称为平衡。对于一般工程问题,平衡状态是以地球为参照系确定的。例如,相对于地球静止不动的建筑物和沿直线匀速起吊的物体,都处于平衡状态。

1.1.3 力系的概念及分类

1.1.3.1 力系

通常,一个物体所受的力不止一个而是若干个。我们把作用于物体上的一群力,称为力系。力系是工程力学研究的对象,因为所有的工程构件都是处于平衡状态,且由于一个力不可能使物体处于平衡状态,因此可以知道,工程构件都是受到力系作用的。

1.1.3.2 力系分类

按照力系中各力作用线分布的不同,力系可分为:

汇交力系——力系中各力作用线汇交于一点;

平行力系——力系中各力作用线相互平行;

一般力系——力系中各力作用线既不完全交于一点,也不完全相互平行。

按照各力作用线是否位于同一平面内,上述力系又可分为平面力系和空间力系两类。本书主要研究的是平面力系,如平面汇交力系、平面平行力系和平面一般力系。

1.1.4 等效力系、平衡力系的概念

1.1.4.1 等效力系

作用在物体上的一个力系,如果可用另一个力系来代替,而不改变力系对物体的作用效果,则这两个力系称为等效力系。如果一个力与一个力系等效,则这个力就为该力系的合力;原力系中的各个力称为其合力的各个分力。把力系中的各个分力代换成合力的过程,称为力系的合成;反过来,把合力代换成若干分力的过程,称为力的分解。

1.1.4.2 平衡力系

若刚体在某力系作用下保持平衡。在平衡力系中,各力相互平衡,或者说,诸力对刚体产生的运动效应相互抵消。可见,平衡力系是对刚体作用效应等零的力系。

1.2 静力学公理

静力学公理是人们在长期的生产和生活实践中,逐步认识和总结出来的关于力的性质的普遍规律。它阐述了力的基本性质,是静力学的基础,是力系简化与平衡的依据。

1.2.1 二力平衡公理

二力平衡公理:作用在同一刚体上的两个力,使刚体处于平衡状态的必要与充分条件是这两个力大小相等,方向相反,作用线在同一直线上。

此公理说明了作用在同一个物体上的两个力的平衡条件。

如图1–2所示，处于静止状态的小球，受到重力 $\boldsymbol{G}$ 和绳子的拉力 $\boldsymbol{T}_B$，则这两个力大小相等、方向相反且作用在同一条直线上。

只在两点受力的作用而处于平衡的构件称为二力构件，如图1–3所示。如果构件是一个直杆，则称为二力杆，如图1–4所示。

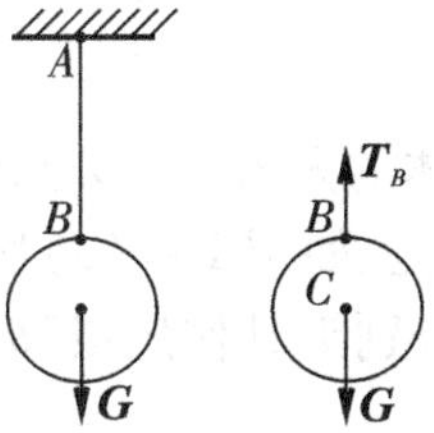

图1–2　平衡力

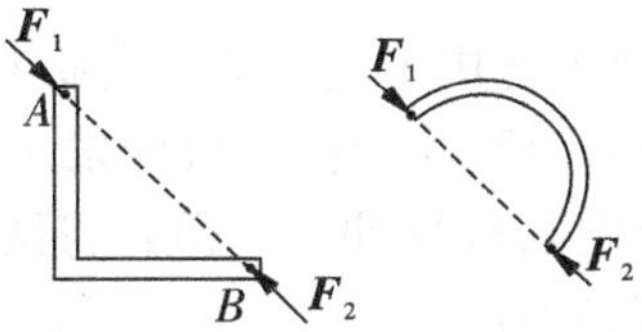

图1–3　二力构件

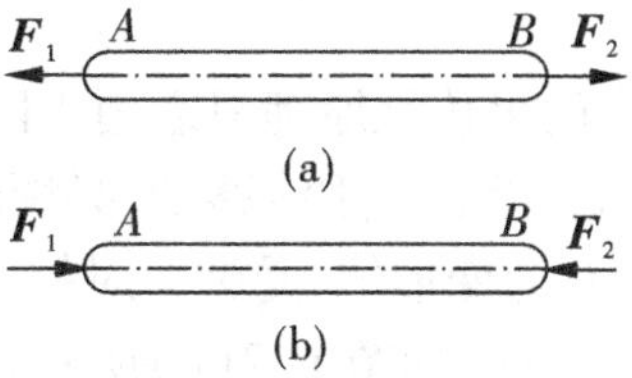

图1–4　二力杆

二力平衡公理只适用于刚体而不适用于变形体，对于变形体，二力平衡条件只是必要条件，并不是充分条件，例如，满足上述条件的两个力作用在一根绳子上，当这两个力使绳子受拉时，绳子才能平衡，如图1–5(a)所示。如受等值、反向、共线的压力就不能平衡了，如图1–5(b)所示。

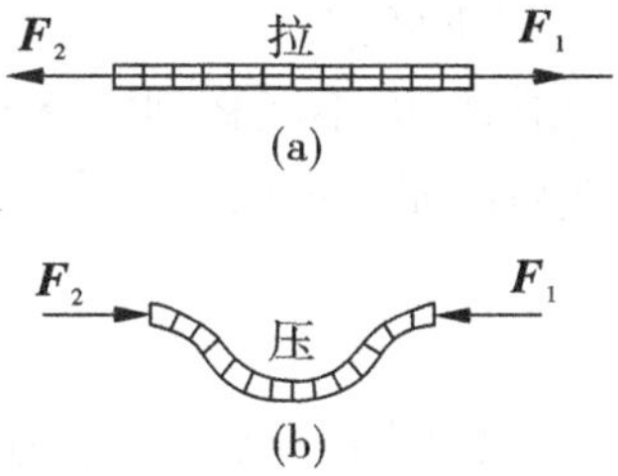

图1–5　二力作用下的变形

1.2.2　加减平衡力系公理

加减平衡力系公理：在作用着已知力系的刚体上，加上或者减去任意平衡力系，不会改变原来力系对刚体的作用效应。

平衡力系对刚体的运动状态没有影响，增加或减少任意平衡力系均不会使刚体的运动效果发生改变。

应用加减平衡力系公理可以对力系进行简化，是研究力系的等效变化的依据。

推论：力的可传性原理

作用在刚体上的力，可以沿其作用线移动到刚体上的任意一点，而不改变力对物体的作用效果。

根据力的可传性原理可知，力对刚体的作用效应与力的作用点在作用线上的位置无关。因此，力的三要素可改为：力的大小、方向、作用线。

如图1–6所示，在 A 点作用一水平力 $\boldsymbol{F}$ 推车或沿同一直线在 B 点拉车，对小车的作用效果是一样的。

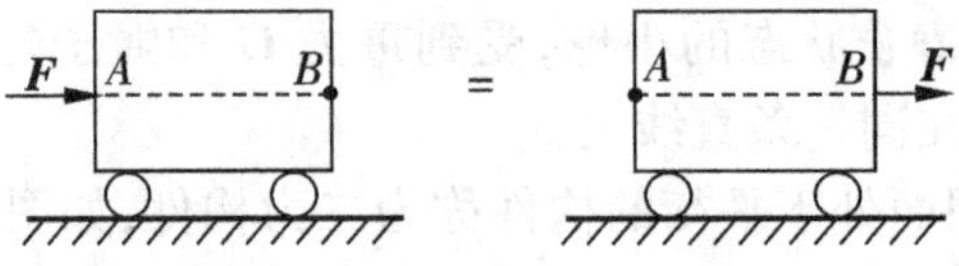

(a)　(b)

图 1-6　刚体上力的可传性

力的可传性原理只适用于刚体而不适用于变形体。当研究物体的内力、变形时，将力的作用点沿着作用线移动，必须使该力对物体的内力效应发生改变。如图 1-7(a)所示，直杆 AB 为变形体，受到一对拉力的作用，杆件伸长。但若将两力分别沿其作用线移动到杆的另一端，如图 1-7(b)所示，此杆将缩短。

(a)变形体受拉伸长　(b)变形体受压缩短

图 1-7　力在变形体上沿作用线移动

应用力的可传性原理时需注意以下两点：

(1)力只能在同一刚体内进行滑移，而不能移到刚体外的其他物体上。

(2)力的可传性原理只适用于刚体而不适用于变形体。

1.2.3　力的平行四边形法则

力的平行四边形法则：作用于刚体上同一点的两个力，可以合成一个合力，合力也作用于该点，合力的大小和方向由这两个力为邻边所组成的平行四边形的对角线(通过二力汇交点)确定。如图 1-8(a)所示，两力 $\boldsymbol{F}_1$、$\boldsymbol{F}_2$ 汇交于 A 点，它们的合力 $\boldsymbol{F}$ 也作用在 A 点，合力 $\boldsymbol{F}$ 的大小和方向由 $\boldsymbol{F}_1$、$\boldsymbol{F}_2$ 为邻边所组成的平行四边形 $ABCD$ 的对角线 AC 确定：合力 $\boldsymbol{F}$ 的大小为此对角线的长，方向由 A 指向 C。

为了方便，也可用力的三角形法则求合力，如图 1-9 所示。

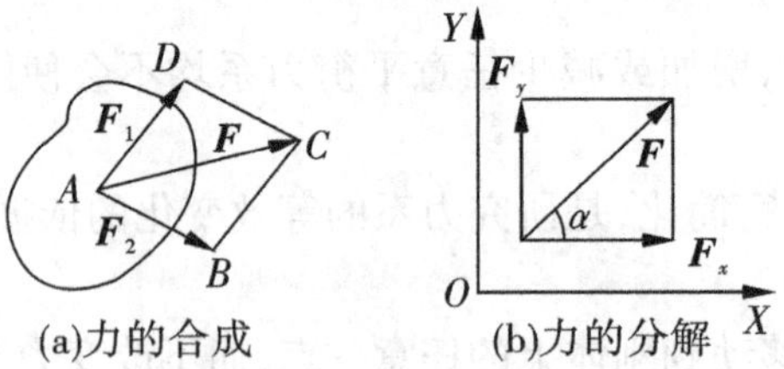

(a)力的合成　(b)力的分解

图 1-8　力的合成和分解

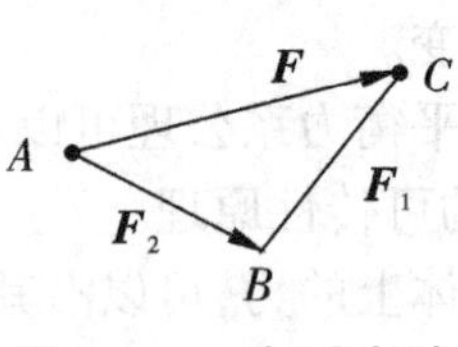

图 1-9　三角形法则

推论：三力平衡汇交定理

若刚体在三个互不平行的力的作用下处于平衡状态，则此三个力的作用线必在同一平面且汇交于一点。

如图1-10所示，物体在三个互不平行的力 $\boldsymbol{F}_1$、$\boldsymbol{F}_2$ 和 $\boldsymbol{F}_3$ 作用下处于平衡，其中二力 $\boldsymbol{F}_1$、$\boldsymbol{F}_2$ 可合成一作用于 A 点的合力 $\boldsymbol{F}$，据二力平衡公理，第三力 $\boldsymbol{F}_3$ 与 $\boldsymbol{F}$ 必共线，即第三力 $\boldsymbol{F}_3$ 必过其他二力 $\boldsymbol{F}_1$、$\boldsymbol{F}_2$ 的汇交点 A。

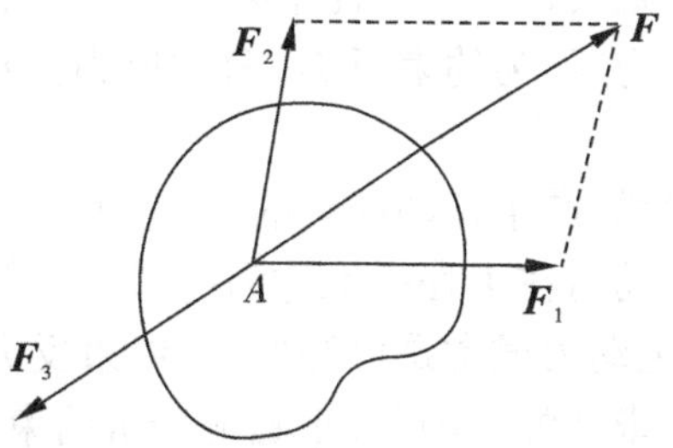

图1-10 三力平衡汇交定理示意图

1.2.4 作用力与反作用力公理

作用力和反作用力公理：作用力和反作用力总是同时存在，两力的大小相等、方向相反，沿着同一直线，分别作用在两个相互作用的物体上。

作用力和反作用力常用 $\boldsymbol{F}$ 和 $\boldsymbol{F}'$ 表示。作用力和反作用力是分别作用在两个物体上的力，任何作用在同一个物体上的两个力都不是作用力与反作用力。此公理说明了两个物体间相互作用力的关系。

若 A 物体对 B 物体有一个作用力，则同时 B 物体对 A 物体必有一个作用力。这两个力大小相等、方向相反、沿着同一直线，分别作用在这两个物体上。如图1-11所示，N_1 和 N_1' 为作用力和反作用力，它们分别作用在 A、B 两个物体上。

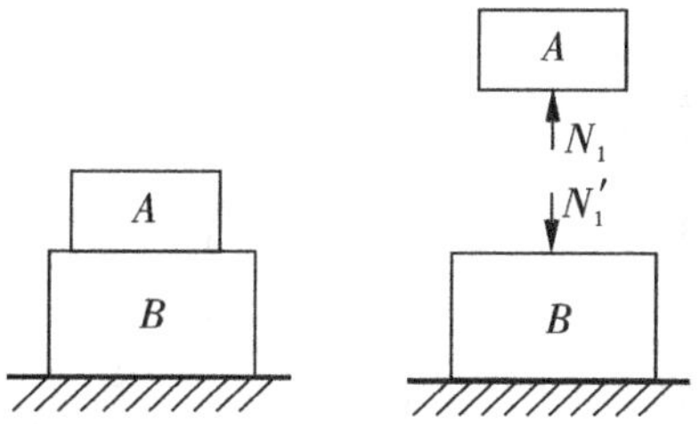

图1-11 作用力与反作用力

1.3 约束与约束反力

1.3.1 约束与约束反力的概念

如何确定一个物体所受的约束反力是静力学中的重要内容之一。

在建筑工程中，任何建筑构件都要受到与它相联系的其他构件的限制，而不能自由运动。对建筑构件的某些位移起限制作用的条件（或周围联系物体）称为约束。例如，主梁受到了柱子的约束，柱子受到了地基的约束，桥梁受到了桥墩的约束等。约束限制了被约束构件的自由运动，从而使被限制的构件可以抵抗载荷，使该构件成为有意义的建筑形体。

如果没有柱子的限制，梁就会掉下来。柱子要阻止梁的下落，就必须给梁施加向上的力，这种约束给被约束物体的力，称为约束反力，简称反力。约束反力的方向总是与约束所能限制的运动方向相反。

能主动引起物体运动或物体产生运动趋势的力，称为主动力。例如，重力、风力、水压力、土压力等都是主动力。主动力在工程中也称为荷载。一般情况下，物体总是同时受到主动力和约束反力的作用。主动力通常是已知的，而约束反力是由主动力的作用引起的，随主动力的变化而变化，它是未知的。因此，正确地分析约束反力是对物体进行受力分析的关键。

1.3.2 常见的约束及其约束反力

建筑工程中存在的约束通常是比较复杂的，为了便于进行约束分析，需要对这些复杂的约束进行简化，理想化的约束与约束反力对于简化力学分析是十分必要的。

1.3.2.1 柔体约束

绳索、链条、皮带等柔性物体都可以简化为柔索约束（也称为柔体约束）。这类约束只能承受拉力，不能承受压力，只能限制物体沿这类约束伸长方向的运动。柔索对物体的约束反力作用于接触点，是沿柔索中心线背离物体的拉力，且恒为拉力，常用 T 表示，如图 1-12 中的力 $\boldsymbol{T}$。

如图 1-13 所示，一重为 $\boldsymbol{G}$ 的预制板被吊起，钢丝绳通过 A、B 两点与构件联结。两个约束反力 $\boldsymbol{T}_1$ 与 $\boldsymbol{T}_2$ 分别与 AC 和 BC 线重合，指向背离预制板，作用点分别在 A、B 两点。

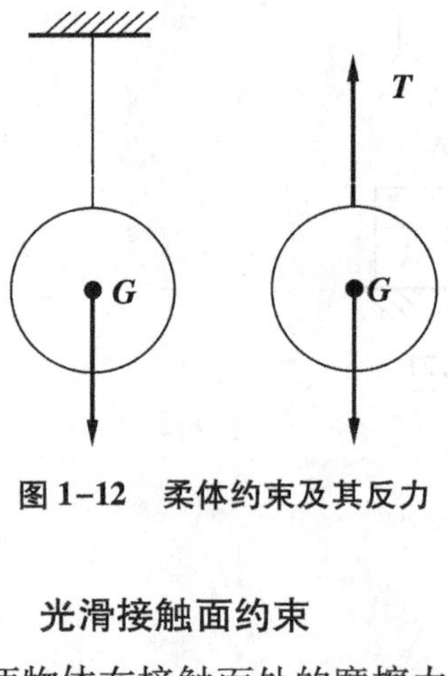

图 1-12 柔体约束及其反力

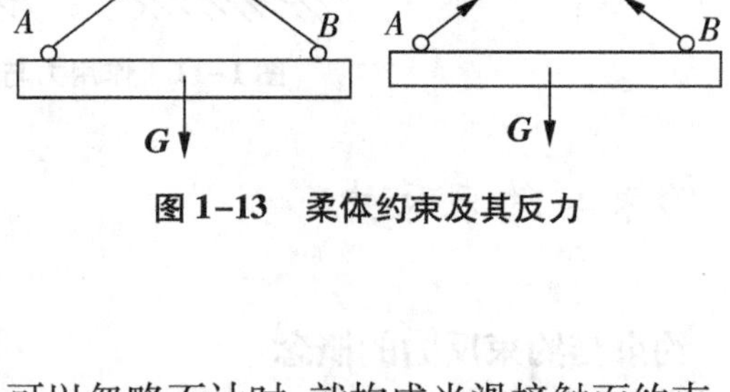

图 1-13 柔体约束及其反力

1.3.2.2 光滑接触面约束

当两物体在接触面处的摩擦力很小，可以忽略不计时，就构成光滑接触面约束。这种约束不论接触面的形状如何，只能限制物体沿着接触面的公法线向光滑面内的运动，而不能限制物体沿光滑接触面的方向的运动或离开光滑面，所以光滑接触面约束反力是通过接触点，沿着接触面的公法线指向被约束的物体，只能是压力，如图 1-14 中的 $\boldsymbol{N}$。

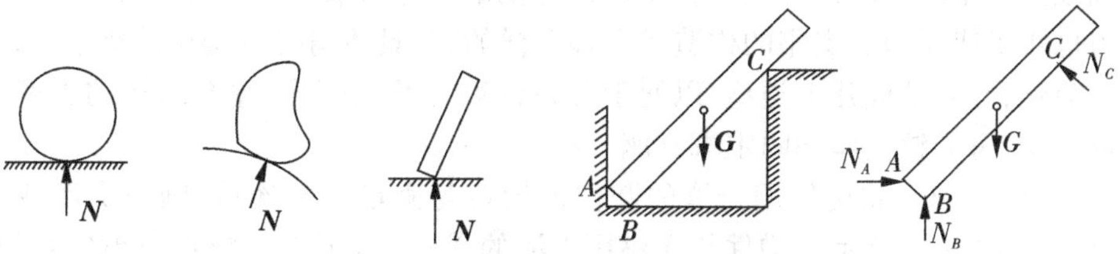

图 1-14 光滑接触面约束及其反力

1.3.2.3 圆柱铰链约束

圆柱铰链简称铰链，它是由一个圆柱形销钉 C 插入两个物体 A 和 B 的圆孔中构成，并假设销钉与圆孔的面都是完全光滑的，如图 1-15(a)(b) 所示。圆柱铰链约束只能限制物体在垂直于销钉轴线的平面内沿任意方向的相对移动，而不能限制物体绕销钉做相对转动。圆柱铰链的约束反力垂直于销钉轴线的平面内，通过销钉中心，而方向未定，可用 R 来表示，如图 1-15(c)。圆柱铰链约束接触的位置与主动力有关，不能预先确定，在对物体进行受力分析时，通常将圆柱铰链的约束反力用两个相互垂直的分力来表示，如图 1-15(d)，两分力的指向可以任意假设，是否为实际指向则要根据计算的结果来判断。

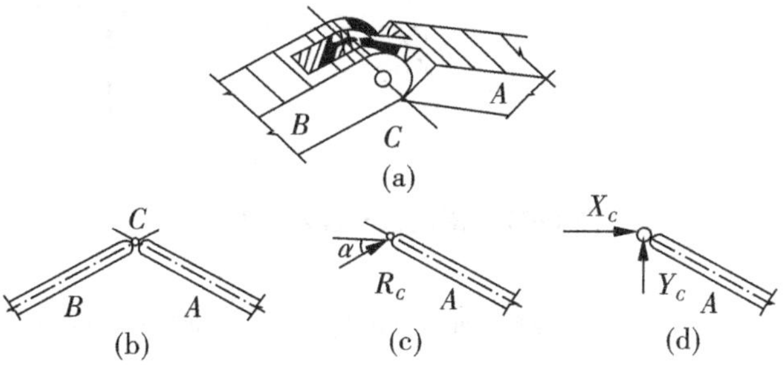

图 1-15 圆柱铰链约束及其反力

1.3.2.4 链杆约束

两端用铰链与其他不同的两个物体连接而中间不受力的直杆，称为链杆。链杆只能限制物体沿着链杆中心线的运动，而不能限制其他方向的运动。所以，链杆的约束反力沿着链杆中心线，指向未定如图 1-16(a) 为楼中放置空调用三角架，其中杆 BC，即为链杆约束。

链杆约束计算简图如图 1-16(c) 所示，图 1-16(b)(d) 所示，图中反力的指向是假设的。

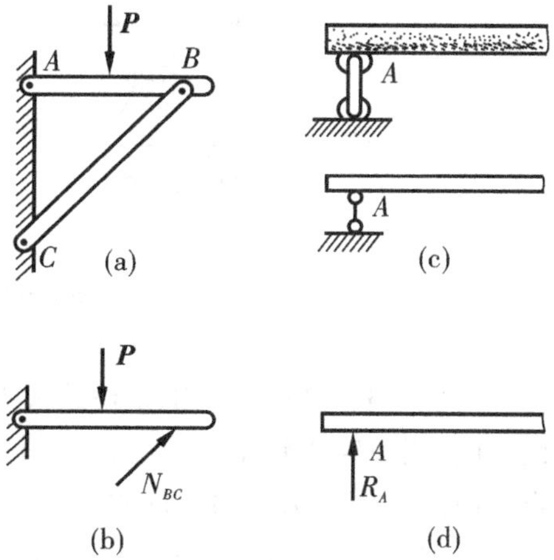

图 1-16 链杆约束及其反力

1.3.2.5 支座的简化和支座反力

工程上将结构或构件连接在支承物上的装置，称为支座。在工程上常常通过支座将构件支承在基础或另一个静止的构件上。支座对构件就是一种约束。支座对它所支承的构件的约束反力也叫支座反力。支座的构造是多种多样的,其具体情况也是比较复杂的,这样就需要加以简化,并归纳成几个类型,以便于分析计算。通过简化,建筑结构的支座通常分为固定铰支座、可动铰支座和固定端支座三类。

(1)固定铰支座　将构件用光滑的圆柱形销钉与固定支座连接,则该支座成为固定铰支座,如图1-17(a)所示。构件与支座用光滑的圆柱铰链连接,构件不能产生沿任何方向的移动,但可以绕销钉转动,可见固定铰支座的约束反力与圆柱铰链相同,即约束反力一定作用于接触点,垂直于销钉轴线,并通过销钉中心,而方向未定。固定铰支座的简图如图1-17(b)所示。约束反力如图1-17(c)所示,可以用 R_A 和一未知方向的 α 角表示,也可以用一个水平力 X_A 和垂直分力 Y_A 来表示。

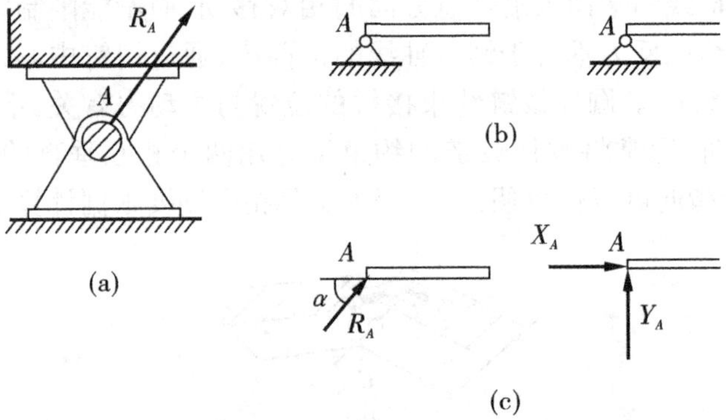

图1-17　固定铰支座及其反力

(2)可动铰支座　如果在固定铰支座下面加上辊轴,则该支座成为可动铰支座,如图1-18(a)所示。可动铰支座的计算简图,如图1-18(b)所示。这种支座只能限制构件垂直于支承面方向的移动,而不能限制物体绕销钉轴线的转动,其支座反力通过销钉中心,垂直于支承面,指向未定。如图1-18(c)所示,图中反力的指向假定。

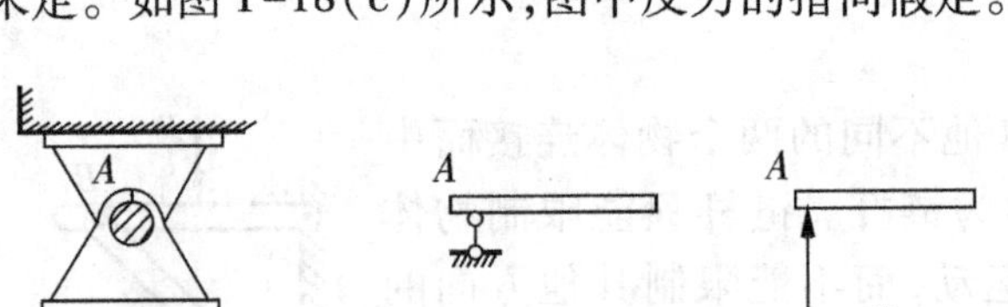

图1-18　可动铰支座及其反力

在工程实际中,一些钢架桥或大型钢梁通常是一端用固定铰链支座,另一端用可动铰链支座,当桥梁因热胀冷缩而长度稍有变化时,可动铰链支座相应地沿接触面滑动,从而避免由温度变化引起的不良后果。

(3)固定端支座　工程中常将构件牢固地嵌在墙或基础内,使物件既不能在任何方向上移动，也不能自由转动，这种约束称为固定端约束。这种支座对构件除产生水平反力和竖向反力，还有一个阻止转动的力偶。图1-19(b)(d)分别是柱和挑梁的固定端支座简图及支座反力。

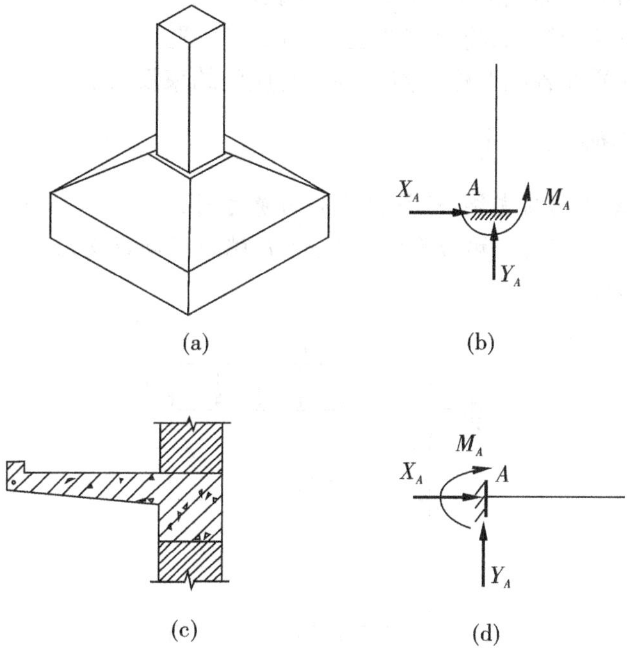

图1-19 固定端支座及其反力

1.4 物体的受力分析与受力图

1.4.1 物体的受力分析

为了解决工程实际问题，进行力学计算，经常要对物体的受力情况进行分析即分析物体受到哪些力的作用，力的方向和作用位置如何。这种对物体的受力进行全面分析的过程称为受力分析。

在工程实际中，建筑结构通常是由多个物体或构件相互联系组合在一起的。因此，进行受力分析前，必须首先明确要对哪一种物体或构件进行受力分析，即要明确研究对象。为了分析研究对象的受力情况，又必须弄清研究对象与哪些物体有联系，受到哪些力的作用，这些力是什么物体给它的，哪些是已知力，哪些是未知力。

1.4.2 脱离体和受力图

需要将研究对象从它周围的物体中分离出来。被分离出来的研究对象叫脱离体。在脱离体上画出周围物体对它的全部主动力和约束反力，这样的图形叫作受力图。受力图是对物体进行力学计算的依据,必须认真对待,熟练掌握。

1.4.3 受力图的绘制步骤

(1)在画单个物体受力图之前,先要明确对象。

(2)画出研究对象的简图,将已知的主动力画在简图上。

(3)根据约束性质在各相互作用点上画出对应的约束反力。

1.4.4 受力分析举例

【例1-1】 如图所示简支梁,试画出该梁的受力图。

解:如图1-20(a)所示,A端为固定铰支座,B端为可动铰支座。根据支座形式,得到图1-20(b)所示受力图。

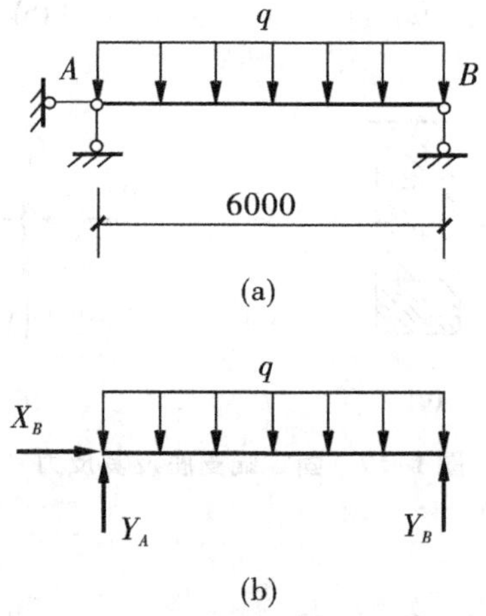

图1-20 简支梁及其受力图

【例1-2】 如图1-21(a)中的杆AB重$\boldsymbol{G}$,在C处用绳索拉住,A、B处分别支在光滑的墙面及地面上。试画出杆AB的受力图。

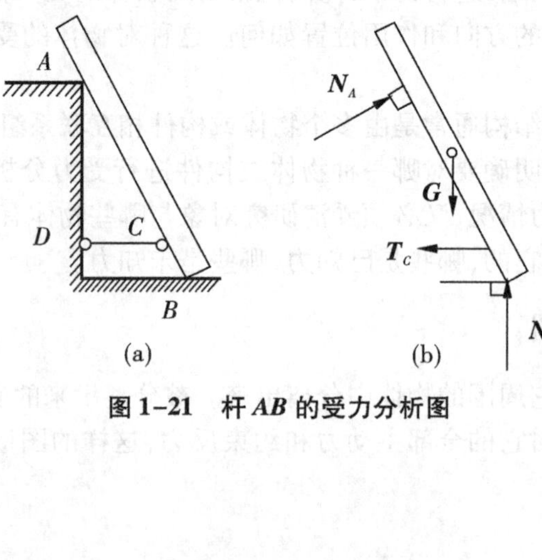

图1-21 杆AB的受力分析图

解:以杆 AB 为研究对象,将其单独画出。作用在杆上的主动力是已知的重力 $\boldsymbol{G}$,重力 $\boldsymbol{G}$ 作用在杆的中点,铅垂向下;光滑墙面的约束反力 $\boldsymbol{N}_A$ 通过接触点 A,垂直于杆并指向杆;光滑地面的约束反力 $\boldsymbol{N}_B$,它通过接触点 B 垂直于地面并指向杆;绳索的约束反力是 $\boldsymbol{T}_C$,作用于绳索与杆的接触点 C,沿绳索中心背离杆。杆 AB 的受力图如图 1-21(b)所示。

【例 1-3】 如图 1-22(a)所示,简支梁 AB,跨中受到集中力 $\boldsymbol{F}$ 作用,A 端为固定铰支座约束,B 端为可动铰支座约束。试画出梁的受力图。

解:(1)取 AB 梁为研究对象,解除 A、B 两处的约束,画出其脱离体简图。(2)在梁的中点 C 画主动力 $\boldsymbol{F}$。

在受约束的 A 处和 B 处,根据约束类型画出约束反力。B 处为可动铰支座约束,其反力通过铰链中心且垂直于支承面,其指向假定如图 1-22(b)所示;A 处为固定铰支座约束,其反力可用通过铰链中心 A 并相互垂直的分力 X_A、Y_A 表示。受力图如图 1-22(b)所示。

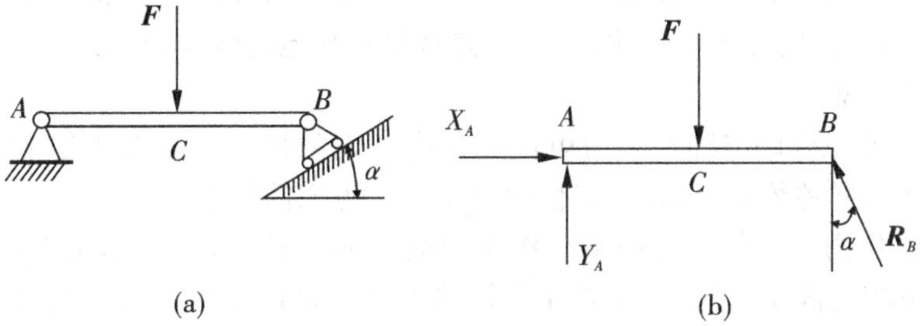

图 1-22 杆 AB 的受力分析图

【例 1-4】 梁 AC 和 CD 用铰链 C 连接,并支承在三个支座上,A 处为固定铰支座,B、D 处为可动铰支座,受已知力 $\boldsymbol{F}$ 的作用,如图 1-23(a)所示。试画出梁 AC、CD 及整个梁 AD 的受力图。

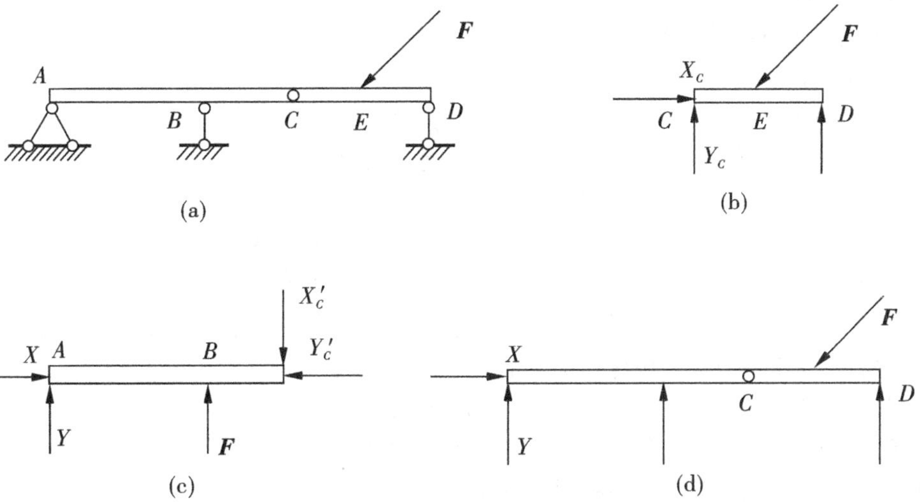

图 1-23 多跨静定梁的受力图

解：(1)以梁 *CD* 为研究对象。梁 *CD* 上受到的主动力为已知力 **F**；*D* 处为可动铰支座，其约束反力是垂直于支承面的 Y_D，其指向假设为向上；*C* 处为铰接，其反力用两个相互垂直的分力 X_C 和 Y_C 表示，指向假设，如图 1-23(b)所示。

(2)取梁 *AC* 为研究对象。*A* 处为固定铰支座，其反力可用 X_A 和 Y_A 表示；*B* 处为可动铰支座，其反力可用 Y_B 表示；*C* 处为铰接，其反力用两个互相垂直的分力 X'_C 和 Y'_C 表示，梁 *AC* 受力图如图 1-23(c)所示。

(3)取整梁 *AD* 研究对象。此时，没有解除 *AC* 和 *CD* 两段梁之间的铰链约束，故其相互作用力不必画出。因此，作用在整梁上的力有主动力 **F**，*A* 处固定铰支座的约束反力 X_A、Y_A，*B* 和 *D* 两处的可动铰支座的约束反力是 Y_B 和 Y_D，其受力图如图 1-23(d)所示。

综上所述，画受力图时应注意以下几点：

(1)明确研究对象。首先要明确画哪个物体的受力图，然后把与它相联系的所有约束去掉，单独画出它的简图。

(2)研究对象受的力要全部画出。在建筑力学中，除重力外，物体之间都是通过直接接触才会出现相互作用的力。因此，凡是研究对象与其他物体连接之处，一般都受到力的作用，千万不要遗漏。

(3)主动力照原样画出即可。约束反力是由约束的性质和类型确定的，什么样的约束，必定产生什么样的约束反力，不能根据主动力的方向简单推断。

(4)注意作用力与反作用力关系。作用力的方向一旦确定，反作用力的方向必定与它相反，不能再随意假设。此外，在以几个物体构成的物体系统为研究对象时，系统中各物体间没有拆开的约束的约束反力不必画出来。

(5)同一约束的反力，在各受力图中假设的指向必须一致。

基础知识与技能训练

基础知识训练

一、选择题(多项选择)

1. 力的三要素是(　　)。

   A. 力的大小　　　　B. 力的方向

   C. 力的矢量性　　　D. 力的作用点

2. 常见约束有(　　)种。

   A. 柔体约束　　　　B. 光滑接触面约束

   C. 链杆　　　　　　D. 圆柱铰链约束

3. 建筑力学研究对象的刚体是一个理想化的力学模型，试问可认为是刚体的建筑构件在荷载作用下，其形变的实际状况是(　　)。

   A. 完全没有变形　　B. 有较大的变形

   C. 有可忽略的小变形　　D. 不发生位移改变的变形

4. 依据力的可传性原理，下列说法正确的是(　　)。

   A. 力可以沿作用线移动到物体内的任意一点

B. 力可以沿作用线移动到任何一点

C. 力不可以沿作用线移动

D. 力可以沿作用线移动到刚体内的任意一点

5. 以下哪个选项是在描述作用力和反作用力公理(　　)。

A. 阐述了二力作用下的平衡条件

B. 说明了物体之间的相互关系

C. 力系等效的基础

D. 力的合成的规律

6. 关于约束的说法是(　　)。

A. 柔体约束,沿柔体轴线背离物体

B. 光滑接触面约束,约束反力沿接触面公法线,指向物体

C. 固定端支座,反力可以正交分解为两个力方向假设

D. 以上A、B选项正确

二、判断题

1. 力可以使物体发生各种形式的运动。　(　　)

2. 力的可传性原理和加减平衡力系公理只适用于刚体。　(　　)

3. 约束反力的方向与限制物体运动的方向相反。　(　　)

4. 在同一平面内作用线汇交于一点的三个力构成的力系必定平衡。　(　　)

技能训练

1. 案例分析

如图1-24所示为现浇钢筋混凝土板式雨篷,试将该雨篷中的雨篷板和雨篷梁进行力学简化,画出计算简图,并进行受力分析。

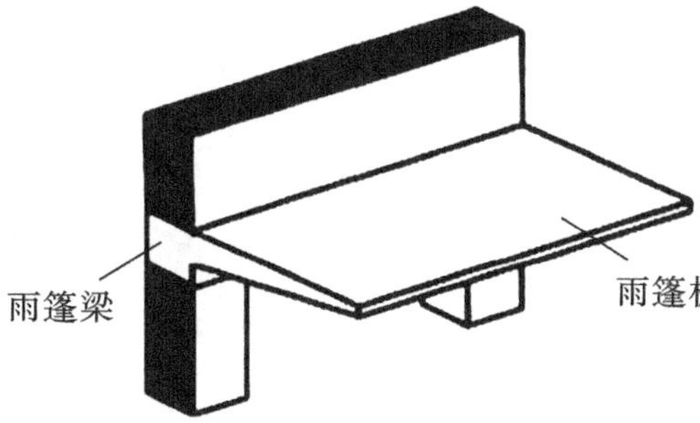

图1-24　技能训练1题图

2. 思考题

(1)推小车时,人给小车一个作用力,小车也给一个反作用力。此二力大小相等、方向相反、且作用在同一直线上,因此二力互相平衡。这种说法对不对?为什么?

(2)试画出图1-25中各物体的受力图。假定各接触面都是光滑的。

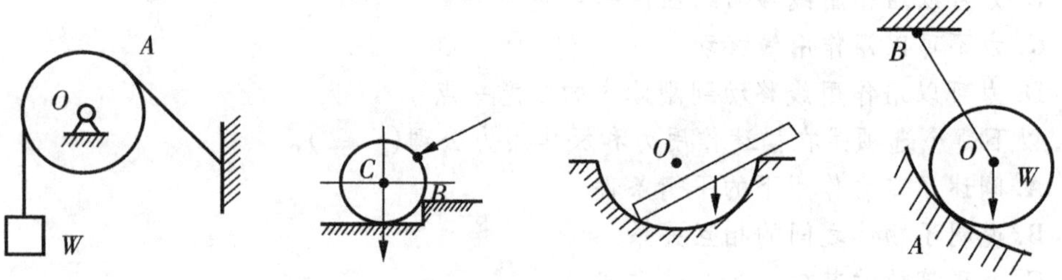

图1-25　技能训练2题图

(3)试画出图1-26中各梁的受力图,梁重不计算。

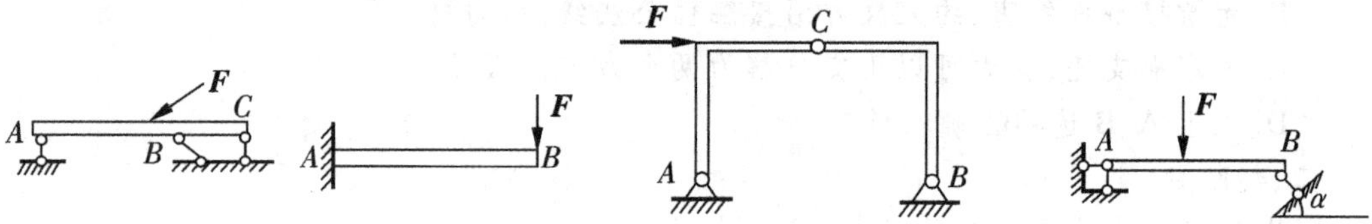

图1-26　技能训练3题图

模块2 平面力系的合成与平衡

＊学习任务与目标

学习任务

1. 掌握力系的基本概念。

2. 掌握物体系统及其平衡的概念、物体系统平衡的分析的方法。

3. 学习汇交力系合成与平衡的解析法,进而学会求解工程中常见的共点力系的平衡问题。

4. 学习掌握力对点之矩的概念、力矩的计算方法、合力矩定理、力偶的概念与性质、平面力偶系的合成与平衡。

知识目标

1. 掌握力系、汇交力系、力偶系、一般力系的力学分析方法。

2. 力对点之矩的概念、力矩的计算方法、合力矩定理、力偶的概念与性质、平面力偶系的合成与平衡。

3. 掌握物体系统平衡的分析的方法,培养职业工作岗位的力学分析能力。

技能目标

1. 了解职业岗位力学知识;学习掌握平面汇交力系的力学分析方法,培养职业工作岗位的力学分析能力。

2. 能计算平面问题中力对点之矩和力偶矩,能熟练求解平面力偶系的合成与平衡问题,培养职业工作岗位的力学分析能力。

2.1 平面汇交力系合成与平衡

平面汇交力系是指各力的作用线汇交于一点的平面力系。力系合成与平衡的几何法是以静力学公理为依据，应用几何作图的方法，研究力系中各分力与合力的几何关系，从而得出力系合成与平衡的几何条件。对于平面汇交力系，并不要求力系中各分力的作用点位于同一点，因为根据力的可传性原理，只要它们的作用线汇交于同一点即可。

2.1.1 平面汇交力系合成的几何法

设如图 2-1(a)所示为作用于任一刚体上的力 $\boldsymbol{F}_1$、$\boldsymbol{F}_2$、$\boldsymbol{F}_3$、$\boldsymbol{F}_4$，它们的作用线交于点 A。由力的可传性，将各力沿其作用线移至汇交点 A，如图 2-1(b)所示。根据力的三角形法则，将各力依次合成，即从任意点 a 作矢量 ab 代表力矢 $\boldsymbol{F}_1$，在其末端 b 作矢量 bc 代表力矢 $\boldsymbol{F}_2$，则虚线 ac 表示力矢 $\boldsymbol{F}_1$ 和 $\boldsymbol{F}_2$ 的合力矢 $\boldsymbol{F}_{R1}$；再从点 c 作矢量 cd 代表力矢 $\boldsymbol{F}_3$，则 ad 表示 $\boldsymbol{F}_1$ 和 $\boldsymbol{F}_{R1}$ 的合力 $\boldsymbol{F}_{R2}$；最后从点 d 作 de 代表力矢 $\boldsymbol{F}_4$，则 ae 代表力矢 $\boldsymbol{F}_{R2}$与 $\boldsymbol{F}_4$ 的合力矢，亦即原汇交力系 $\boldsymbol{F}_1$、$\boldsymbol{F}_2$、$\boldsymbol{F}_3$、$\boldsymbol{F}_4$ 的合力矢 $\boldsymbol{F}_R$，其大小和方向如图 2-1(c)所示，其作用线通过汇交点 A。

实际作图时，不必画出虚线所示的中间合成力 $\boldsymbol{F}_{R1}$和 $\boldsymbol{F}_{R2}$，只需把各分力矢首尾相连，形成一个不封闭的多边形 $abcde$，则第一个力矢 $\boldsymbol{F}_1$ 的起点 a 向最后一个力矢 $\boldsymbol{F}_4$ 的终点 e 作 ae，即得合力矢 $\boldsymbol{F}_R$。各分力矢与合力矢构成的多边形称为力多边形，合力矢是力多边形的封闭边。这种求合力的几何作图法采用的是力多边形法则：各分力矢首尾相连，以第一个力矢的起点为起点，最后力矢的终点为终点的力矢为合力矢。

将上述方法推广到由 n 力 $\boldsymbol{F}_1,\boldsymbol{F}_2,\cdots,\boldsymbol{F}_n$组成的平面汇交力系，可得结论：平面汇交力系合成的结果是一个合力，其合力的大小和方向等于原力系中所有各力的矢量和，可由力多边形的封闭边确定，合力的作用线过力系的汇交点。

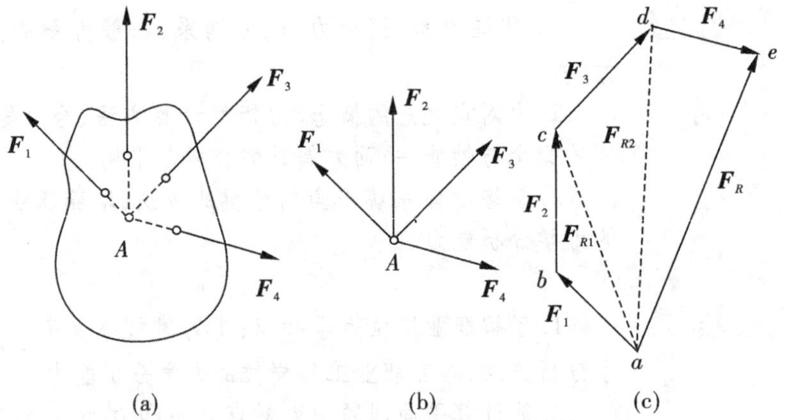

图 2-1 平面汇交力系的几何合成

2.1.2 平面汇交力系平衡的几何法

平面汇交力系的合成结果是一个合力。如果力系处于平衡，则力系的合力为零。反之，若合力等于零，则力系处于平衡。故平面汇交力系平衡的必要与充分条件是：该力系的合力等于零。即

$$F_R = \sum F = 0 \tag{2-1}$$

在几何法中，平面汇交力系的合力是由力多边形的封闭边表示的。因此，要使合力等于零，则封闭边的长度必须为零，即力多边形的起点和终点重合，这种情况称为力多边形自行封闭。可见，平面汇交力系平衡的必要与充分的几何条件是：该力系的力多边形自行封闭。

2.1.3　平面汇交力系合成的解析法

力学中常用于求解平面汇交力系合成的方法是解析法。这种方法是以力在坐标轴上的投影为基础建立方程的。

2.1.3.1　力在坐标轴上的投影

在力学计算中常常是将矢量运算转化为代数运算，力在直角坐标轴上的投影就是转化的基础。

设力 $\boldsymbol{F}$ 作用在物体上某点 A 处，用 $\overline{AB}$ 表示。通过力 $\boldsymbol{F}$ 所在平面的任意点 O 作直角坐标系 xOy，如图 2-2 所示。从力 $\boldsymbol{F}$ 的起点 A、终点 B 分别作垂直于 x 轴的垂线，得垂足 a 和 b，并在 x 轴上得线段 ab，线段 ab 的长度加以正负号称为力 $\boldsymbol{F}$ 在 x 轴上的投影，用 F_x 表示。同样方法也可以确定力 $\boldsymbol{F}$ 在 y 轴上的投影为线段 a_1b_1，用 F_y 表示。

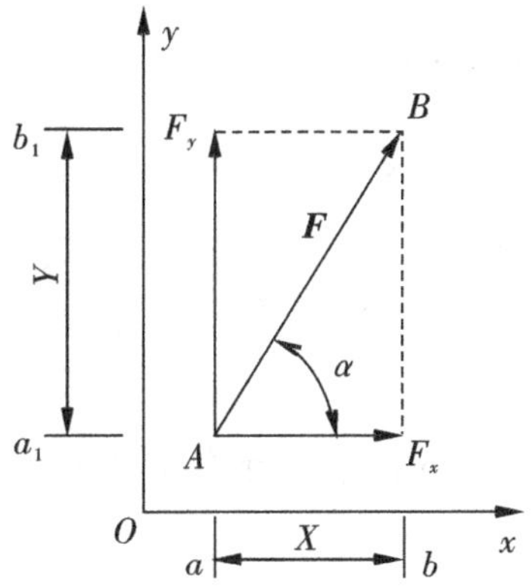

图 2-2　直角坐标系中力的投影

从图中的几何关系得出投影的计算公式为

$$\begin{cases} F_x = \pm F\cos\alpha \\ F_y = \pm F\sin\alpha \end{cases} \tag{2-2}$$

其中，α 代表力 $\boldsymbol{F}$ 与 x 轴所夹的锐角。

F_x 和 F_y 的正负规定：从投影的起点到终点的指向与坐标轴正方向一致时，投影取正号；从投影的起点到终点的指向与坐标轴正方向相反时，投影取负号。

反过来，力 $\boldsymbol{F}$ 在直角坐标系的投影 F_x 和 F_y 已知，则可以求出这个力的大小和方向。由图 2-2 中几何关系可知：

$$F = \sqrt{F_x^2 + F_y^2} \tag{2-3}$$

其中，α 代表力 $\boldsymbol{F}$ 与 x 轴所夹的锐角；力 $\boldsymbol{F}$ 的具体指向可由 F_x 和 F_y 的正负号确定。

特别要指出的是，当力 $\boldsymbol{F}$ 与 x 轴（y 轴）平行时，$\boldsymbol{F}$ 的投影 $F_y(F_x)$ 为零；$F_x(F_y)$ 的值与 $\boldsymbol{F}$ 的大小相等，方向按上述规定的符号确定。

【例 2-1】 试分别求出中各力在 x 轴和 y 轴上投影。已知 $\boldsymbol{F}_1=200$ N，$\boldsymbol{F}_2=100$ N，$\boldsymbol{F}_3=\boldsymbol{F}_4=300$ N，各力方向如图 2-3 所示。

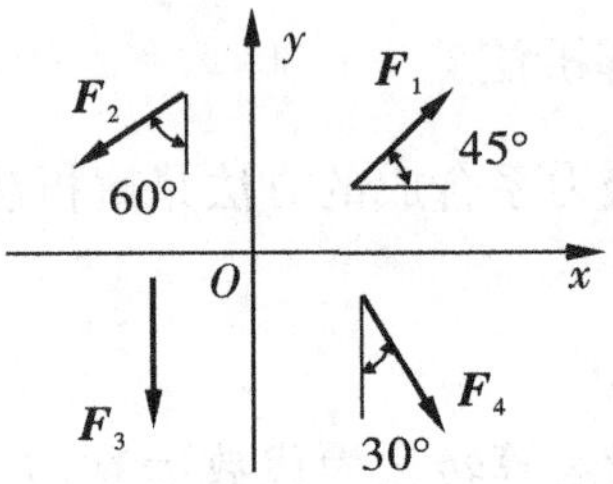

图 2-3 例 2-1 题中各力方向示意

解：由公式可得出各力在 x、y 轴上的投影为

$F_{1x}=\boldsymbol{F}_1\cos 45°=200\times0.707=141.4$ N

$F_{1y}=\boldsymbol{F}_1\sin 45°=200\times0.707=141.4$ N

$F_{2x}=-\boldsymbol{F}_2\cos 30°=-100\times0.866=-86.6$ N

$F_{2y}=-\boldsymbol{F}_2\sin 30°=-100\times0.5=-50$ N

$F_{3x}=\boldsymbol{F}_3\cos 90°=0$

$F_{3y}=-\boldsymbol{F}_3\sin 90°=-300\times1=-300$ N

$F_{4x}=\boldsymbol{F}_4\cos 60°=300\times0.5=150$ N

$F_{4y}=-\boldsymbol{F}_4\sin 60°=-300\times0.866=-259.8$ N

2.1.3.2 合力投影定理

合力投影定理：合力在某轴上的投影等于各分力在同一轴上的投影的代数和。表述为

$$F_{Rx}=F_{1x}+F_{2x}+\cdots+F_{nx}=\sum F_x$$
$$F_{Ry}=F_{1y}+F_{2y}+\cdots+F_{ny}=\sum F_y \tag{2-4}$$

2.1.3.3 解析法求平面汇交力系的合成

用解析法求平面汇交力系的合成时，首先在其所在的平面内选定坐标系 Oxy。求出力系中各力在 x 轴和 y 轴上的投影，由合力投影定理得

$$F_{Rx}=F_{1x}+F_{2x}+\cdots+F_{nx}=\sum F_x$$
$$F_{Ry}=F_{1y}+F_{2y}+\cdots+F_{ny}=\sum F_y$$

则合力矢的大小和方向余弦为

$$R=\sqrt{R_x^2+R_y^2}=\sqrt{\left(\sum F_x\right)^2+\left(\sum F_y\right)^2}$$

$$\tan\alpha = \frac{|R_y|}{|R_x|} \tag{2-5}$$

2.1.4 平面汇交力系平衡的解析法

从前面知道,平面汇交力系平衡的必要与充分条件是合力等于零,即

$$F_R = \sqrt{F_{Rx}^2 + F_{Ry}^2} = \sqrt{(\sum F_x)^2 + (\sum F_y)^2} = 0$$

要使上式成立,必须同时满足

$$\left.\begin{aligned}\sum F_x = 0\\ \sum F_y = 0\end{aligned}\right\} \tag{2-6}$$

式(2-6)表明,平面汇交力系平衡的解析条件是:力系中各力在两个坐标轴上投影的代数和等于零。式(2-6)称为平面汇交力系的平衡方程。这是两个独立的方程,因而可以求解两个未知量。

【例2-2】 重物质量 $m=10$ kg,悬挂在支架铰接点 B 处,A、C 为固定铰支座,杆件位置如图2-4所示,略去支架杆件质量,求重物处于平衡时,AB、BC 杆的内力。

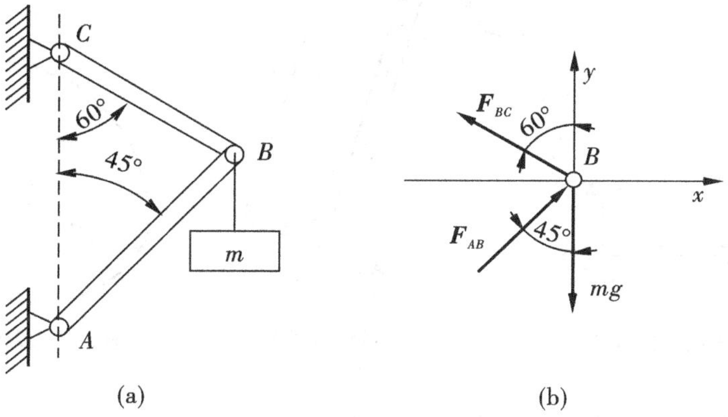

图2-4 例2-2题图

解:取铰 B 为研究对象,其上作用有三个力:重力 mg;BC 杆的约束力 $\boldsymbol{F}_{CB}$(设为拉力)及 AB 杆的约束力 $\boldsymbol{F}_{AB}$(设为压力),坐标轴如图2-4(b)所示,列出平衡方程:

$$\sum F_x = 0, -F_{CB}\cos 30° + F_{AB}\cos 45° = 0$$

$$\sum F_y = 0, -mg + F_{CB}\sin 30° + F_{AB}\sin 45° = 0$$

联立上述两方程,解得

$$F_{AB} = 88.0 \text{ N}, F_{CB} = 71.8 \text{ N}$$

由于求出的 $\boldsymbol{F}_{AB}$ 和 $\boldsymbol{F}_{CB}$ 都是正值,所以原先假设的方向是正确的,即 BC 杆承受拉力,AB 杆承受压力。若求出的结果为负值,则说明力的实际方向与原假定的方向相反。

2.2 平面力偶系

2.2.1 力对点之矩

从实践中知道,力不仅能使物体移动,还能使物体转动,力矩就是度量力使物体转动效应的物理量。

用扳手拧螺母(如图 2-5)、用钉锤拔钉子(如图 2-6)及用手推门等都是物体在力的作用下产生转动效应的实例。

力 $\boldsymbol{F}$ 使物体绕某点 O 的转动效应,不仅与力 $\boldsymbol{F}$ 的大小成正比,而且还与力 $\boldsymbol{F}$ 的作用线到 O 点的垂直距离 d 成正比。可见乘积 $\boldsymbol{F}d$ 就可作为这种转动效应强度的度量(如图 2-7)。力对物体的转动效应,除了反映它的强度外,还要反映其转向,就平面问题来说,可能产生两种转向相反的转动,即逆时针或顺时针方向的转动。对这两种情况,可采用正负号加以区分。

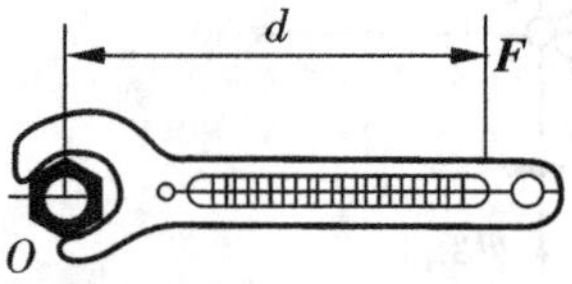

图 2-5 用扳手拧螺母

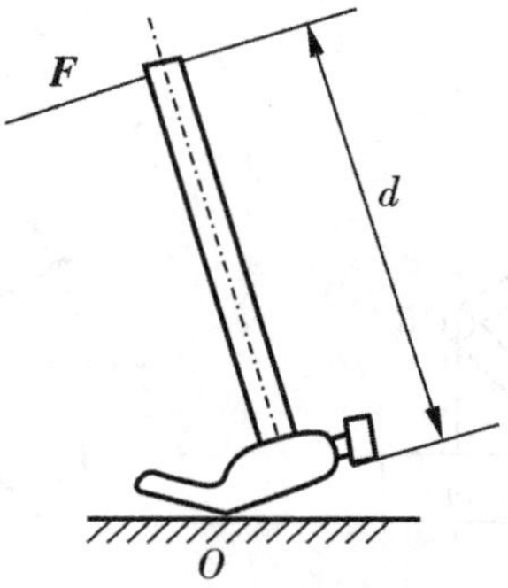

图 2-6 用钉锤拔钉子

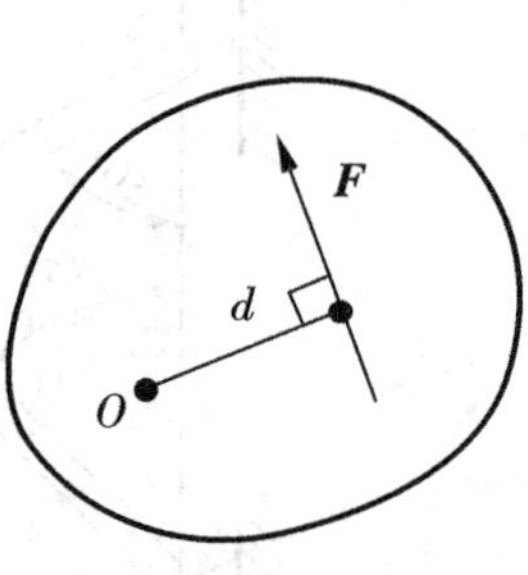

图 2-7 力对点之矩

用乘积 $\boldsymbol{F}d$ 加上正号或负号作为度量力 $\boldsymbol{F}$ 使物体绕 O 点(矩心)转动效应的物理量,该物理量称为力 $\boldsymbol{F}$ 对 O 点之矩,常用符号 $M_0(F)$ 表示,简称力矩。力对点的矩是代数量,表述为

$$M_0(F) = \pm \boldsymbol{F} \cdot d \tag{2-7}$$

式中 d——力臂,是矩心 O 到力 $\boldsymbol{F}$ 的作用线的垂直距离。

注:若力使物体产生逆时针方向转动,取正号;反之,取负号。力矩单位是力与长度的单位的乘积,在国际单位制中,力矩的单位为牛顿米(N·m)或千牛顿米(kN·m)。

2.2.2 合力矩定理

合力矩定理:平面汇交力系的合力对平面内任一点之矩,等于力系中各分力对同一点力矩的代数和。

$$M_0(F_R) = M_0(F_1) + M_0(F_2) + \cdots + M_0(F_n) = \sum M_0(F) \tag{2-8}$$

该定理不仅适用于平面汇交力系，而且可以推广到任意力系。

应用合力矩定理可以简化力矩的计算。在力臂已知或方便求解时，按力矩定义进行计算；在求力对某点力矩时，若力臂不易计算，按合力矩定理求解，可以将此力分解为两个或两个以上便于求出力臂的分力，再由多个分力力矩的代数和求出合力的力矩。

【例2-3】 如图2-8所示，$\boldsymbol{P}_1=200$ N，$\boldsymbol{P}_2=400$ N，$\boldsymbol{P}_3=300$ N。试求各力对 O 点的矩以及合力对 O 点的矩。

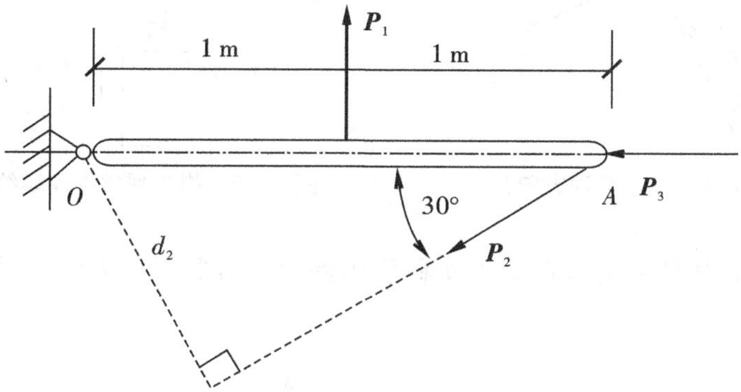

图2-8 例2-3题图

解：$\boldsymbol{P}_1$ 对 O 点的力矩：

$\boldsymbol{M}_0(\boldsymbol{P}_1)=P_1d_1=200\times1=200\ \text{N}\cdot\text{m}$

$\boldsymbol{P}_2$ 对 O 点的力矩：

$\boldsymbol{M}_0(\boldsymbol{P}_2)=-P_2d_2=-400\times2\sin30°=-400\ \text{N}\cdot\text{m}$

$\boldsymbol{P}_3$ 对 O 点的力矩：

$\boldsymbol{M}_0(\boldsymbol{P}_3)=P_3d=300\times1=0$

上述三个力的合力对 O 点的力矩：$\boldsymbol{M}_0=200-400+0=-200\ \text{N}\cdot\text{m}$

2.2.3 力偶及力偶矩

2.2.3.1 力偶的概念

由两个大小相等、方向相反、作用线平行而不重合的力 $\boldsymbol{F}$ 和 $\boldsymbol{F}'$ 组成的力系，称为力偶，并用符号 $(\boldsymbol{F},\boldsymbol{F}')$ 来表示。力偶的作用效果是使物体转动。

在日常生活中，我们常可见到如汽车司机用双手转动方向盘，钳工用丝锥攻螺纹等，都是力偶作用的实例，如图2-9和图2-10所示。

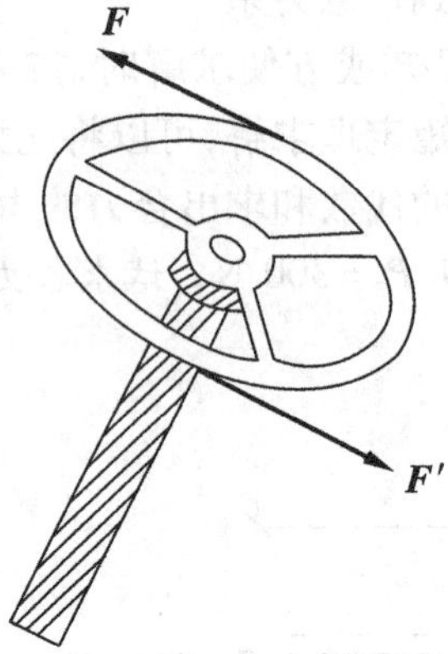

图 2-9 双手转动方向盘

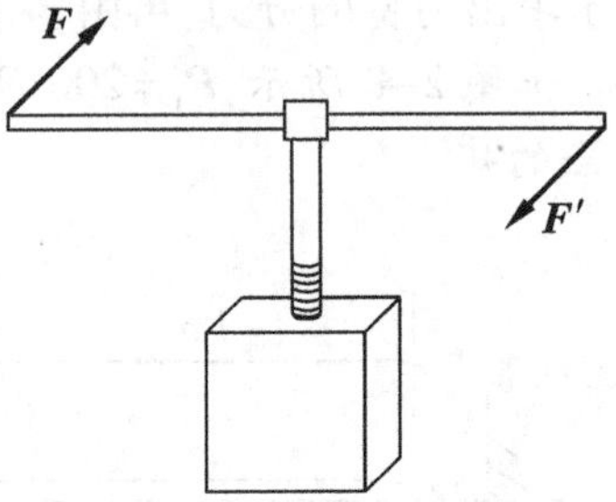

图 2-10 钳工用丝锥攻螺纹

力偶中两力作用线间的垂直距离 d 称为力偶臂，如图 2-11 所示。力偶所在的平面称为力偶作用面。

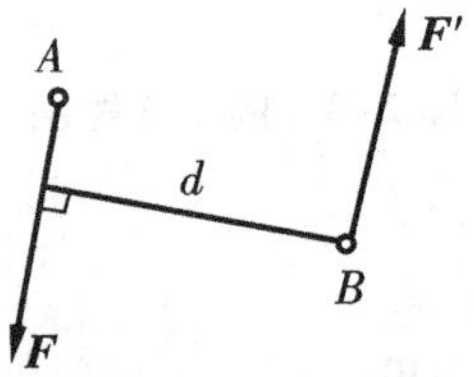

图 2-11 力偶示意图

在力偶作用面内，力偶能使物体产生转动，由经验可知，力偶中的力 $\boldsymbol{F}$ 越大，或者力偶臂 d 越大时，力偶对物体的转动效应越强。此外，力偶在平面内的转向不同，其作用效应也不相同。可见在力偶作用面内，力偶对物体的转动效应取决于力偶中力 $\boldsymbol{F}$ 和力臂 d 的乘积的大小以及力偶的转向。在力学中用力 $\boldsymbol{F}$ 的大小与力偶臂 d 的乘积 $\boldsymbol{F}d$ 加上正号或负号作为度量力偶对物体转动效应的物理量，该物理量称为力偶矩，并用符号 $\boldsymbol{M}(\boldsymbol{F},\boldsymbol{F}')$ 或 $\boldsymbol{M}$ 表示，即

$$\boldsymbol{M}(\boldsymbol{F},\boldsymbol{F}') = \pm \boldsymbol{F} \cdot d \tag{2-9}$$

式中 d——力偶臂，两力作用线间的垂直距离；

± ——规定若力偶的转向是逆时针，取正号；反之，取负号。

在国际单位制中，力偶矩的单位为牛顿米(N·m)或千牛顿米(kN·m)。

2.2.3.2 力偶的性质

(1)力偶对其作用面内任一点 O 之矩恒等于力偶矩，而与矩心的位置无关。

(2)力偶在任一坐标轴上的投影等于零。

由于力偶在任一轴上的投影等于零，所以力偶对物体不会产生移动效应，只产生转动效应。力偶不能用一个力来代替，即力偶不能简化为一个力，因而力偶也不能和一个力平衡，力偶只能与力偶平衡。

（3）**力偶的等效性。**

在同一平面内的两个力偶，如果它们的力偶矩大小相等，力偶的转向相同，则这两个力偶是等效的。这一性质称为力偶的等效性。如图2-12所示各力偶均为等效力偶。

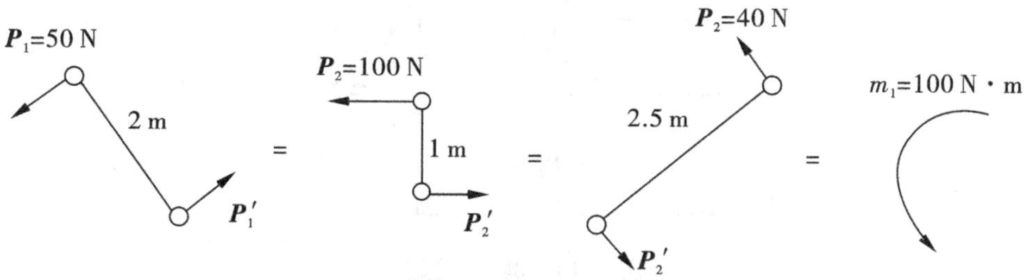

图2-12　等效力偶

在平面问题中，由于力偶对物体的转动效应完全取决于力偶矩的大小和力偶的转向，与它在作用面内的位置无关，只要保持力偶矩的大小、转向不变，可以同时改变力偶中的力和力偶臂的大小，而不改变它对物体的转动效应，所以，力偶在其作用面内除可用两个力表示外，通常还可用一带箭头的弧线来表示，如图2-13所示。其中箭头表示力的转向，m 表示力偶矩的大小。

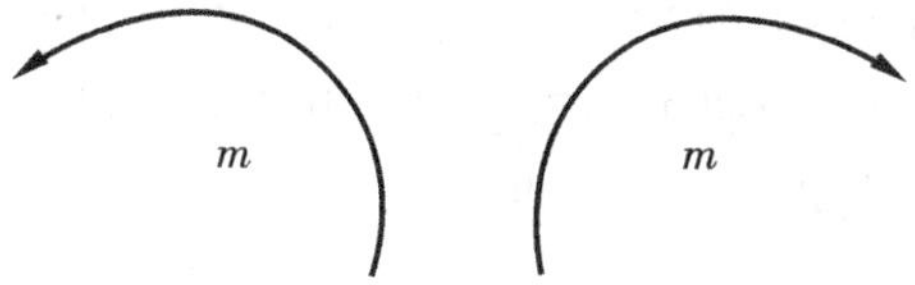

图2-13　力偶的表示方法

2.2.4　平面力偶系的合成

在物体的某一平面内同时作用有两个或两个以上的力偶时，这群力偶就称为平面力偶系。

力偶对物体的作用效应只有转动效应，而转动效应由力偶的大小和转向来度量，因此，力偶系的作用效果也只能是产生转动，其转动效应的大小等于各力偶转动效应的总和。可以证明，平面力偶系合成的结果为一合力偶，其合力偶矩等于各分力偶矩的代数和。即：

$$\boldsymbol{M}=\boldsymbol{M}_1+\boldsymbol{M}_2+\cdots\cdots+\boldsymbol{M}_n=\sum \boldsymbol{M}_n \tag{2-10}$$

【例2-4】　如图2-14所示，在物体的某平面内作用三个力偶。已知 $\boldsymbol{P}_1=500$ N，$\boldsymbol{P}_2=200$ N，$\boldsymbol{M}=300$ N·m，求其合成的结果。

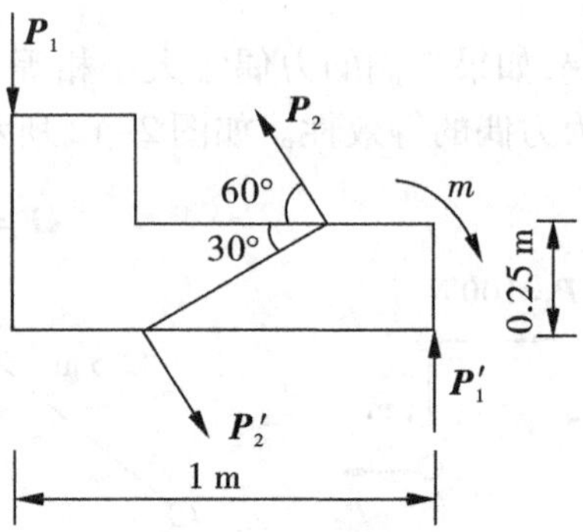

图 2-14 例 2-4 题图

解:此共面的三个力偶组成平面力偶系,它们合成的结果是一个合力偶。

$$M \sum M_n = M_1 + M_2 + \cdots\cdots + M_n = P_1 d_1 + P_2 d_2 - M$$

$$= 500 \times 1 + 200 \times (0.25 \div \sin 30°) - 300$$

$$= 300 \text{ N} \cdot \text{m}$$

2.2.5 平面力偶系的平衡条件

平面力偶系可以用它的合力偶等效代替,因此若合力偶矩等于零,则原力系必定平衡;反之若原力偶系平衡,则合力偶矩必等于零。由此可得到平面力偶系平衡的必要与充分条件:所有各力偶矩的代数和等于零。即

$$\sum_{i=1}^{n} M_i = 0 \tag{2-11}$$

平面力偶系有一个平衡方程,可以求解一个未知量。

【例 2-5】 三铰拱的左半部 AC 上作用一力偶,如图 2-15(a)所示,其矩为 $\boldsymbol{M}$,转向如图。求铰 A 和 B 处的反力。

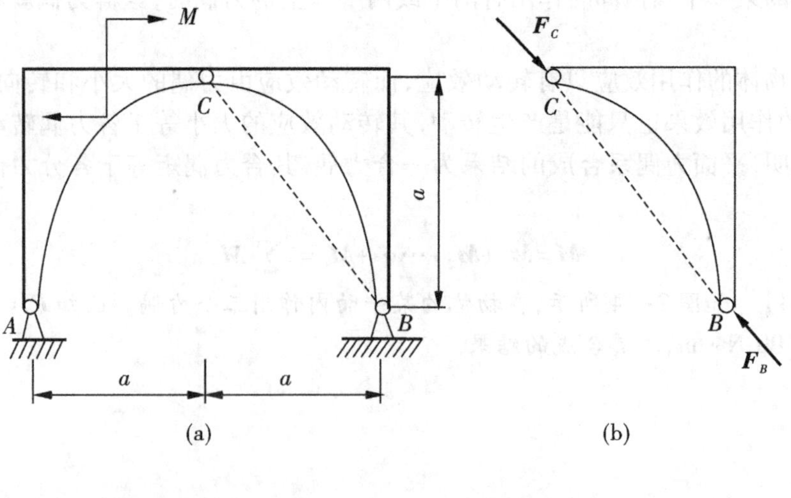

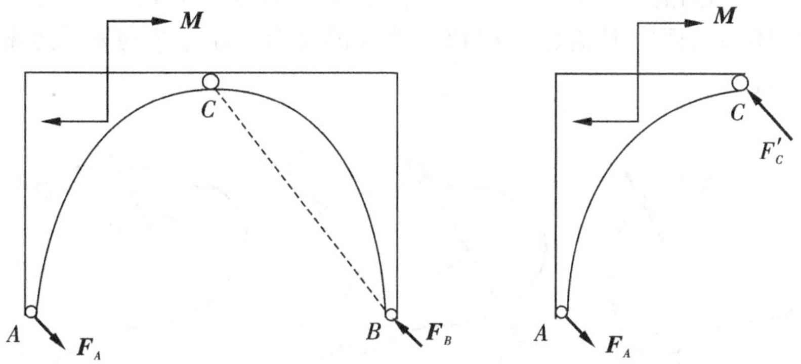

图 2-15 例 2-5 题图

解:铰 A 和 B 处的反力 $\boldsymbol{F}_A$和 $\boldsymbol{F}_B$的方向都是未知的,但 BC 部分只在 B、C 两处受力,故 BC 是二力杆,其 $\boldsymbol{F}_B$的作用线必沿 B、C 两点的连线,指向假设如图 2-15(b)所示。

现在考虑整个三铰拱的平衡。因整个拱所受的主动力只有一个力偶,$\boldsymbol{F}_A$与 $\boldsymbol{F}_B$应组成一力偶才能与之平衡。从而可知 $\boldsymbol{F}_A=-\boldsymbol{F}_B$,而力偶臂为 $2a\cdot\cos 45°$。于是平衡方程为

$$\sum \boldsymbol{M}_i=0 \quad \boldsymbol{F}_A 2a\cdot\cos 45°+\boldsymbol{M}=0$$

$$\boldsymbol{F}_A=-\boldsymbol{F}_B=\frac{\sqrt{2}}{2a}\boldsymbol{M}$$

2.3 平面一般力系

2.3.1 力的平移定理

由力的性质可知:在刚体内,力沿其作用线平移,其作用效应不改变。如果将力的作用线平移到另一个位置,其作用效应将发生改变,原因是力的转动效应与力的位置是直接的关系。如何平移力而不改变其对物体的运动效果?

这涉及力的平移定理:作用于刚体上的力 $\boldsymbol{F}$,可以平移到刚体上任意一点 O,必须附加一个力偶才能与原力等效,附加的力偶矩等于原力 $\boldsymbol{F}$ 对新作用点 O 的矩。

在图 2-16(a)中,物体上 A 点的作用有一个力 $\boldsymbol{F}$,如将此力平移到物体的任意一点 O,而又不改变物体的运动效果,则应根据加减平衡力系公理,在 O 点加上一对平衡力 $\boldsymbol{F}'$ 和 $\boldsymbol{F}''$,使它们的大小与力 $\boldsymbol{F}$ 相等,作用线与力 $\boldsymbol{F}$ 平行,如图 2-16(b)所示。显然,力 $\boldsymbol{F}$ 与 $\boldsymbol{F}''$组成了一个力偶($\boldsymbol{F}',\boldsymbol{F}''$),其力偶矩为 $\boldsymbol{m}=\boldsymbol{F}d=\boldsymbol{m}_o(\boldsymbol{F})$ 。于是,原作用于 A 点的力 $\boldsymbol{F}$ 就与现在作用在 O 点的力 $\boldsymbol{F}'$和力偶($\boldsymbol{F}',\boldsymbol{F}''$)等效,即相当于将力 $\boldsymbol{F}$ 平移到 O 点,如图 2-16(c)。

由证明可知:想要平移力而不改变其对物体的运动效果,需要附加一个力偶,附加的力偶矩等于原力 $\boldsymbol{F}$ 对新作用点 O 的矩。

应用力的平移定理可将一个力化为一个力偶,即将图 2-16(a)化为图 2-16(c)。反

之,也可将同一平面内的一个力 **F′**和一个力偶矩为 ***m*** 的力偶合成一个合力,即将图 2-16(c)化为图 2-16(a),而力 **F** 就是力 **F′**和力偶 ***m*** 的合力。合力 **F** 与 **F′**大小相等、方向相同、作用线平行。

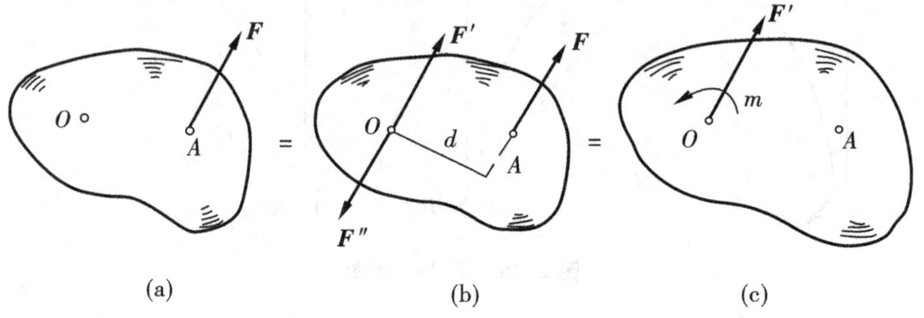

图 2-16　力的平移定理

2.3.2　平面一般力系向作用面内任一点的简化

力的平移定理是力系向一点简化的理论基础。

如图 2-17(b)所示的一个力 **F** 和一个力偶矩 ***M***,是共面的一个力和一个力偶。根据力的平移定理,可知图 2-17(a)和图 2-17(b)是等效的,从而方便分析力对刚体的作用效应,从图 2-17(b)直观看出轴向力将使立柱产生轴向压缩变形,而力偶使立柱产生弯曲变形。

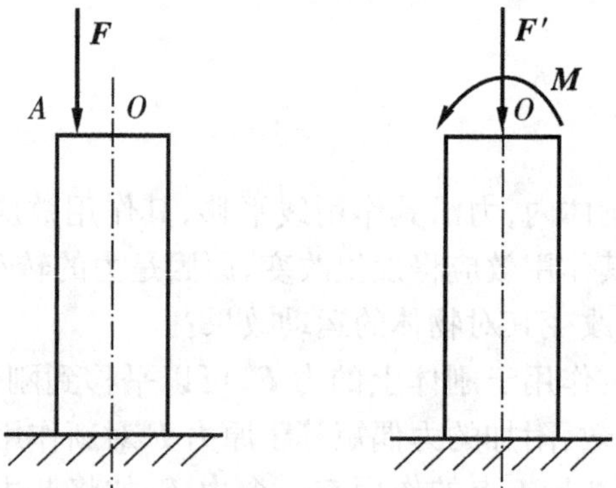

图 2-17　力的平移定理

2.3.2.1　平面一般力系向平面内任一点简化的方法

为了分析力系对刚体的作用效应,具体说明力系向一点简化的方法和结果,设刚体上作用一平面任意力系 $\boldsymbol{F}_1,\boldsymbol{F}_2,\cdots,\boldsymbol{F}_n$,各力的作用点分别为 $p_1,p_2,\cdots,p_n$,如图 2-18(a)所示。

在平面内任意取一点 O,称为简化中心。应用力的平移定理,将各力都向点 O 平移,

得到一个汇交于点 O 的平面汇交力系 $\boldsymbol{F}'_1,\boldsymbol{F}'_2,\cdots,\boldsymbol{F}'_n$ 和一个附加平面力偶系，其矩分别为 $\boldsymbol{M}_1,\boldsymbol{M}_2,\cdots,\boldsymbol{M}_n$，如图2-18(b)所示。这些力偶作用在同一平面内，它们的矩分别等于力 $\boldsymbol{F}_1,\boldsymbol{F}_2,\cdots,\boldsymbol{F}_n$ 对点 O 的矩，即

$$\boldsymbol{M}_1=\boldsymbol{M}_O(\boldsymbol{F}_1),\boldsymbol{M}_2=\boldsymbol{M}_O(\boldsymbol{F}_2),\boldsymbol{M}_n=\boldsymbol{M}_O(\boldsymbol{F}_n)$$

平面汇交力系 $\boldsymbol{F}'_1,\boldsymbol{F}'_2,\cdots,\boldsymbol{F}'_n$ 可按力多边形法则合成一个作用于点 O 的合力 $\boldsymbol{F}'_R$，如图2-18(c)所示。因为 $\boldsymbol{F}'_1,\boldsymbol{F}'_2,\cdots,\boldsymbol{F}'_n$ 各力分别与 $\boldsymbol{F}_1,\boldsymbol{F}_2,\cdots,\boldsymbol{F}_n$ 大小相等、方向相同，即有

$$\boldsymbol{F}'_R=\boldsymbol{F}_1+\boldsymbol{F}_2+\cdots+\boldsymbol{F}_n=\sum_{i=1}^{n}\boldsymbol{F}_i$$

$\boldsymbol{F}'_R$ 称为该力系的主矢量，简称为主矢，它等于力系中所有各力的矢量和。由于主矢等于力系中各力的矢量和，所以它与简化中心的选择无关。

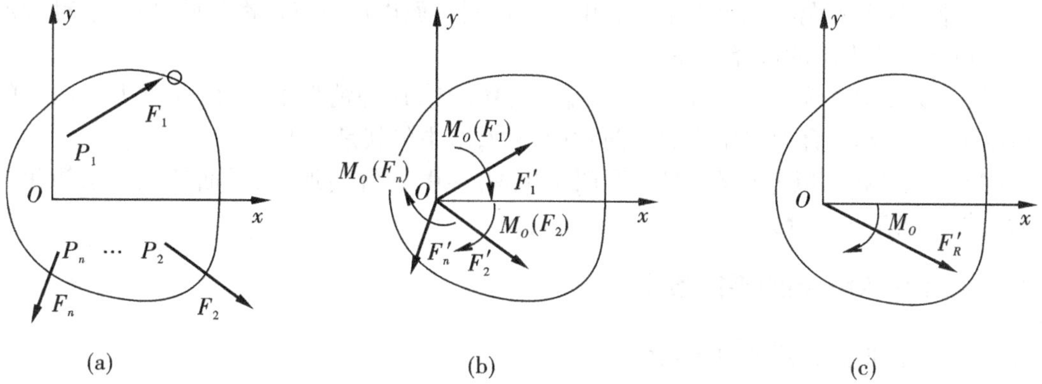

图2-18 简化图

根据平面力偶理论，力偶矩为 $\boldsymbol{M}_1,\boldsymbol{M}_2,\cdots,\boldsymbol{M}_n$ 的平面力偶系可以合成为一个合力偶，其矩 $\boldsymbol{M}_O$ 等于各力偶矩的代数和，并注意到附加力偶的矩等于力对简化中心的矩，即有

$$\boldsymbol{M}_O=\boldsymbol{M}_O(\boldsymbol{F}_1)+\boldsymbol{M}_O(\boldsymbol{F}_2)+\cdots+\boldsymbol{M}_O(\boldsymbol{F}_n)=\sum_{i=1}^{n}\boldsymbol{M}_O(\boldsymbol{F}_i) \tag{2-12}$$

$\boldsymbol{M}_O$ 称为该力系对简化中心的主矩，它等于力系中所有各力对简化中心矩的代数和。

综上所述，一般情况下，平面任意力系向作用面内任一点 O 简化，可得一个力和一个力偶。这个力等于该力系的主矢，作用在简化中心 O；这个力偶的矩等于该力系对简化中心 O 的主矩。

为了求出平面任意力系的主矢的大小和方向，通过点 O 取坐标系 Oxy，考虑到合力投影定理，则有

$$\boldsymbol{F}'_{Rx}=\boldsymbol{F}_{1x}+\boldsymbol{F}_{2x}+\cdots+\boldsymbol{F}_{nx}=\sum_{i}^{n}\boldsymbol{F}_{ix}$$

$$\boldsymbol{F}'_{Ry}=\boldsymbol{F}_{1y}+\boldsymbol{F}_{2y}+\cdots+\boldsymbol{F}_{ny}=\sum_{i}^{n}\boldsymbol{F}_{iy}$$

于是,主矢的大小和方向:

$$F'_R=\sqrt{F'^2_{Rx}+F'^2_{Ry}}=\sqrt{(\sum_i^n F_{ix})^2+(\sum_i^n F_{iy})^2} \tag{2-13}$$

$$\cos\alpha=\frac{F'_{Rx}}{F_R}$$

α 是主矢与 x 轴正向间的夹角。

2.3.2.2 平面一般力系简化结果

平面一般力系向任一点简化的结果可能有四种情况。

(1)主矢和主矩都等于零,即 $F'_R=0$、$M_O=0$,这种情形下,该力系为平衡力系。

(2)主矢等于零,主矩不等于零,即 $F'_R=0$、$M_O\neq0$,这种情形下,平面任意力系简化的最后结果为一力偶。此时作用于简化中心的各力相互平衡,但附加力偶并不平衡,可合成为一个力偶,这个力偶的矩等于主矩。由于力偶对平面内任意点矩都相同,所以这种情形下的主矩与简化中心的选择无关。

(3)主矢不等于零主矩等于零,即 $F'_R\neq0$、$M_O=0$,这种情形下,平面任意力系简化的最后结果为一合力,合力作用线通过简化中心 O,即主矢就是合力。

(4)主矢量和主矩都不等于零,即 $F'_R\neq0$、$M_O\neq0$,这种情形下,平面任意力系简化的最后结果仍然是一个合力。

2.3.3 平面一般力系的平衡条件

2.3.3.1 平面任意力系的平衡条件

平面任意力系平衡的必要和充分条件是:力系中所有各力在两个坐标轴上的投影的代数和等于零,力系中所有各力对于任意一点 O 的力矩代数和等于零。

由此得平面任意力系的平衡方程:

$$\sum X=0 \quad \sum Y=0 \quad \sum M_O=0 \tag{2-14}$$

2.3.3.2 平面任意力系的平衡方程

平面任意力系的平衡方程,还有另外两种形式。

(1)二矩式

$$\sum X=0 \quad \sum M_A=0 \quad \sum M_B=0 \tag{2-15}$$

其中,A、B 两点之间的连线不能垂直 x 轴。

(2)三矩式

$$\sum M_A=0 \quad \sum M_B=0 \quad \sum M_C=0 \tag{2-16}$$

其中,A、B、C 三点不能共线。

【例2-6】 如图 2-19 所示简支梁,计算跨度为 l_0,承受的均布载 q,求梁的支座反力。

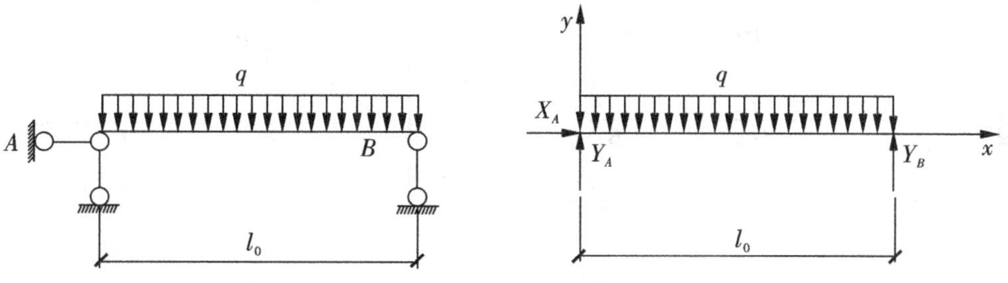

图 2-19　梁的支座反力计算

解:(1)以梁为研究对象进行受力分析,绘制受力图,如图 2-19(b)所示;

(2)建立如图 2-19(b)所示的直角坐标系;

(3)建立平衡方程,求解支座反力:

$$\sum X = 0 \quad X_A = 0$$

$$\sum Y = 0 \quad Y_A - ql_0 + Y_B = 0$$

$$\sum M_X = 0 \quad Y_B l_0 - \frac{1}{2}ql_0^2 (\uparrow)$$

解得:$X_A = 0$;$Y_A = \frac{1}{2}ql_0 (\uparrow)$

【**例 2-7**】　如图 2-20 所示悬臂梁,计算跨度 l,承受的集中荷载设计值 $\boldsymbol{F}$,求支座反力。

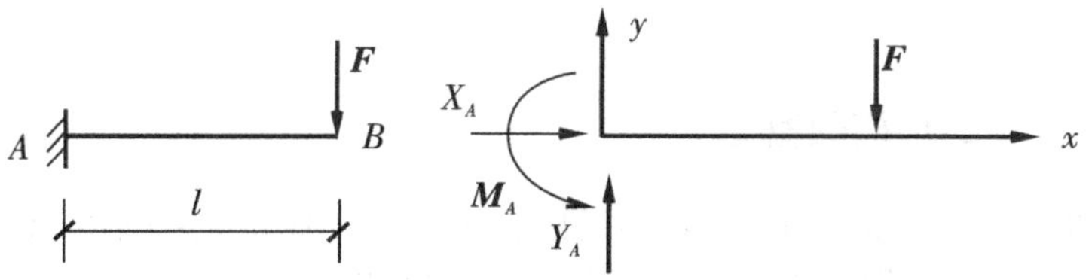

图 2-20　悬臂梁受力图

解:(1)以梁为研究对象进行受力分析,绘制受力图,如图 2-20 所示;

(2)建立如图 2-20 所示的直角坐标系;

(3)建立平衡方程,求解支座反力:

$$\sum X = 0 \quad X_A = 0$$

$$\sum Y = 0 \quad Y_A - \boldsymbol{F} = 0$$

$$\sum \boldsymbol{M}_A = 0 \quad \boldsymbol{M}_A - \boldsymbol{F}l = 0$$

解得:$X_A = 0 \quad Y_A = \boldsymbol{F} (\uparrow) \quad \boldsymbol{M}_A = \boldsymbol{F}l(\curvearrowright)$

【**例 2-8**】　如图 2-21 所示简支梁,计算跨度 l,承受的集中荷载设计值 $\boldsymbol{P}$,作用在跨中 C 点,求简支梁的支座反力。

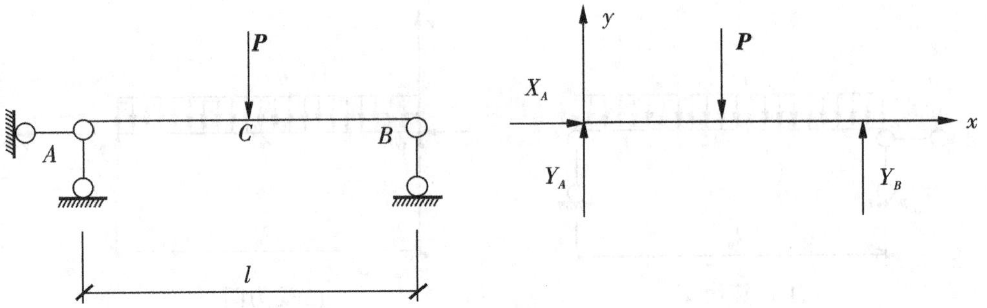

图 2-21 简支梁受力图

解：(1)以梁为研究对象进行受力分析，绘制受力图，如图 2-21(b)所示；

(2)建立如图 2-21(b)所示的直角坐标系；

(3)建立平衡方程，求解支座反力：

$$\sum X = 0 \quad X_A = 0$$

$$\sum Y = 0 \quad Y_A - \boldsymbol{P} + Y_B = 0$$

$$\sum \boldsymbol{M}_A = 0 \quad Y_B \times l - \boldsymbol{P} \times \frac{l}{2} = 0$$

解得：$X_A = 0; Y_A = Y_B = \frac{\boldsymbol{P}}{2}(\uparrow)$

2.4 物体系统的平衡

2.4.1 物体系统及其平衡的概念

实际研究对象往往不止一个物体，而是由若干个物体组成的物体系统，各物体之间以一定的方式联系着，整个系统又以适当方式与其他物体相联系。物体系统的平衡就是组成系统的每一个物体及系统整体都处于平衡状态，在研究物体平衡问题时，可以选取整个物体为研究对象，也可以选取物体系统中部分物体为研究对象，以建立平衡方程。

为了求出未知的力，可取系统中的任一物体作为考察对象。对于平面力系问题而言，根据一个物体的平衡，一般可以写出三个独立的平衡方程。如果该系统共有 n 个物体，则共有 $3n$ 个独立的平衡方程，可以求解 $3n$ 个未知数。要是整个系统中未知数的数目超过 $3n$ 个，则成为超静定问题。

2.4.2 物体系统平衡的分析方法

【例 2-9】 组合梁由 AC 和 CE 用铰链连接而成，结构的尺寸和载荷如图 2-22(a)所示，已知 $\boldsymbol{F}=5$ kN，$q=4$ kN/m，$\boldsymbol{M}=10$ kN·m，试求梁的支座反力。

解：分析该系统受平面一般力系的作用，可以列出 6 个独立的平衡方程，而且系统的未知量也为 6 个，可用 6 个方程解 6 个未知量。先取梁的 CE 段为研究对象，受力如图

2-22(c)所示,列平衡方程,求出 C、E 处的反力。

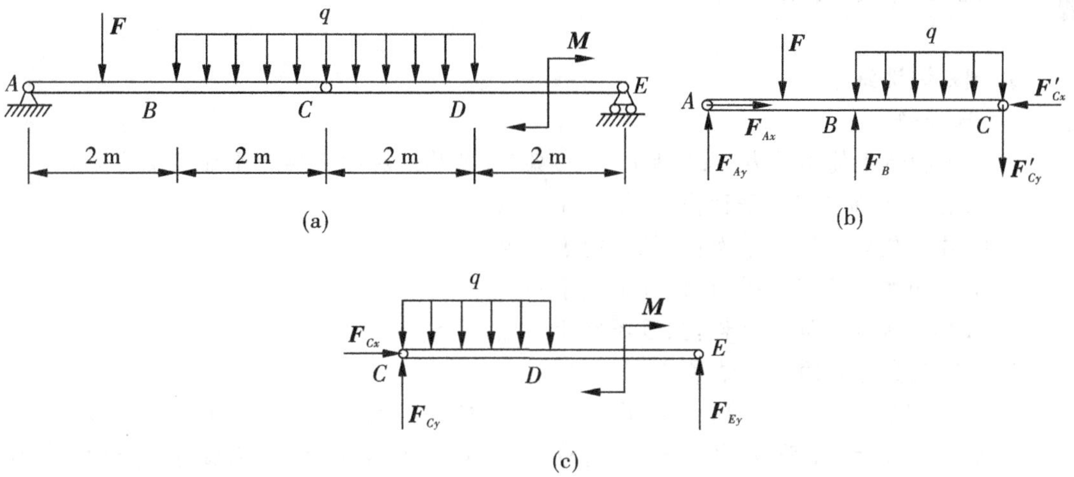

图 2-22 例 2-9 题图

$$\sum M_C = 0 \quad F_E \times 4 - M - q \times 2 \times 1 = 0$$

$$F_{Ey} = \frac{M + q \times 2 \times 1}{4} = 4.5\ \text{kN}$$

$$F_{Ox} = 0 \quad \sum F_x = 0 \quad \sum F_y = 0 \quad F_{Cy} + F_{Ey} - q \times 2 = 0$$

$$F_{Cy} = 2q - F_{Ey} = 3.5\ \text{kN}$$

然后,取梁的 AC 段为研究对象,受力如图 2-22(b)所示,列平衡方程:

$$\sum M_A = 0 \quad -F \times 1 + F_B \times 2 - q \times 2 \times 3 - F'_{Cy} \times 4 = 0 \text{ 且 } F'_{Cy} = F_{Cy}$$

$$F_B = \frac{F \times 1 + q \times 2 \times 3 + F'_{Cy} \times 4}{2} = 21.5\ \text{kN}$$

$$\sum F_x = 0 \quad F_{Ax} - F'_{Cx} = 0 \text{ 且 } F'_{Cx} = F_{Cx} \quad F_{Ax} = 0$$

$$\sum F_y = 0 \quad F_{Ay} + F_B - F - q \times 2 - F'_{Cy} = 0$$

$$F_{Ay} = -F_B + F + q \times 2 + F'_{Cy} = -5\ \text{kN}$$

本题也可先取梁的 CE 段为研究对象,求出 E 处的反力 F_e,然后,再取整体为研究对象,列方程求出 A、B 处的反力 F_{Ax}、F_{Ay}、F_B。请自行分析。

基础知识与技能训练

基础知识训练

一、选择题

1. 一个物体上的作用力系,满足(　　)条件,就称这种力系称为平面汇交力系。
   A. 作用线都在同一平面内,且汇交于一点
   B. 作用线都在同一平面内,但不交于一点
   C. 作用线在不同一平面内,且汇交于一点
   D. 作用线在不同一平面内,且不交于一点
2. 平面汇交力系的合成结果是(　　)。
   A. 一扭矩　　B. 一弯矩　　C. 一合力　　D. 不能确定
3. 平面汇交力系平衡的必要和充分条件是各力在两个坐标轴上投影的代数和(　　)。
   A. 一个大于0,一个小于0　　B. 都等于0
   C. 都小于0　　D. 都大于0
4. 平面汇交力系独立平衡方程的数目为(　　)。
   A. 1个　　B. 2个　　C. 3个　　D. 4个
5. 如图2-23所示系统只受 $\boldsymbol{F}$ 作用而处于平衡。欲使 A 支座约束反力的作用线与 AB 成30°角,则斜面的倾角 α 应为(　　)。
   A. 0°　　B. 30°　　C. 45°　　D. 60°

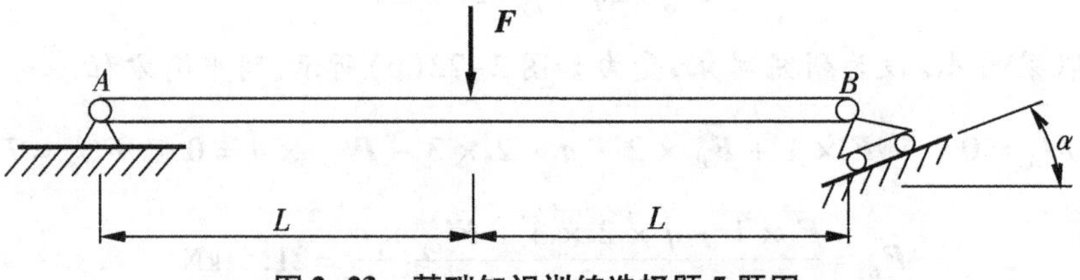

图2-23　基础知识训练选择题5题图

6. 平面问题中力对点的矩是(　　)。
   A. 矢量　　B. 代数量　　C. 几何量
7. 平面问题中力对点之矩的正负号规定为(　　)。
   A. 力使物体绕矩心逆时针方向转动时力矩为正,反之为负
   B. 力使物体绕矩心顺时针方向转动时力矩为正,反之为负
   C. 恒为正
8. 当力臂不易确定时,通常(　　)计算力对点之矩。
   A. 用力对点之矩的定义式
   B. 应用合力矩定理
   C. 应用合力投影定理

9. 下列说法中错误的是(　　)。
A. 力偶不能用一个力去平衡
B. 力偶不能与一个力等效
C. 力偶矩相等的两个力偶相互等效
10. 下列说法中错误的是(　　)。
A. 一个平面力偶系可能与一个力偶等效
B. 一个平面力偶系可能是平衡力系
C. 一个平面力偶系可能与一个力等效
11. 对于一个平面力偶系,利用其平衡条件可以求解(　　)未知量。
A. 1 个　　B. 2 个　　C. 3 个
12. 一个平面一般力系有(　　)个独立的静力平衡方程。
A. 一　　B. 二　　C. 三　　D. 四
13. 一个平面平行力系有(　　)个独立的静力平衡方程。
A. 一　　B. 二　　C. 三　　D. 四
14. 平面一般力系的最后合成结果不可能是(　　)。
A. 一个力　　B. 一个力偶
C. 平衡的情况　　D. 一个力和一个力偶(力螺旋)
15. 一个平面一般力系向某一点(简化中心)简化所得主矩(　　)。
A. 一定与简化中心位置无关
B. 一定与简化中心位置有关
C. 有些情况下与简化中心位置有关,有些情况下与简化中心位置无关
16. 一个力系向某一点(简化中心)简化所得主矢(　　)。
A. 一定与简化中心位置无关
B. 一定与简化中心位置有关
C. 有些情况下与简化中心位置有关,有些情况下与简化中心位置无关
17. 求解刚体平衡问题时选列平衡方程的原则和技巧不包括(　　)。
A. 设投影轴垂直于其他未知力
B. 设投影轴平行于其他未知力
C. 选其他未知力作用线的交点为力矩中心
D. 尽量用一个方程求解一个未知量

二、判断题

1. 力可以使物体发生各种形式的运动。　(　　)
2. 力与力偶可以合成。　(　　)
3. 力的投影和力的分解是等效的。　(　　)
4. 当力的作用线通过矩心时,力的转动效应为零。　(　　)

技能训练

一、作图题

1. 为什么力偶在任意坐标轴上的投影为零?

2. 图 2-24 已列出 $F_1=300$ N, $F_2=250$ N, $F_3=400$ N, $F_4=500$ N 各力的方向。试求每个力在 x、y 轴上的投影。

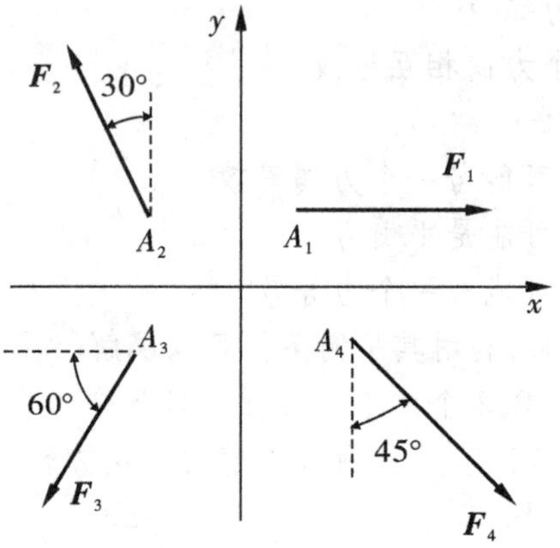

图 2-24　技能训练作图题 2 题图

二、计算题

1. 如图 2-25 中支架有杆 AB、AC 构成，A 处是铰链，B、C 两处都是固定铰支座，在 A 点作用有竖直力 $F=100$ kN。求图示情况下，杆 AB、AC 所受的力。

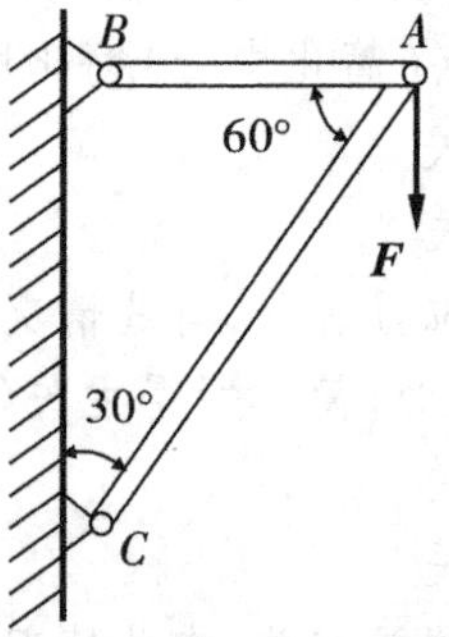

图 2-25　技能训练计算题 1 题图

2. 分别求出图 2-26 所示三个力偶的合力偶矩，已知：$F_1=F'_1=50$ N, $F_2=F'_2=100$ N, $F_3=F'_3=120$ N; $d_1=50$ cm, $d_2=30$ cm, $d_3=20$ cm。

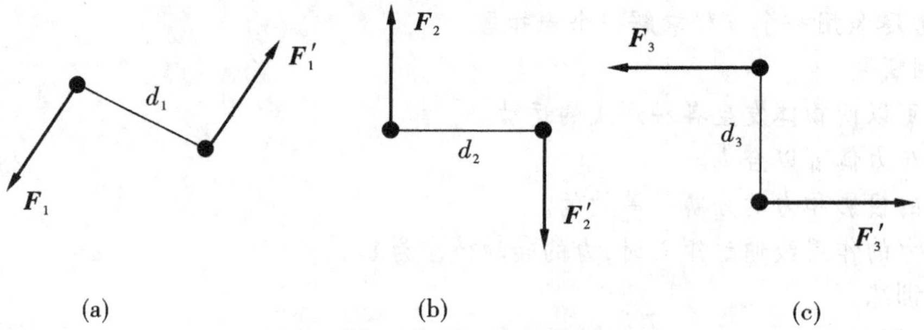

图 2-26　技能训练计算题 2 题图

模块3 结构的计算简图与平面体系的几何组成分析

* 学习任务与目标

学习任务

1. 了解结构计算简图的概念,掌握计算简图简化的内容,掌握杆件结构计算简图的选取方法。
2. 理解杆系结构的定义,了解杆系结构的分类。
3. 理解几何不变体系、几何可变体系概念。
4. 掌握几何不变体系、几何可变体系判断规则。
5. 了解刚体、自由度、约束等的概念。
6. 理解静定结构、超静定的概念及其分类。

知识目标

1. 掌握选择结构计算简图的原则和方法;掌握计算简图简化的内容。
2. 熟悉结构计算简图的选取方法。
3. 掌握计算简图简化的内容。
4. 掌握杆系结构的概念和分类。
5. 掌握几何不变体系概念和判断规则。
6. 掌握几何可变体系概念和判断规则。
7. 掌握静定结构和超静定结构概念以及各自特点。

技能目标

1. 能够运用所学知识画出简单结构的计算简图。
2. 能运用几何不变体系组成规则对平面体系进行几何组成分析。
3. 能判断出结构是静定结构还是超静定结构。

4 能利用多跨静定梁、桁架、刚架及三铰拱的特点解决实际工程中遇到的问题。

3.1 结构计算简图

3.1.1 结构计算简图的概念

实际工程中,结构的构造多种多样,其受力及变形情况也比较复杂,完全按照结构的实际工作状态进行分析往往是困难的,有时也没有必要。因此,在进行力学计算前,必须先将实际结构加以简化,分清结构受力、变形的主次,抓住主要因素,忽略一些次要因素,将实际结构抽象为既能反映结构的实际受力和变形特点,又便于计算的理想模型,称为结构的计算简图。

计算简图的选取在结构的力学分析中占有相当重要的地位,它直接影响着计算工作量的大小以及与实际结构的差异。

计算简图的选取应遵循以下两条原则:

(1)正确反映结构的实际受力情况,使计算结果精确可靠。

(2)对结构的内力和变形影响较小的次要因素,可以较大地简化甚至忽略,突出结构的主要特征,以便于分析和计算。

3.1.2 计算简图简化的内容

可以从体系简化、结点简化、支座简化以及荷载简化四个方面来进行。

(1)体系简化　工程中的结构都是空间结构,各构件相互联结成一个空间整体,以便承受各个方向可能出现的荷载。但是,在土建工程中,大量的空间杆系结构,在一定的条件下,根据结构的受力状态和特点,常可以简化为平面杆系结构进行计算,力学计算简图中常用杆件的轴线代替杆件。

(2)结点简化　结构中各杆件间的相互连接处称为结点。尽管杆件之间的连接方法各不相同,构造形式多种多样,差异很大,但在结构的计算简图中,只把结点简化成两种极端理想化的基本形式:铰结点和刚结点。

1)铰结点　铰结点是指杆件与杆件之间用圆柱铰链约束连接,连接后杆件之间可以绕结点中心自由地做相对转动而不能产生相对移动。在实际工程中,完全用理想铰来连接杆件的实例是非常少见的。但是,从结点的构造来分析,把它们近似地看成铰结点所造成的误差并不显著。其特征是所连各杆都可以绕结点自由转动,即在结点处各杆之间的夹角可以改变。如图 3-1(a)所示的木屋架结点,一般认为各杆件之间可以产生比较微小的转动,其杆件与杆件之间的连接方式,在计算简图中常简化为图 3-1(b)所示的铰结点。又如图 3-2(a)所示为木结构或钢筋混凝土梁中常采用的一种连接方式,计算时也可以简化为铰结点,其简图如图 3-2(b)所示。

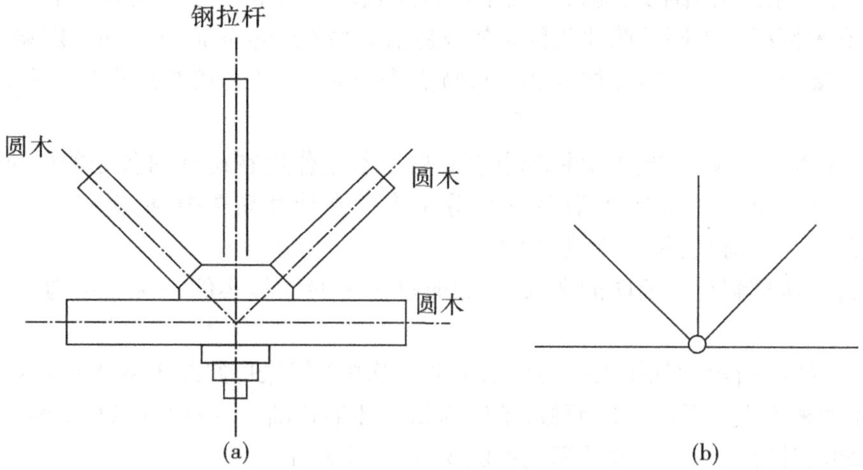

图 3-1　木屋架结点的简化

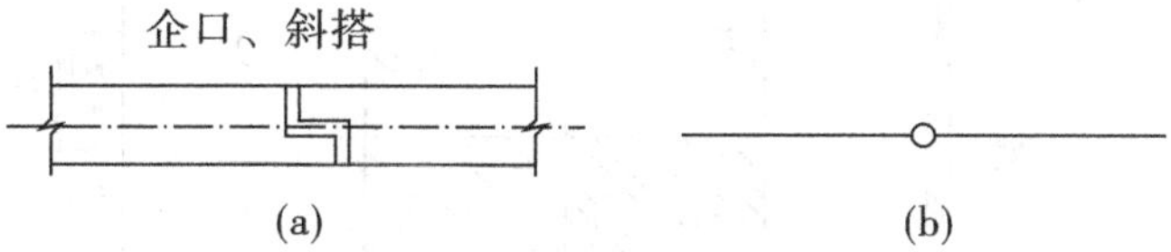

图 3-2　梁的连接结点的简化

2)刚结点　刚结点是指杆件之间的连接是采用焊接(如钢结构的连接)或者是现浇(如钢筋混凝土梁与柱子现浇在一起)的连接方式,则杆件之间相互连接后,在连接处的任何相对运动都受到了限制,即不能产生相对移动,也不能产生相对转动,即使结构在荷载的作用下发生了变形,在结点处各杆端之间的夹角也仍然保持不变。在计算简图中,刚结点用杆件轴线的交点来表示,如图 3-3 所示。

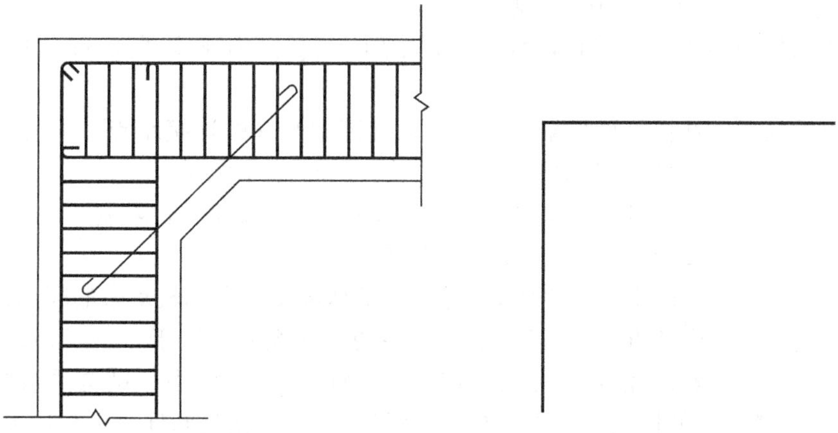

图 3-3　梁柱现浇结点的简化

(3)支座简化　把结构与基础或支承部分连接起来的装置称为支座。平面结构的支座根据其支承情况的不同可简化为固定铰支座、活动铰支座、定向支座和固定端支座。支座的简化主要根据支座的实际构成和变形特点来决定,参照约束与约束反力所述内容进行简化。

(4)荷载简化　实际结构构件受到的荷载,一般是作用在构件内各处的体荷载(如自重),以及作用在某一面积上的面荷载(如分压力),在计算简图中,把它们简化到作用在构件纵轴线上的线荷载、集中荷载和力偶。

为了进一步理解计算简图的选取,下面通过简单的工程实例来说明结构计算简图的取法。

如图 3-4(a)所示为某排架结构单层工业厂房的剖面图,如图 3-4(b)所示为其平面布置图,屋面板为大型预应力屋面板,基础为预制杯形基础,并用细石混凝土灌缝,试确定该排架结构的计算简图。荷载的简化如图 3-4(c)中所示。

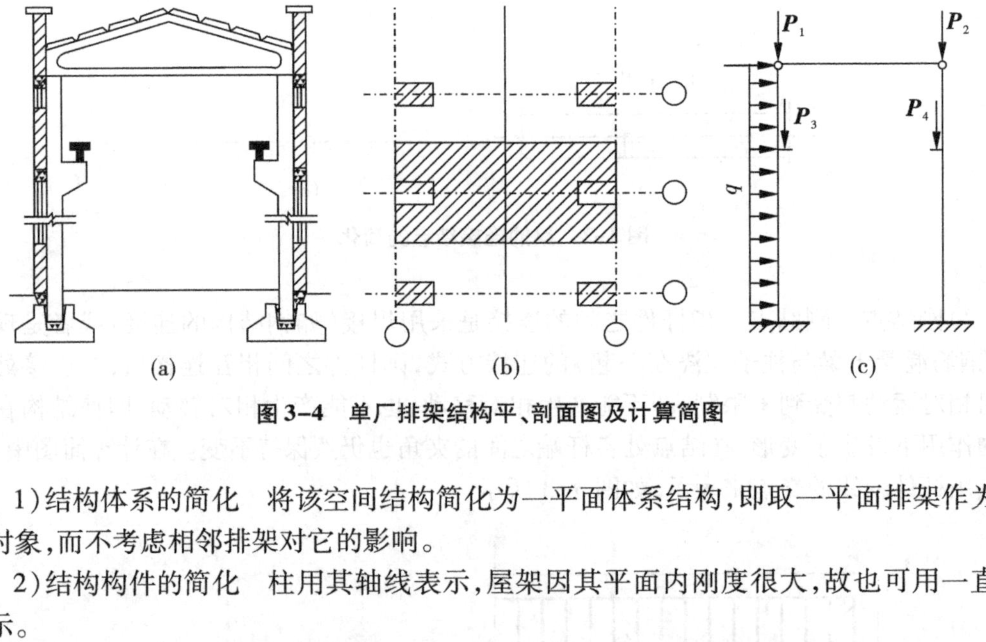

图 3-4　单厂排架结构平、剖面图及计算简图

1)结构体系的简化　将该空间结构简化为一平面体系结构,即取一平面排架作为研究对象,而不考虑相邻排架对它的影响。

2)结构构件的简化　柱用其轴线表示,屋架因其平面内刚度很大,故也可用一直杆表示。

3)结点的简化　在该平面排架内的结点只有屋架与柱的连接结点,一般该结点均为螺栓连接或焊接,结点对屋架转动的约束较弱,故可简化为铰接点。

4)支座的简化　由于柱插入基础后,用细石混凝土灌缝嵌固,限制了柱在竖直方向和水平方向的移动及转动,因此柱子按固定端支座考虑。

怎样才能恰当地选取实际结构的计算简图,是结构设计中比较复杂的问题,不仅要掌握上面所述的基本规则和方法,而且需要有较多的实践经验。对于一些新型结构往往还要通过反复实验和实践,才能获得比较合理的计算简图。另外,由于结构的重要性、设计进行的阶段、计算问题的性质及计算工具等因素的不同,即使是同样一个结构也可以取得不同的计算简图。对于重要结构,应该选取比较精确的计算简图;在初步设计阶段可选取比较粗略的计算简图,而在技术设计阶段选取比较精确的计算简图;对结构进行静力计算时,应该选取比较复杂的计算简图,而对结构进行动力稳定计算时,由于问题比较复杂,则可以选取比较简单的计算简图;当计算工具比较先进时,应选取比较精确的计算简图等。

3.1.3　杆系结构的分类

杆系结构是指由若干杆件所组成的结构,也称为杆件结构。按照空间观点,杆系结构又可分为平面杆系结构和空间杆系结构。凡是组成结构的所有杆件的轴线和作用在结构上的荷载都位于同一平面内,这种结构称为平面杆系结构;反之,如果组成结构的所有杆件的轴线或作用在结构上的荷载不在同一平面内,这种结构即为空间杆系结构。

本书主要研究和讨论平面杆系结构,其常见的形式可以分为以下几种:

(1)梁　梁是一种最常见的受弯构件,轴线常为直线,有单跨梁和多跨梁、悬臂梁、伸臂梁等,如图 3-5 所示。

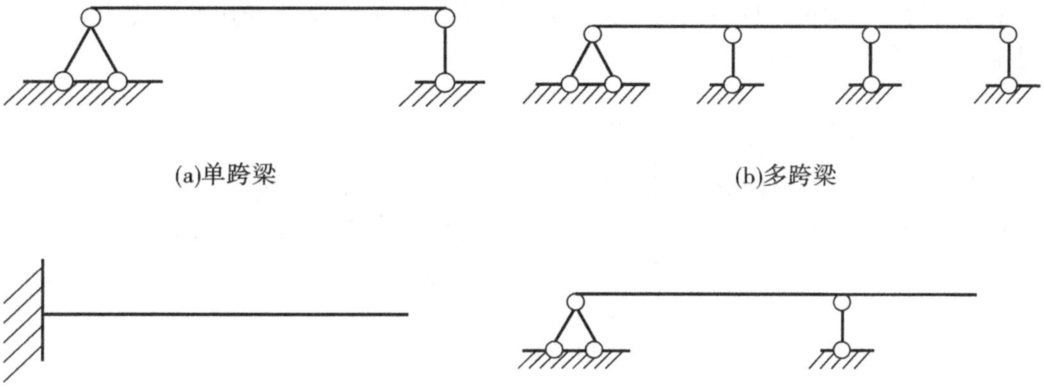

(a)单跨梁　(b)多跨梁

(c)悬臂梁　(d)伸臂梁

图 3-5　梁的分类

(2)刚架　刚架是由直杆组成,各杆主要受弯曲变形,结点大多数是刚性结点,也可以有部分铰结点,如图 3-6 所示。

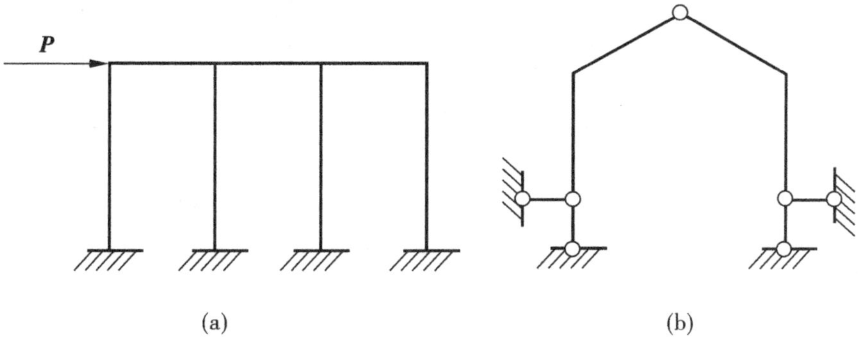

(a)　(b)

图 3-6　刚架

(3)拱　拱的轴线为曲线，在竖向荷载作用下，支座不仅有竖向支座反力，而且还产生水平支座反力(水平推力)，如图 3-7 所示。

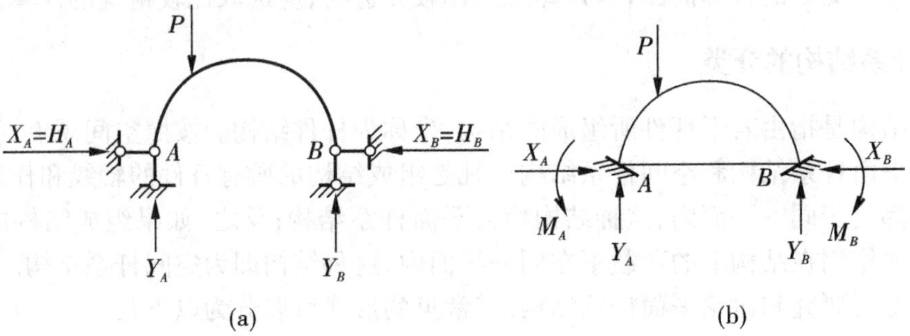

图 3-7　拱

(4)桁架　桁架由直杆组成，各结点假设为理想铰结点，荷载作用在结点上，各杆只产生轴力，如图 3-8 所示。

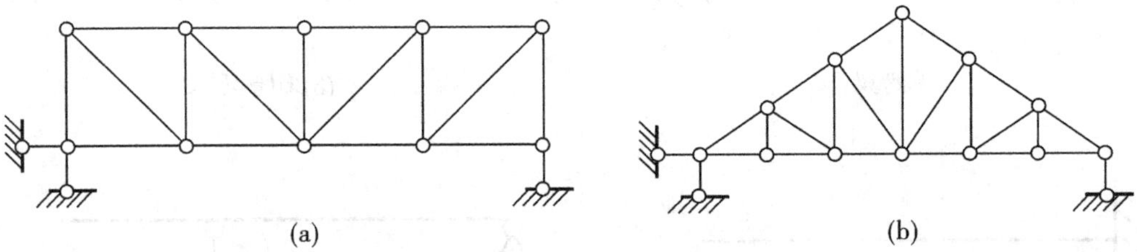

图 3-8　桁架

(5)组合结构　这种结构中，一部分是桁架杆件只承受轴力，另一部分是梁或刚架杆件，即受弯杆件，两者组合而成的结构，称为组合结构，如图 3-9 所示。

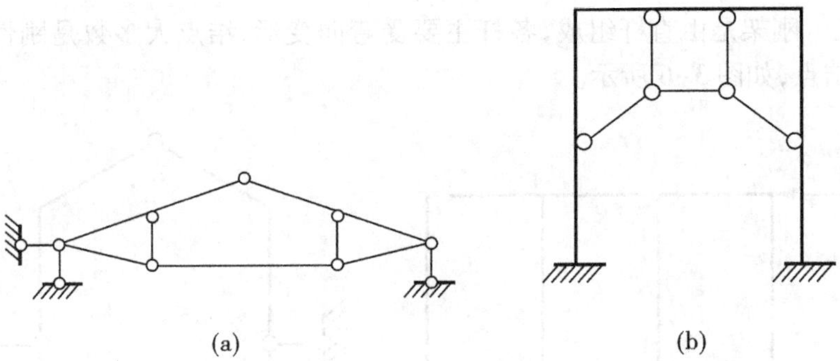

图 3-9　组合结构

3.2　平面体系的几何组成分析

3.2.1　平面体系几何组成的分类

（1）几何不变体系　在不考虑材料变形的条件下，在任意荷载作用下，能够保持几何形状和位置不变的体系，称为几何不变体系，如图3-10(a)所示。

（2）几何可变体系　在不考虑材料变形的条件下，即使在不大的荷载作用下，也能引起几何形状和位置改变的体系，称为几何可变体系，如图3-10(b)所示。

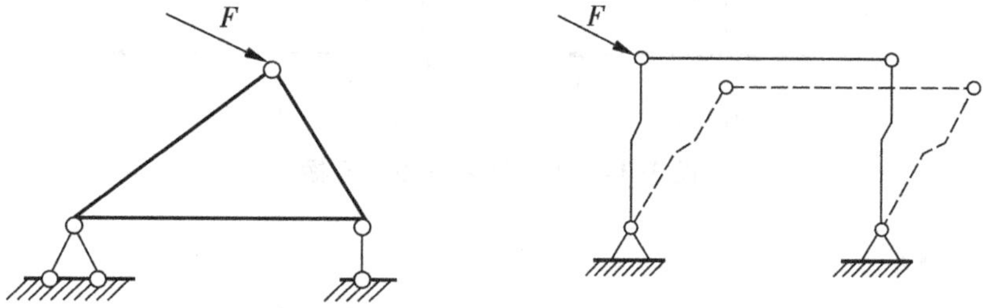

(a)几何不变体系　　(b)几何可变体系

图3-10　平面体系几何组成

3.2.2　平面体系几何组成分析的目的

土建工程中的结构必须是几何不变体系，因此，在对结构进行分析计算时，首先要研究其几何性质，判断其是否是几何不变体系，这种判别工作称为体系的几何组成分析。几何体系分析的目的如下：

（1）判别给定体系是否是几何不变体系，从而决定它能否作为结构使用。

（2）研究几何不变体系的组成规则，以保证设计出合理的结构。

（3）正确区分静定结构和超静定结构，为结构的内力计算打下必要的基础。

3.2.3　几何组成分析中的几个重要概念

（1）刚片　在平面体系中，由于不考虑材料的应变，所以可认为各个构件没有变形。于是，可以把一根梁、一根链杆或体系中已经肯定为几何不变的某个部分看作一个平面刚体，简称为刚片。

（2）自由度　自由度是指体系运动时可以独立改变的几何参数的数目，即确定体系位置所需的独立坐标数目。如图3-11(a)所示，点A在平面内自由运动时，其位置要用两个坐标x和y来确定，所以平面内一个点的自由度等于2。

如图3-11(b)所示，刚片在平面内自由运动时，其位置可由其上任意点A的两个坐标x、y及直线AB的倾角来确定，所以一个刚片的自由度等于3。

（3）约束　物体的自由度因加入限制其运动的装置而减少。凡能减少自由度的装置就称为约束。例如用一根链杆将刚片与基础相连，如图 3-12(a)所示，刚片将不能沿链杆方向移动，确定刚片的位置只需 φ_1、φ_2 两个坐标即可，因而减少了一个自由度。用一根链杆将两个刚片相连，如图 3-12(b)所示，确定体系的位置只需 x、y、φ_1、φ_2、φ_3 五个坐标即可，因而也减少了一个自由度。因此，一根链杆相当于一个约束。

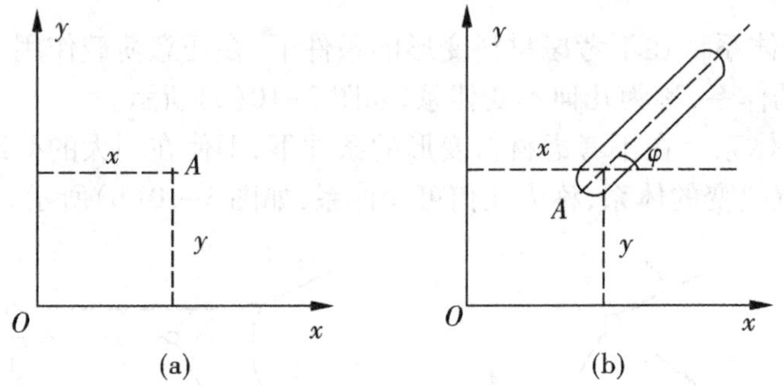

图 3-11　点和刚片的独立坐标

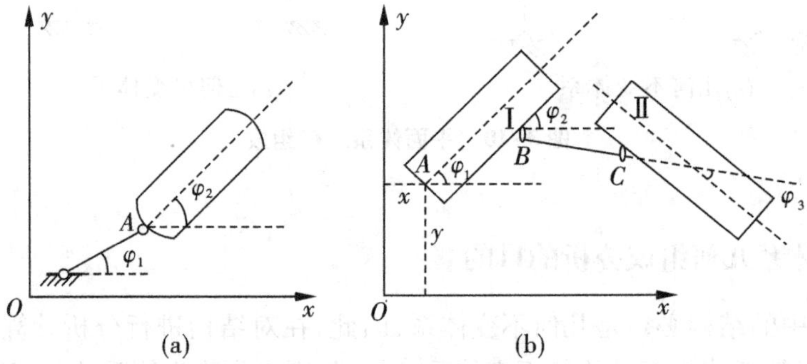

图 3-12　链杆约束

用一个圆柱铰将刚片与基础相连，如图 3-13(a)所示，刚片将只能绕铰转动，确定刚片的位置只需 φ 一个坐标即可，因而减少了两个自由度。用一个圆柱铰将两个刚片相连如图 3-13(b)所示 x、y、φ_1、φ_2 四个坐标即可，因而也减少了两个自由度。只联结两个刚片的铰称为单铰，因此一个单铰相当于两个约束。

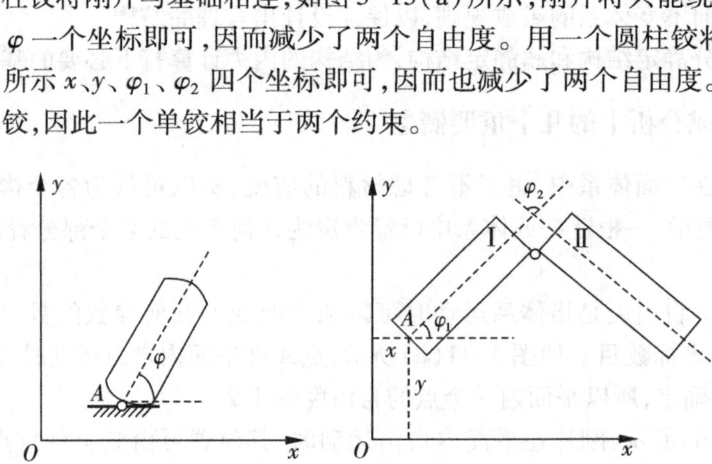

图 3-13　单铰约束

用一个圆柱铰把三个刚片连接起来，如图3-14(a)确定刚片Ⅰ的位置需要x、y、φ_1三个坐标，由于刚片Ⅱ和Ⅲ只能绕铰转动，确定它们的位置只需要φ_2、φ_3两个坐标，即确定体系的位置只需要x、y、φ_1、φ_2、φ_3五个坐标即可，因此减少了四个自由度$[4=2\times(3-1)]$。用一个圆柱铰把四个刚片连接起来，如图3-14(b)，确定体系的位置只需要x、y、φ_1、φ_2、φ_3、φ_4六个坐标即可，因此减少了六个自由度$[6=2\times(4-1)]$。同时连接两个以上刚片的铰称为复铰，因此，连接n个刚片的复铰相当于$(n-1)$个单铰约束。

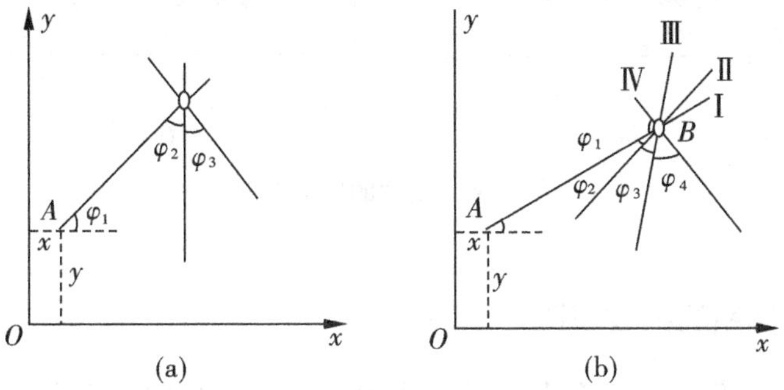

图3-14 复铰约束

若将刚片同基础刚性进行联结，图3-15(a)所示，则它们成为一个整体，都不能动，体系的自由度是0。若将两个刚片联结，图3-15(b)所示，则确定体系的位置只需要x、y、φ三个坐标即可，因此减少了三个自由度，所以刚结点相当于三个约束。

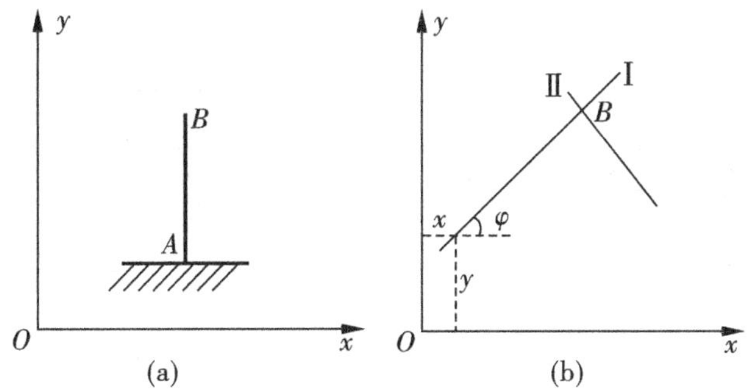

图3-15 刚结点约束

从以上可以看出，可动铰支座相当于链杆约束，固定铰支座相当于单铰约束，固定端支座相当于刚结点约束。

一个平面体系，通常都是由若干个刚片加入某些约束所组成的。加入约束后能减少体系自由度。如果在组成体系的各刚片之间恰当地加入足够约束，就能使刚片与刚片之间不可能发生相对运动，从而使该体系成为几何不变体系。如果几何不变体系的约束个数与其自由度(无约束时的自由度)相等，则该几何不变体系称为有多余约束的几何不变体系(又称为静定结构)，如图3-16(a)所示的A点。若几何不变体系的约束个数大于其自由度(无约束时的自由度)，则该几何不变体系称为有多余约束的几何不变体系(又称为超静定结构),如图 3-16(b)所示的 A 点。

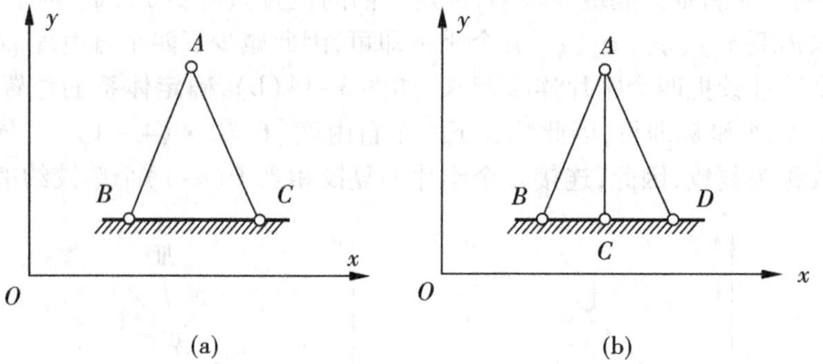

图 3-16　刚片的组成分析

3.2.4　几何不变体系的组成规则

基本规则是几何组成分析的基础,在进行几何组成分析之前先介绍一下虚铰的概念。

如果两个刚片用两根链杆连接,如图 3-17 所示,则这两根链杆的作用就和一个位于两杆交点 O 的铰的作用完全相同。由于在这个交点 O 处并不是真正的铰,因此称它为虚铰。虚铰的位置即在这两根链杆的交点上,如图 3-17(a)所示的 O 点。如果连接两个刚片的两根链杆并没有相交,则虚铰在这两根链杆延长线的交点上,如图 3-17(b)。

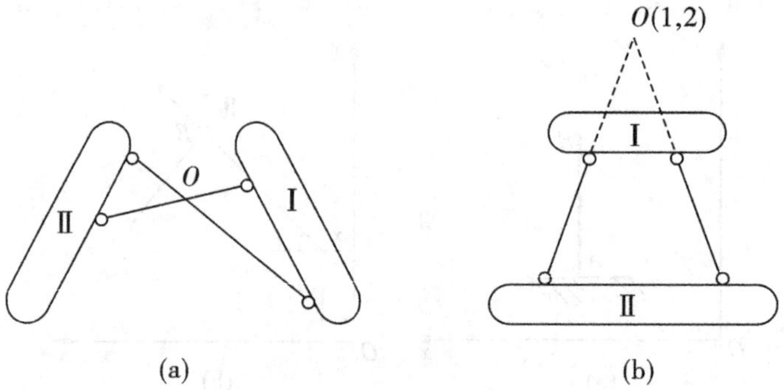

图 3-17　虚铰

(1)二元体规则　一个点与一个刚片用两根不共线的链杆相连,则组成无多余约束的几何不变体系。

如图 3-18(a)所示为一个三角形铰结体系,假如链杆Ⅰ固定不动,那么通过前面的讲解,我们已知它是一个几何不变体系。

将图 3-18(a)中的链杆Ⅰ看作一个刚片,成为如图 3-18(b)所示的体系。从而得出:由两根不共线的链杆连接一个结点的构造,称为二元体[如图 3-18(b)中的△BAC]。

推论 1:在一个平面杆件体系上增加或减少若干个二元体,都不会改变原体系的几何组成性质。

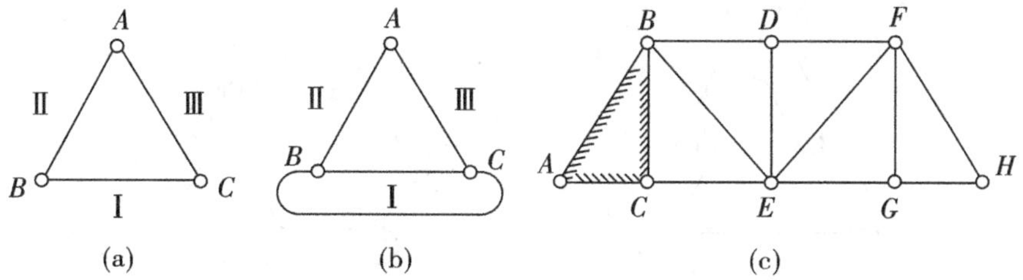

图3-18　二元体规则

如图3-18(c)所示的桁架,就是在铰接△ABC的基础上,依次增加二元体而形成的一个无多余约束的几何不变体系。同样,也可以对该桁架从H点起依次拆除二元体而成为铰接△ABC。

(2)两刚片规则　将图3-18(a)中所示的链杆Ⅰ和链杆Ⅱ都看作是刚片,就成为如图3-19(a)所示的体系。从而得出两刚片规则:两刚片用不在一条直线上的一个铰和一根链杆连接,则组成无多余约束的几何不变体系。

如果将图3-19(a)中所示的连接两刚片的铰B用虚铰代替,即用两根不共线、不平行的链杆a,b来代替,就成为如图3-19(b)所示体系,则有:

推论2:两刚片用既不完全平行也不交于一点的三根链杆连接,则组成无多余约束的几何不变体系。

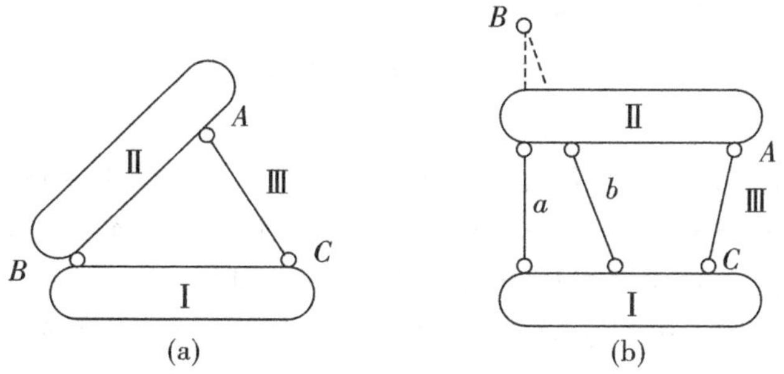

图3-19　两刚片规则

(3)三刚片规则　将图3-18(a)中所示的链杆Ⅰ、链杆Ⅱ和链杆Ⅲ都看作刚片,就成为图3-20(a)所示的体系。从而三刚片规则:三刚片用不在一条直线上的三个铰两两连接,则组成无多余约束的几何不变体系。

如果将图中连接三刚片之间的铰A、B、C全部用虚铰代替,即都用两根不共线、不平行的链杆代替,就成为3-20(b)所示体系,则有:

推论3:三刚片分别用不完全平行的也不共线的两根链杆两两连接,且所形成的三个虚铰不在同一条直线上,则组成无多余约束的几何不变体系。

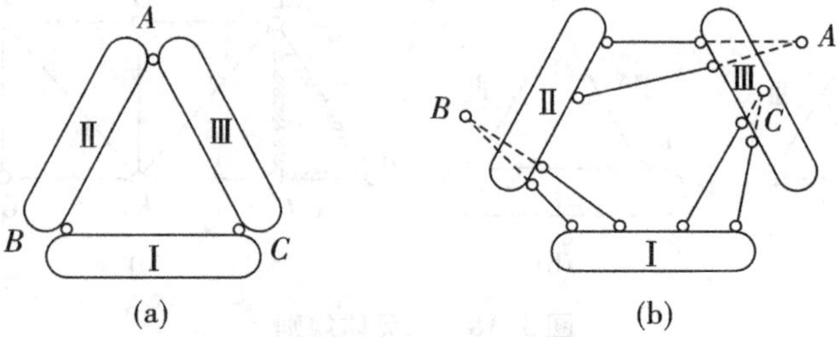

图 3-20 三刚片规则

从以上叙述可知，这三个规则及其推论，实际上都是三角形规律的不同表达方式，即三个不共线的铰，可以组成无多余约束的几何不变体系。

3.2.5 几何组成分析举例

前面介绍了几何不变体系的几个基本组成规则，下面举例说明如何应用这些规则对平面体系进行几何组成分析。

【例 3-1】 试对图 3-21 所示体系进行几何组成分析。

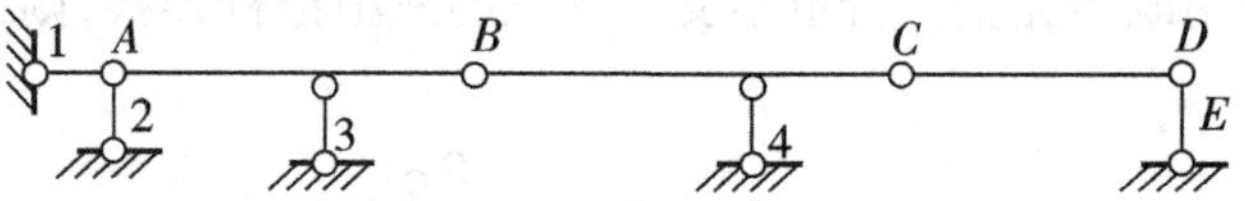

图 3-21 例 3-1 题图

解：先取地基为一刚片，杆 AB 与地基是用连杆 1、2、3 按两刚片规则组成一几何不变体系，于是可把杆 AB 与地基一起看作是一扩大了的刚片Ⅰ。在把杆 BC 看作是刚片Ⅱ，刚片Ⅰ与刚片Ⅱ用铰 B 和连杆 4 按两刚片规则相连，这又组成了一个更大的刚片，最后在此刚片上增加一个二元体 C-D-E 组成整个体系。故此体系为几何不变体系。

【例 3-2】 试对图 3-22 所示体系进行几何组成分析。

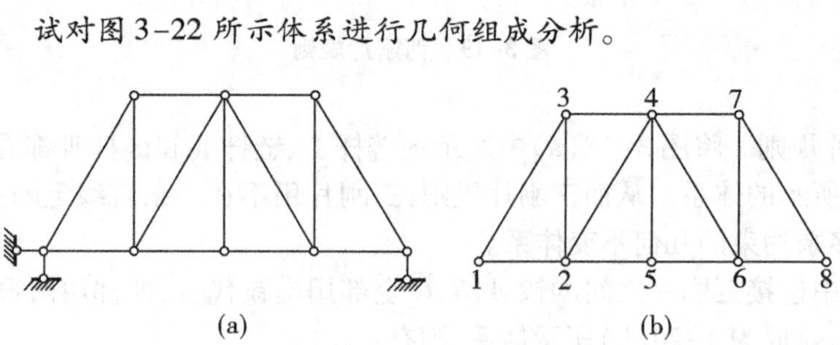

图 3-22 例 3-2 题图

解：体系本身与地基是按两刚片规则相连的，因此只需对体系本身进行几何组成分析即可。如图 3-22(b)所示，对该部分可按结点 1,2,3…的顺序依次减去二元体，最后只剩下刚片 7-8。故原体系是几何不变体系。

【例3-3】　试对图3-23所示体系进行几何组成分析。

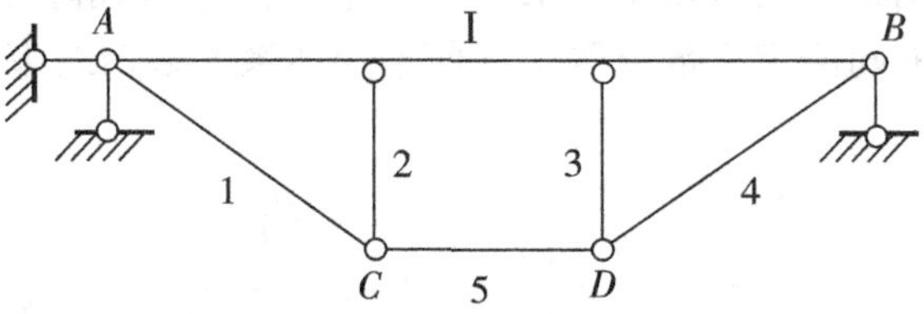

图3-23　例3-3题图

解：将AB视为刚片Ⅰ与地基由A铰、B链杆连接，符合两刚片规则，成为几何不变部分，在其上增加二元体1C2、3D4，则5链杆是多余约束。因此体系是几何不变的，但有一多余约束。

【例3-4】　试对图3-24所示体系进行几何组成分析。

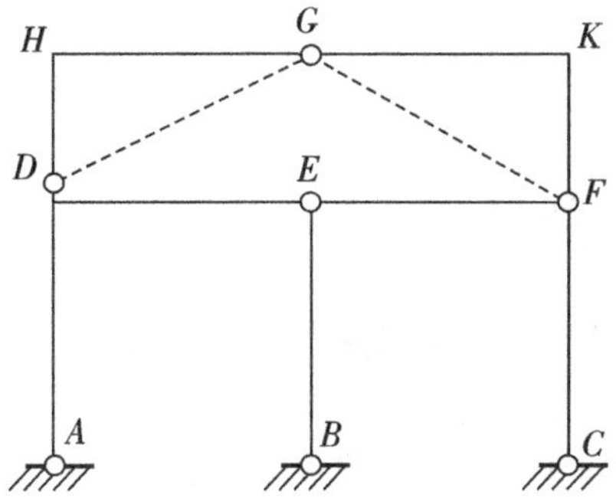

图3-24　例3-4题图

解：首先，将体系中折杆DHG与FKG分别视为连杆DG、FG（图3-24中虚线所示），然后依次拆除二元体D-G-F、E-F-C，再将剩下的折杆ADE、杆BE和地基分别视为刚片，这三个刚片用不共线的三个铰A、E、B两两相连，组成几何不变体系，故原体系是几何不变的。

3.3　静定结构与超静定结构

前已述及，用来作为结构的杆件体系，必须是几何不变的，而几何不变体系又可分为无多余约束的和有多余约束的。因此，结构可分为无多余约束和有多余约束两类。例如图3-25(b)所示连续梁，如果将C、D两支座链杆去掉仍能保持其几何不变性，且此时无多余约束，所以该连续梁有两个多余约束。

对于无多余约束的结构，如图3-25(a)所示简支梁，由静力学可知，它的全部反力和内力都可由静力平衡条件求得，这类结构称为静定结构。

但是，对于具有多余约束的结构，却不能由静力平衡条件求得其全部反力和内力。例如图3-25(b)所示的连续梁，其支座反力共有五个，而静力平衡条件只有三个，因而仅利用三个静力平衡条件无法求得其全部反力,因此也不能求出其全部内力,这类结构称为超静定结构。总之静定结构是没有多余约束的几何不变体系,超静定结构是有多余约束的几何不变体系。结构的超静定次数就等于几何不变体系的多余约束个数。

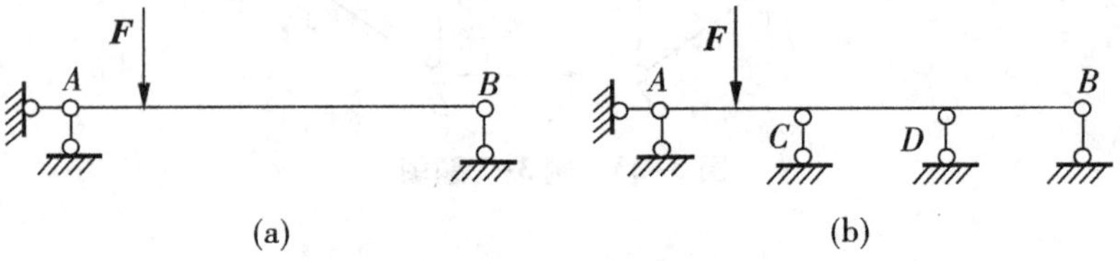

图 3-25 静定结构和超静定结构

基础知识与技能训练

基础知识训练

一、填空题

1. 计算简图简化的内容可以从________、________、________、________四个方面来进行。

2. 由两根不共线的链杆连接一个结点的构造,称为________。

3. 结构的超静定次数就等于________。

4. 平面结构的支座根据其支承情况的不同可简化为________、________、________、________支座。

5. 平面杆系结构,其常见的形式可以分为________、________、________、________。

二、选择题

1. 可动铰支座相当于(　　)。

A. 链杆约束　B. 单铰约束　C. 刚结点约束　D. 虚铰约束

2. 平面内一个点的自由度等于(　　)。

A. 2　B. 3　C. 4　D. 1

3. 组合结构的内力有(　　)。

A. 轴力　B. 剪力

C. 弯矩　D. 轴力、弯矩、剪力

4. 在结构的计算简图中,可以把结点简化成(　　)。

A. 刚结点　B. 铰结点

C. 刚结点和铰结点　D. 单铰结点

5. 平面内一个刚片的自由度等于(　　)。

A. 1　B. 2　C. 3　D. 4

三、判断题

1. 力学计算简图中常用杆件的轴线代替杆件。　(　　)
2. 仅利用三个静力平衡条件无法求得其全部反力的结构称为超静定结构。　(　　)
3. 结构的超静定次数就等于几何不变体系的多余约束个数。　(　　)
4. 两刚片用一个铰和一根链杆连接,则组成无多余约束的几何不变体系。　(　　)
5. 自由度是确定体系位置所需的独立参数的数目。　(　　)

四、简答题

1. 什么是结构的计算简图?
2. 什么是几何不变体系,什么是几何可变体系?
3. 什么是静定结构,什么是超静定结构? 它们有何异同?
4. 什么是虚铰?
5. 什么是两刚片规则?

技能训练

1. 如图3-26所示为房屋建筑中楼面的梁板结构,梁的两端支承在砖墙上,试画出梁的计算简图。

2. 如图3-27所示为钢筋混凝土预制阳台挑梁,试画出梁的计算简图。

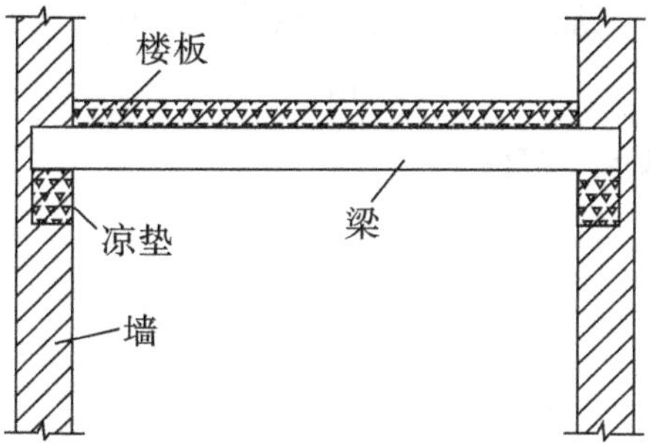

图3-26　技能训练1题图

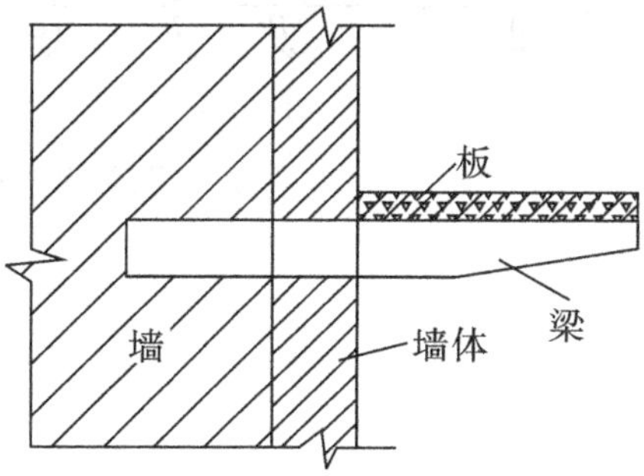

图3-27　技能训练2题图

3. 何谓二元体? 图3-28中 $B-A-C$ 能否都可看成二元体?

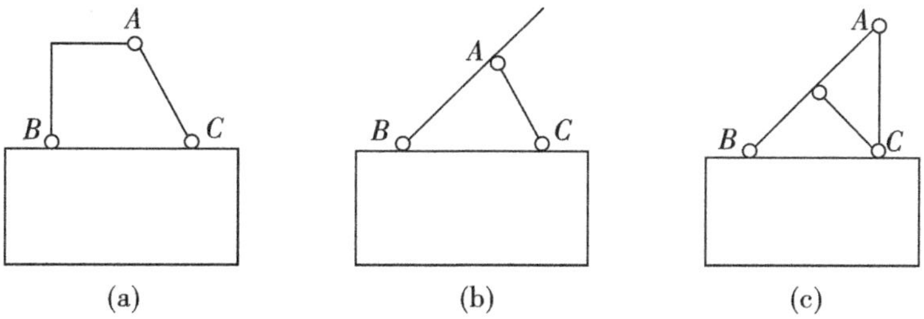

图3-28　技能训练3题图

4. 试对图 3-29 所示体系进行几何组成分析。

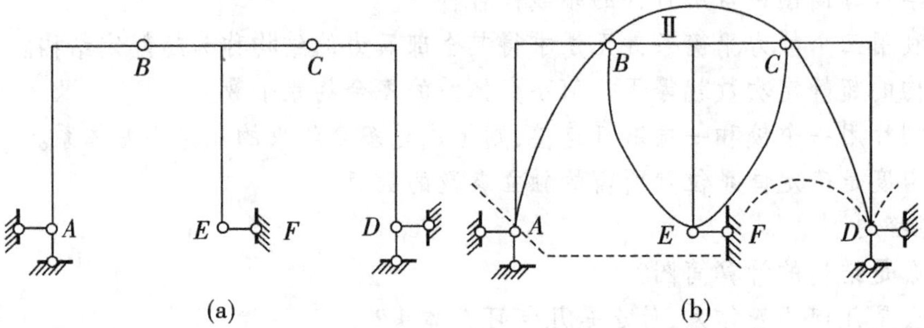

图 3-29　技能训练 4 题图

5. 试对图 3-30 所示体系进行几何组成分析。

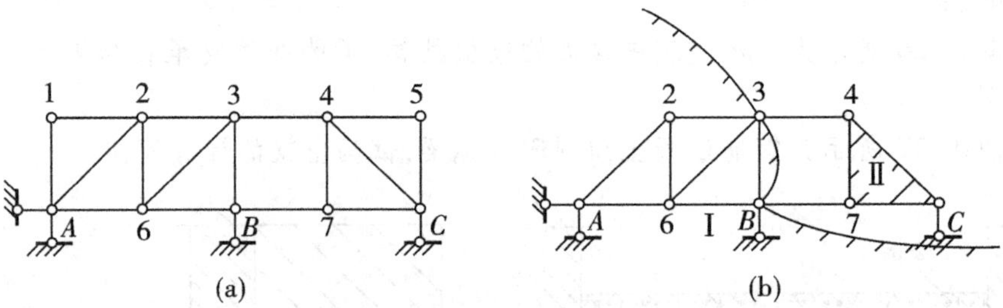

图 3-30　技能训练 5 题图

模块4 静定结构的内力

* 学习任务与目标

学习任务

1. 熟练分析拉压杆的内力,并绘制相应的轴力图。
2. 了解外力偶矩的计算,扭矩的概念和扭矩图的画法。
3. 掌握梁弯曲的内力概念、内力计算及内力图的画法。
4. 掌握运用截面法绘制多跨静定梁、静定平面刚架的内力图。
5. 学会用结点法和截面法计算桁架内力。
6. 理解拱的受力特点及拱结构的优点和缺点。

知识目标

1. 掌握轴拉(压)变形、扭转变形、弯曲变形、静定平面刚架、静定平面桁架、三铰拱等基本概念。
2. 理解并掌握内力计算基本方法——截面法,并会运用叠加法原理。

技能目标

1. 理解掌握各类杆件的变形特点,能够对实际工程结构中的杆件进行分类。
2. 培养学生快速绘制静定结构内力图,以便确定结构的最不利位置。

4.1 直杆拉伸与压缩时的轴力

构件的材料是有许多质点组成的。构件不受外力作用时,材料内部质点之间保持一定的相互作用力,使构件具有固体形状。当构件受外力作用产生变形时,其内部质点之间相互位置改变,原有内力也发生变化。这种由外力作用而引起的受力构件内部质点之间相互作用力的改变量称为附加内力,简称内力。本节首先讲述直杆轴向拉伸与压缩引起的内力。

4.1.1 轴向拉伸和压缩的概念

沿杆件轴线作用——大小相等、方向相反的外力,杆件将发生轴向拉伸(或缩短)变形,如图4-1所示。产生轴向拉伸或压缩的杆件称为拉杆或压杆。

图4-1 杆件

在工程结构中,产生轴向拉伸或压缩的杆件很多。图4-2所示的三角支架 ABC,杆 AB、杆 BC 铰结于 B 点,在 B 点受力 $\boldsymbol{F}$ 作用。杆 AB 是拉杆,杆 BC 是压杆。

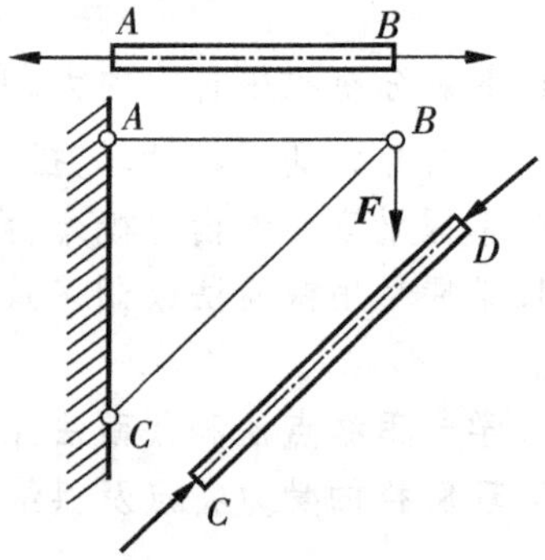

图4-2 三角支架

4.1.2 轴向拉伸和压缩时的内力——轴力计算

图4-3(a)所示为一受拉杆件的力学简图,为了确定其横截面 $m-m$ 上的内力,现用截面法分析,假想用截面 $m-m$ 把杆件截开分为左、右两段,取其中任意一段作为研究对象。杆件在外力作用下处于平衡,则左、右两段也必然处于平衡。左段上有力 $\boldsymbol{F}$ 和截面内力的作用,如图4-3(b)所示,由二力平衡条件,该内力必与外力 $\boldsymbol{F}$ 共线,且沿杆件的轴线方向,用符号 $\boldsymbol{F}_N$(或 N)表示,称为轴力。由平衡方程可求出轴力的大小:由 $\sum X=0$ 得 $\boldsymbol{F}_N=\boldsymbol{F}$。同理取右段为研究对象[图4-3(c)]可得出同样结果。

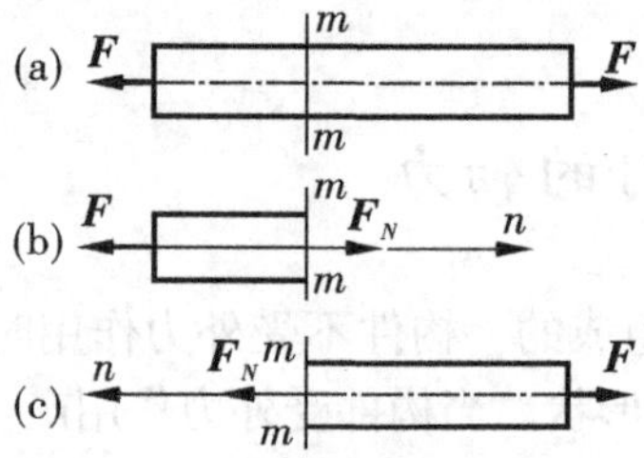

图4-3 轴向拉杆内力分析

对轴力正负号做如下规定：轴力的方向以使杆件拉伸为正，即背离截面为正；反之，使杆件压缩为负，即指向截面为负。

运用截面法求轴力时，轴力的方向一般按正方向假设，由此计算结果的正负可与轴力的正负号规定保持一致，即计算结果为正表示为拉力，计算结果为负表示为压力。

在国际单位制中，轴力的单位是牛顿(F)或千牛顿(kN)。

截面轴力一般用截面法求解，依据脱离体的平衡条件可求得。也可以用以下简便方法，即杆件任意截面的轴力 F_N，等于截面一侧（左段或右段）杆件上所有外力的代数和。外力方向背离截面（引起拉力）取正号，外力方向指向截面（引起压力）取负号。

4.1.3 轴力图的绘制

为了能够形象直观地表示出各横截面轴力的大小，我们用平行于杆轴线的 x 坐标表示横截面位置，称为截面坐标 x，用垂直于 x 的坐标 F_N 表示横截面轴力的大小，按选定的比例，把轴力表示在 $x-F_N$ 坐标系中，描出的轴力随截面坐标 x 的变化曲线称为轴力图。

画轴力图时，要与计算简图对齐，将正的轴力画在轴线上方，负的轴力画在轴线下方，并标明正负号。

【例4-1】 杆件受力如图4-4(a)所示，试用截面法求各段杆的轴力，并绘制轴力图。

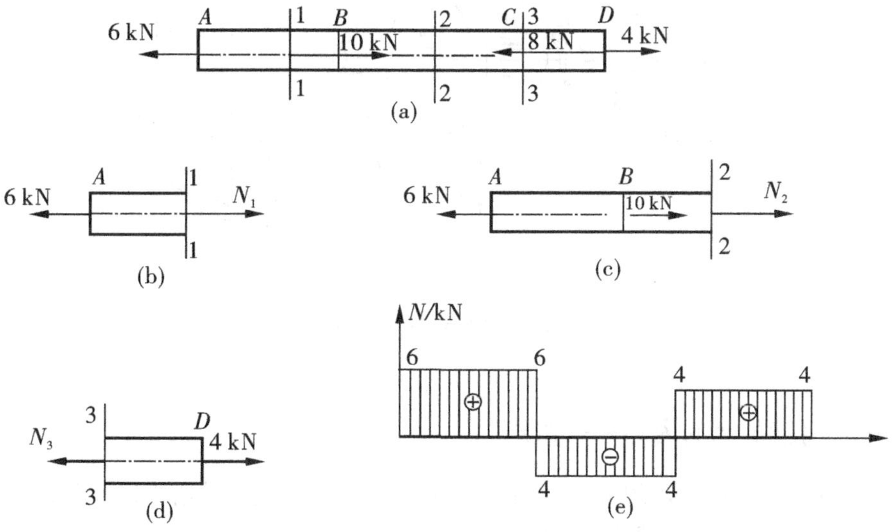

图4-4 例4-1题图

解：(1)用截面法求各段轴力

AB 段取1-1截面左部分杆件为研究对象，受力图如图4-4(b)所示，由平衡条件得

$$\sum F_x = 0,\quad N_1 - 6 = 0,\quad N_1 = 6\ \text{kN}(\text{拉力})$$

BC 段取2-2截面左部分杆件为研究对象，受力图如图4-4(c)所示，由平衡条件得

$$\sum F_x = 0,\quad N_2 + 10 - 6 = 0,\quad N_2 = -4\ \text{kN}(\text{压力})$$

BC 段取3-3截面右部分杆件为研究对象，受力图如图4-4(d)所示，由平衡条件得

$$\sum F_x = 0\,,\quad 4 - N_3 = 0\,,\quad N_3 = 4\ \text{kN}(\text{拉力})$$

(2)画轴力图

由各段轴力的计算结果,按一定比例可作出其轴力图[图4-4(e)]所示。

从图上可看出最大轴力在 $AB = 1$ 段,其值 $N_{max} = 6$ kN。

4.2 圆轴直杆扭转时的扭矩

4.2.1 扭转的概念

扭转是杆件变形的基本形式之一。在工程实际中,经常会看到一些发生扭转变形的杆件。例如,汽车转向盘操纵杆、机械转动轴[如图4-5(a)]、水轮发电机的主轴[如图4-5(b)]等。这些实例的共同特点是:杆件受到外力偶的作用,且力偶的作用平面垂直于杆件的轴线,使杆件的任意横截面都绕轴线发生相对转动。杆件的这种由于转动而产生的变形称为扭转变形。

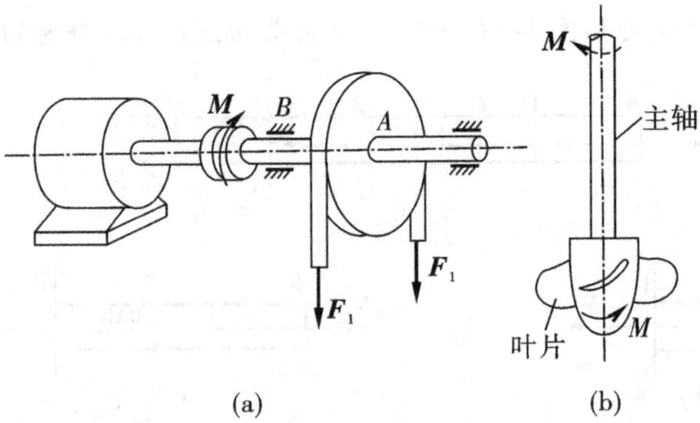

图4-5 扭转与扭转变形

4.2.2 扭转时横截面的内力——扭矩

研究圆轴直杆扭转问题的方法和研究轴向拉(压)杆一样,首先要计算作用于轴上的外力偶矩,然后再分析圆轴横截面的内力。

4.2.2.1 外力偶矩的计算

在工程实际中,作用于轴上的外力偶矩一般并不是直接给出的,而是根据所给定轴的转速 n 和轴传递的功率 P,并通过理论推导公式确定,即

$$M = 9549\frac{P}{n} \tag{4-1}$$

式中 M——外力偶矩,N·m;

n——转速,r/min;

P——功率,kW。

在确定外力偶矩的转向时应注意，轴上主动轮的输入功率所产生的力偶矩为主动力偶矩，其转向于轴的转向相同；而从动轮的输出功率所产生的力偶矩为阻力偶矩，其转向与轴的转向相反。

4.2.2.2　内力扭矩的计算

当杆件受到外力偶作用发生扭转变形时，在杆件的横截面上会产生内力，应用截面法可以求出横截面的内力。

如图 4-6(a)所示的圆轴，在两端外力偶 M 的作用下产生扭转变形。欲求该圆轴横截面上的内力，可采用截面法。假想用一截面 $m-m$ 将杆轴截成两段，并取左段为研究对象，由于杆轴原来处于平衡状态，则其左段也必然是平衡的，$m-m$ 截面上必有一个内力偶矩，与左段上的外力偶矩平衡。把截面上平行于截面的内力偶矩称为扭矩，用 T 表示。列力偶平衡方程可得：$T-M=0$，$T=M$。其中 T 为 $m-m$ 截面的内力扭矩，单位是 N·m 或 kN·m。

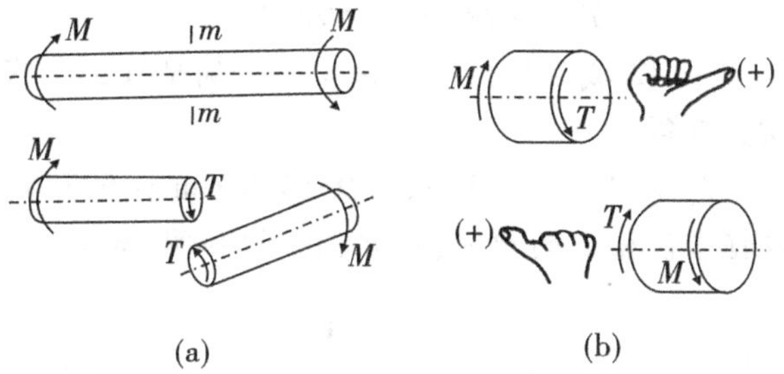

图 4-6　扭矩正负规定——右手螺旋法则

同理，也可以取截面右段为研究对象，此时求得的扭矩与取左段为研究对象所求得的扭矩大小相等，转向相反。

为了使所取截面左段或右段求得的同一截面上的扭矩相一致，通常用右手法则规定扭矩的正负号，如图 4-6(b)所示：采用右手螺旋法则，以右手的四指表示扭矩的转向，则大拇指指向与截面外法线方向一致时，扭矩为正，反之为负。

在复杂外力偶矩作用下的扭转轴，其扭矩可同样采用截面法求出，即某截面上的扭矩在数值上等于截面任意一侧的所有外力偶矩的代数和，正负号规定与前面相同。扭矩表达式为

$$T_x = (\text{左或右侧}) \sum M_i \tag{4-2}$$

4.2.3　扭矩图的绘制

当杆件受到多个绕轴线转动的外力偶矩作用而处于平衡时，杆件各横截面上扭矩的大小、转向将有差异。为了直观地表示各横截面上扭矩的变化情况，可画出扭矩沿轴线变化的图形，即扭矩图。即用平行于杆轴线的 x 坐标表示横截面位置，称为截面坐标 x，用垂直于 x 的坐标 T 表示横截面扭矩的大小，按选定的比例，把各截面扭矩表示在 $x-T$ 坐标系中。

【例4-2】 如图4-7(a)所示，传动轴主动轮A输入功率$P_A=50$ kW，从动轮B、C输入功率$P_B=30$ kW、$P_C=20$ kW，轴的转速为$n=300$ r/min。要求：画出轴的扭矩图。

【解】 (1)计算外力偶矩

由式(4-1)可得

$$M_A=9549\frac{P_A}{n}=9549\times\frac{50}{300}\ \text{N}\cdot\text{m}=1592\ \text{N}\cdot\text{m}$$

$$M_B=9549\frac{P_B}{n}=9549\times\frac{30}{300}\ \text{N}\cdot\text{m}=955\ \text{N}\cdot\text{m}$$

$$M_C=9549\frac{P_C}{n}=9549\times\frac{20}{300}\ \text{N}\cdot\text{m}=637\ \text{N}\cdot\text{m}$$

(2)求各段轴的扭矩

AB段：由截面法可知，1-1截面扭矩等于该截面左侧轴段上所有外力偶矩的代数和。左侧轴段上作用M_A，产生负值扭矩，可得

$$T_1=-M_A=-1592\ \text{N}\cdot\text{m}$$

BC段：由截面法可知，2-2截面扭矩等于该截面左侧轴段上所有外力偶矩的代数和。左侧轴段上作用M_A、M_B，可得

$$T_2=-M_A+M_B=(-1592+955)\ \text{N}\cdot\text{m}=-637\ \text{N}\cdot\text{m}$$

(3)绘扭矩图。根据各段轴上的扭矩，按比例作扭矩图，如图4-7(b)所示。

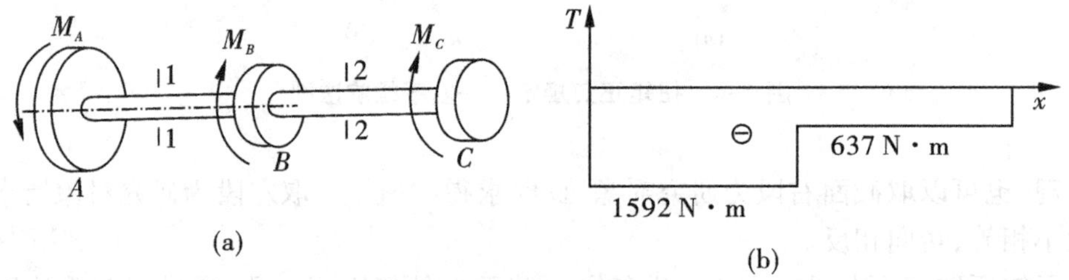

图4-7 例4-2题图

4.3 静定梁的内力

4.3.1 梁的概念和分类

梁是一种以弯曲为主要变形的结构。弯曲变形在工程中最常见，也是重要的基本变形。如图4-8(a)所示的桥式吊车梁、图4-8(b)所示的楼面梁，都是工程中受弯曲的实例。

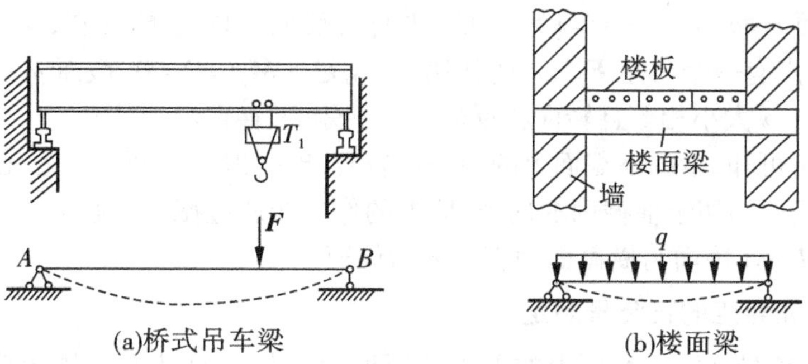

图4-8　梁

由以上实例可见，当杆件受到垂直于杆轴的外力或在杆轴平面内受到外力偶作用时，杆的轴线将由直线变为曲线，这种变形称为弯曲变形。发生弯曲变形或以弯曲变形为主的构件，通称为梁。

梁的结构形式很多，根据梁的支座反力能够全部由静力平衡条件确定，将梁分为静定梁和超静定梁。静定梁又可分为单跨静定梁和多跨静定梁。

工程中对于单跨静定梁按其支座情况来分，可分为下列三种形式：

(1)悬臂梁　梁的一端为固定端，另一端为自由端，如图4-9(a)所示。

(2)简支梁　梁的一端为固定铰支座，另一端为可动铰支座，如图4-9(b)所示。

(3)外伸梁　梁的一端或两端伸出支座的简支梁，如图4-9(c)所示。

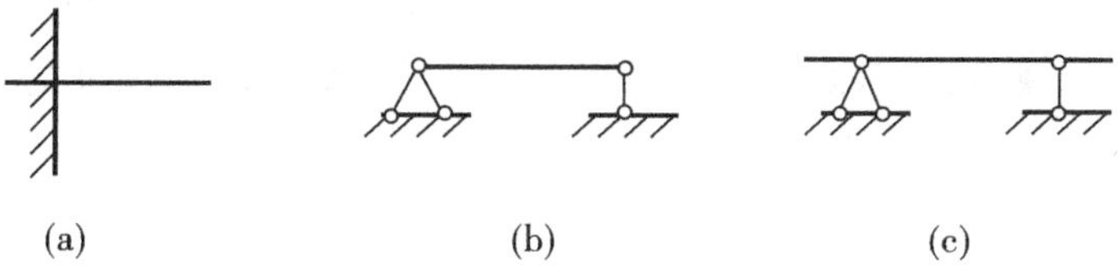

图4-9　单跨静定梁

4.3.2　梁的内力种类及正负号规定

4.3.2.1　梁的内力种类

对梁进行内力分析，首先应该确定梁在外力作用下任一横截面上的内力有哪些？以图4-10(a)所示的简支梁为例，来分析一下。

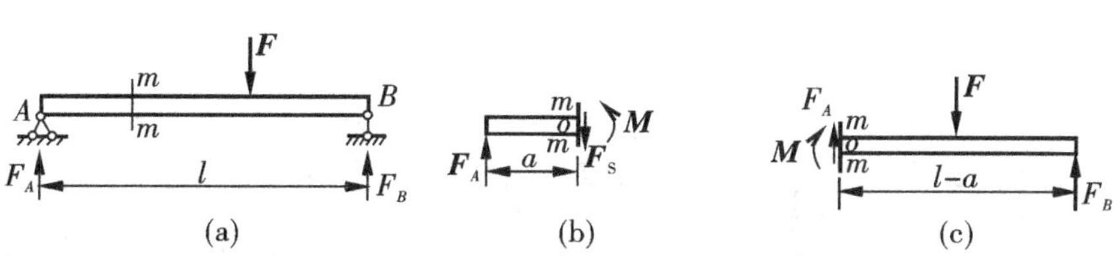

图4-10　简支梁为例

图4-10(a)所示的简支梁，承受一集中荷载 $\boldsymbol{F}$ 作用。采用截面法，假想 $m-m$ 截面将梁分为两段，取左段为研究对象，从图4-10(b)可知，因有支座反力 $\boldsymbol{F}_A$ 作用，为使左段满

足$\sum F_y=0$，截面 $m-m$ 上必然有与 F_A 等值、平行且反向的内力 F_S 存在；又因为 F_A 对截面 $m-m$ 的形心 O 点有一个力矩 $F_A \cdot a$ 的作用，为满足$\sum M_0(F)=0$，截面 $m-m$ 上也必然有一个与力矩 $F_A \cdot a$ 大小相等且转向相反的内力偶矩 M 存在。

由上述分析可知，梁的横截面上的内力比较复杂，一般存在两个内力元素：

(1)剪力 F_S　相切于横截面的内力，剪力的作用线通过截面形心。

(2)弯矩 M　作用面与横截面垂直的内力偶矩。

4.3.2.2　剪力和弯矩的正负号规定

(1)剪力正负号规定　截面上的剪力使所取梁段作顺时针方向的转动为正，反之为负(图 4-11)。

(2)弯矩正负号规定　截面上的弯矩使该梁段下侧纤维受拉(上凹下凸)为正，反之为负(图 4-12)。

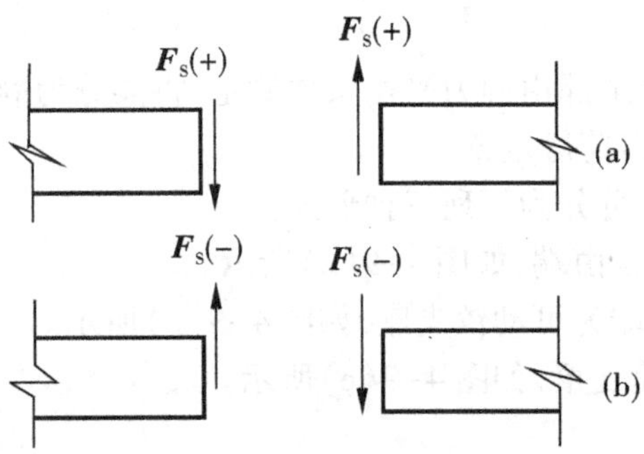

图 4-11　剪力正负号规定

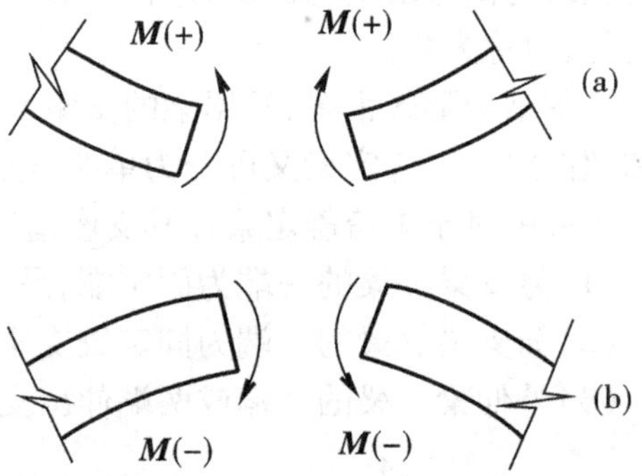

图 4-12　弯矩正负号规定

4.3.3　梁的内力计算方法

计算梁截面内力仍采用截面法，即用假想的横截面将杆件切断，暴露出截面上的待求内力，去除一部分作隔离体，列隔离体的平衡方程计算截面内力。具体步骤如下：①计算支座反力；②用假想的截面在需求内力处将梁截成两段，取其中任一段为研究对象；③画出研究对象的受力图(截面上的 F_S 和 M 都先假设为正的方向)；④建立平衡方程，解出剪力和弯矩。

【例 4-3】　如图 4-13(a)所示简支梁。已知 $F_1=30$ kN，$F_2=30$ kN，试求截面 1-1 上的剪力和弯矩。

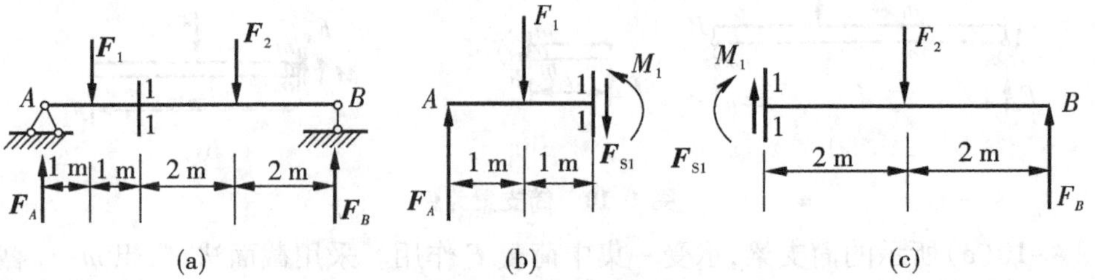

图 4-13　例 4-3 题图

解:(1)求支座反力

由$\sum M_A=0$得　　　$-F_1\times 1-F_2\times 4+F_B\times 6=0$　　　①

又由$\sum M_B=0$得　　$F_1\times 5+F_2\times 2-F_A\times 6=0$　　　②

由①②得　　　$F_A=35\ \text{kN}\quad F_B=25\ \text{kN}$

(2)求截面1-1上的内力　在截面1-1处将梁截开,取左段梁为研究对象,画出其受力图如图4-13(b),内力F_{S1}和M_1均先假设为正的方向,列平衡方程:

由$\sum F_y=0$得　　　$F_A-F_1-F_{S1}=0$　　　①

由$\sum M_1=0$得　　　$-F_A\times 2+F_1\times 1+M_1=0$　　　②

由①②得　　　$F_1=F_A-F_1=35-30=5\ \text{kN}$

$$M_1=F_A\times 2-F_1\times 1=40\ \text{kN}$$

【例 4-4】　一悬臂梁,其尺寸及梁上荷载如图4-14所示,求截面1-1上的剪力和弯矩。

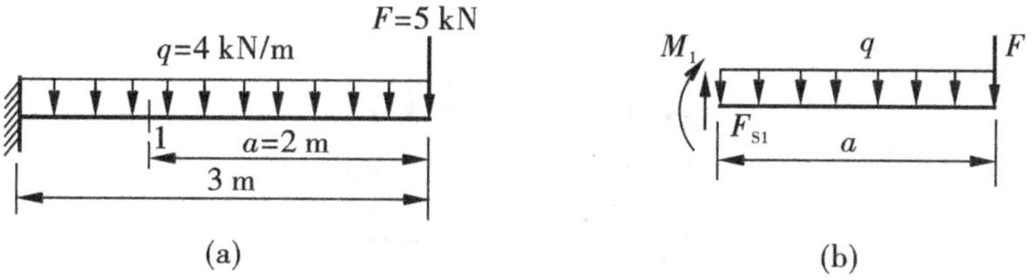

图 4-14　例 4-4 题图

解:对于悬臂梁不需求支座反力,可取右段梁为研究对象,其受力图如图4-14(b)所示。

由$\sum F_y=0$得

$$F_{S1}-qa-F=0$$

由$\sum M_1=0$得　　　$M_1+\dfrac{1}{2}qa^2+Fa=0$

$$F_{S1}=13\ \text{kN}\quad M_1=-18\ \text{kN}\cdot\text{m}$$

求得的F_{S1}为正值,表示F_{S1}的实际方向与假定方向相同;M_1为负值,表示M_1的实际方向与假定方向相反。

通过上面例题分析可以进行总结,梁的剪力和弯矩可根据下列规律直接确定:梁内任一截面上的剪力,其大小等于该截面左段(或右段)梁上所有外力的代数和;梁内任一截面的弯矩,其大小等于该截面左段(或右段)梁上所有外力对该截面形心之矩的代数和。

4.3.4　单跨静定梁内力图的绘制

4.3.4.1　剪力方程和弯矩方程

一般情况下,梁截面上的剪力和弯矩是随着横截面位置的变化而连续变化的,为了将梁上各截面的剪力、弯矩与截面位置间的关系反映出来,常取梁上一点为坐标原点,把距离原点x处的任意截面上的剪力和弯矩写成x的函数,即

$$F_S=F_S(x)\quad M=M(x)\tag{4-3}$$

式(4-3)称为剪力方程和弯矩方程。坐标原点一般选在梁的端点,当梁上同时作用着多个荷载时,剪力和弯矩与截面位置间的关系发生变化,需分段列方程,即以集中力、集中力偶、分布力的两端为方程分段的分界点。

4.3.4.2 剪力图和弯矩图

为了直观清楚地显示沿梁轴线方向的各截面剪力和弯矩的变化情况,可绘制剪力图和弯矩图。作图的方法同轴力图和扭矩图,即以与梁轴线平行的轴表示梁的截面位置,与轴线垂直的轴表示剪力或弯矩,根据剪力和弯矩方程按比例描点得出剪力图和弯矩图。在土建工程中,习惯上把正剪力画在 x 轴上方,负剪力画在 x 轴下方;而把弯矩图画在梁受拉的一侧,即正弯矩画在 x 轴下方,负弯矩画在 x 轴上方。具体作图的步骤和方法可以从例题中得到总结。

【例 4-5】 如图 4-15(a)所示,一简支梁受均布荷载作用,试画出梁的剪力图和弯矩图。

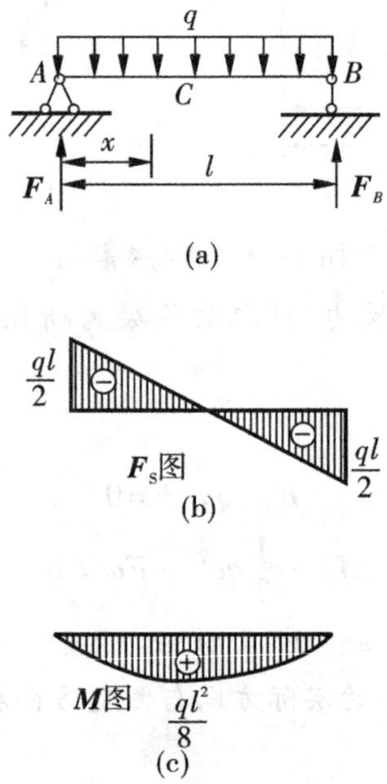

图 4-15 例 4-5 题图

解:(1)求支座反力

由对称关系可得 $F_A = F_B = \frac{1}{2}ql$

(2)列剪力方程和弯矩方程

取距 A 点(坐标原点)为 x 处的任意截面,则梁的剪力方程和弯矩方程为

$$F_S(x) = F_A - qx = \frac{1}{2}ql - qx \quad (0 \leqslant x \leqslant l) \qquad ①$$

$$M(x) = F_A x - \frac{1}{2}qx^2 = \frac{1}{2}qlx - \frac{1}{2}qx^2 \quad (0 \leqslant x \leqslant l) \qquad ②$$

由式①可见，$F_S(x)$是x的一次函数，即剪力方程为一直线方程，剪力图是一条斜直线。当$x=0$时，$F_{SA}=\frac{1}{2}ql$；当$x=l$时，$F_{SB}=-\frac{1}{2}ql$。根据由式②知，$M(x)$是x的二次函数，说明弯矩图是一条二次抛物线，应至少计算三个截面的弯矩值，方可描绘出曲线的大致形状：当$x=0$时，$M_A=0$；当$x=\frac{1}{2}$时，$M_C=\frac{ql^2}{8}$；当$x=l$时，$M_B=0$。

(3)画剪力图和弯矩图 根据上述分析，可画出剪力图和弯矩图，如图4-15(b)(c)所示。

【例4-6】 如图4-16(a)，一简支梁受集中荷载F作用，试画出梁的剪力图和弯矩图。

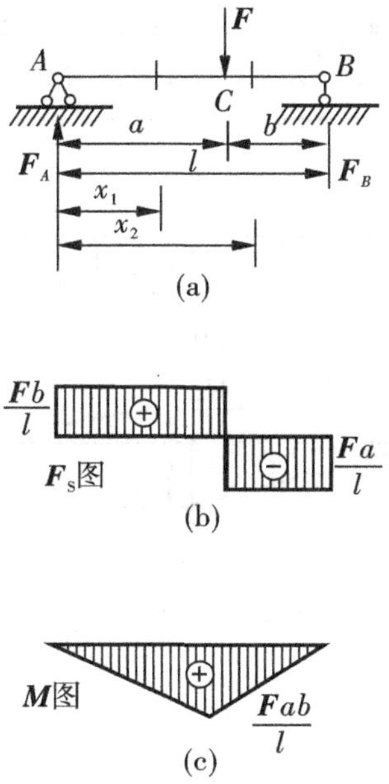

图4-16 例4-6题图

解：(1)求支座反力

由梁的整体平衡得 $\sum M_A=0 \quad F_B=\frac{Fa}{l}$

$$\sum M_B=0 \quad F_A=\frac{Fb}{l}$$

(2)列剪力方程和弯矩方程

梁在C处有集中力作用，故AC段和CB段的剪力方程和弯矩方程不相同，要分段列出。

AC段：
$$F_{S1}(x_1)=F_A=\frac{Fb}{l} \quad (0\leqslant x_1\leqslant a)$$

$$M(x_1)=F_Ax_1=\frac{Fb}{l}x_1 \quad (0\leqslant x_1\leqslant a)$$

CB 段：

$$F_{S2}(x_2)=F_A-F=\frac{Fb}{l}-F=-\frac{Fa}{l}\quad(a\leqslant x_2\leqslant l)$$

$$M(x_2)=F_Ax_2-F(x_2-a)=\frac{Fa}{l}(l-x_2)\quad(a\leqslant x_2\leqslant l)$$

(3)画剪力图和弯矩图　根据剪力方程和弯矩方程画剪力图和弯矩图，如图 4-16(b)(c)所示。

【例 4-7】 如图 4-17(a)所示，一简支梁受一力偶矩作用，试画出梁的剪力图和弯矩图。

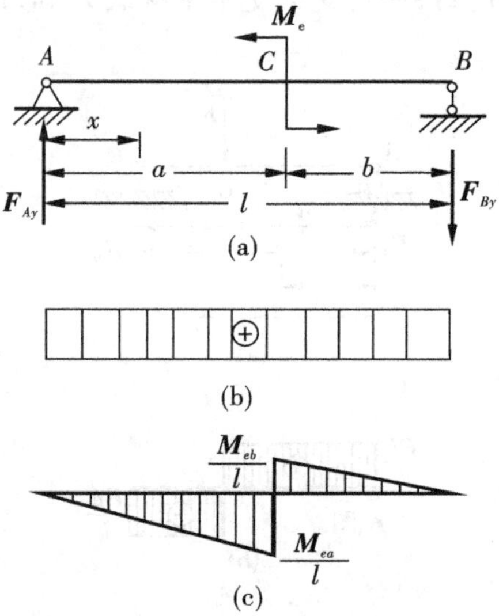

图 4-17　例 4-7 题图

解：(1)求支座反力

由梁的整体平衡得

$$\sum M_A=0\quad F_{By}=-\frac{M_e}{l}$$

$$\sum M_B=0\quad F_{Ay}=\frac{M_e}{l}$$

(2)列剪力方程和弯矩方程

AC 段：

$$F_S(x)=F_{Ay}=\frac{M_e}{l}\quad(0<x\leqslant a)$$

$$M(x)=F_{Ay}x=\frac{M_e}{l}x\quad(0\leqslant x<a)$$

CB 段：

$$F_S(x)=F_{Ay}=\frac{M_e}{l}\quad(a\leqslant x<l)$$

$$M(x)=F_{Ay}x-M_e=-\frac{M_e}{l}(l-x)\quad(a<x\leqslant l)$$

(3)画剪力图和弯矩图　　根据剪力方程和弯矩方程画剪力图和弯矩图,如图4-17(b)(c)所示。

4.3.4.3 规律总结

(1)无荷载作用的梁段上,剪力图为水平线,弯矩图为斜直线。

(2)均布荷载作用的梁段上,剪力图为斜直线,弯矩图为二次曲线。曲线凸向与均布荷载同向,在剪力等于零的截面,曲线有极值。

(3)集中力作用处,剪力图有突变,突变的幅值等于集中力的大小,突变的方向与集中力同向,弯矩图有折点。

(4)集中力偶作用处,剪力图不变,弯矩图突变,突变的幅值等于集中力偶矩的大小,突变的方向,集中力偶顺时针向坐标正向突变,反之向坐标负向突变。

运用这一规律绘制剪力图和弯矩图,会更加简捷方便,同时也能对绘制出的内力图进行校核。

4.3.5 叠加法绘制内力图

4.3.5.1 叠加原理

由于在小变形条件下,梁的内力、支座反力,应力和变形等参数均与荷载呈线性关系,每一荷载单独作用时引起的某一参数不受其他荷载的影响。所以,当梁在 n 个荷载共同作用下所引起的某一参数(内力、反力、应力、变形),等于梁在各个荷载单独作用时所引起的该参数的代数和,这种关系称为叠加原理。

4.3.5.2 用叠加法画弯矩图

根据叠加原理,分别求出各外力的单独作用结果,然后叠加求出共同作用结果的方法称为叠加法。

由于剪力图一般比较简单,因此不用叠加法绘制,下面只介绍用叠加法作梁的弯矩图。图4-18所示的悬臂梁分别承受均布荷载 q 和端部集中力 $\boldsymbol{F}$ 作用。我们可以根据叠加法原理,将两种荷载共同作用等效为每种荷载单独作用后的叠加。具体绘制时,先分别作出均布荷载 q 和端部集中力 $\boldsymbol{F}$ 作用的弯矩图,然后将这两个弯矩图形叠加(指两个弯矩图的纵坐标叠加),即得到总弯矩图。

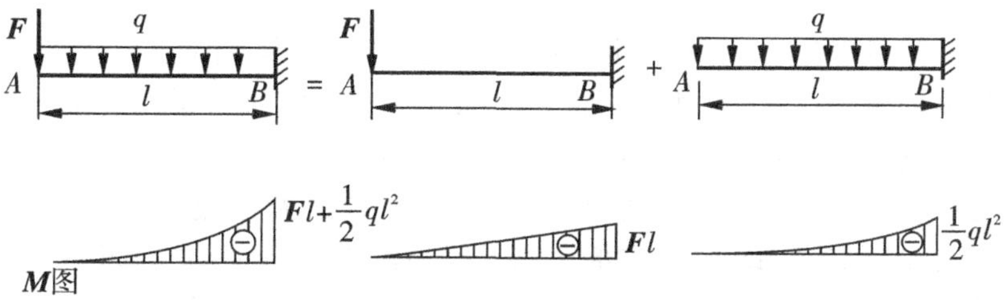

图4-18　叠加原理

【例4-8】　试用叠加法画出图4-19(a)所示简支梁的弯矩图。

解:(1) 先将梁上荷载分为均布荷载 q 和集中力偶 M_e 两组。

(2) 分别画出 q 和 M_e 单独作用时的弯矩图,如图 4-19(b)(c),然后将这两个弯矩图相叠加。叠加时,是将相应截面的纵坐标代数相加。

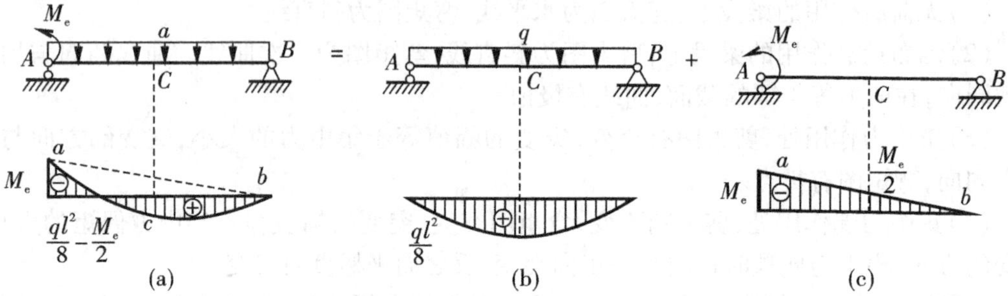

图 4-19 例 4-8 题图

叠加方法如图 4-19(a)所示。先作出直线形的弯矩图(即 ab 直线,可用虚线画出),再以 ab 为基准线作出曲线形的弯矩图。这样,将两个弯矩图相应纵坐标代数相加后,就得到 M_e 和 q 共同作用下的最后弯矩图[图 4-19(a)]。其控制截面为 A、B、C。即

A 截面弯矩为 $M_A=-M_e+0=-M_e$;B 截面弯矩为 $M_B=0+0=0$;跨中 C 截面弯矩为 $M_C=\frac{ql^2}{8}-\frac{M_e}{2}$。

叠加时宜先画直线形的弯矩图,再叠加上曲线形或折线形的弯矩图。

由上例可知,用叠加法作弯矩图,一般不能直接求出最大弯矩的精确值,若需要确定最大弯矩的精确值,应找出剪力 $F_S=0$ 的截面位置,求出该截面的弯矩,才能得到最大弯矩的精确值。

4.3.6 多跨静定梁的内力分析

4.3.6.1 多跨静定梁的组成

多跨静定梁是由若干个单跨梁通过铰加以适当连接而成的结构。多跨静定梁一般要跨越几个相连的跨度,在工程中广泛使用,房屋建筑中的木檩条(图 4-20)常采用这种结构形式。

从几何组成特点来分析,多跨静定梁可分为基本部分和附属部分。所谓基本部分,是指不依赖于其他部分的存在,本身就能独立地承受荷载并能维持平衡的部分。所谓附属部分,是指需要依赖于其他部分的存在,才能承受荷载而维持平衡的部分。如图 4-20(b)中,AB 梁由三根支座链杆与基础相连接,是几何不变体系,能独立承受荷载,是基本部分;而 BC 梁则必须依靠 AB 梁的支承才能承受荷载并维持平衡,为附属部分,同理 CD 梁也是附属部分。为了清晰的表示多跨静定梁各部分之间的支承关系,可以把基本部分画在下层,而把附属部分画在上层,这样的图称为层次图,如图 4-20(c)所示。从层次图可以看出:一旦基本部分遭到破坏,则附属部分的几何不变性也随之破坏;若附属部分遭到破坏,却对基本部分的几何不变性并无任何影响。

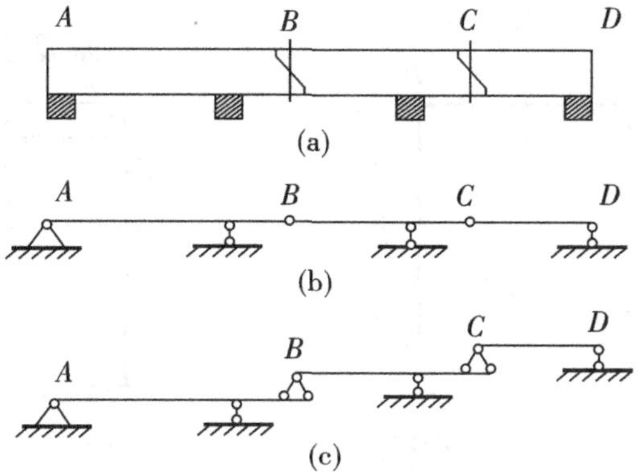

图4-20 多跨静定梁的组成

4.3.6.2 多跨静定梁的内力计算

通过层次图可以看出力的传递过程。荷载作用于基本部分时,附属部分不受影响,即不产生内力;荷载作用于附属部分时,力将会通过铰往下传递,使与其有关的基本部分也产生内力。因此,多跨静定梁的约束反力计算顺序是先计算附属部分,再计算基本部分。先求出附属部分的约束反力,将其反向加于基本部分即为基本部分的荷载,再计算基本部分的约束反力。计算之初,先利用层次图把多跨静定梁拆成若干单跨静定梁,从附属程度最高的一层开始,逐个计算出各跨梁的约束反力后,其内力计算和内力图的绘制与单跨静定梁一样,最后将各段梁的内力图连在一起即为多跨静定梁的内力图。

4.4 静定平面刚架

4.4.1 静定平面刚架的概述

4.4.1.1 刚架的概念及特征

刚架是由直杆组成的具有刚性结点的结构。如果刚架所有杆件的轴线都在同一个平面内,且荷载也作用于该平面内,这样的刚架称为平面刚架。

刚架在工程中应用较为广泛,从变形角度来看,刚结点处各杆不能发生相对转动,因而变形前后各杆间的夹角始终保持不变,如图4-21所示;从受力角度来看,刚结点可以承受和传递弯矩,故使横梁跨中弯矩的峰值得到削减。

刚架由于具有刚结点,使刚架中的杆件较少,内部空间较大,在工程中得到了广泛的使用,如图4-22所示。

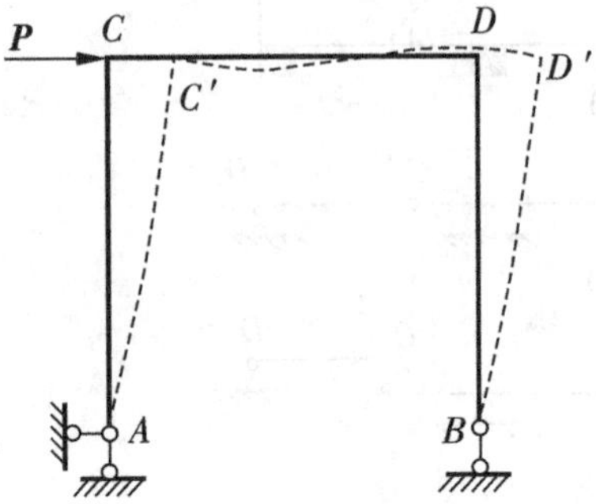

图 4–21 刚架变形

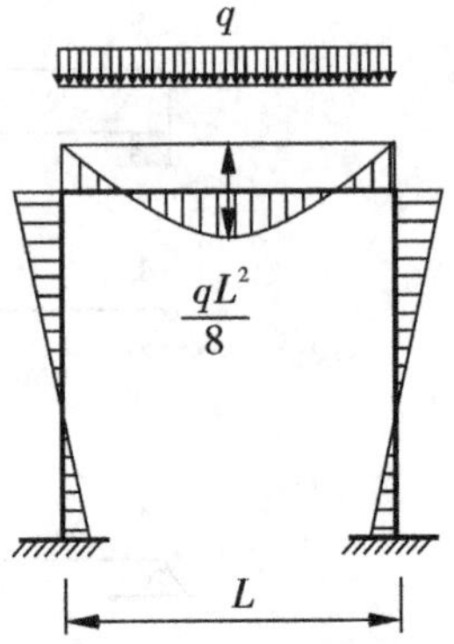

图 4–22 刚架内力图

4.4.1.2 静定平面刚架的分类

静定平面刚架主要有以下四种类型：

(1)悬臂刚架 悬臂刚架一般由一个构件用固定端支座与基础连接而成。

(2)简支刚架 简支刚架一般由一个构件用固定铰支座和活动铰支座与基础连接，或用三根既不完全平行、又不完全交于一点的链杆与基础连接而成。

(3)三铰刚架 三铰刚架一般由两个构件用铰连接，底部用两个固定铰支座与基础连接而成。

(4)组合刚架 组合刚架通常是由上述三种刚架中某一种作为基本部分，再按几何不变体系的组成规则连接相应的附属部分组合而成。

4.4.2 静定平面刚架的内力计算

在一般情况下，刚架中各杆的内力有弯矩、剪力和轴力。

(1)刚架各杆件杆端截面内力的表示法 为了明确表示各杆端的内力，规定内力符号加两个脚标，第一个角标表示该内力所属杆端，第二个角标表示该杆段的另一端。如 AB 杆的 A 端弯矩写作 $\boldsymbol{M}_{AB}$，B 端弯矩写作 $\boldsymbol{M}_{BA}$，AB 杆的 A 端剪力写作 $\boldsymbol{F}_{SAB}$，B 端剪力写作 $\boldsymbol{F}_{SBA}$ 等。

(2)杆端内力的计算 求刚架杆端截面内力的方法与求梁截面内力的方法一样，基本方法仍采用截面法。内力正负号的规定：弯矩规定以对杆端产生顺时针弯矩(对结点逆时针)为正，反之为负。剪力和轴力正负号的规定与梁及拉(压)杆规定相同。

4.4.3 刚架的内力图

与内力相对应，静定刚架的内力图一般有弯矩图、剪力图和轴力图。弯矩图画在杆件的受拉一侧。剪力图和轴力图可绘在杆的任一侧，但须标明正负号。

【例 4–9】 试绘制图 4–23(a)所示悬臂刚架的内力图。

解：作悬臂刚架的内力图，可不计算支座反力，直接计算内力。

(1)求各控制截面上的内力

从自由端开始,按单跨静定梁确定控制截面的方法,逐一计算各控制截面上的内力分别为

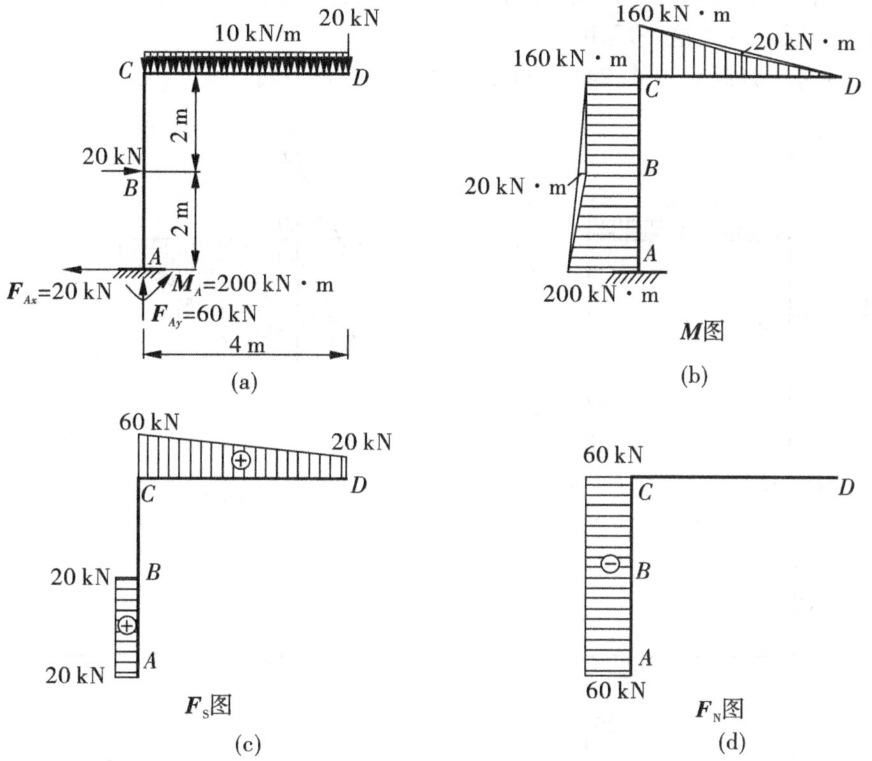

图 4-23 例 4-9 题图

$\boldsymbol{M}_{DC}=0$;$\boldsymbol{M}_{CD}=-20\times4-10\times4\times2=-160$ kN · m(上侧受拉);

$\boldsymbol{M}_{CA}=\boldsymbol{M}_{CD}=-160$ kN · m(左侧受拉);

$\boldsymbol{M}_{AC}=-20\times4-10\times4\times2-20\times2=-200$ kN · m(左侧受拉);

$\boldsymbol{F}_{SDC}=20$ kN;$\boldsymbol{F}_{SCD}=20+10\times4=60$ kN;$\boldsymbol{F}_{SCB}=0$;$\boldsymbol{F}_{SBC}=0$;$\boldsymbol{F}_{SBA}=20$ kN;$\boldsymbol{F}_{SAB}=20$ kN;$\boldsymbol{F}_{NDC}=\boldsymbol{F}_{NCD}=0$;$\boldsymbol{F}_{NCA}=-20-10\times4=-60$ kN;$\boldsymbol{F}_{NAC}=-60$ kN

(2)绘制内力图

弯矩的绘制:由区段叠加法绘制弯矩图。在 CD 段,将控制截面上的弯矩值竖标按比例标出并用虚线连接,以此虚线作为基线,叠加上相应简支梁在均布荷载作用下的弯矩图。在 AC 段,以连接的控制截面上的弯矩值竖标的虚线作为基线,叠加上相应简支梁在跨中集中荷载作用下的弯矩图。绘出弯矩图如图 4-23(b)所示。

剪力的绘制:在 CD 段,有均布荷载作用,剪力图是一条斜直线,用直线连接两控制截面上的剪力值的竖标即为该段的剪力图。在 AC 段,无荷载作用的区段,剪力图为一条与轴平行的直线,集中荷载作用 B 截面剪力图发生突变,突变值等于 20 kN 。绘出剪力图如图 4-23(c)所示。

轴力的绘制:由于各杆沿杆轴方向无荷载作用,所以各杆轴力为常数。根据各控制截

面上的轴力值直接绘出轴力图如图4-23(d)所示。

从上例计算可知:刚结点处若无外力偶作用,则结点两侧杆端截面的弯矩值大小相等且同侧受拉;杆段上若无外力作用,则杆端各截面的剪力相同、轴力相同。为简化计算,在作刚架弯矩图时可利用这一规律。

【例4-10】 试绘制图4-24(a)所示简支刚架的内力图。

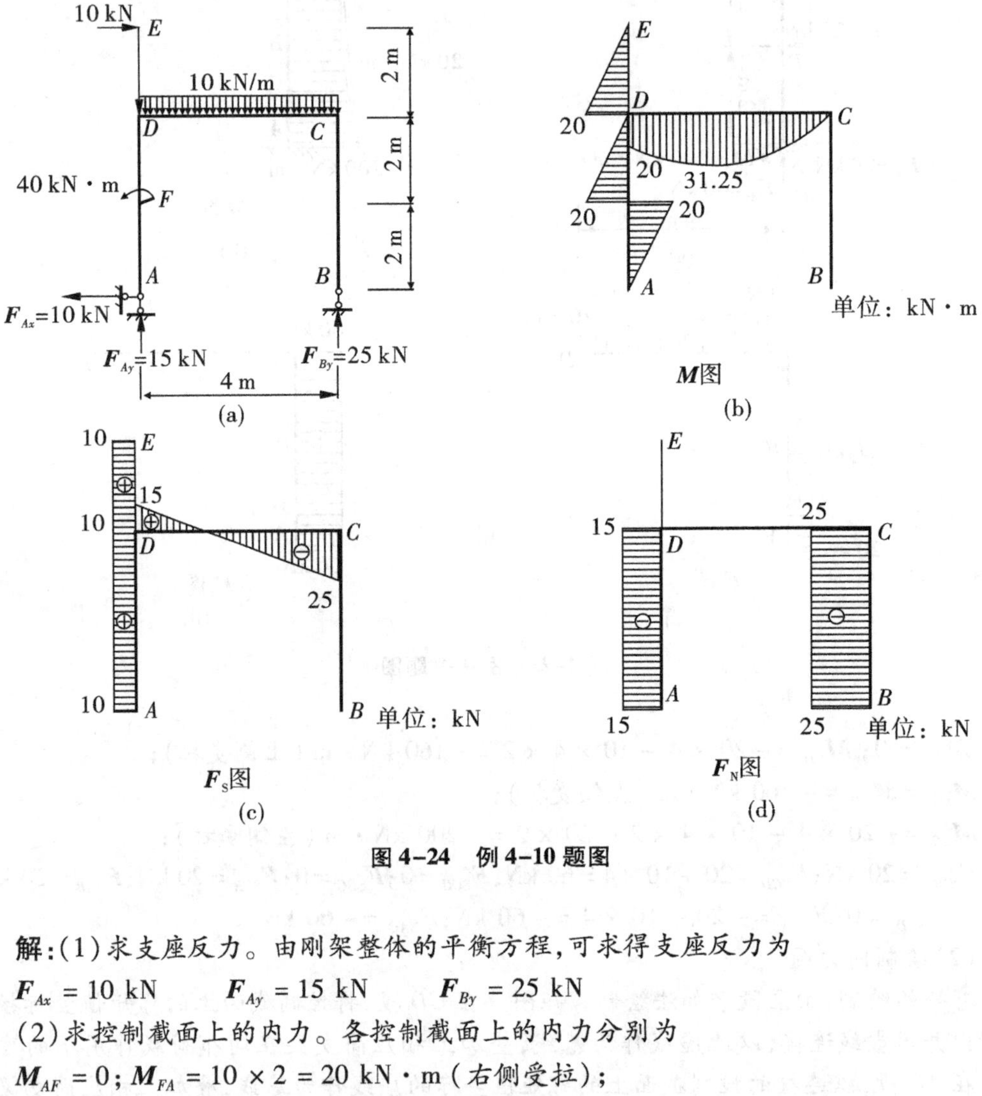

图4-24 例4-10题图

解:(1)求支座反力。由刚架整体的平衡方程,可求得支座反力为

$F_{Ax}=10$ kN　　$F_{Ay}=15$ kN　　$F_{By}=25$ kN

(2)求控制截面上的内力。各控制截面上的内力分别为

$M_{AF}=0$; $M_{FA}=10\times2=20$ kN · m(右侧受拉);

$M_{FD}=10\times2-40=-20$ kN · m(左侧受拉); $M_{DF}=10\times4-40=0$

$M_{DE}=-10\times2=-20$ kN · m(左侧受拉); $M_{ED}=0$

$M_{DC}=25\times4-10\times4\times2=20$ kN · m(下侧受拉); $M_{CD}=0$; $M_{CB}=0$; $M_{BC}=0$

$F_{SAD}=F_{SDA}=10$ kN; $F_{SDE}=F_{SED}=10$ kN; $F_{SDC}=15$ kN; $F_{SCD}=-25$ kN; $F_{SCB}=F_{SBC}=0$; $F_{NAD}=F_{NDA}=-15$ kN; $F_{NDE}=F_{NED}=0$; $F_{NDC}=F_{NCD}=0$; $F_{NCB}=F_{NBC}=-25$ kN

(3)绘制内力图 根据以上求得的各控制截面的内力,绘出刚架的内力图如图4-24

(b)(c)(d)所示。

【例4-11】 试绘制图4-25(a)所示三铰刚架的内力图。

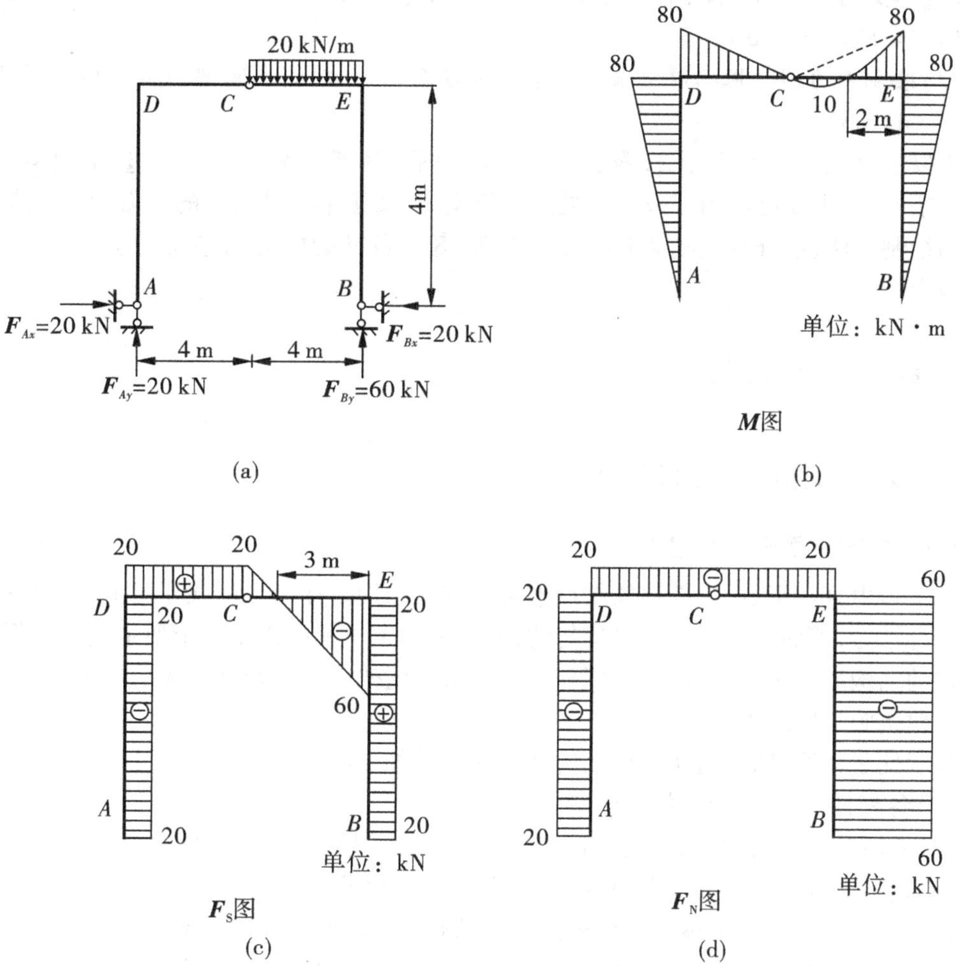

图4-25 例4-11题图

解:(1)求支座反力。三铰刚架由四个支座反力,先取刚架整体为隔离体,由平衡方程

$\sum M_A=0 \qquad F_{By}=60\ \text{kN}$

$\sum F_y=0 \qquad F_{Ay}=20\ \text{kN}$

$\sum F_x=0 \qquad F_{Ax}=F_{Bx}$

再取刚架的左半部分为隔离体,由平衡方程 $\sum M_C=0$ 得 $F_{Ax}=F_{Bx}=20\ \text{kN}$

(2)求控制截面上的内力。各控制截面上的内力分别为

$M_{AD}=0$; $M_{DA}=-20\times4=-80\ \text{kN}\cdot\text{m}$(左侧受拉);

$M_{DC}=M_{DA}=-80\ \text{kN}\cdot\text{m}$(上侧受拉); $M_{CD}=M_{CE}=0$;

$M_{EC}=-20\times4=-80\ \text{kN}\cdot\text{m}$(上侧受拉); $M_{EB}=M_{EC}=-80\ \text{kN}\cdot\text{m}$(右侧受拉)

$M_{BE}=0$;

$F_{SAD}=F_{SDA}=-20\ \text{kN}$;$F_{SDC}=F_{SCD}=F_{SCE}=20\ \text{kN}$;$F_{SEC}=-60\ \text{kN}$;

$F_{SBE}=F_{SEB}=20\ \text{kN}$;$F_{NAD}=F_{NDA}=-20\ \text{kN}$;$F_{NDC}=F_{NCD}=F_{NCE}=F_{NEC}=-20\ \text{kN}$;

$F_{NEB}=F_{NBE}=-60\ \text{kN}$

(3)绘制内力图　根据以上求得的各控制截面的内力,绘出刚架的内力图如图4-25(b)(c)(d)所示。

由以上例题可以进行总结,静定平面刚架的内力计算步骤通常如下:①由整体或部分的平衡条件,求出支座反力或铰结点处的约束反力;②按单跨静定梁的内力计算方法和内力图的绘制方法,逐杆绘制刚架各杆的内力图;③将各杆的内力图连在一起,即得整个刚架的内力图。

4.5 静定平面桁架

4.5.1 静定平面桁架的组成与分类

4.5.1.1 静定平面桁架的组成

桁架是由直杆组成,全部由铰结点连接而成的结构。在结点荷载作用下,桁架各杆的内力只有轴力,截面上应力分布是均匀的,充分发挥了材料的作用。桁架是建筑工程中广泛采用的结构形式之一,如民用房屋和工业厂房的屋架、托架,跨度较大的桥梁,起重机塔架以及建筑施工用的支架等。

为了便于计算,通常对实际桁架的计算简图做如下假设:

(1)各杆件两端用理想铰结点连接。

(2)各杆的轴线都是直线,且在同一平面内,并通过铰的几何中心。

(3)荷载和支座反力都作用在结点上,并位于桁架的平面内。

符合上述假设的桁架称为理想桁架,在绘制理想桁架的计算简图时,常以杆轴线代替各杆件,以小圆圈代替铰结点。图4-26所示为一理想桁架的计算简图。

必须强调的是,理想桁架和实际桁架有一定的差距。例如,钢桁架的结点是铆接或者焊接的、钢筋混凝土梁柱结点是浇筑在一起的,都具有一定的刚性;有些杆件在结点处是连续的,杆轴线也不完全平直,结点上各杆轴线也不完全交于一点。另外,有些杆件承受自重以及风荷载等非结点荷载。但是通过科学实验和工程实践证明,这些因素对桁架内力的影响是次要的。通常把桁架在理想情况下计算出的来的内力称为主内力,把由于实际情况与理想情况不完全相符而产生的附加内力称为次内力。理论分析和实测表明,在一般情况下次内力可忽略不计。本书仅讨论主内力的计算。

在图4-26(a)中,桁架上、下边缘的杆件分别称为上弦杆和下弦杆,上、下弦杆之间各杆件称为腹杆,腹杆又分为竖杆和斜杆。弦杆相邻两结点之间的水平距离 d 称为节间长度,两支座之间的水平距离 l 称为跨度,桁架最高点至支座连线的垂直距离 h 称为桁高。

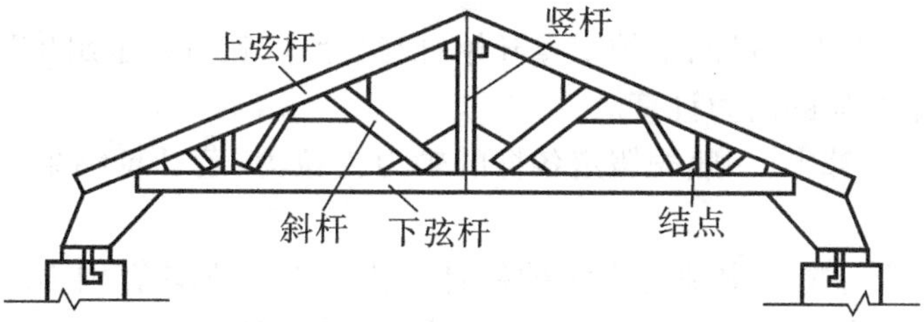

(a)

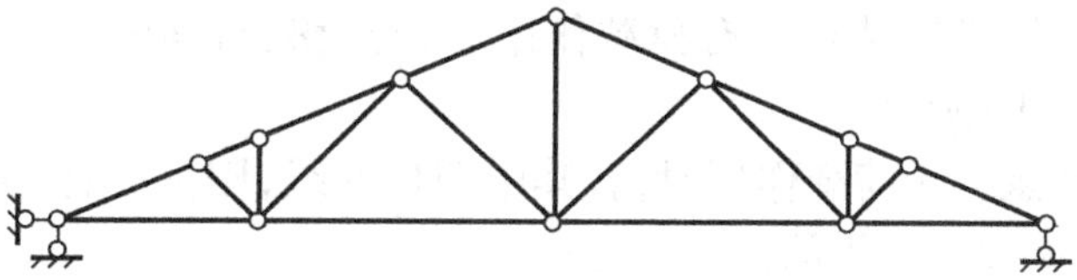
(b)

图 4-26　简单桁架与计算简图

4.5.1.2　静定平面桁架的分类

按照桁架的几何组成方式、静定平面桁架可分为三类：

(1)简单桁架　由一个基本的铰接三角形开始，依次增加二元体而组成的桁架称为简单桁架，如图 4-26(b)所示。

(2)联合桁架　由几个简单桁架按照几何不变体系的组成规则，联合而成的桁架称为联合桁架，如图 4-27(a)所示。

(3)复杂桁架　凡不按上述两种方式组成的桁架称为复杂桁架，如图 4-27(b)所示。

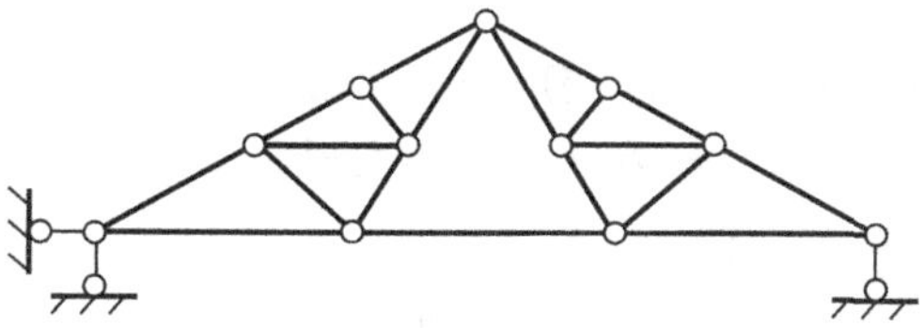
(a)联合桁架

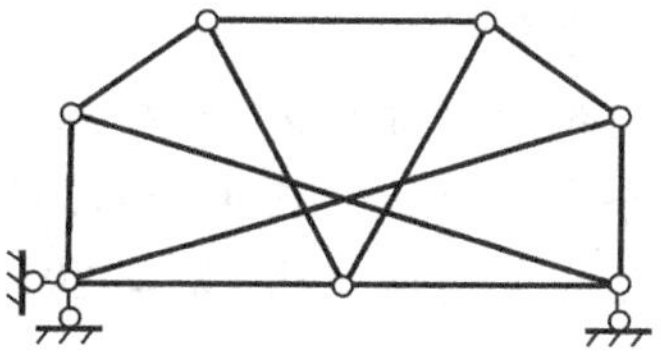
(b)复杂桁架

图 4-27　联合桁架与复杂桁架

4.5.2　静定平面桁架的内力计算

4.5.2.1　结点法

(1)结点法原理　结点法是截取桁架结点为研究对象，利用该结点的静力平衡条件来计算该结点处各杆的内力。因杆件轴线在结点处汇交于一点，故结点受力图是平面汇交力系，由于每个结点只能列出两个独立的平衡方程，因此每个结点的未知力数目不能超过两个。

计算时，从未知力不超过两个的结点开始，依次计算，就可以求出桁架中各杆的轴力。结点法适用于简单桁架的内力计算。

在桁架的内力计算中，一般先假定各杆的轴力为拉力，若计算结果为负值，则表明该杆的轴力为压力。

(2)零杆的判定　桁架中轴力为零的杆件称为零杆。在计算内力之前，如果能把零杆找出，将会使计算简化。通常下列几种情况中会出现零杆：

1)不共线的两杆组成的结点上无荷载作用时，该两杆均为零杆，如图4-28(a)所示；

2)不共线的两杆组成的结点上有荷载作用时，若荷载与其中的一杆共线，则另一杆必为零杆，如图4-28(b)所示。

3)三杆组成的结点上无荷载作用时，若其中两杆共线，则另一杆必为零杆，且共线的两杆内力相等，如图4-28(c)所示。

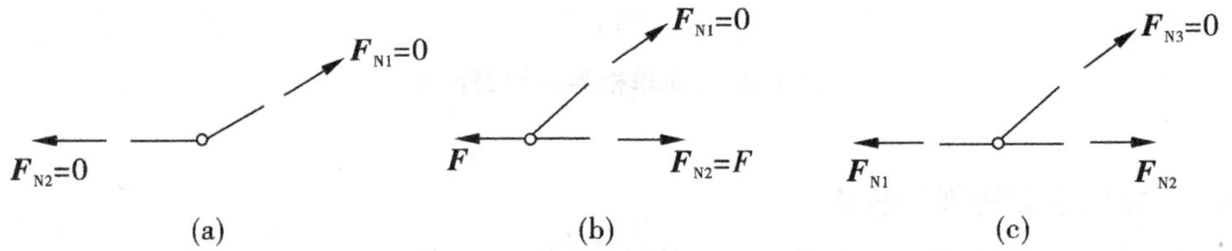

图4-28　零杆的判定

【例4-12】　试用结点法计算图4-29(a)所示桁架中各杆的内力。

解：(1)求支座反力。由整体的平衡方程，可得支座反力为

$$F_{Ax}=0 \quad F_{Ay}=40\ \text{kN} \quad F_{By}=40\ \text{kN}$$

(2)求各杆的内力。在计算各杆内力之前先找出零杆。由零杆的判定方法，判断杆 CD、GH 为零杆。

此桁架为对称结构，只要计算其中一半杆件的内力即可，现计算左半部分。计算从只包含两个未知力的结点 A 开始，顺序取结点 C、D、E 为隔离体进行计算。

取结点 A 为隔离体，如4-29(b)所示，列平衡方程

$$\sum F_y=0\ ;\ 40-10+F_{NADy}=0\ ;\ F_{NADy}=-30\ \text{kN}$$

利用比例关系，得 $F_{NAD}=\dfrac{F_{NADy}}{1}\times\sqrt{5}=-67\ \text{kN}\ ;\ F_{NADx}=\dfrac{F_{NADy}}{1}\times 2=-60\ \text{kN}$

$$\sum F_x=0\ ;\ F_{NAC}+F_{NADx}=0\ ;\ F_{NAC}=60\ \text{kN}$$

取结点 C 为隔离体，如图4-29(c)所示

由 $\sum F_x=0$：$-F_{NAC}+F_{NCF}=0$ 得 $F_{NCF}=60\ \text{kN}$

取结点 D 为隔离体，如图4-29(d)所示，列出平衡方程

由 $\sum F_x=0 \qquad F_{NDEx}+F_{NDFx}-(-60)=0$

$\sum F_y=0 \qquad F_{NDEy}-F_{NDFy}-(-30)-20=0$

利用比例关系，得 $F_{NDEx}=2F_{NDEy}$；$F_{NDFx}=2F_{NDFy}$

代入平衡方程，得 $2F_{NDEy}+2F_{NDFy}+60=0$；$F_{NDEy}-F_{NDFy}+10=0$

解得　$F_{NDEx}=-40\ \text{kN}$　$F_{NDEy}=-20\ \text{kN}$　$F_{NDE}=-44.7\ \text{kN}$

$F_{NDFx}=-20\ \text{kN}$　$F_{NDFy}=-10\ \text{kN}$　$F_{NDF}=-22.3\ \text{kN}$

取结点 E 为隔离体[4-29(e)]，由结构对称性，$F_{NEHy}=F_{NDEy}=-20\ \text{kN}$

由 $\sum F_y=0$：$-F_{NEF}-F_{NDEy}-F_{NDHy}-20=0$　得 $F_{NEF}=20\ \text{kN}$

内力计算完成后，将各杆内力标在图4-29(a)上，图中轴力单位为kN。

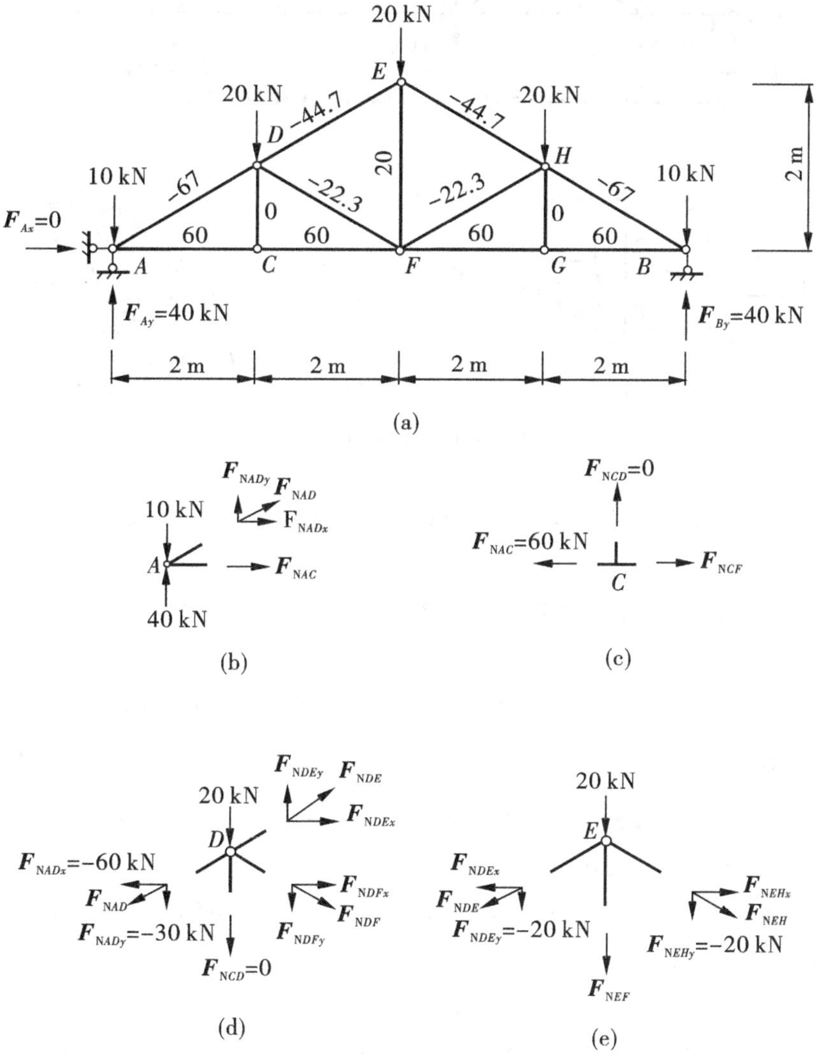

图4-29　例4-12题图

4.5.2.2　截面法

截面法是用一截面(平面或曲面)截取桁架的某一部分(两个结点以上)为隔离体，利用该部分的静力平衡方程来计算截断杆的轴力。由于隔离体所受的力通常构成平面一般力系，而一个平面一般力系只能列出三个独立的平衡方程，因此用截面法截断的杆件数目一般不应超过三个。截面法适用于联合桁架内力以及简单桁架中指定杆件内力的计算。

【例 4-13】 求图 4-30(a)所示桁架中杆 a、b、c、d 的内力。

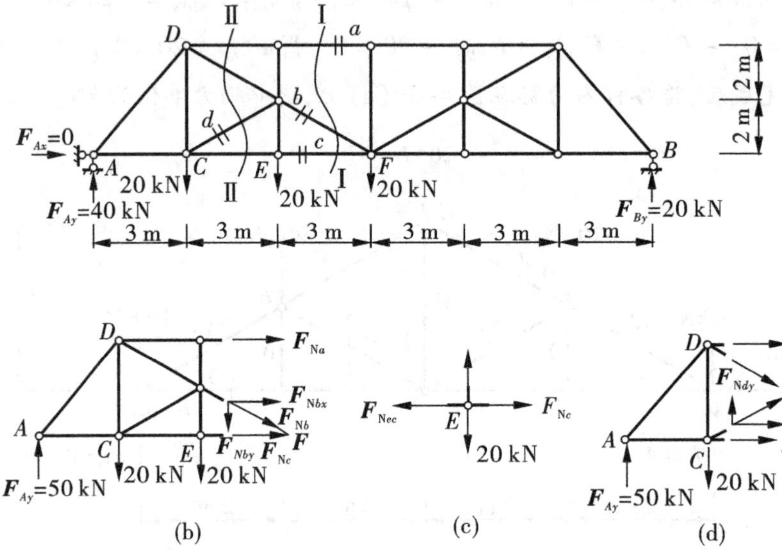

图 4-30 例 4-13 题图

解：(1) 求支座反力　由整体的平衡方程，可得支座反力为 $F_{Ax}=0$；$F_{Ay}=40$ kN；$F_{By}=20$ kN

(2) 求杆 a、b、c 的内力　用截面 I-I 将桁架截开，取左半部分为脱离体，如图 4-30(b)所示，列平衡方程

$$\sum M_F=0 \qquad -F_{Na}\times 4-40\times 9+20\times 6+20\times 3=0 \qquad F_{Na}=-45\text{ kN}$$

$$\sum M_D=0 \qquad -40\times 3-20\times 3+F_{Nc}\times 4=0 \qquad F_{Nc}=45\text{ kN}$$

$$\sum F_y=0 \qquad 40-20-20-F_{Nby}=0 \qquad F_{Nby}=0$$

利用比例关系，得 $F_{Nb}=0$

(3) 求杆 d 的内力　联合应用结点法和截面法计算杆 d 的内力较为方便。先取结点 E 为隔离体，如图 4-30(c)所示，由平衡方程 $\sum F_x=0$，得

$$F_{Nce}=F_{Nc}=45\text{ kN}$$

再用截面 II-II 将桁架截开，取左半部分为脱离体[4-30(d)]，列平衡方程

$$\sum M_D=0 \qquad F_{Ndx}\times 4+F_{Nce}\times 4-40\times 3=0$$

得 $F_{Ndx}=-15$ kN

利用比例关系，得 $F_{Nd}=\dfrac{F_{Ndx}}{3}\times 3.61=-18.05$ kN

用截面法计算桁架内力所截断的杆件一般不应超过三根。但在某些特殊情况下,虽然截面所截断的杆件超过三根,但只要这些被截断的杆件中,除一根外,其余各杆均交于一点或全平行,则那根不与其他杆件交于一点的或不与其他杆件全平行的杆件内力,仍可由投影方程或力矩方程求解。

4.5.2.3 结点法和截面法的联合应用

在各种桁架的计算中,若只需求解某几根指定杆件的内力,而单独应用结点法和截面法又不能一次求出结果时,则联合应用结点法和截面法,常可获得较好的效果。

4.6 三铰拱

4.6.1 拱的特点与分类

4.6.1.1 拱的特点

拱是由曲杆组成的在竖向荷载作用下支座处产生水平推力的结构。水平推力是指拱两个支座处指向拱内部的水平方向约束反力。在拱结构中,由于水平推力的存在,拱截面上的弯矩比相应简支梁对应截面上的弯矩值小得多,并且可使拱横截面上的内力以轴向压力为主。这样,拱可以用抗压强度较高而抗拉强度较低的砖、石和混凝土等材料来制造。因此,拱结构在房屋建筑、桥梁建筑和水利建筑工程中得到了广泛的应用。

与梁对比学习,可较好地掌握拱的特点。拱结构与梁的区别,不仅在于外形不同,更重要的还在于在竖向荷载作用下是否能产生水平推力。例如图4-31所示两结构,虽然它们的杆轴线都是曲线,但图4-31(a)所示结构在竖向荷载作用下,不产生水平推力,其弯矩与相应简支梁(同跨度、同荷载的梁)的弯矩相同,这种结构不是拱结构,而是曲梁。图4-31(b)所示结构中,由于两端都有水平支座链杆,在竖向荷载作用下能产生水平推力,所以它属于拱结构。

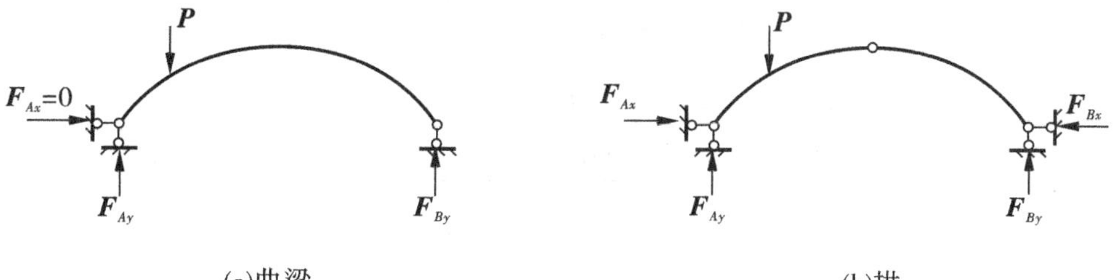

图4-31 曲梁和拱

4.6.1.2 拱的分类

按照几何组成分析,拱可以分为无铰拱[图4-32(a)]、两铰拱[图4-32(b)]和三铰拱[图4-32(c)]。无铰拱和两铰拱属于超静定结构,三铰拱属于静定结构。按拱轴线的曲线形状,拱可以分为抛物线拱、圆弧拱和悬链线拱等。在拱结构中,由于水平推力的存在,使得拱对其基础的要求较高,若基础不能承受水平推力,可用一根拉杆来代替水平链杆承受拱的推力,如图 4-32(d)所示,这种结构称为带拉杆的拱。为了减少拉杆的挠度,还常设置吊杆,如图 4-32(e)所示。为增加拱下的净空,拉杆可做成折线形,如图 4-32(f)所示。

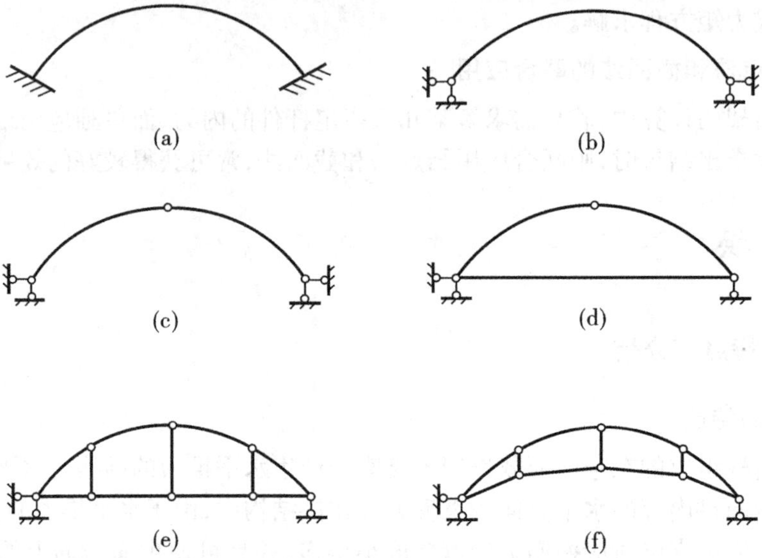

图 4-32 拱的分类

4.6.2 拱结构各部分的名称

拱与基础的连接处称为拱趾,或称拱脚。拱轴线的最高点称为拱顶。拱顶到两拱趾连线的垂直距离 f 称为拱高,或称拱矢,两拱趾间的水平距离 l 称为拱跨,如图 4-33 所示。拱高与拱跨的比值 $\frac{f}{l}$ 称为高跨比,它是影响拱的受力性能的重要几何参数。

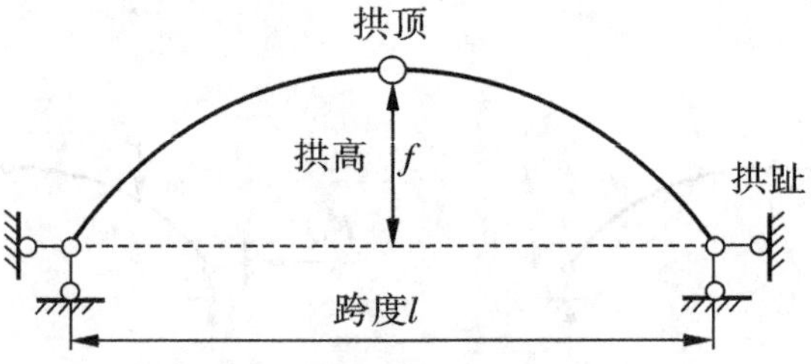

图 4-33 拱结构各部分

基础知识与技能训练

基础知识训练

一、单选题

1. 弯矩图肯定发生突变的截面是(　　)。

A. 有集中力作用的截面　　B. 剪力为零的截面

C. 荷载为零的截面　　D. 有集中力偶作用的截面

2. 图 4-34 所示梁中 C 截面的弯矩是(　　)。

A. 12 kN · m(下拉)　　B. 3 kN · m(上拉)

C. 8 kN · m(下拉)　　D. 11 kN · m(下拉)

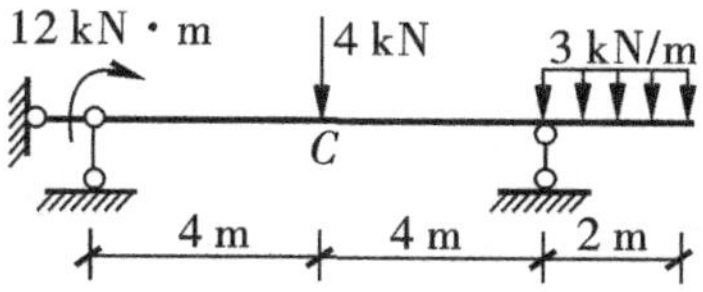

图 4-34　基础知识训练单选题 2 题图

3. 图 4-35 所示桁架 a 杆的内力是(　　)。

A. $2\boldsymbol{F}$　　B. $-2\boldsymbol{F}$

C. $3\boldsymbol{F}$　　D. $-3\boldsymbol{F}$

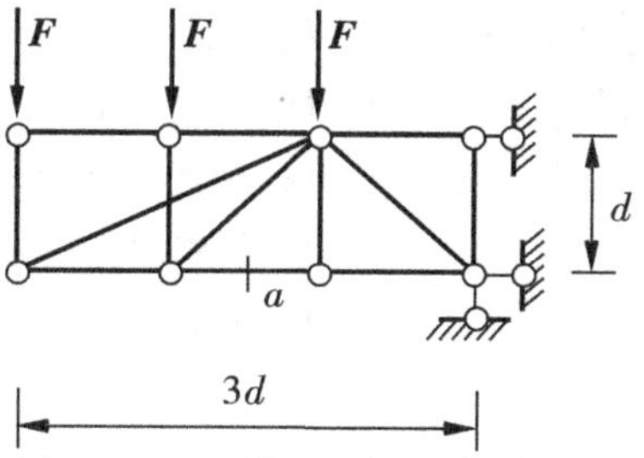

图 4-35　基础知识训练单选题 3 题图

4. 图 4-36 所示桁架，各杆 EA 为常数，除支座链杆外，零杆数为(　　)。

A. 四根　　B. 两根

C. 一根　　D. 零根

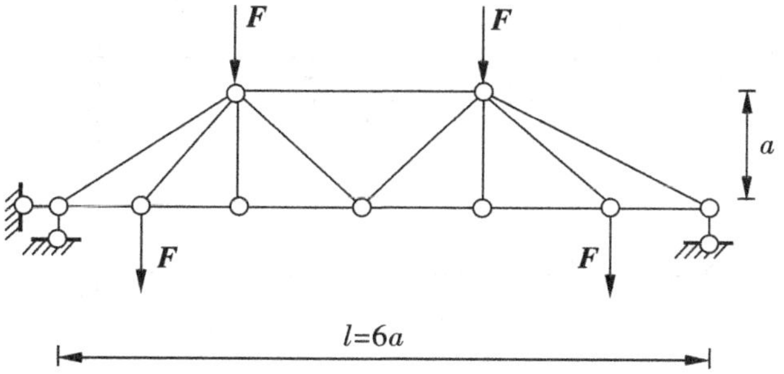

图 4-36　基础知识训练单选题 4 题图

5. 静定结构的内力计算与(　　)。

A. EI 无关　　B. EI 相对值有关

C. EI 绝对值有关　　D. E 无关，I 有关

6. 图 4-37 所示两结构及其受力状态，它们的内力符合(　　)。

A. 弯矩相同，剪力不同　　B. 弯矩相同，轴力不同

C. 弯矩不同,剪力相同　　　　　　　D. 弯矩不同,轴力不同

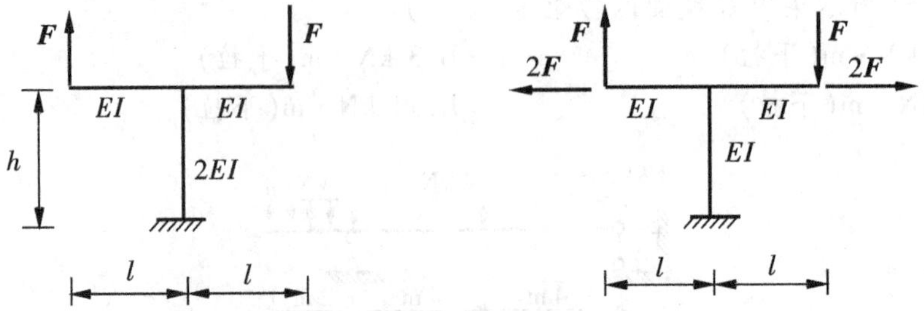

图 4-37　基础知识训练单选题 6 题图

7. 刚结点在结构发生变形时的主要特征是(　　)。

A. 各杆可以绕结点结心自由转动　　B. 不变形

C. 各杆之间的夹角可任意改变　　D. 各杆之间的夹角保持不变

8. 若荷载作用在静定多跨梁的基本部分上,附属部分上无荷载作用,则(　　)。

A. 基本部分和附属部分均有内力　　B. 基本部分有内力,附属部分没有内力

C. 基本部分无内力,附属部分有内力　　D. 不经过计算,无法判断

9. 在竖向均布荷载作用下,对称三铰拱的合理拱轴线是(　　)。

A. 抛物线　　B. 悬链线

C. 双曲线　　D. 圆弧曲线

技能训练

1. 试求图 4-38 所示杆件指定截面上的轴力,并作轴力图。

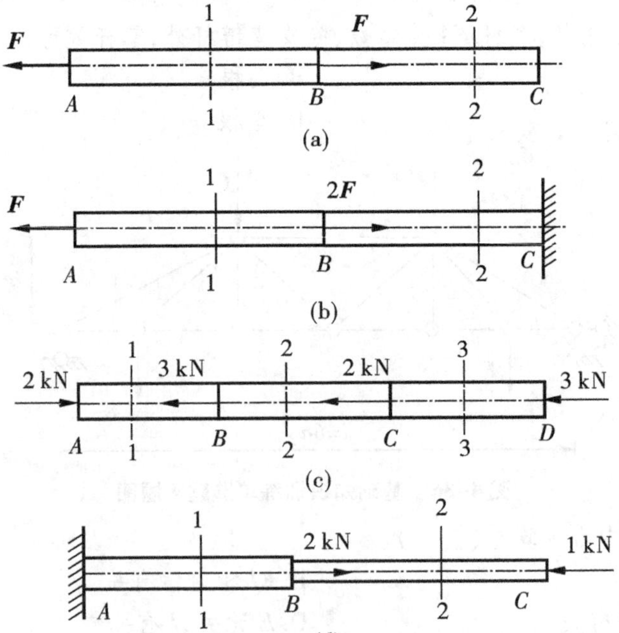

图 4-38　技能训练 1 题图

2. 用截面法求图4-39所示各杆在1-1、2-2、3-3截面上的扭矩。

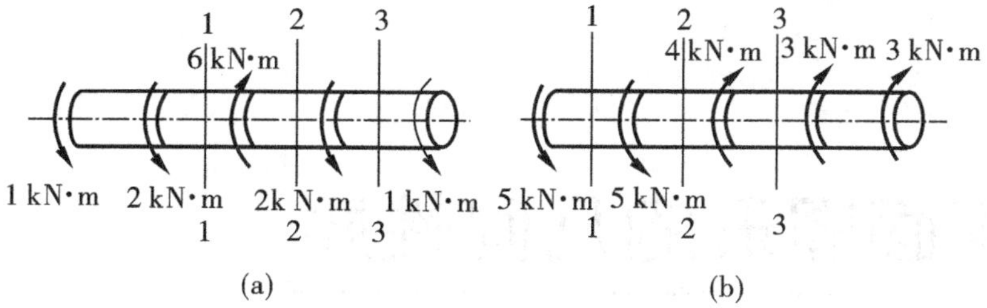

图4-39　技能训练2题图

3. 试用截面法求图4-40中的梁 $n-n$ 截面上的剪力和弯矩。

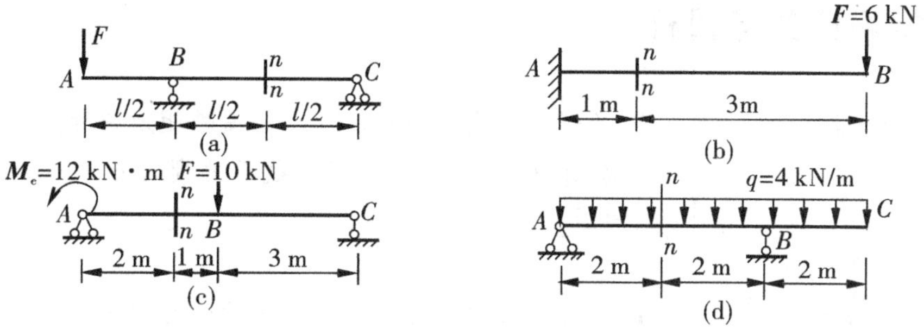

图4-40　技能训练3题图

4. 求图4-41所示刚架的弯矩图。

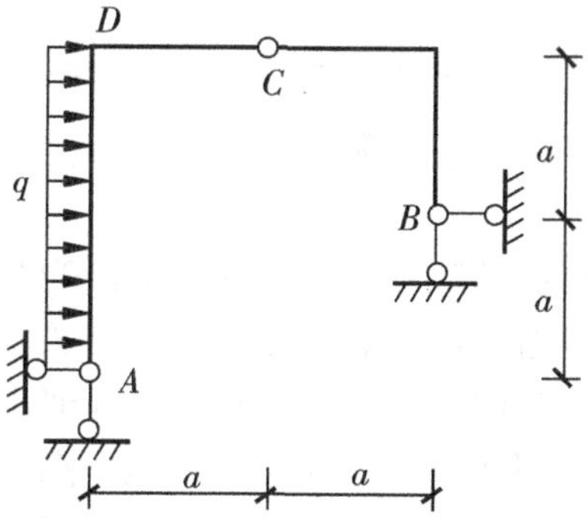

图4-41　技能训练4题图

5. 用结点法或截面法求图4-42所示桁架各杆的轴力。

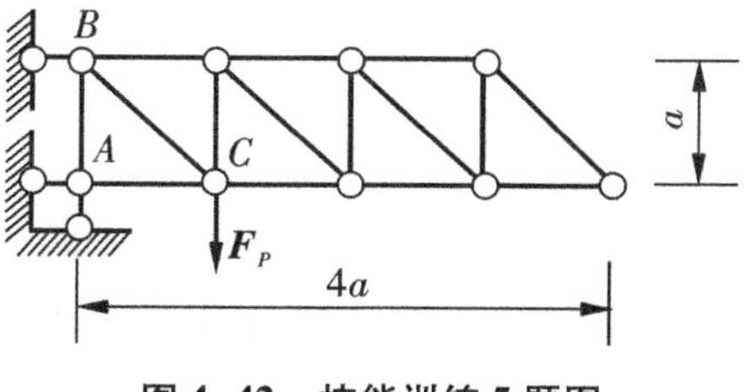

图4-42　技能训练5题图

模块5 平面图形的几何性质

学习任务与目标

学习任务

1. 了解一般截面静矩、形心、极惯性矩及惯性矩的概念。

2. 会计算矩形、圆形等简单截面的惯性矩和组合截面的形心、静矩、惯性矩。

知识目标

1. 了解一般截面静矩、形心、极惯性矩及惯性矩的定义。

2. 掌握计算矩形、圆形等简单截面的惯性矩和组合截面的形心、静矩、惯性矩的方法。

技能目标

1. 能运用所学知识求解矩形截面惯性矩。

2. 能求解圆形截面形心和惯性矩。

在建筑力学以及建筑结构的计算中,不同受力形式下杆件的应力和变形,不仅取决于外力的大小以及杆件的尺寸,而且与杆件截面的几何性质有关。当研究杆件的应力、变形,以及研究失效问题时,都要涉及与截面形状和尺寸有关的几何量。这些几何量包括:形心、静矩、惯性矩、惯性半径、极惯性矩、惯性积、主轴等,统称为“平面图形的几何性质”。

研究上述这些几何性质时,完全不考虑研究对象的物理和力学因素,作为纯几何问题加以处理。

5.1 静矩和形心

5.1.1 静矩

任意平面几何图形如图5-1所示。在其上取面积微元dA,该微元在zOy坐标系中的坐标为z、y。

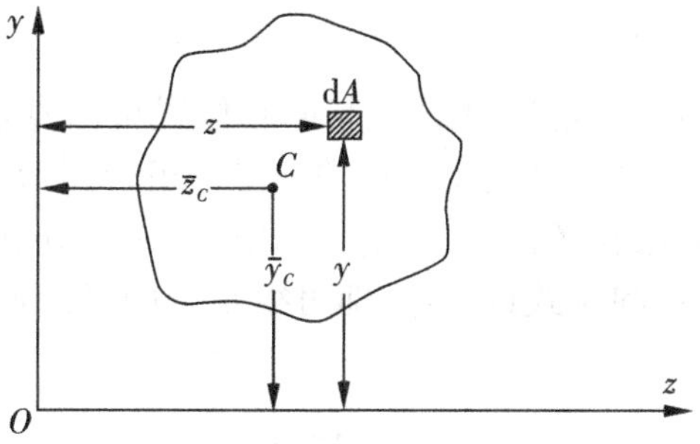

图 5-1 图形的静矩和形心

定义下列积分：

$$\left.\begin{aligned}\int_A y\mathrm{d}A = S_z\\ \int_A z\mathrm{d}A = S_y\end{aligned}\right\} \tag{5-1}$$

称为图形对于 z 轴和 y 轴的截面一次矩或静矩，其单位为 mm^3 或 m^3。

如果将 $\mathrm{d}A$ 视为垂直于图形平面的力，则 $y\mathrm{d}A$ 和 $z\mathrm{d}A$ 分别为 $\mathrm{d}A$ 对于 z 轴和 y 轴的力矩；S_y 和 S_z 则分别为 $\mathrm{d}A$ 对 y 轴和 z 轴之矩。图 5-1 图形几何形状的中心称为形心，若将面积视为垂直于图形平面的力，则形心即为合力的作用点。

5.1.2 形心

形心就是物体的几何中心。因此，当平面图形具有对称轴或对称中心时，则形心一定在对称轴或对称中心上。若已知截面的形心位置 $C(Z_C, Y_C)$（图 5-1），则 S_y，S_z 可以写成

$$\left.\begin{aligned}S_y = AZ_C\\ S_z = AY_C\end{aligned}\right\} \tag{5-2}$$

则形心的位置

$$\left.\begin{aligned}Y_C = \frac{S_z}{A}\\ Z_C = \frac{S_y}{A}\end{aligned}\right\} \tag{5-3}$$

根据上述定义可以看出：

（1）静矩与坐标轴有关，同一平面图形对于不同的坐标轴有不同的静矩。对某些坐标轴静矩为正；对另外某些坐标轴为负；对于通过形心的坐标轴，图形对其静矩等于零。

（2）如果已经计算出静矩，就可以确定形心的位置；反之，如果已知形心位置，则可计算图形的静矩。

（3）静矩与截面尺寸、形状、轴的位置有关。数值范围可以为正，或负，或等于零。单位：mm^3，cm^3，m^3。

5.1.3 组合截面的形心

实际计算中,对于简单的、规则的图形,其形心位置可以直接判断。例如矩形、正方形、圆形、正三角形等的形心位置是显而易见的。对于组合图形,则先将其分解为若干个简单图形(可以直接确定形心位置的图形);然后由式(5-2)分别计算它们对于给定坐标轴的静矩,并求其代数和;再利用式(5-3),即可得组合图形的形心坐标。求解组合截面形心公式如下

$$\left.\begin{aligned}\bar{y}_C &= \frac{\bar{S}_z}{A} = \frac{\sum_{i=1}^{n} A_i Y_i}{\sum_{i=1}^{n} A_i} \\ \bar{z}_C &= \frac{\bar{S}_y}{A} = \frac{\sum_{i=1}^{n} A_i Z_i}{\sum_{i=1}^{n} A_i}\end{aligned}\right\} \tag{5-4}$$

【例 5-1】 求图 5-2 所示截面图形的形心。

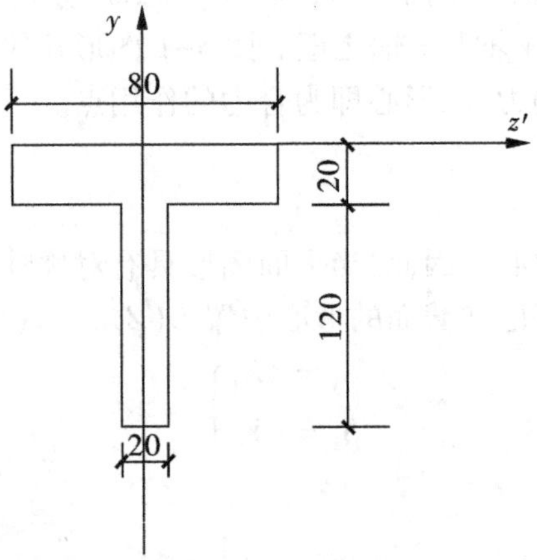

图 5-2 例 5-1 题图

解:把 T 形看成为由矩形 Ⅰ 和 Ⅱ 组成,y 轴是对称轴,形心必在 y 轴上。

(1)求 $\bar{S}_{z'}$

$A_{\mathrm{I}} = 80\times20 = 1600\ \mathrm{mm}^2$　　$A_{\mathrm{II}} = 120\times20 = 2400\ \mathrm{mm}^2$

$y_{C\mathrm{I}} = 10\ \mathrm{mm}$(到 z' 轴)　　$y_{C\mathrm{II}} = 60+20 = 80\ \mathrm{mm}$

则　$\bar{S}_{z'} = \sum_{i=1}^{n} A_i Y_i = 1600 \times 10 + 2400 \times 80 = 20800\ \mathrm{mm}^3$

(2)求 $\bar{Y}_C$

$$\bar{y}_C = \frac{\bar{S}_{z'}}{A} = \frac{\sum_{i=1}^{n} A_i Y_i}{\sum_{i=1}^{n} A_i} = \frac{208000}{80 \times 20 + 120 \times 20} = 52\ \text{mm}$$

5.2　惯性矩和惯性半径

5.2.1　惯性矩

任意平面图形上所有微面积 $\mathrm{d}A$ 与其坐标 y(或 z)平方乘积的总和,称为该平面图形对 z 轴(或 y 轴)的惯性矩,用 I_z(或 I_y)表示,如图 5-3 所示,即

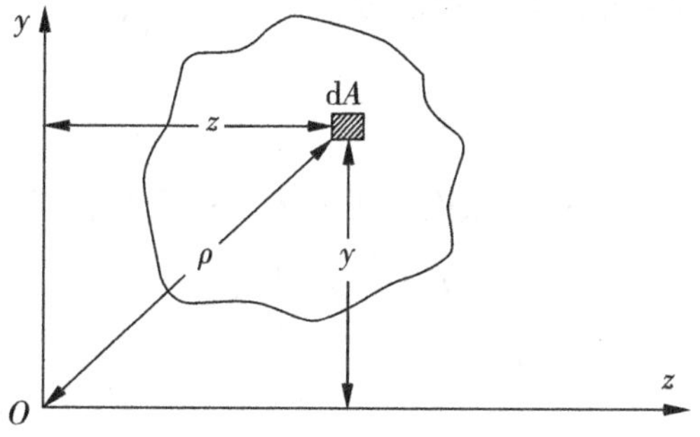

图 5-3　惯性矩与极惯性矩

$$\left.\begin{aligned} I_z &= \int_A y^2 \mathrm{d}A \\ I_y &= \int_A z^2 \mathrm{d}A \end{aligned}\right\} \tag{5-5}$$

I_z,I_y为截面对 z 轴,y 轴的惯性矩。

5.2.2　形心主惯性矩

形心主惯性矩——若 z 轴经过截面的形心,并取得最大或最小惯性矩,则该轴称为形心主惯性轴。截面对该轴的惯性矩称为形心主惯性矩,用 I_{zc} ,I_{yc} 表示。

5.2.3　惯性半径

在工程中为了计算方便,将图形的惯性矩表示为图形面积 A 与某一长度平方 i_y,i_z的乘积,即

$$\left.\begin{aligned} I_y &= A i_y^2 \\ I_z &= A i_z^2 \end{aligned}\right\} \tag{5-6}$$

式中　i_z、i_y——平面图形对 z、y 轴的惯性半径,常用单位为 m 或 mm。

$$\left.\begin{aligned} i_y &= \sqrt{\frac{I_y}{A}} \\ i_z &= \sqrt{\frac{I_z}{A}} \end{aligned}\right\} \tag{5-7}$$

常用简单图形的惯性矩及惯性半径如下：

矩形 $I_x=\dfrac{bh^3}{12}, I_y=\dfrac{hb^3}{12}$

圆形 $I_z=I_y=\dfrac{\pi D^4}{64}$

环形 $I_x=I_y=\dfrac{\pi(D^4-d^4)}{64}$

底边长为 b，高为 h 的三角形对底边的惯性矩为 $I_z=\dfrac{bh^3}{12}$

对于圆形截面 $i=\sqrt{\dfrac{I}{A}}=\dfrac{d}{4}$

如图 5-3 所示，定义式(5-8)为截面对坐标原点的极惯性矩。

$$I_p=\int_A \rho^2 \mathrm{d}A \tag{5-8}$$

由于 $\rho^2=y^2+z^2$，故 $I_p=I_y+I_z$。

惯性矩的性质如下：

(1)同一截面对不同的坐标轴的惯性矩是不相同的。

(2)截面对任意一对互相垂直轴的惯性矩之和，恒等于它对该两轴交点的极惯性矩。

(3)惯性矩、惯性半径和极惯性矩的数值恒为正。

(4)惯性矩、极惯性矩的单位相同，均为 mm^4，cm^4，m^4，惯性半径单位 mm，cm，m。

【例 5-2】 截面图形的几何尺寸如图 5-4 所示。试求图中具有断面线部分的 I_x、I_y。

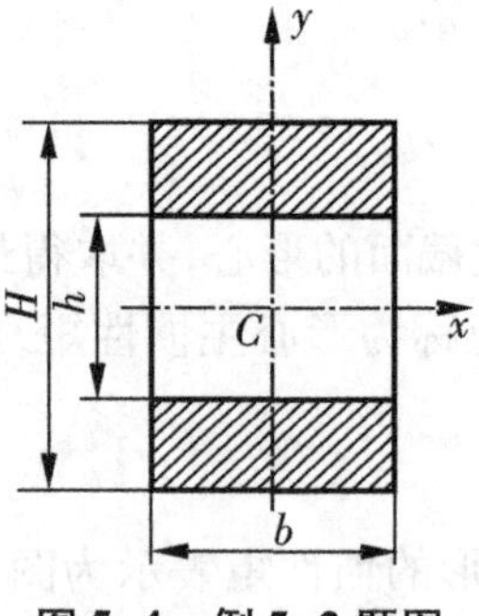

图 5-4 例 5-2 题图

解：根据积分定义，具有断面线的图形对于 x、y 轴的惯性矩，等于高为 h、宽为 b 的矩形对于 x、y 轴的惯性矩减去高为 h' 的矩形对于相同轴的惯性矩，即

$$I_x=\frac{bH^3}{12}-\frac{bh^3}{12}=\frac{b}{12}(H^3-h^3)$$

$$I_y=\frac{Hb^3}{12}-\frac{hb^3}{12}=\frac{b^3}{12}(H-h)$$

上述方法称为负面积法。用于图形中有挖空部分的情形，计算比较简捷。

5.2.4　平行移轴公式

如图 5-5 所示为一任意形状截面，其形心位置在 C 点，截面对形心轴的惯性矩 I_{zC}、I_{yC} 已知。另选一坐标系 zOy。其轴分别平行于 z_C，y_C，形心 C 在 zOy 坐标系中的坐标为 (a,b)。在图形中任取一点 i，环绕 i 取微面积 $\mathrm{d}A$。i 点在两平行坐标系中的坐标分别为 (z_C,y_C)，(z,y)。它们之间存在如下关系：

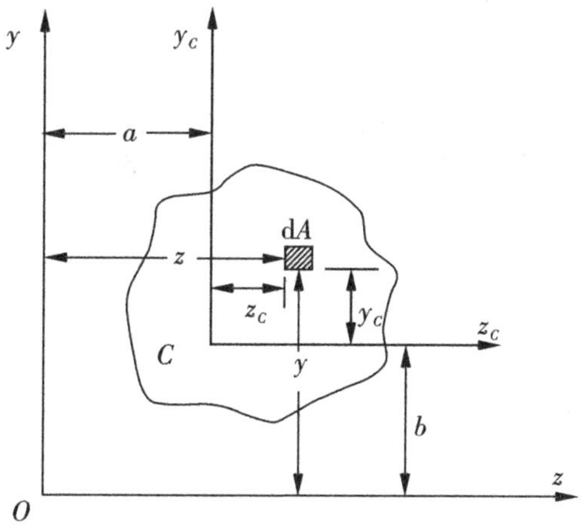

图 5-5　平行移轴公式推导

$$y=y_C+b;\qquad z=z_C+a$$

则

$$\begin{aligned}I_z&=\int_A y^2\mathrm{d}A=\int_A(y_C+b)^2\mathrm{d}A\\&=\int_A(y_C^2+2y_Cb+b^2)\mathrm{d}A\\&=\int_A y_C^2\mathrm{d}A+2b\int_A y_C\mathrm{d}A+b^2\int_A\mathrm{d}A\\&=I_{zC}+0+b^2A=I_{zC}+b^2A\end{aligned}$$

由此可见，图形对任意轴的惯性矩 I_z 等于图形对于与该轴平行的形心轴的惯性矩 I_{zC} 与图形面积与两轴间距离平方的乘积之和。

同理可得　$I_y=I_{yC}+a^2A$

【例 5-3】　求图 5-6 所示图形的 I_{zC}，I_{z2}。

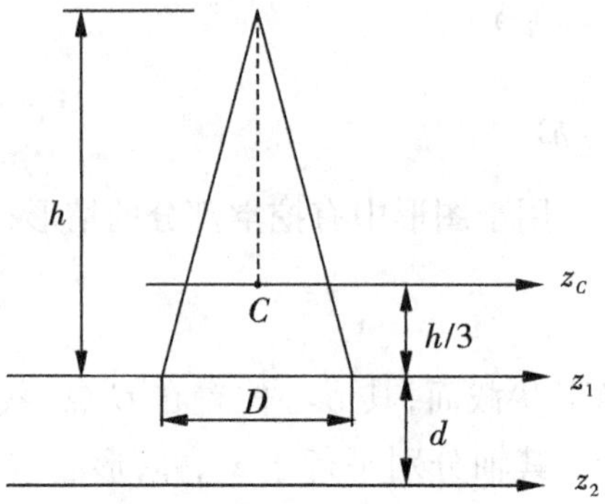

图 5-6 例 5-3 题图

解:(1) 求 I_{z_C} 的值

因 $I_{z_1}=I_{z_C}+b^2A$

即 $\dfrac{Dh^3}{12}=I_{z_C}+\left(\dfrac{h}{3}\right)^2\cdot\dfrac{Dh}{2}$;$I_{z_C}=\dfrac{Dh^3}{12}-\dfrac{h^2}{9}\cdot\dfrac{Dh}{2}=\dfrac{Dh^3}{36}$

(2) 求 I_{z_2} 的值

$$I_{z_2}=I_{z_C}+\left(d+\frac{h}{3}\right)^2A$$

基础知识与技能训练

基础知识训练

一、填空题

1. 任意平面图形上所有微面积 dA 与其坐标 y(或 z)平方乘积的总和,称为该平面图形对 z 轴(或 y 轴)的________。

2. 形心就是物体的________。

3. 截面对某一轴的静矩等于零,则该轴必通过________。

二、判断题

1. 同一截面对不同的坐标轴的惯性矩是相同的。 ( )

2. 静矩与截面尺寸、形状、轴的位置无关。 ( )

3. 静矩只能为正值。 ( )

4. 惯性矩、极惯性矩的单位不相同。 ( )

技能训练

计算题

1. 试求图 5-7 所示 T 形截面的形心坐标。

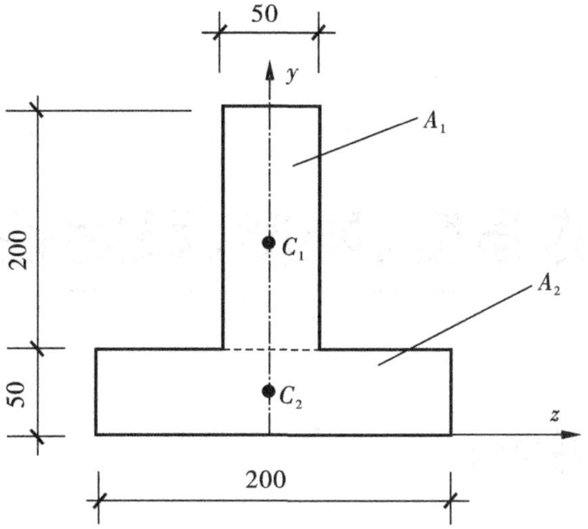

图 5-7　技能训练 1 题图

2. 求图 5-8 所示由两根 No. 20 槽钢组成的截面对形心轴 z、y 的惯性矩。

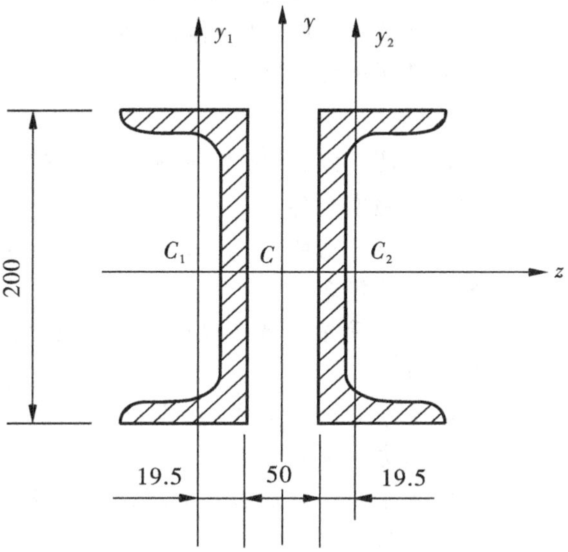

图 5-8　技能训练 2 题图

模块6 杆件的强度、刚度、稳定性

学习任务与目标

学习任务

1. 掌握轴向拉伸与压缩杆件的有关概念。
2. 熟悉剪切与挤压构件的相关概念。
3. 熟悉圆轴扭转构件的相关概念。
4. 掌握关于梁的有关概念。
5. 熟悉偏心压缩(拉伸)杆件的相关概念。
6. 掌握压杆稳定性分析。

知识目标

1. 理解应力、正应力、剪应力,掌握轴向拉(压)杆应力计算方法及强度条件。
2. 理解剪切的概念,掌握连接件的剪应力计算与校核,理解挤压的概念。
3. 理解受扭圆轴横截面上的剪应力,熟悉圆轴扭转时的强度条件。
4. 理解梁的正应力、剪应力的分布情况,掌握梁的弯曲应力计算方法及强度条件。
5. 了解组合变形的概念,熟悉偏心压缩(拉伸)杆件的应力计算方法。
6. 理解压杆稳定的概念,掌握临界压力及杆端支承对其的影响。

技能目标

1. 熟练运用拉(压)杆的强度条件解决工程实际问题。
2. 会运用剪切与挤压的实用计算公式进行强度计算校核。
3. 会运用圆轴扭转时的强度和刚度条件解决工程实际问题。

4. 熟练运用梁的应力强度条件进行强度校核、确定截面、确定许用荷载。

5. 会运用偏心压缩(拉伸)杆件的强度条件进行强度计算。

6. 会运用计算杆件的临界力,会运用稳定条件对各种压杆进行稳定校核。

6.1 轴向拉伸与压缩杆件

6.1.1 杆件在拉伸和压缩时的应力

6.1.1.1 应力

对于相同材质不同截面的杆件,两端加以相同的荷载(拉力或压力)时,截面小的杆件首先被破坏。这是因为杆件的破坏不仅与轴力有关,而且和杆件的截面大小有关,即与杆件的横截面上的内力集度有关。平均应力为

$$p_m = \frac{\Delta p}{\Delta A} \tag{6-1}$$

如图6-1所示,截面上的分布内力并不是均匀的,故平均应力 p_m 的大小和方向将随所取微面积 ΔA 的大小而不同。为表明分布内力在 M 点处的集度,令 $\Delta A \to 0$,则得 $\Delta p/\Delta A$ 的极限值 p,即

$$p = \lim_{\Delta A \to 0} \frac{\Delta p}{\Delta A} = \frac{\mathrm{d}p}{\mathrm{d}A} \tag{6-2}$$

p 称为 M 点处的总应力,其方向一般既不与截面垂直,也不与截面相切。通常将总应力沿截面的法向和切向分解为两个分量,即

$$\sigma = p\cos\alpha\ ,\ \tau = p\sin\alpha \tag{6-3}$$

法向分量 σ 称为正应力,切向分量 τ 称为剪应力或切应力。

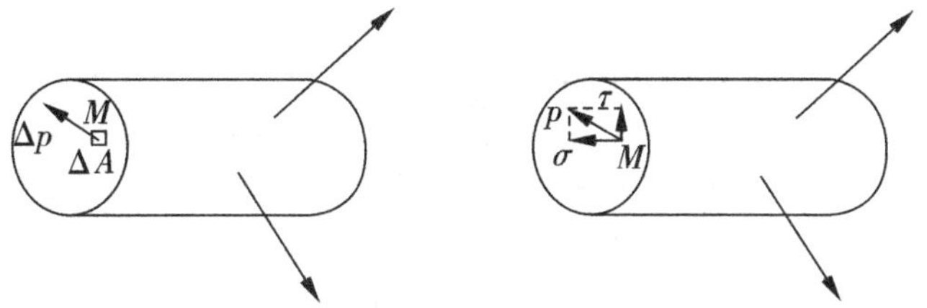

图6-1 应力

在我国的法定计量单位中,应力的单位为Pa(帕斯卡),1 Pa=1 N/m²。在实际工程中,这一单位太小,常用MPa、GPa(兆帕、吉帕)来表示,其关系为1 GPa=10^3 MPa,1 MPa=10^6 Pa。

6.1.1.2 拉(压)杆横截面上的正应力

在拉(压)杆横截面上,轴力 N 的作用线与横截面垂直,且通过横截面的形心,因此,分布在横截面上各点的应力只有正应力。

为计算正应力 σ ,可首先考查杆件在受力后表面上的变形情况,并推出反映杆件内部变形情况的几何关系,再根据力与变形间的物理关系,得到应力在截面上的变化规律,最后再通过应力与内力的静力学关系,得到应力的计算公式。

$$\sigma = \frac{N}{A} \tag{6-4}$$

式中 N——轴力,N;

A——杆的横截面面积,mm^2。

6.1.1.3 拉(压)杆斜截面上的应力

以上研究了拉(压)杆横截面上的应力,为了更全面地了解杆内的应力情况,现在研究斜截面上的应力。如图 6-2(a)所示拉杆,利用截面法,沿任一斜截面 $m-m$ 将杆截开,取左段杆为研究对象,该截面的方位以其外法线 On 与 x 轴的夹角 α 表示。由平衡条件可得斜截面 $m-m$ 上的内力 $\boldsymbol{F}_\alpha$ 为

$$\boldsymbol{F}_\alpha = \boldsymbol{F} \tag{6-5}$$

由前述分析可知,杆件横截面上的应力均匀分布,由此可以推断,斜截面 $m-m$ 上的总应力 p_α 也为均匀分布,如图 6-2(b)所示,且其方向必与杆轴平行。设斜截面的面积为 A_α , A_α 与横截面面积 A 的关系为 $A_\alpha = A/\cos\alpha$。于是

$$p_\alpha = \frac{\boldsymbol{F}_\alpha}{A_\alpha} = \frac{\boldsymbol{F}}{A}\cos\alpha = \sigma_0\cos\alpha \tag{6-6}$$

式中,$\sigma_0 = \frac{\boldsymbol{F}}{A}$ 为拉杆在横截面($\alpha = 0$)上的正应力。

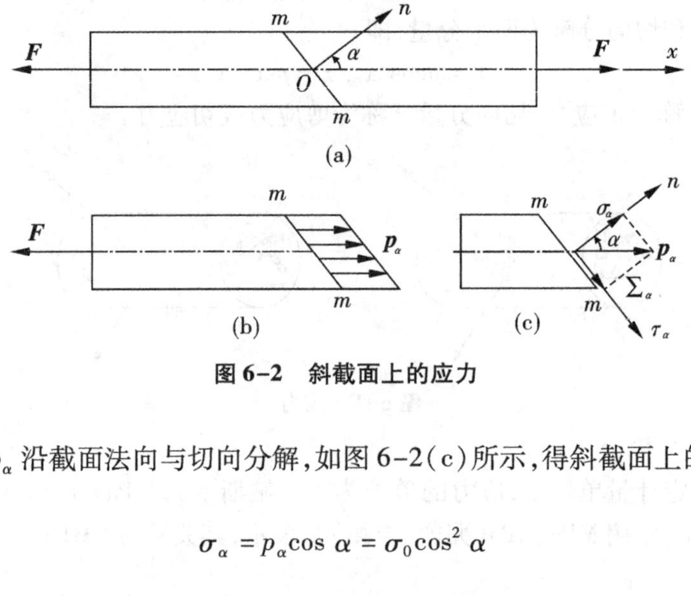

图 6-2 斜截面上的应力

将总应力 p_α 沿截面法向与切向分解,如图 6-2(c)所示,得斜截面上的正应力与切应力分别为

$$\sigma_\alpha = p_\alpha\cos\alpha = \sigma_0\cos^2\alpha \tag{6-7}$$

$$\tau_\alpha = p_\alpha \sin\alpha = \frac{\sigma_0}{2}\sin 2\alpha \tag{6-8}$$

上列两式表达了通过拉压杆内任一点处不同方位截面上的正应力 σ_α 和切应力 τ_α 随截面方位角 α 的变化而变化。通过一点的所有不同方位截面上的应力的集合，称为该点处的应力状态。

为便于应用上述公式，现对方位角与切应力的正负号做出如下规定：以 x 轴为始边，方位角 α 为逆时针转向者为正；斜截面外法线 On 沿顺时针方向旋转 90°，与该方向同向的切应力为正。按此规定，如图 6-2(c) 所示的 α 与 τ_α 均为正。

当等直杆受几个轴向外力作用时，由轴力图可求得其最大轴力 $F_{N,max}$，那么杆内的最大正应力为

$$\sigma_{max} = \frac{F_{N,max}}{A} \tag{6-9}$$

最大轴力所在的横截面称为危险截面，危险截面上的正应力称为最大工作应力。

6.1.2 轴向拉(压)杆的强度条件及其应用

6.1.2.1 极限应力、安全因数与许用应力

通过学习建材课程，我们在做各种材料的力学性能试验中，测得了两个重要的强度指标：屈服极限 σ_s 和强度极限 σ_b。对于塑性材料，当应力达到屈服极限时，构件已发生明显的塑性变形，影响其正常工作，称之为失效，因此把屈服极限作为塑性材料的极限应力，对脆性材料，直到断裂也无明显的塑性变形，断裂是失效的唯一标志，因而把强度极限作为脆性材料的极限应力。

根据失效的准则，将屈服极限与强度极限统称为极限应力，用 σ^0 表示。

为了保障构件在工作中有足够的强度，构件在荷载作用下的工作应力必须低于极限应力。为了确保安全，构件还应有一定的安全储备。在强度计算中，把极限应力 σ^0 除以一个大于 1 的因数，得到的应力值称为许用应力，用 $[\sigma]$ 表示，即

$$[\sigma] = \frac{\sigma^0}{n} \tag{6-10}$$

式中，大于 1 的因数 n 称为安全因数。

许用拉应力用 $[\sigma_t]$ 表示、许用压应力用 $[\sigma_c]$ 表示。在工程中安全因数 n 的取值范围由国家标准规定，一般不能任意改变。对于一般常用材料的安全因数及许用应力数值，在国家标准或有关手册中均可以查到。

6.1.2.2 轴向拉(压)杆的强度条件

为保障构件安全工作，构件内最大工作应力必须小于许用应力，表示为

$$\sigma_{max} = \left(\frac{N}{A}\right)_{max} \leqslant [\sigma] \tag{6-11}$$

式(6-11)即为拉(压)杆的强度条件。对于等截面杆，式(6-11)即变为

$$\sigma_{max} = \frac{F_{N,max}}{A} \leqslant [\sigma] \tag{6-12}$$

利用上述强度条件,可以解决下列三种强度计算问题。

(1)强度校核　已知荷载、杆件尺寸及材料的许用应力,根据强度条件校核是否满足强度要求。

(2)选择截面尺寸　已知荷载及材料的许用应力,确定杆件所需的最小横截面面积。对于等截面拉(压)杆,其所需横截面面积为

$$A \geqslant \frac{F_{N,max}}{[\sigma]} \tag{6-13}$$

(3)确定承载能力　已知杆件的横截面面积及材料的许用应力,根据强度条件可以确定杆能承受的最大轴力,即

$$F_{N,max} \leqslant A[\sigma] \tag{6-14}$$

然后即可求出承载力。

【例6-1】　一根由Q235钢制成的圆形截面直杆,受轴力$N=20$ kN的作用,已知直杆的直径为$D=15$ mm,材料的容许应力为$[\sigma]=160$ MPa,试校核该杆件的强度。

解:由截面法可知,该杆的轴力为$N=20$ kN,杆的截面面积为

$$A=\frac{\pi D^2}{4}=176.7\times10^{-6}\ \text{m}^2$$

根据强度条件式(6-7),有

$$\sigma=\frac{N}{A}=\frac{20\times10^3}{176.7\times10^{-6}}\ \text{N/m}^2=113.2\times10^6\ \text{Pa}=113.2\ \text{MPa}$$

满足要求。

【例6-2】　图6-3所示结构中的BC和AC都是圆截面直杆,直径均为$d=20$ mm,材料的容许应力为$[\sigma]=160$ MPa,求该结构所能承受的最大荷载。

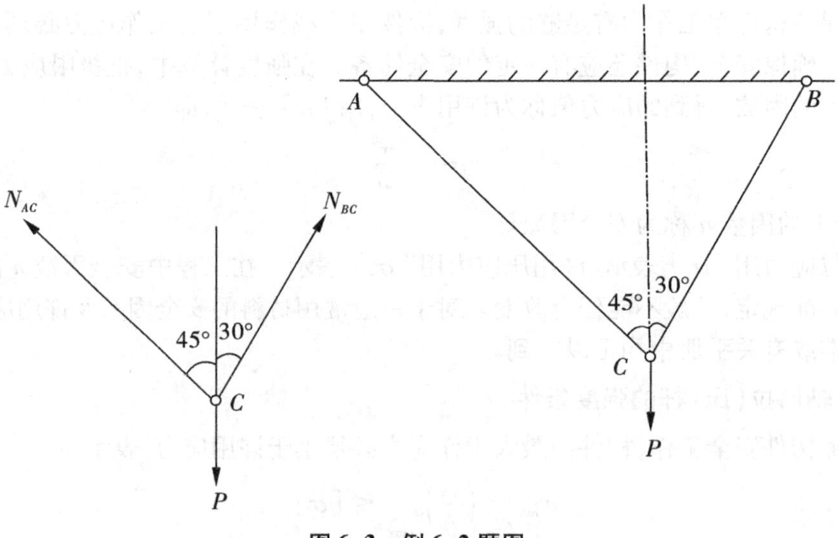

图6-3　例6-2题图

解:(1)计算杆的轴力

取节点 C 为研究对象

列平衡方程　　　$\sum X = 0 \quad N_{BC}\sin 30° - N_{AC}\cos 45° = 0$

$$\sum Y = 0 \quad N_{AC}\cos 45° + N_{BC}\cos 30° - P = 0$$

联立求解得：$N_{BC} = 0.723P, N_{AC} = 0.518P$

(2)计算许用荷载

从计算杆的轴力结果可以看出，在 P 的作用下 BC 杆的内力大于 AC 杆的内力。已知条件给定两杆所用的材料和截面尺寸均相同，所以在计算中可以用 BC 杆的强度条件来衡量整个结构的安全程度，即

$$0.732P \leqslant A \cdot [\sigma]$$

所以　$P \leqslant \dfrac{A \cdot [\sigma]}{0.732} = \dfrac{\frac{\pi}{4}(20 \times 10^{-3})^2 \times 160 \times 10^6}{0.732} = 68\ 600\ \text{N} = 68.6\ \text{kN}$

故结构所能承受的最大荷载为：$P_{max} = 68.6\ \text{kN}$

6.1.3　应力集中

6.1.3.1　应力集中的概念

等截面直杆受轴向拉伸和压缩时，横截面上的应力是均匀分布的。但是工程上由于实际需要，常在一些构件上钻孔、开槽以及制成阶梯形等，以致截面的形状或尺寸发生突变，由实验和理论研究表明，构件在截面突变处应力并不是均匀分布的。如图6-4(a)所示开有圆孔的直杆受到轴向拉伸，在圆孔附近的局部区域内，应力的数值剧烈增加，而在稍远的地方，应力迅速降低而趋于均匀，如图6-4(b)所示。又如图6-5(a)所示具有浅槽的圆截面拉杆，在靠近槽边处应力很大，在开槽的横截面上其应力分布如图6-5(b)所示。这种由于杆件外形的突然变化而引起局部应力急剧增大的现象，称为应力集中。

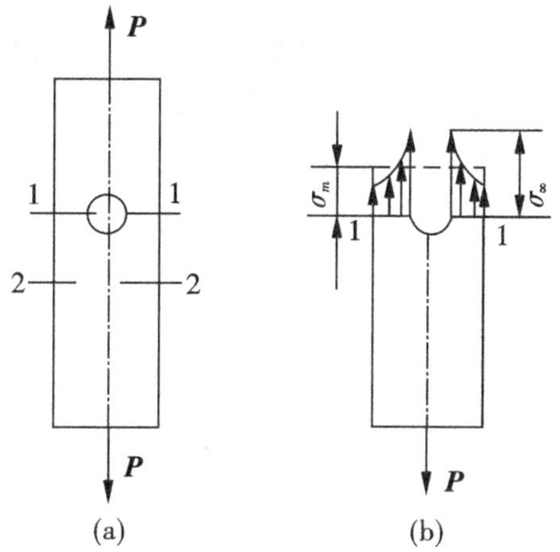

图6-4　圆孔拉杆的应力集中

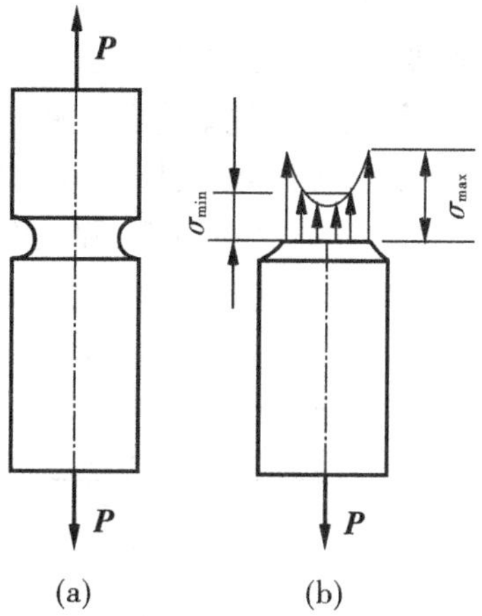

图6-5　浅槽拉杆的应力集中

6.1.3.2 应力集中对构件强度的影响

应力集中对构件强度的影响随构件性能不同而异。当构件截面有突变时会在突变部分发生应力集中现象,截面应力呈不均匀分布,如图6-6(a)。继续增大外力时,塑性材料构件截面上的应力最高点首先到达屈服极限σ_S,如图6-6(b)。若再继续增加外力,该点的应力不会增大,只是应变增加,其他点处的应力继续提高,以保持内外力平衡。外力不断加大,截面上到达屈服极限的区域也逐渐扩大,如图6-6(c)(d),直至整截面上各点应力都达到屈服极限,构件才丧失工作能力。因此,对于用塑性材料制成的构件,尽管有应力集中,却并不显著降低它抵抗荷载的能力,所以在强度计算中可以不考虑应力集中的影响。脆性材料没有屈服阶段,当应力集中处的最大应力达到材料的强度极限时,将导致构件的突然断裂,大大降低了构件的承载能力。因此,必须考虑应力集中对其强度的影响。

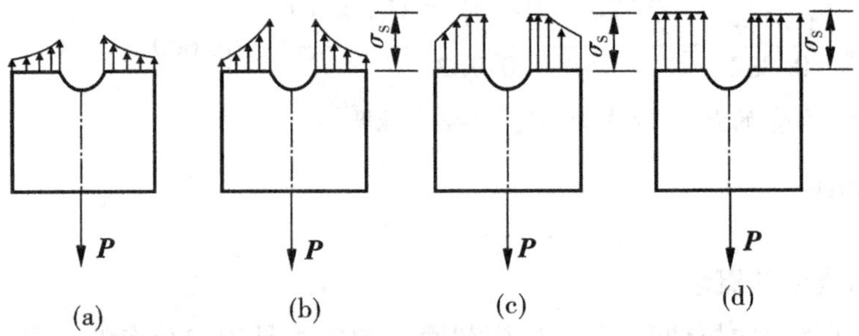

图6-6 应力集中的变化

6.2 剪切构件

6.2.1 剪切与挤压的概念

6.2.1.1 剪切的概念

剪切变形是杆件的基本变形之一。如图6-7(a)所示,一构件受到一对大小相等、方向相反、作用线与轴线垂直且相距很近的外力$\boldsymbol{F}$作用,这一对力将使相邻两截面ab和cd发生相对错动,如图6-7(b)所示,即剪切变形。当$\boldsymbol{F}$力足够大时,构件将在ab和cd面之间的某一截面I-I处被剪断,称截面I-I为剪切面或受剪面。

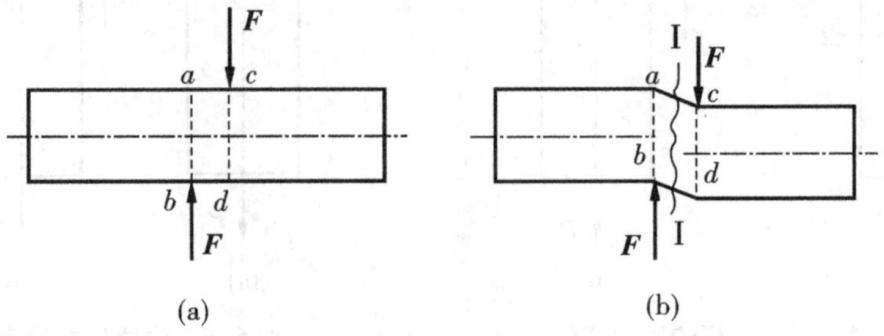

图6-7 剪切

工程中主要承受剪切而其最后破坏也是以剪断为特征的构件有很多,如连接构件中螺栓、销钉、键块、焊缝和铆钉等都是主要承受剪切的构件(图6-8)。应当指出,受剪切的构件在外力作用下,除产生剪切变形外,还伴有其他形式的变形,其内部所引起的应力亦很复杂。

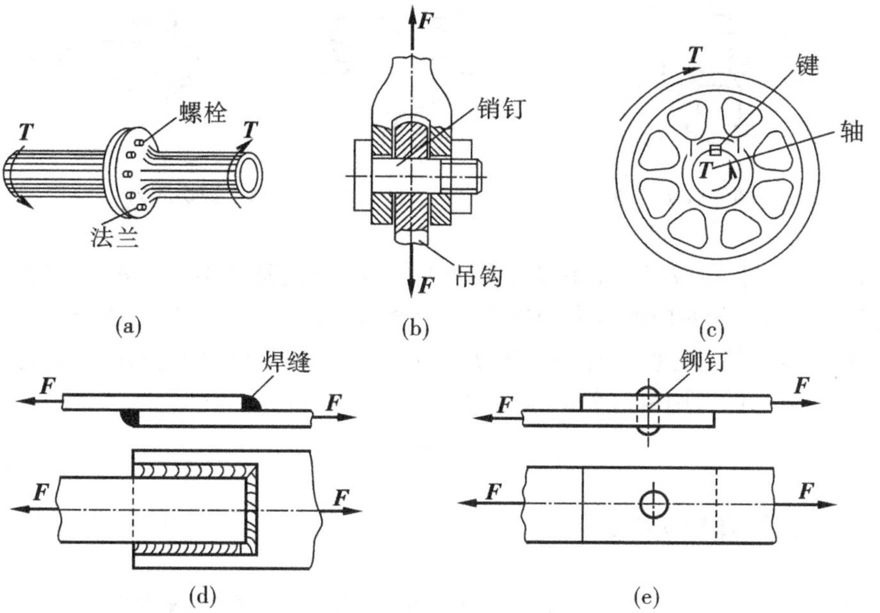

图6-8　工程中的剪切件

6.2.1.2　挤压的概念

在构件受剪切的同时,还会伴有挤压现象。挤压是指两接触面间相互压紧而产生的局部受压现象。如上述铆钉和钢板之间上部和下部都有挤压现象。若压力过大,接触面间将会发生塑性变形。这时如果钢板材料比铆钉材料"软",钢板接触面就会压溃(如图6-9所示),反之,铆钉就会压溃。总之,两者连接松动,不能再安全正常使用。

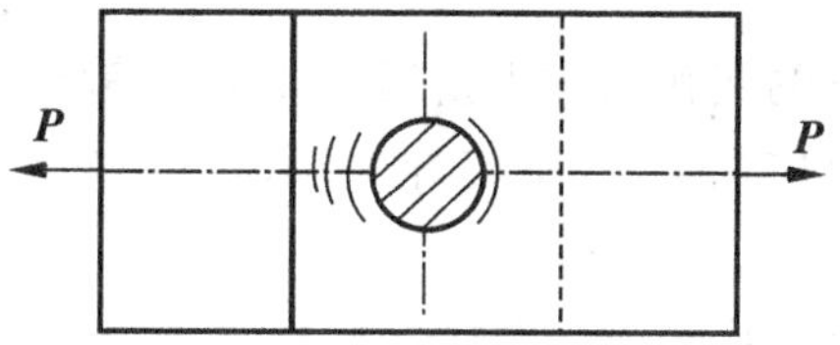

图6-9　挤压

6.2.2　剪切与挤压的实用计算

6.2.2.1　剪切的实用计算

为了研究铆钉在受剪处的应力,首先要从已知的外力求出剪切面的内力。为此,采用截面法，假想用一截面在Ⅰ-Ⅰ处将铆钉切断，并取下部分为脱离体（图6-10）。该部分受力 $\boldsymbol{F}$ 作用，设Ⅰ-Ⅰ面上的内力为 $\boldsymbol{F}_S$，根据平衡条件得

$$\sum \boldsymbol{F}_x = 0 \quad \boldsymbol{F}_S - \boldsymbol{F} = 0 \quad \boldsymbol{F}_S = \boldsymbol{F} \tag{6-15}$$

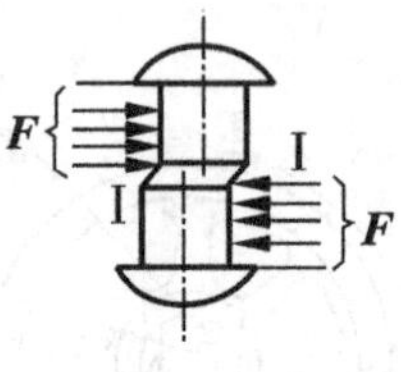

图6-10　剪切内力

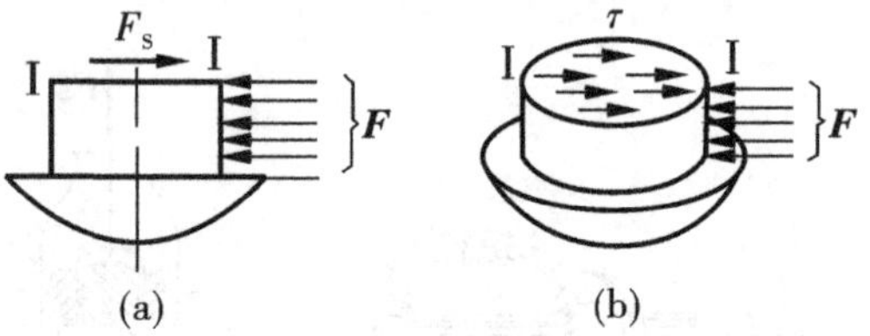

图6-11　剪切应力

式(6-15)表明，在剪切面上有位于截面上的内力 $\boldsymbol{F}_S$，其大小等于 $\boldsymbol{F}$，方向相反。内力 $\boldsymbol{F}_S$ 称为剪力，与剪力相对应的应力为切应力 τ（图6-11）。由于切应力在剪切面上的实际分布状况是很复杂的，因此，工程中为了便于计算，采用实用计算方法，即假定切应力在剪切面上是均匀分布的。则铆钉剪切面上的计算切应力为

$$\tau = \frac{\boldsymbol{F}_S}{A} \tag{6-16}$$

式中　$\boldsymbol{F}_S$——剪切面上的剪力；

A——剪切面面积。

切应力 τ 的方向与剪力 $\boldsymbol{F}_S$ 相同。式(6-16)也适用于其他连接构件切应力的计算。

为了保证构件在剪切情况下的安全性，必须使构件在外力作用下的所产生的剪切应力不超过材料的容许剪切应力。即剪切时的强度条件为

$$\tau = \frac{\boldsymbol{F}_S}{A} \leqslant [\tau] \tag{6-17}$$

在设计规范中，对许用切应力的数值，根据具体情况都做了规定，可以参考并查用。此外，对于钢材，根据试验结果，常取 $[\tau]=(0.6 \sim 0.8)[\sigma]$，式中 $[\sigma]$ 为钢材许用拉应力。

6.2.2.2　挤压的实用计算

挤压时两构件相互压紧的接触面称为挤压面 A_C。在铆钉和钢板连接中，实际接触面是一个半圆面如图6-12(a)所示 CDB 半圆柱面。在采用经验法计算时取圆柱体的直径平面面积如图6-12(b)中所示，$A_C=dt$。

挤压面上的应力称为挤压应力 σ_C，它在挤压面上的分布也很复杂，如图6-12(a)中所示。在经验法计算时也假设挤压力 P_C 均匀分布在挤压面 A_C 上，于是有

$$\sigma_C = \frac{P_C}{A_C} \tag{6-18}$$

与剪切强度计算类似。挤压时的强度条件为

$$\sigma_C = \frac{P_C}{A_C} \leqslant [\sigma_C] \tag{6-19}$$

式中 $[\sigma_C]$ 为材料的挤压容许应力，也可在有关手册中查到。它与同种材料拉伸容许应力的关系有

$$[\sigma_C] \leqslant (1.7 \sim 2.0)[\sigma] \tag{6-20}$$

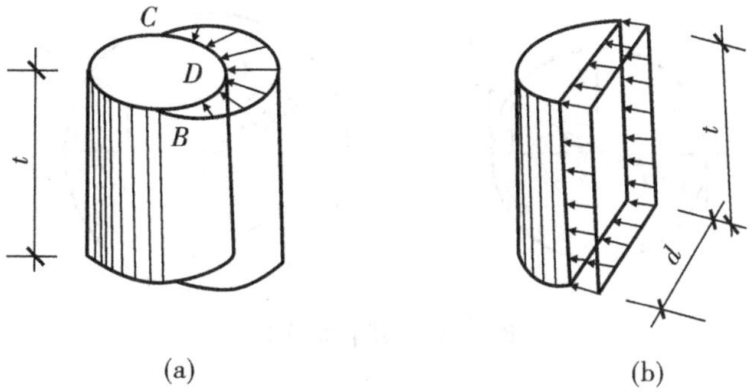

图 6-12　挤压应力

6.3　圆轴扭转构件

6.3.1　圆轴扭转时的应力

取一实心圆杆，在其表面上画一系列与轴线平行的纵线和一系列表示圆轴横截面的圆环线，将圆轴的表面划分为许多的小矩形，如图 6-13(a)所示。若在圆轴的两端加上一对大小相等、转向相反、其大小为 M 的外力偶，使圆轴发生扭转变形。

当扭转变形很小时，我们就可以观察图 6-13(b)所示的变形情况：

所有与轴线平行的纵向线都被扭成螺旋线，各圆环线所代表的横截面都绕轴线旋转了一个角度；各纵向线都倾斜了相同的角度 ϕ，原来轴上的小方格变成平行四边形。

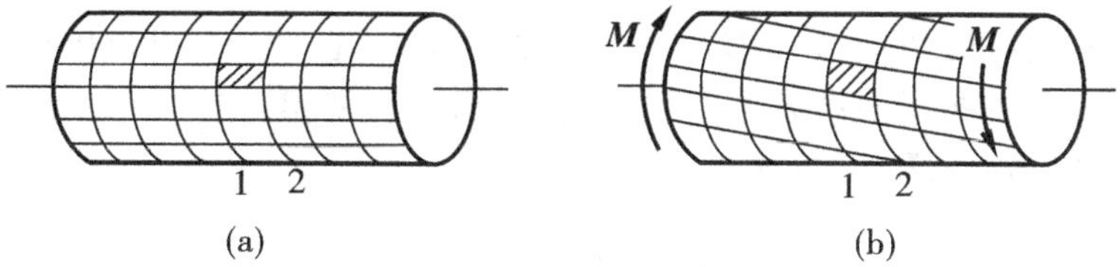

图 6-13　圆轴扭转变形

由此，我们假设每个横截面在发生对其他横截面的相对转动时，仍保持为平面，且其大小、形状不变，称为刚性平面假设。于是可得下面的结论：

(1)由于横截面间距不变，故横截面上没有正应力。

(2)由于横截面间发生了旋转式的相对错动，出现了剪切变形，故横截面上有切应力存在。

(3)因半径长度不变，切应力方向必与半径垂直。

(4)圆心处变形为零,圆轴表面的变形最大。

综上所述,圆轴在扭转时其横截面上各点的切应变与该点至截面形心的距离成正比,由剪切胡克定律可知,横截面上必有与半径垂直并呈线性分布的切应力存在(见图6-14)。

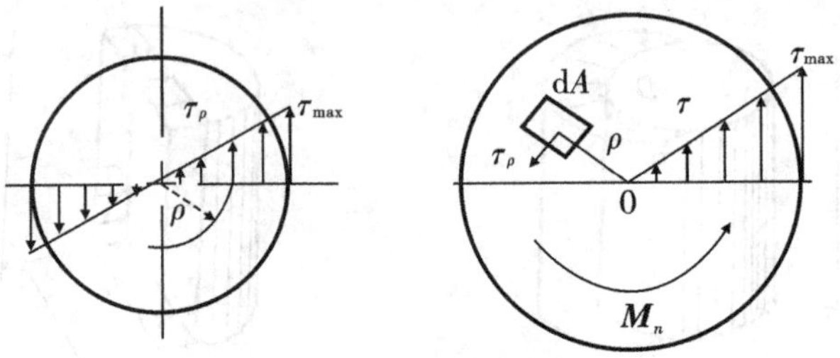

图6-14 扭转切应力

由此得 圆截面上任一点剪应力 τ 的计算公式(推导从略)可表达为

$$\tau_\rho = \frac{M_n \rho}{I_\rho} \tag{6-21}$$

式中 M_n ——横截面上所受扭矩;

ρ ——横截面任一点至圆心的距离;

I_ρ ——横截面对形心的极惯性矩,单位是长度的四次方,它是一个只取决于截面尺寸和形状的几何常量。

由式(6-21)可知最大剪应力 τ_{max} 在圆周处,即在 $\rho_{max} = R$ 处,R 为圆截面半径。

$$\tau_\rho = \frac{M_n \rho_{max}}{I_\rho} = \frac{M_n R}{I_\rho} \tag{6-22}$$

令 $W_n = \dfrac{I_\rho}{R}$,则式(6-22)为

$$\tau_{max} = \frac{M_n}{W_n} \tag{6-23}$$

其中,W_n——抗扭截面系数。单位为长度的三次方,它是一个抵抗破坏的参数。

极惯性矩 I_ρ 和抗扭截面系数 W_n 可从有关手册中查到,其中

(1)实心圆轴截面(圆轴的直径为 d)

$$I_\rho = \frac{\pi \cdot d^4}{32} \quad W_n = \frac{I_\rho}{\frac{d}{2}} = \frac{\pi \cdot d^3}{16} \tag{6-24}$$

(2)空心圆轴截面(空心圆轴截面的内、外径分别为 d 和 D)

$$I_\rho = \frac{\pi(D^4 - d^4)}{32} \quad W_n = \frac{I_\rho}{\frac{D}{2}} = \frac{\pi(D^3 - d^3)}{16} \tag{6-25}$$

6.3.2 圆轴扭转时的强度条件及实用计算

为了保证受扭圆轴安全可靠地工作,必须使轴横截面上的最大切应力不超过材料的

许用切应力，即

$$\tau_{max} \leqslant [\tau] \tag{6-26}$$

式(6-26)称为“扭转强度条件”。

根据扭转强度条件，可解决以下三类强度问题，即扭转强度校核、圆轴截面尺寸设计和确定圆轴的许可荷载。

6.4　梁

梁在荷载作用下，横截面上一般都有弯矩和剪力，相应地在梁的横截面上有正应力和剪应力。弯矩是垂直于横截面的分布内力的合力偶矩；而剪力是切于横截面的分布内力的合力。所以，弯矩只与横截面上的正应力 σ 相关，而剪力只与剪应力 τ 相关。本节研究正应力 σ 和剪应力 τ 的分布规律，从而对平面弯曲梁的强度进行计算。

6.4.1　梁弯曲时的应力计算

6.4.1.1　梁的弯曲正应力

平面弯曲情况下，梁横截面上一般会有弯矩又有剪力，如图 6-15 所示梁的 AC、DB 段。而在 CD 段内，梁横截面上剪力等于零，而只有弯矩，这种情况称为纯弯曲。下面推导梁纯弯曲时横截面上的正应力公式。应综合考虑变形几何关系、物理关系和静力学关系等三个方面。

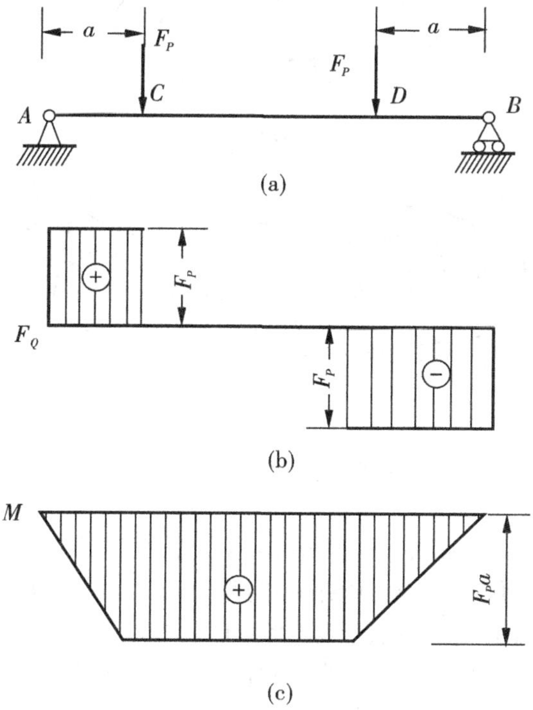

图 6-15　梁的内力

(1)变形几何关系　取具有对称截面的矩形截面梁,在其侧面上画两条垂直于梁轴线的横线 mm 和 nn,再在两横线间靠近上、下边缘处画两条纵线 ab 和 cd,如图 6-16(a)所示。使梁处于纯弯曲状态,从试验中可以观察到图 6-16(b)情况:

1)梁表面的横线仍为直线,仍与纵线正交,只是横线间做相对转动。

2)纵线变为曲线,而且靠近梁顶面的纵线缩短,靠近梁底面的纵线伸长。

3)在纵线伸长区,梁的宽度减小,而在纵线缩短区,梁的宽度则增加。

根据上述现象,对梁内变形与受力做如下假设:变形后,横截面仍保持平面,且仍与纵线正交;同时,梁内各纵向纤维仅承受轴向拉应力或压应力。前者称为弯曲平面假设;后者称为单向受力假设。

假设梁由无数根纵向纤维组成,梁弯曲时部分纤维伸长,部分纤维缩短,由伸长区到缩短区,其间必存在长度不变的过渡层,称为中性层,如图 6-16(c)所示。中性层与横截面的交线称为中性轴。中性层把变形后的梁沿其高度分为上、下两个区域,上部纤维压缩的区域称为受压区,下部纤维拉伸的区域称为受拉区。

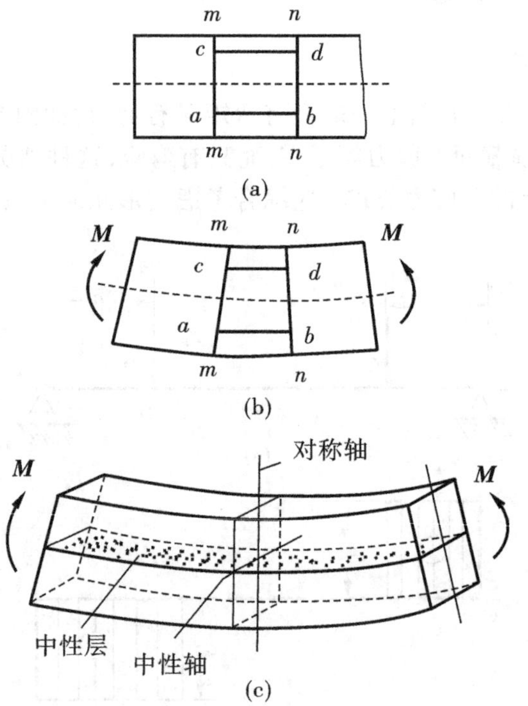

图 6-16　梁的弯曲变形

如图 6-17 所示,从梁中截取一微段 dx,取梁横截面的纵向对称轴为 y 轴,且向下为正,中性轴为 z 轴(由平面弯曲可知中性轴一定垂直于截面的纵向对称轴)。根据平面假设,变形前相距为 dx 的两个横截面,变形后各自绕中性轴相对旋转了一个角度 $d\varphi$,设中性层的曲率半径为 ρ,因中性层在梁弯曲后的长度不变,所以

$$O_1O_2 = \rho d\varphi = dx \tag{6-27}$$

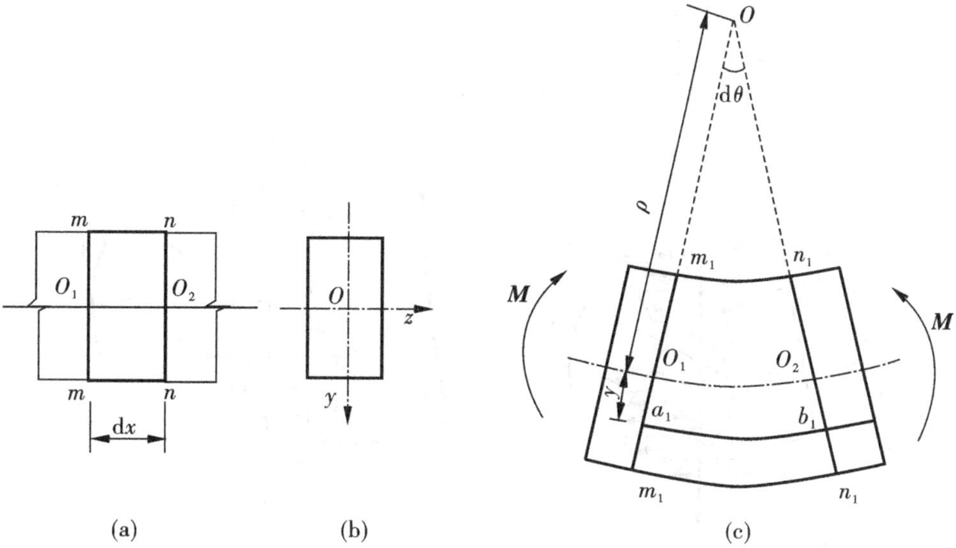

图 6-17　梁的横截面变形

求坐标为 y 的纵向纤维 ab 变形前的长度为

$$ab = \mathrm{d}x = \rho \mathrm{d}\varphi \tag{6-28}$$

变形后为

$$a_1 b_1 = (\rho + y)\mathrm{d}\varphi \tag{6-29}$$

故其纵向线应变为

$$\varepsilon = \frac{(\rho + y)\mathrm{d}\varphi - \rho \mathrm{d}\varphi}{\rho \mathrm{d}\varphi} = \frac{y}{\rho} \tag{6-30}$$

对于确定的截面，ρ 是常量，所以纵向纤维的线应变与纤维的坐标 y 成正比。

(2)物理关系　因为纵向纤维都只处于单向受力状态，当正应力不超过材料的比例极限时，由胡克定律可得

$$\sigma = E\varepsilon = E\frac{y}{\rho} \tag{6-31}$$

对于确定的截面，ρ 与 E 均为常量，所以式(6-31)表明，横截面上任一点处的正应力与该点到中性轴的距离成正比，且距中性轴为同一横线上各点处的正应力均相等，这一变化规律可由图 6-18 来表示。

(3)静力学关系　以上已得到正应力的分布规律，但由于中性轴的位置与中性层曲率半径的大小均尚未确定，所以仍不能确定正应力的大小，因此需要借助静力学关系来确定两个未知量。如图 6-19 所示，在横截面上坐标为(y,z)处取微面积 $\mathrm{d}A$，其上的微内力为 $\sigma \mathrm{d}A$，这些微内力的合力为轴力，由于横截面上没有轴力，仅存在位于 $x - y$ 平面的弯矩 M，因此

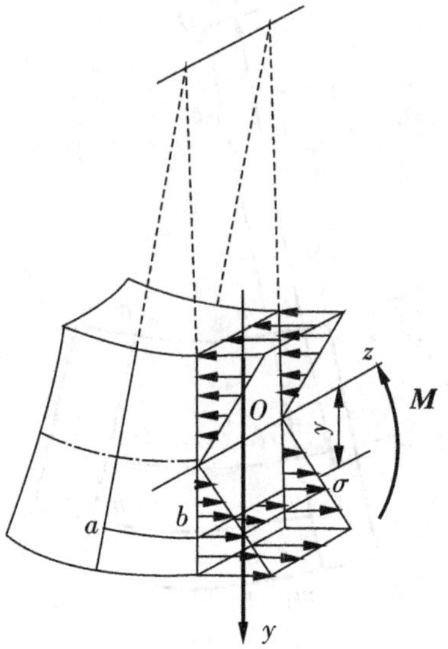

图 6-18 横截面正应力变化

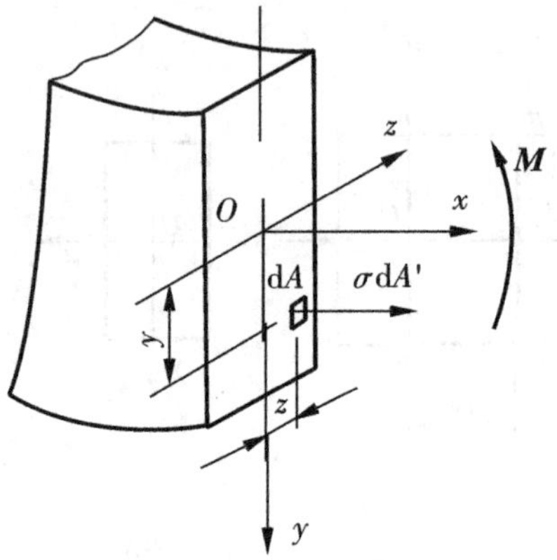

图 6-19 截面上的内力分析

$$F_N = \int_A \sigma \mathrm{d}A = 0 \tag{6-32}$$

$$M_y = \int_A z\sigma \mathrm{d}A = 0 \tag{6-33}$$

$$M_z = \int_A y\sigma \mathrm{d}A = 0 \tag{6-34}$$

式(6-31)代入式(6-32),得

$$\int_A \sigma \mathrm{d}A = \frac{E}{\rho}\int_A y\mathrm{d}A = 0 \tag{6-35}$$

式(6-35)中的积分代表截面对 z 轴的静矩 S_z。静矩等于零意味着 z 轴必须通过截面的形心。

式(6-31)代入式(6-33),得

$$\int_A \sigma \mathrm{d}A = \frac{E}{\rho}\int_A y\mathrm{d}A = 0 \tag{6-36}$$

式中积分是横截面对 y 和 z 轴的惯性积。由于 y 轴是截面的对称轴,必然有 $I_{yz} = 0$,所示式(6-36)是自然满足的。

以式(6-31)代入式(6-34),得

$$M = \int_A y\sigma \mathrm{d}A = \frac{E}{\rho}\int_A y^2 \mathrm{d}A \tag{6-37}$$

式中积分

$$\int_A y^2 \mathrm{d}A = I_z \tag{6-38}$$

是横截面对 z 轴(中性轴)的惯性矩。于是式(6-38)可以写成

$$\frac{1}{\rho} = \frac{M}{EI_z} \tag{6-39}$$

此式表明,在指定的横截面处,中性层的曲率与该截面上的弯矩 M 成正比,与 EI_z 成反比。在同样的弯矩作用下,EI_z 越大,则曲率越小,即梁越不易变形,故 EI_z 称为梁的抗弯刚度。

再将式(6-39)代入式(6-31),于是得横截面上 y 处的正应力为

$$\sigma = \frac{M}{I_z}y \tag{6-40}$$

此式即为纯弯曲正应力的计算公式。式中 M 为横截面上的弯矩;I_z 为截面对中性轴的惯性矩;y 为所求应力点至中性轴的距离。

【例6-3】　图6-20所示悬臂梁,自由端承受集中荷载 F 作用,已知:$h=18$ cm, $b=12$ cm, $y=6$ cm, $a=2$ m,$F=1.5$ kN。计算 A 截面上 K 点的弯曲正应力。

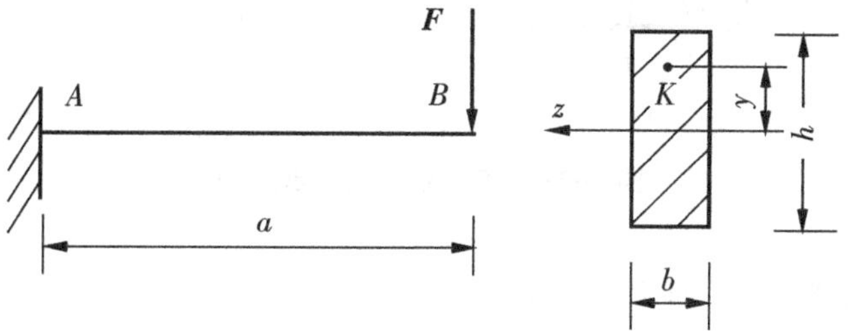

图6-20　例6-3题图

解:先计算截面上的弯矩

$$M_A = -Fa = -1.5\times2 = -3\ \text{kN}\cdot\text{m}$$

截面对中性轴的惯性矩

$$I_z = \frac{bh^3}{12} = \frac{120\times180^3}{12} = 5.832\times10^7\ \text{mm}^4$$

则
$$\sigma_K = \frac{M_A}{I_z}y = \frac{3\times10^6}{5.832\times10^7}\times60 = 3.09\ \text{MPa}$$

A 截面上的弯矩为负,K 点位于中性轴的上侧,所以为拉应力。

6.4.1.2　梁的弯曲剪应力

实际工程中的梁大多是同时受到弯矩和剪力作用的,即处于剪切弯曲状态。横截面上的应力除正应力外,还有剪应力。但是大多数情况下,梁的强度是由正应力强度条件控制的,剪应力强度条件只是次要因素,而且剪应力在横截面上的分布情况要比正应力复杂,所以本节只对几种常见截面形式梁的剪应力分布和计算公式做简要介绍。

(1)矩形截面梁的剪应力

$$\tau = \frac{F_Q S_z^*}{I_z b} \tag{6-41}$$

式中　b ——横截面的宽度;

F_Q ——横截面上的剪力;

I_z ——整个横截面对中性轴 z 的惯性矩;

S_z^* —— y 处横线一侧的部分截面对 z 轴的静矩。

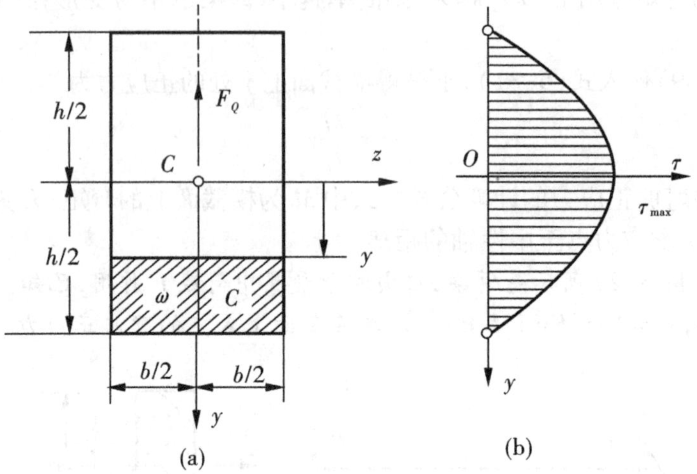

图 6-21　矩形截面梁的剪应力

对于矩形截面,如图 6-21 所示,其值为

$$S_z^* = b\left(\frac{h}{2} - y\right) \times \frac{1}{2}b\left(\frac{h}{2} + y\right) = \frac{b}{2}\left(\frac{h^2}{4} - y^2\right) \tag{6-42}$$

将式(6-42)及 $I_z = \dfrac{bh^3}{12}$ 代入式(6-41)得

$$\tau = \frac{3F_Q}{2bh}\left(1 - \frac{4y^2}{h^2}\right) \tag{6-43}$$

由此可见:矩形截面梁的弯曲剪应力沿截面高度呈抛物线分布,如图 6-21(b)所示;在截面的上、下边缘($y = \pm \dfrac{h}{2}$),剪应力 $\tau = 0$;在中性轴(y=0),剪应力最大,其值为

$$\tau_{max} = \frac{3}{2}\frac{F_Q}{bh} \tag{6-44}$$

(2)工字形截面梁的弯曲剪应力　工字形截面梁由腹板和翼缘组成,其横截面如图 6-22所示(中间狭长部分为腹板,上、下扁平部分为翼缘)。梁横截面上的剪应力主要分布于腹板上,翼缘部分的剪应力情况比较复杂,数值很小,可不予考虑。由于腹板是一个狭长的矩形,可采用矩形截面的剪应力计算方法求得腹板上 y 处的弯曲剪应力:

$$\tau = \frac{F_Q S_z^*}{I_z b} \tag{6-45}$$

式中　I_z ——整个工字形截面对中性轴 z 的惯性矩;

S_z^* —— y 处横线一侧的部分截面对该轴的静矩;

b ——腹板的厚度。

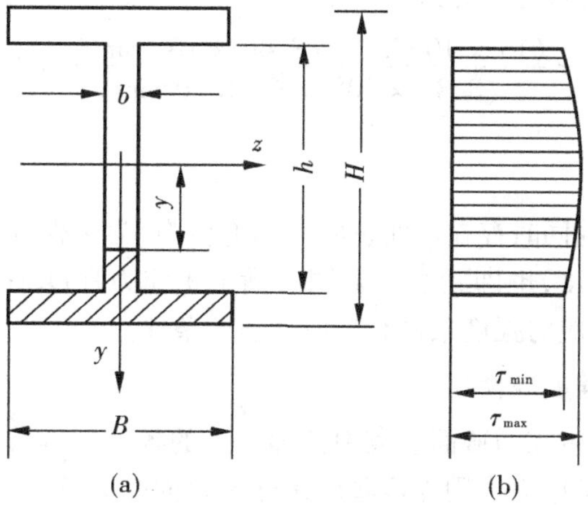

图 6-22 工字形截面梁剪应力

【例 6-4】 梁截面如图 6-23(a)所示，横截面上剪力 $F_Q=15$ kN。试计算该截面的最大弯曲剪应力，以及腹板与翼缘交接处的弯曲剪应力。截面的惯性矩 $I_z=8.84\times10^{-6}$ m^4。

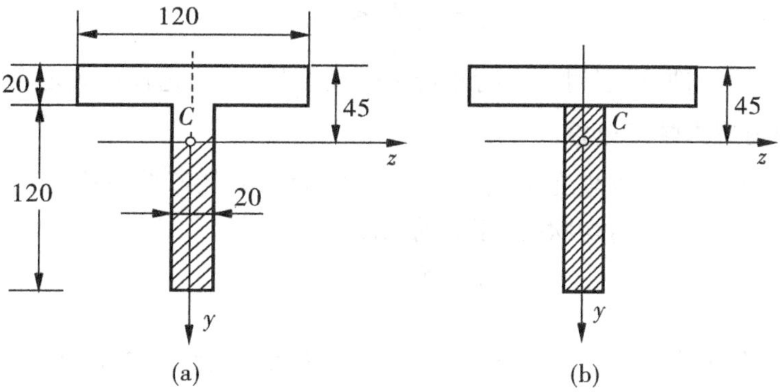

图 6-23 例 6-4 题图

解：(1)最大弯曲剪应力

最大弯曲剪应力发生在中性轴上。中性轴一侧的部分截面对中性轴的静矩为

$$S_{z,\max}^{*}=\frac{(20\text{ mm}+120\text{ mm}-45\text{ mm})^{2}\times20\text{ mm}}{2}=9.025\times10^{4}\text{ mm}^{3}$$

所以，最大弯曲剪应力为

$$\tau_{\max}=\frac{F_{Q}S_{z,\max}^{*}}{I_{z}b}=\frac{(15\times10^{3}\text{ N})\times(9.025\times10^{4}\text{ mm}^{3})}{(8.84\times10^{6}\text{ mm}^{4})\times20\text{ mm}}=7.66\text{ MPa}$$

(2)腹板、翼缘交接处的弯曲剪应力

由图 6-23(b)可知，腹板、翼缘交接线一侧的部分截面对中性轴 z 的静矩为

$$S_{z}^{*}=(20\text{ mm}\times120\text{ mm}\times35\text{ mm})=8.40\times10^{4}\text{ mm}^{3}$$

所以,该交接处的弯曲剪应力为

$$\tau=\frac{F_Q S_z^*}{I_z b}=\frac{(15\times10^3\ \mathrm{N})\times(8.40\times10^4\ \mathrm{mm}^3)}{(8.84\times10^6\ \mathrm{mm}^4)\times20\ \mathrm{mm}}=7.13\ \mathrm{MPa}$$

6.4.2 梁的强度计算

在一般情况下,梁内同时存在弯曲正应力和剪应力,为了保证梁的安全工作,梁最大应力不能超出一定的限度,也即梁必须要同时满足正应力强度条件和剪应力强度条件。以下将据此建立梁的正应力强度条件和剪应力强度条件。

6.4.2.1 弯曲正应力强度条件

最大弯曲正应力发生在横截面上离中性轴最远的各点处,而该处的剪应力一般为零或很小,因而最大弯曲正应力作用点可看成是处于单向受力状态,所以,弯曲正应力强度条件为

$$\sigma_{\max}=\left[\frac{M}{W_z}\right]_{\max}\leqslant[\sigma] \tag{6-46}$$

即要求梁内的最大弯曲正应力 $\sigma_{\max}$ 不超过材料在单向受力时的许用应力 $[\sigma]$ 。

对于等截面直梁,式(6-46)变为

$$\sigma_{\max}=\frac{M_{\max}}{W_z}\leqslant[\sigma] \tag{6-47}$$

利用上述强度条件,可以对梁进行正应力强度校核、截面选择和确定容许荷载。

6.4.2.2 弯曲剪应力强度条件

最大弯曲剪应力通常发生在中性轴上各点处,而该处的弯曲正应力为零,因此,最大弯曲剪应力作用点处于纯剪切状态,相应的强度条件为

$$\tau_{\max}=\left(\frac{F_Q S_{z\max}^*}{I_z b}\right)_{\max}\leqslant[\tau] \tag{6-48}$$

即要求梁内的最大弯曲剪应力 $\tau_{\max}$ 不超过材料在纯剪切时的许用剪应力 $[\tau]$ 。对于等截面直梁,式(6-48)变为

$$\tau_{\max}=\frac{F_Q S_{z,\max}^*}{I_z b}\leqslant[\tau] \tag{6-49}$$

在一般细长的非薄壁截面梁中,最大弯曲正应力远大于最大弯曲剪应力。因此,对于一般细长的非薄壁截面梁,通常强度的计算由正应力强度条件控制。因此,在选择梁的截面时,一般都是按正应力强度条件选择,选好截面后再按剪应力强度条件进行校核。但是,对于薄壁截面梁与弯矩较小而剪力却较大的梁,后者如短而粗的梁、集中荷载作用在支座附近的梁等,则不仅应考虑弯曲正应力强度条件,而且弯曲剪应力强度条件也可能起控制作用。

【例 6-5】 图 6-24(a)所示外伸梁,用铸铁制成,横截面为 T 字形,并承受均布荷载 q 作用。试校该梁的强度。已知荷载集度 $q=25\ \mathrm{N/mm}$,截面形心离底边与顶边的距离分别为 $y_1=95\ \mathrm{mm}$ 和 $y_2=95\ \mathrm{mm}$,惯性矩 $I_z=8.84\times10^{-6}\ \mathrm{m}^4$,许用拉应力 $[\sigma_t]=35\ \mathrm{MPa}$,许

用压应力 $[\sigma_c] = 140\ \text{MPa}$。

解:(1)危险截面与危险点判断

梁的弯矩如图6-24(b)所示,在横截面 D 与 B 上,分别作用有最大正弯矩与最大负弯矩,因此,该二截面均为危险截面。

截面 D 与 B 的弯曲正应力分布分别如图6-24(c)(d)所示。截面 D 的 a 点与截面 B 的 d 点处均受压;而截面 D 的 b 点与截面 B 的 c 点处均受拉。

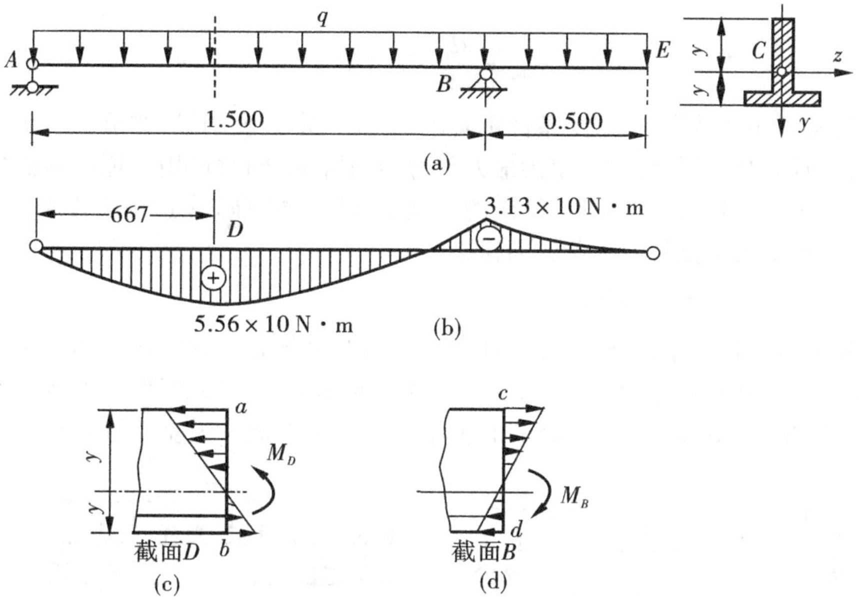

图6-24 例6-5题图

由于 $|M_D| > |M_B|$,$|y_a| > |y_d|$,因此 $|\sigma_a| > |\sigma_d|$。

即梁内的最在弯曲压应力 $\sigma_{c,\max}$ 发生在截面 D 的 a 点处。至于最大弯曲拉应力 $\sigma_{t,\max}$,究竟发生在 b 点处,还是 c 点处,则须经计算后才能确定。概言之,a,b,c 三点处为可能最先发生破坏的部位。简称为危险点。

(2)强度校核

由式(6-24)得 a,b,c 三点处的弯曲正应力分别为

$$\sigma_a = \frac{M_D y_a}{I_z} = \frac{(5.56\times10^6\ \text{N}\cdot\text{m})\times950\ \text{mm}}{8.84\times10^6\ \text{mm}^4} = 59.8\ \text{MPa}$$

$$\sigma_b = \frac{M_D y_b}{I_z} = 28.3\ \text{MPa}$$

$$\sigma_c = \frac{M_B y_c}{I_z} = 33.6\ \text{MPa}$$

由此得

$\sigma_{c,\max} = \sigma_a = 59.8\ \text{MPa} < [\sigma_c]$

$\sigma_{t,\max} = \sigma_c = 33.6\ \text{MPa} < [\sigma_t]$

可见,梁的弯曲强度符合要求。

6.4.3 提高梁抗弯强度的措施

前面已指出,在梁的弯曲中,控制梁强度的主要因素是梁的最大正应力,梁的正应力强度条件

$$\sigma_{\max} = \frac{M_{\max}}{W} \leqslant [\sigma] \tag{6-50}$$

为设计梁的主要依据,由这个条件可看出,对于一定长度的梁,在承受一定荷载的情况下,应合理地安排梁所受的力,使梁最大的弯矩值降低,同时选用合理的截面形状和尺寸,使抗弯截面系数增大,以达到设计出的梁满足节约材料和安全适用的要求。关于提高梁的抗弯强度问题,分别做以下几方面讨论。

6.4.3.1 合理安排梁的受力情况

在工程实际容许的情况下,提高梁强度的一重要措施是合理安排梁的支座和加荷方式。例如,图 6-25(a)所示简以梁,承受均布载荷 q 作用,如果将梁两端的铰支座各向内移动少许,例如移动 $0.2l$,如图 6-25(b),则后者的最大弯矩仅为前者的 1/5。

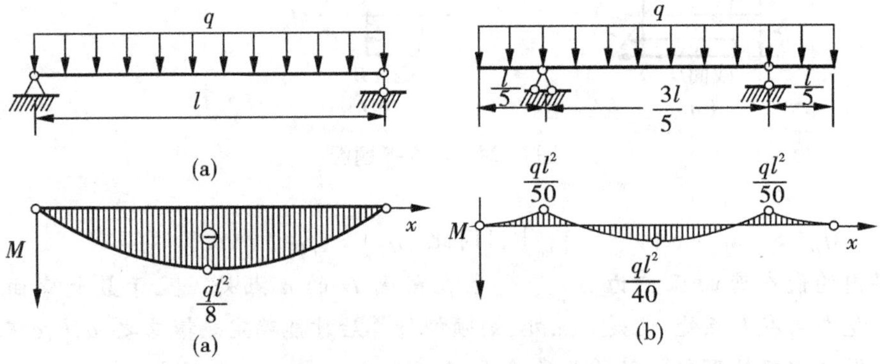

图 6-25 不同支座的梁

又如,图 6-26(a)所示简支梁 AB,在跨度中点承受集中荷载作用,如果在梁的中部设置一长为$\frac{1}{2}l$ 的辅助梁 CD 如图 6-26(b),这时,梁 AB 内的最大弯矩将减小一半。

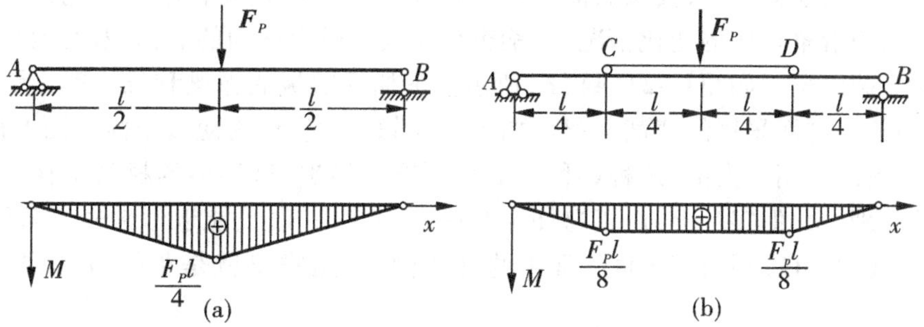

图6-26　不同受力位置的梁

上述实例说明，合理安排支座和加载方式，将显著减小梁内的最大弯矩。

6.4.3.2　选用合理的截面形状

从弯曲强度考虑，比较合理的截面形状，是使用较小的截面面积，却能获得较大抗弯截面系数的截面。截面形状和放置位置不同 W_z/A 比值不同，因此，可用比值 W_z/A 来衡量截面的合理性和经济性，比值越大，所采用的截面就越经济合理。

现将跨中受集中力作用的简支梁为例，其截面形状分别为圆形、矩形和工字形三种情况做一粗略比较。设三种梁的面积 A 、跨度和材料都相同，容许正应力为 170 MPa 。其抗弯截面系数 W_z 和最大承载力比较见表6-1。

表6-1　几种常见截面形状的 W_z 和最大承载力比较

截面形状	尺寸	W_z	最大承载力
圆形	$d=87.4$ mm $A=60$ cm^2	$\frac{\pi d^3}{32}=65.5\times10^3$mm^3	44.5 kN
矩形	$d=60$ mm $h=100$ mm $A=60$ cm^2	$\frac{bh^2}{6}=100\times10^3$mm^3	68.0 kN
I NO.28b	$A=61.05$ cm^2	534×10^3mm^3	383 kN

从表中可以看出，矩形截面比圆形截面好，工字形截面比矩形截面好得多。

从正应力分布规律分析，正应力沿截面高度线性分布，当离中性轴最远各点处的正应力，达到许用应力值时，中性轴附近各点处的正应力仍很小。因此，在离中性轴较远的位置，配置较多的材料，将提高材料的应用率。

根据上述原则，对于抗拉与抗压强度相同的塑性材料梁，宜采用对中性轴对称的截面，如工字形截面等。而对于抗拉强度低于抗压强度的脆性材料梁，则最好采用中性轴偏于受拉一侧的截面，比如T字形和槽形截面等。

6.4.3.3　采用变截面梁

一般情况下，梁内不同横截面的弯矩不同。因此，在按最大弯矩所设计的等截面梁中,除最大弯矩所在截面外,其余截面的材料强度均未得到充分利用。因此,在工程实际中,常根据弯矩沿梁轴线的变化情况,将梁也相应设计成变截面的。横截面沿梁轴线变化的梁,称为变截面梁。如图 6-27(a)(b)所示上下加焊盖板的板梁和悬挑梁,就是根据各截面上弯矩的不同而采用的变截面梁。如果将变截面梁设计为使每个横截面上最大正应力都等于材料的许用应力值,这种梁称为等强度梁。显然,这种梁的材料消耗最少、重量最轻,是最合理的。但实际上,由于自加工制造等因素,一般只能近似地做到等强度的要求。图 6-27(c)(d)所示的车辆上常用的叠板弹簧、鱼腹梁就是很接近等强度要求的形式。

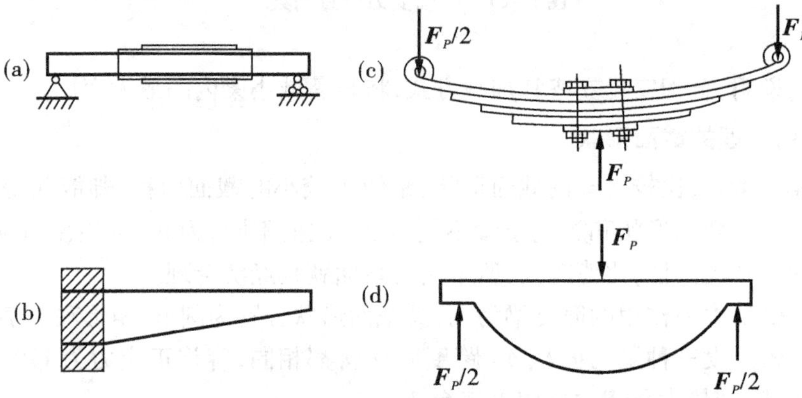

图 6-27 不同截面形式的梁

6.5 偏心拉伸(压缩)构件

作用在杆件上的外力,当其作用线与杆的轴线平行但不重合时杆件就受到偏心压缩(或拉伸)。偏心压缩属于平面弯曲和轴向压缩(拉伸)的组合变形。如图 6-28 所示的柱子受到上部结构传来的荷载 $\boldsymbol{P}$,作用线与柱轴线间的距离为 e,就使柱子产生偏心压缩的变形。荷载 $\boldsymbol{P}$ 称为偏心力,e 称为偏心距。

另外,如挡土墙、烟囱这类构件,同时受到轴向力和横向力的作用,也属于平面弯曲和轴向压缩的组合变形。对这一类构件,在工程实际中,习惯上也称为“偏心受压”问题。对这一类问题只通过例题说明就可以了。本节着重讨论偏心压力作用下的组合变形问题。

6.5.1 单向偏心压缩(拉伸)时的应力和强度条件

图 6-28(a)所示的柱子,偏心力 $\boldsymbol{P}$ 通过截面一根形心主轴时,称为单向偏心压缩。

6.5.1.1 外力分析

首先将偏心力 $\boldsymbol{P}$ 向截面形心平移,得到一个通过形心的轴向压力 $\boldsymbol{P}$ 和一个力偶矩 $m = \boldsymbol{P}e$ 的力偶见图 6-28(b)。即偏心压缩实际上是轴向压缩和平面弯曲的组合变形。

6.5.1.2　内力计算

运用截面法可求得任意横截面 $m-n$ 上的内力。显然,在这种情况下,所有横截面上的内力是相同的。由图 6-28(c)可知,横截面 $m-n$ 上的内力为轴力 $N=\boldsymbol{P}$ 和弯矩 $\boldsymbol{M}_x=\boldsymbol{P}e$ 。

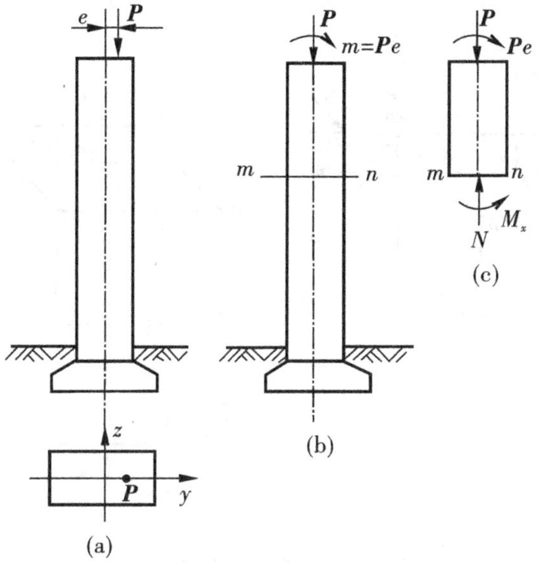

图 6-28　偏心压缩杆件

6.5.1.3　应力计算和强度条件

现求横截面 $m-n$ 上任一点 k(坐标为 y、z)的应力(如图 6-29 所示)。

由轴力 N 引起的 K 点的正应力为

$$\sigma_N=\frac{\boldsymbol{P}}{A} \tag{6-51}$$

由弯矩 M_z 引起的 K 点的正应力为

$$\sigma_{M_z}=\frac{\boldsymbol{M}_z\cdot y}{I_z} \tag{6-52}$$

则根据叠加原理,K 点的总应力为

$$\sigma=\frac{\boldsymbol{P}}{A}\pm\frac{\boldsymbol{M}_z\cdot y}{I_z} \tag{6-53}$$

应用式(6-53)计算正应力时,由弯矩引起的正应力的正负号可根据 K 点的位置来判定,当 K 点处于弯曲变形的受压区时取负号,处于受拉区时取正号。

显然,横截面上的最大正应力和最小正应力分别发生在截面的边线 $m-m$ 和 $n-n$ 上,其值分别为

$$\left.\begin{aligned}\sigma_{\max}&=\sigma_{\max}^{+}=-\frac{\boldsymbol{P}}{A}+\frac{\boldsymbol{M}_z}{W_z}\\ \sigma_{\min}&=\sigma_{\min}^{-}=-\frac{\boldsymbol{P}}{A}-\frac{\boldsymbol{M}_z}{W_z}\end{aligned}\right\} \tag{6-54}$$

截面上各点都处于单向拉压状态，所以强度条件为

$$\left.\begin{aligned}\sigma_{\max} &= -\frac{P}{A}+\frac{M_z}{W_z}\leqslant[\sigma_+]\\ \sigma_{\min} &= -\left|\frac{P}{A}-\frac{M_z}{W_z}\right|\leqslant[\sigma_-]\end{aligned}\right\}\tag{6-55}$$

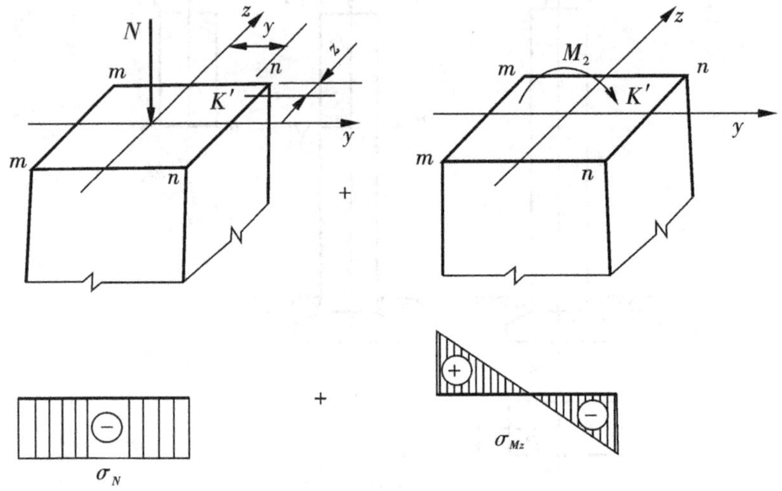

图 6-29 单向偏心压缩应力

6.5.2 最大正应力和偏心距 e 之间的关系

现在来讨论矩形截面偏心受压柱，截面边缘线上的最大正应力和偏心距 e 之间的关系。如图 6-30(a)所示的偏心受压柱，$A = bh$，$W_z = \frac{bh^2}{6}$，$M_z = Pe$，将各值代入式(6-56)得

$$\sigma_{\max} = -\frac{P}{bh}+\frac{Pe}{\frac{bh^2}{6}} = -\frac{P}{bh}\left(1-\frac{6e}{h}\right)\tag{6-56}$$

边缘 $A-D$ 上的正应力 $\sigma_{\max}$ 的正负号，由式(6-56)中 $\left(1-\frac{6e}{h}\right)$ 的符号决定，可能出现三种情况：

(1)当 $1-\frac{6e}{h}>0$，即 $e<\frac{h}{6}$ 时，$\sigma_{\max}$ 为压应力。截面全面受压，应力分布如图 6-30(c)所示。

(2)当 $1-\frac{6e}{h}=0$，即 $e=\frac{h}{6}$ 时，$\sigma_{\max}$ 为零。截面全部受压，而边缘 $A-D$ 上的正应力好为零。应力分布如图 6-30(d)所示。

(3)当 $1-\frac{6e}{h}<0$，即 $e>\frac{h}{6}$ 时，$\sigma_{\max}$ 为拉应力。截面部分受拉，部分受压，应力分布

如图6-30(e)所示。

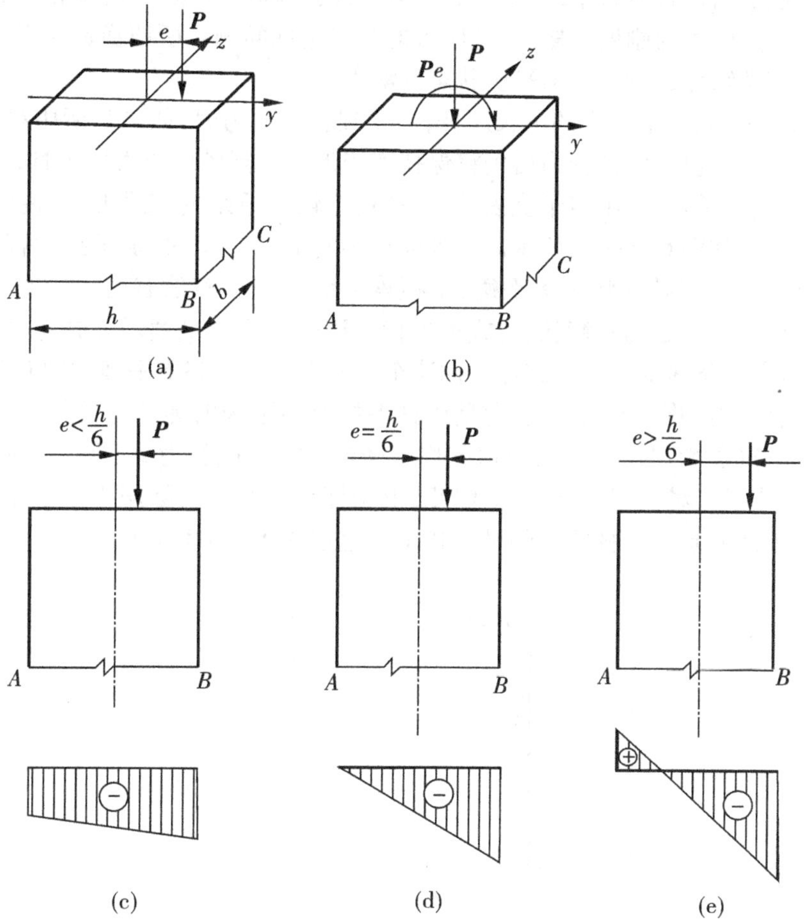

图6-30　单向偏心压缩

可见,截面上应力分布情况随偏心距 e 而变化,与偏心力 $\boldsymbol{P}$ 的大小无关。当偏心距 $1-\frac{6e}{h}>0$ 时,截面上出现受拉区;当偏心距 $1-\frac{6e}{h}\leqslant 0$ 时截面全部受压。

6.6　压杆稳定性分析

6.6.1　压杆稳定的概念

在前面几节中讨论了杆件的强度和刚度问题。在工程实际中,杆件除了强度、刚度不够而不能正常工作外,还有一种破坏形式就是失稳。什么叫失稳呢? 在实际结构中,对于受压的细长直杆,在轴向压力并不太大的情况下,杆横截面上的应力远小于压缩强度极限,会突然发生弯曲而丧失其工作能力。因此,细长杆受压时,其轴线不能维持原有直线形式的平衡状态而突然变弯这一现象称为丧失稳定,或称失稳。杆件失稳不仅使压杆本身失去了承载能力,而且对整个结构会因局部构件的失稳而导致破坏。因此,对于轴向受压杆件,除应考虑强度与刚度问题外,还应考虑其稳定性问题。所谓稳定性指的是平衡状态的稳定性,亦即物体保持其当前平衡状态的能力。

如图 6-31 所示,两端铰支的细长压杆,当受到轴向压力时,如果是所用材料、几何形状等无缺陷的理想直杆,则杆受力后仍将保持直线形状。当轴向压力较小时,如果给杆一个侧向干扰使其稍微弯曲,则当干扰去掉后,杆仍会恢复原来的直线形状,说明压杆处于稳定的平衡状态,如图 6-31(a)所示。当轴向压力达到某一值时,加干扰力杆件变弯,而撤除干扰力后,杆件在微弯状态下平衡,不再恢复到原来的直线状态,如图 6-31(b)所示,说明压杆处于不稳定的平衡状态,或称失稳。当轴向压力继续增加并超过一定值时,压杆会产生显著的弯曲变形甚至破坏。称这个使杆在微弯状态下平衡的轴向荷载为临界荷载,简称为临界力,并用 $\boldsymbol{F}_{cr}$ 表示。它是压杆保持直线平衡时能承受的最大压力。对于一个具体的压杆(材料、尺寸、约束等情况均已确定)来说,临界力 $\boldsymbol{F}_{cr}$ 是一个确定的数值。压杆的临界状态是一种随遇平衡状态,因此,根据杆件所受的实际压力是小于、大于该压杆的临界力,就能判定该压杆所处的平衡状态是稳定的还是不稳定的。

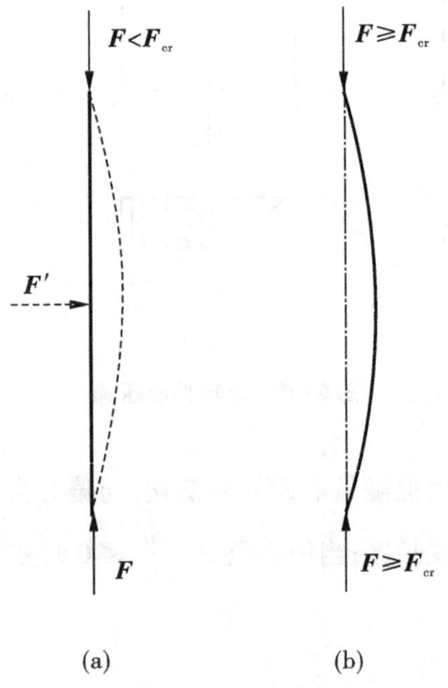

图 6-31　压杆稳定

工程实际中许多受压构件都要考虑其稳定性,例如千斤顶的丝杆,自卸载重车的液压活塞杆、连杆以及桁架结构中的受压杆等。解决压杆稳定问题的关键是确定其临界力。如果将压杆的工作压力控制在由临界力所确定的许用范围内,则压杆不致失稳。下面研究如何确定压杆的临界力。

6.6.2　细长压杆的临界力及杆端支承的影响

压杆的临界力大小可以由实验测试或理论推导得到，且大小与压杆的长度，截面形状及尺寸、材料以及两端的支承情况有关。

6.6.2.1　两端铰支压杆的临界力

图6-32为两端铰支的受压杆件，由实验分别测试不同长度、不同截面、不同材料的压杆在杆内应力不超过材料的比例极限时发生丧失稳定的临界力值 $\boldsymbol{F}_{cr}$，可得到两端铰支压杆临界力的计算公式：

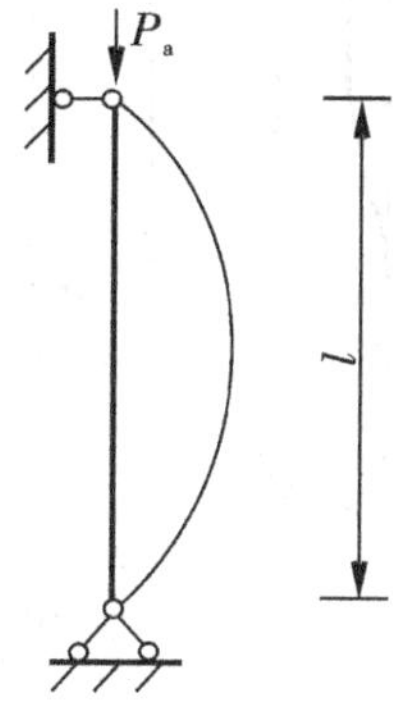

图6-32　两端铰支的受压杆件

$$\boldsymbol{F}_{cr}=\frac{\pi^2 EI}{l^2} \tag{6-57}$$

式中　π——圆周率；

E——材料的弹性模量；

l——杆件长度；

I——杆件横截面对形心轴的惯性矩。

当杆端在各方向的支承情况相同时，压杆总是在抗弯刚度最小的纵向平面内失稳，所以式中的惯性矩 I 应取其横截面的最小形心主惯性矩 I_{min}。

6.6.2.2　其他支承情况下细长压杆的临界力

对于其他支承方式的细长压杆，临界力的大小会受到影响。杆端约束越强，压杆越不容易失稳，临界力就越大。表6-2给出了杆端约束不同的几种压杆的临界力公式，从表中可看出当压杆两端的支承情况不同时，其临界力也不相同，但临界力的公式基本相似，因此，可将各公式归纳为一个统一的公式，即统称为欧拉公式：

$$\boldsymbol{F}_{cr}=\frac{\pi^2 EI}{(\mu l)^2} \tag{6-58}$$

式中　μl——压杆的计算长度；

μ——长度系数，反映了杆端支承对临界力的影响。

表 6-2 各种杆端支承压杆的长度系数 μ

支承情况	两端铰支	一端固定 另端铰支	两端固定	一端固定 另端自由	两端固定 但可沿横 向相对移动
失稳时挠曲线形状	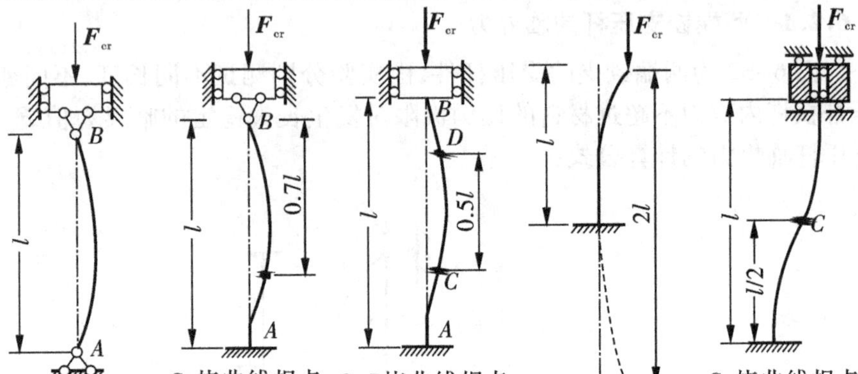	C–挠曲线拐点	C–D挠曲线拐点		C–挠曲线拐点
临界力 F_{α}	$F_{\alpha}=\frac{\pi EI}{l^2}$	$F_{\alpha}\approx\frac{\pi^2 EI}{(0.7l)^2}$	$F_{\alpha}=\frac{\pi^2 EI}{(0.5l)^2}$	$F_{\alpha}=\frac{\pi^2 EI}{(2l)^2}$	$F_{\alpha}=\frac{\pi^2 EI}{l^2}$
长度系数 μ	$\mu=1$	$\mu\approx 0.7$	$\mu=0.5$	$\mu=2$	$\mu=1$

6.6.3 压杆稳定的条件

要使压杆不丧失稳定,应使作用在杆上的压力 F 不超过压杆的临界力 F_{cr},则压杆的稳定条件为

$$F \leqslant \frac{F_{cr}}{n_{st}} \tag{6-59}$$

式中 F ——实际作用在压杆上的压力;

F_{cr}——压杆的临界力;

n_{st}——稳定安全因数,是随柔度而变化的,柔度越大,杆越细长,所取的安全系数也越大。

将稳定条件式(6-59)两边除以压杆横截面面积 A,即得到用应力形式表示的压杆稳定条件

$$\sigma=\frac{F}{A}\leqslant\frac{F_{cr}}{A\cdot n_{st}}=\frac{\sigma_{st}}{n_{st}}=[\sigma_{st}] \tag{6-60}$$

式中 σ ——杆内的实际工作应力;

$[\sigma]_{st}$ ——压杆的稳定许用应力,是随柔度变化的一个量。

在压杆工程计算中,经常将压杆的稳定许用应力 $[\sigma]_{st}$ 写成材料的强度许用应力 $[\sigma]$ 乘以一个随压杆柔度 λ 而改变的因数 $\varphi=\varphi(\lambda)$,即

$$[\sigma]_{st}=\varphi[\sigma] \tag{6-61}$$

则稳定条件可写为

$$\sigma = \frac{F}{A} \leqslant [\sigma]_{st} = \varphi[\sigma] \tag{6-62}$$

式中 φ 为稳定因数与 λ 有关。表 6-3 给出了几种常用材料在不同 λ 值对应的稳定因数 φ 值。

表 6-3 压杆的 $\lambda \sim \varphi$ 表

$\lambda = \mu l/i$	φ 值				
	Q215/Q235	16Mn 钢	铸铁	木材	混凝土
0	1.000	1.000	1.00	1.000	1.00
20	0.981	0.937	0.91	0.932	0.96
40	0.972	0.895	0.69	0.822	0.83
60	0.842	0.776	0.44	0.658	0.70
70	0.789	0.705	0.34	0.575	0.63
80	0.731	0.627	0.26	0.460	0.57
90	0.699	0.546	0.20	0.371	0.46
100	0.604	0.462	0.16	0.300	
110	0.536	0.384		0.248	
120	0.466	0.325		0.209	
130	0.401	0.279		0.178	
140	0.349	0.242		0.153	
150	0.306	0.213		0.134	
160	0.272	0.188		0.117	
170	0.243	0.168		0.102	
180	0.218	0.151		0.093	
190	0.197	0.136		0.083	
200	0.180	0.124		0.075	

基础知识与技能训练

基础知识训练

一、填空题

1. 杆件的四种基本变形是__________、__________、__________、__________。

2. 内力在一点处的集度值称为__________。

3. 强度条件有三方面的力学计算分别是__________、__________、____

__________。

4. 由于杆件外形的突然变化而引起局部应力急剧增大的现象称为__________。

5. 把产生扭转变形的杆件称为______________________________________。

6. 圆轴扭转的强度有三方面计算,为________________、________________、________________。

7. 梁横截面上的最大正应力发生在距________________最远的上下边缘处。

8. 宽为 a、高为 b 的矩形截面梁的抗弯截面系数等于________________。

9. 圆形截面的抗弯截面系数等于________________。

10. 构件同时发生两种或两种以上的基本变形,这类变形称为________________。

11. 当偏心压力作用于一根形心主轴上而产生的偏心压缩称为________________。

12. 能保持原有的直线平衡状态的平衡称为________________。

13. 不能保持原有的直线平衡状态的平衡称为________________。

14. 压杆由直线形状的稳定的平衡过渡到不稳定的平衡时所对应的轴向压力称为__________。

15. 一端固定、另一端铰支时,长度系数 μ 为________;两端铰支时,长度系数 μ 为________。

二、选择题

1. 轴向拉(压)时横截面上的正应力(　　)分布。

A. 均匀　　B. 线性

C. 假设均匀　　D. 抛物线

2. 构件抵抗变形的能力称为(　　)。

A. 稳定性　　B. 强度

C. 刚度　　D. 极限强度

3. 杆件的应力与杆件的(　　)有关。

A. 外力　　B. 外力、截面

C. 外力、截面、材料　　D. 外力、截面、杆长、材料

4. 圆轴扭转时的应力与(　　)有关。

A. 外力偶　　B. 外力偶、截面

C. 外力偶、截面、材料　　D. 外力偶、截面、杆长、材料

5. 梁中各横截面上只有弯矩没有剪力的弯曲称为(　　)。

A. 剪切弯曲　　B. 斜弯曲

C. 纯弯曲　　D. 压弯变形

6. 梁在纯弯曲变形后的中性层长度(　　)。

A. 伸长　　B. 不变

C. 缩短　　D. 伸长和缩短

7. 对于脆性材料梁,从强度方面来看截面形状最好采用(　　)。

A. 矩形　　B. T 形

C. 工字形　　D. 圆形

8. 梁横截面上弯曲正应力为零的点发生在截面的(　　)。

A. 最上端　　B. 最下端

C. 中性轴上　　D. 离中性轴1/3处

9. 对于许用拉应力与许用压应力相等的直梁,从强度角度看,其合理的截面形状是(　　)。

A. 工字形　　B. 矩形

C. T形　　D. 圆形

10. 压杆的柔度λ越大,压杆的临界力(　　)、临界应力(　　)。

A. 不变　　B. 越大

C. 不一定　　D. 越小

11. 压杆的临界力与(　　)因素无关。

A. 压杆所受外力　　B. 截面的形状与尺寸

C. 压杆的支承情况　　D. 杆长

三、简答题

1. 什么是极限应力和许用应力?

2. 如何确定材料的许用应力?安全因数的选择与哪些因素有关?

3. 什么是应力集中?

4. 什么叫挤压?挤压和轴向压缩有什么区别?

5. 为什么空心圆周轴比实心圆周轴更能充分发挥材料的作用?

6. 什么是中性层和中性轴?为什么直梁平面弯曲时中性轴通过截面形心?

7. 提高梁的弯曲强度措施有哪些?

8. 单向偏心压缩杆件横截面上危险点的位置如何确定?

9. 什么是压杆的稳定平衡与不稳定平衡?什么是失稳?什么是临界状态?

10. 什么是临界力?计算临界力的欧拉公式的应用条件是什么?

技能训练

1. 如图6-33所示,阶梯状直杆1-1、2-2、3-3截面处的面积分别为 $A_1=200\ \text{mm}^2$、$A_2=300\ \text{mm}^2$、$A_3=400\ \text{mm}^2$。试作出轴力图,并求出各截面上的应力。

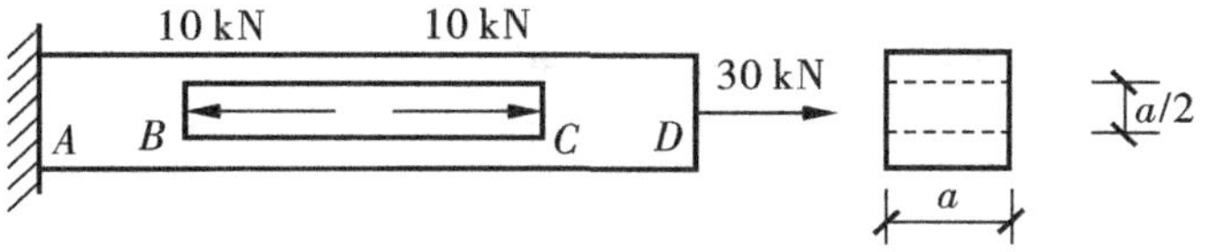

图6-33　技能训练1题图

2. 已知木杆的横截面为边长 $a=200$ mm的正方形,在 BC 段开一长为 l,宽为 $a/2$ 的槽,杆受力如图6-34所示,求 σ_{max}。

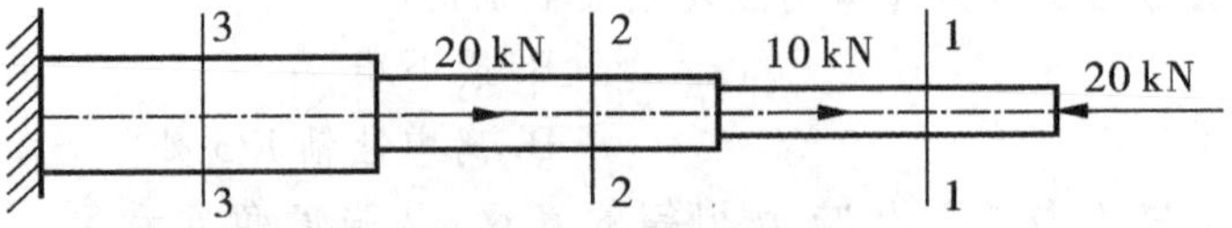

图 6-34 技能训练 2 题图

3. 如图 6-35 所示的轴向受压杆，已知：$\boldsymbol{P}=10\ \text{kN}$，$A=100\ \text{mm}^2$，求 $\alpha=60^\circ$ 斜截面上的正应力和剪应力。

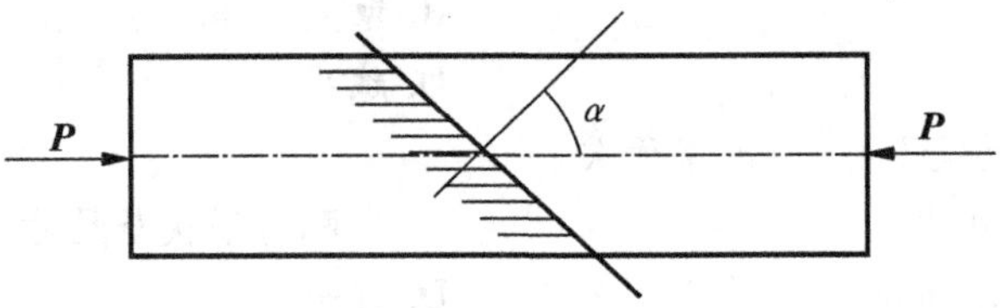

图 6-35 技能训练 3 题图

4. 如图 6-36 所示一钢制阶梯杆，各截面面积分别为 $A_1=A_3=300\ \text{mm}^2$，$A_2=200\ \text{mm}^2$，钢的弹性模量 $E=200\ \text{GPa}$。试求杆的总变形。

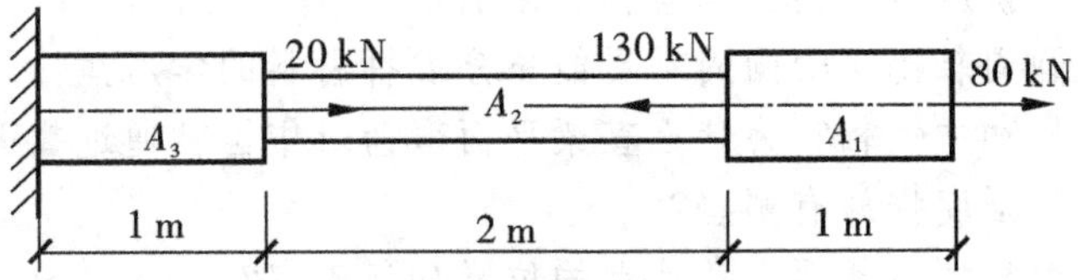

图 6-36 技能训练 4 题图

5. 图示 6-37 等直圆轴，已知外力偶矩 $T_A=2.99\ \text{kN}\cdot\text{m}$，$T_B=7.20\ \text{kN}\cdot\text{m}$，$T_C=4.21\ \text{kN}\cdot\text{m}$，许用切应力 $[\tau]=70\ \text{MPa}$，许用单位长度扭转角 $[\theta]=1^\circ/\text{m}$，剪切模量 $G=80\ \text{GPa}$，试确定该轴的直径。

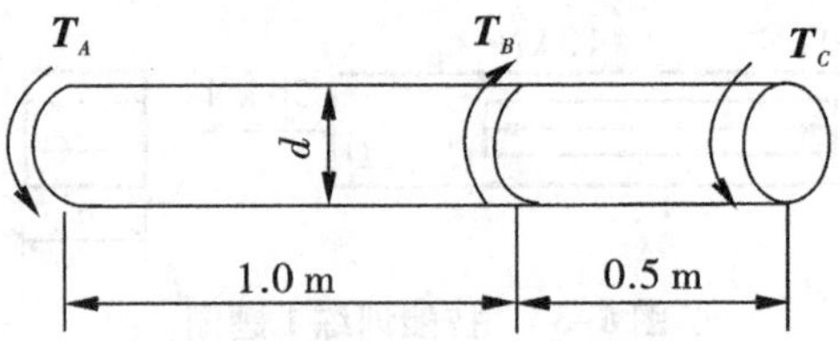

图 6-37 技能训练 5 题图

6. 一 T 形截面的外伸梁，其受力情况及尺寸如图 6-38 所示。试求梁的最大拉应力和最大压应力。

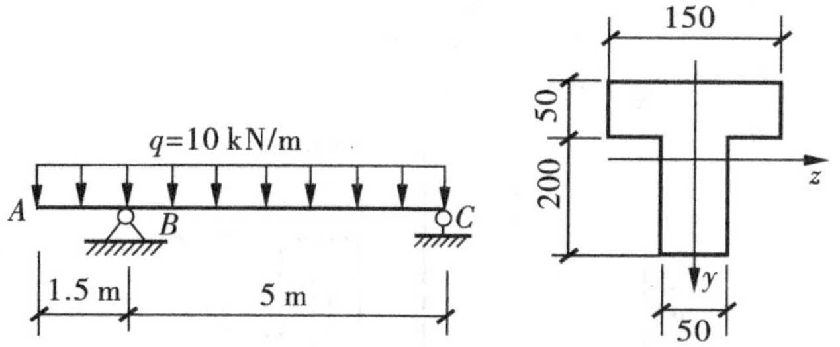

图 6-38　技能训练 6 题图

7. 如图 6-39 所示的矩形截面木梁，已知 $q=1.3$ kN/m，$b=6$ cm，$h=12$ cm。木梁的抗弯强度的设计值 $f=10$ MPa，抗剪强度设计值 $f_v=2$ MPa，试校核正应力强度和剪应力强度。

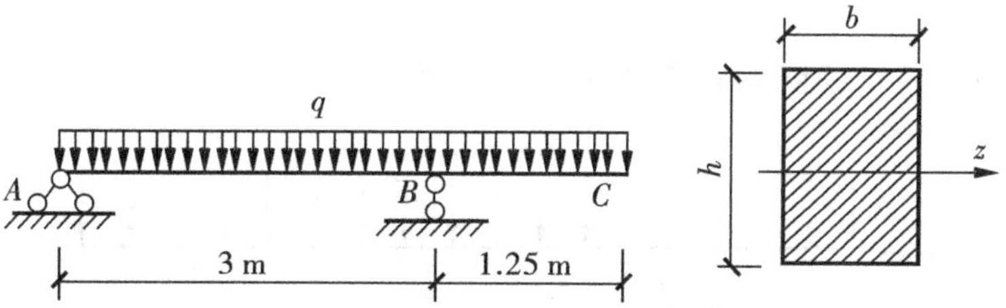

图 6-39　技能训练 7 题图

8. 如图 6-40 所示，刚性梁 ACB，圆杆 CD 悬挂在 C 点，B 端作用集中荷载 $P=40$ kN，已知 CD 杆的直径 $d=20$ mm，材料强度设计值 $f=215$ MPa，试校核 CD 杆的强度。

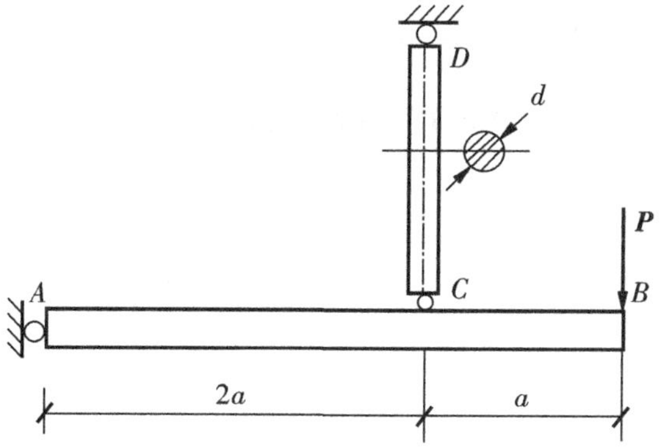

图 6-40　技能训练 8 题图

9. 验算图 6-41 结构木压杆柱 BC 的稳定性。已知 $f=12$ MPa，$d=12$ cm。压杆两端平面内与平面外均按铰接考虑。

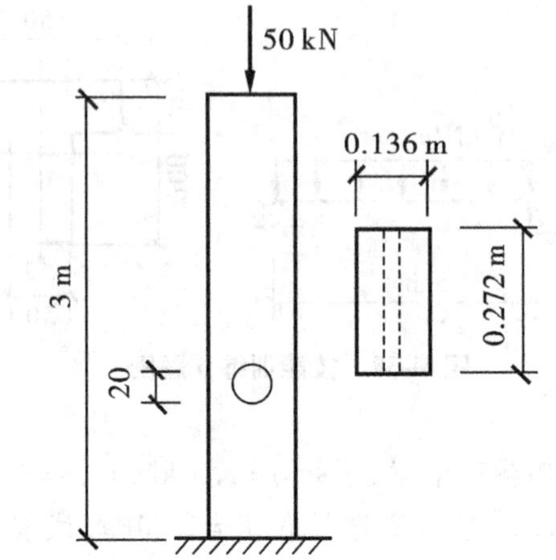

图 6-41　技能训练 9 题图

10. 校核图 6-42 木柱的安全性。已知 f=12 MPa。

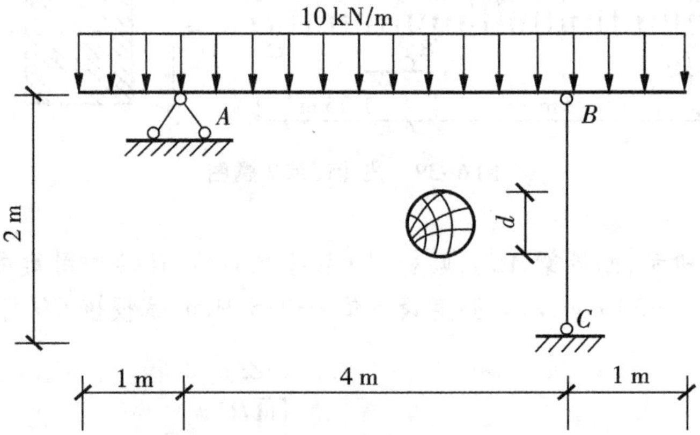

图 6-42　技能训练 10 题图

模块7 静定结构的位移计算

学习任务与目标

学习任务

1. 掌握实功、虚功、广义力与广义位移的概念。

2. 理解并掌握变形体的虚功原理。

3. 了解结构位移的概念；了解结构位移计算的一般公式。

4. 掌握单位荷载法的原理及计算步骤。

4. 会熟练运用单位荷载法计算梁和刚架的位移。

5. 会熟练运用图乘法计算梁和刚架的位移。

知识目标

1. 掌握虚功原理导出的结构位移计算的一般公式。

2. 掌握图乘法求解步骤。

3. 掌握图乘技巧及注意事项。

4. 掌握结构位移计算的基本原理。

5. 熟练运用单位荷载法求桁架、梁和刚架在荷载作用下的位移。

6. 熟练运用单位荷载法求桁架、梁和刚架在荷载作用下的位移。

技能目标

能熟练运用图乘法计算静定结构构件的位移；用于指导实际工程。

7.1 变形体虚功原理

7.1.1 功及广义位移的概念

如图 7-1(a)所示,在常力 $\boldsymbol{F}$ 的作用下物体从 A 移到 A'(即虚线位置),在力的方向上产生线位移 Δ,由物理学知,$\boldsymbol{F}$ 与 Δ 的乘积称为力 $\boldsymbol{F}$ 在位移 $\boldsymbol{\Delta}$ 上做的功,即 $\boldsymbol{W}=\boldsymbol{F\Delta}$。

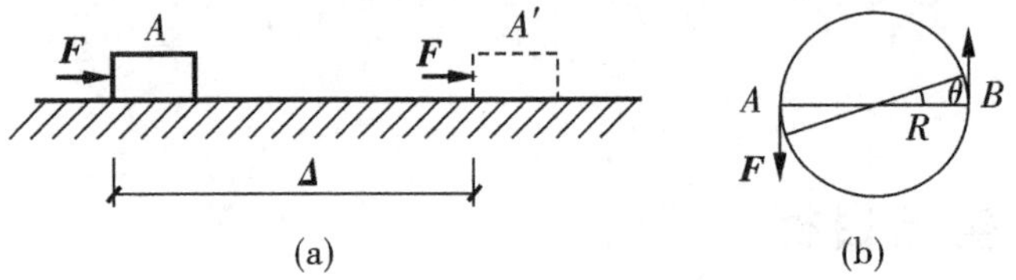

图 7-1 功的表示图

又如图 7-1(b),有两个大小相等、方向相反的常力 F 作用在圆盘上,设圆盘转动时常力 $\boldsymbol{F}$ 的方向始终垂直于直径 AB,当圆盘转动一角度 θ 时,则两个常力所做的功为 $W=2FR\theta$,则有 $W=M\theta$,这就是说,常力偶所做的功等于力偶矩与角位移的乘积。

由此可知,功包含了两个要素——力和位移。做功的力可以是一个力,也可以是一个力偶,有时也可能是一个力系。将力和力偶所做的功统一表示为

$$\boldsymbol{W}=\boldsymbol{F\Delta} \tag{7-1}$$

式中 $\boldsymbol{F}$——广义力;

$\boldsymbol{\Delta}$——广义位移,与广义力相对应。

例如:$\boldsymbol{F}$ 为集中力时,$\boldsymbol{\Delta}$ 表示线位移;$\boldsymbol{F}$ 为力偶时,$\boldsymbol{\Delta}$ 代表角位移。当广义力 $\boldsymbol{F}$ 与相应广义位移 $\boldsymbol{\Delta}$ 方向一致时,做功为正;两者方向相反时,做功为负。

7.1.2 实功

力的实功是指力在自身引起的位移上所做的功。即做功的位移是由做功的力产生的。如图 7-2(a)所示简支梁,受一静力荷载作用,所谓静力荷载是指将荷载慢慢由零逐渐增至最终值 $\boldsymbol{F}_1$,与此相应,作用点的位移也由零逐渐增至最终值为 $\boldsymbol{\Delta}_{11}$(第一个脚标表示位移发生的位置和方向;第二个脚标表示产生位移的原因)。对于线弹性体系,荷载与位移呈线性关系,如图 7-2(b)。因此,在加载过程中 $\boldsymbol{F}_1$ 所做的功为实功

$$\boldsymbol{W}_{11}=\frac{1}{2}\boldsymbol{F}_1\boldsymbol{\Delta}_{11} \tag{7-2}$$

即等于图 7-2(b)中 $\triangle OAB$ 的面积。由于在位移过程中力 $\boldsymbol{F}_1$ 是变力,所以功的计算式中有系数“1/2”,即取的是所施荷载的平均值。

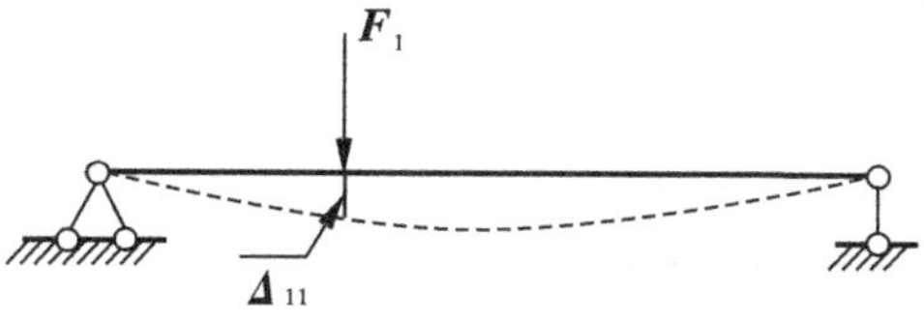

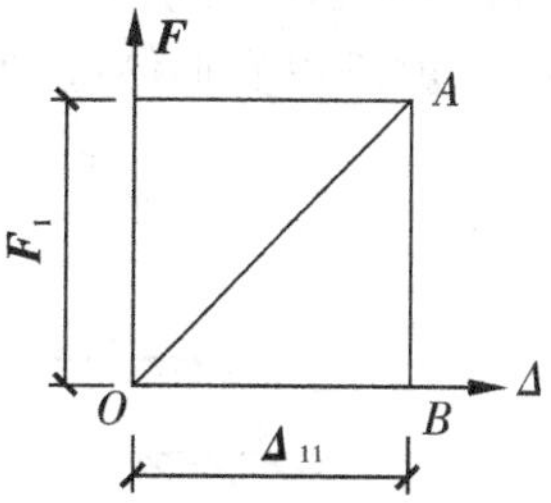

图 7-2 实功的表示图

7.1.3 虚功

当做功的力与相应位移彼此独立无关时，就把这种功称为虚功。如图 7-3(a)所示简直梁，在第一组荷载 $\boldsymbol{F}_1$作用下，梁变形到图中双点划线 I 所示平衡位置，用 $\boldsymbol{\Delta}_{11}$表示 $\boldsymbol{F}_1$作用点沿 $\boldsymbol{F}_1$方向产生的位移。因此在加载过程中 $\boldsymbol{F}_1$所做的功为实功。若在此基础上再在梁上施加另外一组荷载 $\boldsymbol{F}_2$，梁就会继续变形到图中双点线Ⅱ所示新的平衡位置，$\boldsymbol{F}_1$作用点沿 $\boldsymbol{F}_1$方向产生了位移 $\boldsymbol{\Delta}_{12}$，$\boldsymbol{F}_2$作用点沿 $\boldsymbol{F}_2$方向产生了位移 $\boldsymbol{\Delta}_{22}$，所以 $\boldsymbol{F}_2$在 $\boldsymbol{\Delta}_{22}$上所做的功为实功：

$$\boldsymbol{W}_{22}=\frac{1}{2}\boldsymbol{F}_2\boldsymbol{\Delta}_{22} \tag{7-3}$$

由于加 $\boldsymbol{F}_2$过程中，$\boldsymbol{F}_1$作用点沿 $\boldsymbol{F}_1$方向又产生了新的位移 $\boldsymbol{\Delta}_{12}$，由于 $\boldsymbol{F}_1$不是产生 $\boldsymbol{\Delta}_{12}$的原因，所以 $\boldsymbol{F}_1$在 $\boldsymbol{\Delta}_{12}$上做的功为虚功。

$$\boldsymbol{W}_{12}=\boldsymbol{F}_1\boldsymbol{\Delta}_{12} \tag{7-4}$$

由于做虚功时，力的值保持不变，是常力做的功，故在虚功计算公式中没有系数“1/2”。

在这里 $\boldsymbol{\Delta}_{ij}$的第一个下标 i 表示位移的地点和方向，第二个下标 j 表示引起位移的原因。“虚”字在这里并不是虚无的意思，而是强调做功的力与位移无关的这一特点。因此在虚功中可将做功的力与位移看成是分别属于同一体系的两种彼此无关的状态，其中力系所属状态称为力状态或第一状态，如图 7-3(a)所示，位移所属状态称为位移状态或第二状态，如图 7-3(c)所示。当位移与力的方向一致时，虚功为正；相反时虚功为负。

7.1.4 变形体的虚功原理

根据功和能的原理可得变形体的虚功原理：任何一个处于平衡状态的变形体，当发生任意一个虚位移时，变形体所受外力在虚位移上所做虚功总和，恒等于变形体内力在虚位移的相应变形上所做虚功的总和。即

$$W_{外}=W_{内} \tag{7-5}$$

虚功原理在具体应用时有两种方式：一种是对给定的力状态，另虚设一个位移状态，利用虚功原理求力状态中的未知力；另一种是给定位移状态，另虚设一个力状态，利用虚

功原理求解位移状态中的未知位移，这时的虚功原理又可称为虚力原理。本章讨论的结构位移的计算，就是以变形体虚功原理作为理论依据的。

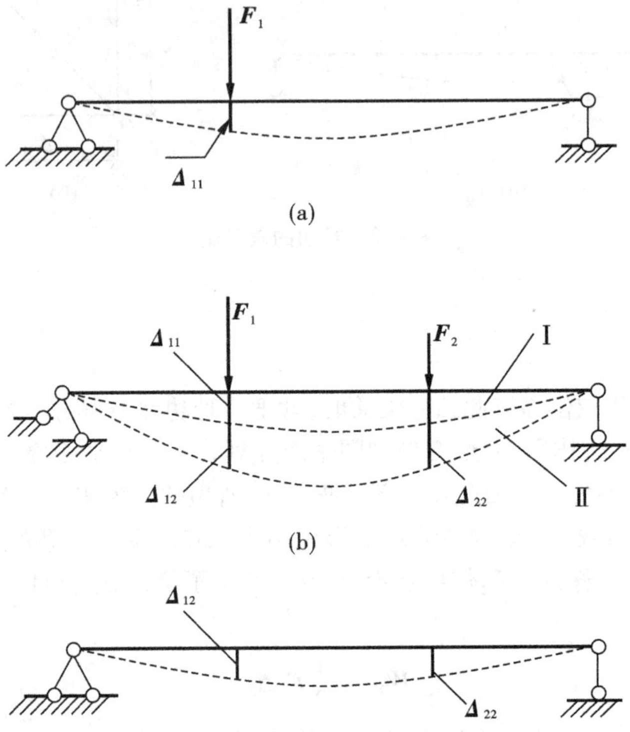

图 7-3 位移状态图

7.2 荷载作用下的位移计算

7.2.1 单位荷载法计算结构位移的一般公式

如图 7-4 所示刚架受到荷载和支座移动后，产生了图中虚线所示的变形，现在求结构上任一截面沿任一指定方向上的位移，如 K 截面的水平位移 $\boldsymbol{\Delta}_K$。

要应用虚功原理，就需要两个状态：力状态和位移状态。由于是要求在实际荷载作用下的位移，故应以图 7-4(a) 作为结构的位移状态，而力状态则可根据解决的实际问题来虚拟。为了使力状态中的外力能在位移状态中所求位移 $\boldsymbol{\Delta}_K$ 上做虚功，在选择虚拟力系时在拟求位移 $\boldsymbol{\Delta}_K$ 的方向设置一单位荷载 $\boldsymbol{P}_K=1$，如图 7-4(b) 所示，以此作为结构的力状态。这个力状态由于是虚设的，故称为虚拟状态。

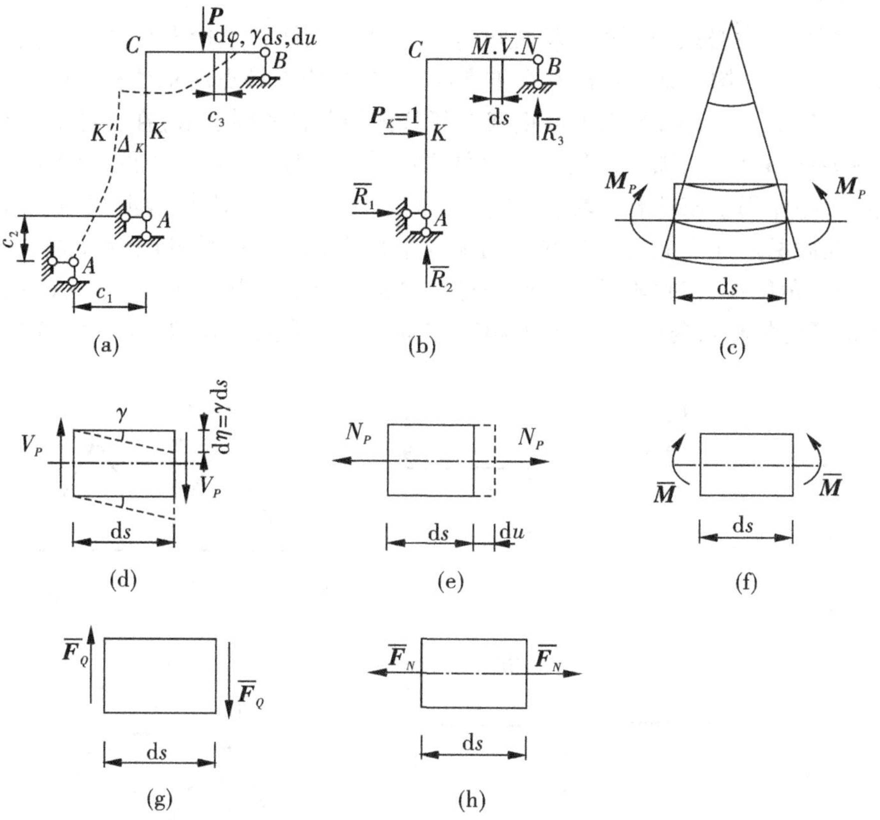

图 7-4　结构状态图

根据以上两种状态，分别计算虚拟状态的外力和内力在相应的实际位移状态上所做的虚功。外力虚功包括荷载和支座反力所做的虚功。设在虚拟状态中由单位荷载 $\boldsymbol{P}_K = 1$ 引起的支座反力为 $\overline{R_1}$、$\overline{R}_2$、$\overline{R}_3$，而在实际状态中相应的位移为 c_1、c_2、c_3，则外力虚功为

$$W = \boldsymbol{P}_K\Delta_K + \overline{R}_1c_1 + \overline{R}_2c_2 + \overline{R}_3c_3 = 1 \times \Delta_K + \sum \overline{R}C$$

计算内力虚功时，设虚拟状态中由单位荷载 $P_K = 1$ 作用引起的 ds 微段上的内力为 $\overline{\boldsymbol{M}}$、$\overline{\boldsymbol{F}}_N$、$\overline{\boldsymbol{F}}_Q$，如图 7-4(d)所示，而实际状态中 ds 微段相应的变形为 $\mathrm{d}\varphi$、$\mathrm{d}\nu$、$\mathrm{d}u$ 如图 7-4(c)所示。

则内力虚功为

$$W' = \sum \int \overline{\boldsymbol{M}}\mathrm{d}\varphi + \sum \int \overline{\boldsymbol{F}_Q}\mathrm{d}\nu + \sum \int \overline{\boldsymbol{F}_N}\mathrm{d}u$$

由虚功原理 $W = W'$ 得

$$\Delta_K = \sum \int \overline{\boldsymbol{M}}\mathrm{d}\varphi + \sum \int \overline{\boldsymbol{F}_Q}\mathrm{d}\nu + \sum \int \overline{\boldsymbol{F}_N}\mathrm{d}u - \sum \overline{\boldsymbol{R}}\boldsymbol{C} \qquad (7\text{-}6)$$

这便是平面杆件结构位移计算的一般公式。这种利用虚功原理，在所求位移处沿所求位移方向虚设单位荷载求结构位移的方法，称为单位荷载法。设置单位荷载时，应注意

下面两个问题：

(1)虚拟单位力必须与所求位移相对应　这里的“对应”是指力与位移在做功的关系上的对应，如欲求结构上某一点沿某个方向的线位移，应在该点所求位移方向加一个单位集中力，如图7-5(a)所示；欲求梁或钢架上某截面的角位移时，则应在该截面处加一单位力偶，如图7-5(b)所示；欲求桁架某杆的角位移时，则应加一单位力偶，构成这一力偶的两个集中力，各作用于该杆的两端，并与杆轴垂直7-5(c)；欲求结构上某两点C、D的相对位移时，在此两点连线上加一对方向相反的单位力，如图7-5(d)所示；欲求梁或刚架两截面的相对角位移，在此两截面上加一对转向相反的单位力偶，如图7-5(e)所示；欲求桁架中两根杆件的相对角位移，则应加两个方向相反的单位力偶，如图7-5(f)所示。

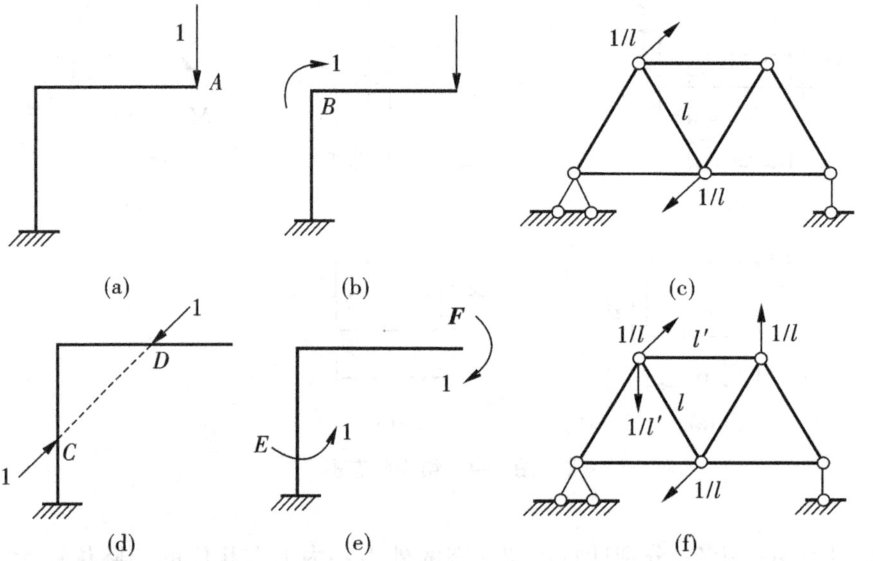

图7-5　单位荷载虚拟状态图

(2)虚设的平衡状态和引起结构实际位移的因素无关　虚拟单位力的方向可以任意假设。若计算出的位移结果为正号，表示位移方向与虚设力的方向一致，负号则相反。

7.2.2　单位荷载法计算静定结构在荷载作用下的位移

式(7-6)是由虚功原理导出的结构位移计算的一般公式，当静定结构在荷载的作用下，$C=0$，式(7-6)变为

$$\Delta_{KP}=\sum\int\overline{\boldsymbol{M}}\mathrm{d}\varphi+\sum\int\overline{\boldsymbol{F}_Q}\mathrm{d}\nu+\sum\int\overline{\boldsymbol{F}_N}\mathrm{d}u \qquad (7-7)$$

式(7-7)中$\mathrm{d}\varphi$、$\mathrm{d}\nu$、$\mathrm{d}u$是实际结构在荷载作用下与微段$\mathrm{d}s$的内力$\boldsymbol{F}_{NP}$、$\boldsymbol{M}_P$、$\boldsymbol{F}_{QP}$产生的相应变形。对于线弹性范围由内的变形，由材料力学知，$\boldsymbol{F}_{NP}$、$\boldsymbol{M}_P$、$\boldsymbol{F}_{QP}$分别引起的微段$\mathrm{d}s$上的变形见图7-4(c)(d)(e)所示。可以表示为

$$\mathrm{d}\varphi=\frac{\boldsymbol{M}_P}{EI}\mathrm{d}s\text{、}\mathrm{d}\nu=\gamma\mathrm{d}s=\kappa\frac{\boldsymbol{F}_{QP}}{G_A}\mathrm{d}s\text{、}\mathrm{d}u=\frac{\boldsymbol{F}_{NP}}{EA}\mathrm{d}s \qquad (7-8)$$

所以 $$\Delta_{KP} = \sum \int \frac{\overline{M}M_P}{EI}\mathrm{d}s + \sum \int \kappa \frac{\overline{F}_Q F_{QP}}{GA}\mathrm{d}s + \sum \int \frac{\overline{F}_N F_{NP}}{EA}\mathrm{d}s \tag{7-9}$$

式中 EI、EA、GA 分别为杆件的抗弯刚度、抗拉(压)刚度、抗剪刚度;κ 为剪应力不均匀系数,它只与截面形状有关,对于矩形截面 $\kappa=1.2$、对于圆形截面 $\kappa=\frac{10}{9}$。对于工字形截面 $\kappa \approx A/A'$,其中 A 为截面的总面积,A' 为腹板的截面面积。

这就是结构在荷载作用下位移计算公式。式(7-9)右边三项分别代表虚拟状态下的内力在实际状态相应的变形上所做的虚功。

对于梁和刚架,其位移主要由弯矩引起 ,则式(7-9)可以简化为

$$\Delta_{KP} = \sum \int \frac{\overline{M}M_P}{EI}\mathrm{d}s \tag{7-10}$$

对于桁架,因为只有轴力,且每根杆件的轴向力 $\overline{F}_N$ 、F_{NP} 及 EA 沿杆长均为常数,则式(7-9)可以简化为

$$\Delta_{KP} = \sum \int \frac{\overline{F}_N F_{NP}}{EA}\mathrm{d}s = \sum \frac{\overline{F}_N F_{NP} L}{EA} \tag{7-11}$$

对于组合结构,组合结构中有以受弯为主的受弯杆件和只有轴向变形的轴力杆,其中受弯杆件只计算弯矩一项,轴力杆只计算轴力一项,则式(7-9)可以简化为

$$\Delta_{KP} = \sum \int \frac{\overline{M}M_P}{EI}\mathrm{d}s + \sum \frac{\overline{F}_N F_{NP} L}{EA} \tag{7-12}$$

【例7-1】 试计算图7-6(a)所示等截面简直梁中点 C 的竖向位移 Δ_{cy}。已知 EI 为常数。

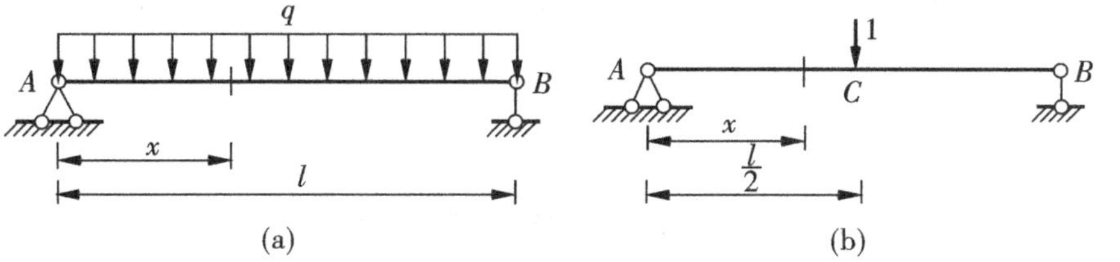

图7-6 例7-1题图

解: 在 C 点加一竖向单位力,得虚拟状态如图7-6(b),对 AC 段,以 A 点为原点,$\overline{M}$ 及 M_P 方程如下:

$$\overline{M} = \frac{x}{2},\ M_P = \frac{ql}{2}x - \frac{1}{2}qx^2$$

因为对称,所以公式(7-5)得

$$\Delta_{cy} = \sum \int \frac{\overline{M}M_P}{EI}\mathrm{d}s = \frac{2}{EI}\int_0^{\frac{L}{2}} \frac{x}{2}\left(\frac{qL}{2}x - \frac{1}{2}qx^2\right)\mathrm{d}x = \frac{5qL^4}{384EI}(\downarrow)$$

计算结果为正,说明 C 点竖向位移的方向与虚拟单位力的方向相同,即方向向下。

7.3 图乘法

图乘法是梁和刚架在荷载作用下位移计算的一种工程实用方法。在数学上该方法是积分式的一种简化，可避免列内力方程及解积分式。

7.3.1 图乘法具体过程

在应用式(7-10) $\Delta_{KP}=\sum\int\frac{\overline{M}M_P}{EI}\mathrm{d}s$ 计算梁和刚架的位移时，若结构的各杆段满足以下三个条件：①杆轴为直线；②抗弯刚度 EI 为常数；③弯矩图 $\overline{M}$ 和 M_P 中至少有一个为直线图形。则可采用下述图形相乘的方法(简称图乘法)来代替积分运算，使计算得以简化。

假设等截面直杆 AB 的两个弯矩图中，$\overline{M}$ 图为一段直线，而 M_P 图为任意一图形，如图 7-7 所示。

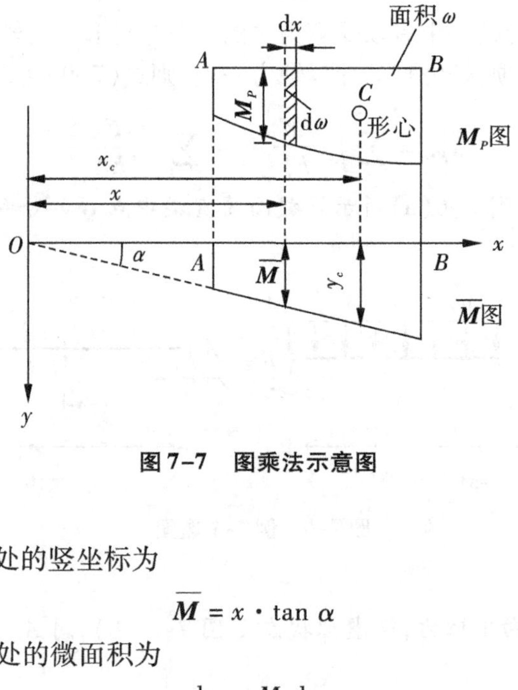

图 7-7 图乘法示意图

在 $\overline{M}$ 图上坐标 X 处的竖坐标为

$$\overline{M}=x\cdot\tan\alpha \tag{7-13}$$

M_P 图上相应位置处的微面积为

$$\mathrm{d}\omega=M_P\mathrm{d}x \tag{7-14}$$

而且 $x\mathrm{d}w$ 为 M_P 图微面积 $\mathrm{d}\omega$ 对 y 轴的静矩。则 $\int_A^B x\mathrm{d}\omega$ 为整个 M_P 图的面积 ω 对 y 轴的静矩，根据静矩的定义可知，它应该等于 M_P 图的面积 ω 乘以其形心 C 到 y 轴的距离 x_c，即

$$\int_A^B x\mathrm{d}\omega=\omega x_C \tag{7-15}$$

因此

$$\int_A^B \frac{\overline{M}M_P}{EI}\mathrm{d}s = \frac{1}{EI}\int_A^B \overline{M}M_P\mathrm{d}x = \frac{1}{EI}\int_A^B x\tan\alpha \times \mathrm{d}\omega = \frac{1}{EI}\tan\alpha\int_A^B x\mathrm{d}\omega = \frac{1}{EI}\tan\alpha \times \omega x_C = \frac{\omega y_C}{EI}$$

故得

$$\Delta = \sum\int_l \frac{\overline{M}M_P}{EI}\mathrm{d}s = \sum\frac{\omega y_C}{EI} \tag{7-16}$$

式中　y_C——图的形心 C 处所对应的 $\overline{M}$ 图的纵坐标。

7.3.2　应用公式计算结构位移时应注意的几个问题

(1)图乘前先要进行分段处理,使每段严格满足:直杆;EI 为常数;$\overline{M}$,M_p 至少有一个为直线的条件。

(2)ω,y_C 是分别取自两个弯矩图的量,不能取在同一图上。

(3)y_C 必须取自直线图形,y_C 的位置与另一图形的形心对应;ω 与 y_C 在构件同侧乘积为正,异侧为负。

为了图乘方便,必须熟记几种常见几何图形的面积公式及形心位置,如图 7-8 所示。

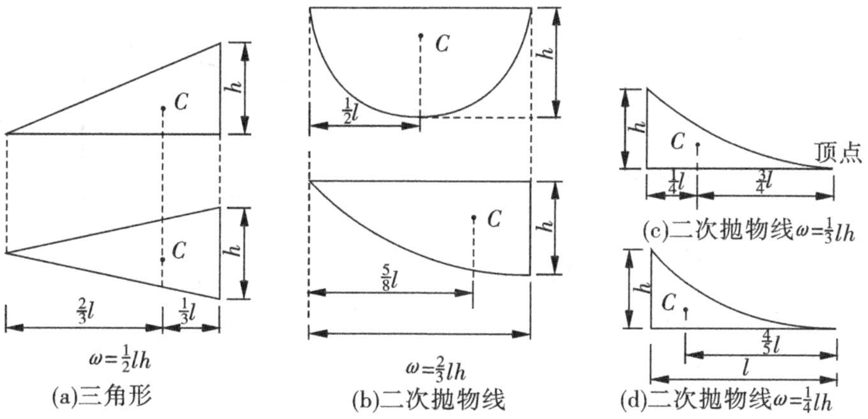

图 7-8　几种简单图形的面积及形心图

7.3.3　图乘技巧

(1)图中标准抛物线图形顶点位置的确定。“顶点”是指该点的切线平行于基线的点,即顶点处截面的剪力应等于零,如图 7-9 所示的在集中力及均布荷载作用下悬臂梁的弯矩图,其形状虽与图 7-8(c)相像,但不能采用其面积和形心位置公式,因为 B 处的剪力不为零。这时应采用图形叠加的方法解决。

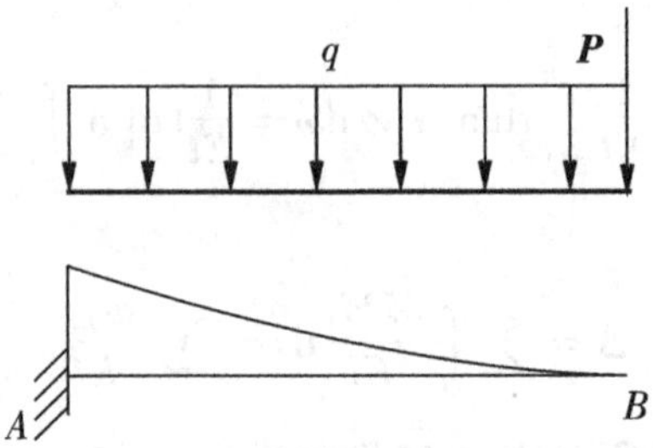

图 7-9　悬臂梁的叠加弯矩图

(2)若遇较复杂的图形不便确定形心位置,则应运用叠加原理,把图形分解后相图乘,然后求得结果的代数和。例如:

1)当结构某根杆件上 $\overline{M}$ 图为折线形时,如图 7-10 所示,可将 $\overline{M}$ 图分成几个直线段部分。然后将各部分分别按图乘法计算,最后叠加。

2)若 M_P 图和 $\overline{M}$ 图都是梯形,如图 7-11 所示,则可以将它分解成两个三角形,分别图乘然后再叠。即

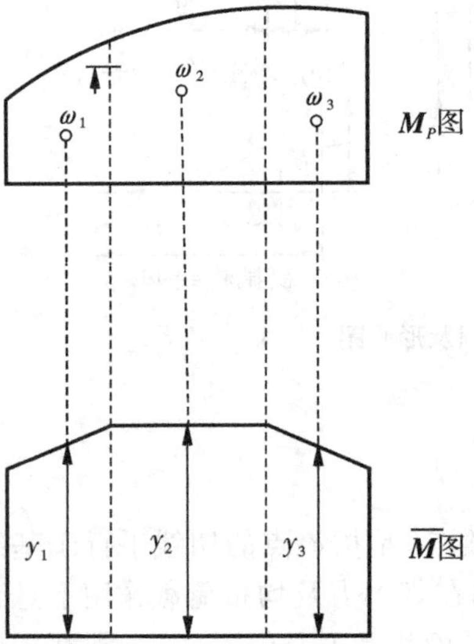

图 7-10　分段图图乘(一)

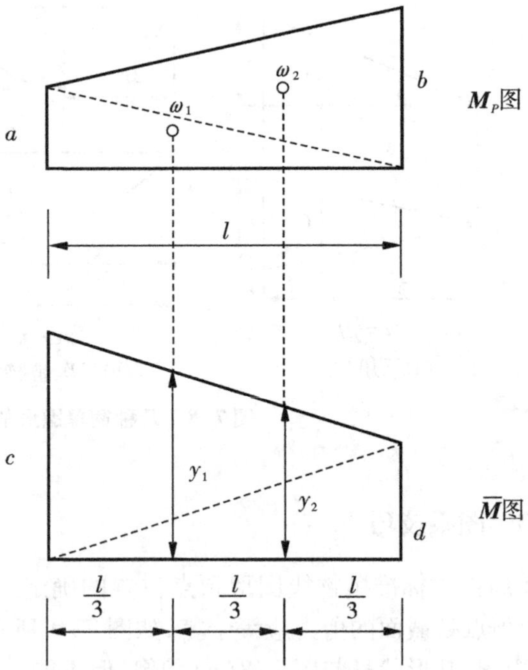

图 7-11　分段图图乘(二)

$$\int M_P \overline{M} dx = \omega_1 y_1 + \omega_2 y_2 \tag{7-17}$$

式中，$\omega_1 = \frac{1}{2}aL, \omega_2 = \frac{1}{2}bL, y_1 = \frac{2}{3}c + \frac{1}{3}d, y_2 = \frac{1}{3}c + \frac{2}{3}d$

3）若 M_P 图和 $\overline{M}$ 图均有正、负两部分如图 7-12 所示。可将 M_P 图看作是两个三角形的叠加，$\triangle ABC$ 在基线的上边为正值，高度为 a；$\triangle ABD$ 在基线的下边为负值，高度为 b。将两个三角形面积各乘以相应的 $\overline{M}$ 图的纵标（注意乘积结果的正负）再叠加。

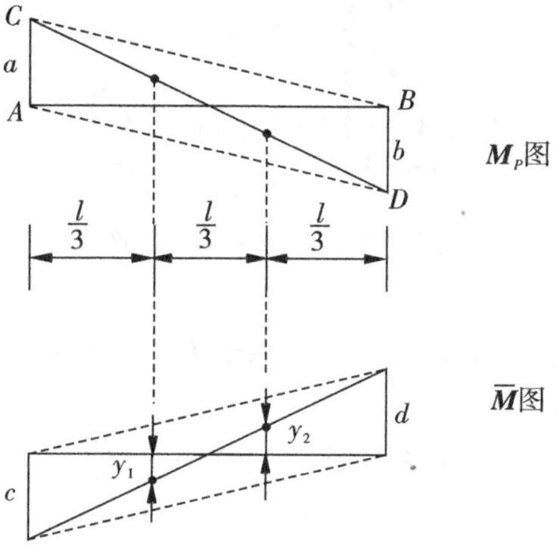

图 7-12　两个不同侧三角形相图乘

4）若 M_P 为非标准抛物线图形时可将 AB 段的弯矩图形分为一个梯形和一个标准抛物线进行叠加，如图 7-13 所示，这段直杆的弯矩图与相应简支梁在两端弯矩 M_A，M_B（图示情况为正值）和均布荷载 q 作用下的弯矩图是相同的。从图 7-13 看出，以 M_A，M_B连线为基线的抛物线在形状上虽不同于水平基线的抛物线，但两者对应的弯矩纵坐标 y 处相等且垂直于杆轴，故对应的每一微分面积 ydx 仍相等。因此，两个抛物线图形的面积大小和形心位置是相等的，即 $\omega = \frac{2}{3} \times a \times \frac{1}{8} qa^2$（不能采用图 7-13 中所示的虚线 CD 长度）。

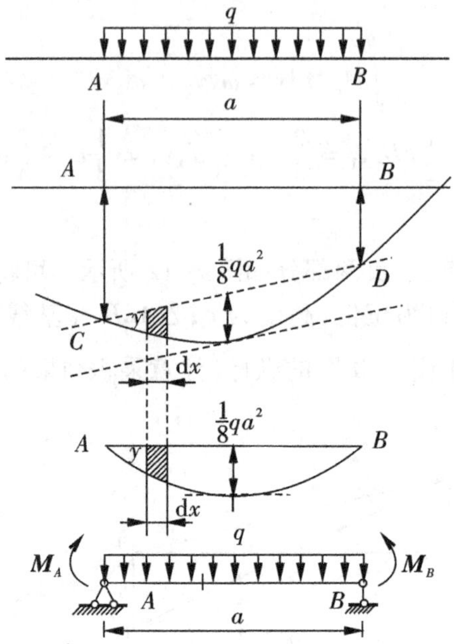

图 7-13 弯矩图的叠加图形

【例 7-2】 试计算图 7-14(a)所示刚架在水平力 P 作用下 B 点的水平位移 Δ_B^x。柱与横梁的截面惯性矩如图所示。

解 (1)在 B 端加一水平单位力，如图 7-14(c)所示。

(2)分别作 M_P 与 $\overline{M}$，如图 7-14(b)(c)所示。

(3)计算 Δ_B^x，由式(7-8)得

$$\Delta_B^x = \frac{1}{EI}\sum \omega y_C = -\frac{1}{EI_1}\omega_1 y_1 - \frac{1}{2EI_1}\omega_2 y_2$$

$$= -\frac{1}{EI_1}\left(\frac{1}{2}\times h\times Ph\times\frac{2}{3}h\right) - \frac{1}{2EI_1}\left(\frac{1}{2}\times Ph\times L\times h\right)$$

$$= \frac{Ph^3}{3EI_1} - \frac{Ph^2L}{4EI_1} = \frac{Ph^2}{12EI_1}(4h+3L)\ (\rightarrow)$$

负号表示 B 端实际水平位移方向与所设单位力方向相反。

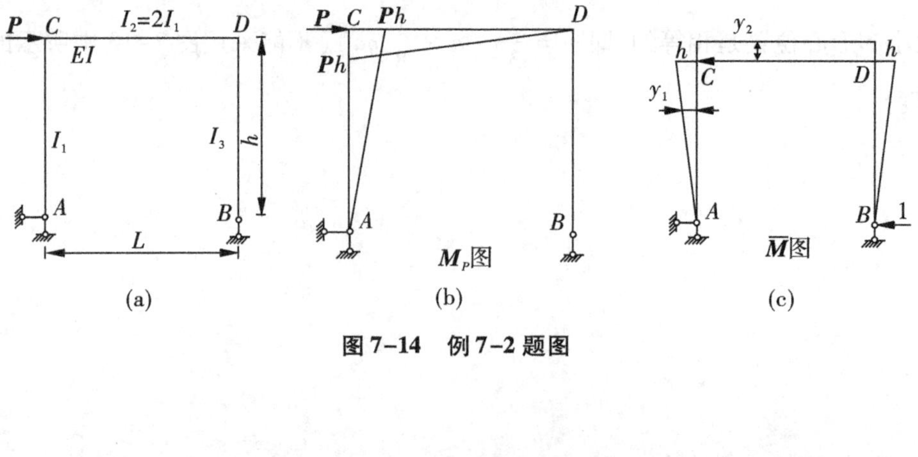

图 7-14 例 7-2 题图

【例7-3】 试计算图7-15(a)所示简支梁在跨中集中荷载P和均布荷载q作用下中点C的竖向位移和截面B的转角φ。在图中杆截面的EI为常数。

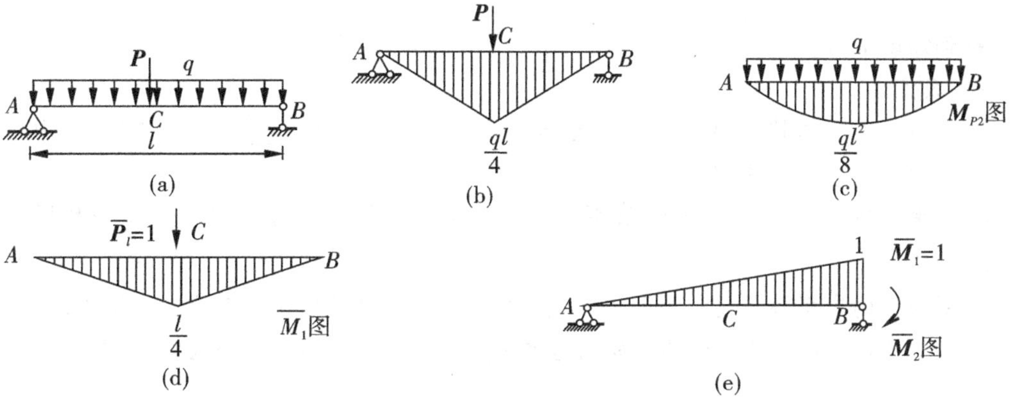

图7-15 例7-3题图

解 (1)分别做出简支梁在均布荷载q和跨中集中荷载$\boldsymbol{P}$作用下的$\boldsymbol{M}_{P1}$图和$\boldsymbol{M}_{P2}$图,如图7-15(b)(c)所示。

(2)分别在中点C、端点B施加单位竖向荷载和单位力偶矩并做出相应的$\overline{\boldsymbol{M}}_1$图和$\overline{\boldsymbol{M}}_2$图,如图7-15(d)(e)所示。

(3)求C点的竖向位移Δ。分别取$\boldsymbol{M}_{P1}$、$\boldsymbol{M}_{P2}$作为面积,并取$\overline{\boldsymbol{M}}_1$图中形心对应的纵距进行图乘,得

$$\begin{aligned}\Delta &= \frac{1}{EI}\left(\sum \omega P \cdot y_C\right)\\ &= \frac{1}{EI}\left(2 \times \frac{2}{3} \times \frac{qL^2}{8} \times \frac{L}{2} \times \frac{5}{8} \times \frac{L}{4} + 2 \times \frac{1}{2} \times \frac{L}{2} \times \frac{PL}{4} \times \frac{2}{3} \times \frac{L}{4}\right)\\ &= \frac{L^3}{EI}\left(\frac{5qL}{384} + \frac{P}{48}\right)\ (\downarrow)\end{aligned}$$

(4)求B点的转角φ。同理,分别用$\boldsymbol{M}_{P1}$、$\boldsymbol{M}_{P2}$作为面积,并取$\overline{\boldsymbol{M}}_2$图中形心对应的纵距进行图乘,得

$$\begin{aligned}\varphi &= \frac{1}{EI}\left(\sum \omega \boldsymbol{P} y_C\right) = -\frac{1}{EI}\left(\frac{2}{3} \times \frac{qL^2}{8} \times L \times \frac{1}{2} + \frac{1}{2} \times \frac{qL}{4} \times L \times \frac{1}{2}\right)\\ &= -\frac{L^2}{8EI}\left(\frac{qL}{3} + \frac{\boldsymbol{P}}{2}\right)\ (\uparrow)\end{aligned}$$

计算结果为负值,表明B点的实际转角和虚设单位荷载的转角相反。

基础知识与技能训练

基础知识训练

一、填空题

1. 虚功原理有两种不同的应用形式,即__________原理和__________原理,其中用于求位移的是__________原理。

2. 用单位荷载法计算位移时,虚拟状态中所加的荷载应是与所求广义位移相应的__________。

3. 图乘法的应用条件是:__________且 M_P 与 $\overline{M}$ 图中至少有一个为直线图形。

4. 图 7-16 所示外伸梁 C 端的转角位移 φ_C = __________($EI=45\ \text{kN}\cdot\text{m}^2$)。

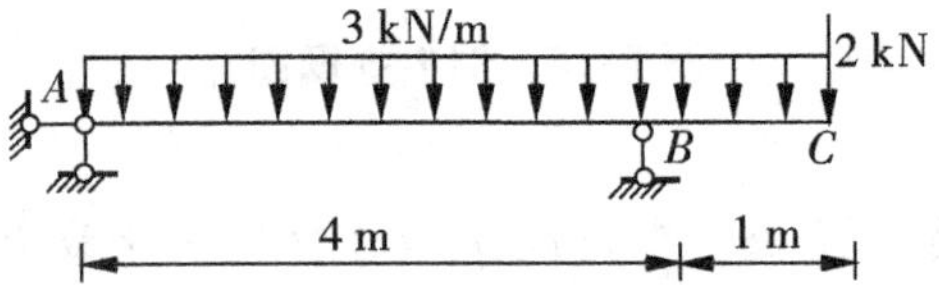

图 7-16 基础知识训练填空题 4 题图

5. 若使图示结构 7-17 的 A 点竖向位移为零,则应使 F_1 与 F_2 的比值为 F_1/F_2 = __________。

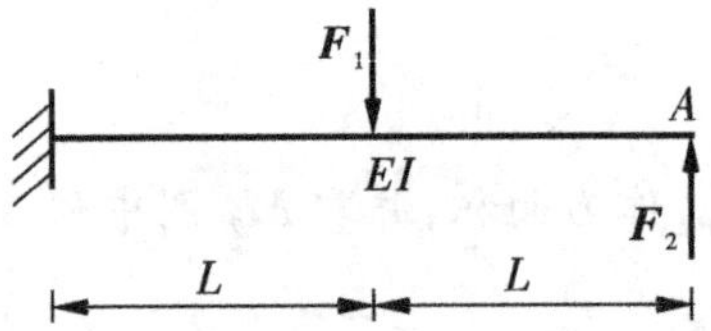

图 7-17 基础知识训练填空题 5 题图

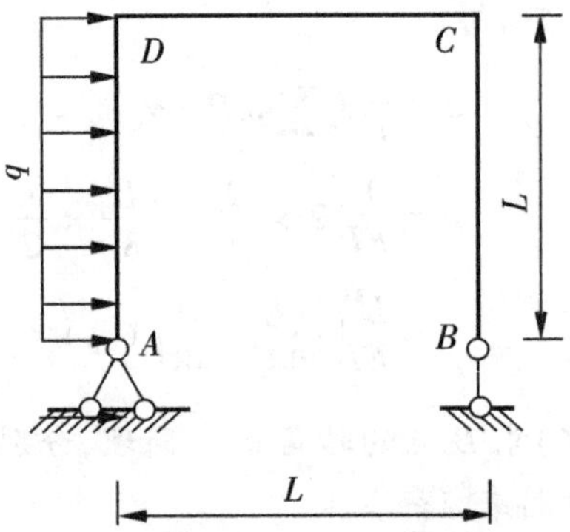

图 7-18 基础知识训练填空题 6 题图

6. 图示 7-18 刚架 C 点水平位移 Δ_C 为__________,已知 EI 为常数。

二、选择题

1. 与图示结构 7-19 上的广义力相对应的广义位移为(　　)。

A. B 点的水平位移

B. A 点水平位移

C. AB 杆的转角

D. AB 杆与 AC 杆的相对转角

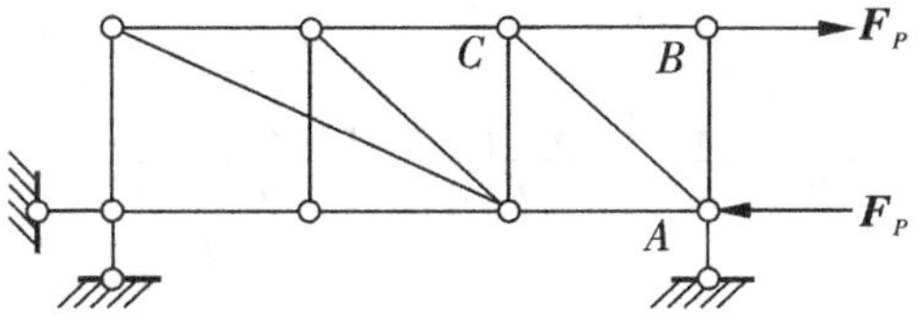

图 7-19　基础知识训练选择题 1 题图

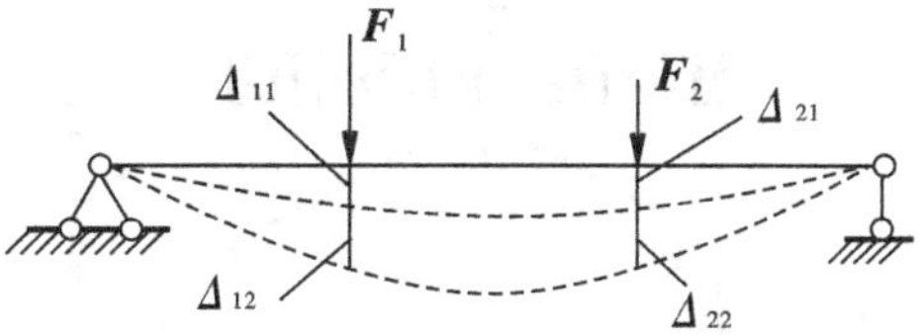

图 7-20　基础知识训练选择题 2 题图

2. 图 7-20 所示结构加 $\boldsymbol{F}_1$ 引起的位移 Δ_{11}、Δ_{21}，再加又产生新的位移 Δ_{12}、Δ_{22}，两个力所作的总功为(　　)。

A. $W=\boldsymbol{F}_1(\Delta_{11}+\Delta_{12})+\boldsymbol{F}_2\Delta_{22}$　　B. $W=\boldsymbol{F}_1(\Delta_{11}+\Delta_{12})+\frac{1}{2}\boldsymbol{F}_2\Delta_{22}$

C. $W=\frac{1}{2}\boldsymbol{F}_1\Delta_{11}+\boldsymbol{F}_1\Delta_{12}+\frac{1}{2}\boldsymbol{F}_2\Delta_{22}$　　D. $W=\boldsymbol{F}_1(\Delta_{11}+\Delta_{12})+\boldsymbol{F}_2(\Delta_{21}+\Delta_{22})$

3. 变形体虚功原理适用于(　　)。

A. 线弹性体系　　B. 任何变形体

C. 静定结构　　D. 杆件结构

4. 下面说法正确的一项是(　　)。

A. 图乘法适用于任何直杆结构　　B. 虚功互等定理适用于任何结构

C. 单位荷载法仅适用于静定结构　　D. 位移互等定理仅适用于线弹性结构

三、判断题

1. 变形体虚功原理仅适用于弹性体系，不适用于非弹性体系。(　　)

2. 虚功原理中的力状态和位移状态都是虚设的。(　　)

3. 功的互等定理仅适用于线弹性体系，不适用于非线弹性体系。(　　)

4. 反力互等定理仅适用于超静定结构，不适用于静定结构。(　　)

5. 对于静定结构，有变形就一定有内力。(　　)

6. 对于静定结构，有位移就一定有变形。(　　)

四、简答题

1. 何谓虚功？变形体的虚功原理是怎样叙述的？

2. 应用单位荷载法求位移时，所求位移方向如何确定？

3. 图乘法的应用条件是什么？怎样确定图乘结果的正负号？

4. 图乘法的应用技巧是什么？

技能训练

1. 试用图乘法求图 7-21 所示三铰刚架 C 点的相对转角 φ_C。杆件 EI 为常数。

2. 试用位移法求图 7-22 所示刚架在刚结点 B 的水平位移 Δ_B^x 与角位移 φ_B。

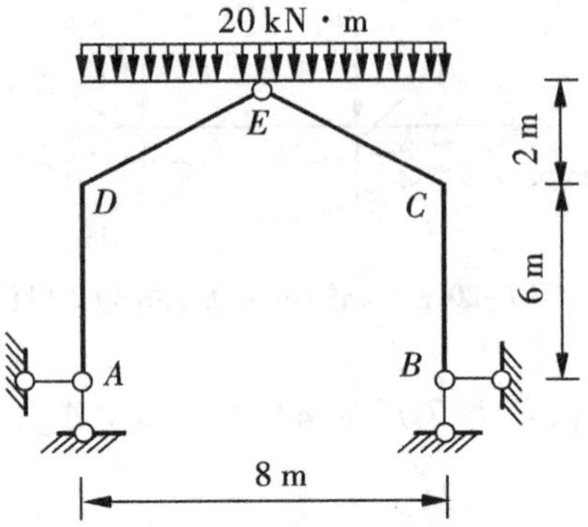

图 7-21　技能训练 1 题图

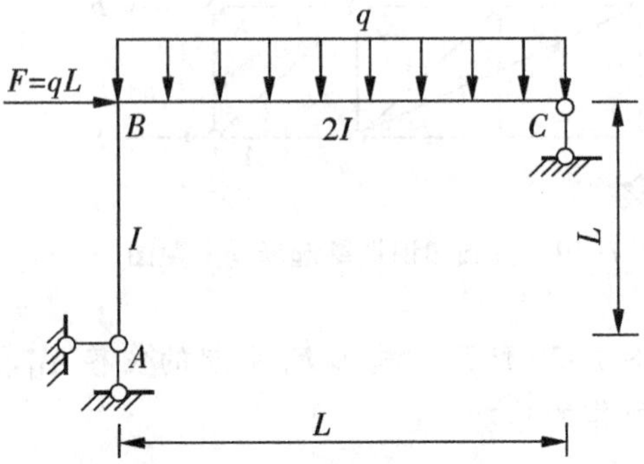

图 7-22　技能训练 2 题图

3. 试用位移法求图 7-23 所示桁架结点 C 的竖向位移 Δ_C^y，已知各杆的横截面面积 A 及弹性模量 E 均为常数。

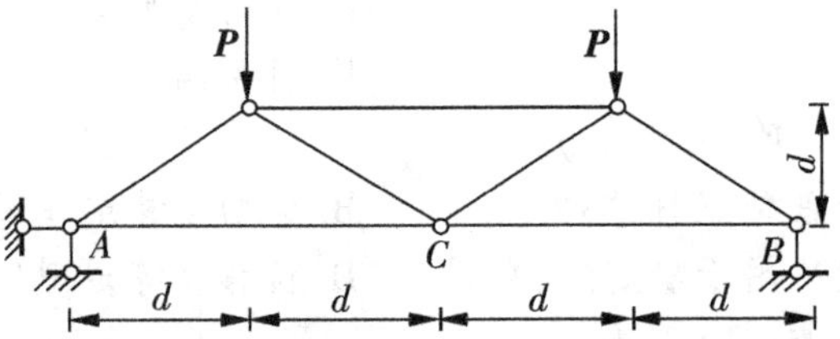

图 7-23　技能训练 3 题图

模块8 超静定结构的内力分析

学习任务　1. 掌握超静定结构的相关概念。

2. 理解力法、位移法原理与计算方法。

3. 熟悉力矩分配法的原理、相关概念及计算步骤。

知识目标　1. 掌握超静定次数的确定。

2. 熟悉力法基本体系的选取,并能建立力法方程。

3. 熟悉位移法求结点位移的方法。

4. 掌握转动刚度、分配系数、分配弯矩、传递弯矩的概念与计算。

技能目标　1. 能分析超静定结构的特性。

2. 能用力法计算单跨超静定梁的内力。

3. 能计算分配系数和杆端弯矩。

8.1　超静定结构的概念及超静定次数的确定

8.1.1　超静定结构的概念

超静定结构,又称静不定结构,与静定结构是两种不同类型的结构。若结构的支座反力和各截面的内力都可以用静力平衡条件唯一确定,这种结构称为静定结构,如图8-1(a)所示简支梁。若结构的支座反力和各截面的内力不能完全由静力平衡条件唯一确定,则称为超静定结构,如图8-1(b)所示连续梁,该结构的支座反力为四个,三个独立的静力平衡方程不能完全求解,各截面的内力也不能完全由静力平衡条件唯一确定。

从结构组成分析,静定结构为没有多余约束的几何不变体系,如图8-1(a)所示简支梁;超静定结构为有多余约束的几何不变体系,如图8-1(b)所示连续梁。如果从8-1(a)所示简支梁中去掉支座 B 就变成几何可变体系,如图8-1(c)所示;而从图8-1(b)所示连续梁中去掉支座 B,则仍是几何不变体系,如图8-1(d)所示。支座 B 为多余约束,连续梁为一次超静定结构。

超静定结构与静定结构比较,具有以下一些重要特性:

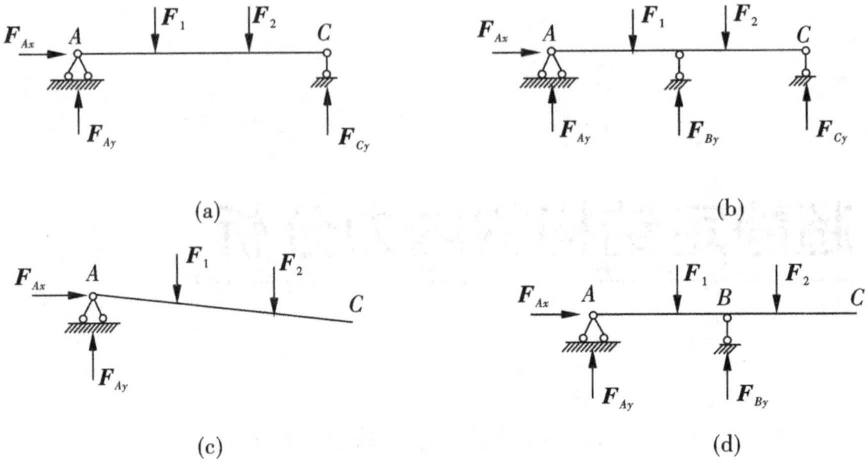

图 8-1　静定结构与超静定结构

(1)静定结构的内力用静力平衡条件可以确定,其值与结构的材料性质和杆件截面尺寸无关。超静定结构的内力与结构材料性质和杆件截面尺寸有关,其内力单由静力平衡条件不能全部确定,还需要考虑位移条件。

(2)在静定结构中,除了荷载作用以外,其他因素,如支座位移、温度变化等不会引起内力。在超静定结构中,以上因素作用下会导致结构变形,而此种变形受到结构多余约束的限制,通常会引起结构产生内力。

(3)静定结构的任意约束遭到破坏,结构将丧失几何不变性,不能继续承受荷载作用。而超静定结构由于具有多余约束,在多余约束遭到破坏后,仍然能维持几何不变性,还具有一定的承载能力。

(4)局部荷载作用对超静定结构比对静定结构影响的范围大,从结构的内力分布情况看,超静定结构比静定结构均匀些,刚度和稳定性较好。

在土木工程中,超静定结构是普遍存在的,常见的类型有超静定梁、超静定拱、超静定刚架、超静定桁架、超静定组合结构、铰接排架,如图 8-2 所示。

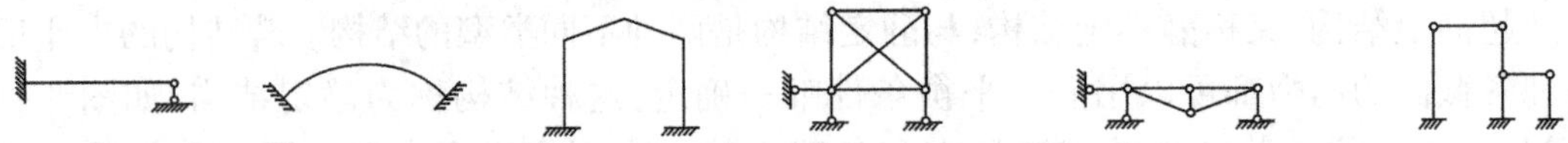

(a)超静定梁　(b)超静定拱　(c)超静定刚架　(d)超静定桁架　(e)超静定组合结构　(f)铰接排架

图 8-2　常用超静定结构

8.1.2　超静定次数的确定

超静定结构由于有多余约束存在,约束反力未知量的数目多于平衡方程数目,仅靠平衡方程不能确定结构的支座反力。从几何组成方面来说,结构的超静定次数就是多余约束的个数;从静力平衡看,超静定次数就是运用平衡方程分析计算结构未知力时所缺少的方程个数,即多余未知力的个数。所以,要确定超静定次数,最直接的方法就是在原结构上去掉多余约束，使之变成几何不变的静定结构，而去掉的约束个数就是结构的超静定次数。

超静定结构去掉多余约束有以下几种方法：

(1)解除多余约束法

1)去掉一个链杆支座或切断一根链杆，相当于去掉一个约束，如图 8-3(a)(b)所示。

2)去掉一个铰支座或去掉一个单铰，相当于去掉两个约束，如图 8-3(c)(d)所示。

3)去掉一个固定端支座或切断一根梁式杆，相当于去掉三个约束，如图 8-3(e)(f)所示。

4)将一个固定端支座改为铰支座或将一刚性联结改为单铰联结，相当于去掉一个约束，如图 8-3(g)(h)所示。

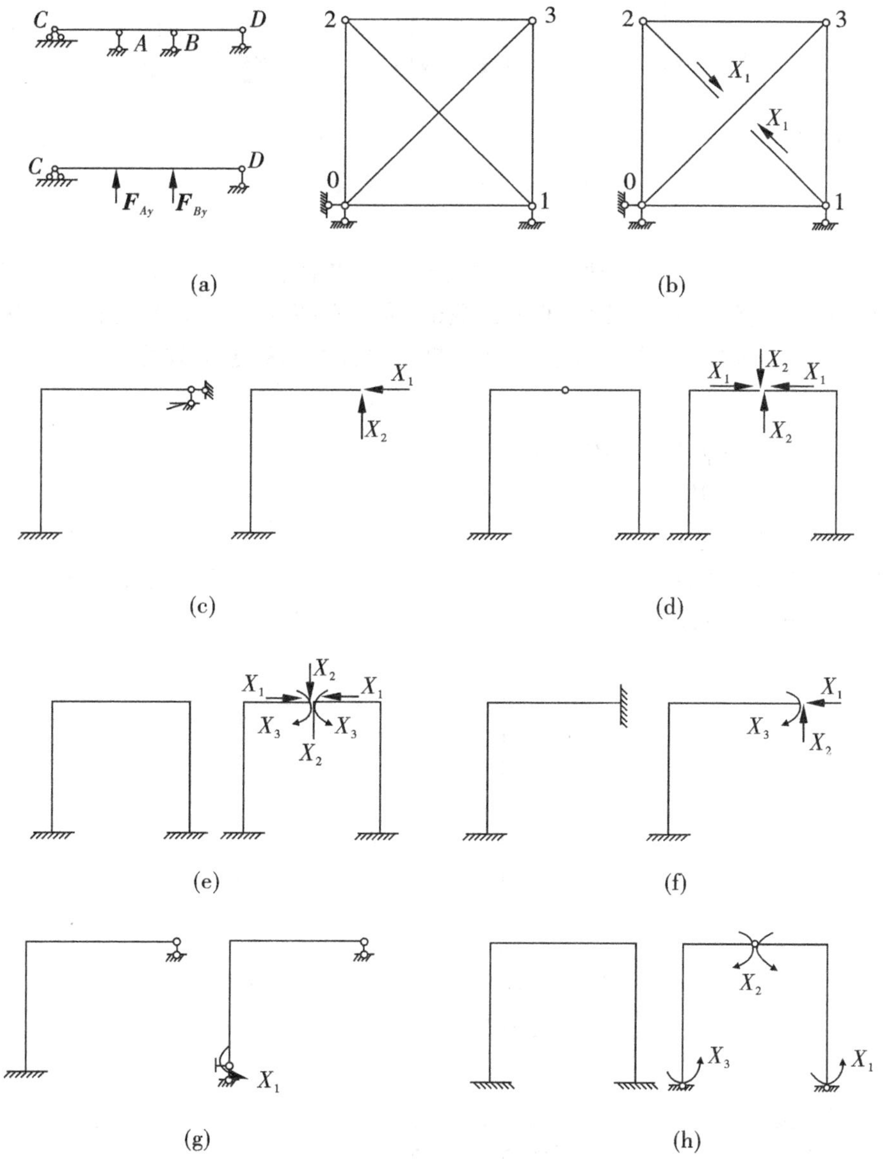

图 8-3 解除多余约束法示例

由于超静定结构去掉多余约束的方式很多,在力法计算中,同一结构的基本结构可有多种不同形式,但应注意,不论采用哪种方式,去掉多余约束的数目是相等的,并且结构中必要的约束不能去掉,去掉多余约束后的结构,必须是几何不变的静定结构,几何可变体系不能作为结构使用。如图 8-4(a)所示刚架结构为一次超静定,若将横梁某处改为铰接,相当于去掉一个多余约束得到如图 8-4(b)所示静定结构;若将 B 支座处水平方向的约束去掉,结构变成几何不变体系且无多余约束,如图 8-4(c)所示;将 B 支座处竖直方向的约束去掉,原结构变为可变体系,如图 8-4(d)所示,因此多余约束不是任意去掉的。

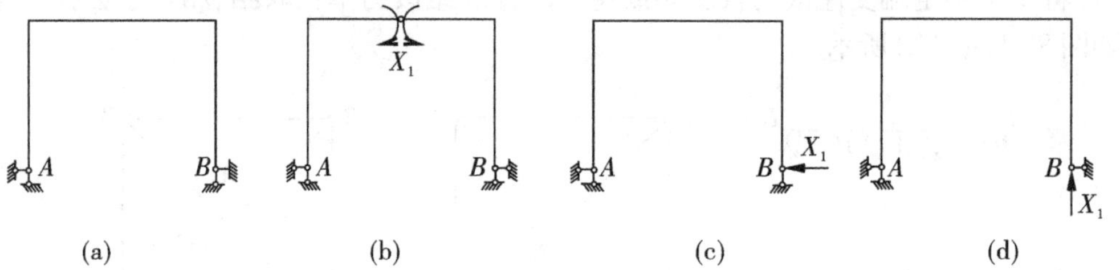

图 8-4 超静定刚架示意图

(2)框格法　对于具有多个框格的超静定结构,按框格的数目来确定超静定的次数较为简便。框格法指的是一个封闭的无铰框格,为三次超静定结构;在无铰的封闭框格上每增加一个单铰则超静定次数就减少一次。框格法计算超静定次数的公式为

$$n=3m-j \tag{8-1}$$

式中　n——超静定结构的超静定次数;

m——超静定结构中的封闭框格数;

j——超静定结构中的单铰数。

如图 8-5 所示结构,原结构有 5 个封闭的框格,即 $m=5$,铰 J 为连接 3 根链杆的复铰,相当于 2 个单铰,所以 $j=4$,根据式(8-1)计算超静定次数 $n=3\times5-4=11$。

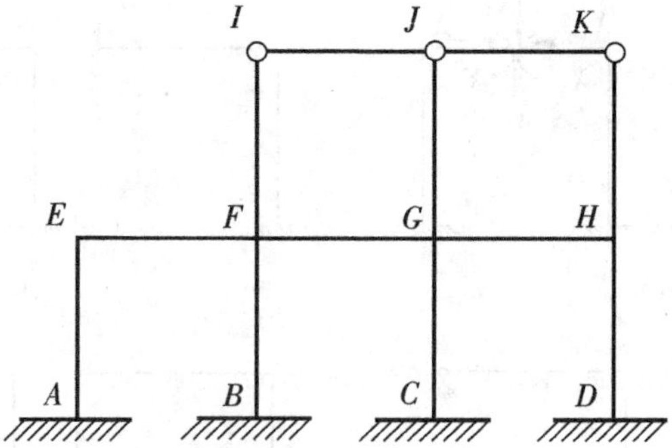

图 8-5 框格法示例

(3)几何组成分析法　根据前面模块 2 学过的几何组成分析知识,也可以确定超静定次数,这种方法特别适用于大型的超静定桁架结构。

8.2　力法的基本原理及其典型方程

8.2.1　力法的基本原理

力法是求解超静定结构的一种基本方法，它的基本思路是把超静定结构的计算转化为静定结构的计算。即解除超静定结构的多余约束，使之变成静定结构，而多余约束用多余未知力来代替。由该静定结构在解除多余约束处的变形与原超静定结构的位移协调条件，求出多余未知力；再利用静力平衡方程解出其余反力或内力。

8.2.1.1　力法的基本结构

如图 8-6(a)所示的超静定梁有一个多余约束，其原结构为一次超静定结构。若将原结构中支座 B 作为多余约束去掉，并以多余未知力 X_1 代之，得到如图 8-6(b)所示的静定梁，这种承受着原结构荷载和多余未知力作用的静定结构，称为力法的基本结构。

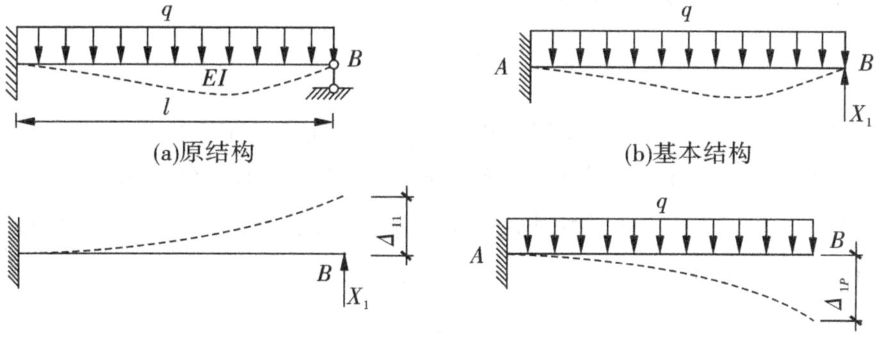

(a)原结构　(b)基本结构

(c)用 Δ_{11} 表示基本结构的位移　(d)用 Δ_{19} 表示基本结构的位移

图 8-6　力法基本原理图

8.2.1.2　力法的基本未知力

如果能求出多余未知力 X_1，那么超静定结构的计算问题就转化为静定结构的计算问题，就可在基本结构上应用静力平衡条件求出原结构的所有反力和内力。因此，待求的多余未知力，称为力法的基本未知量。

8.2.1.3　力法的基本方程

对比 8-6(a)原结构与 8-6(b)基本结构的变形可知，原结构在支座 B 处的竖向位移为零，即 $\Delta_1=0$。

基本结构 B 处的竖向位移，是由荷载 q 和多余未知力 X_1 共同引起的。用 Δ_{11} 表示基本结构在 X_1 单独作用下 B 点沿 X_1 方向的位移，如图 8-6(c)所示；用 Δ_{1P} 表示基本结构在荷载 q 下 B 点沿 X_1 方向的位移，如图 8-6(d)所示。为满足变形协调条件，去掉多余约束处的位移与原结构相应的位移相等。

根据叠加原理，应有

$$\Delta_1=\Delta_{11}+\Delta_{1P}=0 \tag{8-2}$$

若以 δ_{11} 表示 X_1 为单位力($X_1=1$)时,点 B 沿着 X_1 方向上产生的位移,则式(8–2)可写为

$$\delta_{11}X_1 \times \Delta_{1P}=0 \tag{8–3}$$

由于 δ_{11} 和 Δ_{1P} 都是静定结构在已知力作用下的位移,故可用求静定结构位移的方法(图乘法)求得。

式(8–3)是根据变形协调条件建立的,用于确定 X_1 的变形协调方程,称为力法基本方程。

具体计算 δ_{11} 和 Δ_{1P} 时,分别绘出 $X_1=1$ 和 q 单独作用在基本结构上的弯矩图 $\overline{\boldsymbol{M}}_1$ 图和 M_P 图,如图 8–7(a)(b)所示,求得

$$\delta_{11}=\frac{1}{EI}\times\frac{1}{2}\times l\times l\times\frac{2}{3}\times l=\frac{l^3}{3EI}$$

$$\Delta_{1P}=-\frac{1}{EI}\times\frac{1}{3}\times\frac{ql^2}{2}\times l\times\frac{3}{4}\times l=-\frac{ql^4}{8EI}$$

把 δ_{11} 和 Δ_{1P} 代入式(8–3)得

$$X_1=-\frac{\Delta_{1P}}{\delta_{11}}=\frac{3}{8}ql(\uparrow)$$

计算结果 X_1 为正值,表示开始时假设的 X_1 方向是正确的(↑)。

求得多余未知力 X_1 后,根据静力平衡条件即可求得其余所有的反力和内力,也可以利用叠加法计算。即将 $X_1=1$ 单独作用下的弯矩图 $\overline{\boldsymbol{M}}_1$ 图乘以 X_1 后与荷载单独作用下的弯矩图 $\overline{\boldsymbol{M}}_P$ 图叠加,如图 8–7(c)所示。用公式可表示为

$$M=\overline{\boldsymbol{M}}_1X_1+\boldsymbol{M}_P \tag{8–4}$$

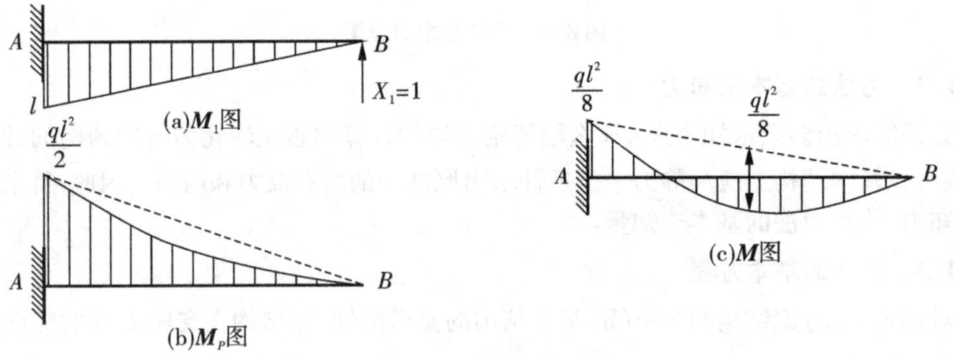

图 8–7　力法求解超静定结构图

综上所述,力法的基本思路是:将超静定结构计算问题转化为静定结构的计算问题。它是以多余约束反力作为基本未知量,取去掉多余约束后的基本结构为研究对象,根据去掉多余约束处的变形协调条件建立力法基本方程,从而确定多余约束反力。之后的计算与静定结构的计算相同。这种方法可用来分析任何类型的超静定结构。

8.2.2　力法的典型方程

上节以一次超静定梁说明了力法的基本原理，关键在于确立变形协调条件，进而建立力法基本方程，求得多余未知力。下面我们进一步讨论多次超静定的情况，如图 8-8(a)所示三次超静定结构，说明如何建立力法典型方程。

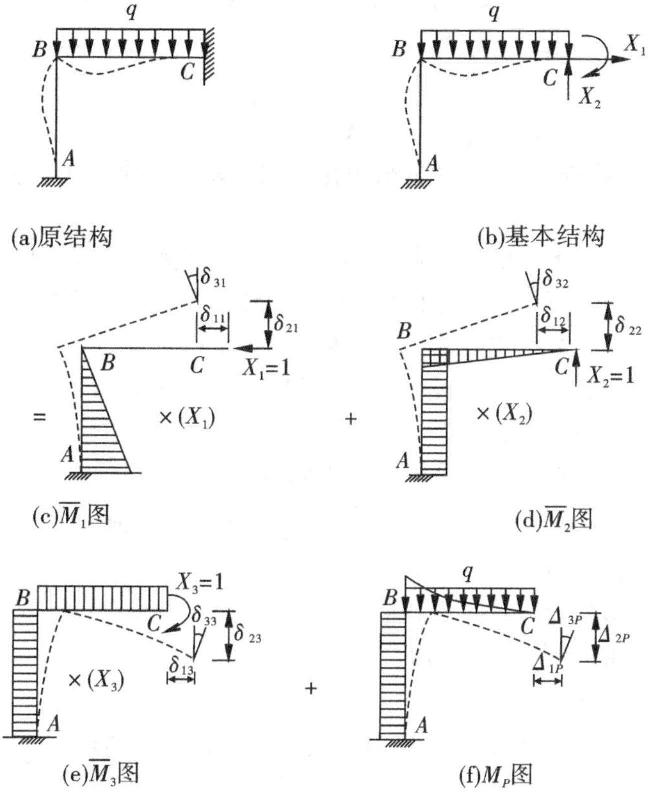

图 8-8　三次超静定结构示意图

由于原结构 C 为固定支座，不可能有任何的位移。因此，如图 8-8(b)所示的基本结构在荷载 q 和 X_1、X_2、X_3共同作用下 C 点沿着 X_1、X_2、X_3方向的位移为零，即

$$\Delta_1=0 \quad \Delta_2=0 \quad \Delta_3=0$$

设：当 $X_1=1$、$X_2=1$、$X_3=1$ 和荷载 q 分别作用在基本结构上时，C 点沿着 X_1方向的位移分别为 δ_{11}、δ_{12}、δ_{13} 和 Δ_{1P}；沿着 X_2方向的位移分别为 δ_{21}、δ_{22}、δ_{23} 和 Δ_{2P}；沿着 X_3方向的位移分别为 δ_{31}、δ_{32}、δ_{33} 和 Δ_{3P}；分别如图 8-8(c)（d)（e)（f)所示。

根据叠加原理和位移条件表示为

$$\begin{cases}\Delta_1=\delta_{11}X_1+\delta_{12}X_2+\delta_{13}X_3+\Delta_{1P}=0\\ \Delta_2=\delta_{21}X_1+\delta_{22}X_2+\delta_{23}X_3+\Delta_{2P}=0\\ \Delta_3=\delta_{31}X_1+\delta_{32}X_2+\delta_{33}X_3+\Delta_{3P}=0\end{cases} \tag{8-5}$$

解上述方程组就可以计算出多余约束力 X_1、X_2、X_3，然后利用经历平衡方程求出原结构的其他支座反力和内力。

用同样的分析方法，对于 n 次超静定结构，力法的基本结构是从原结构去掉 n 个多余约束得到的静定结构，力法中的基本未知量是与 n 个多余约束对应的 n 个多余未知力，当原结构在多余约束处的位移为零时，相应就有 n 个已知的位移条件 Δ_i ($i=1,2,\cdots,n$)。据此可以建立 n 个力法方程，通常称为力法的典型方程，即

$$\begin{cases}\Delta_1 = \delta_{11}X_1 + \delta_{12}X_2 + \cdots + \delta_{1n}X_n + \Delta_{1P} = 0 \\ \Delta_2 = \delta_{21}X_1 + \delta_{22}X_2 + \cdots + \delta_{2n}X_n + \Delta_{2P} = 0 \\ \vdots \quad \vdots \quad \vdots \\ \Delta_n = \delta_{n1}X_1 + \delta_{n2}X_2 + \cdots + \delta_{nn}X_n + \Delta_{nP} = 0\end{cases} \tag{8-6}$$

力法典型方程的物理意义是：基本结构在荷载和多余约束反力共同作用下的位移和原结构的位移相等。

力法典型方程，从左上方的 δ_{11} 到右下方的 δ_{nn} 主对角线上的系数项 δ_{ii}，称为主系数，是基本结构在 $X_i=1$ 作用下沿 X_i 方向的位移，其值恒为正。其余系数 δ_{ij}，称为副系数，是基本结构在 $X_j=1$ 作用下沿 X_j 方向的位移，根据互等定理可知 $\delta_{ij}=\delta_{ji}$，其值可能为正，可能为负，也可能为零。方程中最后一项 Δ_{ip} 不含未知量，称为自由项，是基本结构在荷载单独作用下沿 X_i 方向产生的位移。

求得基本未知量后，原结构的弯矩可按下面叠加公式求出

$$\boldsymbol{M} = X_1\overline{\boldsymbol{M}_1} + X_2\overline{\boldsymbol{M}_2} + \cdots + X_n\overline{\boldsymbol{M}_n} + \boldsymbol{M}_P \tag{8-7}$$

再根据平衡条件可求得其剪力和轴力。

根据以上力法原理，用力法求解超静定结构的步骤可归纳如下：

(1)去掉多余约束，选取基本结构；

(2)建立力法典型方程；

(3)分别作出基本结构在荷载 P 及单位未知力 X_i 作用下的弯矩图 $\boldsymbol{M}_P$ 图、$\overline{\boldsymbol{M}}_i$ 图；

(4)利用图乘法求方程中的自由项 Δ_{ip} 和系数项 δ_{ij}；

(5)解力法方程，求出多余未知力 X_i；

(6)用叠加法画出弯矩图，进而得到剪力图和轴力图。

【例 8-1】 用力法求解图 8-9(a)所示单跨超静定梁，并作出内力图，已知刚度 EI 为常数。

解 (1)确定超静定次数，选取基本结构

超静定梁有一个多余约束，是一次超静定结构，去掉 B 支座链杆并用 X_1 代替，得到基本结构如图 8-9(b)所示。

(2)建立力法方程

$$\delta_{11}X_1 + \Delta_{1P} = 0$$

(3)求系数和自由项，先绘出各单位弯矩图和荷载弯矩图，如图 8-9(c)(d)所示，而后利用图乘法求出方程中的各系数项和自由项

$$\delta_{11} = \frac{1}{EI} \times \left(\frac{1}{2}l \times l\right) \times \frac{2}{3}l = \frac{l^3}{3EI}$$

$$\Delta_{1P} = -\frac{1}{EI}\times\left(\frac{1}{2}\times\frac{1}{2}l\times\frac{1}{2}l\times\frac{1}{3}\times\frac{Fl}{2}+\frac{1}{2}l\times\frac{1}{2}l\times\frac{2}{3}\times\frac{Fl}{2}\right) = -\frac{5Fl^3}{48EI}$$

(4)求解多余未知力

$$X_1 = -\frac{\Delta_{1P}}{\delta_{11}} = \frac{5Fl^3}{48EI}\times\frac{3EI}{l^3} = \frac{5F}{16}(\uparrow)$$

(5)绘出内力图,利用 $\boldsymbol{M} = \overline{\boldsymbol{M}}_1 X_1 + \boldsymbol{M}_P$ 可得

$$\boldsymbol{M}_{AC} = l\times\frac{5F}{16}+\left(-\frac{Fl}{2}\right) = -\frac{3}{16}Fl(\text{上侧受拉})$$

用叠加法画出弯矩图 8-9(e)所示。再由平衡条件求出

$$F_{QAC} = F - X_1 = \frac{11}{16}F \quad F_{QCB} = -X_1 = -\frac{5}{16}F$$

最后绘出剪力图如图 8-9(f)所示。

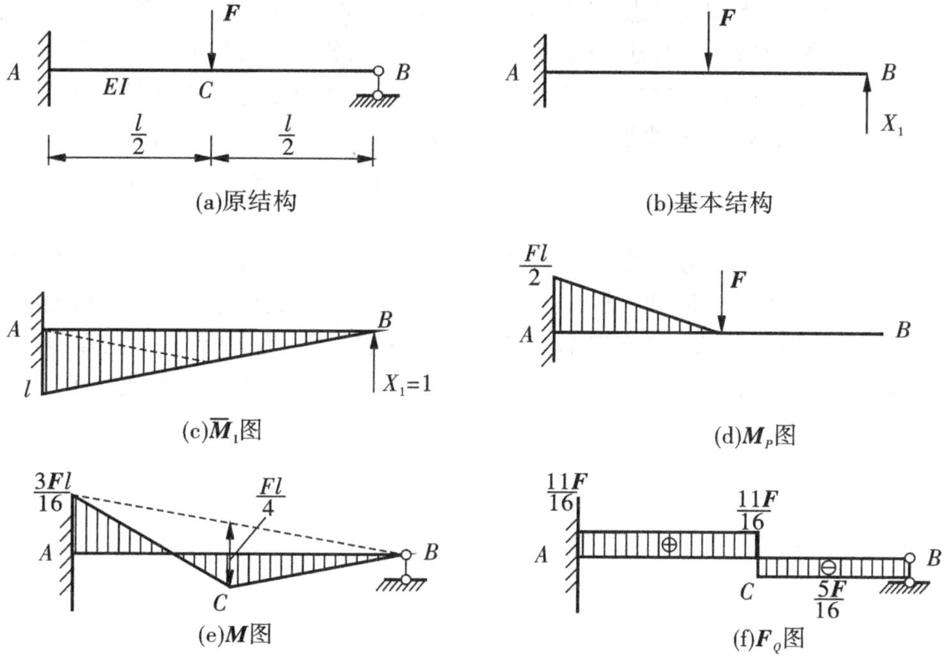

图 8-9　单跨超静定梁力法示意图

8.3　位移法的基本概念及原理

8.3.1　位移法的基本概念

位移法是在 20 世纪初为解决高次超静定刚架的内力计算问题而建立的,其基本思路与力法截然不同。力法计算超静定结构以多余未知力为基本未知量,当结构的超静定次数较高时,即多余未知力比较多,计算比较麻烦。位移法是以独立的结点位移为基本未知

量，未知量个数与超静定次数无关，故一些高次超静定结构用位移法计算比较简便。位移法解题过程比较规范，便于编制计算程序。同时，学习位移法也帮助我们加深对结构位移概念的理解，为学习力矩分配法打下必要的基础。

8.3.1.1 位移法的基本变形假设

位移法主要分析由等截面直杆组成的杆系结构，如刚架、连续梁。为了简化计算并且不产生太大误差，通常做以下假设：

(1)结构的变形是微小的；

(2)忽略杆件的轴向变形和剪切变形，各杆端之间的轴向长度在变形后保持不变；

(3)刚性结点所连各杆端的截面转角是相同的。

8.3.1.2 位移法的基本未知量

位移法的基本未知量是结点位移，结点位移分为结点角位移和结点线位移两种，需要注意的是，结点分为刚结点和铰结点，铰结点对各杆端截面的相对角位移无约束作用，只有刚结点处才有角位移。所以，位移法的基本未知量是刚结点的角位移和独立结点线位移。

运用位移法计算超静定结构时，必须先确定出角位移和独立结点线位移的个数。角位移的数目比较容易确定，只需要统计一下结构的刚结点数，每一个刚结点有一个转角位移，结构有几个刚结点就有几个角位移。在分析结构的角位移数时，要注意组合结点的特殊性。

如图 8-10(a)所示结构中的 E 是刚结点和铰结点的联合结点，E 结点处，DE 杆、EF 杆刚性联结(两杆轴线成 180°联结)，属于刚结点，EB 杆是铰接，属于铰结点；而 D、F 均是刚结点，因此该结构的结点角位移数为 3。图 8-10(b)所示结构中的 B 结点，看起来有个支座，但由于 AB 杆和 BC 杆在 B 点刚性联结，因此属于刚结点。整个梁只有一个刚结点，故角位移数为 1。

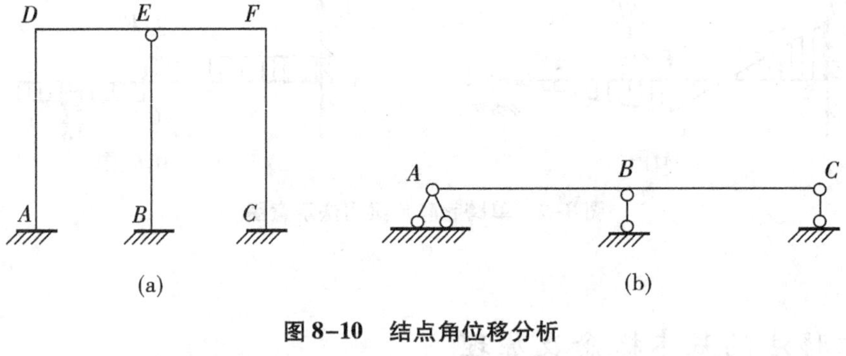

图 8-10 结点角位移分析

对于独立结点线位移，以图 8-11 所示结构的 C、D 结点为例，结点 C 和 D 没有竖向位移而只有水平位移，由于忽略杆件的轴向变形，即变形后杆长不变，结点 C、D 所产生的水平位移相等，即该刚架只有一个独立结点线位移。对于比较复杂的结构，在实际计算中，独立结点线位移的数目可采用添加辅助链杆的方法来判定，即“限制所有结点线位移所需添加的链杆数就是独立结点线位移数”。

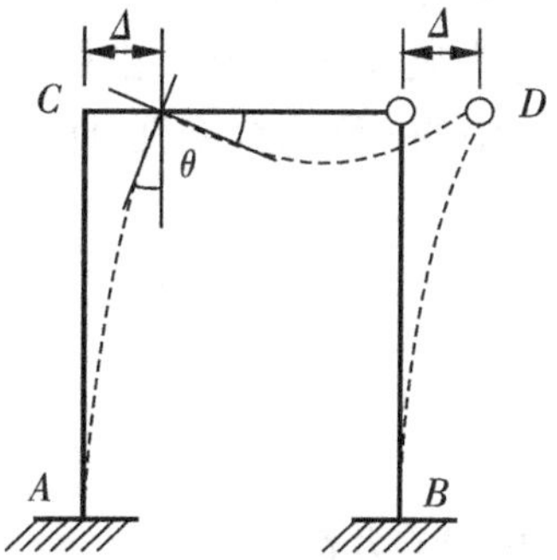

图 8-11 独立结点线位移

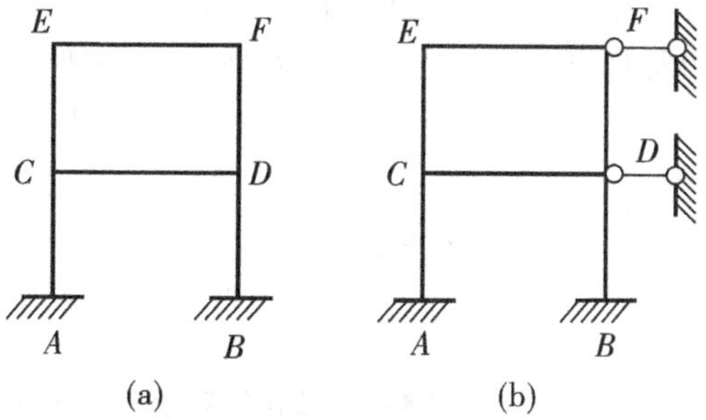

图 8-12 附加链杆法

图 8-12(a)所示结构,共有 C、D、E、F 四个刚结点,由于 A、B 是固定支座,A、B 两点没有竖向位移,注意到"变形后,杆长不变",所以四个刚结点的竖向位移都受到了约束,不需添加链杆。分析结点水平位移,在 D、F 结点处分别添加一个水平链杆,如图 8-12(b)所示,这四个刚结点的水平位移也将被约束,从而四个结点的所有位移都被约束,添加的链杆数为 2,所以结构存在两个独立的结点水平线位移。图 8-12 所示结构有四个刚结点,因此有四个结点角位移,总的位移法基本未知量数目为 6(4 个角位移,2 个线位移)。

8.3.1.3 位移法的杆端内力

(1)当采用位移法计算超静定结构时,需要将结构拆成单杆,单杆的杆端约束视结点而定,刚结点视为固定支座,铰结点视为固定铰支座。当计算杆件的弯矩与剪力时,由于铰支座在杆轴线方向上的约束力只产生轴力,因此可不予考虑,从而铰支座可进一步简化为垂直于杆轴线的可动铰支座。结合边界支座的形式,位移法的单杆超静定梁有三种基本形式,如图 8-13 所示。

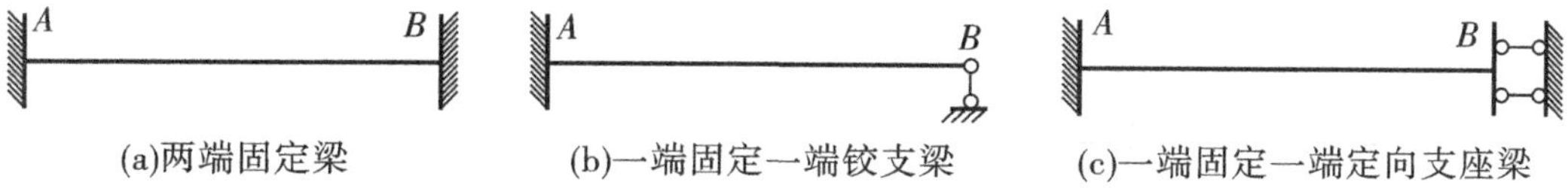

图 8-13 单杆超静定梁的约束形式

(2)位移法规定杆端弯矩绕杆件顺时针转向为正,逆时针转向为负(对于结点就变成逆时针转向为正)如图 8-14 所示。杆端内力均采用两个下标来表示,如图中 M_{AB},前一个下标表示该弯矩或剪力所作用的杆端,称为近端;后一个下标表示杆件的另一端,称为远端。关于剪力和轴力的正负号规定与前面的规定相同。

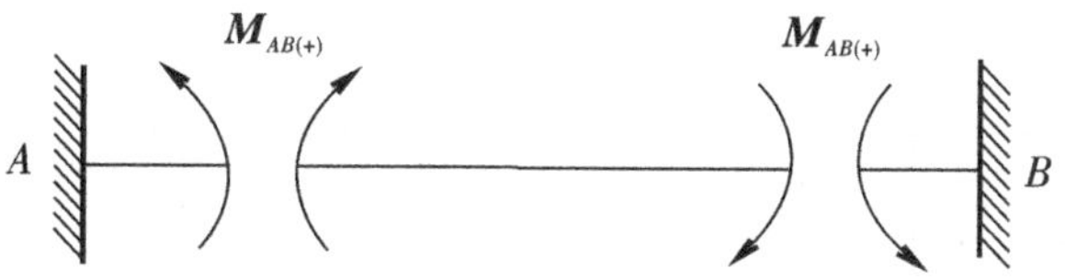

图 8-14 杆端弯矩的正、负号规定

（3）位移法的杆端内力主要是剪力和弯矩，由于位移法计算的都是单杆超静定梁，荷载和杆端支座位移都会引起内力，这些杆端内力可通过查表8-1得到。由荷载引起的弯矩称为固端弯矩，由荷载引起的剪力称为固端剪力。表中的 i 称为线刚度，即

$$i = \frac{EI}{l} \tag{8-8}$$

式中　EI——杆件的抗弯刚度；

l——杆长。

表8-1　单跨超静定梁杆端弯矩和杆端剪力表

序号	梁的简图	杆端弯矩		杆端剪力	
		M_{AB}	M_{BA}	F_{QAB}	F_{QBA}
1	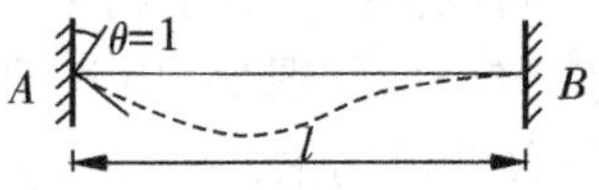	$4i$ $i=\frac{EI}{l}$	$2i$	$-\frac{6i}{l}$	$-\frac{6i}{l}$
2	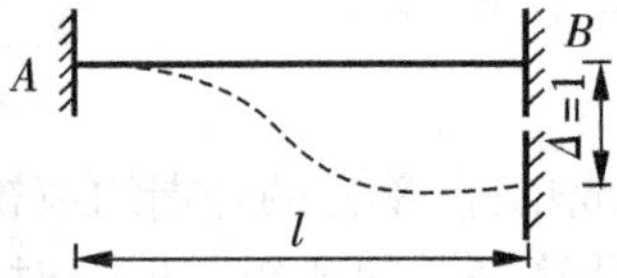	$-\frac{6i}{l}$	$-\frac{6i}{l}$	$\frac{12i}{l^2}$	$\frac{12i}{l^2}$
3	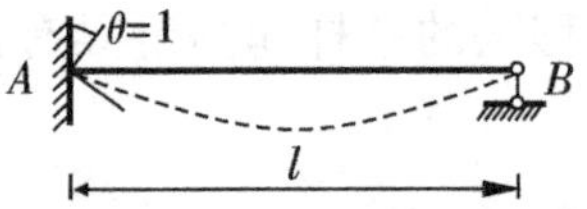	$3i$	0	$-\frac{3i}{l}$	$-\frac{3i}{l}$
4	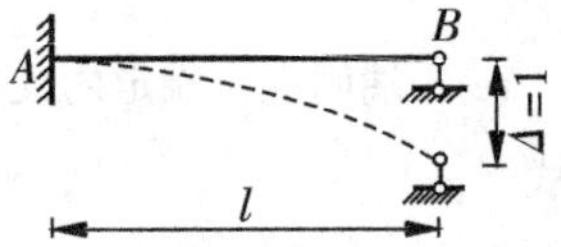	$-\frac{3i}{l}$	0	$\frac{3i}{l^2}$	$\frac{3i}{l^2}$
5	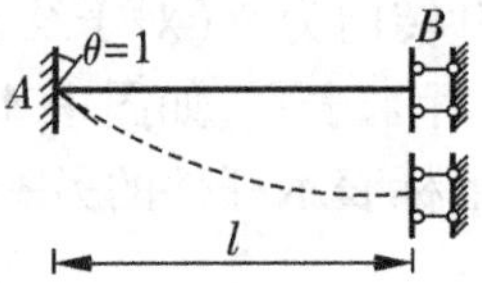	i	$-i$	0	0
6	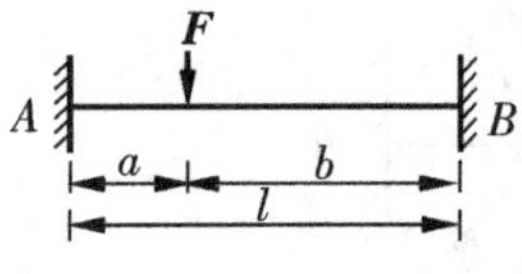	$-\frac{Fab^2}{l^2}$	$\frac{Fa^2b}{l^2}$	$\frac{Fb^2}{l^2}\left(1+\frac{2a}{l}\right)$	$-\frac{Fa^2}{l^2}\left(1+\frac{2b}{l}\right)$

续表 8-1

序号	梁的简图	杆端弯矩		杆端剪力	
		M_{AB}	M_{BA}	F_{QAB}	F_{QBA}
7	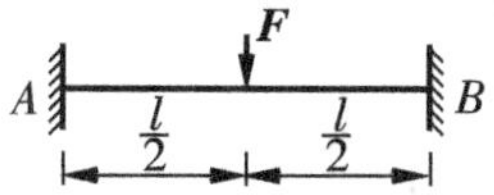	$-\frac{Fl}{8}$	$\frac{Fl}{8}$	$\frac{F}{2}$	$-\frac{F}{2}$
8	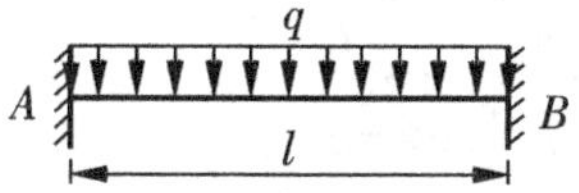	$-\frac{ql^2}{12}$	$\frac{ql^2}{12}$	$\frac{ql}{2}$	$-\frac{ql}{2}$
9	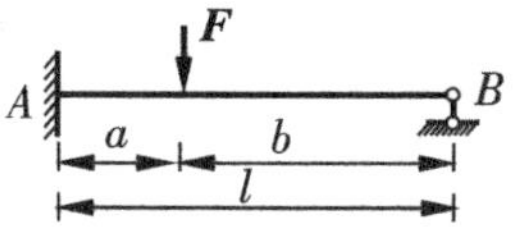	$-\frac{Fab(l+b)}{2l^2}$	0	$\frac{Fb}{2l^3}(3l^2-b^2)$	$-\frac{Fa^2}{2l^3}(3l-a)$
10	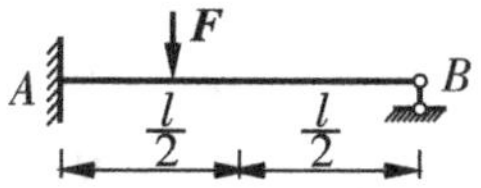	$-\frac{3Fl}{16}$	0	$\frac{11F}{16}$	$-\frac{5F}{16}$
11	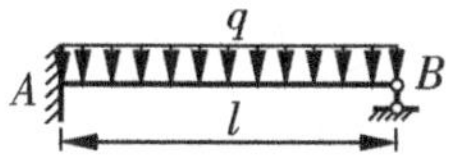	$-\frac{ql^2}{8}$	0	$\frac{5ql}{8}$	$-\frac{3ql}{8}$
12	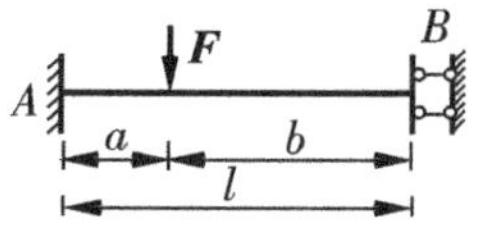	$-\frac{Fa(l+b)}{2l}$	$-\frac{Fa^2}{2l}$	F	0
13	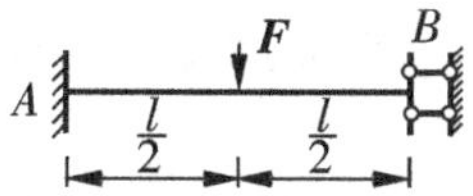	$-\frac{3Fl}{8}$	$-\frac{Fl}{8}$	F	0
14	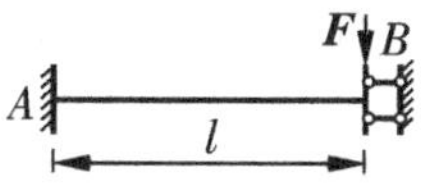	$-\frac{Fl}{2}$	$-\frac{Fl}{2}$	F	$B_{左}$　F …… $B_{右}$　0
15	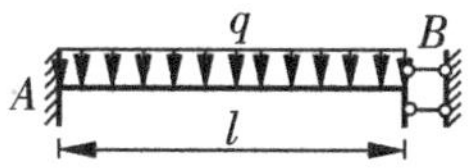	$-\frac{ql^2}{3}$	$-\frac{ql^2}{6}$	ql	0
16	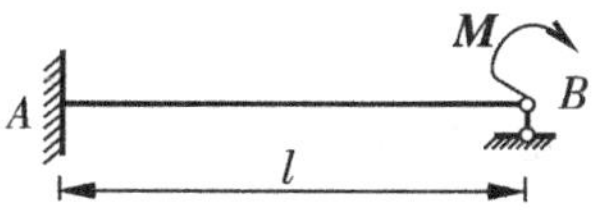	$\frac{M}{2}$	M	$-\frac{3M}{2l}$	$-\frac{3M}{2l}$

8.3.2 位移法的基本原理

以图 8-15 所示超静定梁为例，在荷载作用下，其变形如图中虚线所示。此刚架没有结点线位移，只有刚结点 A 处的转角位移。根据变形连续条件可知，AB、AC 杆端在 A 点发生相同的转角 θ_A，假设顺时针转。

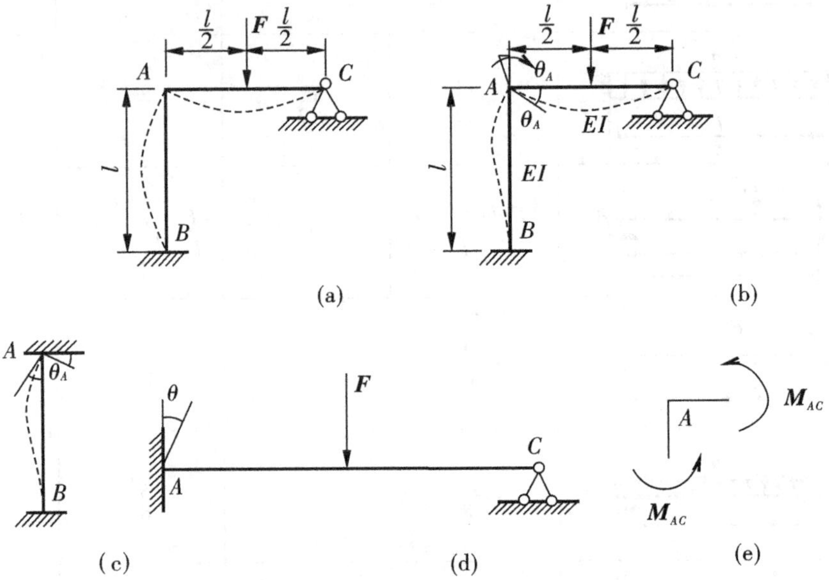

图 8-15 位移法原理

将刚架分解为两个单杆，AB 杆为两端固定的单跨超静定梁，A 端发生转角位移 θ_A，如图 8-15(c)所示。AC 杆为 C 端铰支、A 端固定的单跨超静定梁，A 端发生转角位移 θ_A，同时梁上作用有集中荷载 F，如图 8-15(d)所示。

表 8-1 列出了常用的单跨超静定梁发生不同支座位移以及承受不同荷载作用时的杆端内力，查表 8-1 得到各杆的杆端弯矩表达式(注意 AC 杆既有荷载，又有结点角位移，故应叠加)。

$$\boldsymbol{M}_{BA} = 2i\theta_A \tag{8-9}$$

$$\boldsymbol{M}_{AB} = 4i\theta_A \tag{8-10}$$

$$\boldsymbol{M}_{AC} = 3i\theta_A - \frac{3}{16}l \tag{8-11}$$

$$\boldsymbol{M}_{CA} = 0 \tag{8-12}$$

以上各杆端弯矩表达式称为转角位移方程，其中 θ_A 为位移法的基本未知量。为了求出 θ_A，取结点 A 为隔离体，如图 8-15(e)所示，根据平衡条件 $\sum \boldsymbol{M}_A = 0$

$$\boldsymbol{M}_{AB} + \boldsymbol{M}_{AC} = 0 \tag{8-13}$$

将上面相应的杆端弯矩表达式带入，得

$$4i\theta_A + 3i\theta_A - \frac{3}{16}\boldsymbol{F}l = 0 \tag{8-14}$$

$$i\theta_A = \frac{3}{112}Fl \tag{8-15}$$

结果为正,说明转向和原来假设的顺时针方向一致。

将 $i\theta_A$ 代回各杆端弯矩表达式得

$$M_{BA} = \frac{3}{56}Fl \quad (\text{顺时针,右侧受拉}) \tag{8-16}$$

$$M_{AB} = \frac{6}{56}Fl \quad (\text{顺时针,左侧受拉}) \tag{8-17}$$

$$M_{AC} = -\frac{6}{56}Fl \quad (\text{逆时针,上侧受拉}) \tag{8-18}$$

$$M_{CA} = 0 \tag{8-19}$$

按照所求出的杆端弯矩及叠加原理,可画出弯矩图、剪力图和轴力图,如图 8-16 所示。

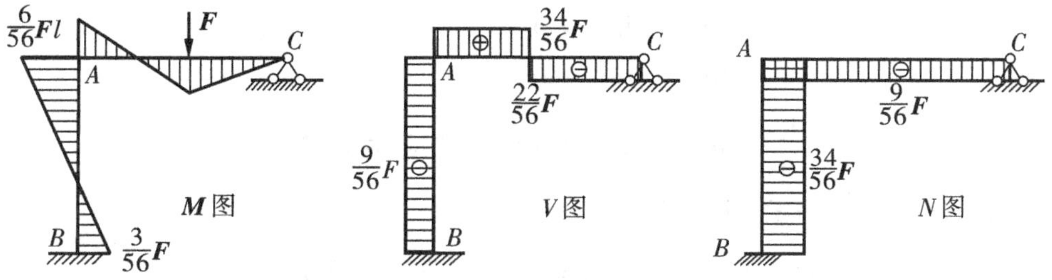

图 8-16　刚架内力图

归纳以上所述,位移法的基本思路是确定基本未知量,把每段杆件视为独立的单跨超静定梁,然后根据其位移以及荷载查表 8-1 列出各杆端弯矩表达式,再根据平衡条件建立平衡方程求解出位移未知量,进而求解出各杆端弯矩,最后作出内力图。

【例 8-2】　用位移法求解图 8-17(a)所示连续梁的弯矩图和剪力图,已知各杆刚度 EI 为常数。

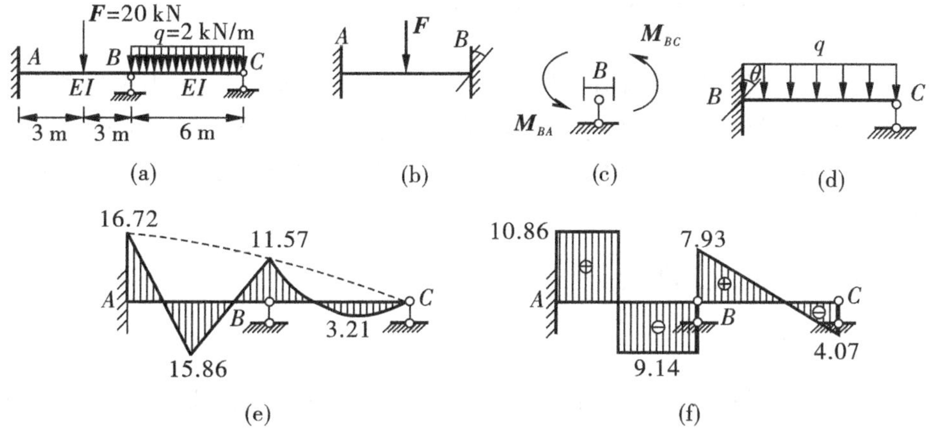

图 8-17　例 8-2 题应用案例

解 (1)确定基本未知量

此连续梁在荷载作用下,结点 B 只有角位移,没有线位移,因此只有一个基本未知量,即结点 B 角位移 θ_B。

(2)将连续梁分解成两个单杆,如图 8-17(b) ~ (d)所示。

(3)写出转角位移方程(两杆的线刚度相等):

$$\boldsymbol{M}_{AB}=2i\theta_B-\frac{1}{8}\boldsymbol{F}l=2i\theta_B-15$$

$$\boldsymbol{M}_{BA}=4i\theta_B+\frac{1}{8}\boldsymbol{F}l=4i\theta_B+15$$

$$\boldsymbol{M}_{BC}=3i\theta_B-\frac{1}{8}ql^2=3i\theta_B-9$$

$$\boldsymbol{M}_{CB}=0$$

(4)考虑刚结点 B 的力矩平衡,由 $\sum \boldsymbol{M}_B=0$

$$\boldsymbol{M}_{BA}+\boldsymbol{M}_{BC}=0$$

$$4i\theta_B+3i\theta_B+6=0$$

$$i\theta_B=-\frac{6}{7}\text{(负号说明 }\theta_B\text{ 逆时针转)}$$

(5)代回转角位移方程,求出各杆端弯矩:

$$\boldsymbol{M}_{AB}=2i\theta_B-\frac{1}{8}\boldsymbol{F}l=2i\theta_B-15=-16.72\ \text{kN}\cdot\text{m}$$

$$\boldsymbol{M}_{BA}=4i\theta_B+\frac{1}{8}\boldsymbol{F}l=4i\theta_B+15=11.57\ \text{kN}\cdot\text{m}$$

$$\boldsymbol{M}_{BC}=3i\theta_B-\frac{1}{8}ql^2=3i\theta_B-9=-11.57\ \text{kN}\cdot\text{m}$$

$$\boldsymbol{M}_{CB}=0$$

(6)根据杆端弯矩求出杆端剪力,并作出弯矩图、剪力图,如图 8-17(e)(f)所示。

8.4 力矩分配法的基本概念及原理

力矩分配法是在位移法的基础上发展起来的一种渐近解法,主要用于计算连续梁和无结点线位移刚架,特点是不需要建立和解联立方程,而能直接求得各杆杆端弯矩。计算过程简单,便于掌握,适合计算,故是工程设计中常用的计算方法之一。在力矩分配法中,内力的正负号规定与位移法规定相同。

8.4.1 力矩分配法的基本概念

8.4.1.1 转动刚度

转动刚度表示杆端对转动的抵抗能力,在数值上等于使杆端(或称近端)发生单位转角时需在杆端施加的力矩,用 S 表示。如图 8-18 所示,转动刚度 S_{AB} 与 AB 杆的线刚度

$i = \frac{EI}{l}$ 及远端支撑有关，而与近端支撑无关。

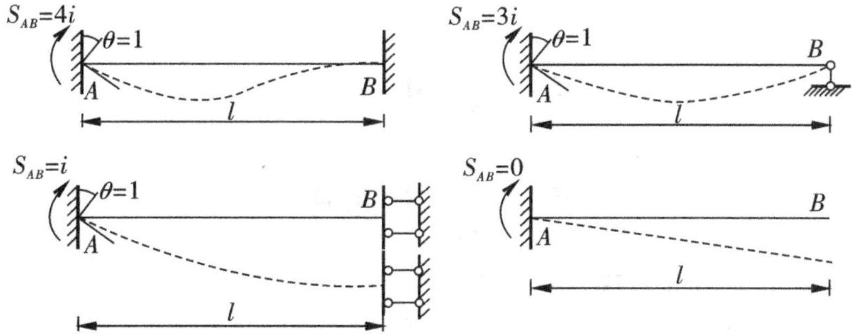

图 8-18　转动刚度

从图 8-18 可知：

远端固定，$S = 4i$；远端铰支，$S = 3i$；远端滑动，$S = i$；远端自由，$S = 0$。

8.4.1.2　分配系数与分配弯矩

以图 8-19 为例，刚结点 A 将三根杆件 AB、AC、AD 联系在一起，远端 B、C、D 端分别为固定端、铰支端和滑动支座。假设有外荷载 $\boldsymbol{M}$ 作用在结点 A 处，使之产生转角 θ_A，然后达到平衡，试求杆端弯矩 $\boldsymbol{M}_{AB}$、$\boldsymbol{M}_{AC}$、$\boldsymbol{M}_{AD}$。引入转动刚度的定义，列出转角位移方程为

$$\boldsymbol{M}_{AB} = S_{AB}\theta_A = 4i_{AB}\theta_A \tag{8-20}$$

$$\boldsymbol{M}_{AC} = S_{AC}\theta_A = 3i_{AC}\theta_A \tag{8-21}$$

$$\boldsymbol{M}_{AD} = S_{AD}\theta_A = i_{AD}\theta_A \tag{8-22}$$

取结点 A 作为隔离体，由平衡方程 $\sum \boldsymbol{M}_i = 0$ 得

$$\boldsymbol{M} = S_{AB}\theta_A + S_{AC}\theta_A + S_{AD}\theta_A \tag{8-23}$$

可得

$$\theta_A = \frac{\boldsymbol{M}}{S_{AB} + S_{AC} + S_{AD}} = \frac{\boldsymbol{M}}{\sum\limits_A S} \tag{8-24}$$

其中 $\sum\limits_A S$ 表示各杆 A 端转动刚度之和。

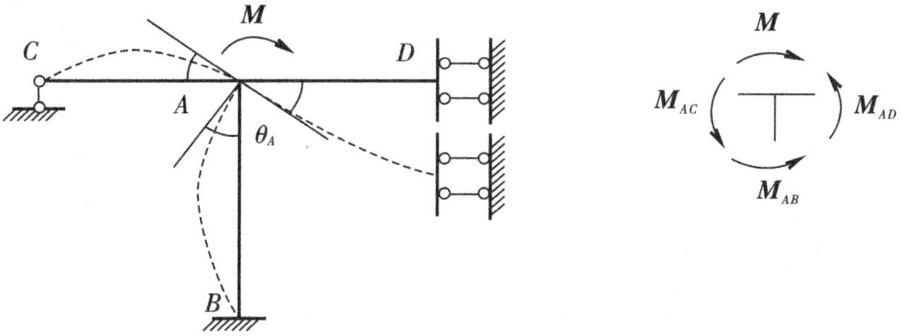

图 8-19　分配弯矩

将 θ_A 代回转角位移方程得

$$M_{AB} = \frac{S_{AB}}{\sum_A S} M = \mu_{AB} M \tag{8-25}$$

$$M_{AC} = \frac{S_{AC}}{\sum_A S} M = \mu_{AC} M \tag{8-26}$$

$$M_{AD} = \frac{S_{AD}}{\sum_A S} M = \mu_{AD} M \tag{8-27}$$

称 μ_{AB}、μ_{AC}、μ_{AD} 为分配系数。可表达为

$$\mu_{Aj} = \frac{S_{Aj}}{\sum_A S} \tag{8-28}$$

上式可知,杆件的分配系数等于该杆近端转动刚度与交于该点各杆近端转动刚度之和的比,汇交于同一节点各杆的分配系数之和应等于1,即

$$\sum \mu = \mu_{AB} + \mu_{AC} + \mu_{AD} = 1 \tag{8-29}$$

分配弯矩等于分配系数与结点外力偶矩的乘积,可表示为

$$M_{Aj}^{\mu} = \mu_{Aj} M \tag{8-30}$$

8.4.1.3 传递系数与传递弯矩

由转角位移方程可知,图8-19所示各杆远端弯矩为

$$M_{BA} = 2i_{AB}\theta_A \quad M_{CA} = 0 \quad M_{DA} = -i_{AD}\theta_A \tag{8-31}$$

设 C 为传递系数,表示当近端有转角时,远端弯矩与近端弯矩的比值,可表达为

$$C = \frac{M_{jA}^{C}}{M_{Aj}^{\mu}} \tag{8-32}$$

则传递弯矩等于分配系数和近端弯矩的乘积,可表示为

$$M_{jA}^{C} = CM_{Aj}^{\mu} \tag{8-33}$$

由上式可知,C 与远端的支撑情况有关,即 远端固定,$C = \frac{1}{2}$;远端铰支,$C = 0$;远端滑动,$C = -1$。将前述转动刚度与传递系数归纳汇总,列表8-2。

表8-2 转动刚度与传递系数表

约束条件	转动刚度 S	传递系数 C
近端固定,远端固定	$4i$	1/2
近端固定,远端铰支	$3i$	0
近端固定,远端滑动	i	-1
近端固定,远端自由	0	0

8.4.2　力矩分配法的基本原理

实际工程中，一般结构上都存在非结点荷载作用，下面以图 8-20 为例说明力矩分配法的基本思路。图 8-20(a)所示只有一个刚结点的两跨连续梁，在荷载作用下梁的变形如虚线所示。

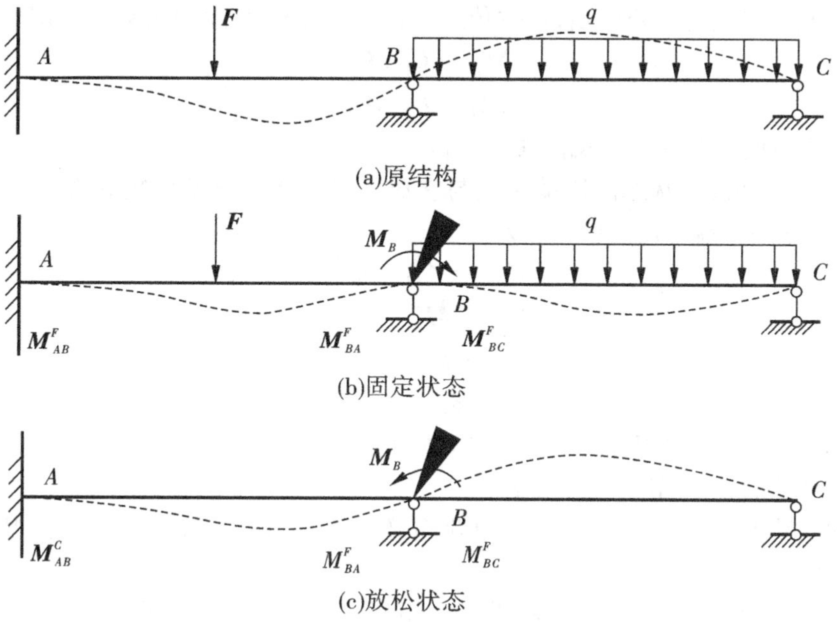

图 8-20　力矩分配法

用力矩分配法计算时，可分为以下 3 步：

(1)固定结点，求固端弯矩。

假设在结点 B 上加上一个附加的刚臂，使结点 B 不能转动，连续梁变成了两个相互被隔离的单跨超静定梁，在荷载作用下，其固端弯矩 M_{BA}^F 和 M_{BC}^F 可由表 8-1 查得。此时，在刚臂中产生了约束刚结点转动的约束力矩，用 M_B 表示，如图 8-20(b)所示。取结点 B 为分离体，由 $\sum M_B = 0$ 得

$$M_B = M_{BA}^F + M_{BC}^F \tag{8-34}$$

约束力矩 M_B 称为结点 B 上的不平衡力矩，它等于汇交于 B 结点上各杆端固端弯矩的代数和，以顺时针为正。

(2)放松结点，求分配弯矩和传递弯矩。

在连续梁结点 B 上实际并没有附加刚臂，所以也不存在约束力矩 M_B。因此，为了消除附加刚臂的影响，必须在结点 B 处施加了一个与 M_B 大小相等、方向相反的力矩，即($-M_B$)，则结构将产生变形，如图 8-20(c)虚线所示。

由上可见，原结构正好等于用刚臂固定结点和放松结点两个过程的叠加。因此，要计算原连续梁的杆端弯矩只要计算出固定结点情况下的固端弯矩，再和放松结点时候产生

的杆端弯矩叠加即可。

当刚结点在($-M_B$)作用下产生转角 θ_B 时,杆 BC 和 BA 的近端弯矩即为前述分配弯矩。即

$$M_{BA}^{\mu}=\mu_{BA}(-M_B) \tag{8-35}$$

$$M_{BC}^{\mu}=\mu_{BC}(-M_B) \tag{8-36}$$

求得各杆近端的分配弯矩后,可按传递系数求出各杆远端的传递弯矩,即

$$M_{AB}^{C}=C_{BA}M_{BA}^{\mu} \tag{8-37}$$

$$M_{CB}^{C}=C_{BC}M_{BC}^{\mu} \tag{8-38}$$

(3)利用叠加原理,汇总杆端弯矩。

最后将结构在固定状态的固端弯矩与在放松状态下的分配弯矩和传递弯矩进行叠加,就可求得最后杆端弯矩。可表达为

$$M_{AB}=M_{AB}^{F}+M_{AB}^{C} \tag{8-39}$$

$$M_{BA}=M_{BA}^{F}+M_{BA}^{\mu} \tag{8-40}$$

$$M_{BC}=M_{BC}^{F}+M_{BC}^{\mu} \tag{8-41}$$

$$M_{CB}=0 \tag{8-42}$$

由上述分析可知,力矩分配法计算步骤如下:

(1)求杆端的转动刚度、分配系数。

(2)固定结点,结构分解为若干个单跨超静定梁,可查表求出固端弯矩,得到各结点的不平衡力矩。

(3)分配与传递,放松结点,将不平衡力矩反号乘分配系数,分配给汇交于该结点的各杆近端,再乘传递系数传至远端。多结点时,轮流放松各结点,重复以上步骤,直至各结点的传递弯矩小到可以忽略。

(4)叠加各杆端的固端弯矩、分配弯矩和传递弯矩,得出各杆端最后弯矩,然后绘制弯矩图。

为了简化计算过程,表达直观,可采用列表法计算。

【例 8-3】 用力矩分配法求解图 8-21(a)所示两跨连续梁的弯矩图,已知各杆刚度 EI 为常数。

解 (1)确定刚结点 B 处各杆的分配系数

$$S_{BA}=4i_{BA}=4\times\frac{EI}{4}=EI$$

$$S_{BC}=3i_{BC}=3\times\frac{2EI}{4}=1.5EI$$

$$\mu_{BA}=\frac{S_{BA}}{S_{BA}+S_{BC}}=0.4$$

$$\mu_{BC}=\frac{S_{BC}}{S_{BA}+S_{BC}}=0.6$$

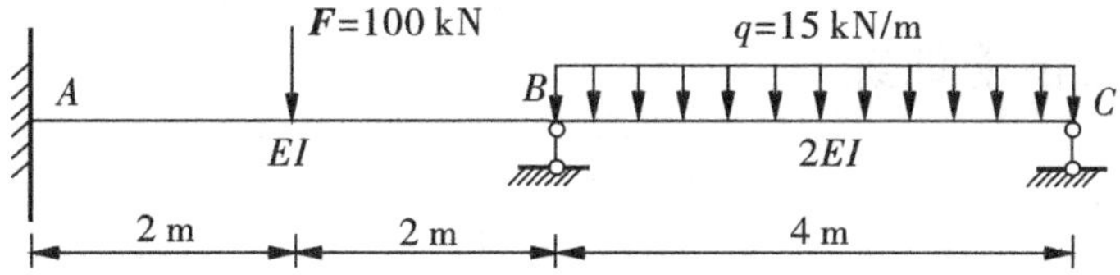

(a)原结构

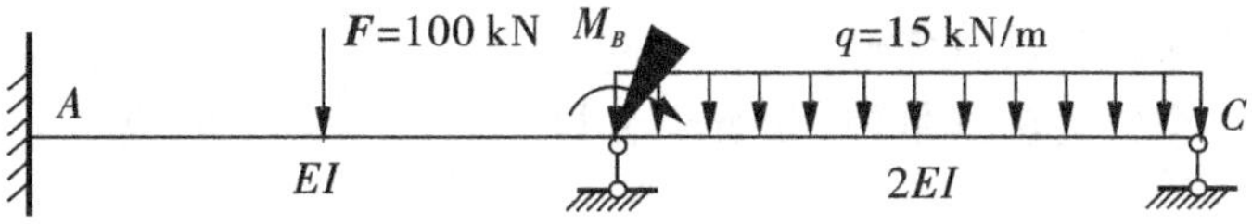

(b)固定状态

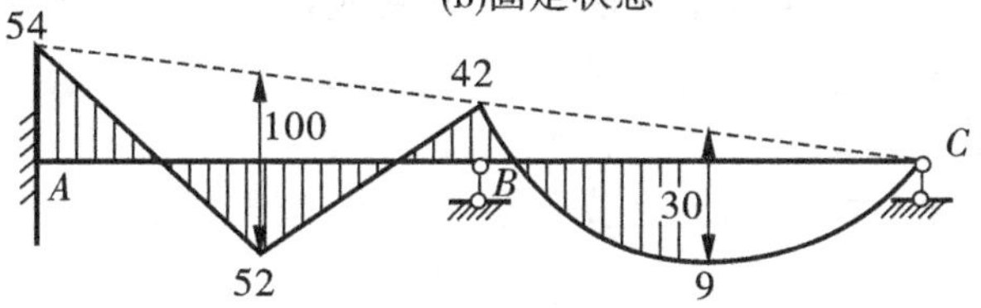

(c)M图

图 8-21　例 8-3 题应用案例

(2)计算固端弯矩,如图 8-21(b)所示。

$$M_{BA}^{F}=-M_{AB}^{F}=\frac{1}{8}\times 100\times 4=50\ \text{kN}\cdot\text{m}$$

$$M_{BC}^{F}=-\frac{1}{8}\times 15\times 16=-30\ \text{kN}\cdot\text{m}$$

所以结点不平衡力矩

$$M_B=50-30=20\ \text{kN}\cdot\text{m}$$

(3)力矩分配与传递及最后杆端弯矩计算表(见表 8-3)如下:

表 8-3　力矩分配与传递及最后杆端弯矩计算表

弯矩位置	M_{AB} M_{BA}	M_{BC} M_{CB}
分配系数	0.4	0.6
固端弯矩/(kN·m)	−50 50	−30 0
分配与传递	−4← −8	−12 0
最后杆端弯矩/(kN·m)	−54 42	−42 0

(4)绘制弯矩图,如图 8-21(c)所示。

基础知识与技能训练

基础知识训练

一、填空题

1. 去掉多余联系用多余未知力来代替后得到的静定结构称为力法的__________。

2. 力法的基本未知量数目等于__________。

3. 结构撤去一个铰支座或单铰，相当于去掉__________联系，等于__________多余未知力。

4. __________是以结点位移作为基本未知量，求解超静定结构的方法。

5. 位移法中结点位移包括__________和__________。

6. 力矩分配法适用于计算__________和__________。

7. 杆端的转动刚度表示了杆端抵抗转动变形的能力，它与杆件的__________和__________有关，而与杆件的____________________无关。

8. 单跨超静定梁在荷载作用下引起的杆端弯矩称为__________。

二、选择题

1. 力法的基本未知量是(　　)。

A. 多余未知力　B. 支座反力　C. 角位移　D. 独立的结点线位移

2. 力法方程的实质是(　　)。

A. 平衡条件　B. 互等定理　C. 位移条件　D. 物理条件

3. 在力法典型方程中，恒大于零的是(　　)。

A. 主系数　B. 右端项　C. 副系数　D. 自由项

4. 在位移法中，将铰接端的角位移、滑动支承端的线位移作为基本未知量(　　)。

A. 绝对不可　B. 一定条件下可以　C. 可以，但不必　D. 必须

5. 一个封闭框具有(　　)次超静定。

A. 1　B. 4　C. 3　D. 2

6. 杆端弯矩(　　)方向转动为正。

A. 绕结点逆时针　B. 绕杆端逆时针　C. 绕杆端顺时针　D. 绕结点顺时针

7. 传递系数为远端传递弯矩和近端分配弯矩之比。当远端为固定端时，传递系数为(　　)。

A. 1　B. 2　C. 0.5　D. 0

8. 固端弯矩(　　)方向转动为负。

A. 绕结点逆时针　B. 绕杆端逆时针　C. 绕杆端顺时针　D. 绕结点顺时针

三、判断题

1. 去掉一个定向支座，相当于去掉 1 个约束。(　　)

2. 在力法计算时，多余未知力由位移条件来求。(　　)

3. 一个超静定结构只有唯一形式的基本结构。(　　)

4. 力法典型方程中副系数恒为零。(　　)

5. 远端弯矩等于近端弯矩乘以分配系数。　　(　)

6. 力矩分配法可求解任意超静定结构。　　(　)

四、简答题

1. 力法典型方程的物理意义是什么？

2. 位移法求解未知量的方程式如何建立的？

3. 力矩分配法的适用条件是什么？

技能训练

1. 试确定下列结构的超静定次数。

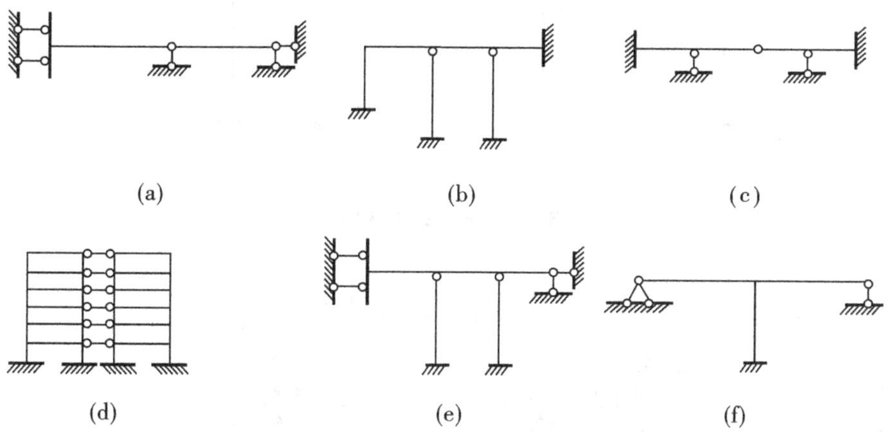

图 8–22　技能训练 1 题图

2. 试用力法计算 8–23 所示结构，并绘其内力图，各杆 EI 为常数。

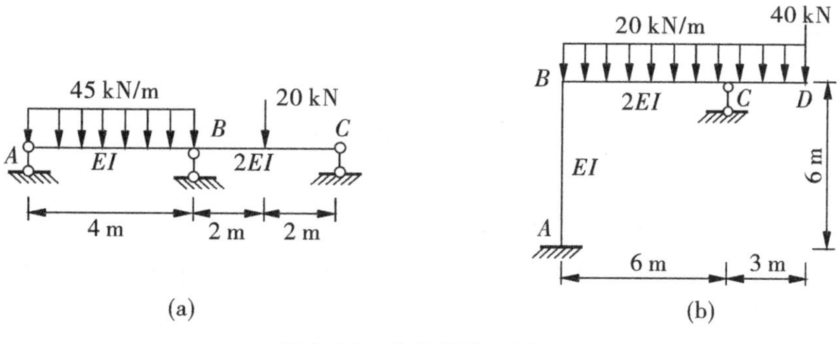

图 8–23　技能训练 2 题图

3. 试确定图 8-24 中结构的位移法基本未知量数目?

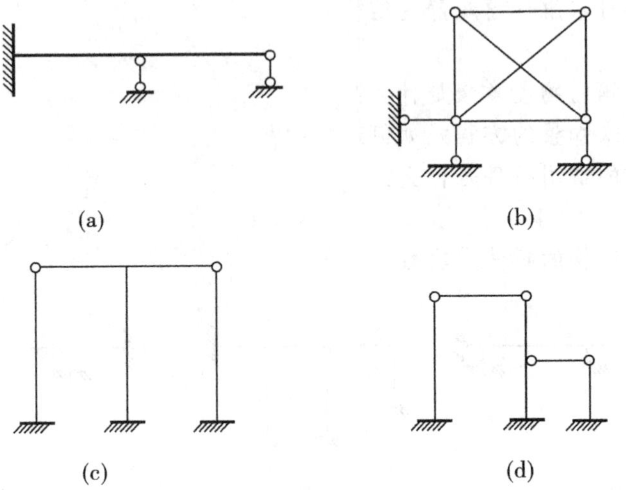

图 8-24 技能训练 3 题图

4. 试用位移法计算图 8-25 中超静定结构,并绘制弯矩图。

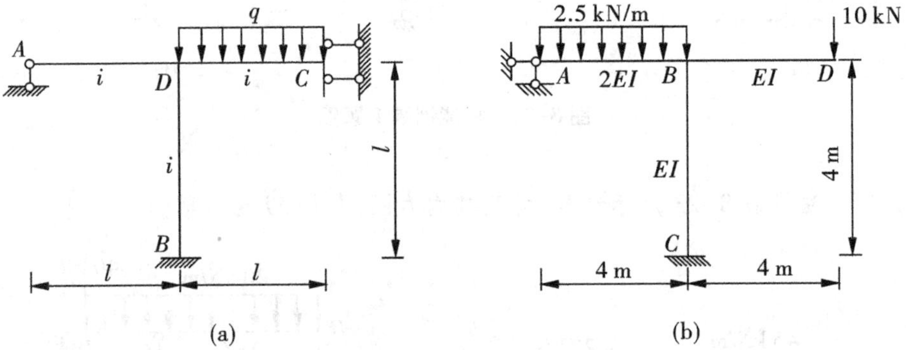

图 8-25 技能训练 4 题图

5. 试用力矩分配法计算图 8-26 所示超静定。

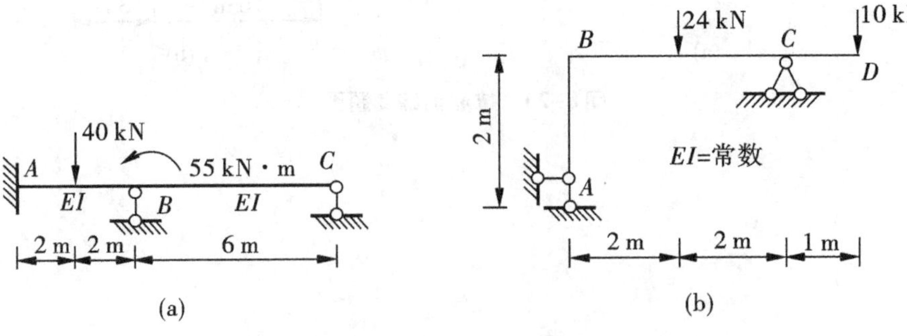

图 8-26 技能训练 5 题图

模块9 建筑结构概念及设计方法

学习任务

1. 熟悉建筑结构的概念与分类。
2. 熟悉作用效应与结构抗力的概念。
3. 明确结构功能要求及可靠性概念。
4. 掌握结构功能的极限状态概念、分类及设计方法。
5. 掌握荷载与材料强度的取值要求。
6. 理解并运用实用设计表达式进行简单构件荷载效应计算。

知识目标

1. 掌握建筑结构、荷载效应、结构抗力、极限状态等基本概念以及结构的功能要求、可靠性和极限状态分类。
2. 理解并掌握实用设计表达式的含义及应用。
3. 掌握地震的基本知识，了解建筑结构抗震概念设计的内容。

技能目标

1. 能运用所学知识分析工程结构承担的荷载种类，分清楚永久荷载和可变荷载。
2. 能对工程结构上的荷载进行分析与统计。
3. 能判别结构的某种破坏属于哪种极限状态。
4. 能运用实用表达式计算简单构件的荷载效应。

9.1 建筑结构的概念及分类

9.1.1 建筑结构的概念

各种建筑物、构筑物为了供人们生产、生活及从事其他活动，必须要形成一定的空间，而空间的形成离不开梁、板、柱、墙、基础等构件，这些构件相互连接、相互支承形成建筑的骨架，从而保证了建筑物的安全和正常使用。我们把能承受和传递各种"作用"的建筑骨架称为建筑结构。这里的"作用"，是指能使结构或构件产生效应（内力、变形、裂缝等）的各种原因的总称。作用可分为直接作用和间接作用。直接作用即我们常说的荷载，它是指施加在结构上的集中力或分布力系，如结构自重、人群荷载、风荷载等。间接作用是指引起结构外加变形或约束变形的原因，如地震、基础沉降、温度变化、混凝土的收缩、焊接等。

由建筑结构的概念可知，建筑结构是由一系列水平构件（如梁、板、网架等）、竖向构件（如柱、墙等）和基础组成的，我们根据受力特点的不同，把这些构件分为受弯构件、受压构件、受拉构件、受扭构件等基本构件，以方便结构的设计和应用。

9.1.2 建筑结构的分类

（1）按所用材料不同可分为混凝土结构、砌体结构、钢结构、木结构。

（2）按结构受力特点不同可分为混合结构、框架结构、剪力墙结构、框架-剪力墙结构、筒体结构、大跨度结构等。

9.2 建筑结构的设计方法

9.2.1 结构上的作用、作用效应与结构抗力的概念

结构设计的根本目的是为了保证所建成的结构在各种作用影响下能够安全使用到规定的年限。因此，必须要首先了解结构上的作用、作用效应及结构抗力等概念。

9.2.1.1 结构上的作用

使结构产生内力和变形的各种原因称为作用，作用分直接作用和间接作用，直接作用习惯上称为荷载，本书主要讨论荷载。

（1）结构上的荷载分类　结构上的荷载按时间的变异性可分为：

1）永久荷载　在结构使用期间其量值不随时间变化，或其变化与平均值相比可以忽略不计的荷载，如结构自重、土压力、预应力等，又称恒荷载。

2）可变荷载　在结构使用期间其量值随时间变化，且其变化与平均值相比不可忽略不计的荷载，如安装荷载、楼面活荷载、风荷载、雪荷载、吊车荷载等，又称活荷载。

3）偶然荷载　在结构使用期间不一定出现，而一旦出现其量值很大且持续时间很短的荷载，如地震、爆炸、撞击等。

结构上的荷载是不确定的随机变量，住宅、办公楼等楼面活荷载以及风荷载、雪荷载等都随时间变化。一般情况下，荷载是用“随机变量”来描述的。

（2）荷载代表值　在结构设计时，针对荷载的不确定性以及不同的设计要求，荷载要取用一个确定的量值才能进行设计，这个量值称为荷载的代表值。对于永久荷载以标准值作为代表值，对于可变荷载应根据不同的设计要求，分别取用标准值、组合值、准永久值、频遇值作为代表值，其中，标准值是可变荷载的基本代表值。

1）永久荷载标准值　《荷载规范》所规定的荷载标准值是指建筑结构在设计基准期内可能出现的最大值，通常要求荷载标准值应具有95%的保证率。对于结构的自重，其值变化不大，一般以自重的平均值作为标准值，即按构件的设计尺寸计算的体积乘以该材料的重度。对于自重变异大的材料，如松散的保温材料，在设计中应根据其对结构有利或不利，分别取自重的下限值或上限值。常用材料的自重可查用《荷载规范》，现将部分摘

录如下，见表 9-1。

表 9-1　常用材料自重

名称	自重	备注
钢	78.5 kN/m^3	
石灰砂浆、混合砂浆	17 kN/m^3	
水泥砂浆	20 kN/m^3	
膨胀珍珠岩砂浆	7～15 kN/m^3	
普通玻璃	25.6 kN/m^3	
水泥珍珠岩制品	3.524 kN/m^3	强度 1 N/mm^2，导热系数 0.0582～0.081[W/(m·K)]
膨胀珍珠岩粉料	0.8～2.5 kN/m^3	干，松散，导热系数 0.052～0.076
钢筋混凝土	24～25 kN/m^3	
浆砌机制砖	19 kN/m^3	
贴瓷砖墙面	0.5 kN/m^2	包括水泥砂浆打底，共厚 25 mm
水泥粉刷墙面	0.36 kN/m^2	20 mm 厚，水泥粗砂
木框玻璃窗	0.2～0.3 kN/m^2	
木门	0.1～0.2 kN/m^2	
油毡防水层	0.05 kN/m^2	一层油毡刷两遍
水磨石地面	0.65 kN/m^2	10 mm 面层；20 mm 水泥砂浆打底
小瓷砖地面	0.55 kN/m^2	包括水泥粗砂打底

2）可变荷载标准值　常见的可变荷载有楼面可变荷载、屋面可变荷载、风荷载、雪荷载、施工检修荷载、栏杆水平荷载以及工业厂房中的积灰荷载、吊车荷载等。《荷载规范》中已直接给出这些荷载的取值，设计时可查用，现摘录部分荷载取值，见表 9-2、表 9-3。注意，屋面均布活荷载不应与雪荷载同时组合。

表 9-2　民用建筑楼面均布活荷载标准值及其组合值、频遇值和准永久值系数

项次	类　别	标准值/(kN/m^2)	组合值系数 ψ_c	频遇值系数 ψ_f	准永久值系数 ψ_q
1	(1)住宅、宿舍、旅馆、办公楼、医院病房、托儿所、幼儿园	2.0	0.7	0.5	0.4
	(2)试验室、阅览室、会议室、医院门诊室	2.0	0.7	0.6	0.5
2	教室、食堂、餐厅、一般资料档案室	2.5	0.7	0.6	0.5
3	(1)礼堂、剧场、影院、有固定座位的看台	3.0	0.7	0.5	0.3
	(2)公共洗衣房	3.0	0.7	0.6	0.5

续表 9-2

<table>
<tr><th>项次</th><th colspan="3">类 别</th><th>标准值/(kN/m²)</th><th>组合值系数 ψ_c</th><th>频遇值系数 ψ_f</th><th>准永久值系数 ψ_q</th></tr>
<tr><td rowspan="2">4</td><td colspan="3">(1)商店、展览厅、车站、港口、机场大厅及旅客候车室</td><td>3.5</td><td>0.7</td><td>0.6</td><td>0.5</td></tr>
<tr><td colspan="3">(2)无固定座位的看台</td><td>3.5</td><td>0.7</td><td>0.5</td><td>0.3</td></tr>
<tr><td rowspan="2">5</td><td colspan="3">(1)健身房、演出舞台</td><td>4.0</td><td>0.7</td><td>0.6</td><td>0.5</td></tr>
<tr><td colspan="3">(2)运动场、舞厅</td><td>4.0</td><td>0.7</td><td>0.6</td><td>0.3</td></tr>
<tr><td rowspan="2">6</td><td colspan="3">(1)书库、档案库、储藏室</td><td>5.0</td><td>0.9</td><td>0.9</td><td>0.8</td></tr>
<tr><td colspan="3">(2)密集柜书库</td><td>12.0</td><td>0.9</td><td>0.9</td><td>0.8</td></tr>
<tr><td>7</td><td colspan="3">通风机房、电梯机房</td><td>7.0</td><td>0.9</td><td>0.9</td><td>0.8</td></tr>
<tr><td rowspan="4">8</td><td rowspan="4">汽车通道及客车停车库</td><td rowspan="2">(1)单向板楼盖(板跨不小于2 m)和双向板楼盖(板跨不小于3 m×3 m)</td><td>客车</td><td>4.0</td><td>0.7</td><td>0.7</td><td>0.6</td></tr>
<tr><td>消防车</td><td>35.0</td><td>0.7</td><td>0.5</td><td>0.0</td></tr>
<tr><td rowspan="2">(2)双向板楼盖(板跨不小于6 m×6 m)和无梁楼盖(柱网尺寸不小于6 m×6 m)</td><td>客车</td><td>2.5</td><td>0.7</td><td>0.7</td><td>0.6</td></tr>
<tr><td>消防车</td><td>20.0</td><td>0.7</td><td>0.5</td><td>0.0</td></tr>
<tr><td rowspan="2">9</td><td rowspan="2">厨房</td><td colspan="2">(1)餐厅</td><td>4.0</td><td>0.7</td><td>0.7</td><td>0.7</td></tr>
<tr><td colspan="2">(2)其他</td><td>2.0</td><td>0.7</td><td>0.6</td><td>0.5</td></tr>
<tr><td>10</td><td colspan="3">浴室、卫生间、盥洗室</td><td>2.5</td><td>0.7</td><td>0.6</td><td>0.5</td></tr>
<tr><td rowspan="3">11</td><td rowspan="3">走廊门厅</td><td colspan="2">(1)宿舍、旅馆、医院病房、托儿所、幼儿园、住宅</td><td>2.0</td><td>0.7</td><td>0.5</td><td>0.4</td></tr>
<tr><td colspan="2">(2)办公楼、餐厅、医院门诊部</td><td>2.5</td><td>0.7</td><td>0.6</td><td>0.5</td></tr>
<tr><td colspan="2">(3)教学楼及其他可能出现人员密集的情况</td><td>3.5</td><td>0.7</td><td>0.5</td><td>0.3</td></tr>
<tr><td rowspan="2">12</td><td rowspan="2">楼梯</td><td colspan="2">(1)多层住宅</td><td>2.0</td><td>0.7</td><td>0.5</td><td>0.4</td></tr>
<tr><td colspan="2">(2)其他</td><td>3.5</td><td>0.7</td><td>0.5</td><td>0.3</td></tr>
<tr><td rowspan="2">13</td><td rowspan="2">阳台</td><td colspan="2">(1)可能出现人员密集的情况</td><td>3.5</td><td>0.7</td><td>0.6</td><td>0.5</td></tr>
<tr><td colspan="2">(2)其他</td><td>2.5</td><td>0.7</td><td>0.6</td><td>0.5</td></tr>
</table>

注:①本表所给各项活荷载适用于一般使用条件,当使用荷载较大、情况特殊或有专门要求时,应按实际情况采用。②第6项书库活荷载当书架高度大于2 m时,书库活荷载尚应按每米书架高度不小于2.5 kN/m²确定。③第8项中的客车活荷载只适用于停放载人少于9人的客车,消防车活荷载是适用于满载总重为300 kN的大型车辆;当不符合本表的要求时,应将车轮的局部荷载按结构效应的等效原则,换算为等效均布荷载。④第8项消防车活荷载,当双向板楼盖板跨介于3 m×3 m~6 m×6 m时,应按跨度线性插值确定。⑤第12项楼梯活荷载,对预制楼梯踏步平板,尚应按1.5 kN的集中荷载验算。⑥本表各项荷载不包括隔墙自重和二次装修荷载,对固定隔墙的自重应按恒荷载考虑,当隔墙位置可灵活自由布置时,非固定隔墙的自重应取不小于1/3的每延长一米墙重(kN/m)作为楼面活荷载的附加值(kN/m²)计入,且附加值不应小于1.0 kN/m²。

表9-3　屋面均布活荷载

项次	类别	标准值/(kN/m²)	组合值系数 ψ_c	频遇值系数 ψ_f	准永久值系数 ψ_q
1	不上人屋面	0.5	0.7	0.5	0.0
2	上人屋面	2.0	0.7	0.5	0.4
3	屋顶花园	3.0	0.7	0.6	0.5
4	屋顶运动场地	3.0	0.7	0.6	0.4

注:①不上人屋面,当施工或维修荷载较大时,应按实际情况采用;对不同类型的结构应按有关设计规范的规定采用,但不得低于0.3 kN/m²。②当上人的屋面兼作其他用途时,应按相应楼面活荷载采用。③对于因屋面排水不畅、堵塞等引起的积水荷载,应采取构造措施加以防止;必要时,应按积水的可能深度确定屋面活荷载。④屋顶花园活荷载不包括花圃土石等材料自重。

3)可变荷载准永久值　可变荷载准永久值是考虑可变荷载长期效应组合时采用的荷载代表值。作用在结构上的可变荷载达到或超过某一荷载值的持续时间较长,与设计基准期 T 之比已达到某一定值(对楼面活荷载、雪荷载、风荷载达到 $T_q/T=0.5$),则称该荷载值为可变荷载的准永久值,可变荷载的准永久值等于准永久值系数 ψ_q 乘以可变荷载的标准值。ψ_q 可查表9-2、表9-3。

4)可变荷载组合值　结构上同时作用多种可变荷载时,各种可变荷载(人群荷载、风荷载、雪荷载、吊车荷载、地震作用等)同时达到预计的最大值的概率是很小的,为使结构在两种或两种以上可变荷载作用时的情况与仅有一种可变荷载作用时具有大致相同的可靠指标,引入了荷载组合系数 ψ_c,对同时作用的多种可变荷载的标准值进行折减。可变荷载的组合值等于荷载组合系数乘以可变荷载的标准值。ψ_c 可查表9-2、表9-3。

5)可变荷载频遇值　可变荷载的频遇值是在设计基准期内,其超越时间为较小比率或超越频率(或次数)为规定频率(或次数)的荷载值。可变荷载的频遇值主要用于当一个极限状态被超越时将产生局部损害、较大变形或短暂振动的情况。可变荷载的频遇值等于频遇值系数(ψ_f)乘以可变荷载的标准值。ψ_f 可查表9-2、表9-3。

9.2.1.2　作用效应

作用使结构产生的内力和变形称为作用效应(如轴力、弯矩、剪力、扭矩、挠度、转角和裂缝等),用 S 表示。其中由直接作用产生的效应通常称为荷载效应。本书只讨论荷载效应。

如跨度为 l 的跨中承受集中荷载 p 的简支梁,其跨中弯矩 $M=\frac{1}{4}pl$,支座剪力 $V=\frac{1}{2}p$,其中,p 为结构上的荷载,M、V 为荷载效应。

由于荷载的不确定性以及计算简图与实际结构的差异,导致荷载效应是一个不确定的随机变量。

9.2.1.3　结构抗力

结构或结构构件承受作用效应和环境影响的能力称为"结构抗力",用 R 表示,它是结构或结构构件的材料性能、几何参数、计算模式的函数。

材料性能是指钢筋、混凝土等材料的强度性能和变形性能，其中材料强度是影响结构抗力的主要因素；几何参数是指结构构件的截面几何特征，如长、宽、高、面积、形状等。

由于结构或结构构件的材料性能、几何参数、计算模式等具有不确定性，结构抗力也是随机变量。

材料强度是一个随机变量，因此结构设计时，也要取用一个确定的量值作为代表值来进行设计，该量值称为强度标准值。材料强度标准值是结构设计时所采用的材料强度的基本代表值，通常可取其概率分布的0.05分位数确定，具有不小于95%的保证率。

9.2.2 结构的功能要求及其极限状态

9.2.2.1 设计使用年限

设计结构时，要规定结构的使用期限，即要保证结构不需大修就能按预定目的使用的年限，称为设计使用年限。根据建筑结构的性质和用途，将设计使用年限分为四类，见表9-4。

表9-4 设计使用年限分类

类别	设计使用年限/年	示例
1	5	临时性结构
2	25	易于替换的结构构件
3	50	普通房屋和构筑物
4	≥100	纪念性建筑和特别重要的建筑结构

《工程结构可靠性设计统一标准》(GB 50153—2008)规定，房屋建筑结构的设计基准期为50年。所谓设计基准期是就是结构设计时依据的基准期限。

9.2.2.2 结构的功能要求及其可靠性

要保证结构能够在设计使用年限内安全使用，需要结构在各种作用下具备以下三项功能：

(1)安全性　结构在正常设计、正常施工和正常使用时，能承受可能出现的各种作用而不发生破坏，以及在偶然事件发生时或发生后，仍能保持必要的整体稳定性。

(2)适用性　结构在正常使用时具有良好的工作性能，如：不产生过大的变形、裂缝、振动等。

(3)耐久性　结构在正常使用和维护下具有足够的耐久性能，即不致因混凝土的老化、钢筋锈蚀等影响使用年限。

结构的安全性、适用性、耐久性三项功能要求可概括称为结构的可靠性。

所谓可靠性是指结构在规定的时间(设计使用年限)内，规定的条件(正常设计、正常施工、正常使用和维护)下，完成预定功能的能力。

结构在规定的时间内，规定的条件下，能够满足预定功能，称结构“可靠”或“有效”；反之，则称结构“不可靠”或“失效”。

注意，设计使用年限并不等同于结构的实际寿命，超过设计使用年限后，并不意味着结构就要报废，只是完成结构可靠性的能力逐渐下降。

9.2.2.3　结构的安全等级

建筑结构设计时，应根据结构破坏可能产生后果（危及人的生命、造成经济损失、产生社会影响等）的严重性，采用不同的安全等级。《工程结构可靠性设计统一标准》（GB 50153—2008）、《建筑结构可靠度设计统一标准》（GB 50068—2001）规定，将建筑结构分为三个安全等级，见表9-5。

表9-5　建筑结构的安全等级

安全等级	破坏后果	示例
一级	很严重：对人的生命、经济、社会或环境影响很大	大型的公共建筑等
二级	严重：对人的生命、经济、社会或环境影响较大	一般的建筑物
三级	不严重：对人的生命、经济、社会或环境影响较小	次要的建筑物

注：①建筑物中各类结构构件的安全等级，宜与整个结构的安全等级相同。对其中部分结构构件的安全等级可进行调整。对于结构中的重要构件和关键传力部位，宜适当提高安全等级。②房屋建筑结构抗震设计中的甲类建筑和乙类建筑，其安全等级宜规定为一级；丙类建筑，其安全等级宜规定为二级；丁类建筑，其安全等级宜规定为三级。

9.2.2.4　结构功能的极限状态

（1）极限状态概念　结构的极限状态是指整个结构或结构的一部分超过某一特定状态就不能满足设计规定的某一功能（安全、适用、耐久）的要求，此特定状态称为该功能的极限状态。极限状态是区分结构“可靠”“有效”；或“不可靠”“失效”的界限。

（2）极限状态分类　《建筑结构可靠度设计统一标准》依据结构的功能要求，将极限状态分为两类，均规定有明显的标志或限值。

1）承载能力极限状态　所谓承载能力极限状态是对应于结构或结构构件达到最大承载能力，出现疲劳破坏或不适于继续承载的变形，或结构的连续倒塌。它是安全性功能的界限，一旦超过这一极限状态就可能造成结构的整体倒塌或严重损坏，结构的安全性就会丧失，因此，所有结构和构件都必须进行承载能力极限状态的设计。

当结构或结构构件出现下列状态之一时，即可认为达到了承载能力极限状态：①整个结构或结构的一部分作为刚体失去平衡（如倾覆等）；②结构构件或连接因超过材料强度而破坏，或因过度变形而不适于继续承载；③结构转变为机动体系；④结构或结构构件丧失稳定（如压屈等）；⑤结构因局部破坏而发生连续倒塌；⑥地基丧失承载力而破坏；⑦结构或结构构件的疲劳破坏。

2）正常使用极限状态　所谓正常使用极限状态是对应于结构或结构构件达到正常使用的某项规定限值。分为不可逆正常使用极限状态（当产生超越正常使用要求的作用卸除后，该作用产生的后果不可恢复）和可逆正常使用极限状态（当产生超越正常使用要求的作用卸除后，该作用产生的后果可以恢复），它是适用性功能的界限，超过这种极限状态，结构或构件会失去适用性，但通常不会带来人身伤亡和重大经济损失，因此，在结构可靠性的保证程度上可以比承载能力极限状态稍低一些。

当结构或结构构件出现下列状态之一时，即可认为达到了正常使用极限状态：①影响正常使用的外观或变形；②影响正常使用或耐久性的局部损坏（包括裂缝）；③影响正常使用的振动；④影响正常使用的其他特定状态。

3）耐久性极限状态　所谓耐久性极限状态对应于结构或结构构件在环境影响下出现的劣化达到耐久性能的某项规定限值或标志。

结构的耐久性极限状态设计包括保证构件质量的预防性处理措施、减少侵蚀作用的局部环境改善措施、延缓构件出现损伤的表面防护措施和延缓材料性能劣化速度的保护措施。耐久性极限状态设计可采用以下方法设计：经验的方法（缺乏侵蚀作用或作用效应统计规律的结构或构件），半定量的方法（有一定统计规律的结构或构件），定量的方法（有相对完善的统计规律、有快速检验方法予以验证时可采用此方法）。

（3）结构的极限状态方程　结构和构件按极限状态进行设计，需要针对结构的功能要求，找出作用效应与结构抗力两大影响因素，据此来建立如下关系式：

$$Z = R - S = g(R,S) \tag{9-1}$$

式（9-1）称为极限状态方程。

当 $Z > 0$ 时，结构处于可靠状态；当 $Z < 0$ 时，结构处于失效状态；当 $Z = 0$ 时，结构处于极限状态。

极限状态设计时，应符合下列要求：

$$Z = R - S = g(R,S) \geqslant 0 \tag{9-2}$$

由于荷载效应和结构抗力的不确定性，因此极限状态设计需要应用概率论的知识来解决，这就是概率极限状态设计法。

（4）结构的可靠度和可靠指标　结构的可靠度是指结构在规定的时间内，规定的条件下，完成预定功能的概率。

假设荷载效应 S 和结构抗力 R 均服从正态分布，其平均值分别为 μ_S、μ_R，标准差分别为 σ_S、σ_R。由概率理论可得到 $Z = R - S$ 也服从正态分布，如图 9-1 所示。

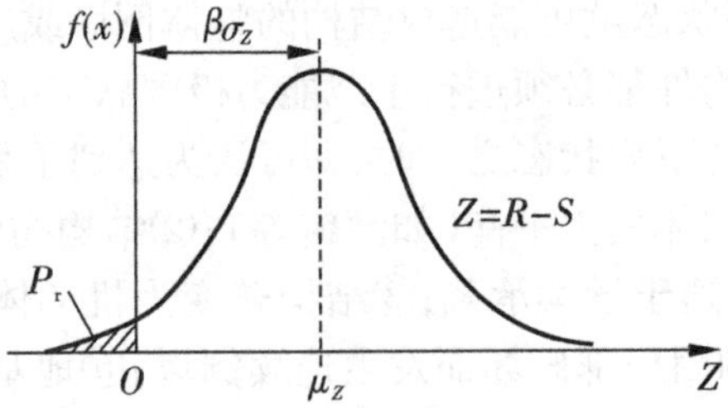

图 9-1　Z 的正态分布图

从图 9-1 可以看出，$Z \geqslant 0$ 的概率表达了结构可靠的概率，称为结构可靠度，用 P_S 表示,即结构能够完成预定功能的概率;$Z<0$ 的概率表达了结构不可靠的概率,称为失效概率,用 P_f 表示,即结构不能够完成预定功能的概率。

设 $\beta=\dfrac{\mu_Z}{\sigma_Z}$,则

$$\beta=\frac{\mu_Z}{\sigma_Z} \tag{9-3}$$

可以看出,β 值越大,失效概率 P_f 越小,可靠度 P_S 越大;β 值越小,失效概率 P_f 越大,可靠度 P_S 越小;β 和 P_f(或 P_S)存在一一对应的关系。因此我们把 β 称为结构的可靠指标。

(5)结构目标可靠指标　由于荷载效应和结构抗力的不确定性,要保证结构绝对安全可靠(即 $Z=R-S>0$ 永远成立)是不现实的。只能做到在绝大多数情况下使 $Z\geqslant0$,并使 $Z<0$ 的概率(失效概率 P_f)小到人们可以接受的程度,便认为结构是可靠的。

我国《建筑结构可靠度设计统一标准》(GB 50068—2018)规定了一般工业与民用建筑结构作为承载能力极限状态设计依据的可靠度指标,即目标可靠指标 $[\beta]$。

在工程设计中要求结构的可靠指标 $\beta\geqslant[\beta]$。$[\beta]$ 的取值见表 9-6。

表 9-6　结构构件承载能力极限状态的可靠指标

破坏类别	安全等级		
	一级	二级	三级
延性破坏	3.7	3.2	2.7
脆性破坏	4.2	3.7	3.2

在工程实践中直接按照目标可靠指标进行结构设计过于烦琐,广大工程设计人员不易接受。因此除了极为重要的结构(如核电站等)直接按照目标可靠指标进行结构设计外,对于一般性结构设计,采用了广大工程设计人员熟悉的以基本变量的标准值和分项系数表达的实用设计表达式。

9.2.3　实用设计表达式

在计算荷载效应时,取某一足够大的荷载值,则实际发生的荷载超过所取荷载值的概率就很小;在计算结构抗力 R 时,取某一足够低的材料强度指标,则结构中实际材料强度低于所取材料强度指标的概率也很小。

设计时荷载取值越大,出现超过所取荷载值的概率越小;设计时材料强度取值越低,出现低于所取材料强度值的概率也越小;从而可以达到使失效概率 P_f 也很小。

在给定的 $S<R$ 的设计表达式和给定的目标可靠指标的条件下,通过调整设计计算时的荷载和材料强度取值,就可以实现在满足设计表达式 $S<R$ 的情况下,达到所规定的目标可靠指标。

9.2.3.1　承载力极限状态设计表达式

进行承载能力极限状态设计时,对于持久和短暂设计状况应采用荷载效应的基本组

合，对于偶然设计状况应采用作用效应的偶然组合，对于地震设计状况应采用作用的地震组合。荷载效应的基本组合是指永久荷载和可变荷载的组合；偶然组合是永久荷载、可变荷载和一个偶然荷载的组合。

$$\gamma_0 S \leqslant R \tag{9-4}$$

式中 γ_0——结构重要性系，在持久设计状况和短暂设计状况下，对安全等级为一级或设计使用年限为100年及以上的结构构件不应小于1.1，对安全等级为二级或设计使用年限为50年的结构构件不应小于1.0，对安全等级为三级或设计使用年限为5年的结构构件不应小于0.9，对偶然设计状况和地震设计状况下不应小于1.0；

S——承载能力极限状态下荷载组合的效应设计值（M、V、N、T等）；

R——结构构件抗力设计值。

（1）荷载基本组合的效应设计值根据《建筑结构荷载规范》（GB 50009—2012）及《建筑结构可靠性设计统一标准》（GB 50068—2018）的规定，荷载效应组合的设计值 S 应符合式（9-5）规定（作用与作用效应按线性关系考虑时）：

$$S = \sum_{j=1}^{m} \gamma_{Gj} S_{Gjk} + \gamma_{Q1}\gamma_{L1} S_{Q1k} + \sum_{i=2}^{n} \gamma_{Qi}\gamma_{Li}\psi_{ci} S_{Qik} \tag{9-5}$$

式中 S_{Gjk}——第 j 个永久荷载标准值 G_k 引起的荷载效应；

S_{Q1k}——第1个可变荷载标准值 Q_{1k} 引起的荷载效应，该可变荷载标准值的效应大于其他任意第 i 个可变荷载标准值的荷载效应；

S_{Qik}——其他第 i 个可变荷载标准值引起的荷载效应；

γ_{Li}——第 i 个可变荷载考虑设计使用年限的调整系数，其中，γ_{L1} 为主导可变荷载 Q_1 考虑设计使用年限的调整系数［楼面和屋面活荷载考虑设计使用年限的调整系数取值为：设计使用年限为5年时，取0.9，设计使用年限为50年时，取1.0；设计使用年限为100年时，取1.1，其他设计使用年限可按线性内插法确定。若可变荷载标准值可控制时，调整系数取1.0；雪荷载和风荷载的设计使用年限取用重现期（50年）］；

n——参与组合的可变荷载数；

γ_{Gj}——第 j 个永久荷载的分项系数［当永久荷载效应对结构不利时，$\gamma_G = 1.3$；当永久荷载效应对结构有利时，不应大于1.0；当对结构的倾覆、滑移或漂浮验算时，应符合有关建筑结构设计规范规定］；

γ_{Qi}——第 i 个可变荷载的分项系数，在一般情况下，取 γ_Q 为1.5。

注意，在进行承载能力极限状态设计时，为了满足结构目标可靠指标的要求，需要在荷载代表值的基础上引入荷载分项系数予以考虑。通常把荷载代表值乘以荷载分项系数所得的值称为荷载设计值，由荷载设计值计算的荷载效应称为设计荷载效应，如设计弯矩、设计剪力等；同样，在计算结构抗力时，材料强度也应采用设计值，材料强度设计值是材料强度标准值除以大于1的材料分项系数后得到的。

（2）荷载效应的偶然组合可参阅《建筑结构荷载规范》（GB 50009—2012）。

9.2.3.2 正常使用极限状态设计表达式

对于正常使用极限状态,应根据不同的设计要求,采用荷载效应的标准组合或频遇组合、准久组合或标准组合,并应按下列表达式进行设计:

$$S \leqslant C \tag{9-6}$$

式中 C——结构或结构构件达到正常使用要求的规定限制,例如变形、裂缝等的限值。

对于不可逆的正常使用极限状态宜采用标准组合,对于可逆的正常使用极限状态宜采用频遇组合,对于长期效应是决定性因素的正常使用极限状态宜采用准永久组合。

正常使用极限状态下的荷载效应组合应按下列原则计算:

(1)荷载标准组合的效应设计值

$$S_k = \sum_{j=1}^{m} S_{Gjk} + S_{Q1k} + \sum_{i=2}^{n} \psi_{ci} S_{Qik} \tag{9-7}$$

(2)荷载准永久组合的效应设计值

$$S_q = \sum_{j=1}^{m} S_{Gjk} + \sum_{i=1}^{n} \psi_{qi} S_{Qik} \tag{9-8}$$

(3)荷载频遇组合的效应设计值

$$S_f = \sum_{j=1}^{m} S_{Gjk} + \psi_{f1} S_{Q1k} + \sum_{i=2}^{n} \psi_{qi} S_{Qik} \tag{9-9}$$

【例9-1】 一钢筋混凝土梁跨度为4 m,跨中承担集中恒荷载标准值 $G_k = 10$ kN,承担均布恒荷载标准值 $g_k = 8$ kN/m,承担均布活荷载标准值 $q_k = 6$ kN/m,二级安全等级,设计使用年限为50年,活荷载准永久值系数 $\psi_q = 0.4$,频遇值系数 $\psi_f = 0.5$,试求跨中截面的弯矩设计值 $\boldsymbol{M}$,及正常使用极限状态的标准组合、准永久组合和频遇组合下的跨中弯矩。

解 (1)计算各种荷载标准值作用下的跨中弯矩

永久荷载标准值作用下的跨中弯矩:

$$\boldsymbol{M}_{gk} = \frac{1}{8} g_k l^2 = \frac{1}{8} \times 8 \times 4^2 = 16 \text{ kN} \cdot \text{m}$$

$$\boldsymbol{M}_{Gk} = \frac{1}{4} G_k l = \frac{1}{4} \times 10 \times 4 = 10 \text{ kN} \cdot \text{m}$$

可变荷载标准值作用下的跨中弯矩:

$$\boldsymbol{M}_{qk} = \frac{1}{8} q_k l^2 = \frac{1}{8} \times 6 \times 4^2 = 12 \text{ kN} \cdot \text{m}$$

(2)设计弯矩 $\boldsymbol{M}$

$$\boldsymbol{M} = \gamma_0 [\gamma_G (\boldsymbol{M}_{gk} + \boldsymbol{M}_{Gk}) + \gamma_Q \gamma_L \boldsymbol{M}_{qk}] = 1.0 \times [1.3 \times (16 + 10) + 1.5 \times 1.0 \times 12]$$
$$= 51.8 \text{ kN} \cdot \text{m}$$

(3)标准组合 $\boldsymbol{M}_K$

$$\boldsymbol{M}_k = \boldsymbol{M}_{gk} + \boldsymbol{M}_{Gk} + \boldsymbol{M}_{qk} = 16 + 10 + 12 = 38 \text{ kN} \cdot \text{m}$$

(4)准永久组合 $\boldsymbol{M}_q$

$$\boldsymbol{M}_q = \boldsymbol{M}_{gk} + \boldsymbol{M}_{Gk} + \psi_q \boldsymbol{M}_{qk} = 16 + 10 + 0.4 \times 12 = 30.8 \text{ kN} \cdot \text{m}$$

(5)频遇组合 M_f

$$M_q = M_{gk} + M_{Gk} + \psi_f M_{qk} = 16 + 10 + 0.5 \times 12 = 32 \text{ kN} \cdot \text{m}$$

9.3 建筑抗震的基本知识

地震是一种危害极大的自然灾害。据统计,地球每年平均发生500万次左右的地震,其中5级以上的强烈地震约1000次左右,地震灾害不仅造成大量的人员伤亡,同时也造成巨大的经济损失。

我国是一个多地震的国家。1976年,唐山发生7.8级地震,造成24万多人死亡,房屋倒塌500多万间,直接经济损失54亿元,震后恢复与重建用了10年左右的时间才基本完成;2008年"5.12"汶川8级地震造成6.9万多人死亡和1.8万多人失踪,直接经济损失8451.4亿元。

为了抗御与减轻地震灾害,就必须进行建筑结构的抗震分析与抗震设计,这就是建筑结构的抗震设防问题。

9.3.1 地震的概念与分类

9.3.1.1 地震概念

地震是由于某种原因而引起的地面运动,是一种自然现象。

9.3.1.2 地震分类

地震按其成因可分为火山地震、陷落地震、诱发地震和构造地震。火山地震是由火山爆发所引起的,在我国很少见;陷落地震是由于溶洞或采空区等塌陷引起的地面振动;诱发地震主要是由于人工爆破、矿山开采及工程活动(如水库蓄水、深井注水、爆破等)所引发的地面振动,一般不太强烈;构造地震是由于地壳构造运动使岩层发生断裂、错动引起的地面振动,其发生频率高、分布广、危害大,占破坏性地震总量的90%以上。在建筑抗震设计中,主要考虑构造地震作用下的结构设防问题。

地震按其发生的部位,分为深源地震(震源深度大于300 km)、中源地震(震源深度为70~300 km)、浅源地震(震源深度小于70 km)。震源深度越小,地震造成的破坏性越大。

如图9-2所示,地震发生时因岩层断裂或错动而产生振动的部位,称为震源;震源至地面的垂直距离称为震源深度;震源正上方的地面位置称为震中;地面某处至震中的水平距离叫震中距;震中附近地面震动最厉害、也是破坏最严重的地区一般称为震中区或极震区;在同一地震中,具有相同破坏程度(烈度)的点连成的曲线称为等震线或等烈度线。

地震的破坏作用主要表现为以下三种形式:

(1)地表破坏　强烈地震发生后,在地震区常可看到地裂缝、喷砂冒水及滑坡、崩塌、沉陷等灾害现象。由此也将进一步导致建筑物的破坏。

(2)建筑物破坏　地震时,由于建筑物的惯性作用,使建筑物的受力方式发生改变,内力突然加大,导致承重结构的承载力不足、结构构件的连接强度不足或地基失效,从而造成建筑物遭到不同程度的破坏。

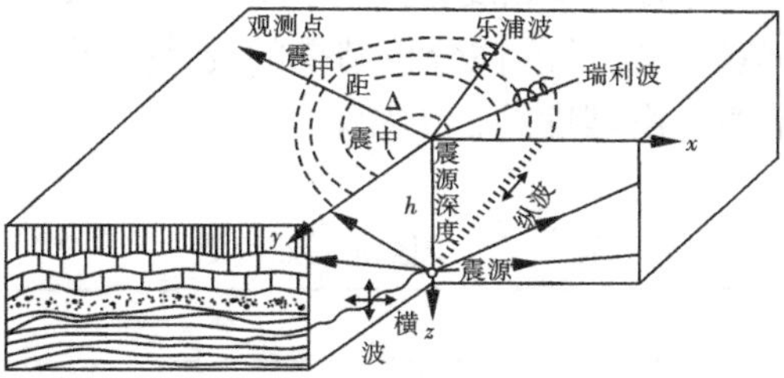

图 9-2　地震术语及波传播示意图

(3)次生灾害　次生灾害是指地震过程中或之后间接产生的灾害,比如火灾、水灾、污染、瘟疫、海啸等灾害。次生灾害产生的损失有时比直接灾害造成的损失更大。

9.3.2　地震的震级与烈度

9.3.2.1　地震震级

地震震级是衡量地震本身大小的一种度量,它表示一次地震释放能量的多少,所以一次地震只有一个震级。目前国际上通常采用里氏震级,震级 M 可按式 (9-10)计算:

$$M = \lg A \tag{9-10}$$

式中　A ——地震仪在距震中 100 km 处记录的以微米(μm)为单位的最大水平位移。

一般情况下,小于 2 级的地震,人们感觉不到,称为微震;2 ~ 4 级的地震震称为有感地震;大于 5 级的地震会造成明显的破坏,称为破坏性地震;7 ~ 8 级的地震则称为强烈地震或大地震;大于 8 级的地震称为特大地震。

9.3.2.2　地震烈度

地震烈度是指某一地点地面震动的强烈程度。由地面建筑的破坏程度,人的感觉,物体的振动及运动强烈程度(速度和加速度)等因素而定。为评定地震烈度而建立起来的标准叫地震烈度表,我国使用的是 12 度地震烈度表(表 9-7)。

在一次地震中,震级只有一个,但不同地点的地震烈度是不同的。一般而言,离震中越近,地震影响越大,地震烈度越高;离震中越远,地震影响越小,地震烈度越低。

由于同一个地区在不同时期可能遭遇不同大小的烈度,且出现的概率各不相同,分布规律如图 9-3 所示,即某地区可能发生小震,也可能发生中震和大震。为便于设计,我国对小震、中震和大震规定了具体的概率水准,分别对应的地震烈度为多遇地震烈度、基本烈度和罕遇地震烈度。

(1)基本烈度　基本烈度是指一个地区在 50 年期限内,在一般场地条件下可能遭遇超越概率为 10% 的地震烈度值,也称为中震烈度,其重现期为 475 年。

(2)多遇地震烈度　多遇地震烈度是指一个地区在 50 年期限内,在一般场地条件下可能遭遇超越概率为 63.2% 的地震烈度值,也称为小震烈度、众值烈度,其重现期为 50 年。

(3)罕遇地震烈度　罕遇地震烈度是指一个地区在 50 年期限内,在一般场地条件下可能遭遇超越概率为2%左右的地震烈度，也称为大震烈度，其重现期平均约为2000年。

通过对我国45个城镇的地震危险性分析结果的统计分析得到：基本烈度较多遇地震烈度约高1.55度，而较罕遇地震烈度约低1度。

表9-7 中国地震烈度表

地震烈度	评定指标								合成地震动的最大值	
	房屋震害			人的感觉	器物反应	生命线工程震害	其他震害现象	仪器测定的地震烈度 I_I	加速度/(m/s^2)	速度/(m/s)
	类型	震害程度	平均震害指数							
Ⅰ(1)	—	—	—	无感		—	—	$1.0 \leq I_I < 1.5$	1.80×10^{-2} ($<2.57\times10^{-2}$)	1.21×10^{-3} ($<1.77\times10^{-3}$)
Ⅱ(2)	—	—	—	室内个别静止中的人有感觉，个别较高楼层中的人有感觉		—	—	$1.5 \leq I_I < 2.5$	3.69×10^{-2} (2.58×10^{-2}～5.28×10^{-2})	2.59×10^{-3} (1.78×10^{-3}～3.81×10^{-3})
Ⅲ(3)	—	门、窗轻微作响	—	室内少数静止中的人有感觉，少数较高楼层中的人有明显感觉	悬挂物微动	—	—	$2.5 \leq I_I < 3.5$	7.57×10^{-2} (5.29×10^{-2}～1.08×10^{-1})	5.58×10^{-3} (3.82×10^{-3}～8.19×10^{-3})
Ⅳ(4)	—	门、窗作响	—	室内多数人、室外少数人有感觉，少数人睡梦中惊醒	悬挂物明显摆动，器皿作响	—	—	$3.5 \leq I_I < 4.5$	1.55×10^{-1} (1.09×10^{-1}～2.22×10^{-1})	1.20×10^{-2} (8.20×10^{-3}～1.76×10^{-2})

续表 9–7

地震烈度	评定指标								合成地震动的最大值	
	房屋震害			人的感觉	器物反应	生命线工程震害	其他震害现象	仪器测定的地震烈度 I_I	加速度/(m/s^2)	速度/(m/s)
	类型	震害程度	平均震害指数							
V(5)	—	门窗、屋顶、屋架颤动作响,灰土掉落,个别房屋墙体抹灰出现细微裂缝,个别老旧A1类或A2类房屋墙体出现轻微裂缝或原有裂缝扩展,个别屋顶烟囱掉砖,个别檐瓦掉落	—	室内绝大多数、室外多数人有感觉,多数人睡梦中惊醒,少数人惊逃户外	悬挂物大幅度晃动,少数架上小物品、个别顶部沉重或放置不稳定器物摇动或翻倒,水晃动并从盛满的容器中溢出	—	—	$4.5 \leqslant I_I < 5.5$	3.19×10^{-1} (2.23×10^{-1} ~ 4.56×10^{-1})	2.59×10^{-2} (1.77×10^{-2} ~ 3.80×10^{-2})
Ⅵ(6)	A1	少数轻微破坏和中等破坏,多数基本完好	0.02 ~ 0.17	多数人站立不稳,多数人惊逃户外	少数轻家具和物品移动,少数顶部沉重的器物翻倒	个别梁桥挡块破坏,个别拱桥主拱圈出现裂缝及桥台开裂;个别主变压器跳闸;个别老旧支线管道有破坏,局部水压下降	河岸和松软土地出现裂缝,饱和砂层出现喷砂冒水;个别独立砖烟囱轻度裂缝	$5.5 \leqslant I_I < 6.5$	6.53×10^{-1} (4.57×10^{-1} ~ 9.36×10^{-1})	5.57×10^{-2} (3.81×10^{-2} ~ 8.17×10^{-2})
	A2	少数轻微破坏和中等破坏,大多数基本完好	0.01 ~ 0.13							
	B	少数轻微破坏和中等破坏,大多数基本完好	≤0.11							
	C	少数或个别轻微破坏,绝大多数基本完好	≤0.06							
	D	少数或个别轻微破坏,绝大多数基本完好	≤0.04							

续表 9–7

地震烈度	评定指标								合成地震动的最大值	
	房屋震害			人的感觉	器物反应	生命线工程震害	其他震害现象	仪器测定的地震烈度 I_I	加速度/(m/s^2)	速度/(m/s)
	类型	震害程度	平均震害指数							
Ⅶ(7)	A1	少数严重破坏和毁坏,多数中等破坏和轻微破坏	0.15 ~ 0.44	大多数人惊逃户外,骑自行车的人有感觉,行驶中的汽车驾乘人员有感觉	物品从架子上掉落,多数顶部沉重的器物翻倒,少数家具倾倒	少数梁桥挡块破坏,个别拱桥主拱圈出现明显裂缝和变形以及少数桥台开裂;个别变压器的套管破坏,个别瓷柱型高压电气设备破坏;少数支线管道破坏,局部停水	河岸出现塌方,饱和砂层常见喷水冒砂,松软土地上地裂缝较多;大多数独立砖烟囱中等破坏	$6.5 \le I_I < 7.5$	1.35 (9.37×10^{-1} ~ 1.94)	1.20×10^{-1} (8.18×10^{-2} ~ 1.76×10^{-1})
	A2	少数中等破坏,多数轻微破坏和基本完好	0.11 ~ 0.31							
	B	少数中等破坏,多数轻微破坏和基本完好	0.09 ~ 0.27							
	C	少数轻微破坏和中等破坏,多数基本完好	0.05 ~ 0.18							
	D	少数轻微破坏和中等破坏,大多数基本完好	0.04 ~ 0.16							
Ⅷ(8)	A1	少数毁坏,多数中等破坏和严重破坏	0.42 ~ 0.62	多数人摇晃颠簸,行走困难	除重家具外,室内物品大多数倾倒或移位	少数梁桥梁体移位、开裂及多数挡块破坏,少数拱桥主拱圈开裂严重;少数变压器的套管破坏,个别或少数瓷柱型高压电气设备破坏;多数支线管道及少数干线管道破坏,部分区域停水	干硬土地上出现裂缝,饱和砂层绝大多数喷砂冒水;大多数独立砖烟囱严重破坏	$7.5 \le I_I < 8.5$	2.79 (1.95 ~ 4.01)	2.58×10^{-1} (1.77×10^{-1} ~ 3.78×10^{-1})
	A2	少数严重破坏,多数中等破坏和轻微破坏	0.29 ~ 0.46							
	B	少数严重破坏和毁坏,多数中等和轻微破坏	0.25 ~ 0.50							
	C	少数中等破坏和严重破坏,多数轻微破坏和基本完好	0.16 ~ 0.35							
	D	少数中等破坏,多数轻微破坏和基本完好	0.14 ~ 0.27							

续表 9-7

<table>
<tr><th rowspan="3">地震烈度</th><th colspan="8">评定指标</th><th colspan="2">合成地震动的最大值</th></tr>
<tr><th colspan="3">房屋震害</th><th rowspan="2">人的感觉</th><th rowspan="2">器物反应</th><th rowspan="2">生命线工程震害</th><th rowspan="2">其他震害现象</th><th rowspan="2">仪器测定的地震烈度 I_I</th><th rowspan="2">加速度/(m/s²)</th><th rowspan="2">速度/(m/s)</th></tr>
<tr><th>类型</th><th>震害程度</th><th>平均震害指数</th></tr>
<tr><td rowspan="5">Ⅸ(9)</td><td>A1</td><td>大多数毁坏和严重破坏</td><td>0.60 ~ 0.90</td><td rowspan="5">行动的人摔倒</td><td rowspan="5">室内物品大多数倾倒或移位</td><td rowspan="5">个别梁桥桥墩局部压溃或落梁，个别拱桥垮塌或濒于垮塌；多数变压器套管破坏、少数变压器移位，少数瓷柱型高压电气设备破坏；各类供水管道破坏、渗漏广泛发生，大范围停水</td><td rowspan="5">干硬土地上多处出现裂缝，可见基岩裂缝、错动，滑坡、塌方常见；独立砖烟囱多数倒塌</td><td rowspan="5">$8.5 \leq I_I < 9.5$</td><td rowspan="5">5.77 (4.02 ~ 8.30)</td><td rowspan="5">5.55×10^{-1} (3.79×10^{-1} ~ 8.14×10^{-1})</td></tr>
<tr><td>A2</td><td>少数毁坏，多数严重破坏和中等破坏</td><td>0.44 ~ 0.62</td></tr>
<tr><td>B</td><td>少数毁坏，多数严重破坏和中等破坏</td><td>0.48 ~ 0.69</td></tr>
<tr><td>C</td><td>多数严重破坏和中等破坏，少数轻微破坏</td><td>0.33 ~ 0.54</td></tr>
<tr><td>D</td><td>少数严重破坏，多数中等破坏和轻微破坏</td><td>0.25 ~ 0.48</td></tr>
<tr><td rowspan="5">Ⅹ(10)</td><td>A1</td><td>绝大多数毁坏</td><td>0.88 ~ 1.00</td><td rowspan="5">骑自行车的人会摔倒，处不稳状态的人会摔离原地，有抛起感</td><td rowspan="5">—</td><td rowspan="5">个别梁桥桥墩压溃或折断，少数落梁，少数拱桥垮塌或濒于垮塌；绝大多数变压器移位、脱轨，套管断裂漏油，多数瓷柱型高压电气设备破坏；供水管网毁坏，全区域停水</td><td rowspan="5">山崩和地震断裂出现；大多数独立砖烟囱从根部破坏或倒毁</td><td rowspan="5">$9.5 \leq I_I < 10.5$</td><td rowspan="5">1.19×10^{1} (8.31 ~ 1.72×10^{1})</td><td rowspan="5">1.19 (8.15×10^{-1} ~ 1.75)</td></tr>
<tr><td>A2</td><td>大多数毁坏</td><td>0.60 ~ 0.88</td></tr>
<tr><td>B</td><td>大多数毁坏</td><td>0.67 ~ 0.91</td></tr>
<tr><td>C</td><td>大多数严重破坏和毁坏</td><td>0.52 ~ 0.84</td></tr>
<tr><td>D</td><td>大多数严重破坏和毁坏</td><td>0.46 ~ 0.84</td></tr>
</table>

续表 9–7

地震烈度	评定指标								合成地震动的最大值	
	房屋震害			人的感觉	器物反应	生命线工程震害	其他震害现象	仪器测定的地震烈度 I_I	加速度/ (m/s^2)	速度/ (m/s)
	类型	震害程度	平均震害指数							
Ⅺ (11)	A1	绝大多数毁坏		—	—	—	地震断裂延续很大；大量山崩滑坡	$10.5 \leqslant I_I < 11.5$	2.47×10^1 (1.73×10^1 ~ 3.55×10^1)	2.57 (1.76 ~ 3.77)
	A2									
	B									
	C									
	D									
Ⅻ (12)	各类	几乎全部毁坏		—	—	—	地面剧烈变化，山河改观	$11.5 \leqslant I_I < 12.0$	$>3.55 \times 10^1$	>3.55

注 1："—"表示无内容。

注 2：表中给出的合成地震动的最大值为所对应的仪器测定的地震烈度中值，加速度和速度数值分别对应附录 A 中公式（A.5）的 PGA 和公式（A.6）的 PGV；括号内为变化范围。

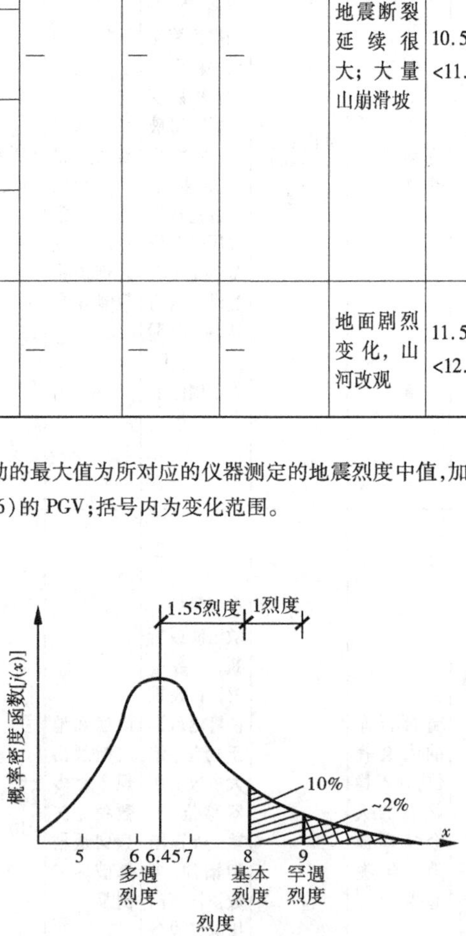

图 9–3 三种烈度含义及其关系

9.3.3 建筑抗震设防分类和设防标准

建筑抗震设防是指对建筑进行抗震概念设计、计算设计和采取抗震构造措施，以求达到抗震的效果和目的。抗震设防的依据是抗震设防烈度。

9.3.3.1　抗震设防烈度

抗震设防烈度是一个地区进行抗震设防应依据的地震烈度,必须按国家规定的权限审批、颁发的文件(图件)确定。一般情况下,某个地区抗震设防烈度通常采用该地区的基本烈度。《建筑抗震设计规范》(GB 50011—2010)(以下简称《抗震规范》)规定,抗震设防烈度为6度及以上地区的建筑,必须进行抗震设计。根据这一方针,我国地震设防区面积约占国土面积的60%。

9.3.3.2　抗震设防要求及设计方法

工程抗震设防的基本目的是以现有的科学水平为前提,在一定的经济条件下,最大限度的限制和减轻建筑物的地震破坏,保障人民生命财产的安全。为了实现这一目的,我国采用了“小震不坏、中震可修、大震不倒”这一设计思想作为抗震设防目标。

对应于上述设计准则,《抗震规范》明确提出了三个水准的抗震设防要求。

第一水准:当遭受低于本地区抗震设防烈度的多遇地震影响时,建筑一般不受损坏或不需修理仍可继续使用,即保证小震不坏。

第二水准:当遭受相当于本地区抗震设防烈度的地震影响时,建筑可能损坏,经一般修理或不需修理仍可继续使用,即保证中震可修。

第三水准:当遭受高于本地区抗震设防烈度预估的罕遇地震影响时,建筑不致倒塌或发生危及生命的严重破坏,即保证大震不倒。

三个水准的抗震设防要求,在具体做法上是采用简化的两阶段设计方法实现的。

第一阶段设计:对绝大多数结构进行多遇地震作用下的结构和构件承载力验算和结构弹性变形验算,并对各类结构按规定要求采取抗震措施,保证小震不坏和中震可修。

第二阶段设计:对一些规范规定的结构进行罕遇地震下的弹塑性变形验算,保证大震不倒。

9.3.3.3　建筑抗震设防分类

不同使用性质的建筑,其受地震破坏时造成的后果不一样,抗震要求的标准也不应一样。为此,我国《建筑工程抗震设防分类标准》(GB 50223—2008)将建筑工程分为甲、乙、丙、丁四类。

(1)特殊设防类　特殊设防类指使用上有特殊设施,涉及国家公共安全的重大建筑工程和地震时可能发生严重次生灾害等特别重大灾害后果,需要进行特殊设防的建筑,简称甲类。如国家和区域的电力调度中心、三级医院中承担特别重要医疗任务的门诊、住院用房等,承担研究、中试和存放剧毒的高危险传染病病毒任务的疾病预防与控制中心的建筑或其区段、存放具有高放射性物品的建筑。

(2)重点设防类　重点设防类指地震时使用功能不能中断或需尽快恢复的生命线相关建筑,以及地震时可能导致大量人员伤亡等重大灾害后果,需要提高设防标准的建筑,简称乙类。如省、自治区、直辖市的电力调度中心,特大型的体育场,大型博物馆,特级、甲级档案馆,大型展览馆,会展中心,幼儿园、小学、中学的教学用房以及学生宿舍和食堂、结构单元内经常使用人数超过8000人的高层建筑,省中心及省中心以上通信枢纽楼,长途传输一级干线枢纽站,国内卫星通信地球站,本地网通枢纽楼及通信生产楼,应急通信用房等。

(3)标准设防类　标准设防类指大量的除(1)、(2)、(4)款以外按标准要求进行设防的建筑,简称丙类。如居住建筑等。

(4)适度设防类　适度设防类指使用上人员稀少且震损不致产生次生灾害,允许在一定条件下适度降低要求的建筑,简称丁类。如一般的仓库、人员较少的辅助建筑等。

9.3.3.4 建筑抗震设防标准

建筑抗震设防标准是衡量建筑抗震能力要求高低的综合尺度。各抗震设防类别建筑的抗震设防标准,应符合下列要求:

(1)标准设防类　应按本地区抗震设防烈度确定其抗震措施和地震作用,达到在遭遇高于当地抗震设防烈度的预估罕遇地震影响时不致倒塌或发生危及生命安全的严重破坏的抗震设防目标。

(2)重点设防类　应按高于本地区抗震设防烈度提高一度的要求加强其抗震措施;但抗震设防烈度为9度时应按比9度更高的要求采取抗震措施;地基基础的抗震措施,应符合有关规定。同时,应按本地区抗震设防烈度确定其地震作用。

(3)特殊设防类　应按高于本地区抗震设防烈度提高一度的要求加强其抗震措施;但抗震设防烈度为9度时应按比9度更高的要求采取抗震措施。同时,应按批准的地震安全性评价的结果且高于本地区抗震设防烈度的要求确定其地震作用。

(4)适度设防类　允许比本地区抗震设防烈度的要求适当降低其抗震措施,但抗震设防烈度为6度时不应降低。一般情况下,仍应按本地区抗震设防烈度确定其地震作用。

注意:对于划为重点设防类而规模很小的工业建筑,当改用抗震性能较好的材料且符合抗震设计规范对结构体系的要求时,允许按标准设防类设防。

9.3.4 抗震设计基本要求

一般来说,建筑抗震设计包括三个层次的要求:抗震概念设计、抗震计算设计与抗震构造措施。

抗震概念设计是根据地震灾害和工程经验等所形成的基本设计原则和设计思想,进行建筑和结构总体布置并确定细部构造的过程。其内容主要有三个部分:建筑设计应重视建筑结构的规则性;合理的建筑结构体系选择;抗侧力结构和构件的延性设计。

抗震计算设计是基于地震作用效应的定量分析。抗震设防烈度为6度时,除《抗震规范》有具体规定外,对乙、丙、丁类的建筑可不进行地震作用计算。

抗震构造措施是根据抗震概念设计原则,一般不需计算而对结构和非结构各部分必须采取的各种细部要求。抗震措施是指除地震作用计算和抗力计算以外的抗震设计内容,包括抗震构造措施。

概念设计在总体上把握抗震设计的基本原则,是抗震设计的核心;抗震计算为建筑抗震设计提供定量手段;构造措施则可以在保证结构整体性、加强局部薄弱环节等意义上保证抗震计算结果的有效性。抗震设计上述三个层次的内容是一个不可割裂的整体,忽略任何一部分,都可能造成抗震设计的失败。

抗震概念设计主要有以下内容:

(1)选择对抗震有利的场地、地基、基础;

(2)选择有利于抗震的建筑平面和建筑立面；

(3)选择合理的抗震结构体系；

(4)结构构件的设计、结构各构件之间的连接，应符合结构整体性要求；

(5)处理好非结构构件；

(6)合理选用材料，保证施工质量。

基础知识与技能训练

基础知识训练

一、填空题

1. 建筑结构是指____。

2. 房屋建筑结构一般由下列构件组成__________、__________、__________、__________、__________等。

3. 作用分为__________和__________。

4. 组成建筑结构的构件按受力特点不同可分为__________、__________、__________和__________等构件。

5. 混凝土结构是__________、__________和__________的统称。

6. 建筑结构的功能要求包括__________、__________、__________。

7. 永久荷载代表值是__________，可变荷载代表值有__________、__________、__________、__________四种。

8. 在进行准永久组合时，可变荷载应采用__________值。

9. 荷载设计值是指__________。

10. 结构功能的极限状态包括__________、__________和__________。

11. 永久荷载分项系数的取值：当对结构不利时，由可变荷载起控制作用取值为__________，由永久荷载起控制作用取值为__________；当对结构有利时，取值为__________。

12. 可变荷载的分项系数一般取值为__________，当工业房屋楼面活荷载标准值大于4 kN/m^2时，取值为__________。

13. 房屋建筑结构的设计基准期为__________。

14. 承载能力极限状态设计时，材料强度应取用__________值。

15. 荷载效应的基本组合是指__________。

16. 抗震设防的目标是__________、__________和__________。

17. 居住建筑属于抗震设防类别中的__________。

18. 一个地区在50年期限内，在一般场地条件下可能遭遇超越概率为10%的地震烈度称为__________。

19. 某地区的基本烈度为7度，那么在该地区建造中学的教学楼和学生宿舍时，应按__________度采取抗震措施。

20. 建筑物的抗震设防类别分为__________、__________、__________、__________四类。

二、选择题

1. 结构上的作用分为如下两类时,其中前者也称为荷载的是(　　)。

A. 永久作用和可变作用　　B. 可变作用和永久作用

C. 间接作用和直接作用　　D. 直接作用和间接作用

2. 下列荷载中,不属于可变荷载范畴的是(　　)。

A. 屋面活荷载　B. 风荷载　C. 吊车荷载　D. 爆炸力

3. 下列不属于正常使用极限状态的情况有(　　)。

A. 雨篷倾倒　　B. 现浇双向板楼面在人行走动中震动较大

C. 连续梁中间支座产生塑性铰　　D. 雨篷梁出现裂缝

4. 结构的功能要求概括为(　　)。

A. 强度,变形,稳定　　B. 实用,经济,美观

C. 安全性、适用性和耐久性　　D. 承载力,正常使用

5. 下列情况下,构件超过承载能力极限状态的是(　　)。

A. 在荷载作用下产生较大的变形而影响使用

B. 构件在动力荷载作用下产生较大的振动

C. 构件受拉区混凝土出现裂缝

D. 构件因过度变形而不适于继续承载

6. 下列情况中,构件超过正常使用极限状态的是(　　)。

A. 构件因过度变形而不适于继续承载

B. 构件丧失稳定

C. 构件在荷载作用下产生较大的变形而影响使用

D. 构件因超过材料强度而破坏

7. 设计使用年限为50年的房屋结构,其重要性系数 γ_0 不应(　　)。

A. 大于1.1　B. 小于1.1　C. 大于1.0　D. 小于1.0

8. 当结构功能函数 $Z = R - S$ 满足(　　)条件,表明结构处于失效状态。

A. 大于0　B. 等于0　C. 小于0　D. 小于等于0

9. 建筑结构抗震设防包括以下内容(　　)。

A. 计算设计　B. 概念设计　C. 抗震措施　D. 构件连接设计

10. 实际地震烈度与下列何种因素有关(　　)。

A. 建筑物类型　B. 离震中的距离　C. 行政区划　D. 城市大小

三、判断题

1. 活载的准永久值,可以认为经常持续作用在结构上的那部分活载值。(　　)

2. 在进行构件承载力计算时,荷载应取用设计值。(　　)

3. 在进行变形与裂缝宽度验算时,荷载应取设计值。(　　)

4. 荷载设计值永远比荷载标准值大。(　　)

5. 结构使用年限超过设计基准期后,结构可靠性降低。(　　)

6. 结构的失效概率越小,则结构的可靠指标越大,结构越可靠。(　　)

四、简答题

1. 如何对建筑结构进行分类？其各自的适用范围是什么？

2. 钢筋和混凝土共同工作的原因是什么？

3. 什么是荷载效应？什么是结构抗力？为什么说 S 和 R 都是随机变量？

4. 建筑结构的安全等级是怎样划分的？在截面极限状态设计表达式中是怎样体现的？

5. 何谓结构的可靠性与可靠度？

6. 截面承载力计算的极限状态设计表达式是什么？结构的可靠度在表达式中是怎样体现的？

技能训练

1. 观察各种类型房屋，判断它们属于什么类型的结构。

2. 举例说明结构上的作用与荷载。

3. 试说明悬臂构件的抗倾覆验算、受弯构件的抗剪计算、钢筋混凝土梁的挠度验算，各属于哪类极限状态的验算？

4. 已知某钢筋混凝土简支梁，截面尺寸为 250 mm×600 mm，跨度为 4.8 m，跨中作用 100 kN 的集中可变荷载标准值（设其准永久值系数 0.5），求跨中弯矩在承载力计算与正常使用验算时的各种代表值。

5. 某宿舍楼的内廊为支承在砖墙上的现浇钢筋混凝土板，计算跨度 2.56 m，板厚 100 mm，楼面材料做法：水磨石地面（标准重度为 0.65 kN/m^2），板底抹灰为 20 mm 厚的混合砂浆，楼面活荷载标准值为 2 kN/m^2，试计算该楼板跨中弯矩设计值。

模块10 混凝土结构基本构件

* 学习任务与目标

学习任务

1. 熟悉钢筋和混凝土的力学性能，熟悉钢筋和混凝土的黏结性能以及混凝土的耐久性要求。

2. 掌握普通混凝土构件（受弯构件、受压构件、受拉构件和受扭构件）的概念、受力特点及基本构造；熟悉普通混凝土构件的破坏特征及其基本公式和应用。

3. 了解预应力混凝土的概念、特点，构件生产方法以及材料要求、预应力损失的种类和预应力构件的构造。

知识目标

1. 掌握钢筋的种类、力学特点及强度指标；掌握混凝土的几个强度指标及其应用；掌握混凝土的变形性能；熟悉混凝土结构耐久性的要求，了解钢筋与混凝土的黏结作用，掌握锚固长度的概念和钢筋的连接方式及要求。

2. 掌握普通混凝土构件（受弯构件、受压构件、受拉构件和受扭构件）的概念、受力特点及基本构造；掌握普通混凝土构件的破坏特征及其基本公式和应用。

3. 熟悉受拉构件、受扭构件的概念及破坏特征，掌握受拉构件、受扭构件的构造；了解受拉构件的计算公式及应用；了解纯扭构件及弯剪扭构件的受力特点和计算方法。

4. 了解预应力混凝土的概念、特点及应用；熟悉预应力混凝土构件的生产方法；掌握预应力混凝土的材料要求；掌握预应力损失的种类及组合；熟悉预应力混凝土构件的基本构造。

技能目标

1. 能正确选用钢筋和混凝土，明确结构施工图中混凝土的强度等级和各种钢筋的名称；熟悉钢筋和混凝土的质量检查指标，了解钢筋和混凝土的试验方法和标准。

2. 能看懂梁、柱的结构施工图，明确梁、柱中各种钢筋的名称、作用，分析梁、柱的受力及配筋情况，评价钢筋的合理性，并指导钢筋下料；能分析并解决工程中梁、柱的一些钢筋构造问题。

3. 熟悉受拉构件中各种钢筋的名称、作用，能分析并解决工程中受拉构件的一些钢筋构造问题。

4. 能看懂受扭构件的结构施工图，明确受扭构件中各种钢筋的名称、作用，分析受扭构件的受力及配筋情况，并能指导钢筋下料；能分析并解决工程中受扭构件的一些钢筋构造问题。

5. 能进行预应力混凝土材料的选择，明确施工中减小预应力损失的措施，能识读预应力混凝土结构施工图。

10.1　混凝土结构材料的力学性能

10.1.1　钢筋

钢筋是钢材的主要使用形式之一，建筑结构中用的钢筋，要求具有较高的强度、良好的塑性、良好的加工性能以及与混凝土具有较好的握裹力。要正确地选用钢筋，必须熟悉钢筋的种类和力学性能。

10.1.1.1　钢筋的种类和规格

混凝土结构中使用的钢筋按照加工工艺的不同，主要有以下几种：

(1)热轧钢筋　热轧钢筋是低碳钢、普通低合金钢在高温状态下轧制而成，包括热轧光面钢筋(即HPB系列钢筋)、热轧带肋钢筋(即HRB系列钢筋)和细晶粒热轧带肋钢筋(即HRBF系列钢筋)。其中，HRBF系列钢筋是在热轧过程中经过控轧和控冷工艺形成的细晶粒钢筋。强度等级分为300 MPa、335 MPa、400 MPa和500 MPa四级。300 MPa级的只有HPB300一种牌号，为光面钢筋，335 MPa、400 MPa和500 MPa的钢筋各有两种牌号(HRB系列和HRBF系列)，为带肋钢筋。

(2)余热处理钢筋　余热处理钢筋是钢筋热轧后立即穿水，进行表面冷却，然后利用芯部自身余热完成回火处理所得。常用的余热处理钢筋有RRB400钢筋。

(3)中强度预应力钢丝　中强度预应力钢丝是由钢丝经冷加工或冷加工后热处理制成，按表面形状分为光面钢丝和变形钢丝两种，强度标准值800～1270 MPa，直径4～9 mm，常用5 mm、7 mm、9 mm三种直径，以盘圆形式供应。

(4)预应力螺纹钢筋　预应力螺纹钢筋精轧螺纹钢筋，采用热轧、轧后余热处理或热处理等工艺制成，表面形状为螺旋纹，公称直径18～50 mm，常用18 mm、25 mm、32 mm、40 mm、50 mm，强度标准值980～1230 MPa，以直条形式供应。

(5)消除应力钢丝　消除应力钢丝是由高碳镇静钢轧制成的光面盘条钢筋，经冷拔和回火处理消除残余应力后制成的，主要有光面钢丝和螺旋肋钢丝，强度标准值 1470～1860 MPa，公称直径主要有 5 mm、7 mm、9 mm 三种，塑性好，低松弛。

(6)钢绞线　钢绞线是由多股消除应力钢丝围绕一根直径较粗的钢丝用绞盘绞结而成，钢绞线可分 3 股(公称直径有 8.6 mm、10.8 mm、12.9 mm)和 7 股(公称直径有9.5 mm、12.7 mm、15.2 mm、17.8 mm、21.6 mm)两种。强度高(标准值 1570～1960 MPa)、低松弛，比较柔软，盘弯方便，黏结性好。

一般情况下，直径不小于 6 mm 的称钢筋，直径不大于 5 mm 的称钢丝，但界限不很严格。工程施工中，钢筋的供应方式有盘圆和直条供应两种方式，一般直径小于等于 10 mm 的光面钢筋采用盘圆方式供应，其他均为直条方式供应。

在上述钢筋种类中，热轧钢筋为有明显屈服点和流幅的钢筋(称为软钢)，消除应力钢丝、钢绞线均为无明显流幅的钢筋(称为硬钢)。

10.1.1.2　钢筋的受力特点

(1)有明显流幅的钢筋　热轧钢筋有明显的屈服点，破坏过程经历弹性阶段、屈服阶段、强化阶段和破坏阶段。对这类钢筋有两个强度指标：一是钢筋屈服强度，它是钢筋混凝土构件计算时钢筋所采用的强度限值。这是因为钢筋屈服后所出现的屈服台阶(流幅)是一个不可恢复的塑性变形，会使构件变形和裂缝大大增加以致无法使用；另一个强度指标极限抗拉强度，这是钢筋所能达到的最大强度，而屈服强度与极限强度之比称为屈强比，屈强比的大小反映了结构可靠性潜力的高低。抗震结构中要求屈强比不大于 0.8。

除强度指标外，钢筋还应具有一定的塑性变形能力。反映钢筋塑性性能的基本指标是伸长率和冷弯性能。钢筋拉断后的伸长值与原长的比率称为伸长率，伸长率越大的钢筋塑性越好，拉伸前有足够的伸长，使构件的破坏有预兆，反之构件的破坏具有突发性而呈现脆性。

为了使钢筋在加工成型时不发生断裂，要求钢筋具有一定的冷弯性能。冷弯是在常温下将直径为 d 的钢筋绕某一规定直径为 D 的钢辊进行弯曲，在达到规定的冷弯角度(180°)时钢筋不发生裂纹、鳞落或断裂，就表示合格。

《混凝土结构设计规范》(GB 50010—2010)规定了各种钢筋在最大力下所必须达到的伸长率的最小值见表 10-1。

表 10-1　各种钢筋伸长率及冷弯试验要求

钢筋品种	HPB300	HRB335、HRB400、HRB500 HRBF335、HRBF400、HRBF500	预应力钢筋
伸长率 δ_{gt}/%	10.0	7.5	3.5

(2)无明显流幅的钢筋　消除应力钢丝、钢绞线的拉伸破坏没有明显的屈服阶段，对该类钢筋通常取相应于残余应变为 0.2% 的应力 $\sigma_{0.2}$ 作为假想屈服点(或称条件屈服点)，这类钢筋主要用作预应力钢筋。

检查钢筋质量应从强度和塑性两个方面来进行，对于有明显流幅的钢筋应检验屈服强度、极限抗拉强度、伸长率、冷弯性能四项指标；对于无明显流幅的钢筋应检验极限抗拉强度、伸长率、冷弯性能三项指标。

10.1.1.3　钢筋的设计指标

钢筋强度是一个随机变量，针对不同的设计情况，设计时要取用一个确定的量值来计算。

（1）材料强度标准值　材料强度标准值是结构设计时所采用的材料强度的基本代表值，通常可取其概率分布的 0.05 分位数确定，具有不小于 95% 的保证率。在进行正常使用极限状态设计时，材料强度应采用标准值。

（2）材料强度设计值　材料强度设计值是在承载能力极限状态设计中（根据目标可靠度的需要）采用的材料强度代表值。它是在标准值的基础上除以材料分项系数（系数大于 1）得到的。

普通钢筋强度标准值见表 10-2，预应力钢筋强度标准值见表 10-3，普通钢筋强度设计值见表 10-4，预应力钢筋强度设计值见表 10-5，各种钢筋的弹性模量（钢筋在弹性范围内应力与应变的比值，用 E_S 表示）见表 10-6。

当构件中配有不同种类的钢筋时，每种钢筋应采用各自的强度设计值。横向钢筋的抗拉强度设计值 f_{yv} 应按表中 f_y 的数值采用；但用作受剪、受扭、受冲切承载力计算时，其数值大于 360 N/mm^{2}时应取 360 N/mm^2。

表 10-2　普通钢筋强度标准值

牌号	符号	公称直径 d/mm	屈服强度标准值 f_{yk}/（N/mm^2）	极限抗拉强度标准值 f_{stk}/（N/mm^2）
HPB300	Φ	6～22	300	420
HRB335	Φ	6～50	335	455
HRBF335	Φ^{F}			
HRB400	Φ	6～50	400	540
HRBF400	Φ^{F}			
RRB400	Φ^{R}			
HRB500	Φ	6～50	500	630
HRBF500	Φ^{F}			

表 10-3　预应力钢筋强度标准值

种类		符号	d/mm	屈服强度标准值 f_{pyk}/(N/mm²)	极限强度标准值 f_{ptk}/(N/mm²)
钢绞线	1×3(三股)	φ^S	8.6、10.8、12.9	—	1570
				—	1860
				—	1960
	1×7(七股)		9.5、12.7、15.2、17.8	—	1720
				—	1860
				—	1960
			21.6	—	1860
消除应力钢丝	光面螺旋肋	φ^P φ^H	5	—	1570
				—	1860
			7	—	1570
			9	—	1470
				—	1570
预应力螺纹钢筋	螺纹	φ^T	18、25	785	980
			32	930	1080
			40、50	1080	1230
中强度预应力钢丝	光面螺旋肋	φ^{PM} φ^{HM}	5、7、9	620	800
				780	970
				980	1270

注:强度为 1960 MPa 的钢绞线作后张预应力配筋时,应有可靠的工程经验

表 10-4　普通钢筋强度设计值　N/mm²

种类	抗拉强度设计值 f_y	抗压强度设计值 f'_y
HPB300	270	270
HRB335、HRBF335	300	300
HRB400、HRBF400、RRB400	360	360
HRB500、HRBF500	435	410

表 10-5　预应力钢筋强度设计值　　单位：N/mm²

种类	f_{ptk}	抗拉强度设计值 f_{py}	抗压强度设计值 f'_{py}
钢绞线	1570	1110	390
	1720	1220	
	1860	1320	
	1960	1390	
消除应力钢丝	1470	1040	410
	1570	1110	
	1860	1320	
预应力螺纹钢筋	980	650	410
	1080	770	
	1230	900	
中强度预应力钢丝	800	510	410
	970	650	
	1270	810	

注：当预应力筋的强度标准值不符合表 10-5 的规定时，其强度设计值应进行换算

表 10-6　部分钢筋的弹性模量　　单位：N/mm²

项次	钢筋种类	E_S
1	HPB300 钢筋	2.1×10^5
2	HRB335、HRB400、HRB500 钢筋 HRBF335、HRBF400、HRBF500 钢筋 RRB400 钢筋 预应力螺纹钢筋、中强度预应力钢丝	2.0×10^5
3	消除应力钢丝	2.05×10^5
4	钢绞线	1.95×10^5

注：必要时钢绞线可采用实测的弹性模量

10.1.1.4　钢筋的选用

《混凝土结构设计规范》（以下简称《规范》）规定，钢筋混凝土结构及预应力混凝土结构的钢筋应按下列规定选用：

纵向受力普通钢筋，即用于钢筋混凝土结构中的钢筋和预应力混凝土结构中的非预应力钢筋，宜采用 HRB400、HRB500、HRBF400、HRBF500 钢筋，也可采用 HRB335、HRBF335、HPB300、RRB400 钢筋。目前 HRB400、HRBF400、HRB500、HRBF500 为主导钢筋（注意：RRB400 钢筋不宜用作重要部位的受力钢筋，不应用于直接承受疲劳荷载的构件）。

梁、柱纵向受力钢筋应采用 HRB400、HRB500、HRBF400、HRBF500 钢筋。

箍筋宜采用 HRB400、HRBF400、HPB300、HRB500、HRBF500 钢筋，也可采用 HRB335、HRBF335 钢筋。

预应力钢筋宜采用预应力钢丝、钢绞线和预应力螺纹钢筋。

10.1.2 混凝土

混凝土是由水泥、砂（细骨料）、石（粗骨料）、水拌和而成，各组成材料的性能、配合比、制作方法和硬化条件等对混凝土的性能有较大影响。

10.1.2.1 混凝土的强度

（1）混凝土立方体抗压强度及强度等级　混凝土强度等级应按立方体抗压强度标准确定。《规范》规定的标准测试方法：以 150 mm×150 mm×150 mm 的立方体试件，在标准养护条件（温度 20 ℃±3 ℃、相对湿度不小于 90%）下养护 28 d，用标准试验方法（试块表面不涂润滑剂、全截面均匀受压、加荷速度 0.15～0.25 MPa/s）测得的具有 95% 保证率的抗压强度（单位为 MPa）作为混凝土立方体抗压强度标准值 $f_{cu,k}$。如混凝土强度等级为 C30 表示混凝土的立方体抗压强度标准值为 30 N/mm^2，C 表示混凝土。《规范》规定的混凝土强度等级有 C15、C20、C25、C30、C35、C40、C45、C50、C55、C60、C65、C70、C75、C80 等十四级。

试验方法和试件尺寸对抗压强度有明显影响。试件表面不涂润滑剂，存在摩阻力的影响，即“套箍”作用，限制了微裂缝的发展，测得的强度值较高；试件表面若涂润滑剂，则不存在“套箍”作用，测得的强度值较低，如图 10-1 所示。加荷速度快，内部微裂缝的发展不充分，测得的强度值较高；加荷速度慢，测得的强度值较低。试件尺寸不同，“套箍”作用的影响不同，因而测得的抗压强度也不同，若采用 200 mm 和 100 mm 边长的立方体试块，可通过换算系数换算成边长为 150 mm 立方体的试块强度，换算系数分别为 1.05 和 0.95。

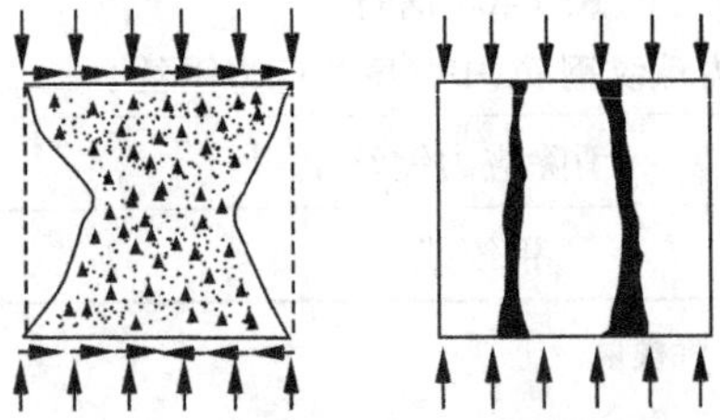

(a)不涂润滑剂　(b)涂润滑剂

图 10-1　立方体试件的破坏情况

（2）混凝土轴心抗压强度 f_c　混凝土的轴心抗压强度（棱柱体强度）比立方体强度更接近构件中混凝土实际受压时的强度，是混凝土结构设计计算中的重要强度指标。当棱柱体试件的高度 h 与截面边长 b 之比增大时，“套箍”作用减小，测得的强度值降低，试验表明，当 $\frac{h}{b}=2\text{–}4$ 时，测得的抗压强度值比较稳定，因此规定 150 mm×150 mm×300 mm 的试件作为试验混凝土轴心抗压强度的标准试件。由于棱柱体试件的制作与试验都比较麻烦，目前都是利用立方体试件的抗压强度 $f_{cu,k}$ 来确定混凝土轴心抗压强度 f_c，我国《规范》取

$$f_{ck}=0.88\alpha_{c1}\alpha_{c2}f_{cu,k} \tag{10-1}$$

式中　f_{ck}——混凝土轴心抗压强度的标准值；

0.88——考虑结构中混凝土强度与试件混凝土强度之间的差异而引入的系数；

α_{c1}——棱柱体抗压强度与立方体抗压强度之比值，对 C50 及以下取 0.76，对 C80 取 0.82，中间按线性规律变化插值；

α_{c2}——C40 以上混凝土脆性折减系数，对 C40 取 1.0，对 C80 取 0.87，中间按线性规律插值；

对常用的 C40 及以下的混凝土，$\alpha_{c1}=0.76$，$\alpha_{c2}=1.0$，$f_c=0.88\times0.76f_{cu}=0.67f_{cu}$

(3)混凝土轴心抗拉强度 f_t　混凝土的轴心抗拉强度是钢筋混凝土结构计算抗裂度的重要指标，试验表明，混凝土轴心抗拉强度 f_t 只是混凝土立方体抗压强度 $f_{cu,k}$ 的 $\frac{1}{19}\sim\frac{1}{9}$，而且随着 $f_{cu,k}$ 的增大而减小。混凝土轴心抗拉强度的测定方法有直接拉伸试验和劈裂试验两种方法。直接拉伸试验原理简单，但试验误差大，通常采用立方体劈裂试验测定，称为劈裂抗拉强度，用 f_{tk} 表示。

混凝土轴心抗拉强度与立方体抗压强度的关系为

$$f_t=0.88\times0.395f_{cu}^{0.55}\alpha_{c2} \tag{10-2}$$

对常用的 C40 及以下的混凝土 $\alpha_{c2}=1.0$，$f_t=0.35f_{cu}^{0.55}$。

10.1.2.2　混凝土的变形

混凝土的变形有两种情况，一种是受力变形，包括一次施加荷载直接产生的变形和因时间延长而增长的变形(即徐变)，另一种是非受力变形，包括混凝土收缩、温度变化等。

(1)混凝土在一次短期加荷下的应力-应变关系　混凝土在单向荷载作用下的应力-应变曲线如图 10-2 所示。试验表明：混凝土完整的应力-应变曲线应包括两个部分，即上升段和下降段。

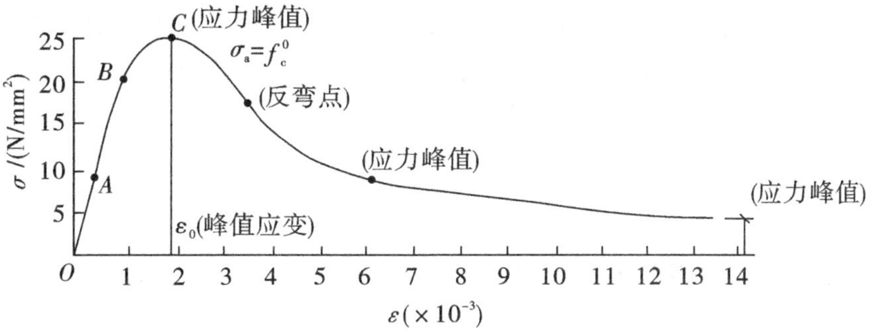

图 10-2　混凝土应力-应变曲线

上升段(OC)：在曲线的上升段中的 OA 段，混凝土应力 $\sigma\leqslant0.3f_c^0$，应力-应变关系基

本呈线性变化，混凝土处于弹性阶段，AB 段中混凝土应力 σ 为 $(0.3\sim0.8)f_c^0$，应变增长速度比应力增长速度快，混凝土表现出明显的非弹性性质，混凝土内裂缝不断发展，但能保持稳定，即应力不增加，裂缝也不发展；BC 段中混凝土应力为 $\sigma>0.8f_c^0$ 的情况，应力-应变曲线的斜率急剧减小，内部微裂缝进入非稳定发展阶段；C 点的应力 $\sigma_c=f_c^0$，应变 $\varepsilon_c=\varepsilon_0\cong0.002$。

下降段(CE)：当混凝土强度到达 f_c^0 (C 点)后，混凝土承载力开始下降，一般情况下，开始下降得较快，曲线较陡，当应变增到 $\varepsilon_{cu}=0.0033$ 左右时曲线出现反弯点(D 点)，预示着混凝土彻底压碎。

(2) 混凝土弹性模量与变形模量

1)混凝土的弹性模量　混凝土的弹性模量是根据混凝土应力-应变曲线，取曲线的原点的切线斜率，叫作混凝土弹性模量，也称混凝土原点弹性模量。如图 10-3 所示。

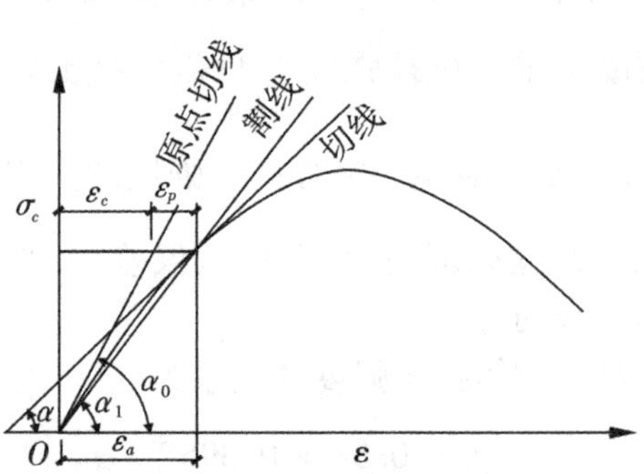

图 10-3　混凝土弹性模量与变形模量

混凝土的弹性模量以 E_c 表示，从图中可见

$$E_c=\text{tg}\,\alpha_0 \tag{10-3}$$

混凝土的弹性模量 E_c 是通过试验得到的，对棱柱体试件(150 mm×150 mm×300 mm)先加荷至 $0.5f_c$，然后卸荷至零，再重复加荷卸荷 5～10 次。由于混凝土不是弹性材料，每次卸荷至应力为零时，变形不能全部恢复，即存在残余变形，随着加荷卸荷次数的增加，应力-应变曲线渐趋稳定并基本上接近于直线，该直线的斜率即定义为混凝土的弹性模量。

按照上述方法，对不同强度混凝土测得的弹性模量，经统计分析得到了下列弹性模量 E_c 的经验计算公式：

$$E_c=\frac{10^5}{2.2+\dfrac{34.7}{f_{cu}}} \tag{10-4}$$

同时，混凝土的剪切模量 G_c 可取为

$$G_c=0.4E_c \tag{10-5}$$

2)混凝土的变形模量　当混凝土的应力超过 $0.5f_c$ 时，混凝土的弹性模量 E_c 已不能反映应力-应变的关系，因此，要用变形模量来反映。混凝土的变形模量是在混凝土的应力-应变曲线上取得一点 K，作曲线原点 O 的直线，此直线的斜率定义为混凝土的变形模

量 E_c'（也称混凝土的割线模量），如图 10-3 所示。

$$E_c' = \tan \alpha_1 \tag{10-6}$$

割线模量与原点弹性模量的关系为：

$$E_c' = \nu E_c \tag{10-7}$$

式中　ν——混凝土受压时的弹性系数，一般可取：

当 $\sigma \leqslant 0.3f_c$ 时，$\nu_c = 1$；当 $\sigma = 0.5f_c$ 时，$\nu_c = 0.8 \sim 0.9$；当 $\sigma = 0.8 \sim 0.9f_c$ 时，$\nu_c = 0.4 \sim 0.7$。

《规范》还规定：受拉时的弹性模量与受压时的弹性模量基本相似，可取相同的数值，当混凝土受拉达到极限应变时，取弹性系数 $\nu = 0.5$。

(3)混凝土的徐变　混凝土在荷载长期作用下，即使应力维持不变，它的应变也会随时间继续增长，这种现象称为混凝土的徐变。在预应力混凝土中，徐变使构件中混凝土的预应力造成损失；在钢筋混凝土受压构件中，徐变使钢筋与混凝土之间的压应力发生重新分配。

混凝土的徐变前 4 个月发展较快，6 个月可达最终徐变的 70% ~80%，以后增长速度逐渐放缓，近两年后卸荷，立即恢复的变形为瞬时恢复变形，再经过一段时间（约 20 天）又逐渐恢复变形是弹性后效，最后留下的大部分不能恢复的残余变形。徐变开始时增长较快，以后逐渐减慢，经过较长时间趋于稳定。

产生徐变的原因比较复杂，一般认为主要有两个原因：一是尚未转化为结晶体的水泥凝胶体黏性流动的结果；二是混凝土内部的微裂缝在荷载长期作用下持续延伸和扩展的结果。

试验表明，影响混凝土徐变的因素有：

1)内在因素　骨料弹性模量大、所占的比重大，徐变小；水泥用量大、凝胶体增多，徐变大。

2)环境因素　养护时温度高、湿度大，徐变小；受荷载后湿度小、温度高，徐变大；构件体表比小，徐变大。

3)应力条件　应力相同时，加荷时混凝土的龄期越长，水化越充分、结晶体所占比重越大，徐变越小；混凝土龄期相同时，施加的初应力越大，徐变越大。

(4)混凝土的收缩与膨胀变形　混凝土在硬结过程中，体积会发生变化。当混凝土在空气中硬结时，体积会收缩；而在水中硬结时，体积会膨胀。一般来说，混凝土的膨胀值很小、且不会对结构造成不利影响，而混凝土的收缩容易引起结构的开裂、造成不利影响，近年来随着商品混凝土的应用，混凝土收缩值增大，开裂现象比较普遍，对混凝土收缩的研究日趋引起重视。

混凝土从浇注后就产生收缩，初期收缩值较大，大约 1 个月可完成总收缩值的 50%，2 个月可完成约 80%，后期收缩值较小，2 年后逐渐趋于稳定。

影响混凝土收缩的因素很多，试验表明，混凝土的收缩主要与下列因素有关：

1)混凝土的配合比　水泥用量多、水灰比大、骨料粒径小、弹性模量小，收缩大。

2) 养护及使用环境　温湿度大，收缩小。

3)构件的体积与表面积的比值　比值大，收缩小。

10.1.2.3 混凝土的设计指标

混凝土强度标准值与设计值见表10-7、表10-8。混凝土弹性模量 E_c 见表10-9。

表10-7 混凝土强度标准值 N/mm^2

强度种类	混凝土强度等级													
	C15	C20	C25	C30	C35	C40	C45	C50	C55	C60	C65	C70	C75	C80
f_{ck}	10.0	13.4	16.7	20.1	23.4	26.8	29.6	32.4	35.5	38.5	41.5	44.5	47.4	50.2
f_{tk}	1.27	1.54	1.78	2.01	2.20	2.39	2.51	2.64	2.74	2.85	2.93	2.99	3.05	3.11

表10-8 混凝土强度设计值 N/mm^2

强度种类	混凝土强度等级													
	C15	C20	C25	C30	C35	C40	C45	C50	C55	C60	C65	C70	C75	C80
f_c	7.2	9.6	11.9	14.3	16.7	19.1	21.1	23.1	25.3	27.5	29.7	31.8	33.8	35.9
f_t	0.91	1.10	1.27	1.43	1.57	1.71	1.80	1.89	1.96	2.04	2.09	2.14	2.18	2.22

表10-9 混凝土弹性模量 E_c $\times 10^4\ N/mm^2$

混凝土强度等级	混凝土强度等级													
	C15	C20	C25	C30	C35	C40	C45	C50	C55	C60	C65	C70	C75	C80
E_c	2.20	2.55	2.80	3.00	3.15	3.25	3.35	3.45	3.55	3.60	3.65	3.70	3.75	3.80

10.1.2.4 混凝土的选用

混凝土强度等级的选用除考虑强度要求外，还应考虑与钢筋强度的匹配以及耐久性的要求。

《规范》规定：素混凝土结构的混凝土强度等级不应低于C15；钢筋混凝土结构的混凝土强度等级不应低于C20；采用强度级别400 MPa及以上的钢筋时，混凝土强度等级不应低于C25；承受重复荷载的钢筋混凝土构件，混凝土强度等级不应低于C30。

预应力混凝土结构的混凝土强度等级不宜低于C40，且不应低于C30。

10.1.2.5 混凝土结构的耐久性

混凝土结构的耐久性是指在正常维护条件下，在设计使用年限内，在指定的工作环境中保证结构满足规定的功能要求，而不需要维修加固。

混凝土是由多种材料组成的人工复合材料，在搅拌、浇筑、振捣、养护的过程中以及环境条件的影响，使混凝土天生就存在着许多孔道、裂缝，这些缺陷成为有害介质入侵的通道，并且随着时间的推移，混凝土缺陷将日趋严重，表现为表面出现锈胀裂缝、预应力筋开始锈蚀，表面酥裂、粉化等，导致混凝土结构的耐久性逐渐降低，可靠性下降，甚至发生破坏。

影响混凝土耐久性的因素有内部和外部两个方面，内部因素主要是指混凝土的强度、渗透性、保护层厚度、水泥品种、标号和用量等，外部因素则指环境温度、湿度、二氧化碳含量等，另外，由于设计不周(结构设计的不合理以及因经验不足、错误套用规范、对特殊部位处理不当等)、施工质量差或使用中维修不当等也会影响耐久性能。

为保证混凝土结构的正常使用，《混凝土结构设计规范》将混凝土结构的使用环境分为五大类别，如表 10-10 所示。同时针对不同类别的使用环境，对混凝土耐久性的影响因素做出了具体限制(表 10-11)。结构设计时，要按照结构的环境类别和设计使用年限进行设计，同时要重视耐久性的概念设计。

表 10-10　混凝土结构的环境类别

环境类别	条件
一	室内正常环境；无侵蚀性静水浸没环境
二 a	室内潮湿环境；非严寒和非寒冷地区的露天环境；非严寒和非寒冷地区与无侵蚀的水或土壤直接接触的环境；严寒和寒冷地区的冰冻线以下与无侵蚀性的水或土壤直接接触的环境
二 b	干湿交替环境；水位频繁变动环境；严寒和寒冷地区的露天环境；严寒和寒冷地区冰冻线以上与无侵蚀的水或土壤直接接触的环境
三 a	严寒和寒冷地区冬季水位变动的环境；受除冰盐影响环境；海风环境
三 b	盐渍土环境；受除冰盐作用环境；海岸环境
四	海水环境
五	受人为或自然的侵蚀性物质影响的环境

注：①室内潮湿环境是指构件表面经常处于结露或湿润状态的环境；②严寒和寒冷地区的划分应符合国家现行标准《民用建筑热工设计规范》GB 50176 的有关规定；③海岸环境和海风环境宜根据当地情况，考虑主导风向及结构所处迎风、背风部位等因素的影响，由调查研究和工程经验确定；④受除冰盐影响环境为受到除冰盐烟雾影响的环境；受除冰盐作用环境是指被除冰盐溶液溅射的环境以及使用除冰盐地区的洗车房、停车楼等建筑。

对处于一类、二类、三类环境，设计使用年限为 50 年的结构混凝土应符合表 10-11 的规定。

表 10-11　结构混凝土耐久性的基本要求

环境类别	最大水胶比	最低强度等级	最大氯离子含量/%	最大碱含量/(kg/m³)
一	0.60	C20	0.3	不限制
二 a	0.55	C25	0.2	3.0
二 b	0.50(0.55)	C30(C25)	0.15	3.0
三 a	0.45(0.50)	C35(C30)	0.15	3.0
三 b	0.4	C40	0.10	3.0

注：①氯离子含量是指其占胶凝材料总量的百分比；②预应力构件混凝土中的最大氯离子含量为 0.05%，最低混凝土强度等级应按表中规定提高两个等级；③素混凝土构件的水胶比及最低强度等级的要求可适当放松；④当有可靠经验时，二类环境中的最低混凝土强度等级可降低一个等级；⑤处于严寒和寒冷地区二 b、三 a 类环境中的混凝土应使用引气剂，并可采用括号中的有关参数；⑥当使用非碱活性骨料时，对混凝土中的碱含量可不作限制。

对处于一类环境中，设计使用年限为100年的混凝土结构应符合下列规定：

(1)钢筋混凝土结构的最低强度等级为C30；预应力混凝土结构的最低强度等级为C40；

(2)混凝土中的最大氯离子含量为0.05%；

(3)宜使用非碱活性骨料，当使用碱活性骨料时，混凝土中的最大碱含量为3.0 kg/m^3；

(4)当采取有效的表面防护措施时，混凝土保护层厚度可适当减小。

(5)在设计使用年限内，应建立定期检测、维修的制度。

对处于二、三类环境中，设计使用年限100年的混凝土结构应采取专门的有效措施。

对处于四、五类环境中的混凝土结构，其耐久性要求应符合有关标准的规定。

10.1.3 钢筋与混凝土间的黏结

10.1.3.1 钢筋与混凝土共同工作的基础

钢筋与混凝土间的黏结是保证钢筋和混凝土共同工作的基础，黏结应力是钢筋和混凝土接触面上的剪应力，它使钢筋和周围混凝土之间的内力得到传递。钢筋在混凝土中的黏结锚固作用来源于以下方面：

(1)化学胶结力　来源于水泥浆体和钢筋表面之间化学作用产生的吸附胶着作用。

(2)摩擦力　混凝土凝结硬化时的收缩使接触面上产生正压应力及摩擦力。

(3)机械咬合力　钢筋表面粗糙不平产生的咬合作用(光面钢筋)，肋间钢筋与混凝土之间产生的咬合作用(变形钢筋)。

化学胶结力只能在黏结应力较小、接触面无滑移状态时才起作用，一旦发生滑移，化学胶结力就失去作用。

黏结力的测定可通过"拉拔试验"获得。

10.1.3.2 钢筋的锚固

受力钢筋要在混凝土构件中的某个截面发挥作用，就必须依靠黏结力或端部弯钩、锚头对混凝土的挤压作用把钢筋端部锚固在混凝土中一定长度，从而满足设计承受应力的要求，这个长度称为锚固长度。锚固长度的大小取决于钢筋强度和混凝土强度、并且与钢筋外形有关。

为了提高光面钢筋的抗滑移能力，通常要求受力光面钢筋在端头做成半圆弯钩，弯后平直段不小于$3d$。

《规范》规定，当计算中充分利用纵向受拉钢筋强度时，混凝土结构中纵向受拉钢筋的基本锚固长度l_{ab}应按式(10-8)计算：

$$l_{ab} = \alpha \frac{f_y}{f_t} d \tag{10-8}$$

式中　l_{ab}——受拉钢筋的锚固长度，不应小于200 mm；

f_y——普通钢筋抗拉强度设计值；

f_t——混凝土轴心抗拉强度设计值，当混凝土强度等级高于C60时，按C60取值；

d——钢筋的公称直径；

α ——钢筋的外形系数,按表 10-12 取用。

表 10-12　钢筋的外形系数

钢筋类型	光面钢筋	带肋钢筋	螺旋肋钢丝	三股钢绞线	七股钢绞线
α	0.16	0.14	0.13	0.16	0.17

注:光面钢筋末端应做 180°弯钩,弯后平直段长度不应小于 $3d$,但做受压钢筋时可不做弯钩

受拉钢筋的锚固长度应根据具体锚固条件按式(10-9)计算,但不应小于 200 mm。

$$l_a = \zeta_a l_{ab} \tag{10-9}$$

式中　ζ_a ——钢筋锚固长度修正系数。

纵向受拉普通钢筋的锚固长度修正系数 ζ_a 应按下列规定取用,当多于一项时,可按连乘计算,但不应小于 0.6:

(1)当带肋钢筋的公称直径大于 25 mm 时取 1.10;

(2)环氧树脂涂层带肋钢筋取 1.25;

(3)施工过程中易受扰动的钢筋取 1.10;

(4)当纵向受力钢筋的实际配筋面积大于其设计计算面积时,修正系数取设计计算面积与实际配筋面积的比值,但对有抗震设防要求及直接承受动力荷载的结构构件,不应考虑此项修正;

(5)锚固钢筋的保护层厚度为 $3d$ 时修正系数可取 0.80,保护层厚度为 $5d$ 时修正系数可取 0.70,中间按内插取值,此处 d 为锚固钢筋的直径。

当纵向受拉普通钢筋末端采用钢筋弯钩或机械锚固措施时,包括弯钩或锚固端头在内的锚固长度(投影长度)可取为基本锚固长度 l_{ab} 的 0.6 倍。钢筋弯钩和机械锚固的形式和技术要求应符合表 10-13 及图 10-4 的规定。

表 10-13　钢筋弯钩和机械锚固的形式和技术要求

锚固形式	技术要求
90°弯钩	末端 90°弯钩,弯后直段长度 $12d$
135°弯钩	末端 135°弯钩,弯后直段长度 $5d$
一侧贴焊锚筋	末端一侧贴焊长 $5d$ 同直径钢筋,焊缝满足强度要求
两侧贴焊锚筋	末端两侧贴焊长 $3d$ 同直径钢筋,焊缝满足强度要求
焊端锚板	末端与厚度 d 的锚板穿孔塞焊,焊缝满足强度要求
螺栓锚头	末端旋入螺栓锚头,螺纹长度满足强度要求

注:①锚板或锚头的承压净面积应不小于锚固钢筋计算截面积的 4 倍;②螺栓锚头产品的规格、尺寸应满足螺纹连接的要求,并应符合相关标准的要求;③螺栓锚头和焊接锚板的间距不大于 $3d$ 时,宜考虑群锚效应对锚固的不利影响;④截面角部的弯钩和一侧贴焊锚筋的布筋方向宜向内偏置。

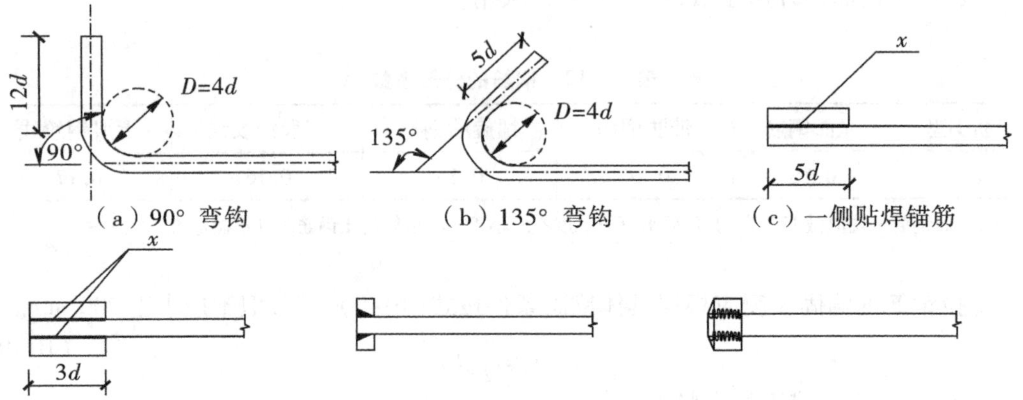

图 10-4　钢筋弯钩和机械锚固的形式和技术要求

混凝土结构中的纵向受压钢筋,当计算中充分利用钢筋的抗压强度时,受压钢筋的锚固长度应不小于相应受拉锚固长度的0.7倍。受压钢筋不应采用末端弯钩和一侧贴焊锚筋的锚固措施。

需要注意,无论受拉钢筋还是受压钢筋,当锚固钢筋保护层厚度不大于$5d$时,为防止保护层混凝土劈裂时钢筋突然失锚,锚固长度范围内应配置横向构造钢筋,其直径不应小于$\frac{d}{4}$;对梁、柱等杆状构件间距不应大于$5d$,对板、墙等平面构件间距不大于$10d$,且均不应大于100 mm,此处d为锚固钢筋的直径。

10.1.3.3　钢筋的连接

钢筋连接可采用绑扎搭接、机械连接或焊接。机械连接接头及焊接接头的类型及质量应符合国家现行有关标准的规定。

混凝土结构中受力钢筋的连接接头宜设置在受力较小处。在同一根受力钢筋上宜少设接头。在结构的重要构件和关键传力部位,纵向受力钢筋不宜设置连接接头。

轴心受拉及小偏心受拉杆件的纵向受力钢筋不得采用绑扎搭接;需进行疲劳验算的构件,其纵向受拉钢筋不得采用绑扎搭接接头,也不宜采用焊接接头;其他构件中的钢筋采用绑扎搭接时,受拉钢筋直径不宜大于25 mm,受压钢筋直径不宜大于28 mm。

(1)绑扎搭接　当采用绑扎搭接时,如图10-5所示。纵向受拉钢筋绑扎搭接接头的搭接长度应根据位于同一连接区段内的钢筋搭接接头面积百分率按式(10-10)计算,且不应小于300 mm。

$$l_l = \zeta_l l_a \tag{10-10}$$

式中　l_l——纵向受拉钢筋搭接长度;

l_a——纵向受拉钢筋锚固长度;

ζ_l——纵向受拉钢筋搭接长度修正系数,按表10-14取用。

表 10-14 纵向受拉钢筋搭接长度修正系数

纵向钢筋搭接接头面积百分率/%	≤25	50	100
ζ_l	1.2	1.4	1.6

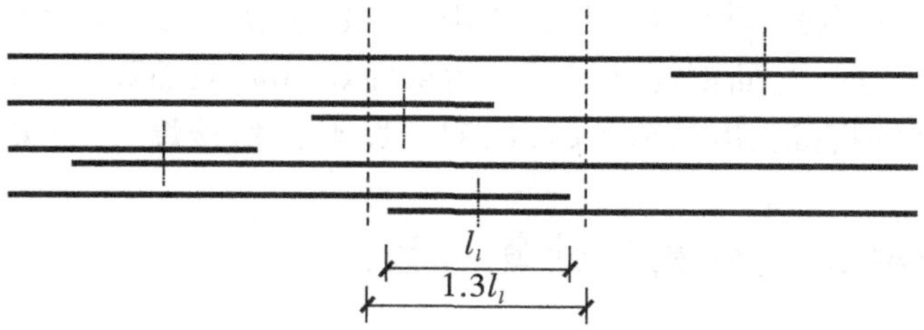

图 10-5 同一连接区段内的纵向受拉钢筋绑扎搭接接头

凡是搭接接头中点位于 $1.3l_l$ 长度内的搭接接头均属于同一连接区段。同一连接区段内纵向受力钢筋搭接接头面积百分率为该区段内有搭接接头的纵向受力钢筋与全部纵向受力钢筋截面面积的比值。当直径不同的钢筋搭接时,接直径较小的钢筋计算。

同一构件中相邻纵向受力钢筋的绑扎搭接接头宜互相错开。

位于同一连接区段内的受拉钢筋搭接接头面积百分率:对梁类、板类及墙类构件,不宜大于 25%;对柱类构件,不宜大于 50%。当工程中确有必要增大受拉钢筋搭接接头面积百分率时,对梁类构件,不宜大于 50%;对板、墙、柱及预制构件的拼接处,可根据实际情况放宽。

并筋采用绑扎搭接连接时,应按每根单筋错开搭接的方式连接。接头面积百分率应按同一连接区段内所有的单根钢筋计算。并筋中钢筋的搭接长度应按单筋分别计算。

构件中的纵向受压钢筋当采用搭接连接时,其搭接长度不应小于 $0.7l_l$,且不应小于 200 mm。

在绑扎搭接接头的长度范围内,应设置箍筋等横向构造钢筋,其直径不应小于搭接钢筋较大直径的 1/4,横向构造钢筋的间距对梁、柱等杆状构件间距不应大于 $5d$,对板、墙等平面构件间距不大于 10 d,且均不应大于 100 mm,d 为搭接钢筋的较小直径。当受压钢筋直径 $d > 25$ mm 时,尚应在搭接接头两个端面外 100 mm 范围内各设置两个箍筋。

(2)机械连接 纵向受力钢筋的机械连接接头宜相互错开。钢筋机械连接区段的长度为 $35d$,d 为连接钢筋的较小直径。凡接头中点位于该连接区段长度内的机械连接接头均属于同一连接区段。位于同一连接区段内的纵向受拉钢筋接头面积百分率不宜大于 50%;但对板、墙、柱及预制构件的拼接处,可根据实际情况放宽。

纵向受压钢筋的接头百分率可不受限制。

机械连接套筒的保护层厚度宜满足有关钢筋最小保护层厚度的规定。机械连接套筒的横向净间距不宜小于 25 mm;套筒处箍筋的间距仍应满足构造要求。

直接承受动力荷载结构构件中的机械连接接头,除应满足设计要求的抗疲劳性能外,位于同一连接区段内的纵向受力钢筋接头面积百分率不应大于 50%。

(3)焊接连接　纵向受力钢筋的焊接接头应相互错开。钢筋焊接接头连接区段的长度为35d且不小于500 mm,d为连接钢筋的较小直径,凡接头中点位于该连接区段长度内的焊接接头均属于同一连接区段。

纵向受拉钢筋的接头面积百分率不宜大于50%,但对预制构件的拼接处,可根据实际情况放宽。纵向受压钢筋的接头面积百分率可不受限制。细晶粒热轧带肋钢筋以及直径大于28 mm的带肋钢筋,其焊接应经试验确定;余热处理钢筋不宜焊接。

当采用焊接搭接时,光面钢筋搭接长度为单面焊10d,双面焊5d(d为搭接钢筋的较大直径);带肋钢筋的搭接长度为单面焊8d,双面焊4d。搭接焊时,宜采用双面焊。

10.2　钢筋混凝土受弯构件计算与构造

10.2.1　受弯构件的概念及构造要求

10.2.1.1　受弯构件的概念

受弯构件是以承受弯矩和剪力作用为主的构件。建筑工程中常见的受弯构件是梁和板。在荷载作用下,受弯构件有两种破坏可能:一种是由于弯矩M的作用,构件可能沿某个垂直截面发生破坏;另一种是由于弯矩M和剪力V的作用,构件还可能沿某个斜截面发生破坏。

10.2.1.2　梁的构造要求

(1)截面形式与尺寸梁截面形式　一般有矩形、T形、I形、倒L形、空心(箱)形等,常用的主要是矩形和T形。梁截面的高宽比h/b对于矩形截面一般为2.0~2.5,对于T形截面一般为2.5~3.0。为了统一模板尺寸和便于施工,截面宽度b通常采用150 mm、180 mm、200 mm、250 mm、250 mm以上,以50 mm为模数;梁高h通常采用200 mm、250 mm、300 mm、350mm,…,以50 mm为模数。不需做挠度计算的梁截面最小高度见表10-15。

表10-15　不需做挠度计算的梁截面最小高度

项次	构件种类		简支	两端连续	悬臂
1	整体肋形梁	次梁	$l/15$	$l/20$	$l/8$
		主梁	$l/12$	$l/15$	$l/6$
2	独立梁		$l/12$	$l/15$	$l/6$

注:①表中l是梁的计算跨度,计算跨度是指在计算内力时所采取的跨间长度,其值与构件的支承长度和构件本身的刚度及内力计算方法有关。对于两端搁置在墙上的简支梁取支座中心线之间的距离,且不超过1.05倍的净跨度。②当梁的跨度大于9 m时表中数值应乘以1.2

(2)梁的配筋梁中的钢筋　有纵向受力钢筋、架立钢筋、箍筋和弯起钢筋等(见图10-6)。

1)纵向受力钢筋　纵向受力钢筋的作用是承受由弯矩在梁内产生的拉力或压力。

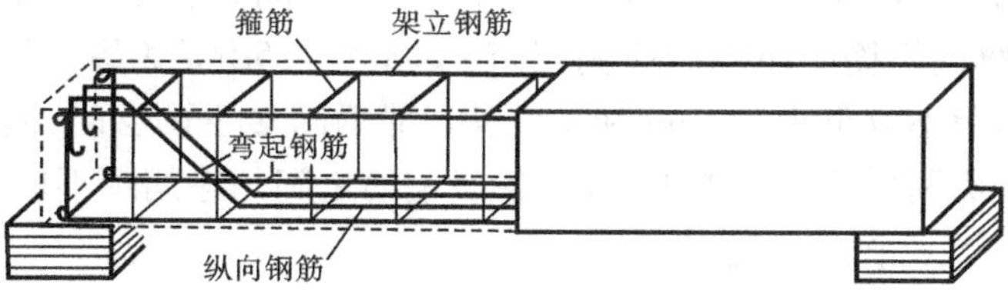

图 10-6　梁的配筋

仅在截面受拉区配置受力钢筋的截面称为单筋截面；在截面受拉区和受压区都配置受力钢筋的截面称为双筋截面。梁中纵向受力钢筋应采用 HRB400、HRB500、HRBF400、HRBF500 钢筋。

①纵向受力钢筋的直径和根数　常用直径为 12 mm、14 mm、16 mm、18 mm、20 mm、22 mm、25 mm。当梁高 $h \geqslant 300$ mm 时，其直径不应小于 10 mm；当 $h < 300$ mm 时，其直径不应小于 8 mm。伸入梁支座范围内的纵向受力钢筋根数不应少于 2 根。纵向受力钢筋的数量应通过计算确定，各种直径钢筋的计算截面面积和公称质量见表 10-16。

表 10-16　钢筋的计算截面面积和公称质量

公称直径/mm	不同根数钢筋的计算截面面积/mm²									单根钢筋的公称质量/(kg/m)
	1	2	3	4	5	6	7	8	9	
6	28.3	57	85	113	142	170	198	226	255	0.222
6.5	33.2	66	100	133	166	199	232	265	299	0.260
8	50.3	101	151	201	252	302	352	402	453	0.395
10	78.5	157	236	314	393	471	550	628	707	0.617
12	113.1	226	339	452	565	678	791	904	1017	0.888
14	153.9	308	461	615	769	923	1077	1231	1385	1.21
16	201.1	402	603	804	1005	1206	1407	1608	1809	1.58
18	254.5	509	763	1017	1272	1527	1781	2036	2290	2.00(2.11)
20	314.2	628	942	1256	1570	1884	2199	2513	2827	2.47
22	380.1	760	1140	1520	1900	2281	2661	3041	3421	2.98
25	490.9	982	1473	1964	2454	2945	3436	3927	4418	3.85(4.10)
28	615.8	1232	1847	2463	3079	3695	4310	4926	5542	4.83
32	804.2	1609	2413	3217	4021	4826	5630	6434	7238	6.31(6.65)
36	1017.9	2036	3054	4072	5089	6107	7125	8143	9161	7.99
40	1256.6	2513	3770	5027	6283	7540	8796	10053	11310	9.87(10.34)
50	1963.5	3928	5892	7856	9820	11784	13748	15712	17676	15.42(16.28)

注：括号内为预应力螺纹钢筋的数值

②纵向受力钢筋间的净距　为保证钢筋与混凝土之间具有足够的黏结力和便于浇筑混凝土，梁的上部纵向钢筋的净距，不应小于 30 mm 和 1.5d（d 为纵向钢筋的最大直径），下部纵向钢筋的净距不应小于 25 mm 和 d。当下部钢筋多于两层时，两层以上钢筋水平方向的中距应比下面两层的中距增大一倍；各层钢筋之间的净间距不应小于 25 mm 和 d，d 为钢筋的最大直径，见图 10-7（a）。

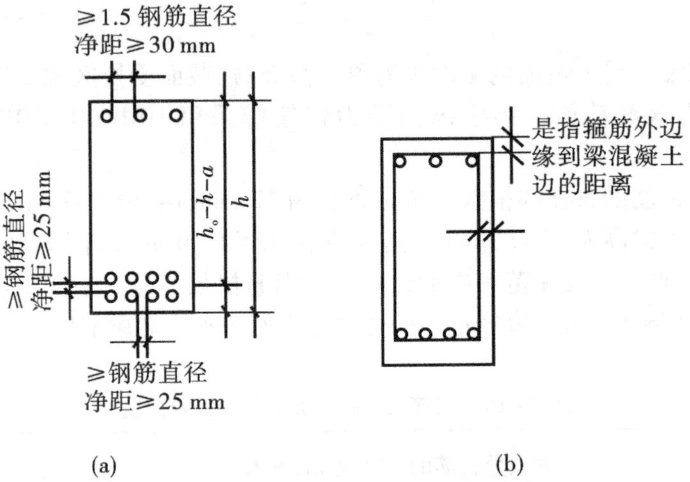

图 10-7　梁的钢筋净距、保护层和有效高度

在梁的配筋密集区域可采用并筋的配筋形式。直径 28 mm 及以下的钢筋并筋数量不应超过 3 根；直径 32 mm 的钢筋并筋数量宜为 2 根；直径 36 mm 及以上的钢筋不应采用并筋。并筋应按单根等效钢筋进行计算，等效钢筋的等效直径应按截面面积相等的原则换算确定，相同直径的二并筋取 1.41 倍的单根钢筋直径，三并筋可取 1.73 倍的单根钢筋直径。

2）架立钢筋　在单筋截面梁中，应在梁的受压区外缘两侧设置架立钢筋，其作用是为了固定箍筋并与受力钢筋连成钢筋骨架。双筋截面梁中由于配有受压钢筋，可不再配置架立钢筋。

架立钢筋的直径与梁的跨度有关：跨度小于 4 m 时，不小于 8 mm；当跨度为 4 ~ 6 m，不小于 10 mm；跨度大于 6 m 时，不小于 12 mm。

3）箍筋　箍筋的主要作用是用来承受由剪力和弯矩在梁内引起的主拉应力，同时还可固定纵向受力钢筋并和其他钢筋绑扎在一起形成空间骨架。

①箍筋的数量与布置　箍筋的数量应通过计算确定。如按计算不需要时，对截面高度大于 300 mm 的梁，仍应按构造要求沿梁的全长设置；对于截面高度为 150 ~ 300 mm 的梁，可仅在构件端部各 1/4 跨度内设置箍筋；但当在构件中部 1/2 跨度范围内有集中荷载时，则应沿梁全长设置箍筋；对截面高度为 150 mm 以下的梁，可不设置箍筋。

②箍筋的直径　箍筋的最小直径与梁高有关：梁高 $h \leqslant 800$ mm 时，不宜小于 6 mm；梁高 $h>800$ mm 时，不宜小于 8 mm。梁中配有计算需要的纵向受压钢筋时，箍筋直径还应不小于 $d/4$（d 为纵向受压钢筋最大直径）。

③箍筋的形式和肢数　箍筋的形式有封闭式和开口式两种，一般采用封闭式。箍筋肢数有单肢、双肢和四肢等（见图 10-8）。一般情况下应采用双肢，梁宽 $b\leqslant100$ mm 时，可为单肢。对于设有纵向受压钢筋的梁，当梁宽 $b>400$ mm 且在一层内纵向受压钢筋多于 3 根时，或当梁宽 $b\leqslant400$ mm 且在一层内纵向受压钢筋多于 4 根时，应设置复合箍筋（由两个及两个以上双肢封闭箍筋组成）。

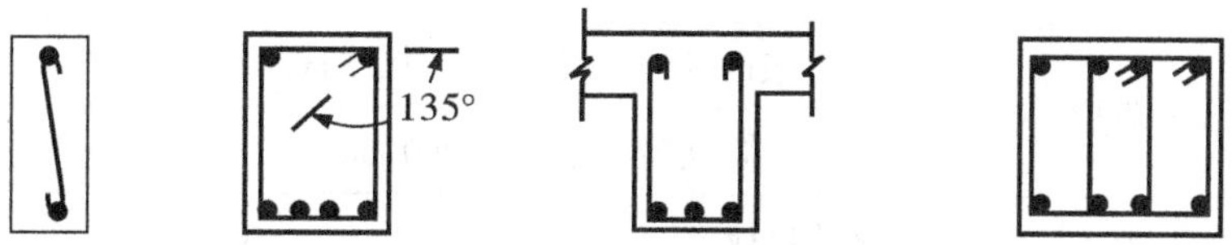

(a)单肢箍筋　(b)双肢封闭式　(c)双肢开口式　(d)复合箍筋

图 10-8　箍筋的形式和肢数

4）弯起钢筋　弯起钢筋的作用是在跨中承受正弯矩产生的拉力，弯起段主要承受弯矩和剪力产生的主拉应力，弯起后的水平段可承受支座处的负弯矩。

弯起钢筋通过斜截面承载力计算得到，一般由纵向受力钢筋弯起而成，当纵向受力钢筋较少，不足以弯起时，也可设置单独的弯起钢筋。弯起钢筋的弯起角度按下列要求取用：当梁高 $h\leqslant800$ mm 时，采用 45°；当梁高 $h>800$ mm 时，采用 60°。

10.2.1.3　板的构造要求

（1）板的厚度　板的厚度要满足承载力、刚度和抗裂的要求。从刚度条件出发，板的厚度可按表 10-17 确定，同时不应小于表 10-18 的规定。如板厚满足上述要求，即不需做挠度验算。

表 10-17　不需做挠度计算板的最小厚度

项次	支座构造特点	板的厚度
1	简支	$l/30$
2	弹性约束	$l/40$
3	悬臂	$l/12$

注：表中 l 是板的计算跨度，对于两端搁置在墙上的简支板取净跨度加板厚

表 10-18　现浇板的最小厚度　　单位：mm

板的类别		最小厚度
单向板	屋面板	60
	民用建筑楼板	60
	工业建筑楼板	70
	行车道下的楼板	80

续表 10-18

板的类别		最小厚度
双向板		80
密肋楼盖	面板	50
	肋高	250
悬臂板（根部）	板的悬臂长度不大于500 mm	60
	板的悬臂长度为1200 mm	100
无梁楼板		150
现浇空心楼盖		200

（2）板的配筋　板中配有受力钢筋和分布钢筋（见图 10-9），宜采用 HPB300 和 HRB400 钢筋。

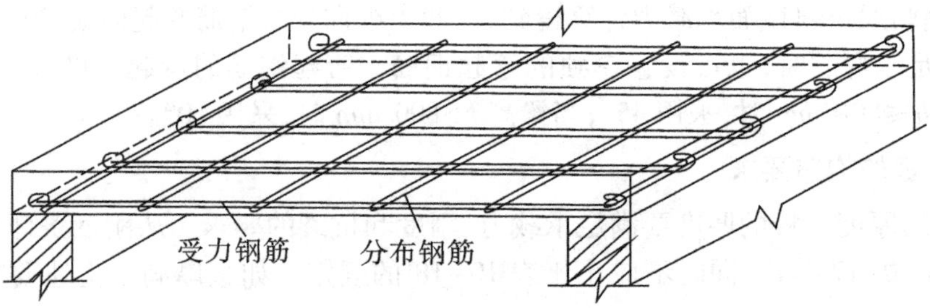

图 10-9　板的配筋

1）受力钢筋　受力钢筋沿板的跨度方向在受拉区配置，承受荷载作用下产生的拉力。

①受力钢筋的直径　一般为 6～12 mm，应经计算确定。

②受力钢筋的间距　当板厚 $h \leqslant 150$ mm，不应大于 200 mm；当板厚 $h>150$ mm 时，不应大于 $1.5h$，且不应大于 250 mm。为了保证施工质量，钢筋间距也不宜小于 70 mm。当板中受力钢筋需要弯起时，其弯起角度不宜小于 30°。不同钢筋间距时每米板宽内的钢筋截面面积见表 10-19。

表 10-19　不同钢筋间距时每米板宽内的钢筋截面面积

钢筋间距/mm	当钢筋直径（mm）为下列数值时的钢筋截面面积/mm^2													
	3	4	5	6	6/8	8	8/10	10	10/12	12	12/14	14	14/16	16
70	101.0	179	281	404	561	719	920	1121	1369	1616	1908	2199	2536	2872
75	94.3	167	262	377	524	671	859	1047	1277	1508	1780	2053	2367	2681

续表 10-19

钢筋间距/mm	当钢筋直径(mm)为下列数值时的钢筋截面面积/mm²													
	3	4	5	6	6/8	8	8/10	10	10/12	12	12/14	14	14/16	16
80	88.4	157	245	354	491	629	805	981	1198	1414	1669	1924	2218	2513
85	83.2	148	231	333	462	592	758	924	1127	1331	1571	1811	2088	2365
90	78.5	140	218	314	437	559	716	872	1064	1257	1484	1710	1972	2234
95	74.5	132	207	298	414	529	678	826	1008	1190	1405	1620	1868	2116
100	70.6	126	196	283	393	503	644	785	958	1131	1335	1539	1775	2011
110	64.2	114.0	178	257	357	457	585	714	871	1028	1214	1399	1614	1828
120	58.9	105.0	163	236	327	419	537	654	798	942	1112	1283	1480	1676
125	56.5	100.6	157	226	314	402	515	628	766	905	1068	1232	1420	1608
130	54.4	96.6	151	218	302	387	495	604	737	870	1027	1184	1366	1547
140	50.5	89.7	140	202	281	359	460	561	684	808	954	1100	1268	1436
150	47.1	83.8	131	189	262	335	429	523	639	754	890	1026	1183	1340
160	44.1	78.5	123	177	246	314	403	491	599	707	834	962	1110	1257
170	41.5	73.9	115	166	231	296	379	462	564	665	786	906	1044	1183
180	39.2	69.8	109	157	218	279	358	436	532	628	742	855	985	1117
190	37.2	66.1	103	149	207	265	339	413	504	595	702	810	934	1058
200	35.3	62.8	98.2	141	196	251	322	393	479	565	668	770	888	1005
220	32.1	57.1	89.3	129	178	228	292	357	436	514	607	700	807	914
240	29.4	52.4	81.9	118	164	209	268	327	399	471	556	641	740	838
250	28.3	50.2	78.5	113	157	201	258	314	383	452	534	616	710	804
260	27.2	48.3	75.5	109	151	193	248	302	368	435	514	592	682	773
280	25.2	44.9	70.1	101	140	180	230	281	342	404	477	550	634	718
300	23.6	41.9	65.5	94	131	168	215	262	320	377	445	513	592	670
320	22.1	39.2	61.4	88	123	157	201	245	299	353	417	481	554	628

注:表中钢筋直径中的 6/8、8/10 等系指两种直径的钢筋间隔放置

2)分布钢筋　分布钢筋布置在受力钢筋的内侧,与受力钢筋垂直相交处用细铁丝绑扎或焊接,其作用是将板面荷载均匀传布给受力钢筋,在施工中固定受力钢筋位置,同时抵抗温度和收缩应力。

板中单位长度上的分布钢筋,其截面面积不应小于单位宽度上受力钢筋截面面积的 15% 且不宜小于该方向板截面面积的 0.15%,其间距不应大于 250 mm。分布钢筋的直径不宜小于 6 mm。

实际经验表明,板内剪力很小,因此钢筋混凝土板(厚度小于等于 150 mm)内一般不配置箍筋。

10.2.1.4 梁、板混凝土保护层

为了防止钢筋锈蚀和保证钢筋与混凝土的黏结，梁、板应有足够的混凝土保护层厚度。设计使用年限为50年的混凝土结构，最外层钢筋的保护层厚度[图10-7(b)所示]应符合表10-20的规定；设计使用年限为100年的混凝土结构，最外层钢筋的保护层厚度不应小于表10-20中数值的1.4倍；其中受力钢筋的混凝土保护层厚度不应小于受力钢筋的直径。

表10-20 混凝土保护层最小厚度(混凝土强度等级>C25)

环境类别	板、墙、壳	梁、柱、杆
一	15	20
二a	20	25
二b	25	35
三a	30	40
三b	40	50

注：①对于小于等于C25的混凝土，其保护层厚度按表中数值相应增加5 mm；

②钢筋混凝土基础宜设置混凝土垫层，基础中钢筋的混凝土保护层厚度应从垫层顶面算起，且不应小于40 mm

10.2.1.5 梁、板的有效高度

在计算梁、板受弯构件承载力时，因为混凝土开裂后拉力完全由钢筋承担，梁、板能发挥作用的截面高度应为从受压混凝土边缘至受拉钢筋截面重心的距离，这一距离我们称为梁、板截面的有效高度，用h_0表示(图3-1-3)。在一类环境下，设计计算时h_0可按如下近似值取用。

当混凝土强度等级大于C25时，对于梁，当受拉钢筋排一排时，$h_0=h-40$ mm；当受拉钢筋排二排时，$h_0=h-65$ mm。对于板，$h_0=h-20$ mm。

当混凝土强度等级小于等于C25时，对于梁，当受拉钢筋排一排时，$h_0=h-45$ mm；当受拉钢筋排二排时，$h_0=h-70$ mm。对于板，$h_0=h-25$ mm。

10.2.2 单筋矩形截面受弯构件正截面承载力计算

10.2.2.1 单筋矩形截面受弯构件正截面破坏形式

受弯构件弯矩过大时，有可能沿弯矩最大截面引起正截面破坏。通过对梁的正截面破坏试验过程分析，梁内受拉钢筋配置数量不同，破坏形式不同。为反映这种关系，引入纵向受拉钢筋的配筋率ρ来表示梁内纵向受拉钢筋相对数量的多少，见式(10-11)：

$$\rho=\frac{A_s}{bh_0} \tag{10-11}$$

式中 A_s——纵向受拉钢筋的截面面积；

bh_0——混凝土的有效截面面积。

根据配筋率的不同,可将梁的破坏形式分为适筋梁、超筋梁、少筋梁三种类型的破坏。

通过对试验过程的分析,还发现从加载开始直到梁破坏的过程中,从宏观上看,截面基本服从平截面假定,如图 10-10 所示。

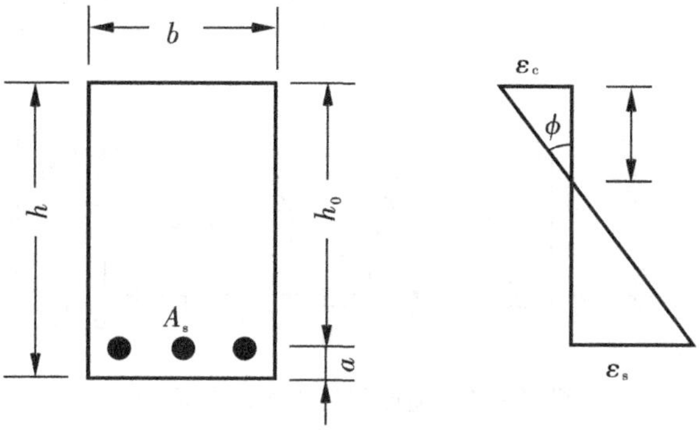

图 10-10 梁受力阶段截面的应变关系

(1)适筋梁 观察适筋梁的模拟试验过程,根据梁截面的应力及变形的特点,适筋梁的工作和应力状态,可分为三个阶段(见图 10-11)。

1)第Ⅰ阶段——弹性阶段 从加荷开始到受拉边缘即将出现裂缝为止,为第Ⅰ阶段,在此阶段,截面内所产生的弯矩较小,梁的变形很小,应力、应变成正比,受拉区和受压区混凝土应力分布呈三角形(见图 10-11 中Ⅰ),截面处于弹性工作阶段。当荷载增加至一定程度时,截面受拉区呈现塑性性能,受拉区应力图形成曲线分布,继续增加荷载,截面受拉边缘应力达到混凝土的抗拉强度时,截面受拉区即将出现裂缝(见图 10-11 中$Ⅰ_a$),此时截面承担的弯矩称为抗裂弯矩 M_{cr}。$Ⅰ_a$状态是对梁进行抗裂度验算的依据。

2)第Ⅱ阶段——带裂缝工作阶段 从截面受拉区出现裂缝开始到受拉钢筋达到屈服强度为止,为第Ⅱ阶段,在此阶段,由于受拉区混凝土开裂而退出工作,拉力几乎全由纵向受拉钢筋承担,故裂缝出现后,钢筋拉应力会突然增加,此后,随着荷载的增加,变形不断发展,裂缝不断向上延伸并加宽,受压区面积不断减小,受压区混凝土的塑性表现得越来越明显,故受压区应力图形逐渐成为曲线形分布(见图 10-11 中Ⅱ)。当弯矩继续增加使得受拉钢筋应力刚刚达到屈服强度时,为$Ⅱ_a$状态(见图 10-11 中$Ⅱ_a$),此时截面承担的弯矩称为屈服弯矩 M_y。第Ⅱ阶段的截面应力图形是对梁进行变形和裂缝验算的依据。

3)第Ⅲ阶段——屈服阶段 从受拉钢筋屈服开始到受压区混凝土被压碎为止,为第Ⅲ阶段,在此阶段,随着荷载的进一步增大,钢筋应力将保持不变,而其变形继续增加,截面裂缝急剧伸展,中和轴迅速上升,从而使混凝土受压区面积迅速减小,混凝土压应力因之迅速增大,压应力分布图形更趋饱满(见图 10-11 中Ⅲ)。当受压区混凝土边缘达到极限压应变时,受压区混凝土被压碎崩落,导致梁的最终破坏(见图 10-11 中$Ⅲ_a$)。$Ⅲ_a$状态的截面应力图形是计算受弯构件正截面抗弯能力的依据。

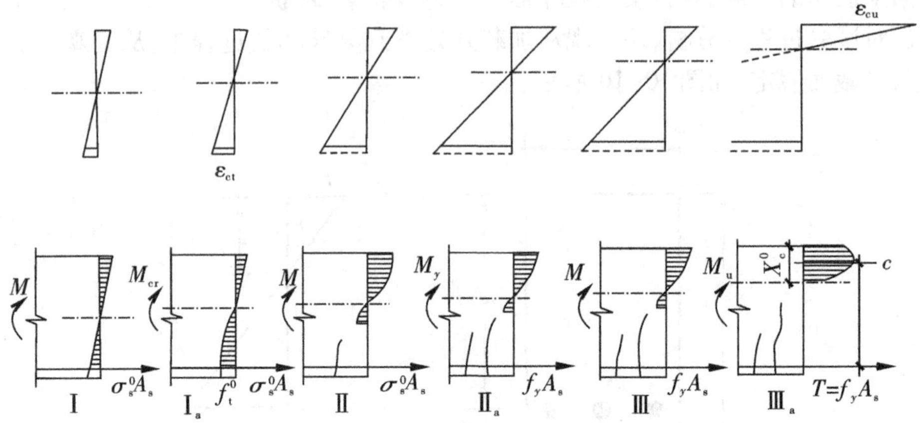

图 10-11　适筋梁三个阶段的应力

由上可见,由于适筋梁在破坏前钢筋先达到屈服强度,所以构件在破坏前裂缝开展很宽,挠度较大,这就给人以破坏的预兆,这种破坏称为塑性破坏[见图 10-12(a)],由于适筋梁受力合理,可以充分发挥材料强度,所以,实际工程中都把钢筋混凝土梁设计成适筋梁。

(2)超筋梁　受拉钢筋配得过多的梁称为超筋梁。由于钢筋过多,这种梁在破坏时,受拉钢筋还没有达到屈服强度,而受压混凝土却因达到极限压应变先被压碎,使整个构件破坏[见图 10-12(b)],这种破坏称为超筋破坏。超筋梁的破坏是突然的,破坏前没有明显预兆,称为脆性破坏。这种梁配筋虽多,却不能充分发挥作用,所以很不经济,工程中不允许采用超筋梁。

(3)少筋梁　受拉钢筋配得过少的梁称为少筋梁。由于配筋过少,所以只要受拉区混凝土一开裂,钢筋就会随之达到屈服强度,构件将发生很宽的裂缝和很大的变形,最终构件一裂两半而破坏[见图 10-12(c)],破坏前没有明显预兆,属于脆性破坏,工程中不得采用少筋梁。

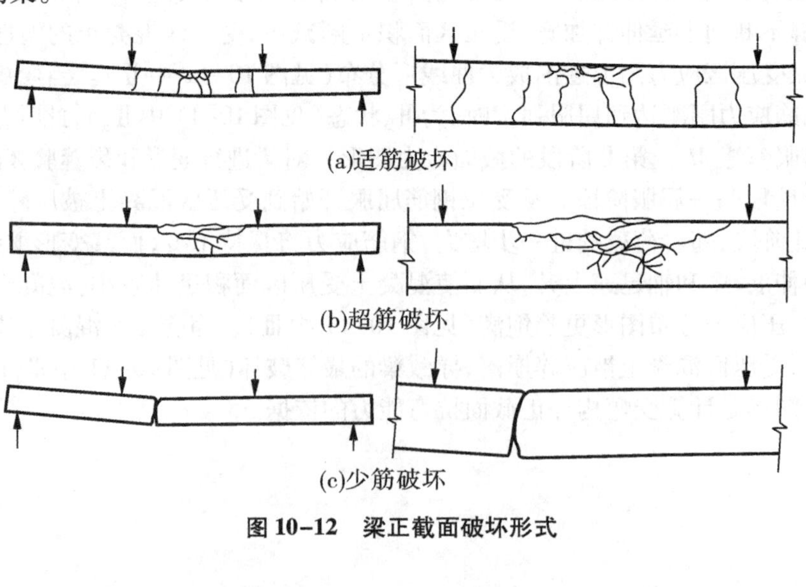

图 10-12　梁正截面破坏形式

10.2.2.2　基本公式及适用条件

（1）基本公式　根据上述可知，受弯构件承载力的计算以适筋梁的Ⅲ$_a$应力状态为依据。为简化计算，做如下处理：

1）截面应变在受力的全过程中始终保持平面，即直线关系变化；

2）不考虑截面受拉区混凝土的抗拉强度，拉力全部由纵向受拉钢筋承担；

3）根据受压区混凝土压应力合力的大小不变、作用位置不变的原则，将混凝土的理论应力分布图形等效代换为矩形应力图形（见图 10-13）。

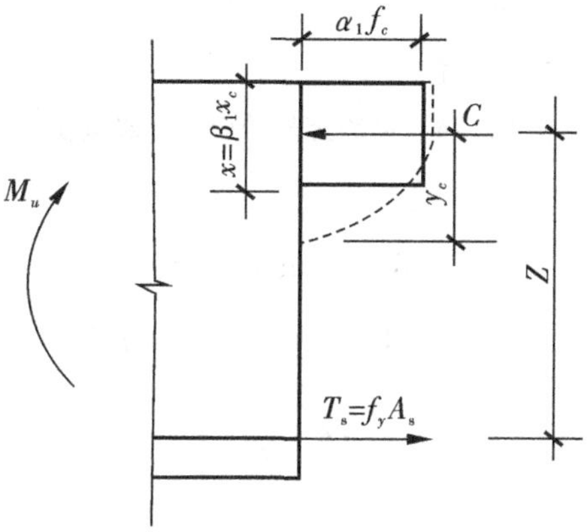

图 10-13　应力图形的计算简图

代换为矩形应力图形后，对应的等效压应力为 $\alpha_1 f_c$，α_1 为系数，当混凝土强度等级不超过 C50 时，α_1 取为 1.0；当混凝土强度等级为 C80 时，α_1 取为 0.94；其间可按线性内插法确定。

等效矩形应力图形的换算受压区高度为

$$x=\beta_1 x_c \tag{10-12}$$

式中　x_c——按平截面假定确定的受压区（中和轴）高度；

x——等效矩形应力图形的受压区高度；

β_1——系数，当混凝土强度等级不超过 C50 时，β_1 取为 0.8；当混凝土强度等级为 C80 时，β_1 取为 0.74；其间可按线性内插法确定。

为方便计算，引入换算相对受压区高度 ξ，它与换算受压区高度的关系是

$$\xi=\frac{x}{h_0} \tag{10-13}$$

受弯构件正截面承载力的计算，应满足由作用在结构上的荷载在构件截面中产生的弯矩设计值 $\boldsymbol{M}$ 不超过按材料强度设计值计算得到的构件受弯承载力 $\boldsymbol{M}_u$，即

$$\boldsymbol{M}\leqslant \boldsymbol{M}_u \tag{10-14}$$

根据图 10-14，由平衡条件（$\sum X=0,\sum \boldsymbol{M}=0$），即可写出单筋矩形截面受弯构件正截面承载力基本计算公式：

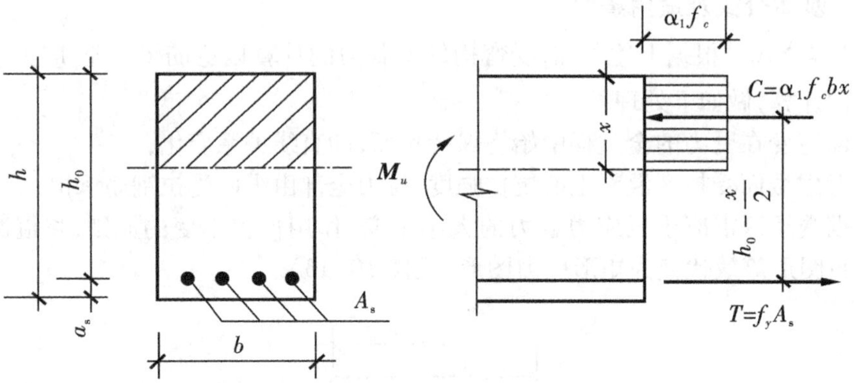

图 10-14　单筋矩形截面梁计算简图

$$\sum X=0 \qquad \alpha_1 f_c bx=f_y A_s \tag{10-15}$$

$$\sum M=0 \quad M \leqslant M_u=\alpha_1 f_c bx\left(h_0-\frac{x}{2}\right) \tag{10-16}$$

或

$$M \leqslant M_u=f_y A_s\left(h_0-\frac{x}{2}\right) \tag{10-17}$$

式中　M——弯矩设计值；

α_1——系数，当混凝土强度等级不超过 C50 时，$\alpha_1=1.0$；

f_c——混凝土轴心抗压强度设计值；

f_y——钢筋抗拉屈服强度设计值；

A_s——纵向受拉钢筋截面面积；

b——截面宽度；

x——压应力图形等效成矩形后的受压区高度，称为受压区计算高度或简称受压区高度。

(2)适用条件　上述公式是在适筋梁的基础上建立的，应防止发生超筋破坏和少筋破坏，因此需要限定公式的适用条件。

1)防止发生超筋破坏的条件　当截面上受拉钢筋达到屈服强度的同时，受压区边缘混凝土正好达到极限压应变，此种状态称为界限状态，其破坏状态称为界限破坏。界限状态下截面换算相对受压区高度用 ξ_b 表示，它是界限状态下截面受压区高度 x_b 与截面有效高度 h_0 的比值。这种状态下的配筋率即为适筋梁的最大配筋率 $\rho_{\max}$。

ξ_b 是衡量构件破坏时钢筋强度能否达到屈服强度的一个特征值。根据力的平衡公式，可知 $\rho=\xi\frac{\alpha_1 f_c}{f_y}$，故配筋率和换算相对受压区高度成一一对应的正比例关系(材料强度一定时)，因此得如下结论：

如果 $\xi>\xi_b$，说明破坏时受拉钢筋不屈服，为超筋破坏；如果 $\xi<\xi_b$，说明破坏时受拉钢筋屈服，为适筋破坏或少筋破坏。

ξ_b 可由界限状态下的应变关系求得

$$\xi_b = \frac{\beta_1 \varepsilon_{cu}}{\varepsilon_{cu} + \dfrac{f_y}{E_s}} \tag{10-18}$$

对于常用的 C50 级及以下的混凝土和有明显屈服点的钢筋（峰值应变 $\varepsilon_0 = 0.002$，极限压应变 $\varepsilon_{cu} = 0.0033$，$\beta_1 = 0.8$），由式(3-8)可求得 ξ_b，见表 10-21。

表 10-21　钢筋混凝土构件界限相对受压区高度　　单位：mm

钢筋种类	相对受压区高度（ξ_b）
HPB300	0.576
HRB335、HRBF335	0.550
HRB400、HRBF400、RRB400	0.518
HRB500、HRBF500	0.482

由此得到防止发生超筋破坏的条件：

$$\xi = \frac{x}{h_0} \leqslant \xi_b \quad 或\ x \leqslant x_b = \xi_b h_0 \quad 或\ \rho \leqslant \rho_{max} \tag{10-19}$$

2）防止发生少筋破坏的条件　为了防止少筋破坏，应满足：

$$\rho \geqslant \rho_{min}\ 或\ A_s \geqslant \rho_{min} bh \tag{10-20}$$

说明：验算最小配筋率 ρ_{min} 时，构件截面采用全截面面积。

《规范》考虑混凝土开裂弯矩及混凝土收缩和温度变化等因素后，规定 ρ_{min} 的取值见表 10-22。

表 10-22　混凝土构件中纵向受力钢筋的最小配筋百分率

受力类型			最小配筋百分率/%
受压构件	全部纵向钢筋	强度等级 500 MPa	0.50
		强度等级 400 MPa	0.55
		强度等级 300 MPa、335 MPa	0.60
	一侧纵向钢筋		0.20
受弯构件、偏心受拉、轴心受拉构件一侧的受拉钢筋			0.2 和 $45f_t/f_y$ 中的较大值

注：①受压构件全部纵向钢筋最小配筋百分率，当采用 C60 以上强度等级的混凝土时，应按表中规定增大 0.10；②板类受弯构件（不包括悬臂板）的受拉钢筋，当采用强度等级 400 MPa、500 MPa 的钢筋时，其最小配筋百分率应允许采用 0.15 和 $45f_t/f_y$ 中的较大值；③偏心受拉构件中的受压钢筋，应按受压构件一侧纵向钢筋考虑；④受压构件的全部纵向钢筋和一侧纵向钢筋的配筋率以及轴心受拉构件和小偏心受拉构件一侧受拉钢筋的配筋率应按构件的全部截面面积计算；⑤受弯构件、大偏心受拉构件一侧受拉钢筋的配筋率应按全截面面积扣除受压翼缘面积 $(b'_f - b)h'_f$ 后的截面面积计算；⑥当钢筋沿构件截面周边布置时，“一侧纵向钢筋”系指沿受力方向两个对边中的一边布置的纵向钢筋。

根据大量的工程实践经验，当配筋率在某一范围（经济配筋率）内时，钢筋和混凝土用量都不很多，比较经济，通常板的经济配筋率 ρ 为（0.4% ~0.8%）；矩形截面梁 ρ 为（0.6% ~1.5%）；T 形截面梁 ρ 为（0.9% ~1.8%）。

10.2.2.3 基本公式的应用范围

（1）截面设计　已知弯矩设计值 $\boldsymbol{M}$（或荷载），确定混凝土强度等级和钢筋级别、构件截面尺寸及纵向受力钢筋截面面积 A_s。

本书采用以下方式求 A_s，即由式（10-16）直接求出 x，见式（10-21），然后由式（10-15）求 A_s，见式（10-22）。

$$x = h_0 - \sqrt{h_0^2 - \frac{2\boldsymbol{M}}{\alpha_1 f_c b}} \tag{10-21}$$

$$A_s = \frac{\alpha_1 f_c b x}{f_y} \tag{10-22}$$

需要注意，计算过程中要注意适用条件的验算。

截面设计步骤如下：

1）确定材料强度　一般混凝土强度等级常用 C20、C25、C30，钢筋常采用 HRB400、HPB300 级。

2）确定截面尺寸　可根据表 10-15 或表 10-17 确定，也可由公式确定，并应符合构造要求。

3）求 A_s　计算顺序如下：

①求 x，由式（10-21）求出 x。

②判断是否属于超筋梁。如不满足 $x \leqslant \xi_b h_0$，则说明发生超筋破坏，应采取提高抗弯承载力的措施后重新计算，直至满足要求为止。采取措施一般为提高混凝土强度等级或加大截面高度，或采用双筋截面。如满足 $x \leqslant \xi_b h_0$，则可将 x 值带入公式计算 A_s。

③求 A_s，由式（10-22）求得。

④验算最小配筋率。若 $\rho = \frac{A_s}{bh} \geqslant \rho_{\min}$ 或 $A_s \geqslant \rho_{\min} bh$，则满足最小配筋率要求，否则，应按最小配筋率配筋，即取 $A_s = \rho_{\min} bh$。

4）选配钢筋　根据求出的 A_s 选配钢筋，应注意实际选配的钢筋面积与计算面积之间，相差一般应控制在-2% ~+5%，通常最好不低于计算面积。

（2）截面复核　已知构件截面尺寸（b, h, h_0），材料强度等级（f_c, f_y）及 A_s，求计算截面的受弯承载力 $\boldsymbol{M}_u$；或已知弯矩设计值 $\boldsymbol{M}$，验算截面是否安全。

截面复核步骤如下：

1）验算最小配筋率　若不满足 $\rho = \frac{A_s}{bh} \geqslant \rho_{\min}$，则说明会发生少筋破坏，应重新设计。若满足，则进行下一步。

2）求 x　由式（10-15）得：$x = \frac{f_y A_s}{\alpha_1 f_c b}$。

3）求 $\boldsymbol{M}_u$

若 $x \leqslant \xi_b h_0$，则 $\boldsymbol{M}_u = \alpha_1 f_c b x(h_0 - \frac{x}{2})$ 或 $\boldsymbol{M}_u = f_y A_s(h_0 - \frac{x}{2})$；

若不满足 $x \leqslant \xi_b h_0$，则按适筋梁的最大抗弯承载力计算，即 $\boldsymbol{M}_u = \alpha_1 f_c b h_0^2 \xi_b(1-0.5\xi_b)$。

4）验算截面是否安全　若 $\boldsymbol{M}_u \geqslant \boldsymbol{M}$，则安全；否则不安全。

【例 10-1】　一钢筋混凝土简支梁（见图 10-15），截面尺寸为 $b \times h = 250\ \text{mm} \times 500\ \text{mm}$，计算跨度 $l = 5\ \text{m}$，承担均布恒荷载标准值 10.7 kN/m（不包括自重），均布活荷载标准值 10.8 kN/m，试按单筋梁确定该梁的配筋面积。

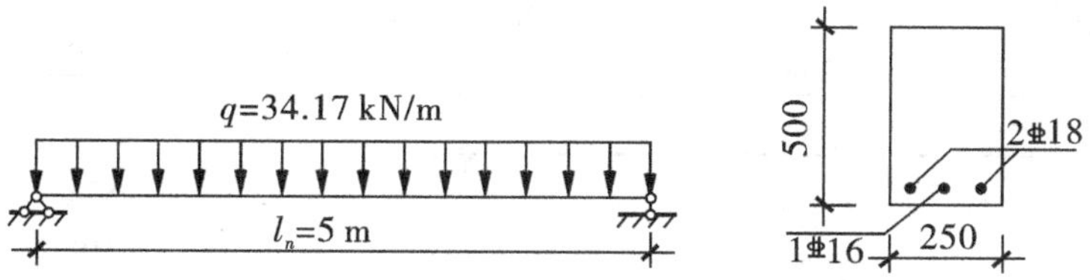

图 10-15　例 10-1 题图

解　(1)确定钢筋和混凝土的材料强度

选用 C30 混凝土，$f_c = 14.3\ \text{N/mm}^2$，$f_t = 1.43\ \text{N/mm}^2$，$\alpha_1 = 1.0$，HRB400 钢筋，$f_y = 360\ \text{N/mm}^2$，$\xi_b = 0.518$。

(2)确定梁的截面尺寸

$b = 250\ \text{mm}$，$h = 500\ \text{mm}$，$h_0 = 500 - 40 = 460\ \text{mm}$（设纵向受拉钢筋排一排）；

(3)计算弯矩设计值 $\boldsymbol{M}$

安全等级为二级，$\gamma_0 = 1.0$；

$\gamma_G = 1.3$，$\gamma_Q = 1.5$

$q = 1.3 \times 10.7 + 1.3 \times 0.25 \times 0.5 \times 25 + 1.5 \times 10.8 = 34.173\ \text{kN/m}$

弯矩设计值 $\boldsymbol{M} = \frac{1}{8} q l^2 = \frac{1}{8} \times 34.173 \times 5^2 = 106.79\ \text{kN} \cdot \text{m}$

(4)计算受力钢筋截面面积 A_s

由式(10-21)得　$x = h_0 - \sqrt{h_0^2 - \frac{2M}{\alpha_1 f_c b}} = 460 - \sqrt{460^2 - \frac{2 \times 106.79 \times 10^6}{1.0 \times 14.3 \times 250}} = 70.31\ \text{mm}$

$< \xi_b h_0 = 0.518 \times 460 = 238.28\ \text{mm}$，不会发生超筋破坏。

由式(10-22)得　$A_s = \frac{\alpha_1 f_c b x}{f_y} = \frac{1.0 \times 14.3 \times 250 \times 70.31}{360} = 698\ \text{mm}^2$

选用 2⌀18+1⌀16，实配 $A_s = 710.1\ \text{mm}^2$

(5)验算是否满足最小配筋率及构造的要求

$45 \times \frac{f_t}{f_y} = 45 \times \frac{1.43}{360} = 0.179(\%) < 0.2\%$，取 $\rho_{\min} = 0.2\%$

$\rho_{\min} b h = 0.002 \times 250 \times 500 = 250\ \text{mm}^2 < A_s = 710.1\ \text{mm}^2$

$18 \times 2 + 16 + 25 \times 4\ \text{mm} = 152\ \text{mm} < 250\ \text{mm}$，满足要求。

配筋布置见图 10-15。

【例 10-2】 一现浇钢筋混凝土简支单向板(见图 10-16),计算跨度 2.38 m,板厚 80 mm,面层为 20 mm 厚水泥砂浆(20 kN/m^3),板底为 20 mm 厚混合砂浆(17 kN/m^3)均布活载标准值为 2.5 kN/m^2,C25 混凝土,钢筋 HPB300,求纵向受拉钢筋的面积。

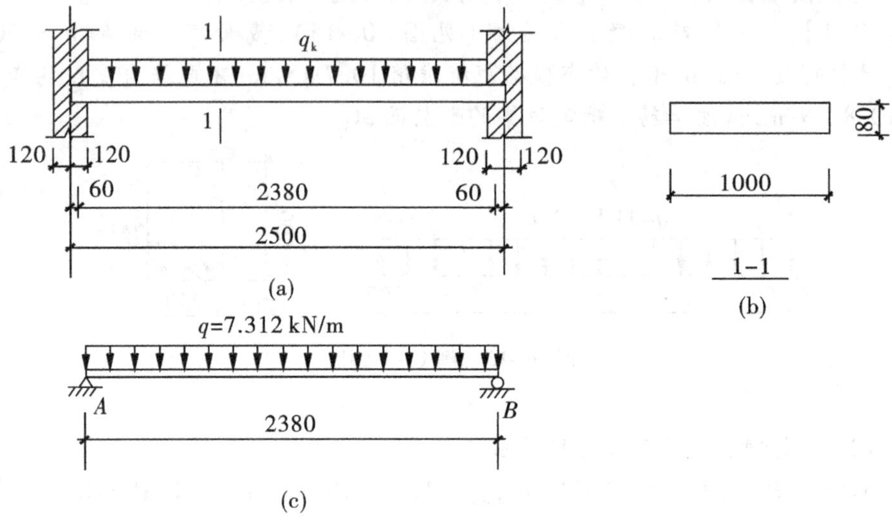

图 10-16 例 10-2 题图

解 (1)确定钢筋和混凝土的材料强度

$f_c=11.9\ \text{N/mm}^2$, $f_t=1.27\ \text{N/mm}^2$, $\alpha_1=1.0$, $f_y=270\ \text{N/mm}^2$, $\xi_b=0.576$

(2)确定板的计算截面尺寸

取 1 m 宽板带计算,$b=1000$ mm,$h=80$ mm,$h_0=h-25=55$ mm

(3)计算弯矩设计值 $\boldsymbol{M}$

$$g_k=(0.08\times25+0.02\times20+0.02\times17)\times1=2.74\ \text{kN/m},\ q_k=2.5\ \text{kN/m}$$

安全等级为二级,$\gamma_0=1.0$

$$\gamma_G=1.3,\ \gamma_Q=1.5$$

$$q=1.3\times2.74+1.5\times2.5=7.312\ \text{kN/m}$$

弯矩设计值 $M=\dfrac{1}{8}ql^2=\dfrac{1}{8}\times7.312\times2.38^2=5.177\ \text{kN}\cdot\text{m}$

(4)计算受力钢筋截面面积 A_s

由式(10-21)得 $x=h_0-\sqrt{h_0^2-\dfrac{2M}{\alpha_1 f_c b}}=55-\sqrt{55^2-\dfrac{2\times5.177\times10^6}{1.0\times11.9\times1000}}=8.58\ \text{mm}$

$<\xi_b h_0=0.576\times55=31.68$ mm

由式(10-22)得 $A_s=\dfrac{\alpha_1 f_c b x}{f_y}=\dfrac{1.0\times11.9\times1000\times8.58}{270}=378\ \text{mm}^2$

选 ϕ8@130,实配 $A_s=387\ \text{mm}^2$(在合理范围内)

验算最小配筋率

$45\frac{f_t}{f_y}=45\times\frac{1.27}{270}=0.212\%>0.2\%$，取 $\rho_{min}=0.212\%$

$A_s=378\ mm^2\geqslant\rho_{min}bh=0.212\%\times1000\times80=169.6\ mm^2$

满足要求。

配筋布置见图 10-17。

关于板的选筋方法，也可采用如下方法：

设每 1 m 板宽计算所需钢筋截面面积为 A_s，选择钢筋直径及单根钢筋截面面积 A_{s1}，设钢筋间距为 s (m)，则有 $\frac{A_{s1}}{s}\geqslant A_s$，$s\leqslant\frac{A_{s1}}{A_s}$ (m)。

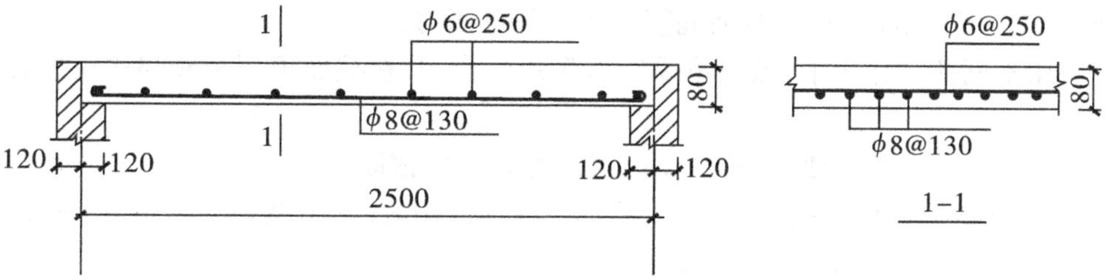

图 10-17　例 10-2 截面配筋布置

【例 10-3】　已知矩形截面梁的尺寸为 $b\times h=200\ mm\times450\ mm$，C25 混凝土，钢筋 HRB400，配有 4 ⌀18 钢筋（$A_s=1017\ mm^2$），承担设计弯矩 $\boldsymbol{M}=102\ kN\cdot m$，求此梁所能承受的最大设计弯矩 $\boldsymbol{M}_u$，并验算截面是否安全。

解　(1)确定钢筋和混凝土的材料强度

C25 混凝土：$f_c=11.9\ N/mm^2$，$f_t=1.27\ N/mm^2$，$\alpha_1=1.0$，HRB400 钢筋：$f_y=360\ N/mm^2$，$\xi_b=0.518$

(2)确定梁截面计算尺寸

$b=200\ mm$，$h_0=h-45=450-45=405\ mm$（纵向受拉钢筋排一排）

(3)验算截面受弯承载力

$45\frac{f_t}{f_y}=45\times\frac{1.27}{360}=0.159(\%)<0.2\%$，取 $\rho_{min}=0.2\%$

$\rho=\frac{A_s}{bh}=\frac{1017}{200\times450}=1.13\%>\rho_{min}=0.2\%$

由式(10-15)得　$x=\frac{f_yA_s}{\alpha_1f_cb}=\frac{360\times1017}{1.0\times11.9\times200}=153.8\ mm<\xi_bh_0=0.518\times405=209.79\ mm$

由式(10-16)或式(10-17)得

$$\boldsymbol{M}_u=\alpha_1f_cbx(h_0-\frac{x}{2})=f_yA_s(h_0-\frac{x}{2})=360\times1017\times(405-\frac{153.8}{2})$$

$$=120.12\times10^6\ N\cdot mm=120.12\ kN\cdot m>M=102\ kN\cdot m$$，截面安全。

10.2.3 双筋矩形截面受弯构件正截面承载力计算

10.2.3.1 概述

在受拉区配置纵向受拉钢筋的同时，在受压区也按计算配置一定数量的受压钢筋，协助混凝土承担一部分压力的截面，称为双筋截面。

一般情况下采用双筋截面即利用受压钢筋承受截面的部分压力是不经济的，但当遇到下列情况时，可采用双筋矩形截面受弯构件：

(1)当截面承受的弯矩较大，超过了单筋截面梁所能承担的最大弯矩，即 $M > M_u = \alpha_1 f_c b h_0^2 \xi_b (1-0.5\xi_b)$ 时，截面尺寸受使用条件限制不允许增大，混凝土强度等级也不宜提高时，可在受压区配置钢筋协助混凝土承受部分压力；

(2)在不同荷载作用下，截面承受变号弯矩的作用，在截面顶部及底部均应配置受力钢筋时；

(3)由于构造上的需要，在截面受压区已配有受压钢筋。

采用双筋梁可以提高截面的延性，减小构件在使用阶段(荷载长期作用下)的变形。

10.2.3.2 双筋矩形截面梁的构造要求

为保证受压钢筋充分发挥作用，防止过早向外凸出，引起保护层崩裂，从而导致受压混凝土的过早破坏，规范规定：箍筋应为封闭式，弯钩直线段长度不应小于箍筋直径的5倍，箍筋间距不应大于 $15d$(d 为纵向受压钢筋中的最小直径)，并不应大于 400 mm。当一层内的纵向受压钢筋多于5根且直径大于 18 mm 时，箍筋间距不应大于 $10d$。

当梁宽 b>400 mm 且在一层内纵向受压钢筋多于3根时，或当梁宽 b≤400 mm 但一层内的受压钢筋多于4根时，应设置复合箍筋。

10.2.3.3 双筋矩形截面梁正截面受力分析

双筋矩形截面梁正截面破坏的受力机理与单筋矩形截面梁相似，不同之处是单筋矩形截面梁中和轴上部的受压作用全部由混凝土承担，而双筋矩形截面梁中和轴上部的受压作用由混凝土和钢筋共同承担。如图 10-18 所示，根据受力平衡，双筋矩形截面梁正截面承载力的计算公式为

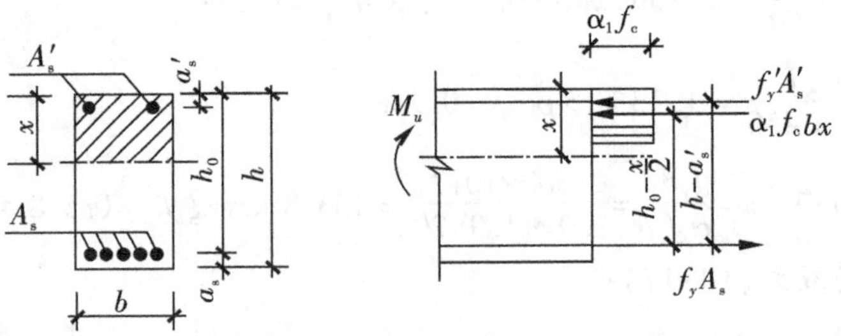

图 10-18 双筋矩形截面计算简图

$$\sum \chi=0 \quad \alpha_1 f_c bx + f'_y A'_s = f_y A_s \tag{10-23}$$

$$\sum M=0 \quad M \leqslant M_u = \alpha_1 f_c bx(h_0 - \frac{x}{2}) + f'_y A'_s(h_0 - a'_s) \qquad (10-24)$$

式中 f'_y——钢筋抗压强度设计值；

A'_s——受压钢筋的截面面积；

a'_s——受压钢筋合力点到截面受压边缘的距离。

10.2.3.4 适用条件

（1）为避免超筋破坏，应满足 $\xi \leqslant \xi_b$ 或 $x \leqslant \xi_b h_0$；

（2）为保证受压钢筋充分发挥作用，应满足 $x \geqslant 2a'_s$。

双筋截面梁中的受拉钢筋配置较多，一般均能满最小配筋率的要求，可不验算。当不满足 $x \geqslant 2a'_s$ 时，为简化设计，可近似取 $x=2a'_s$，正截面受弯承载力可按式（10-25）确定：

$$M_u = f_y A_s(h_0 - a'_s) \qquad (10-25)$$

10.2.4 单筋 T 形截面受弯构件正截面承载力计算

10.2.4.1 概述

矩形截面受弯构件在破坏时，受拉区混凝土早已开裂，不能再承担拉力，所以可考虑将受拉区混凝土挖去一部分，将受拉钢筋集中布置在肋内，形成如图 10-19 所示的 T 形截面，它和原来的矩形截面所能承受的弯矩是相同的。这样既可节约材料，又减轻了自重。

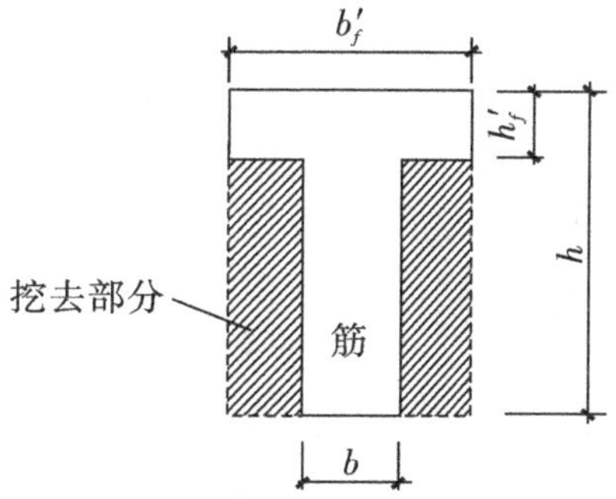

图 10-19 T 形梁截面尺寸

T 形截面伸出部分称为翼缘，中间部分称为肋或腹板。肋的宽度为 b，位于截面受压区的翼缘宽度为 b'_f，厚度为 h'_f，截面总高为 h（见图 10-19）。

T 形截面在工程中的应用很广泛，如现浇楼盖、吊车梁等。此外，I 字形屋面大梁、槽形板、空心板等也均按 T 形截面计算，如图 10-20 所示。

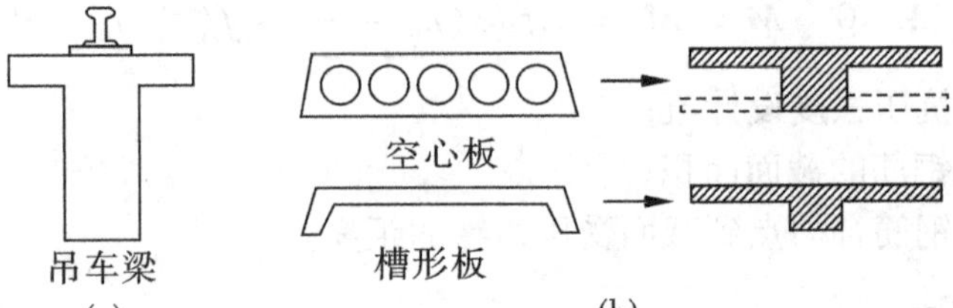

图 10-20 T 形截面的形式

T 形截面受弯构件受压翼缘压应力的分布是不均匀的，越接近肋部压应力越大，随着离开肋部距离的增加而减小。因此，设计中把与梁肋共同工作的翼缘宽度限制在一定范围内，称翼缘的计算宽度 b'_f。在 b'_f 范围内翼缘全部参与工作，并假定其压应力均匀分布。翼缘计算宽度的大小与梁的跨度 l、翼缘厚度 h'_f 和梁的布置情况等有关。《规范》规定 T 形、I 形及倒 L 形截面受弯构件翼缘计算宽度 b'_f 如表 10-23 所示。计算时 b'_f 取表中三项的最小值。

表 10-23 T 形、I 形及倒 L 形截面受弯构件翼缘计算宽度

考虑情况			T 形、I 形截面		倒 L 形截面
			肋形梁（板）	独立梁	肋形梁（板）
1	按计算跨度 l 考虑		$\frac{1}{3}l$	$\frac{1}{3}l$	$\frac{1}{6}l$
2	按梁（肋）净距 S_n 考虑		$b+S_n$	—	$b+\frac{S_n}{2}$
3	按翼缘高度 b'_f 考虑	当 $\frac{b'_f}{h}\geqslant 0.1$	—	$b+12h'_f$	—
		当 $0.1>\frac{b'_f}{h}\geqslant 0.05$	$b+12h'_f$	$b+6h'_f$	$b+5h'_f$
		当 $\frac{b'_f}{h}<0.05$	$b+12h'_f$	b	$b+5h'_f$

注：表中 b 为梁的腹板（肋）的宽度

10.2.4.2 基本公式及适用条件

（1）两类 T 形截面的判别 当中和轴位于翼缘内，即 $x \leqslant h'_f$ 时，受压区形状为矩形，称为第一类 T 形截面；当中和轴位于腹板内，即 $x > h'_f$ 时，受压区形状为 T 形，称为第二类 T 形截面。如果中和轴刚好位于翼缘的下边缘时，即 $x = h'_f$，为两类 T 形截面的分界情况（见图 10-21）。

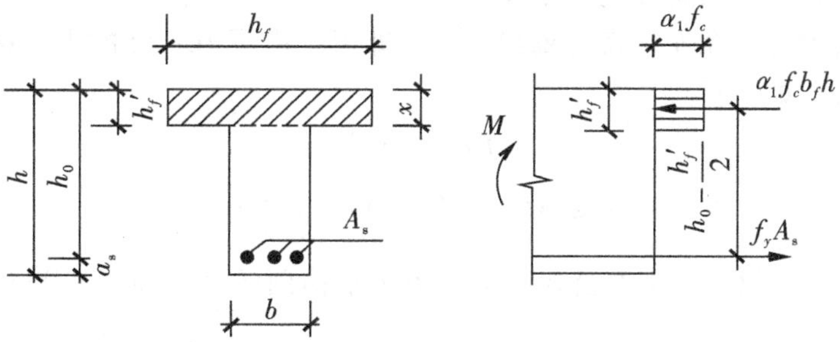

图 10-21　两类 T 形截面的界限

由图 10-21 可得

$$\alpha_1 f_c b_f' h_f' = f_y A_s \tag{10-26}$$

$$M_u = \alpha_1 f_c b_f' h_f' (h_0 - \frac{h_f'}{2}) \tag{10-27}$$

这两个界限条件,可用来作为判别属于何类 T 形截面的基础。

1)若满足

$$\alpha_1 f_c b_f' h_f' \geqslant f_y A_s \tag{10-28}$$

或

$$M_u \leqslant \alpha_1 f_c b_f' h_f' (h_0 - \frac{h_f'}{2}) \tag{10-29}$$

则 $x \leqslant h'_f$,属于第一类 T 形截面。

2)若满足

$$\alpha_1 f_c b_f' h_f' < f_y A_s \tag{10-30}$$

或

$$M_u > \alpha_1 f_c b_f' h_f' (h_0 - \frac{h_f'}{2}) \tag{10-31}$$

则 $x > h'_f$,属于第二类 T 形截面。

式(10-28)及(10-30)适用于复核截面时的判别(此时 A_s 已知),而式(10-29)及(10-31)适用于截面设计时的判别(此时 $\boldsymbol{M}$ 已知)。

(2)第一类 T 形截面的基本公式　第一类 T 形截面的计算简图如图 10-22 所示。此时,截面外形虽为 T 形,但受压区仍为矩形,而受拉区形状与截面受弯承载力无关。因此实质上截面受力情况与矩形截面是相同的。

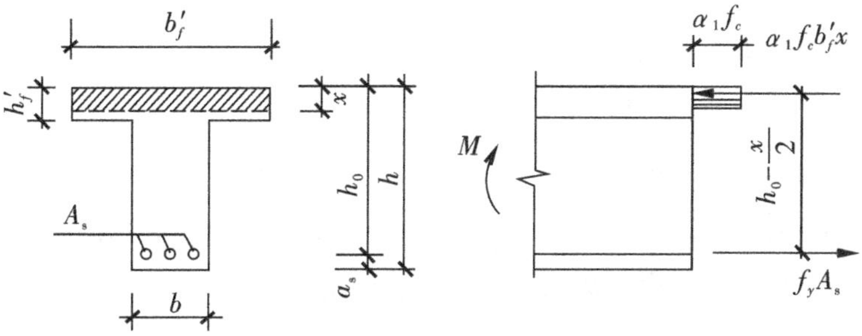

图 10-22　第一类 T 形截面的计算简图

第一类 T 形截面可按宽度为 b'_f的矩形截面进行受弯承载力的计算，计算时只需将单筋矩形截面公式中的梁宽 b 代换为翼缘宽度 b'_f即可。由图 10-22 的平衡条件得第一类 T 形截面的基本公式如下：

$$\alpha_1 f_c b'_f x = f_y A_s \tag{10-32}$$

$$M \leqslant M_u = \alpha_1 f_c b'_f x\left(h_0 - \frac{x}{2}\right) \tag{10-33}$$

（3）第二类 T 形截面的基本公式　第二类 T 形截面的计算简图如图 10-23 所示。

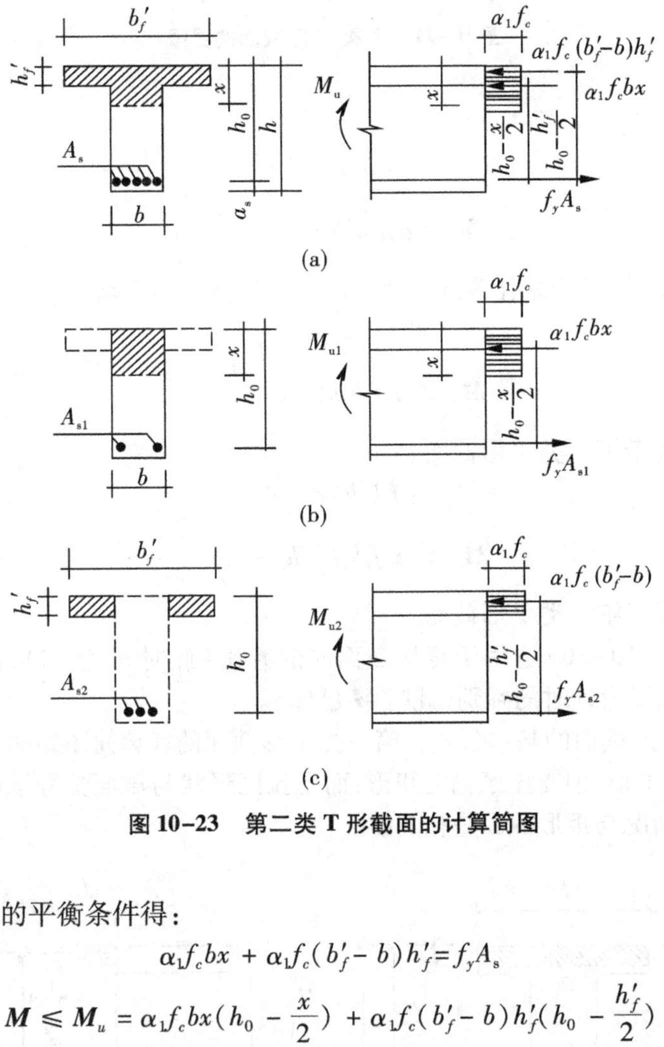

图 10-23　第二类 T 形截面的计算简图

由图 10-23 的平衡条件得：

$$\alpha_1 f_c bx + \alpha_1 f_c (b'_f - b) h'_f = f_y A_s \tag{10-34}$$

$$M \leqslant M_u = \alpha_1 f_c bx(h_0 - \frac{x}{2}) + \alpha_1 f_c (b'_f - b) h'_f (h_0 - \frac{h'_f}{2}) \tag{10-35}$$

第二类 T 形截面梁的受弯承载力 M_u 可分成两部分：由肋部受压区混凝土和与其相应的一部分受拉钢筋承担的弯矩以及由翼缘的受压混凝土和与其相应的一部分受拉钢筋承担的弯矩。

(4)基本公式的适用条件　上述两类 T 形截面的基本公式应满足以下两个条件。

1)为防止超筋破坏,应满足:$x \leqslant x_b = \xi_b h_0$

对于第一类 T 形截面 $x \leqslant h'_f$,一般均能满足,可不进行验算。

2)为防止少筋破坏,应满足:$\rho = \dfrac{A_s}{bh} \geqslant \rho_{\min}$

第二类 T 形截面的配筋率一般较大,均能满足 $\rho \geqslant \rho_{\min}$,可不必验算。

必须注意,最小配筋率验算时的 ρ 是对于梁肋部计算的,即 $\rho = \dfrac{A_s}{bh}$,而不是用 $\dfrac{A_s}{b'_f h}$ 计算的。这是因为最小配筋率 $\rho_{\min}$ 是根据钢筋混凝土截面与同样大小素混凝土截面两者的极限弯矩相等这一原则确定的,而后者主要取决于截面受拉区的形状,因此在验算适用条件时,取肋宽 b 来确定 T 形截面的配筋率 ρ 是合理的。

10.2.4.3　基本公式的应用范围

(1)截面设计　已知材料强度等级、截面尺寸及弯矩设计值 M,求受拉钢筋截面面积 A_s。

1)判别 T 形截面类型

当满足 $\boldsymbol{M} \leqslant \alpha_1 f_c b'_f h'_f (h_0 - \dfrac{h'_f}{2})$ 时,属第一类 T 形截面;

当满足 $\boldsymbol{M} > \alpha_1 f_c b'_f h'_f (h_0 - \dfrac{h'_f}{2})$ 时,属第二类 T 形截面。

2)T 形截面的计算　经判别后,若为第一类 T 形截面,则其计算方法与 $b'_f \times h$ 的单筋矩形截面完全相同。即按下列步骤计算:

①求 x

$$x = h_0 - \sqrt{h_0^2 - \frac{2\boldsymbol{M}}{\alpha_1 f_c b'_f}} \tag{10-36}$$

②求 A_s

$$A_s = \frac{\alpha_1 f_c b'_f x}{f_y} \tag{10-37}$$

③验算 $\rho_{\min}$ 选配钢筋

若满足 $A_s \geqslant \rho_{\min} bh$ 即可选配钢筋;若不满足,按 $A_s = \rho_{\min} bh$ 选配钢筋。

若为第二类 T 形截面,则按下述步骤计算:

①求 x

$$x = h_0 - \sqrt{h_0^2 - \frac{2\left[M - \alpha_1 f_c (b'_f - b) h'_f (h_0 - \frac{h'_f}{2})\right]}{\alpha_1 f_c b}} \tag{10-38}$$

②验算是否超筋。如不满足 $x \leqslant \xi_b h_0$,则说明发生超筋破坏,应采取提高抗弯承载力的措施后重新计算,直至满足要求为止。采取措施为加大截面高度,或提高混凝土强度等级,或采用“双筋 T 形截面”。

③求 A_s 并选配钢筋。

由式(10-34)得

$$A_s = \frac{\alpha_1 f_c bx + \alpha_1 f_c (b'_f - b)h'_f}{f_y} \tag{10-39}$$

(2)截面复核　已知材料强度等级、截面尺寸及受拉钢筋截面面积A_s，求截面受弯承载力$\boldsymbol{M}_u$。

1)判别T形截面类型

当满足$\alpha_1 f_c b'_f h'_f \geqslant f_y A_s$时,属第一类T形截面;

当满足$\alpha_1 f_c b'_f h'_f < f_y A_s$时,属第二类T形截面。

2)求截面受弯承载力　若为第一类T形截面,可按$b'_f \times h$的单筋矩形截面计算方法求$\boldsymbol{M}_u$,步骤如下:

①验算最小配筋率。若不满足$\rho \geqslant \rho_{min}$,则说明会发生少筋破坏,应重新设计。若满足,则进行下一步。

②求x。由式(10-32)求x。

$$x = \frac{f_y A_s}{\alpha_1 f_c b'_f} \tag{10-40}$$

③求$\boldsymbol{M}_u$。

$$\boldsymbol{M}_u = \alpha_1 f_c b'_f x\left(h_0 - \frac{x}{2}\right) \tag{10-41}$$

若为第二类T形截面,可按下列步骤计算。

①求x并验算。由式(10-34)求x:

$$x = \frac{f_y A_s - \alpha_1 f_c (b'_f - b)h'_f}{\alpha_1 f_c b} \tag{10-42}$$

②求$\boldsymbol{M}_u$。

若$x \leqslant \xi_b h_0$,则由式(10-35)得

$$\boldsymbol{M}_u = \alpha_1 f_c bx\left(h_0 - \frac{x}{2}\right) + \alpha_1 f_c (b'_f - b)h'_f\left(h_0 - \frac{h'_f}{2}\right) \tag{10-43}$$

若$x > \xi_b h_0$,则取$x = \xi_b h_0$,代入式(10-35)得

$$\boldsymbol{M}_u = \alpha_1 f_c b h_0^2 \xi_b (1 - 0.5\xi_b) + \alpha_1 f_c (b'_f - b)h'_f\left(h_0 - \frac{h'_f}{2}\right) \tag{10-44}$$

【例10-4】　现浇肋形楼盖中的次梁,计算跨度为6 m,间距为2.4 m,梁高450 mm,板厚70 mm,截面尺寸如图10-24所示,跨中截面的最大正弯矩设计值$\boldsymbol{M}$=92.5 kN·m,混凝土强度等级为C30,HRB400钢筋。计算次梁的受拉钢筋面积A_s。

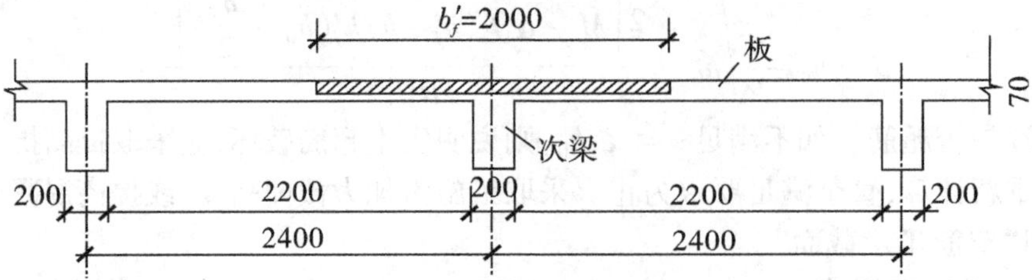

图10-24　例10-4题图

解 (1)钢筋和混凝土的材料强度

C30 混凝土，$f_c=14.3\ \text{N/mm}^2$，$f_t=1.43\ \text{N/mm}^2$，$\alpha_1=1.0$，HRB400 钢筋，$f_y=360\ \text{N/mm}^2$，$\xi_b=0.518$

(2)梁的截面尺寸

$b=200$ mm，$h=450$ mm，$h_0=450-40=410$ mm(设纵向受拉钢筋排一排)，$h_f'=70$ mm

确定翼缘计算宽度：

由表 10-23 可得

按梁跨度 l 考虑：$b_f'=\dfrac{l}{3}=\dfrac{6000}{3}=2000$ mm

按梁净距 S_n 考虑：$b_f'=b+S_n=200+2200=2400$ mm

按翼缘高度 h_f' 考虑：$\dfrac{h_f'}{h_0}=\dfrac{70}{410}=0.171>0.1$，故翼缘宽度不受 h_f' 的限制。

翼缘计算宽度 b_f' 取三者中的较小值，即 $b_f'=2000$ mm

(3)判别 T 形截面类型

$$\alpha_1 f_c b_f' h_f'\left(h_0-\frac{h_f'}{2}\right)=1.0\times14.3\times2000\times70\times\left(410-\frac{70}{2}\right)$$

$$=750.75\times10^6\ \text{N}\cdot\text{mm}=750.75\ \text{kN}\cdot\text{m}>M=92.5\ \text{kN}\cdot\text{m}$$

属于第一类 T 形截面。

(4)求 A_s

$$x=h_0-\sqrt{h_0^2-\frac{2M}{\alpha_1 f_c b_f'}}=410-\sqrt{410^2-\frac{2\times92.5\times10^6}{1.0\times14.3\times2000}}=7.97\ \text{mm}$$

$$A_s=\frac{\alpha_1 f_c b_f' x}{f_y}=\frac{1.0\times14.3\times2000\times7.97}{360}=633\ \text{mm}^2$$

(5)验算最小配筋率

$$45\frac{f_t}{f_y}=45\times\frac{1.43}{360}=0.179(\%)<0.2\%，取\ \rho_{min}=0.2\%$$

$$\rho=\frac{A_s}{bh}=\frac{633}{200\times450}=0.7\%\geqslant\rho_{min}=0.2\%，满足要求。$$

选 2⌀18+1⌀14(实配 $A_s=662.9\ \text{mm}^2$)

【例 10-5】 已知梁截面尺寸如图 10-25 所示，混凝土强度等级为 C25，采用 HRB400 级钢筋，计算跨度 6 m，截面承受弯矩设计值 $M=585$ kN · m，试求纵向受拉钢筋截面面积 A_s。

解

(1)钢筋和混凝土的材料强度

C25 混凝土，$f_c=11.9\ \text{N/mm}^2$，$f_t=1.27\ \text{N/mm}^2$，$\alpha_1=1.0$，HRB400 钢筋，$f_y=360\ \text{N/mm}^2$，$\xi_b=0.518$

(2)梁的截面尺寸

$b=300$ mm，$h=700$ mm，$h_0=700-70=630$ mm(设纵向受拉钢筋排二排)，$h_f'=120$ mm

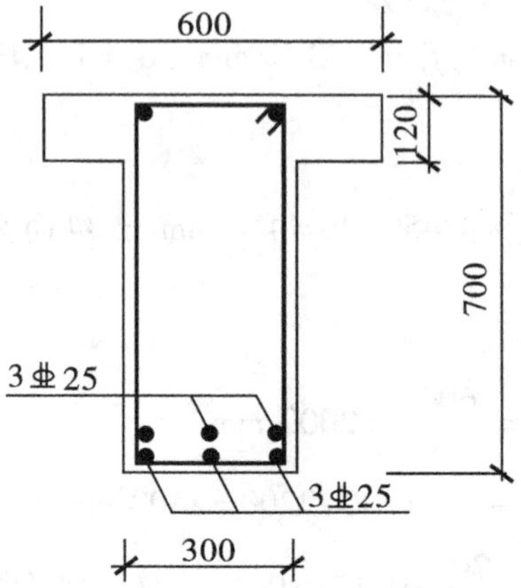

图 10-25 例 10-5 题图

b'_f确定:按跨度考虑, $b'_f=\frac{l}{3}=\frac{6000}{3}=2000$ mm

按翼缘高度考虑, $\frac{h'_f}{h_0}=\frac{120}{630}=0.19>0.1$,不考虑此项影响

实际翼缘宽度为600mm,因此取 $b'_f=600$ mm

(3)判别T形截面类型

$$\alpha_1 f_c b'_f h'_f(h_0-\frac{h'_f}{2})=1.0\times11.9\times600\times120\times(630-\frac{120}{2})$$

$$=488.376\times10^6\ \text{N}\cdot\text{mm}=488.376\ \text{kN}\cdot\text{m}<M=585\ \text{kN}\cdot\text{m}$$

属于第二类T形截面。

(4)求 A_s

$$x=h_0-\sqrt{h_0^2-\frac{2\left[M-\alpha_1 f_c(b'_f-b)h'_f(h_0-\frac{h'_f}{2})\right]}{\alpha_1 f_c b}}$$

$$=630-\sqrt{630^2-\frac{2\left[585\times10^6-1\times11.9\times(600-300)\times120\times(630-\frac{120}{2})\right]}{1\times11.9\times300}}=176.2\ \text{mm}$$

$$<\xi_b h_0=0.518\times630=326.34\ \text{mm}$$

$$A_s=\frac{\alpha_1 f_c bx+\alpha_1 f_c(b'_f-b)h'_f}{f_y}=\frac{1\times11.9\times300\times176.2+1\times11.9\times(600-300)\times120}{360}$$

$$=2937\ \text{mm}^2$$

选6⏀25(实配 $A_s=2945\ \text{mm}^2$),截面配筋见图10-25。

10.2.5 受弯构件斜截面承载力计算

10.2.5.1 概述

受弯构件在荷载作用下,各截面上除作用有弯矩外,一般同时还作用有剪力。在剪力和弯矩共同作用的区段，正应力和剪应力的组合产生的主拉应力（其方向与梁轴线不平行）超过混凝土在拉压应力状态下的强度时，将使该段产生斜裂缝，即可能导致沿斜截面的破坏。

斜截面的承载力包括两个方面：斜截面的受弯承载力和受剪承载力。斜截面的受弯承载力主要通过构造措施解决，而受剪承载力需通过计算配置腹筋（箍筋和弯起钢筋）来保证。

10.2.5.2　受弯构件斜截面承载力

（1）斜截面破坏形式　试验分析表明，斜截面破坏形式有以下三种：

1）斜压破坏　随着荷载的增加，先后出现若干条大致平行的腹剪裂缝，将梁腹平行分割成若干斜向的受压棱柱体，最终混凝土达到极限抗压强度被压碎，此时腹筋由于配置较多并未达到屈服，如图 10-26（a），属于脆性破坏。

2）剪压破坏　随着荷载的增加，首先在剪弯段受拉区出现垂直裂缝，随后斜向延伸，形成斜裂缝。当荷载再增加到一定数值时，会出现一条主要斜裂缝即临界斜裂缝。此后荷载继续增加，与临界斜裂缝相交的箍筋将达到屈服强度，同时剪压区的混凝土在剪应力及压应力共同作用下，达到极限状态而破坏，如图 10-26（b）。没有明显预兆，属于脆性破坏。

3）斜拉破坏　斜裂缝一旦出现，箍筋立即达到屈服强度，这条斜裂缝将迅速伸展到梁的受压边缘，构件很快裂为两部分而被破坏，如图 10-26（c），具有明显的脆性。

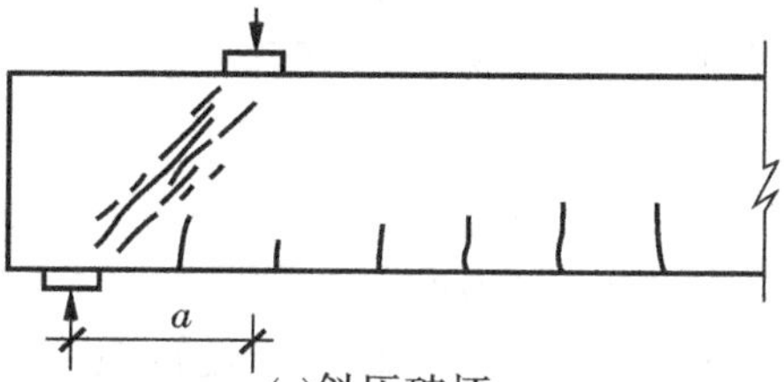

(a)斜压破坏

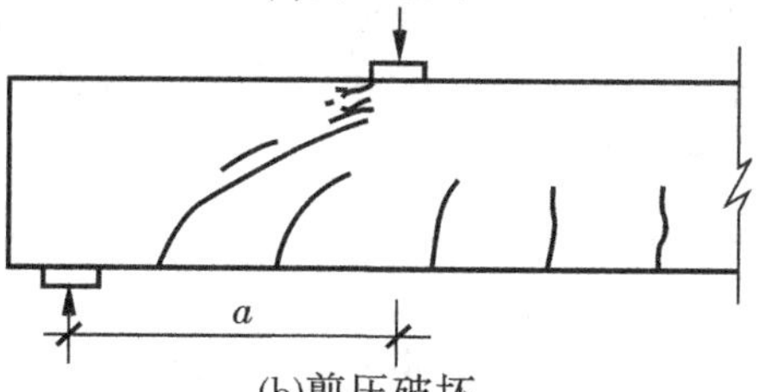

(b)剪压破坏

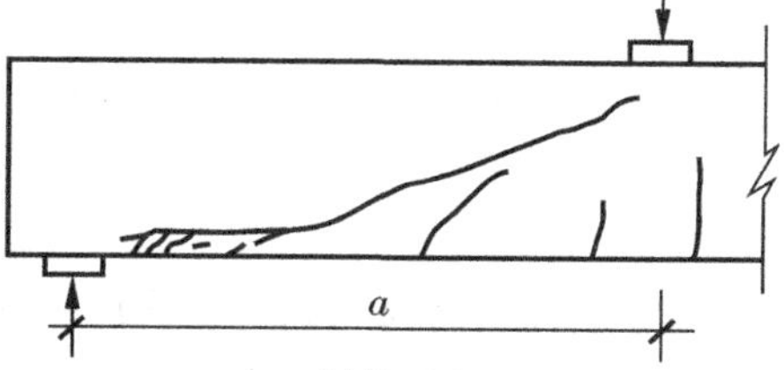

(c)斜拉破坏

图 10-26　斜截面破坏形式

各种破坏形式的发生条件见表 10-24。

表 10-24 斜截面破坏形式及发生条件

斜截面破坏形式	无腹筋梁发生条件	有腹筋梁发生条件
斜压破坏	$\lambda<1$（或跨高比 $\frac{l}{h}<3$）	不论 λ 的大小，只要梁的箍筋配置过多
斜拉破坏	$\lambda>3$（或跨高比 $\frac{l}{h}>9$）	箍筋配置得过少且 $\lambda>3$（或 $\frac{l}{h}>9$）
剪压破坏	$1\leqslant\lambda\leqslant3$（或跨高比 $3\leqslant\frac{l}{h}\leqslant9$）	当 $1\leqslant\lambda\leqslant3$（或 $3\leqslant\frac{l}{h}\leqslant9$）且梁内箍筋的数量配置适当

表中 λ 是剪跨比，试验表明剪跨比是影响梁的破坏形态和受剪承载力的主要因素。

剪跨比用 λ 表示，是无量纲参数，它反映了截面承受的弯矩 $\boldsymbol{M}$ 和剪力 V 的相对大小，称为广义剪跨比，即

$$\lambda=\frac{\boldsymbol{M}}{V\ h_0} \tag{10-45}$$

当梁承受集中荷载作用时，可用计算剪跨比表述，即将式(10-54)表述为以下形式：

$$\lambda=\frac{a}{h_0} \tag{10-46}$$

式中 a——剪跨(集中力作用点到支座的水平距离)。

h_0——梁截面有效高度。

当梁承受均布荷载或者承受的荷载形式复杂时，采用广义剪跨比。

上述三种破坏形式，在工程设计中都应设法避免。规范采用不同的方法来保证斜截面的承载能力以防止破坏。斜拉破坏和斜压破坏通过构造措施来避免：规定箍筋的最少数量，可以防止斜拉破坏的发生；不使梁的截面过小，可以防止斜压破坏的发生。而剪压破坏，它的承载力变化幅度较大，必须进行承载力计算，《规范》的基本计算公式就是根据这种破坏形态的受力特征而建立的。

(2)影响斜截面受剪承载力的因素 影响受弯构件斜截面受剪承载力的因素很多，主要有以下几方面：

1)剪跨比 λ 对集中荷载作用下的无腹筋梁，剪跨比是影响破坏形态和受剪承载力最主要的因素之一。随着剪跨比的增大，破坏形态发生显著变化，梁的受剪承载力明显降低；小剪跨比时，发生斜压破坏，受剪承载力很高；中剪跨比时，发生剪压破坏，受剪承载力次之；大剪跨比时，发生斜拉破坏，受剪承载力很低。当剪跨比 $\lambda>3$ 以后，剪跨比对受剪承载力无显著的影响。

对有腹筋梁，在低配箍时剪跨比的影响较大，在中等配箍时剪跨比的影响次之，在高配箍时剪跨比的影响较小。

均布荷载作用下跨高比 $\frac{l}{h}$ 对梁的受剪承载力有较大影响，随着跨高比的增大，受剪

承载力下降。当跨高比 $\frac{l}{h}>10$ 以后,跨高比对受剪承载力的影响则不显著。

2)混凝土强度 斜裂缝出现后,裂缝间的混凝土在剪应力和压应力的作用下处于拉压应力状态,是在拉应力和压应力的共同作用下破坏的;梁的受剪承载力随混凝土抗拉强度 f_t 的提高而提高,大致呈线性关系。

3)配箍率 ρ_{sv} 和箍筋强度 f_{yv} 试验表明,有腹筋梁出现斜裂缝以后,箍筋不仅可以直接承受部分剪力,还能抑制斜裂缝的开展和延伸,提高剪压区混凝土的抗剪能力和纵筋的销栓作用,间接地提高梁的受剪承载力。为反映箍筋用量对受剪承载力的影响,引入配箍率的概念,如式(10-47):

$$\rho_{sv}=\frac{nA_{sv1}}{bs} \tag{10-47}$$

式中 n ——同一截面内箍筋的肢数;

A_{sv1} ——单肢箍筋的截面面积;

b ——截面宽度;

s ——箍筋间距。

受剪承载力与配箍率和箍筋屈服强度的乘积,即配箍特征系数 $\rho_{sv}f_{yv}$ 大致呈线性关系。

4)纵向钢筋的配筋率 纵向钢筋能抑制斜裂缝的扩展,使斜裂缝上端剪压区的面积较大,从而能承受较大的剪力,同时纵筋本身也能通过销栓作用承受一定的剪力。因而纵向钢筋的配筋量越大,梁的受剪承载力越高。

(3)斜截面受剪承载力的计算公式 图 10-27 为有腹筋梁发生剪压破坏时的脱离体受力图。

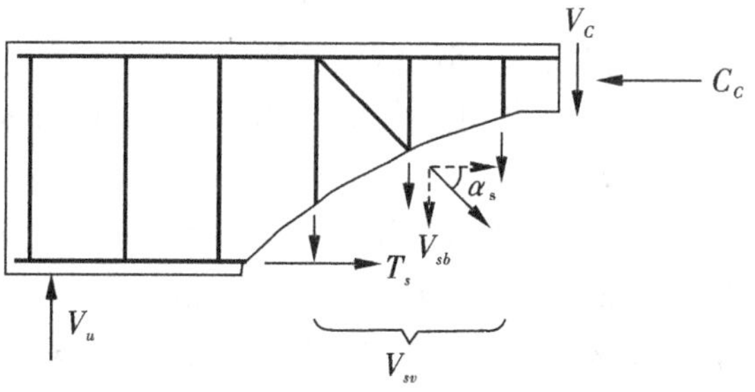

图 10-27 斜裂缝的脱离体受力图

斜截面的受剪承载力 V_u 主要由以下几部分组成:斜裂缝上端混凝土截面承受的剪力 V_c,穿过斜裂缝的箍筋承担的剪力 V_{sv},穿过斜裂缝的弯起钢筋承担的剪力 V_{sb}。受剪承载力 V_u 可由式(10-48)表示:

$$V_u=V_c+V_{sv}+V_{sb} \tag{10-48}$$

当不配置弯起钢筋时:

$$V_u=V_c+V_{sv}=V_{cs} \tag{10-49}$$

式中 V_{cs} ——构件斜截面上混凝土和箍筋共同承担的剪力。

斜截面受剪承载力的计算是以剪压破坏为依据(图 10-27),为保证斜截面有足够的

承载力,必须满足:

$$V \leqslant V_u \tag{10-50}$$

1)仅配箍筋的矩形、T形和I形截面的一般受弯构件

$$V \leqslant V_u = V_{cs} = \alpha_{cv} f_t b h_0 + f_{yv} \frac{nA_{sv1}}{s} h_0 \tag{10-51}$$

式中 V——构件斜截面上的最大剪力设计值;

f_{yv}——箍筋的屈服强度设计值;

n——同一个截面内箍箍的肢数;

A_{sv1}——单肢箍筋的截面面积。配置在同一截面内箍筋各肢的全部截面面积 $A_{sv}=nA_{sv1}$。

s——沿构件长度方向上箍筋的间距;

α_{cv}——截面混凝土受剪承载力系数,对于一般受弯构件取0.7;对集中荷载作用下(包括作用有多种荷载,其中集中荷载对支座截面或节点边缘所产生的剪力值占总剪力值的75%以上的情况)的独立梁,取 α_{cv} 为 $\frac{1.75}{\lambda+1}$,λ 为计算截面的剪跨比,可取 λ 等于 $\frac{a}{h_0}$,当 $\lambda<1.5$ 时,取1.5,当 $\lambda>3$ 时,取3,a 取集中荷载作用点至支座截面或节点边缘的距离;

其余符号意义同前。

2)同时配箍筋和弯起钢筋的矩形、T形和I形截面的一般受弯构件

$$V \leqslant V_{cs} + V_{sb} = \alpha_{cv} f_t b h_0 + f_{yv} \frac{nA_{sv1}}{s} h_0 + 0.8 f_y A_{sb} \sin \alpha_s \tag{10-52}$$

式中 A_{sb}——同一弯起平面内弯起钢筋的截面面积;

α_s——弯起钢筋与梁的纵轴之间的夹角,当梁高 $h \leqslant 800$ mm 时,α_s 取45°;当 $h>800$ mm 时,α_s 取60°;

0.8——是考虑弯起钢筋与临界斜裂缝的交点有可能过分靠近混凝土剪压区时,弯起钢筋达不到屈服强度而采用的强度降低系数;

V——配置弯起钢筋处截面剪力设计值,当计算第一排(对支座而言)弯起钢筋时,取用支座边缘处的剪力值;当计算以后的每一排弯起钢筋时,取用前一排(对支座而言)弯起钢筋弯起点处的剪力值。

其余符号意义同前。

(4)斜截面受剪承载力计算公式的适用条件　如上所述,斜截面受剪承载力计算公式是根据剪压破坏的受力状态确定的,所以只能在一定条件下适用,以防发生斜压破坏和斜拉破坏。

1)防止发生斜压破坏的条件——限制最小截面尺寸　试验证明,在配筋超过一定数值后,斜截面受剪承载力不再增大,增加的腹筋不能充分发挥作用。如不增大构件截面,荷载再增大,斜截面将产生斜压破坏。

《规范》给出了剪压破坏受剪承载力的上限值——最小截面尺寸

当 $\frac{h_w}{b} \leqslant 4$ 时 $$V \leqslant 0.25\beta_c f_c bh_0 \tag{10-53}$$

当 $\frac{h_w}{b} \geqslant 6$ 时 $$V \leqslant 0.2\beta_c f_c bh_0 \tag{10-54}$$

当 $4 < \frac{h_w}{b} < 6$ 时,按线性内插法取用。

式中 V——构件斜截面上的最大剪力设计值;

β_c——混凝土强度影响系数,当混凝土强度等级不超过 C50 时,取 $\beta_c = 1.0$;当混凝土强度等级为 C80 时,取 $\beta_c = 0.8$,其间按线性内插法取用;

b——矩形截面的宽度,T 形截面或 I 形截面的腹板宽变;

h_w——截面的腹板高度,矩形截面取有效高度 h_0,T 形截面取有效高度减去翼缘高度,I 形截面取腹板净高。

如果上述条件不能满足,则应加大梁截面尺寸或提高混凝土的强度等级。

2)防止发生斜拉破坏的条件——限制最小配箍率和箍筋的最大间距 当出现斜裂缝后,斜裂缝上的主拉应力全部转移给箍筋,如果箍筋配置过少,斜裂缝一出现,箍筋应力会立即达到屈服强度而发生斜拉破坏。

《规范》规定剪压破坏受剪承载力的下限值——最小配箍率,即

当 $V > 0.7f_t bh_0$ 时

$$\rho_{sv} = \frac{A_{sv}}{bs} \geqslant \rho_{sv,\min} = 0.24\frac{f_t}{f_{yv}} \tag{10-55}$$

在满足了最小配箍率的要求后,如果箍筋选得较粗而配置较稀,则可能因箍筋间距过大在两根箍筋之间出现不与箍筋相交的斜裂缝,使箍筋无法发挥作用;为此《规范》规定了箍箍的最大间距 $s_{\max}$(见表 10-25);

为了使钢筋骨架具有一定的刚性,便于制作安装,箍筋的直径也不应太小。对截面高度大于 800 mm 的梁,其箍筋直径不宜小于 8 mm;对截面高度为 800 mm 及以下的梁,其箍筋直径不宜小于 6 mm。当梁中配有计算需要的纵向受压钢筋时,箍筋的直径尚不小于 $\frac{d}{4}$(d 为纵向受压钢筋的最大直径)。

表 10-25 梁中箍筋和弯起钢筋的最大间距

单位:mm

梁高 h	$V > 0.7f_t bh_0$	$V \leqslant 0.7f_t bh_0$
$150 < h \leqslant 300$	150	200
$300 < h \leqslant 500$	200	300
$500 < h \leqslant 800$	250	350
$h > 800$	300	400

梁承受的剪力较小而截面尺寸较大按计算不需要配置腹筋时，应按构造规定选配箍筋。

（5）斜截面受剪承载力的计算截面位置　在受弯构件中，剪切破坏只能沿着唯一的一条临界斜裂缝发生，而临界斜裂缝位置随着构件上作用的荷载、构件的外形、腹筋的配置方式和数量的不同而不同，我们较难准确地确定剪压破坏发生的位置，在设计中按如下规定来确定斜截面承载力的计算位置（见图 10-28）：

1）支座边缘处的截面[图 10-28（a）（b）截面 1-1]；

2）受拉区弯起钢筋弯起点处的截面[图 10-28（a）截面 2-2、3-3]；

3）箍筋截面面积或间距改变处的截面[图 10-28（b）截面 4-4]；

4）截面尺寸改变处的截面。

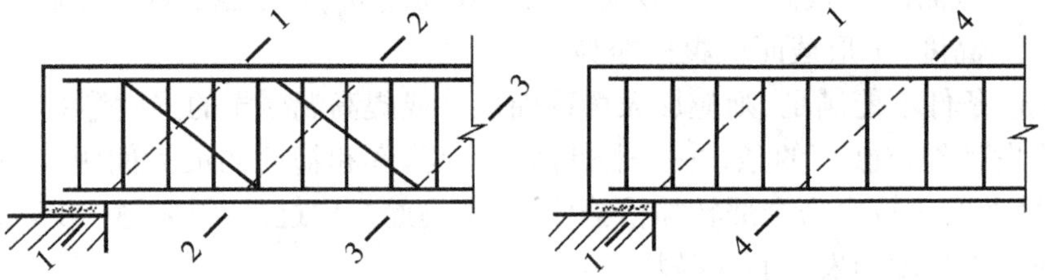

图 10-28　斜截面受剪承载力剪力设计值的计算截面

（6）斜截面受剪承载力的计算步骤　已知剪力设计值 V、材料强度和截面尺寸，要求确定箍筋和弯起钢筋的数量：

1）验算梁截面尺寸是否满足要求　按式（10-53）或式（10-54）复核梁截面尺寸，当不满足要求时，应加大截面尺寸或提高混凝土强度等级。

2）判别是否需要按计算配置腹筋　若梁承受的剪力设计值满足式（10-56），则可不进行斜截面受剪承载力计算，而按构造规定选配箍筋。否则，应按计算配置腹筋。

$$V \leqslant \alpha_{cv} f_t b h_0 \tag{10-56}$$

3）计算腹筋用量　可采用如下两种方案：

①只配置箍筋不配弯起钢筋

$$\frac{nA_{sv1}}{s} \geqslant \frac{V - \alpha_{cv} f_t b h_0}{f_{yv} h_0} \tag{10-57}$$

计算出 $\frac{nA_{sv1}}{s}$ 后，可先确定箍筋肢数（一般常用双肢箍，即 $n=2$）和单肢箍筋截面面积 A_{sv1}，然后求出箍筋间距 s。也可以先确定箍筋肢数和箍筋间距 s，然后确定箍筋截面面积 A_{sv1} 和箍筋直径。注意选用的箍筋直径和箍筋间距应满足构造规定。

②同时配置箍筋和弯起钢筋　当剪力设计值较大，可配置弯起钢筋，与箍筋和混凝土一起承担剪力。

一般先选定箍筋直径和箍筋间距，然后按式（10-51）计算出 V_{cs}，然后根据式（10-52）求出 A_{sb}：

$$A_{sb} \geqslant \frac{V - V_{cs}}{0.8 f_y \sin \alpha_s} \tag{10-58}$$

计算弯起钢筋时，剪力设计值应按下列规定采用：计算第一排（对支座而言）弯起钢筋时，取用支座边缘处的剪力值；当计算以后的每一排弯起钢筋时，取用前一排（对支座而言）弯起钢筋弯起点处的剪力值。弯起钢筋除应满足计算要求外，尚应符合构造要求，即弯起钢筋前一排（对支座而言）的弯起点至后一排的弯终点的距离应符合表 10-25 的规定。

【例 10-6】　矩形截面简支梁截面尺寸为 200 mm×500 mm，两端搁置在厚为 240 mm 的砖墙上，净跨度为 3.56 m，承受均布恒荷载标准值（包括自重）g_k =25 kN/m，均布活荷载标准值 q_k =50 kN/m（见图 10-29），安全等级二级，混凝土强度采用 C30，箍筋采用 HPB300 钢筋，纵筋采用 HRB400 钢筋（3 ⌀18），求箍筋数量。

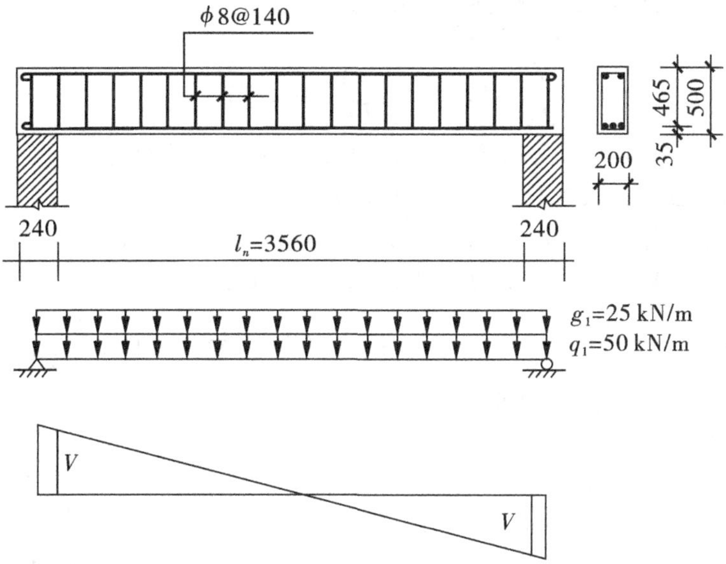

图 10-29　例 10-6 题图

解　(1) 已知条件：净跨 l_n =3.56 m，b =200 mm，$h_0 = 500 - 20 - 6 - \frac{18}{2} = 465$ mm（箍筋直径假定为 6 mm），C30 级混凝土 f_c =14.3 N/mm²，f_t =1.43 N/mm²，HPB300 级钢筋 f_{yv} =270 N/mm²，HRB400 级钢筋 f_y =360 N/mm²。

(2) 计算剪力设计值：最危险的截面在支座边缘处，以该处的剪力控制设计，剪力设计值为：

$$V = \frac{1}{2}(\gamma_G g_k + \gamma_Q q_k) l_n = \frac{1}{2} \times (1.3 \times 25 + 1.5 \times 50) \times 3.56 = 191.35 \text{ kN}$$

(3) 验算梁截面尺寸：$h_w = h_0 = 465$ mm，$\frac{h_w}{b} = \frac{465}{200} < 4$，按式（10-53）验算

$V = 191.35 \text{ kN} < 0.25 f_c b h_0 = 0.25 \times 14.3 \times 200 \times 465 = 332475 \text{ N} = 332.475 \text{ kN}$

故截面尺寸满足要求。

(4)判别是否需要按计算配置腹筋:按式(10-56)验算

$V=191.35\ \text{kN}>0.7f_tbh_0=0.7\times1.43\times200\times465=93093\ \text{N}=93.093\ \text{kN}$

故需要按计算配置腹筋。

(5)第一种方法——只配箍筋不配弯起钢筋

由式(10-51)得

$$\frac{nA_{sv1}}{s}\geqslant\frac{V-0.7f_tbh_0}{f_{yv}h_0}=\frac{191.35\times10^3-0.7\times1.43\times200\times465}{270\times465}=0.7826\ \text{mm}^2/\text{mm}$$

选ϕ10双肢箍,$A_{sv1}=78.5\ \text{mm}^2$,$n=2$,代入上式得

$$s\leqslant\frac{2\times78.5}{0.7826}=200.6\ \text{mm},取\ s=200\ \text{mm}$$

验算配箍率$\rho_{sv}=\dfrac{nA_{sv1}}{bs}=\dfrac{2\times78.5}{200\times200}=0.393\%$

$$\rho_{sv,\min}=0.24\frac{f_t}{f_{yv}}=0.24\times\frac{1.43}{270}=0.127\%$$

$\rho_{sv}>\rho_{sv,\min}$,所选箍筋直径和间距均符合构造规定。

(6)第二种方法——既配箍筋又配弯起钢筋

参考以往的设计经验和构造规定来选用箍筋为ϕ8@200,弯起钢筋利用梁底HRB400纵筋弯起,弯起角$\alpha_s=45$,$f_y=360\ \text{N/mm}^2$。由式(10-51)得

$$V_{cs}=0.7f_tbh_0+f_{yv}\frac{nA_{sv1}}{s}h_0=0.7\times1.43\times200\times465+270\times\frac{2\times50.3}{200}\times465$$

$$=156\,245\ \text{N}=156.245\ \text{kN}$$

由式(10-58)得

$$A_{sb}\geqslant\frac{V-V_{cs}}{0.8f_y\sin\alpha_s}=\frac{191.35\times10^3-156245}{0.8\times360\times\sin45°}=172\ \text{mm}^2$$

实际弯起1Φ18,$A_{sb}=254.5\ \text{mm}^2$,满足要求,布置位置如图10-30所示。

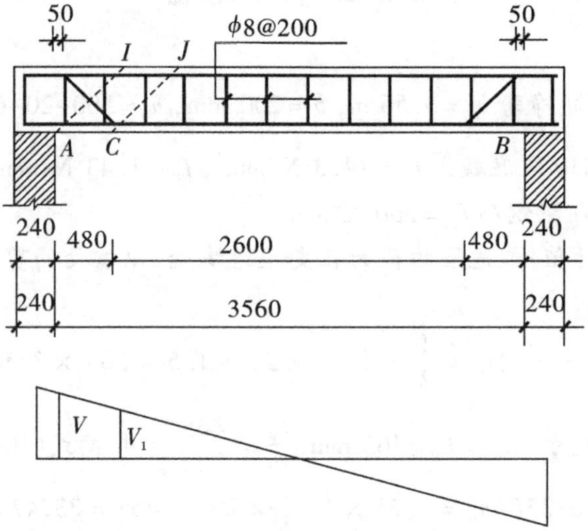

图10-30 既配箍筋又配弯起钢筋

对纵筋弯起点 C 处的斜截面 CJ 验算：

弯起钢筋的上弯点到支座边缘的距离应符合 $s_1 \leqslant s_{max}$，取 $s_1 = 50$ mm，由 $\alpha_s = 45°$，可求出弯起钢筋的下弯点到支座边缘的距离为 480 mm，因此 C 处的剪力设计值为

$$V_1 = \frac{1}{2}\times(1.2\times25+1.4\times50)\times(3.56-2\times0.48) = 139.75\ \text{kN}$$

CJ 截面只配箍筋而未配弯起钢筋，其受剪承载力为

$$V_{cs} = 156.245\ \text{kN} > V_1 = 139.75\ \text{kN}$$

故 CJ 斜截面受剪承载力满足要求，不需要第二排弯起钢筋。

10.2.5.3 受弯构件受弯承载力的构造措施

如前所述，受弯构件中纵向钢筋的需要量是按弯矩最大的截面计算的，而在荷载作用下的梁的设计弯矩沿梁长通常是变化的，各截面中纵筋数量也可以随弯矩的减少而减少，如果把按最大弯矩截面计算的钢筋通长设置，显然是不经济的，所以在实际工程中，可以考虑把纵筋弯起或切断，但如果弯起或切断的位置不恰当，就可能影响梁的承载力。因此，必须确定纵筋弯起或切断的位置，以满足承载力要求，为此需要引进抵抗弯矩图的概念。

(1)抵抗弯矩图　抵抗弯矩图又称材料图，是按照梁实配的纵向钢筋的数量计算并画出的各截面所能抵抗的弯矩图(即 $\boldsymbol{M}_u$ 图)。

图 10-31 表示承受均布荷载的简支梁，按跨中最大弯矩计算，需配纵筋 2Φ25+1Φ22，它所能抵抗的弯矩可按式(10-59)求得

$$\boldsymbol{M}_u = f_y A_s\left(h_0 - \frac{f_y A_s}{2f_c b}\right) \tag{10-59}$$

则每根钢筋所抵抗的弯矩 $\boldsymbol{M}_{ui}$ 可近似地按该根钢筋的面积 A_{si} 与钢筋总面积 A_s 的比值乘总抵抗弯矩 $\boldsymbol{M}_u$ 求得：

$$\boldsymbol{M}_{ui} = \frac{A_{si}}{A_s}\boldsymbol{M}_u \tag{10-60}$$

如果全部纵筋沿梁通长设置，则沿梁全长各个正截面的抵抗弯矩相等，梁的抵抗弯矩图为一水平直线。如果将钢筋弯起抵抗剪力，则弯起段的抵抗弯矩图为一斜直线。如图 10-31 中跨中的纵筋 2⌀25+1⌀22 在 C 点和 D 点各将 1⌀22 钢筋弯起以抵抗斜截面剪力，CD 段的纵筋材料抵抗弯矩图为一水平直线 cd；AE 和 BF 段(E、F 为弯起钢筋和梁轴线的交点)抵抗弯矩值可近似地按式(10-59)来确定，材料抵抗弯矩图可分别水平直线 ae 和 bf 来表示；EC 和 DF 段，弯起的 1⌀22 在弯起点处(C 点和 D 点)能全部抵抗正弯矩，随着向上弯起并逐渐靠近中和轴，所能抵抗的正弯矩逐渐减小，至中和轴(E 和 F 点)时抵抗的弯矩为零，材料抵抗弯矩图用斜线 ec 和 df 表示。注意，中和轴以下的弯起段抵抗正弯矩，中和轴以上的弯起段抵抗负弯矩(如图 10-31 中的③号筋)。

(2)纵向钢筋的弯起　确定纵筋弯起时，必须考虑以下三方面的要求：

1)保证正截面受弯承载力　纵筋弯起后，剩下的纵筋数量减少，正截面的受弯承载力降低。为了保证正截面的受弯承载力，必须使材料抵抗弯矩图包在设计弯矩图的外面，即要保证梁的任何一个正截面满足 $\boldsymbol{M} \leqslant \boldsymbol{M}_u$。

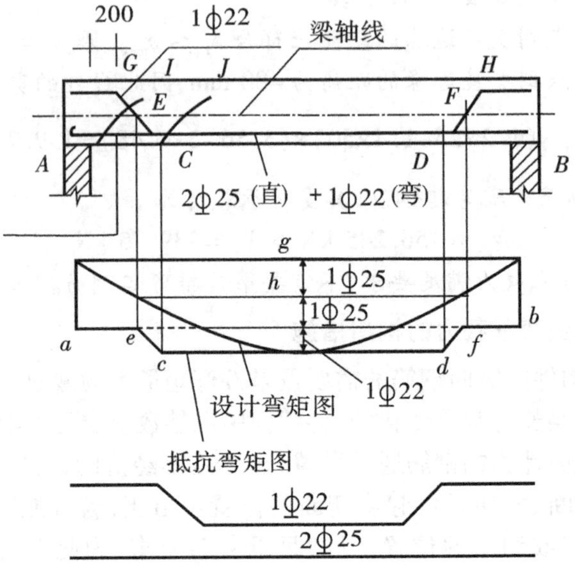

图 10-31 简支梁的抵抗弯矩图

2)保证斜截面受剪承载力 纵筋弯起数量(根数、直径),通过斜截面受剪承载力计算确定,布置时必须保证前一排弯起钢筋的下弯点到后一排弯起钢筋上弯点(靠近支座称为前,远离支座称为后)的距离不得大于箍筋的最大间距 s_{max}(见表 10-25),以防止出现不与弯起钢筋相交的斜裂缝。

3)保证斜截面受弯承载力 为保证梁的斜截面受弯承载力,应满足纵筋弯起后斜截面的抗弯承载力大于等于纵筋弯起前正截面的抗弯承载力。

经过计算分析,《规范》规定,只要满足下列要求,就能保证斜截面的受弯承载力:纵筋的弯起点应设在按正截面受弯承载力计算该钢筋强度被充分利用的截面(充分利用点)以外,其距离 s_1 应大于或等于$\frac{h_0}{2}$;同时,弯筋与梁轴线的交点应位于按计算不需要该钢筋的截面(不需要点)以外。如图 10-32 所示。

在图 10-32 中,跨中 a 点处①号钢筋的强度被充分利用;b 点处②号钢筋的强度被充分利用,而①号钢筋不再需要,通常把 a 点称为①号钢筋的"充分利用点",b 点称为①号钢筋的"不需要点"或"理论断点"。其余类推。

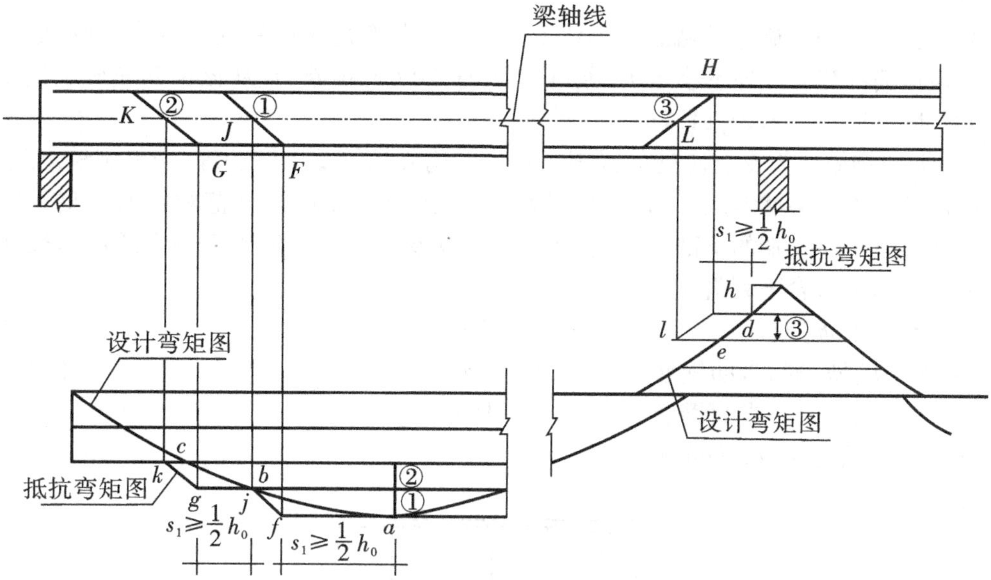

图 10-32　纵筋弯起的构造要求

(3)纵向钢筋的截断　钢筋混凝土梁支座截面负弯矩纵向受拉钢筋不宜在受拉区截断,这是因为截断处受力钢筋面积突然减小,容易引起混凝土拉应力突然增大,导致在纵筋截断处过早出现斜裂缝。当必须截断时,应符合以下规定:

1)当 $V\leqslant0.7f_1bh_0$ 时,应延伸至按正截面受弯承载力计算不需要该钢筋的截面以外不小于 $20d$ 处截断;且从该钢筋充分利用截面伸出的长度不应小于 $1.2l_a$(l_a 为纵向受力钢筋的最小锚固长度),如图 10-33 所示。

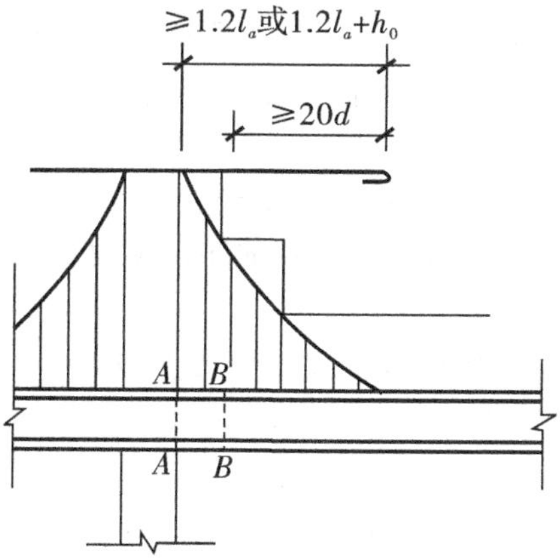

图 10-33　纵筋截断的规定

2)当 $V>0.7f_1bh_0$ 时,应延伸至按正截面受弯承载力计算不需要该钢筋的截面以外不小于 h_0 且不小于 $20d$ 处截断;且从该钢筋充分利用截面伸出的长度不应小于 $1.2l_a+h_0$,

如图 10-33 所示。

3)若按上述规定确定的截断点仍位于支座最大负弯矩对应的受拉区内，则应延伸至不需要该钢筋的截面以外不小于 $1.3h_0$ 且不小于 $20d$ 处截断；且从该钢筋充分利用截面伸出的长度不应小于 $1.2l_a+1.7h_0$。

(4)纵向钢筋在简支支座处的锚固　在受弯构件的简支支座边缘，当斜裂缝出现后，该处纵筋的拉力会突然增加。为了避免钢筋被拔出导致破坏，《规范》规定，钢筋混凝土简支梁和连续梁简支端的下部纵向受力钢筋，从支座边缘算起伸入支座内的锚固长度 l_{ax} (见图 10-34)应符合下列规定：

当 $V\leqslant0.7f_1bh_0$ 时，　$l_{as}\geqslant5d$　(10-61)

当 $V>0.7f_1bh_0$ 时，带肋钢筋　$l_{as}\geqslant5d$　(10-62)

光面钢筋　$l_{ax}\geqslant15d$　(10-63)

此处 d 为纵向受力钢筋的直径。

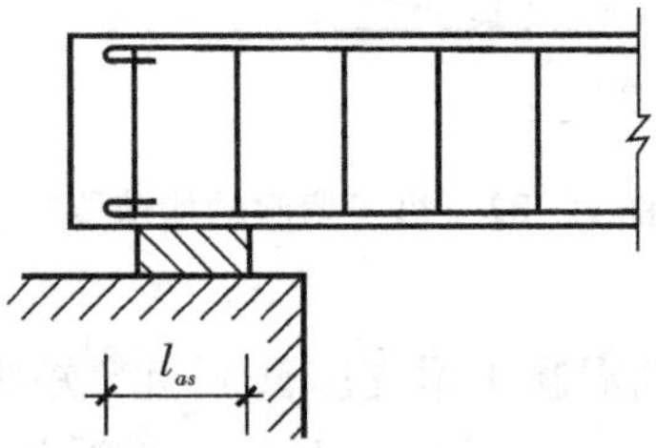

图 10-34　简支端支座钢筋的锚固

如纵向受力钢筋伸入梁支座范围内的锚固长度不符合上述规定时，可采取弯钩或机械锚固等措施。

支承在砌体结构上的钢筋混凝土独立梁，在纵向受力钢筋的锚固长度 l_{as} 范围内，应配置不少于两个箍筋，其直径不宜小于纵向受力钢筋最大直径的 1/4 倍，间距不宜大于纵向受力钢筋最小直径的 10 倍；当采用机械锚固措施时，箍筋间距尚不应大于纵向受力钢筋最小直径的 5 倍。

对混凝土强度等级为 C25 级以下的简支梁或连续梁的简支端，当距支座边 $1.5h$ 范围内作用有集中荷载，且 $V=0.7f_1bh_0$ 时，对带肋钢筋宜采取附加锚固措施，或取锚固长度 $l_{as}\geqslant15d$。

(5)框架梁或连续梁的下部纵向钢筋在中间节点或中间支座处的锚固

1)当计算中不利用钢筋强度时，其伸入节点或支座的锚固长度应符合当 $V>0.7f_1bh_0$ 时，下部纵向受力钢筋伸入梁支座范围内锚固长度的规定。

2)当计算中充分利用钢筋的抗拉强度时，下部纵向钢筋的锚固如图 10-35 所示。

3)当计算中充分利用钢筋的抗压强度时，下部纵向钢筋应按受压钢筋锚固在中间节点或中间支座内，其直线锚固长度不应小于 $0.7l_a$；下部纵向钢筋也可贯穿节点或支座范围，并在节点或支座以外梁内弯矩较小处设置搭接接头。

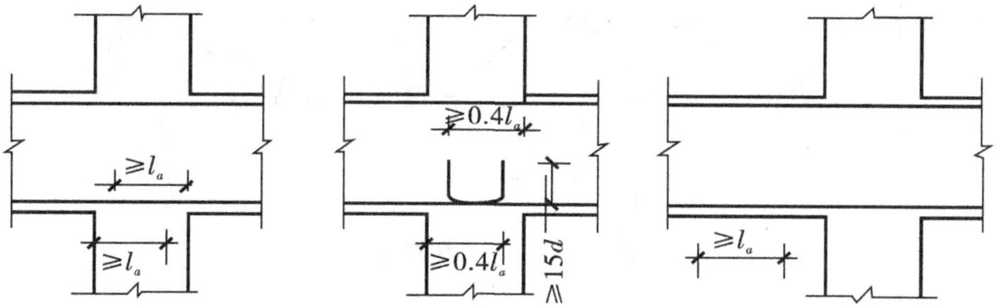

(a)梁下部纵筋在节点中的直线锚固　(b)梁下部纵筋在节点中带90° 弯折锚固　(c)梁下部纵筋贯穿节点或支座并在节点或支座范围以外搭接

图 10-35　纵向钢筋的锚固

(6)弯起钢筋的构造　在采用绑扎骨架的钢筋混凝土梁中,承受剪力的钢筋,应优先采用箍筋。当设置弯起钢筋时,弯起钢筋的弯终点外应留有锚固长度,其长度在受拉区不应小于 $20d$,在受压区不应小于 $10d$,d 为弯起钢筋的直径;对光面钢筋在末端尚应设置弯钩(见图 10-36),位于梁底层两侧的钢筋不应弯起。

梁中弯起钢筋的弯起角度一般可取 45°,当梁截面高度大于 700 mm 时,也可为 60°。梁底层钢筋中的角部钢筋不应弯起。

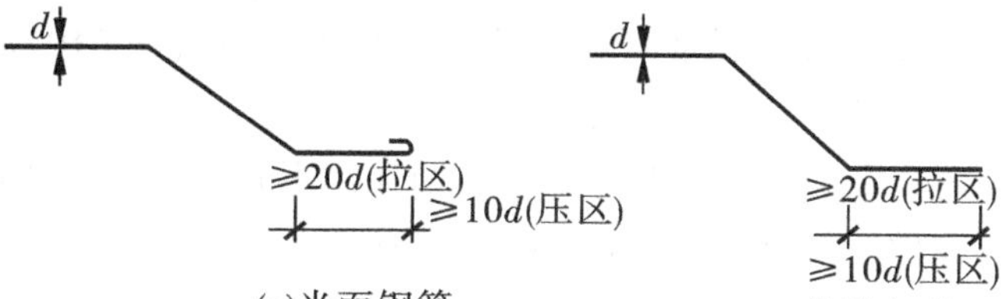

(a)光面钢筋　(b)带肋钢筋

图 10-36　弯起钢筋的锚固

当为了满足材料抵抗弯矩图的需要,不能弯起纵向受拉钢筋时,可设置单独的受剪弯起钢筋。单独的受剪弯起钢筋应采用“鸭筋”[见图 10-37(a)],而不应采用“浮筋”[见图 10-37(b)],因浮筋在受拉区只有一小段水平长度,锚固不足,不能发挥其作用。

(7)腰筋和拉筋　当梁的腹板高度 $h \geqslant 450$ mm 时,在梁的两侧应沿梁高配置纵向构造钢筋,每侧纵向构造钢筋(不包括梁上下部受力钢筋及架立钢筋)的截面面积不应小于腹板面积 bh_w 的 0.1%,且其间距不宜大于 200 mm,并用拉筋拉结两侧的纵向构造钢筋(称为腰筋),拉筋间距一般取箍筋间距的 2 倍。设置腰筋的作用,是防止当梁太高时由于混凝土收缩和温度变形而产生的竖向裂缝,同时也是为了加强钢筋骨架的刚度。

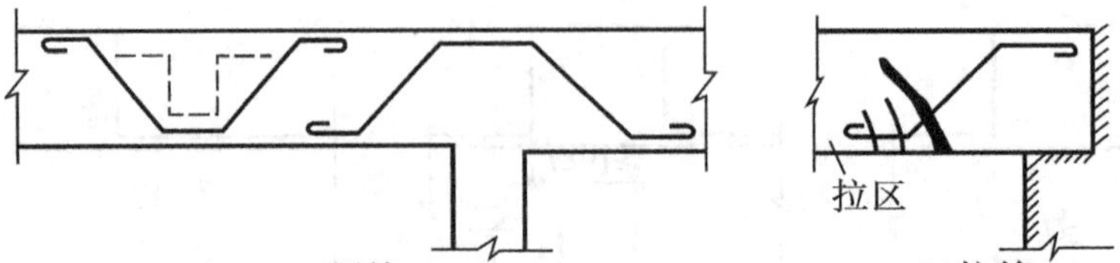

图 10-37　腰筋和拉筋

10.2.6　受弯构件挠度和裂缝宽度验算

受弯构件除了有可能由于承载力不足超过承载能力极限状态外，还可能由于变形过大或裂缝宽度超过容许值，使构件超过正常使用极限状态而影响正常使用，因此，《混凝土规范》规定，根据使用要求，构件除进行承载力计算外，尚须进行变形及裂缝宽度验算。

10.2.6.1　受弯构件挠度验算

(1)受弯构件挠度验算的目的和要求　受弯构件在荷载作用下会产生挠曲，过大的挠度不仅影响正常使用，还会给人们一种不舒服和不安全的感觉，也可能对结构构件和非结构构件产生不良影响。比如楼面挠度过大，不仅影响使用功能(门窗不能正常开关)，也可能会产生有感觉的震颤，还可能使抹灰开裂；屋面挠度过大会影响屋面排水。因此受弯构件除满足承载力要求外，必要时还应进行挠度验算，即满足式(10-64)要求。

$$f_{max} \leqslant [f] \tag{10-64}$$

式中 f_{max}——按荷载准永久组合并考虑荷载长期作用影响计算的受弯构件最大挠度；

$[f]$——受弯构件的挠度限值，按表 10-26 采用。

表 10-26　受弯构件的挠度限值

构件类型		挠度限值
吊车梁	手动吊车	$l_0/500$
	电动吊车	$l_0/600$
屋盖、楼盖及楼梯构件	当 $l_0<7$ m 时	$l_0/200(l_0/250)$
	当 $7\leqslant l_0\leqslant 9$ m 时	$l_0/250(l_0/300)$
	当 $l_0>9$ m 时	$l_0/300(l_0/400)$

注：①表中 l_0 为构件的计算长度；计算悬臂构件的挠度限值时，其计算跨度 l_0 按实际悬臂长度的 2 倍取用。②表中括号中的数值适用于使用上对挠度有较高要求的构件。③如果构件制作时预先起拱，且使用上也允许，则在验算挠度时，可将计算所得的挠度值减去起拱值；对预应力混凝土构件，尚可减去预加力所产生的反拱值。④构件制作时的起拱值和预应力所产生的反拱值，不宜超过构件在相应荷载组合作用下的计算挠度值

(2)钢筋混凝土受弯构件的截面抗弯刚度　钢筋混凝土挠度计算的实质是刚度验算。在材料力学中给出了弹性单一材料梁的挠度计算方法。例如承受均布线荷载 q 的简

支梁，其跨中挠度为$f=\frac{5}{384}\times\frac{ql^4}{EI}=\frac{5Ml^2}{48EI}$，其中 EI 为梁的截面抗弯刚度，当梁的截面和材料确定后，EI 值为常数。由于钢筋混凝土是一种弹塑性材料，钢筋混凝土受弯构件在使用阶段一般已经开裂，受拉区已表现出塑性性质，截面抗弯刚度不再是常数，因此不能直接应用上述公式计算，需要找出钢筋混凝土受弯构件的截面抗弯刚度才能计算挠度。

1）钢筋混凝土受弯构件截面抗弯刚度的变化特点　观察钢筋混凝土梁试验的全过程，可得出钢筋混凝土梁截面抗弯刚度的变化特点如下：

①某一截面抗弯刚度随弯矩增大而减小。当弯矩较小时，梁处于第Ⅰ阶段，抗弯刚度为一常数；随着 M 的增加，梁的受拉区出现裂缝而开始进入第Ⅱ阶段后，由于裂缝的发展，挠度增长变快，说明梁的抗弯刚度开始降低；随着 M 继续增加，到达第Ⅲ阶段后，挠度增加较第Ⅱ阶段更快，使梁的抗弯刚度降低更多。

②某个截面的抗弯刚度还随时间的增长而降低。钢筋混凝土梁在荷载长期作用下，由于混凝土徐变的影响，挠度将进一步增长，刚度将进一步下降。

③截面抗弯刚度还与受拉钢筋的配筋率、截面形状和尺寸、混凝土强度和弹性模量等因素有关。比如随着配筋率的减小而减小。

④在同号弯矩区段内，弯矩越大的截面，其抗弯刚度越小。原因是弯矩越大，裂缝发展就越快，挠度就更大。

根据上述，为了区别弹性单一材料梁的抗弯刚度 EI，我们用 B_s 表示按荷载准永久组合计算的钢筋混凝土受弯构件截面的抗弯刚度，简称为短期刚度；用 B 表示在荷载准永久组合下，并考虑长期作用影响的截面抗弯刚度，挠度计算时必须采用此值。

2）短期刚度 B_s 计算　根据理论分析和试验研究，矩形、T 形、倒 T 形和 I 形截面钢筋混凝土受弯构件的短期刚度表达式为：

$$B_s=\frac{E_sA_sh_0^2}{1.15\psi+0.2+\frac{6\alpha_E\rho}{1+3.5\gamma_f'}} \tag{10-65}$$

式中　E_s——受拉纵筋的弹性模量；

A_s——受拉纵筋的截面面积；

h_0——受弯构件截面有效高度；

α_E——钢筋弹性模量与混凝土弹性模量的比值；

ρ——受拉纵筋的配筋率；

γ_f'——受拉翼缘面积与腹板有效面积的比值（见图 10-38），按式（10-66）计算；

ψ——裂缝间纵向钢筋应变不均匀系数，按式（10-67）计算。

$$\gamma_f'=\frac{(b_f'-b)h_f'}{bh_0} \tag{10-66}$$

$$\psi=1.1-0.65\frac{f_{tk}}{\rho_{te}\sigma_{sq}} \tag{10-67}$$

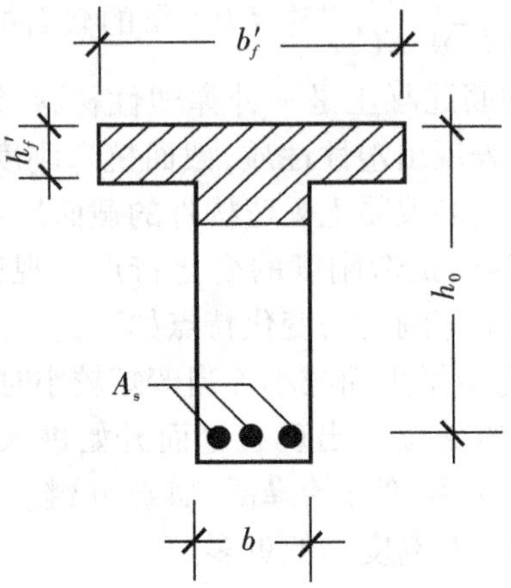

图 10-38 T 形截面

当计算出的 $\psi<0.2$ 时,取 $\psi=0.2$;当 $\psi>1.0$ 时,取 $\psi=1.0$。

式中 f_{tk}——混凝土轴心抗拉强度标准值,可查表;

ρ_{te}——按截面的"有效受拉混凝土面积"A_{te} 计算的纵向受拉钢筋的配筋率,即

$$\rho_{te}=\frac{A_s}{A_{te}} \tag{10-68}$$

受弯构件中,A_{te} 按式(10-69)计算(见图 10-39):

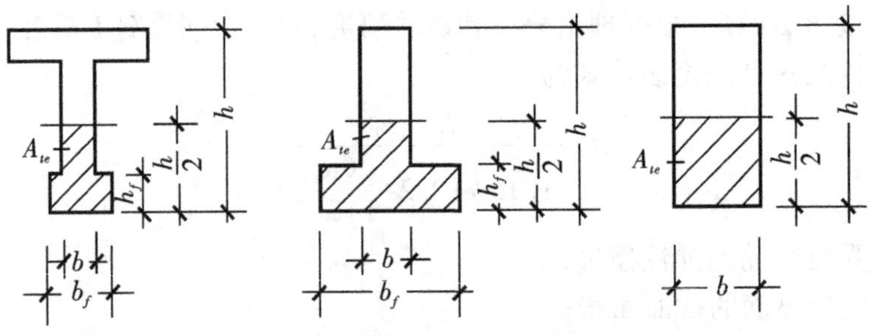

图 10-39 有效受拉混凝土面积简图

$$A_{te}=0.5bh+(b_f-b)h_f \tag{10-69}$$

当计算出的 $\rho_{te}<0.01$ 时,取 $\rho_{te}=0.01$。

σ_{sq}——按荷载准永久组合计算的钢筋混凝土构件纵向受拉钢筋的应力,按式(10-70)计算:

$$\sigma_{sq}=\frac{M_q}{0.87h_0A_s} \tag{10-70}$$

式中 M_q——按荷载准永久组合计算的钢筋混凝土受弯构件的弯矩值。

3)考虑荷载长期作用影响的刚度 B 实际工程中,由于总有一部分荷载作用在构件上,而短期刚度没有考虑荷载长期作用的影响,因此挠度计算时必须采用按准永久组合并

考虑荷载长期作用影响的刚度。

$$B=\frac{B_s}{\theta} \tag{10-71}$$

式中　θ——考虑荷载长期作用对挠度增大的影响系数。对钢筋混凝土受弯构件，$\theta=2-0.4\frac{\rho'}{\rho}$。此处 ρ 为纵向受拉钢筋的配筋率，$\rho=\frac{A}{bh_0}$；ρ' 为纵向受压钢筋的配筋率，$\rho'=\frac{A_s'}{bh_0}$。

应当指出，对翼缘在受拉区的 T 形截面 θ 值应增大 20%。

(3)钢筋混凝土受弯构件的挠度计算　由以上分析看出，钢筋混凝土梁某一截面的刚度不仅随荷载的增长而变化，而且在某一荷载作用下，由于梁内各截面的弯矩不同，故截面的抗弯刚度沿梁长也是变化的。弯矩大的截面抗弯刚度小，反之，弯矩小的截面抗弯刚度大。为了简化计算，《混凝土规范》规定，可取同号弯矩区段内弯矩最大截面的抗弯刚度作为该区段的抗弯刚度，当计算跨度内的支座截面刚度不大于跨中截面刚度的两倍或不小于跨中截面刚度的二分之一时，该跨也可按等刚度构件进行计算，其构件刚度可取跨中最大弯矩截面的刚度。显然，按这种处理方法所算出的抗弯刚度值最小，故通常把这种处理原则称为“最小刚度原则”。如在简支梁中取最大正弯矩截面的刚度作为全梁的抗弯刚度，而在外伸梁、连续梁或框架梁中，则分别取最大正弯矩截面和最大负弯矩截面的抗弯刚度，作为相应正、负弯矩区段的抗弯刚度。

受弯构件的抗弯刚度确定后，我们就可按照材料力学公式计算钢筋混凝土受弯构件的挠度，即

$$f_{max}=\beta_f\frac{M_q l^2}{B} \tag{10-72}$$

式中　f——按最小刚度原则并采用长期刚度计算的挠度；

β_f——与荷载形式和支承条件有关的系数。如简支梁承受均布荷载作用时 $\beta_f=\frac{5}{48}$，简支梁承受跨中集中荷载作用时 $\beta_f=\frac{1}{12}$，悬臂梁承受杆端集中荷载作用时 $\beta_f=\frac{1}{3}$，悬臂梁承受均布荷载作用时 $\beta_f=\frac{1}{4}$。

当验算结果不能满足式(10-64)要求时，则表示受弯构件的刚度不足，应设法予以提高，如增加截面高度 h，提高混凝土强度等级，增加配筋，选用合理的截面(如 T 形或工字形等)。而其中以增大梁的截面高度效果最为显著，宜优先采用。

10.2.6.2　受弯构件裂缝宽度验算

(1)裂缝产生的原因　钢筋混凝土受弯构件产生裂缝的原因可分为两大类：一类是由荷载引起的裂缝，另一类是非荷载因素引起的裂缝(如混凝土收缩、温度变化、钢筋锈蚀、水化热等因素)。对于非荷载因素引起的裂缝主要是通过采取控制原材料质量、保证混凝土浇筑等施工质量，改进结构形式、设置伸缩缝等措施解决，不需进行裂缝宽度验算。对于荷载引起的裂缝(主要指横向裂缝，斜裂缝一般能满足要求)，则要进行裂缝宽度

验算。

受弯构件在荷载作用下，由于混凝土抗拉强度很低，当受拉边缘混凝土在抗弯最薄弱截面达到混凝土极限拉应变时，就会在垂直于拉应力方向形成第一批裂缝（一条或若干条）。如图 10-40(a)所示，当第一条裂缝出现后，在裂缝截面 A 处，混凝土退出工作，应力为零。原来处于拉伸状态的混凝土便向裂缝两侧回缩，混凝土与受拉纵向钢筋之间产生相对滑移而形成裂缝开展。由于混凝土与钢筋之间的黏结作用，使混凝土回缩受到钢筋的约束，显然，距裂缝越远的截面回缩越小，当离开裂缝某一距 l_{crmin} 的截面 B 处，混凝土不再回缩，该处混凝土的拉应力仍保持裂缝出现前的应力状态。于是，自裂缝截面 A 至截面 B，混凝土纵向纤维拉应力是逐渐增大的如图 10-40(b)所示。

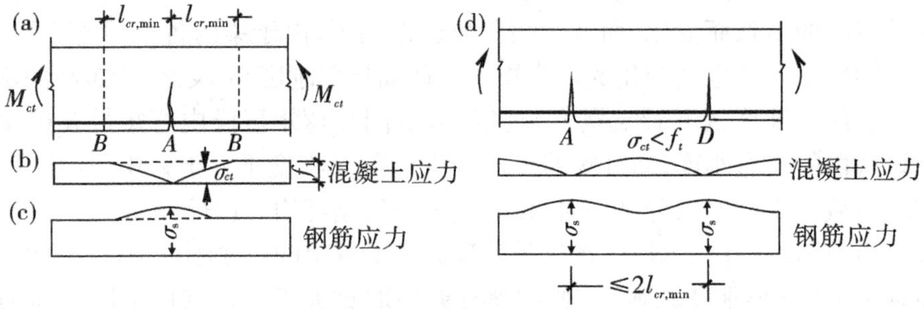

图 10-40 梁中裂缝的变化简图

另一方面，裂缝出现后，在裂缝处原来的拉应力全部由钢筋承担，使钢筋应力突然增加，并随离开裂缝截面 A 的距离增大，钢筋应力逐步过渡到原来的应力大小，如图 10-42(c)所示。

由于在长度 $l_{cr,\min}$（AB 之间）范围内混凝土应力 σ_{ct} 小于其抗拉强度 f_t（即 $\sigma_{ct}<f_t$），所以在荷载不增加的情况下，不会再产生新的裂缝。

若在梁的 A、D 两个截面首先出现第一批裂缝，如图 10-42(d)所示，且 A、D 之间的距离 $l\leqslant 2l_{cr,\min}$ 时，则在 A、D 之间的任何截面上也不会再产生新的裂缝。

由上可知，在梁的受拉区，裂缝沿梁长方向的分布是不均匀的，有宽有窄，并且同一条裂缝沿深度方向，宽度也是不同的，钢筋表面处的裂缝宽度大约只有构件表面裂缝宽度的 1/5～1/3。我们所要验算的裂缝宽度是指受拉钢筋重心水平处构件侧面上混凝土的裂缝宽度。

(2)裂缝宽度验算的目的和要求　由于裂缝过大不仅会影响外观，使使用者产生心理不适感，还会引起钢筋锈蚀，降低结构耐久性，并且裂缝的出现和开展还会降低刚度，增大挠度，甚至影响正常使用，因此要进行裂缝宽度验算。《规范》规定，裂缝宽度验算应满足式(10-73)的要求。

$$\omega_{\max}\leqslant\omega_{\lim} \tag{10-73}$$

式中　$\omega_{\max}$——按荷载的标准组合或准永久组合并考虑长期作用影响计算的最大裂缝宽度；

$\omega_{\lim}$——最大裂缝宽度限值，可按表 10-27 采用。

表 10-27　结构构件的裂缝控制等级及最大裂缝宽度的限值　　单位：mm

环境类别	钢筋混凝土结构		预应力混凝土结构	
	裂缝控制等级	ω_{lim}	裂缝控制等级	ω_{lim}
一	三级	0.30(0.40)	三级	0.20
二 a		0.20		0.10
二 b			二级	—
三 a、三 b			一级	—

注：①对处于年平均相对湿度小于 60% 地区一类环境下的受弯构件，其最大裂缝宽度限值可采用括号内的数值；表中的规定适用于采用热轧钢筋的钢筋混凝土构件和采用预应力钢丝、钢绞线及预应力螺纹钢筋的预应力混凝土构件；当采用其他类别的钢丝或钢筋时，其裂缝控制要求可按专门标准确定。②在一类环境下，对钢筋混凝土屋架、托架及需做疲劳验算的吊车梁，其最大裂缝宽度限值应取 0.20 mm；对钢筋混凝土屋面梁和托梁，其最大裂缝宽度限值应取 0.30 mm。③在一类环境下，对预应力混凝土屋面梁、托梁及双向板体系，应按二级裂缝控制等级进行验算；对一类环境下的预应力混凝土屋面梁、托梁、单向板，按表中二 a 类环境的要求进行验算；在一类和二 a 类环境下的需做疲劳验算的预应力混凝土吊车梁，应按裂缝控制等级不低于二级的构件进行验算。④表中规定的预应力混凝土构件的裂缝控制等级和最大裂缝宽度限值仅适用于正截面的验算；预应力混凝土构件的斜截面裂缝控制验算应符合混凝土设计规范的要求。⑤对于烟囱、筒仓和处于液体压力下的结构构件，其裂缝控制要求应符合专门标准的有关规定。⑥对于处于四、五类环境下的结构构件，其裂缝控制要求应符合专门标准的有关规定。⑦表中的最大裂缝宽度限值为用于验算荷载作用引起的最大裂缝宽度

(3)影响裂缝宽度的主要因素

1)纵筋的直径　在纵筋横截面面积相等的情况下，采用根数越多，直径越细(细而密)的钢筋，会增大钢筋表面面积，黏结力增大，裂缝宽度变小。

2)纵筋的表面形状　带肋钢筋比光面钢筋黏结强度大，可减小裂缝宽度。

3)纵筋的应力　受拉钢筋的应力越大，应变就越大，裂缝宽度就越大。

4)纵筋的配筋率　受拉区混凝土截面的纵筋配筋率越大，裂缝截面处钢筋的应变就越小，裂缝宽度就越小。

5)保护层厚度　混凝土保护层越厚，受拉边缘的混凝土回缩受黏结力的约束就越小，裂缝宽度就越大。

(4)裂缝宽度计算　受弯构件的裂缝宽度是一个随机量，并且具有很大的离散性。《规范》给出了矩形、T 形、倒 T 形和 I 形截面钢筋混凝土受弯构件在荷载长期效应组合下的最大裂缝宽度计算公式见式(10-74)。

$$\omega_{max}=1.9\psi\frac{\sigma_{sq}}{E_s}\left(1.9c_s+0.08\frac{d_{eq}}{\rho_{te}}\right) \tag{10-74}$$

$$d_{eq}=\frac{\sum n_i d_i^2}{\sum n_i v_i d_i} \tag{10-75}$$

式中　σ_{sq}——按荷载准永久组合计算的钢筋混凝土受弯构件纵向受拉钢筋的应力，按式(10-70)计算；

ψ——裂缝间纵向钢筋应变不均匀系数,按式(10-67)计算;

E_s——纵向受拉钢筋的弹性模量;

c_s——最外层纵向受拉钢筋外缘至受拉区底边的距离,mm(当 $c_s<20$ mm 时,取$c_s=20$ mm;当 $c_s>65$ mm 时,取 $c_s=65$ mm);

d_{eq}——受拉区纵向钢筋的等效直径,mm;

ρ_{te}——按有效受拉混凝土面积计算的纵向受拉钢筋的配筋率,按式(10-68)计算;

v_i——受拉区第 i 种纵向钢筋相对黏结特征系数(对光面钢筋,取 $v=0.7$;对带肋钢筋,取 $v=1.0$;对环氧树脂涂层带肋钢筋,取前述数值的 0.8 倍);

n_i——受拉区第 i 种纵向钢筋的根数;

d_i——受拉区第 i 种纵向钢筋的公称直径,mm。

当验算结果不满足式(10-73)要求时,应采取措施重新验算。减小裂缝宽度的措施有:

1)在截面面积相同的条件下,采用较小直径的钢筋,是最有效也是最常用的措施。

2)增大钢筋截面面积。有一定效果,但应注意不能出现超筋的情况。

3)采用带肋钢筋。如果采用光面钢筋不能满足裂缝宽度要求时,可采用带肋钢筋。

4)提高混凝土强度等级。效果不明显。

5)增大构件截面尺寸。效果不明显。

6)减小保护层厚度。由于结构耐久性的要求,《规范》规定了最小厚度,因此此项措施的采用必须保证不影响结构的耐久性。

10.3 钢筋混凝土受压构件计算与构造

钢筋混凝土受压构件是建筑结构中的常见构件。

按照轴向压力在截面上作用位置的不同,钢筋混凝土受压构件可分为轴心受压构件和偏心受压构件。偏心受压构件又可分为单向偏心受压构件和双向偏心受压构件。当纵向压力与构件轴线重合时为轴心受压构件,否则为偏心受压构件。在实际工程结构中,几乎不存在真正的轴心受压构件。通常由于荷载作用位置偏差、配筋不对称以及施工误差等原因,总是或多或少存在初始偏心距。但当这种偏心距很小时,为计算方便,仍可近似按轴心受压构件计算。例如只承受节点荷载屋架的受压弦杆和腹杆、以恒荷载为主的等跨多层框架房屋的内柱等,均可近似按轴心受压构件计算。本章只介绍轴心受压构件和单向偏心受压构件。

10.3.1 受压构件构造要求

10.3.1.1 材料强度要求

受压构件的承载力主要取决于混凝土强度,采用较高强度等级的混凝土可以减小构件截面尺寸,节省钢材,因而柱中混凝土一般采用 C20、C25、C30 或更高强度等级。但纵向受力钢筋不宜采用高强度钢筋,这是因为高强度钢筋在柱中不能充分发挥其强度作用。试验表明,在柱中配置各级热轧钢筋均可达到其屈服强度。

10.3.1.2　截面形式和尺寸

钢筋混凝土受压构件通常采用方形截面或矩形截面，以便制作模板。一般轴心受压柱以方形为主，偏心受压柱以矩形为主。当有特殊要求时，也可采用其他形式的截面，如轴心受压柱可采用圆形、多边形等，偏心受压柱还可采用 I 形、T 形等。

为了充分利用材料强度，避免构件长细比太大而过多降低构件承载力，柱截面尺寸不宜过小，一般应符合 $l_0/h \leqslant 25$ 及 $l_0/b \leqslant 30$（其中 l_0 为柱的计算长度，h 和 b 分别为截面的高度和宽度）。对于方形和矩形截面，其尺寸不宜小于 250 mm×250 mm。为了便于模板尺寸模数化，柱截面边长在 800 mm 以下者，宜取 50 mm 的倍数；在 800 mm 以上者，宜取 100 mm 的倍数。

10.3.1.3　纵向受力钢筋

轴心受压构件的荷载主要由混凝土承担，设置纵向受力钢筋的目的有三：一是协助混凝土承受压力，以减小构件尺寸；二是承受可能的弯矩以及混凝土收缩和温度变形引起的拉应力；三是防止构件突然的脆性破坏。在偏心受压柱中纵筋还承受由弯矩产生的拉力和压力。

轴心受压柱的纵向受力钢筋应沿截面四周均匀对称布置，偏心受压柱的纵向受力钢筋放置在弯矩作用方向的两对边，圆柱中纵向受力钢筋沿周边均匀布置。

纵向受力钢筋宜采用 HRB400、HRB500、HRBF400、HRBF500 钢筋。纵向受力钢筋直径 d 不宜小于 12 mm，通常采用 12～32 mm。一般宜采用直径较粗的钢筋，以保证骨架的刚度。方形和矩形截面柱中纵向受力钢筋不少于 4 根，圆柱中纵向受力钢筋不宜少于 8 根且不应少于 6 根。纵向受力钢筋的净距不应小于 50 mm，且不宜大于 300 mm；偏心受压柱中垂直于弯矩作用平面的侧面上的纵向受力钢筋及轴心受压柱中各边的纵向受力钢筋的中距不宜大于 300 mm。对水平浇筑的预制柱，其纵向受力钢筋的最小净距可按梁的有关规定采用。受压构件纵向受力钢筋的最小配筋率应符合规范的规定。从经济和施工（不使钢筋过于拥挤）角度考虑，全部钢筋的配筋率不宜超过 5%。受压钢筋的配筋率一般不超过 3%，通常为 0.5%～2%。

偏心受压构件的纵向钢筋配置方式有两种。一种是对称配筋，即在柱弯矩作用方向的两对边对称配置相同的纵向受力钢筋。对称配筋构造简单，施工方便，不易出错，但用钢量较大。一种是非对称配筋，即在柱弯矩作用方向的两对边配置不同的纵向受力钢筋。非对称配筋的优缺点与对称配筋相反。为了设计、施工方便，实际工程中很少采用非对称配筋，因此本章只介绍对称配筋。

10.3.1.4　箍筋

受压构件中箍筋的作用：一是保证纵向钢筋的位置正确，防止纵向钢筋压屈，从而提高柱的承载能力；二是承担剪力和扭矩；三是与纵筋一起形成对核心混凝土的横向约束（普通箍筋横向约束较小，计算时可忽略）。

受压构件中的周边箍筋应做成封闭式，末端应做成 135°弯钩，弯钩末端平直段长度不应小于箍筋直径的 5 倍。对圆柱中的箍筋，搭接长度不应小于受拉钢筋的锚固长度。

箍筋直径不应小于$\frac{d}{4}$（d 为纵向受力钢筋的最大直径），且不应小于 6 mm。箍筋间距不应大于 400 mm 及构件截面的短边尺寸，且不应大于 $15d$（d 为纵向受力钢筋的最小直径）。

当柱中全部纵向受力钢筋的配筋率超过 3% 时，箍筋直径不应小于 8 mm，间距不应大于 $10d$（d 为纵向受力钢筋的最小直径），且不应大于 200 mm；箍筋末端应做成 135°弯钩且弯钩末端平直段长度不应小于箍筋直径的 10 倍。

当柱截面短边尺寸大于 400 mm 且各边纵向受力钢筋多于 3 根时，或当柱截面短边尺寸不大于 400 mm 但各边纵向钢筋多于 4 根时，应设置复合箍筋，以防止中间钢筋被压屈[见图 10-41(a)]。复合箍筋的直径、间距与前述箍筋相同。

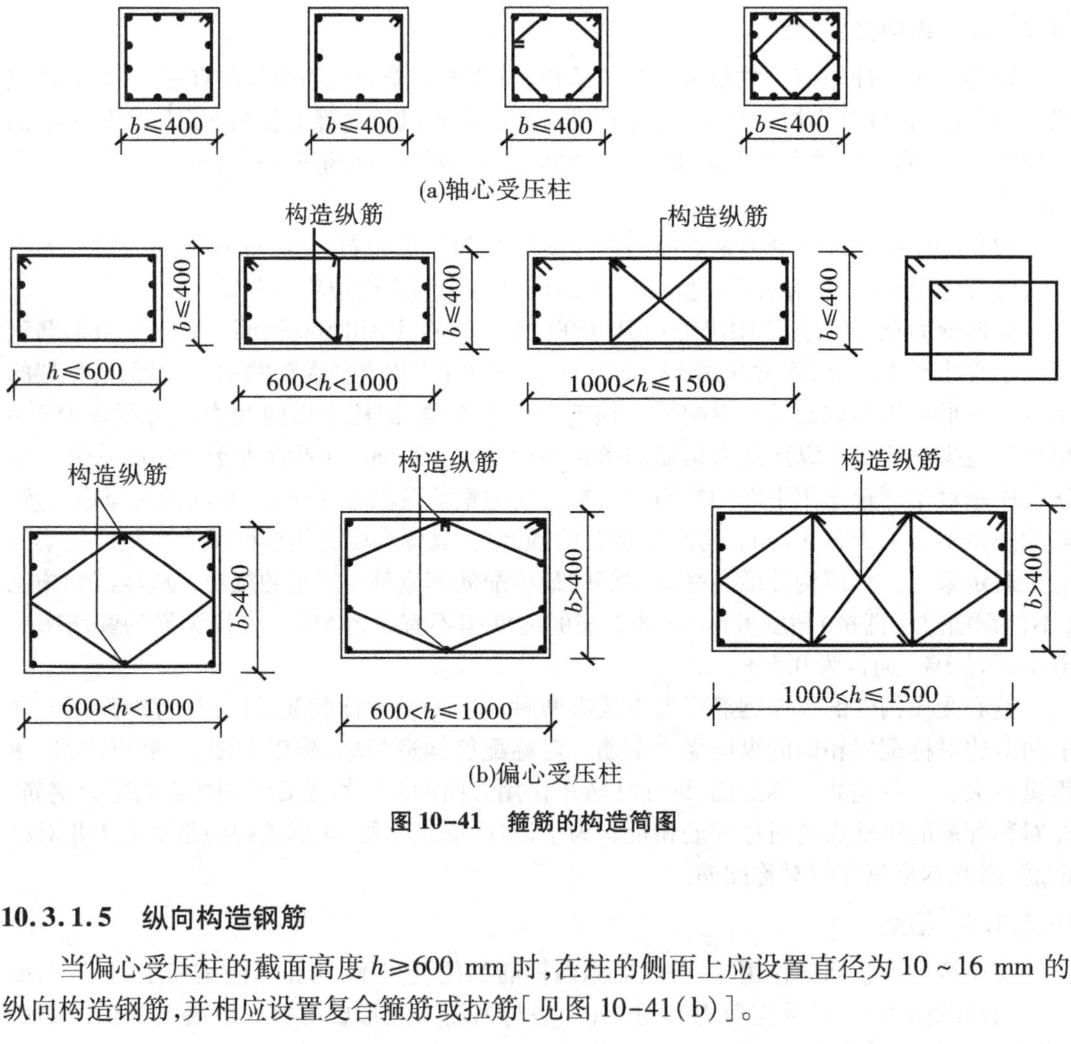

图 10-41　箍筋的构造简图

10.3.1.5　纵向构造钢筋

当偏心受压柱的截面高度 $h \geqslant 600$ mm 时，在柱的侧面上应设置直径为 10～16 mm 的纵向构造钢筋，并相应设置复合箍筋或拉筋[见图 10-41(b)]。

10.3.2　轴心受压构件

10.3.2.1　轴心受压构件破坏特征

按照长细比$\frac{l_0}{b}$的大小，轴心受压柱分为短柱和长柱两类。对方形柱和矩形柱，当$\frac{l_0}{b}\leqslant 8$时属于短柱，否则为长柱。

由试验可知，钢筋混凝土轴心受压短柱受荷较小时，构件的压缩变形主要为弹性变形。随着荷载的增大，构件变形迅速增大。与此同时，混凝土塑性变形增加，弹性模量降低，应力增长逐渐变慢，而钢筋应力的增加则越来越快。当柱中配置的纵向受力钢筋强度不是很高时，随荷载的增大，钢筋将先达到其屈服强度，此后增加的荷载全部由混凝土来承受。在临近破坏时，柱子表面出现纵向裂缝，混凝土保护层开始剥落，最后，箍筋之间的纵向钢筋压屈而向外凸出，混凝土被压碎崩裂而破坏（见图 10-42）。破坏时混凝土的应力达到棱柱体抗压强度f_c。当纵筋为高强度钢筋时，构件破坏时纵筋可能达不到屈服强度。因此，配置高强度钢筋的受压构件，不能充分发挥钢筋的作用，设计中钢筋的抗压强度设计值f_y'，按表 10-4 取值。

对于钢筋混凝土长柱，初始偏心距的影响不可忽略。长柱在初始偏心距引起的附加弯矩作用下将产生不可忽视的侧向挠度，而侧向挠度又加大了初始偏心距。随着荷载的增加，侧向挠度和附加弯矩将不断增大，这样互相影响的结果，使长柱在轴力和弯矩的共同作用下破坏。破坏时首先在凹边出现纵向裂缝，接着混凝土被压碎，纵向钢筋被压弯向外凸出，侧向挠度急速发展，最终柱子失去平衡并将凸边混凝土拉裂而破坏（见图 10-43）。长细比过大的细长柱，在附加弯矩和相应侧向挠度影响下，甚至可能发生失稳破坏。

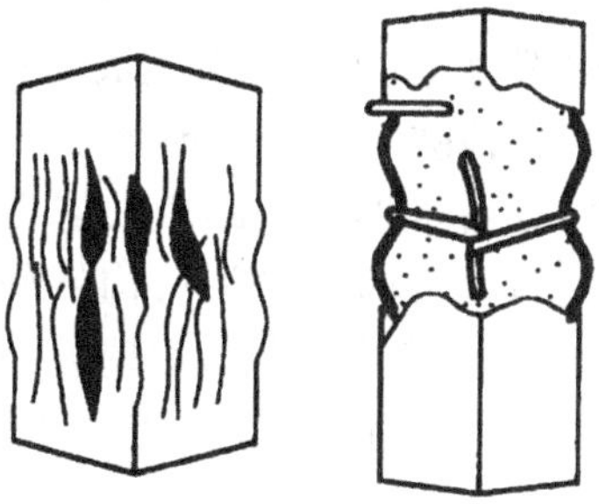

(a)　　(b)

图 10-42　短柱的破坏示意图

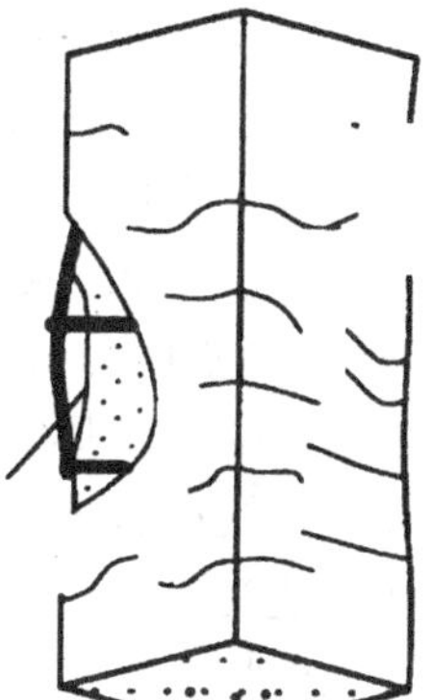

图 10-43　长柱的破坏示意图

10.3.2.2　轴心受压柱正截面承载力计算

钢筋混凝土轴心受压柱（配置普通箍筋）正截面承载力由混凝土承载力及钢筋承载力两部分组成。短柱和长柱的承载力计算公式可统一表示为

$$N \leqslant 0.9\varphi(f_c A + f_y' A_s') \tag{10-76}$$

式中 N——轴向压力设计值；

A——构件截面面积，当纵向钢筋配筋率超过3%时，A 应改用 $A_c = A - A_s'$；

A_s'——纵向受压钢筋截面面积；

f_c——混凝土轴心抗压强度设计值；

f_y'——纵向钢筋抗压强度设计值；

φ——钢筋混凝土构件的稳定系数，按式(10-77)计算

$$\varphi = \frac{1}{1 + 0.002\left(\frac{l_0}{b} - 8\right)^2} \tag{10-77}$$

稳定系数反映了长柱由于纵向弯曲而引起的承载能力的降低。构件长细比越大，稳定系数越小，构件承载能力降低就越多。

10.3.3 偏心受压构件

偏心受压构件分为单向偏心受压构件和双向偏心受压构件，本节只介绍单向偏心受压构件，其设计内容包括正截面承载力计算和斜截面承载力计算（当柱承受较大剪力时）以及必要时的裂缝宽度验算。

10.3.3.1 偏心受压构件正截面承载力计算

（1）破坏特征 随着纵向力偏心距的大小和纵向钢筋配筋率不同，偏心受压构件的破坏形态分为大偏心受压破坏和小偏心受压破坏两种。

1）大偏心受压破坏 当纵向力的偏心距较大且受拉钢筋配置不太多时发生大偏心受压破坏，也称为受拉破坏。在这种情况下，构件受纵向力 N 后，离纵向力较远一侧的截面受拉，另一侧截面受压。当 N 增加到一定程度，首先在受拉区出现横向裂缝，随着荷载的增加，裂缝不断发展和加宽，裂缝截面处的拉力全部由钢筋承担。荷载继续加大，受拉钢筋首先达到屈服，并形成一条明显的主裂缝，随后主裂缝明显加宽并向受压一侧延伸，受压区高度迅速减小。最后，受压区边缘出现纵向裂缝，受压区混凝土被压碎而导致构件破坏（图10-44）。此时，受压钢筋一般也能屈服。这种破坏有明显预兆，属于延性破坏。

2）小偏心受压破坏 当轴向力的偏心距较小，或者虽然偏心距较大但受拉钢筋配置过多时，构件将发生小偏心受压破坏，也称为受压破坏。这种情况下，构件截面全部或大部分受压，但其破坏都是由受压区混凝土压碎所致。破坏时离纵向力较近一侧的钢筋受压屈服，另一侧的钢筋可能受压，也可能受拉，但都达不到屈服强度（见图10-45）。这种破坏无明显预兆，属脆性破坏。

（2）大、小偏心受压破坏的界限 尽管大、小偏心受压破坏都是由于混凝土的压碎而导致的，但二者有着根本区别：大偏心受压破坏时受拉钢筋先达到屈服，而小偏心受压破坏时受压区混凝土先被压碎。这两种破坏形态可用界限相对受压区高度 ξ_b 来判别：当 $\xi \leqslant \xi_b$ 时，属大偏心受压破坏；当 $\xi > \xi_b$ 时，属小偏心受压破坏。

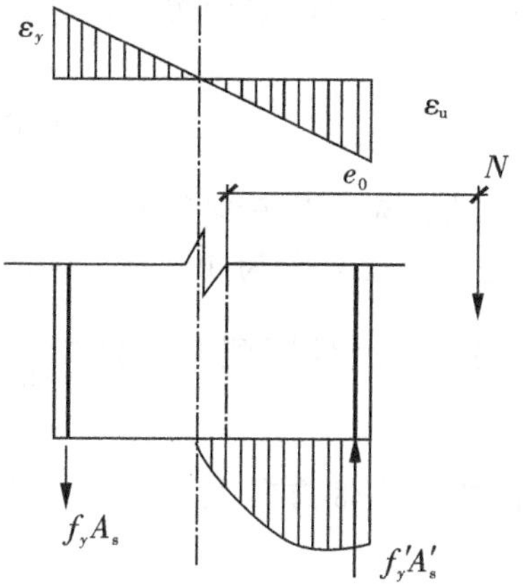

图 10-44　大偏心受压破坏简图

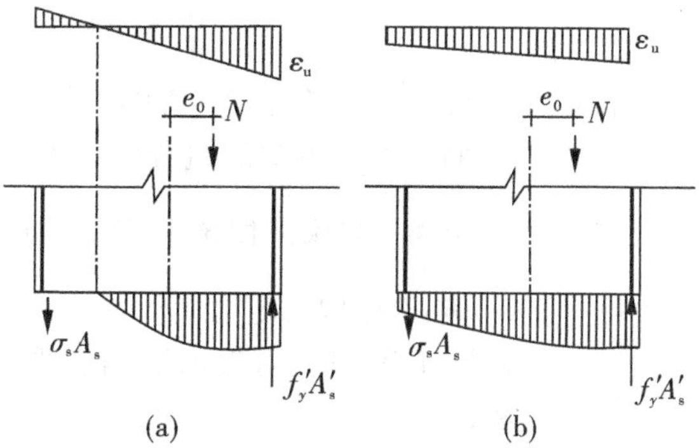

图 10-45　小偏心受压破坏简图

(3)偏心受压计算中的两个问题

1)附加偏心距　偏心受压构件的理论初始偏心距为 e_0,其值为 $e_0=\dfrac{M}{N}$(弯矩 M 的确定应按下面 2)的要求执行);但在实际工程中,由于荷载位置的不确定性、混凝土质量的不均匀性以及施工偏差等因素,都可能产生附加偏心距。《混凝土结构设计规范》(GB 50010—2010)规定,在正截面计算中应考虑附加偏心距 e_a。e_a 取 20 mm 和偏心方向截面边长 h 两者中的较大值。因此轴向力的初始偏心距 e_i 按式(10-78)计算

$$e_i=e_0+e_a \tag{10-78}$$

2)偏心调节系数和弯矩增大系数

偏心受压构件在轴向压力作用下会产生挠度,如图 10-46 所示,从而导致截面的初始偏心距增大。如 1/2 柱高处的初始偏心距将由 e_i 增大为 e_i+f,截面最大弯矩也将由 Ne_i 增大为 $N(e_i+fe)$,这种加载后由于构件的变形而引起的内力增大值,称为“二阶效应”。截面弯矩中的 Ne_i 称为一阶弯矩,Nf 称为二阶弯矩。

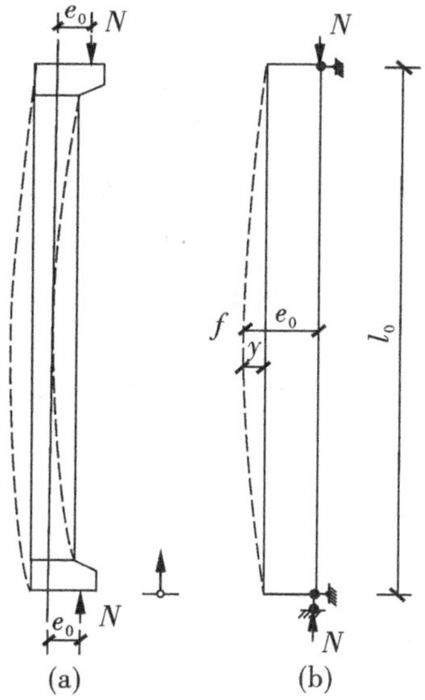

图 10-46　偏心受压柱的侧向挠曲简图

研究表明,对于反弯点位于柱高中部的偏压构件,二阶效应不会对偏压构件的承载力产生不利影响,但对于反弯点不在杆件高度范围内的偏压构件,二阶效应有可能对偏压构件的承载力产生不利影响。

《混凝土规范》规定,弯矩作用平面内截面对称的偏心受压构件,当同一主轴方向的杆端弯矩比 $\dfrac{M_1}{M_2}\leqslant 0.9$ 且设计轴压比

$\lambda_N=\frac{N}{f_cA}\leqslant0.9$ 时，若构件的长细比满足式(10-79)的要求，可不考虑附加弯矩的影响。

$$\frac{l_c}{i}\leqslant 34-12\frac{M_1}{M_2} \tag{10-79}$$

式中 M_1、M_2——分别为已考虑侧移影响的偏心受压构件两端截面按结构弹性分析确定的对同一主轴的组合弯矩设计值，绝对值较大端为 M_2，绝对值较小端为 M_1，当构件按单曲率弯曲(即两端弯矩使柱同侧受拉)时，$\frac{M_1}{M_2}$取正值，否则取负值；

l_c——构件的计算长度，可近似取偏心受压构件相应主轴方向上下支撑点之间的距离；

i——偏心方向的截面回转半径。

若不满足式(10-79)要求，则需要考虑二阶效应的影响，按下列公式计算考虑二阶效应后的控制截面弯矩设计值：

$$M=C_m\eta_{ns}M_2 \tag{10-80}$$

$$C_m=0.7+0.3\frac{M_1}{m_2}\geqslant0.7 \tag{10-81}$$

$$\eta_{ns}=1+\frac{1}{1300\left(\frac{M_2}{N}+e_a\right)h_0}\left(\frac{l_c}{h_0}\right)^2\zeta_c \tag{10-82}$$

$$\zeta_c=\frac{0.5f_cA}{N}\leqslant1.0 \tag{10-83}$$

式中 C_m——构件端截面偏心距调节系数，小于0.7时取0.7；

η_{ns}——弯矩增大系数；

h——截面高度，对圆形截面，取直径 d；对环形截面，取外径 d；

h_0——截面的有效高度；

ζ_c——偏心受压构件的截面曲率修正系数，当 $\zeta_c>1.0$ 时，取 $\zeta_c=1.0$；

A——构件的截面面积；

N——与弯矩设计值 M_2 相应的轴向压力设计值。

当 $C_m\eta_{ns}<1.0$ 时，取 $C_m\eta_{ns}=1.0$。

(4)矩形截面偏心受压构件正截面承载力计算基本公式

1)大偏心受压　矩形截面大偏心受压构件破坏时的应力分布如10-47(a)所示。为简化计算，将其简化为如图10-47(b)所示的等效矩形图。由静力平衡条件可得出大偏心受压的基本公式：

$$N\leqslant\alpha_1f_cbx+f_y'A_s'-f_yA_s \tag{10-84}$$

$$Ne\leqslant\alpha_1f_cbx\left(h_0-\frac{x}{2}\right)+f_y'A_s'(h_0-a_s') \tag{10-85}$$

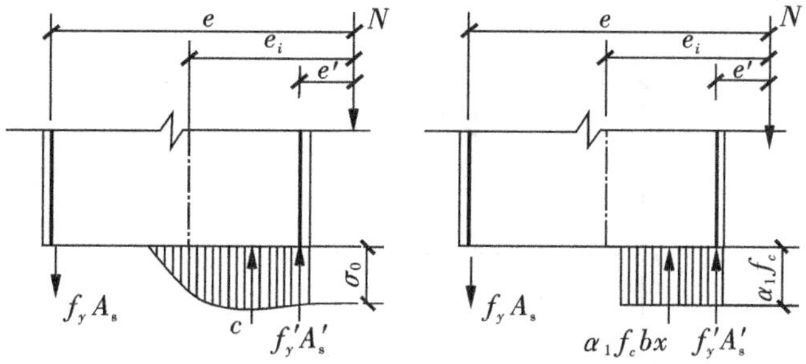

(a)实际分布图　　(b)等效矩形图

图 10-47　大偏心受压应力分布图

式中　N——轴向压力设计值；

e——轴向压力作用点至受拉钢筋截面重心的距离：$e=e_i+\frac{h}{2}-a_s$

a_s、a_s'——分别为纵向受拉钢筋、纵向受压钢筋合力作用点至截面近边缘的距离，设计时可近似按下列数值采用：混凝土强度等级≤C25 时取 45 mm，否则取 40 mm。

上述基本公式的适用条件如下：

$$\xi \leqslant \xi_b \tag{10-86}$$

$$x \geqslant 2a_s' \tag{10-87}$$

式(10-86)是保证大偏心受压破坏时，受拉钢筋应力能达到抗拉屈服强度设计值f_y；式(10-87)是保证构件破坏时受压钢筋应力能达到抗压屈服强度设计值f_y'。

当不满足 $x\geqslant 2a_s'$时，可近似取 $2a_s'$，其正截面承载力可按式(10-88)计算：

$$Ne'=f_yA_s(h_0-a_s') \tag{10-88}$$

式中　e'——轴向力 N 的作用点至受压钢筋 A_s'重心的距离：

$$e'=e_i-\frac{h}{2}+a_s' \tag{10-89}$$

2)小偏心受压　矩形截面小偏心受压的基本公式可按大偏心受压的方法建立。但应注意，小偏心受压构件在破坏时，远离纵向力一侧的钢筋 A_s 未达到屈服，其应力用 σ_s 来表示，$\sigma_s<f_y$(或f_y')。根据图 10-48 所示等效矩形图，由静力平衡条件可得出小偏心受压构件承载力计算基本公式为：

$$N\leqslant \alpha_1 f_c bx+f_y'A_s'-\sigma_s A_s \tag{10-90}$$

$$Ne\leqslant \alpha_1 f_c bx\left(h_0-\frac{x}{2}\right)+f_y'A_s'(h_0-a_s') \tag{10-91}$$

$$\sigma_s=\frac{f_y}{\xi_b-\beta_1}\left(\frac{x}{h_0}-\beta_1\right) \tag{10-92}$$

式中　σ_s——远离纵向力一侧纵向钢筋的应力；

β_1——系数，当混凝土强度等级不超过 C50 时，β_1 取为 0.8。

其余符号意义同前。

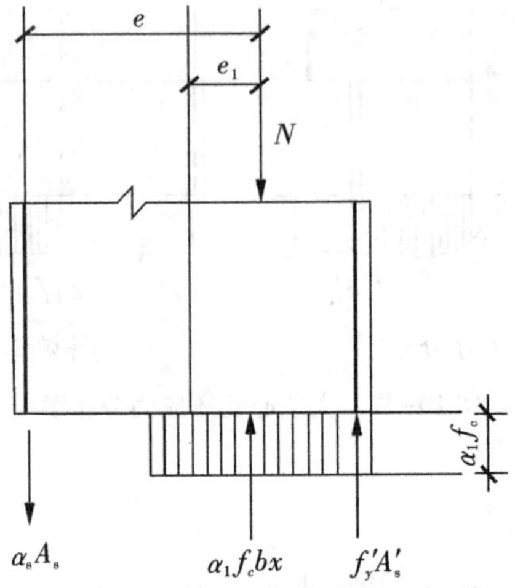

图 10-48　小偏心受压等效矩形应力分布图

上述小偏心受压构件基本公式的适用条件为 $\xi>\xi_b$，且 $x\leqslant h$。

(5)对称配筋矩形截面偏心受压构件正截面承载力计算方法

已知：构件截面尺寸 b、h，计算长度 l_0，材料强度，考虑二阶效应后的弯矩设计值 $\boldsymbol{M}$，轴力设计值 N。

求：纵向钢筋截面面积。

计算步骤如下：

1)计算参数

计算考虑二阶效应后的弯矩设计值 $\boldsymbol{M}$、$e_0=\dfrac{\boldsymbol{M}}{N}$、$e_a$、$e_i$、$e$ 等基础数据。

2)计算 x，判别大、小偏心受压

$$x=\frac{N}{\alpha_1 f_c b} \tag{10-93}$$

若计算的 $x\leqslant\zeta_b h_0$，则属于大偏心受压；若 $x>\xi_b h_0$，则属于小偏心受压。

3)大偏心受压构件

若判别属于大偏心受压，则区分以下两种情况计算。

①若 $2a_s'\leqslant x\leqslant\xi_b h_0$，则由式(10-85)得

$$A_s=A_s'=\frac{Ne-\alpha_1 f_c bx\left(h_0-\dfrac{x}{2}\right)}{f_y'(h_0-a_s')}\geqslant 0.002bh \tag{10-94}$$

②若 $x<2a_s'$，则取 $x=2a_s'$，由式(10-88)得

$$A_s=A_s'=\frac{Ne'}{f_y(h_0-a_s')}\geqslant 0.002bh \tag{10-95}$$

4)小偏心受压构件

若判别属于小偏心受压，则应联立式(10-90)、式(10-91)、式(10-92)重新求 ξ。

《混凝土规范》给出了 ξ 的近似计算公式，见式(10-96)。

$$\xi=\frac{N-\xi_b\alpha_1 f_c bh_0}{\dfrac{Ne-0.43\alpha_1 f_c bh_0^2}{(\beta_1-\xi_b)(h_0-a_s')}+\alpha_1 f_c bh_0}+\xi_b \tag{10-96}$$

求出 ξ 后，代入式(10-91)即得

$$A_s=A_s'=\frac{Ne-\alpha_1 f_c bh_0^2\xi(1-0.5\xi)}{f_y'(h_0-a_s')}\geqslant 0.002bh \tag{10-97}$$

求出偏心受压构件纵向钢筋面积(应满足最小配筋率要求)后，即可选配钢筋。但应注意验算弯矩作用平面外的承载力。

5)弯矩作用平面外的承载力复核

偏心受压构件除应计算弯矩作用平面的受压承载力外，还应按轴心受压构件验算垂直于弯矩作用平面的受压承载力。此时只需将式(10-76)中的 A_s' 以 $A_s'+A_s$ 代替即可。

【例 10-7】 某对称配筋钢筋混凝土柱，截面尺寸 $b\times h=400\ \text{mm}\times 500\ \text{mm}$，计算长度 $l_0=7.2\ \text{m}$，承受轴向压力设计值为 $N=500\ \text{kN}$，考虑二阶效应后的控制截面弯矩设计值 $\boldsymbol{M}=250\ \text{kN}\cdot\text{m}$，$a_s=a_s'=45\ \text{mm}$。采用混凝土等级为 C25，HRB400 级钢筋。试计算纵筋受力钢筋数量。

解 查表得 $f_c=11.9\ \text{N/mm}^2$，$f_y'=f_y=360\ \text{N/mm}^2$，$\alpha_1=1.0$，$\xi_b=0.518$，

$h_0=h-45=500-45=455\ \text{mm}$

(1)求初始偏心距 e_i

$$e_0=\frac{\boldsymbol{M}}{N}=\frac{250\times10^6}{500\times10^3}=500\ \text{mm}$$

$$\frac{h}{30}=\frac{500}{30}=16.7\ \text{mm}<20\ \text{mm}，取\ e_a=20\ \text{mm}$$

$$e_i=e_0+e_a=500+20=520\ \text{mm}$$

(2)判断大小偏心

$$x=\frac{N}{\alpha_1 f_c b}=\frac{500\times10^3}{1.0\times11.9\times400}=105.0\ \text{mm}<\xi_b h_0=0.518\times455=235.7\ \text{mm}$$

属大偏心受压。

(3)计算纵向钢筋截面面积 A_s、A_s'

$$x=105.0\ \text{mm}>2a_s'=2\times45=90\ \text{mm}$$

$$e=e_i+\frac{h}{2}-a_s=500+\frac{500}{2}-45=705\ \text{mm}$$

$$A_s=A_s'=\frac{Ne-\alpha_1 f_c bx\left(h_0-\dfrac{x}{2}\right)}{f_y'(h_0-a_s')}$$

$$=\frac{500\times10^3\times705-11.9\times400\times105.0\times(455-105.0/2)}{360\times(455-45)}$$

$$=1025\ \text{mm}^2>0.002bh=0.002\times400\times500=400\ \text{mm}^2$$

满足最小配筋率要求。

A_s、A_s'各选用 3 ⌀22 钢筋

($A_s = A_s' = 1140\ mm^2$)

(4)垂直于弯矩作用平面的承载力验算

$$\frac{l_0}{b} = 18 > 8$$

$$\varphi = \frac{1}{1+0.002\left(\frac{l_0}{b}-8\right)^2} = \frac{1}{1+0.002\left(\frac{7200}{400}-8\right)^2} = 0.833$$

$$\rho' = \frac{A_s + A_s'}{A} = \frac{1140\times 2}{400\times 500} = 1.14\% < 3\%$$

$$0.9\varphi[f_c A + f_y'(A_s' + A_s)] = 0.9\times 0.833\times[11.9\times 400\times 500 + 360\times(1140+1140)]$$
$$= 2399639.8\ N = 2399.6\ kN > 500\ kN$$

垂直于弯矩作用平面的承载力满足要求。配筋见图 10-49。

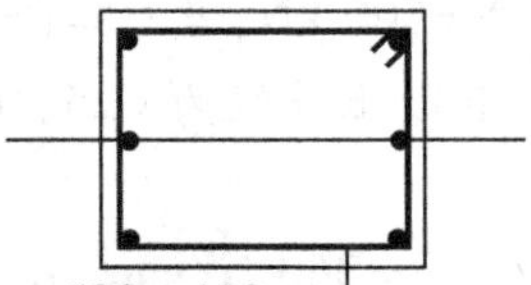

图 10-49 例 10-7 附图

【例 10-8】 某钢筋混凝土框架结构边柱,截面尺寸 $b\times h = 400\ mm\times 500\ mm$,计算长度 $l_0 = 7.5\ m$,$a_s - a_s' = 40\ mm$,在最不利荷载组合下,按结构弹性分析得到的柱端截面内力设计值为:柱顶截面弯矩设计值 $M = 240\ kN\cdot m$(柱外侧受拉),柱底截面弯矩设计值 $\boldsymbol{M} = 180\ kN\cdot m$(柱内侧受拉),轴向压力设计值为 $N = 2400\ kN$,混凝土等级为 C30,HRB400 纵向钢筋,对称配筋。试计算纵向受力钢筋截面面积。

解 查表得 $f_c = 14.3\ N/mm^2$,$f_y' = f_y = 360\ N/mm^2$,$\alpha_1 = 1.0$,$\beta_1 = 0.8$,$\xi_b = 0.518$,$h_0 = h - a_s = 500 - 40 = 460\ mm$

(1)计算考虑二阶效应后的弯矩

$$\frac{\boldsymbol{M}_1}{\boldsymbol{M}_2} = \frac{180}{240} = 0.75 < 0.9$$

$$\lambda_N = \frac{N}{f_c A} = \frac{2400\times 1000}{14.3\times 400\times 500} = 0.839 < 0.9$$

$$i = \sqrt{\frac{I}{A}} = \frac{h}{\sqrt{12}} = \frac{500}{\sqrt{12}} = 144.34\ mm$$

$$\frac{l_c}{i} = \frac{7500}{144.34} = 51.96 > 34 - 12\left(\frac{\boldsymbol{M}_1}{\boldsymbol{M}_2}\right) = 34 - 12\times(-0.75) = 43$$

需考虑二阶效应影响。

$\frac{h}{30}=\frac{500}{30}=16.7\ \text{mm}<20\ \text{mm}$，取 $e_a=20\ \text{mm}$

$C_m=0.7+0.3\frac{\boldsymbol{M}_1}{\boldsymbol{M}_2}=0.7+0.3\times(-0.75)=0.475<0.7$，取 $C_m=0.7$

$$\zeta_c=\frac{0.5f_cA}{N}=\frac{0.5\times14.3\times400\times500}{2400\times10^3}=0.596$$

$$\eta_{ns}=1+\frac{1}{1300\left(\frac{\boldsymbol{M}_2}{N}+e_a\right)h_0}\left(\frac{l_c}{h_0}\right)^2\zeta_c=1+\frac{1}{1300\times\left(\frac{240\times10^6}{2400\times10^3}+20\right)\times460}\times\frac{7500}{460}\times0.596$$

$$=1.0$$

$C_m\eta_{ns}=0.7\times1.0=0.7<1$，取 $C_m\eta_{ns}=1.0$

$\boldsymbol{M}=C_m\eta_{ns}\boldsymbol{M}_2=1.0\times240=240\ \text{kN}\cdot\text{m}$

(2)求初始偏心距 e_i

$$e_0=\frac{\boldsymbol{M}}{N}=\frac{240\times10^6}{2400\times10^3}=100\ \text{mm}$$

$e_i=e_0+e_a=100+20=120\ \text{mm}$

(3)判断大、小偏心

$$x=\frac{N}{\alpha_1f_cb}=\frac{2400\times10^3}{1.0\times14.3\times400}=419.6\ \text{mm}>\xi_bh_0=0.518\times460=238.3\ \text{mm}$$

属小偏心受压。

(4)重新计算 x

$$e=e_i+\frac{h}{2}=120+\frac{500}{2}-40=330\ \text{mm}$$

$$\xi=\frac{N-\xi_b\alpha_1f_cbh_0}{\frac{Ne-0.43\alpha_1f_cbh_0^2}{(\beta_1-\xi_b)(h_0-a_s')}+\alpha_1f_cbh_0}+\xi_b$$

$$=\frac{2400\times10^3-0.518\times1.0\times14.3\times400\times460}{\frac{2400\times10^3\times330-0.43\times1.0\times14.3\times400\times460^2}{(0.8-0.518)\times(460-40)}+1.0\times14.3\times400\times460}+0.518$$

$$=0.729$$

$x=\xi h_0=0.729\times460=335.3\ \text{mm}$

(5)计算纵向钢筋截面面积 A_s、A_s'

$$A_s=A_s'\frac{Ne-\alpha_1f_cbx\left(h_0-\frac{x}{2}\right)}{f_y(h_0-a_s')}$$

$$=\frac{2400\times10^3\times330-1.0\times14.3\times400\times335.3\times\left(460-\frac{335.3}{2}\right)}{360\times(460-40)}$$

$$=1530\ \text{mm}^2>0.002bh=0.002\times400\times500=200\ \text{mm}^2$$

满足最小配筋率要求。

A_s、A_s'各选用4C22钢筋($A_s=A_s'=1520\ mm^2$)

(6)垂直于弯矩作用平面的承载力验算

$$\frac{l_0}{b}=\frac{7500}{400}=18.75>8$$

$$\varphi=\frac{1}{1+0.002\left(\frac{l_0}{b}-8\right)^2}=\frac{1}{1+0.002(18.75-8)}=0.812$$

$$\rho'=\frac{A_s+A_s'}{A}=\frac{1520\times2}{400\times500}=1.52\%<3\%$$

$$0.9\varphi[f_cA+f_y'(A_s'+A_s)]=0.9\times0.812\times[14.3\times400\times500+360\times(1520+1520)]$$
$$=2889875\ N=2889.875\ kN>2400\ kN$$

垂直于弯矩作用平面的承载力满足要求。

10.3.3.2 偏心受压构件斜截面承载力计算

偏心受压构件除承受轴向压力和弯矩外,还承受剪力的作用。当剪力值较小时,不进行斜截面承载力计算,但当剪力较大时,则必须进行斜截面承载力计算。

(1)轴向压力对受剪承载力的影响 试验表明,由于轴向压力的存在,延缓了斜裂缝的出现和开展,增加了混凝土剪压区的高度,从而提高剪压区混凝土的抗剪能力,但轴向压力对构件抗剪承载力的作用是有限的,当轴压比$\left(\frac{N}{f_cA}\right)$达到0.3~0.5时,抗剪承载力接近最大值;当轴压比大于0.5时,随着轴向压力的增大,抗剪承载力降低。

(2)受剪承载力计算 对于矩形、T形和I形截面的钢筋混凝土偏心受压构件,其斜截面受剪承载力计算公式见式(10-98):

$$V\leqslant\frac{1.75}{\lambda+1.0}f_tbh_0+f_{yy}\frac{A_{sv}}{s}h_0+0.07N \qquad (10-98)$$

式中 λ——偏心受压构件计算截面的剪跨比,取$\lambda=\frac{M}{Vh_0}$;

N——与剪力设计值V相应的轴向压力设计值,当$N\geqslant0.3f_cA$时,取$N=0.3f_cA$;A为构件的截面面积。

计算截面的剪跨比按下面规定取用:

1)对框架结构中的框架柱,当其反弯点在层高范围内时,可取$\lambda=\frac{H_n}{2h_0}$;当$\lambda<1$时,取$\lambda=1$;当$\lambda>3$时,取$\lambda=3$。此处,H_n为柱净高,M为计算截面上与剪力设计值V相应的弯矩设计值。

2)对其他偏心受压构件,当承受均布荷载时,取$\lambda=1.5$;当承受集中荷载时(包括作用有多种荷载,且集中荷载对支座截面或节点边缘所产生的剪力值占总剪力值75%以上的情况),取$\lambda=\frac{a}{h_0}$;当$\lambda<1.5$时,取$\lambda=1.5$;当$\lambda>3$时,取$\lambda=3$。

与受弯构件斜截面承载力一样,当配箍率过大时,箍筋强度得不到充分利用,因此,《混凝土规范》规定,矩形截面偏心受压构件的截面尺寸应满足式(10-99)要求:

$$V \leqslant 0.25\beta_c f_c b h_0 \tag{10-99}$$

矩形、T 形和 I 形截面的钢筋混凝土偏心受压构件，当符合式(10-100)要求时，可不进行斜截面受剪承载力计算，其箍筋构造要求应符合混凝土规范的规定。

$$V \leqslant \frac{1.75}{\lambda+1.0} f_t b h_0 + 0.07N \tag{10-100}$$

10.3.3.3　偏心受压构件裂缝宽度验算

偏心受压构件轴向压力偏心距较大时，截面一侧的混凝土将会因受拉而开裂。试验表明，当 $e_0>0.55h_0$ 时，裂缝宽度可能超过限值。因此《混凝土规范》规定，对于 $e_0>0.55h_0$ 的钢筋混凝土大偏心受压构件需进行裂缝宽度验算，计算方法与受弯构件相似，具体参见《混凝土规范》。

10.4　钢筋混凝土受拉构件计算与构造

受拉构件可分为轴心受拉构件和偏心受拉构件。当轴向拉力作用点与截面形心重合时称为轴心受拉构件，当轴向拉力作用点与截面形心不重合时称为偏心受拉构件。

在实际工程中，受拉构件和受压构件一样，应用也比较广泛。例如，屋架的下弦杆[见图 10-50(a)]和自来水压力管[见图 10-50(b)]就属轴心受拉构件。单层厂房的双肢柱[见图 10-51(a)]和矩形水池[见图 10-51(b)]则属偏心受拉构件。

受拉构件一般配置纵向钢筋和箍筋，配置要求同受压构件。

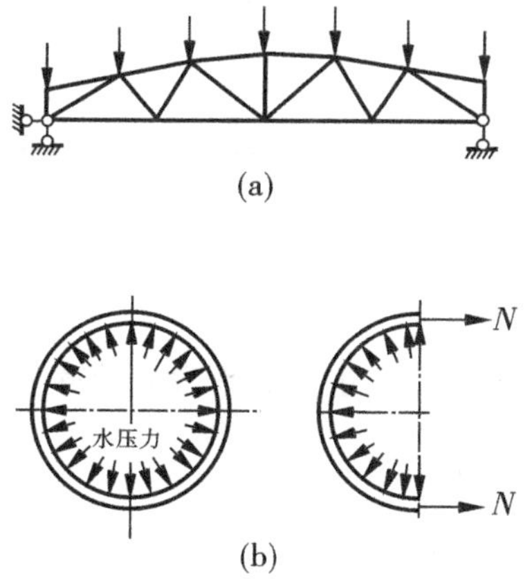

图 10-50　受拉构件示意图

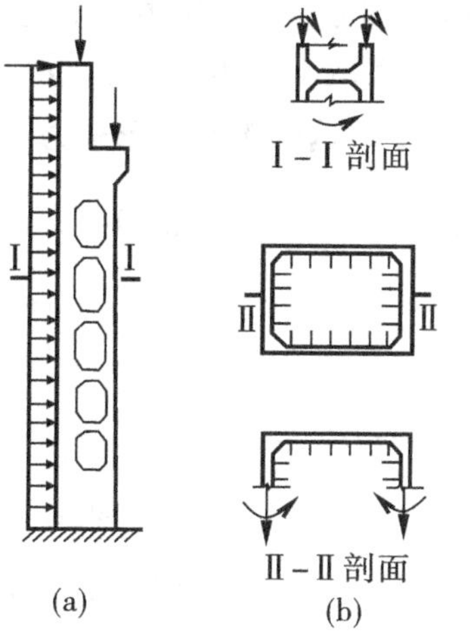

图 10-51　双肢柱及矩形水池示意图

10.4.1　轴心受拉构件

10.4.1.1　轴心受拉构件承载力

轴心受拉构件按正截面承载力计算时，由于混凝土抗拉强度很低，过早开裂，这时拉力全部由纵向钢筋承担。

轴心受拉构件正截面受拉承载力应按式(10-101)计算:

$$N \leqslant f_y A_s \tag{10-101}$$

式中 N——轴向拉力设计值;

f_y——钢筋抗拉强度设计值;

A_s——受拉钢筋的全部截面面积。

10.4.1.2 轴心受拉构件裂缝宽度验算

与受弯构件裂缝宽度验算公式相同,只是构件受力特征系数由 1.9 变为 2.7,此外钢筋应力应按准永久组合下的轴拉构件计算。

10.4.2 偏心受拉构件

10.4.2.1 偏心受拉构件破坏特征

按照轴向拉力作用在截面上位置的不同,偏心受拉构件有两种破坏形态:大偏心受拉构件和小偏心受拉构件。

当轴向拉力 N 作用在纵向钢筋 A_s 和 A_s'之间$\left(e_0 \leqslant \dfrac{h}{2}-a_s\right)$时,属于小偏心受拉,此时全截面受拉,构件临破坏前,截面已全部裂通,混凝土退出工作,最后,钢筋达到屈服,构件破坏(见图 10-52)。

当轴向拉力 N 作用在纵向钢筋 A_s 和 A_s'之外$\left(e_0 > \dfrac{h}{2}-a_s\right)$时,属于大偏心受拉,此时构件截面部分受拉,部分受压。随着 N 的增大,受拉区混凝土首先开裂,然后受拉钢筋达到屈服,最后受压区混凝土被压碎,同时受压钢筋屈服,构件破坏(见图 10-53)。

10.4.2.2 偏心受拉构件正截面承载力计算公式

(1)小偏心受拉构件 如图 10-52 所示,$e_0 \leqslant \dfrac{h}{2}-a_s$ 时,正截面承载力计算公式如下:

$$Ne \leqslant f_y A_s'(h_0-a_s') \tag{10-102}$$

$$Ne' \leqslant f_y A_s(h_0'-a_s) \tag{10-103}$$

(2)大偏心受拉构件 如图 10-53 所示,$e_0 > \dfrac{h}{2}-a_s$ 时,正截面承载力计算公式如下:

$$N \leqslant f_y A_s - f_y' A_s' - \alpha_1 f_c bx \tag{10-104}$$

$$Ne \leqslant \alpha_1 f_c bx\left(h_0-\frac{x}{2}\right)+f_y' A_s'(h_0-a_s') \tag{10-105}$$

上述公式的适用条件为 $x \leqslant \xi_b h_0$ 和 $x \geqslant 2a_s'$,若 $x<2a_s'$,则取 $x=2a_s'$,按式(10-103)计算。

如果采用对称配筋,无论大、小偏心受拉,均按式(10-103)计算,且应满足最小配筋率要求。

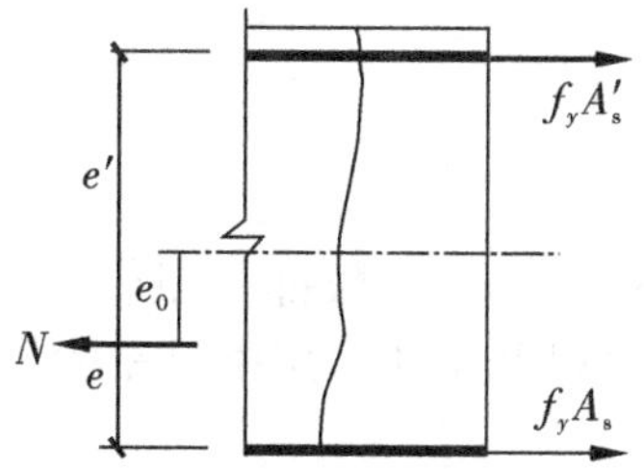

图 10-52　小偏心受拉构件示意图

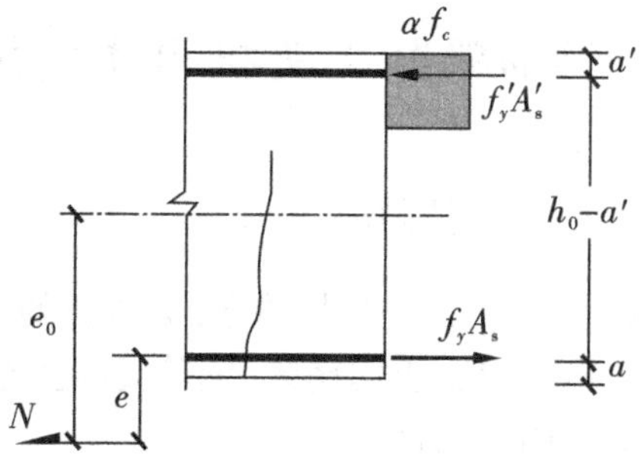

图 10-53　大偏心受拉构件示意图

10.4.2.3　偏心受拉构件斜截面承载力计算公式

由于轴向拉力 N 的存在，斜裂缝将提前出现，在小偏心受拉情况下甚至形成贯通全截面的斜裂缝，使斜截面受剪承载力降低。受剪承载力的降低与轴向拉力 N 近乎成正比。《规范》对矩形截面偏心受拉构件受剪承载力计算如下：

$$V \leqslant \frac{1.75}{\lambda+1.0} f_t b h_0 + f_{yy} \frac{A_{sv}}{s} h_0 - 0.2N \tag{10-106}$$

式中　N——与剪力设计值 V 相应的轴向拉力设计值；

λ——计算截面的剪跨比，与偏心受压构件斜截面计算时的取值要求相同。

当式(10-106)右边的计算值小于 $f_{yy}\frac{A_{sv}}{s}h_0$ 时，应取等于 $f_{yy}\frac{A_{sv}}{s}h_0$，且 $f_{yy}\frac{A_{sv}}{s}h_0$ 值不得小于 $0.36f_tbh_0$。

10.4.2.4　偏心受拉构件裂缝宽度验算

与受弯构件裂缝宽度验算公式相同，只是构件受力特征系数由 1.9 变为 2.4，此外钢筋应力应按准永久组合下的偏心受拉构件计算。

10.4.2.5　偏心受拉构件构造要求

偏心受拉构件的配筋方式同偏心受压构件一样，有对称配筋和非对称配筋两种，常采用对称配筋。

轴心受拉构件纵向钢筋沿截面周边均匀对称布置，宜优先选用直径较小的钢筋。偏心受拉钢筋沿偏心方向的截面两对边布置。

箍筋直径一般为 4 ~6 mm，间距不宜大于 200 mm(屋架腹杆不宜超过 150 mm)。对于偏心受拉构件，如果承受较大剪力，应进行抗剪承载力计算来确定箍筋用量。

轴心受拉及小偏心受拉杆件的纵向受力钢筋不得采用绑扎搭接；大偏心受拉构件中的钢筋采用绑扎搭接时，受拉钢筋直径不宜大于 25 mm，受压钢筋直径不宜大于 28 mm。

10.5 钢筋混凝土受扭构件计算与构造

10.5.1 纯扭构件破坏形态

在钢筋混凝土结构中,单独受纯扭的构件是很少见的,一般都是扭转和弯曲同时发生。例如钢筋混凝土雨蓬梁、钢筋混凝土框架的边梁以及工业厂房中吊车梁等,均属既受扭转又受弯曲的构件。

一般来说,凡在构件截面中有扭矩(包括还有其他内力)作用的构件,习惯上都称为受扭构件。图 10-54 所示的构件均属于受扭构件。

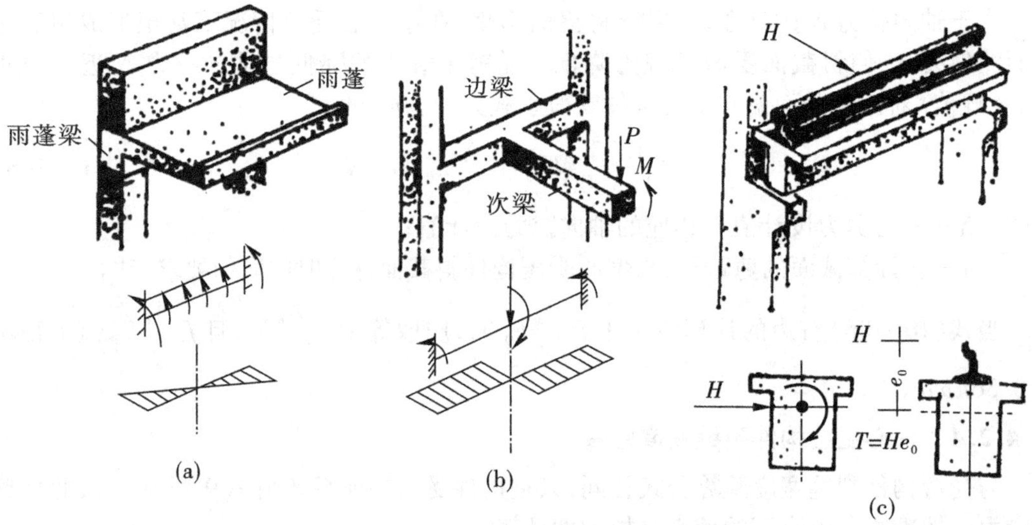

图 10-54 受扭构件示意图

为提高受扭构件承载力,现行规范通过配置受扭的纵向钢筋和箍筋来解决。

试验表明,按照受扭钢筋配筋率不同,钢筋混凝土矩形截面受纯扭构件的破坏形态可分为以下三种类型:

1)少筋破坏 当构件受扭箍筋和受扭纵筋的配置数量过少时,构件在扭矩作用下,首先在剪应力最大的长边中点处,形成45°角的斜裂缝。随后,很快地向相邻的其他两个面以45°角延伸。在此同时,与斜裂缝相交的受扭箍筋和受扭纵筋超过屈服点或被拉断。最后,构件三面开裂,一面受压,形成一个扭曲破裂面,使构件随即破坏。这种破坏形态与受剪的斜拉破坏相似,属于脆性破坏,在设计中应当避免。

为了防止发生这种少筋破坏,《混凝土规范》规定。受扭箍筋和受扭纵筋的配筋率不得小于各自的最小配筋率,并应符合受扭钢筋的构造要求。

2)适筋破坏 在构件受扭钢筋的数量配置适当时,在扭矩作用下,构件将发生许多45°角的斜裂缝。随着扭矩的增加,与主裂缝相交的受扭箍筋和受扭纵筋达到屈服强度,这条斜裂缝不断开展，并向相邻的两个面延伸，直至在第四个面上受压区的混凝土被压碎而破坏。这种破坏形态与受弯构件的适筋梁相似，属于塑性破坏。钢筋混凝土受扭构件承载力计算即以这种破坏为依据。

3）超筋破坏　分两种情况：完全超筋和部分超筋。

完全超筋：当构件的受扭箍筋和受扭纵筋配置得过多时，在扭矩作用下，构件将产生许多45°角的斜裂缝。由于受扭钢筋配置过多，所以构件破坏前钢筋达不到屈服强度，因而斜裂缝宽度不大。构件破坏是由于受压区混凝土被压碎所致。这种破坏形态与受弯构件的超筋梁相似，属于脆性破坏，故在设计中应予避免。《混凝土规范》采取限制构件截面尺寸和混凝土强度等级，亦即相当于限制受扭钢筋的最大配筋率来防止超筋破坏。

部分超筋：当构件的受扭箍筋和受扭纵筋两者之中有一种配置过多时，构件破坏时配置适量的钢筋先屈服，之后混凝土被压碎而破坏，此时配置过量的钢筋仍未屈服，破坏尚有一定的延性，设计时还允许采用这类构件。

10.5.2　纯扭构件承载力计算

钢筋混凝土矩形截面纯扭构件承载力计算是以适筋破坏为依据的。规范给出了受扭承载力的计算公式如下：

$$T \leqslant T_u = 0.35 f_t W_t = 1.2\sqrt{\zeta}\frac{f_{yv}A_{st1}}{s}A_{cor} \tag{10-107}$$

式中　T——扭矩设计值；

T_u——钢筋混凝土纯扭构件的受扭承载力；

f_{yv}——受扭箍筋的抗拉强度设计值；

A_{st1}——受扭计算中沿截面周边所配置的箍筋的单肢截面面积；

A_{cor}——截面核心部分的面积，对于矩形截面：$A_{cor}=b_{cor}\times h_{cor}$，$b_{cor}$、$h_{cor}$分别为截面核芯的短边和长边，见图10-55；

s——受扭箍筋间距；

W_t——受扭构件截面的受扭塑性抵抗矩，对于矩形截面：$W_t=\frac{b^2}{6}(3h-b)$，其中h为矩形截面的长边尺寸，b为矩形截面的短边尺寸；

ζ——受扭构件纵向钢筋与箍筋的配筋强度比值，即沿构件长度方向单位长度内的受扭箍筋承载力$\frac{f_{yv}A_{st1}}{s}$与沿截面核心周长单位长度内的受扭纵筋承载力$\frac{f_yA_{st1}}{u_{cor}}$的比值，见式（10-108）。

$$\zeta = \frac{f_yA_{st1}\cdot s}{f_{yv}A_{st1}\cdot u_{cor}} \tag{10-108}$$

式中　u_{cor}——截面核芯部分的周长，$u_{cor}=2(b_{cor}+h_{cor})$。

试验表明，当$\zeta=0.5\sim2.0$时，构件在破坏前，受扭箍筋和受扭纵筋都能够达到屈服强度，为了慎重起见，《混凝土规范》规定，ζ值应满足$0.6\leqslant\zeta\leqslant1.7$。为施工方便，通常取$\zeta=1\sim1.2$。

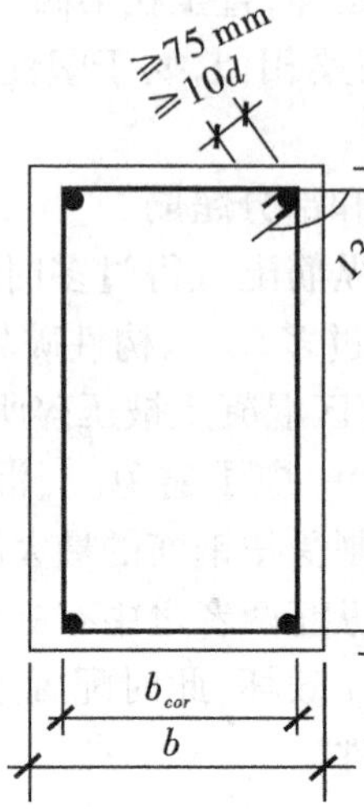

图 10-55 矩形截面核心部分面积示意图

10.5.3 配筋构造要求

由于扭矩在构件中产生的主拉应力与构件轴线成45°角,因此,从受力合理的观点考虑,受扭钢筋应采用与轴线成45°角的螺旋钢筋。但是。这会给施工带来很多不便。所以,在一般工程中都采用横向箍筋和纵向钢筋来承担扭矩的作用。

受扭箍筋的直径和间距均应满足受弯构件中相应箍筋的构造要求,受扭箍筋的形状须做成封闭式的,在两端并应具有足够的锚固长度。当采用绑扎骨架时,箍筋末端应做成135°弯钩,弯钩直线部分的长度不小于10d(d为箍筋直径)。

为了充分发挥受扭纵向钢筋的作用,截面四角必须设置纵向钢筋,并沿截面周边对称布置,受扭纵筋的间距不应大于200 mm,也不应大于截面短边尺寸,受扭纵筋的接头和锚固要求均按受拉钢筋的相应要求考虑。

10.5.4 弯剪扭承载力计算

10.5.4.1 扭矩对受弯、受剪构件承载力的影响

试验研究结果表明,同时受有剪力和扭矩的剪扭构件,受剪承载力 V_u 和受扭承载力 T_u 将随剪力与扭矩的比值(称为剪扭比)变化而变化。试验指出,构件的受剪承载力随扭矩的增加而减小,而构件的受扭承载力则随剪力增大而减小,反之亦然。我们把构件抵抗某种内力的能力,受其他同时作用的内力影响的这种性质,称为构件承受各种内力的能力之间的相关性。

10.5.4.2 弯剪扭构件承载力的计算

在实际工程中,钢筋混凝土受扭构件大多数都是同时受有弯矩、剪力和扭矩作用的弯剪扭构件。为了简化计算,《混凝土规范》规定,在弯矩、剪力和扭矩共同作用下的钢筋混

凝土构件配筋可按“叠加法”进行计算，即其纵向钢筋截面面积由受弯承载力和受扭承载力所需钢筋相叠加，其箍筋截面面积应由受剪承载方和受扭承载力所需的钢筋相叠加。

《混凝土规范》还规定，受扭纵筋间距不应大于 200 mm，也不应大于梁的宽度。在截面的四角必须设置受扭纵筋，并沿截面四周对称布置。

10.6　预应力混凝土构件

10.6.1　预应力混凝土的基本概念

10.6.1.1　概述

普通混凝土的极限拉应变很低，只有$(0.1\sim0.15)\times10^{-3}$，使得构件在正常使用条件下，受拉区过早开裂，刚度下降，挠度增大，从而限制了普通混凝土构件的适用范围。比如在大跨度结构和不允许出现裂缝的结构中，要想采用普通混凝土，就必须采取措施提高其刚度和抗裂性能。为此，我们可以采用以下方法：一是加大截面尺寸，这样做不仅不经济而且很笨重，还可能影响到使用功能；二是提高混凝土强度等级，这对提高抗裂性能的效果并不明显；三是提高钢筋强度，由于混凝土的极限拉应变很低，对不允许出现裂缝的构件，受拉钢筋应力只能达到 $20\sim30\ \text{N/mm}^2$。以上分析表明，上述方法并不能明显提高构件的刚度和抗裂性能，而且在普通混凝土构件中采用高强材料是不能充分发挥作用的。那么究竟采取一种什么办法才是经济合理的呢?

基于以上认识，我们可以借助高强材料的高强性能，在混凝土的受拉区域预先施加压应力，随着荷载的增加，混凝土才受拉并随荷载增加而出现裂缝，因此推迟了裂缝的出现，提高了构件的刚度和抗裂性能。这种在构件受荷前预先对混凝土受拉区施加压应力的构件称为“预应力混凝土构件”。

图 10-56 是一预应力混凝土简支梁的受力情况。在构件受荷以前，预先对混凝土施加预压力 N，在轴向压力 N 和梁自重作用下截面应力分布如图 10-58(a)所示。在这根梁上再施加荷载 q，由荷载在梁内产生的截面应力分布如图 10-58(b)所示。最后梁的应力分布为以上两种情况的叠加如图 10-58(c)所示。由于两种应力图形符号相反，因此叠加后的拉应力将大大减小，若不出现拉应力，则梁不会开裂，若超过混凝土的抗拉强度，构件开裂，但裂缝出现较晚，较小。因此预应力混凝土构件的抗裂性能很好。

根据上述，生产预应力混凝土构件的关键是如何在构件中建立起可靠的预压应力。通过大量实验表明，建立预应力的可靠途径是通过张拉钢筋的方式来实现的。

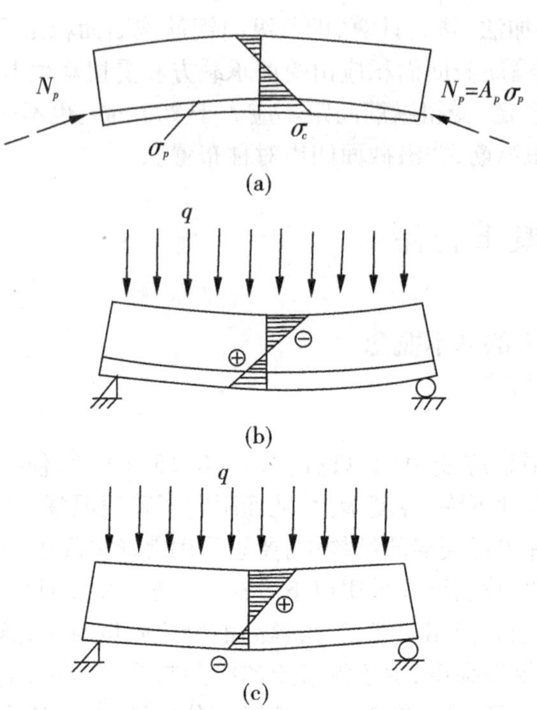

图 10-56 预应力混凝土简支梁的受力情况

10.6.1.2 预应力混凝土的分类及优缺点

(1)预应力混凝土的分类 预应力混凝土构件,根据工作性能的不同,可分为以下三种:

1)全预应力混凝土构件 按荷载效应标准组合计算时,截面受拉边缘不出现拉应力。

2)有限预应力混凝土构件 按荷载效应准永久组合计算时,不宜出现拉应力;有可靠经验时可放松;按荷载效应标准组合计算时,构件受拉边缘混凝土拉应力不应大于混凝土轴心抗压强度设计值。

3)部分预应力混凝土构件 允许出现裂缝,但裂缝宽度不能超过允许限值。

预应力混凝土构件按有无黏结应力分为有黏结预应力混凝土构件和无黏结预应力混凝土构件。

(2)预应力混凝土的优缺点 与普通混凝土结构相比,预应力混凝土结构主要有以下优点:①延迟了裂缝的出现,提高了结构的抗裂性能、刚度和耐久性能,因而扩大了混凝土结构的适用范围;②可合理地利用高强钢材和混凝土,与钢筋混凝土相比,可节约钢材30% ~50%,减轻自重达30%左右;③通过预加应力,使结构经受了一次检验,因此从某种意义上讲,预应力混凝土结构可称为事先检验过的结构;④预加应力还可作为结构的一种拼装方法和加固措施。

预应力混凝土结构的缺点主要是计算复杂,施工技术要求高,需要张拉及锚具等设备,不宜用于普通混凝土完全适用的地方。

在各种预应力混凝土中,从构件的承载力看,基本相同。但从刚度和抗裂性能看,全预应力最好,有限预应力次之,部分预应力最差。多年来的实践表明,抗裂度要求过高,预应力筋的配筋量往往不取决于承载力,而是由抗裂度所决定,预应力筋配筋量大,张拉应力高,施工工艺复杂,所需锚具、设备费用高,而且反拱过大,影响正常使用。工程实际中,发现不少全预应力结构存在非荷载裂缝,有的甚至比较严重,这主要是由于没有足够的非预应力筋来抵抗由温差、收缩、徐变、约束变形等局部次应力的影响。因此适当降低抗裂度要求,做成有限或部分预应力混凝土构件,可部分或全部克服上述缺点,又可改善混凝土构件的受力性能,提高刚度,推迟开裂,减轻自重,取得良好的技术经济效果。

(3)预应力混凝土的应用范围　随着混凝土强度等级的不断提高,高强钢筋的进一步使用,预应力混凝土目前已广泛应用于大跨度高层建筑、桥梁、铁路、海港码头、水利、机场、核电站、地下建筑等方面。

(4)混凝土的裂缝控制等级　我国《规范》根据结构的使用要求,接所处环境类别不同,将钢筋混凝土和预应力混凝土的裂缝控制等级划分为三级。

1)一级　严格要求不出现裂缝的构件,按荷载标准组合计算时,构件受拉边缘混凝土不应产生拉应力;

2)二级　一般要求不出现裂缝的构件,按荷载标准组合计算时,构件受拉边缘混凝土拉应力不应大于混凝土轴心抗拉强度标准值;

3)三级　允许出现裂缝的构件,对预应力混凝土构件,按荷载标准组合并考虑长期作用的影响计算时,构件的最大裂缝宽度不应超过表 10-27 规定的最大裂缝宽度限值;对二 a 类环境的预应力混凝土构件,尚应按荷载准永久组合计算,且构件受拉边缘混凝土的拉应力不应大于混凝土抗拉强度标准值。

10.6.2　预加应力的方法

按照张拉钢筋和浇筑混凝土先后次序的不同,可分为先张法和后张法两种基本方法。

10.6.2.1　先张法

先张法是指首先在台座上或钢模上张拉预应力钢筋,然后浇筑混凝土的一种施工方法。其主要工序有:

(1)在台座或钢模上穿入预应力钢筋,一端用夹具锚固,另一端用千斤顶张拉,张拉到规定的拉力后,用夹具锚固在台座横梁上,如图 10-57(a)(b)所示;

(2)支模绑扎非预应力钢筋,浇筑混凝土并进行养护,如图 10-57(c)所示;

(3)待混凝土达到设计强度的 75% 以上时,切断或放松钢筋,通过钢筋与混凝土之间的黏结力,挤压混凝土,使构件产生预压应力,如图 10-57(d)所示。

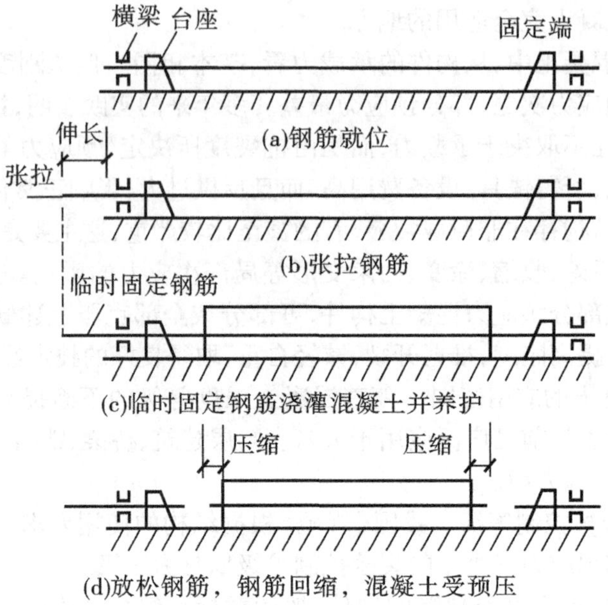

图 10-57　先张法主要工序示意图

10.6.2.2　后张法

后张法是指先浇筑混凝土构件，预留孔道，然后直接在构件上张拉预应力钢筋的一种施工方法。其主要工序有：

(1)浇筑混凝土构件，预留孔道和灌浆孔，如图 10-58(a)所示；

(2)待混凝土达到一定强度后，将预应力筋穿入孔道，安装固定端锚具，然后在另一端用张拉机具张拉预应力筋，在张拉的同时挤压混凝土，如图 10-58(b)所示；

(3)在预应力筋张拉到符合设计要求后，用锚具将预应力筋锚固在构件上，使之保持张拉状态，如图 10-58(c)所示；

(4)在孔道内灌浆，使构件形成整体。

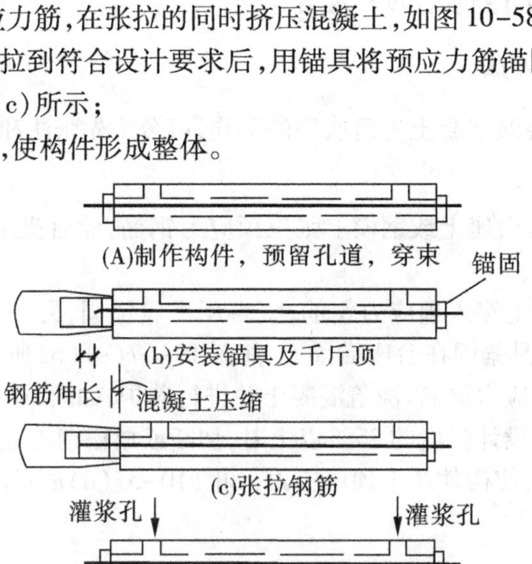

图 10-58　后张法主要工序示意图

10.6.2.3 两种方法的适用范围

先张法张拉工序简单，不需永久性工作锚具，但需要台座或钢模设施，适用于成批生产中小型构件。

后张法工序多，工艺较复杂，需永久性工作锚具，成本高，适用于现场浇筑的大型构件及整个结构，可布置曲线预应力钢筋，并可作为连续结构的拼装手段。为改善后张法的缺点，可采用无黏结预应力来代替。

10.6.3 预应力混凝土材料

10.6.3.1 钢筋

（1）预应力混凝土构件对钢筋要求　与普通混凝土构件不同，钢筋在预应力构件中，始终处于高应力状态，故对钢筋有较高的质量要求。有以下几方面：

1）高强度。为使混凝土构件在发生弹性回缩、收缩及徐变后内部仍能建立较高的预压应力，就需要较高的初始张拉力，故要求预应力筋有较高的抗拉强度。

2）与混凝土间有足够的黏结强度。在受力传递长度内钢筋与混凝土间的黏结力是先张法构件建立预压应力的前提，必须保证两者之间有足够的黏结强度。

3）良好的工作性能。如可焊性、冷镦性、热镦性等。

4）具有一定的塑性。这是为了避免构件发生脆性破坏，要求预应力筋在拉断时具有一定的延伸率，当构件处于低温环境或冲击荷载作用下，更应注意到钢筋的塑性和冲击韧性。

（2）常用的预应力钢筋

1）钢绞线，一般由三股或七股钢丝用绞盘拧制成螺旋状，再低温回火制成。具有一定的柔性，施工方便，多用于后张法的大型构件中。

2）消除应力钢丝。主要是指现行国家标准《预应力混凝土用钢丝》GB/T 5223 中的光面、螺旋肋和三面刻痕的消除应力钢丝。多用于大跨度构件。

3）中强度预应力钢丝。

4）预应力螺纹钢筋。

10.6.3.2 混凝土

（1）预应力混凝土构件对混凝土的要求

1）高强度。预应力混凝土必须具有较高的抗压强度，才能建立起较高的预压应力，并可减小构件截面尺寸，减轻结构自重，节约材料。对于先张法构件，高强混凝土具有较高的黏结强度。

2）收缩徐变小。这样可减小预应力损失。

3）快硬、早强。这样可尽早地施加预应力，以提高台座、模具的周转率，加快施工进度，降低间接费用。

（2）混凝土强度等级的选用　混凝土强度等级的选择，应考虑预加应力的方法，构件跨度的大小，使用条件及预应力的类型因素。《规范》规定预应力混凝土构件的混凝土强度等级不宜低于 C40，且不应低于 C30。

10.6.4 张拉控制应力和预应力损失

10.6.4.1 张拉控制应力

张拉控制应力是指张拉钢筋时，张拉设备所指示出的总张拉力除以预应力钢筋截面面积得出的应力值，以 σ_{con} 表示。为充分利用预应力钢筋，σ_{con} 高一些，这样可对混凝土产生较大的预压应力，以达到节约材料的目的。但如果 σ_{con} 过高会产生如下问题：增加预应力筋的松弛应力损失；进行超张拉时，应力超过屈服强度，可能使个别钢丝发生脆断；降低构件的延性；等等。因此必须对张拉控制应力加以控制。

《规范》规定预应力钢筋的张拉控制应力值应符合表 10-28 的规定。

表 10-28 张拉控制应力限值

钢筋种类	σ_{con}
消除应力钢丝、钢绞线	$0.75f_{ptk}$
中强度预应力钢丝	$0.70f_{ptk}$
预应力螺纹钢筋	$0.85f_{pyk}$

注：①f_{ptk} 为预应力筋极限抗拉强度标准值，f_{pyk} 为预应力螺纹钢筋屈服强度标准值；②消除应力钢丝、钢绞线、中强度预应力钢丝的张拉控制应力值不应小于 $0.4f_{ptk}$；③预应力螺纹钢筋的张拉控制应力值不宜小于 $0.5f_{pyk}$

当符合下列情况之一时，表 10-28 中的张拉控制应力限值可提高 $0.05f_{ptk}$ 或 $0.05f_{pyk}$：

(1) 要求提高构件在施工阶段的抗裂性能，而在使用阶段受压区内设置的预应力筋；

(2) 要求部分抵消由于应力松弛、摩擦、钢筋分批张拉以及预应力筋与张拉台座之间的温差等因素产生的预应力损失。

10.6.4.2 预应力损失

预应力混凝土构件在制作、运输、安装、使用的各个过程中，由于张拉工艺和材料特性等原因，使钢筋中的张拉应力逐渐降低的现象称为预应力损失 。

预应力损失导致混凝土的预压应力降低。对构件的受力性能将产生影响，因此正确认识和计算预应力损失十分重要。引发预应力损失的因素很多，下面分项讨论引起预应力损失的原因、损失值的计算及减小预应力损失的措施。

(1) 由锚具变形和钢筋内缩引起的预应力损失 σ_{l1}　预应力直线钢筋，由于锚具垫板与构件之间的所有缝隙被挤紧，钢筋和楔块在锚具中的滑移，使已拉紧的钢筋内缩了 a (mm)，造成预应力损失 σ_{l1}。其预应力损失值可按式(10-109)计算：

$$\sigma_{l1}=\frac{a}{l}E_s \tag{10-109}$$

式中 a——张拉端锚具变形和钢筋内缩值，按表 10-29 取用；

l——张拉端至锚固端之间的距离，mm。

表 10-29　锚具变形和钢筋内缩值

单位：mm

锚具类别		a
支承式锚具（钢丝束镦头锚具等）	螺帽缝隙	1
	每块后加垫板的缝隙	1
夹片式锚具	有顶压时	5
	无顶压时	6～8

注：①表中的锚具变形和钢筋内缩值也可根据实测数据确定；②其他类型的锚具变形和钢筋内缩值应根据实测数据确定。

块体拼成的结构，其预应力损失尚应考虑块体间填缝的预压变形。当采用混凝土或砂浆为填缝材料时，每条填缝的预压变形值应取 1 mm。

为了减少锚具变形所造成的预应力损失，应尽量少用垫板，采用长线台座生产。

后张法构件预应力曲线钢筋或折线钢筋由于锚具变形和钢筋内缩引起的预应力损失值 σ_{l1}，应根据预应力曲线钢筋或折线钢筋与孔道壁之间反向摩擦影响长度 l_f 范围内的预应力钢筋变形值等于锚具变形和钢筋内缩值的条件确定，其预应力损失 σ_{l1} 的计算可参阅《规范》。

（2）由预应力筋与孔道壁之间的摩擦引起的预应力损失 σ_{l2}　后张法构件张拉钢筋时，由于钢筋和混凝土孔壁之间的摩擦，其实际预应力从张拉端往里逐渐减小，如图 10-59 所示。

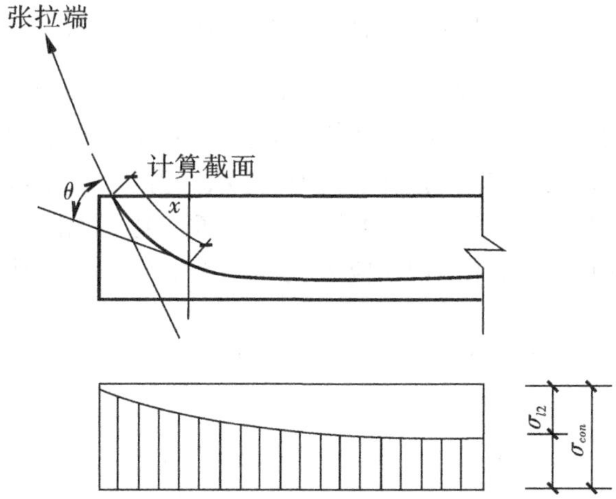

图 10-59　张拉钢筋时的摩擦损失示意图

这种应力差额称为摩擦引起的预应力损失 σ_{l2}。直线孔道的摩擦损失是由于施工时孔道尺寸的偏差、孔道粗糙及钢筋自重下垂原因，使钢筋某些部位紧贴孔壁引起的；曲线孔道的摩擦损失除由于钢筋紧贴孔壁引起外，还有由于钢筋张拉时产生了对孔壁的垂直压力而引起的。因此 σ_{l2} 的大小与孔道形状和成型方式有关。σ_{l2} 可按下列公式计算：

$$\sigma_{l2}=\sigma_{con}\left(1-\frac{1}{e^{kx+\mu\theta}}\right) \tag{10-110}$$

式中 x——从张拉端至计算截面的孔道长度，亦可近似取该段孔道在纵轴上的投影长度，m；

θ——从张拉端至计算截面曲线孔道部分切线的夹角，rad；

k——考虑管道每米长度局部偏差的影响系数，按表 10-30 采用；

μ——预应力钢筋与孔道壁之间的摩擦系数，按表 10-30 采用。

当 $kx+\mu\theta\leqslant0.3$ 时，可按下式近似计算：$\sigma_{l2}=(kx+\mu\theta)\sigma_{con}$。

表 10-30 预应力钢筋与孔道壁之间的摩擦系数

孔道成型方式	k	μ	
		钢绞线、钢丝束	预应力螺纹钢筋
预埋金属波纹管	0.0015	0.25	0.50
预埋塑料波纹管	0.0015	0.15	—
预埋钢管	0.0010	0.30	—
抽芯成型	0.0014	0.55	0.60
无黏结预应力筋	0.0040	0.09	—

注：表中系数也可根据实测数据确定

为减少摩擦损失，可采用如下措施：

1）对于较长的构件可在两端进行张拉，摩擦损失可减少一半；

2）采用超张拉工艺，张拉程序为 $0\longrightarrow1.05\sigma_{con}\xrightarrow{\text{持荷 2 min}}$ 或 $0\longrightarrow1.03\sigma_{con}$。

（3）由受张拉的钢筋与承受拉力的设备之间温差引起的预应力损失 σ_{l3}　为缩短先张法构件的生产周期，混凝土常采用蒸汽养护的办法。升温时，新浇混凝土尚未结硬，钢筋受热自由膨胀，但两端台座是固定不动的，故使钢筋松弛；降温时，混凝土已结硬并和钢筋结成整体，不能自由回缩，构件中钢筋应力就不能恢复到原来的张拉值，于是就产生了温差损失 σ_{l3}。

若预应力钢筋与承受拉力的设备之间的温差为 Δt(℃)，钢筋的线膨胀系数为 $\alpha_s=1\times10^{-5}$/℃，则 σ_{l3} 可近似做如下计算：

$$\sigma_{l3}=\alpha_s\times\Delta t\times E_s=1\times10^{-5}\times\Delta t\times2\times10^{5}=2\Delta t \tag{10-111}$$

减小温差引起的预应力损失，可采取如下措施：

1）采用两次升温养护，先在常温下养护，待混凝土强度达到一定值时，再逐渐升温，此时可认为钢筋与混凝土已结成整体，能一起胀缩而无应力损失。

2）在钢模上张拉预应力构件，使 $\Delta t=0$。

（4）由预应力钢筋的应力松弛引起的预应力损失 σ_{l4}　钢筋的应力松弛是指钢筋受力后，在长度不变的情况下，钢筋应力随时间增长而降低的现象。预应力钢筋张拉终止后固定在台座或构件上，可认为长度变化很小，随时间增长，自然会引起应力松弛损失 σ_{l4}。

应力松弛在张拉后初始阶段发展较快，张拉后1 h可完成总松弛值的50%；经过24 h可完成近80%左右，1000 h后增长缓慢，并逐步趋于稳定。应力松弛损失值的大小与钢材品种和初始应力有关，当初始应力大于$0.7f_{ptk}$时，松弛显著增大。在高应力下短时间的松弛可达到低应力下较长时间才能达到的数值。

《规范》规定预应力钢筋的应力松弛损失σ_{l4}，可按下列方法计算：

1）对消除应力钢丝、钢绞线

普通松弛：

$$\sigma_{l4}=0.4\psi\left(\frac{\sigma_{con}}{f_{ptk}}-0.5\right)\sigma_{con} \tag{10-112}$$

此处，一次张拉时，$\psi=1$；超张拉时，$\psi=0.9$ 。

低松弛：

当$\sigma_{con}\leqslant 0.7f_{ptk}$时

$$\sigma_{l4}=0.125\left(\frac{\sigma_{con}}{f_{ptk}}-0.5\right)\sigma_{con} \tag{10-113}$$

当$0.7f_{ptk}<\sigma_{con}\leqslant 0.8f_{ptk}$时

$$\sigma_{l4}=0.2\left(\frac{\sigma_{con}}{f_{ptk}}-0.575\right)\sigma_{con} \tag{10-114}$$

2）中强度预应力钢丝

$$\sigma_{l4}=0.08\sigma_{con} \tag{10-115}$$

3）预应力螺纹钢筋

$$\sigma_{l4}=0.03\sigma_{con} \tag{10-116}$$

当$\dfrac{\sigma_{con}}{f_{ptk}}\leqslant 0.5$时，预应力钢筋的应力松弛损失值可取为0。

要减小应力松弛损失，可采用如下下方法：采用超张拉工艺，张拉程序如前面所述；采用低松弛的高强钢材。

（5）混凝土收缩和徐变引起的预应力损失σ_{l5}　混凝土的收缩，徐变使构件长度缩短，预应力钢筋随之回缩，引起应力损失σ_{l5}。当构件中配置有非预应力钢筋时，非预应力钢筋将产生压应力增量σ_{l5}。

由于收缩和徐变是伴随产生的，可将两者合并在一起予以考虑。《规范》规定的由混凝土收缩及徐变引起的受拉区和受压区预应力钢筋的预应力损失σ_{l5}、σ'_{l5}可按下列公式计算：

1）先张法构件

$$\sigma_{l5}=\frac{60+340\dfrac{\sigma_{pc}}{f'_{cu}}}{1+15\rho} \tag{10-117}$$

$$\sigma'_{l5}=\frac{60+340\dfrac{\sigma_{pc}}{f'_{cu}}}{1+15\rho} \tag{10-118}$$

2)后张法构件

$$\sigma_{l5}=\frac{55+300\frac{\sigma_{pc}}{f'_{cu}}}{1+15\rho} \tag{10-119}$$

$$\sigma'_{l5}=\frac{55+300\frac{\sigma'_{pc}}{f'_{cu}}}{1+15\rho'} \tag{10-120}$$

式中 σ_{pc}、σ'_{pc}——受拉区、受压区预应力钢筋在各自合力点处混凝土法向压应力；

f'_{cu}——施加预应力时的混凝土立方体抗压强度；

ρ、ρ'——受拉区、受压区预应力钢筋和非预应力钢筋的配筋率：

对先张法构件 $\rho=\frac{A_p+A_s}{A_o}$，$\rho'=\frac{A'_p+A'_s}{A_o}$

对后张法构件 $\rho=\frac{A_p+A_s}{A_n}$，$\rho'=\frac{A'_p+A'_s}{A_n}$

上式中 A_p、A_s 分别为受拉区预应力钢筋、非预应力钢筋的截面面积；A'_p、A'_s分别是受压区预应力钢筋、非预应力钢筋的截面面积；A_o 为构件的换算截面面积；A_n 为构件的净截面面积。

对于对称配置预应力钢筋和非预应力钢筋的构件，取 $\rho=\rho'$，此时配筋率应按其钢筋总截面面积的一半进行计算。

计算 σ_{pc}、σ'_{pc}时，预应力损失仅考虑预压前（第一批）的损失，其非预应力钢筋中的应力 σ_{l5}、σ'_{l5}值应取等于零，σ_{pc}、σ'_{pc}的 值不大于 $0.5f'_{cu}$，当 σ'_{pc}为拉应力时，取 $\sigma'_{pc}=0$。

当结构处于年平均相对湿度低于40%的环境下，σ_{l5}及 σ'_{l5}值应增加 30%。

对于重要的结构构件，当需要考虑与时间相关的混凝土收缩和徐变及预应力钢筋松弛损失值时，可参阅《混凝土结构设计规范》(GB 50010——2010)附录 K 进行。

(6)环形构件配置螺旋式预应力钢筋时所引起的预应力损失 σ_{l6}　当环形构件采用螺旋式预应力钢筋时，混凝土在环向预应力挤压下发生局部压陷，使环形构件直径减小，产生应力损失 σ_{l6}，σ_{l6}的大小与环形构件直径成反比。《规范》规定，当构件直径 $d\leqslant 3$ m 时，$\sigma_{l6}=30$ N/mm^2；当 $d>3$ m 时，此项损失可忽略不计。

10.6.4.3 预应力损失组合

对预应力混凝土构件，上述各项应力损失是分批出现的，不同受力阶段应考虑不同的预应力损失组合。混凝土施加预压完成以前出现的损失 $\sigma_{l\mathrm{I}}$ 称为第一批损失；混凝土预压完成之后出现的损失 $\sigma_{l\mathrm{II}}$ 称为第二批损失。预应力的总损失 $\sigma_l=\sigma_{l\mathrm{I}}+\sigma_{l\mathrm{II}}$。预应力构件在各阶段预应力损失值宜按表 10-31 的规定进行组合。

表 10-31 各阶段预应力损失值的组合

预应力损失值的组合	先张法构件	后张法构件
混凝土预压前(第一批)的损失	$\sigma_{l1}+\sigma_{l2}+\sigma_{l3}+\sigma_{l4}$	$\sigma_{l1}+\sigma_{l2}$
混凝土预压后(第二批)的损失	σ_{l5}	$\sigma_{l4}+\sigma_{l5}+\sigma_{l6}$

注:先张法构件由于钢筋应力松弛引起的损失值 σ_{l4} 在第一批和第二批损失中所总的比例,如需区分,可根据实际情况确定

《规范》规定,当计算求得的预应力总损失值 σ_{l4} 小于下列数值时,则按下列数值取用:先张法构件 100 N/mm^2;后张法构件 80 N/mm^2。

10.6.5 预应力混凝土构件的构造

预应力混凝土构件,除满足承载力、变形和抗裂要求外,还须符合构造要求,这是保证构件设计付诸实现的重要措施。

10.6.5.1 先张法构件

(1)钢筋净间距 预应力钢筋之间的净间距应根据浇灌混凝土、施加预应力及钢筋锚固等要求确定。

预应力钢筋净间距不宜小于其公称直径的 2.5 倍,且应符合下列规定:对预应力钢丝不应小于 15 mm,三股钢绞线不应小于 20 mm,七股钢绞线不应小于 25 mm。当混凝土振捣密实性有可靠保证时,净间距可放宽为最大粗骨料粒径的 1.0 倍。

(2)钢筋保护层 为保证钢筋与外围的黏结锚固,防止放松预应力筋时沿钢筋的纵向劈裂裂缝,要求具有足够厚的保护层。其保护层厚度不应小于钢筋的公称直径,且应符合下列规定:一类环境条件下,对于大于等于 C25 的混凝土,其保护层厚度可取为板 15 mm,梁 25 mm。

(3)端部加强措施 为防止放松钢筋时外围混凝土的劈裂裂缝,端部应设附加钢筋。

1)单根预应力钢筋端部宜设置长度不小于 150 mm 且不少于 4 圈的螺旋筋。

2)对分散布置的多根预应力钢筋,在构件端部 10d(d 为预应力钢筋的公称直径)且不小于 100 mm 范围内,宜设置 3 ~5 片与预应力筋垂直的钢筋网片。

3)对采用预应力钢丝配筋的薄板,在板端 100 mm 范围内应适当加密横向钢筋。

4)对槽形板类构件,为防止板面端部产生纵向裂缝,宜在构件端部 100 mm 范围内沿构件板面设置附加横向钢筋,其数量不少于 2 根。对预制肋形板,宜设置加强整体性和横向刚度的横肋。

5)对预应力钢筋在构件端部全部弯起的受弯构件或直线配筋的先张法构件,当构件端部与下部支承结构焊接时,应考虑混凝土收缩、徐变及温度变化所产生的不利影响,宜在构件端部可能产生裂缝的部位设置纵向构造钢筋。

10.6.5.2 后张法构件

(1)选用可靠的锚具 其形式及质量要求应符合现行有关标准、规范的规定。

(2)预留孔道布置 后张法预应力钢丝束(包括钢铰线)的预留孔道宜符合下列

规定：

1）预制构件，孔道之间的横向净间距不宜小于 50 mm，且不宜小于粗骨料粒径的 1.25 倍；孔道至构件边缘的净距不宜小于 30 mm，且不宜小于孔道直径的一半。

2）现浇梁中，预留孔道在竖直方向的净间距不应小于孔道外径，水平方向的净间距不应小于 1.5 倍孔道外径，且不应小于粗骨料粒径的 1.25 倍；从孔道外壁至构件边缘的净间距，梁底不宜小于 50 mm，梁侧不宜小于 40 mm；裂缝控制等级为三级的梁、梁底、梁侧分别不宜小于 60 mm 和 50 mm。

3）预留孔道的内径宜比预应力束外径及需穿过孔道的连接器外径大 6～15 mm，且孔道的截面积宜为穿入预应力束截面积的 3.0～4.0 倍。

4）当有可靠经验并能保证混凝土浇筑质量时，预留孔道可水平并列贴紧布置，但并排的数量不应超过 2 束。

5）在现浇楼板中采用扁形锚固体系时，穿过每个预留孔道的预应力筋数量宜为 3～5 根；在常用荷载情况下，孔道在水平方向的净间距不应超过 8 倍板厚及 1.5 m 中的较大值。

6）板中单根无黏结预应力筋的间距不宜大于板厚的 6 倍，且不宜大于 1 m；带状束的无黏结预应力筋根数不宜多于 5 根，带状束间距不宜大于板厚的 12 倍，且不宜大于 2.4 m。

7）梁中集束布置的无黏结预应力筋，集束的水平净间距不宜小于 50 mm，束至构件边缘的净间距不宜小于 40 mm。

在构件两端及跨中应设灌浆孔或排气孔，孔距不宜大于 12 m。凡制作时需预先起拱的构件，预留孔道宜随构件同时起拱。

10.6.5.3 预应力筋的曲率半径

后张法预应力混凝土构件的曲线预应力钢丝束、钢绞线束的曲率半径不宜小于 4 m。对折线配筋的构件，在折线预应力钢筋弯折处的曲率半径可适当减小。

10.6.5.4 端部构造要求

（1）构件端部尺寸应考虑锚具的布置、张拉设备的尺寸和局部受压的要求，必要时应适当加大。

（2）为防止施加预应力时在构件端部产生沿截面中部的纵向水平裂缝，宜将一部分预应力钢筋靠近支座区段弯起，并使预应力钢筋尽可能沿构件端部均匀布置。如预应力钢筋在构件端部不能均匀布置而需集中布置在端部截面的下部或集中布置在上部和下部时，应在构件端部 $0.2h$（h 为构件端部截面高度）范围内设置附加竖向焊接钢筋网、封闭式箍筋或其他形式的构造钢筋，附加竖向钢筋宜采用带肋钢筋。

（3）当构件在端部有局部凹进时，为防止在施加预应力过程中端部转折处产生裂缝，应增设折线构造钢筋（见图 10-60）或其他有效的构造钢筋。

（4）为防止沿孔道产生劈裂，在间接钢筋配置区以外，在构件端部不小于 $3e$ 且不大于 $1.2h$ 的长度范围内，应在高度 $2e$ 范围内均匀布置附加箍筋或网片，其体积配筋率不应小于 0.5%（见图 10-61）。e 为截面重心线上部或下部预应力钢筋的合力点至临近边缘的距离。

(5)在预应力钢筋锚具下及张拉设备的支承处,应采用预埋钢垫板并附加横向钢筋网片。

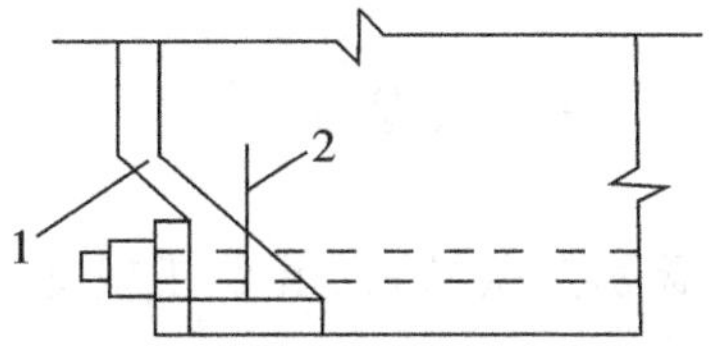

图 10-60 端部转折处构造钢筋示意图

1-折线构造钢筋;2-竖向构造钢筋

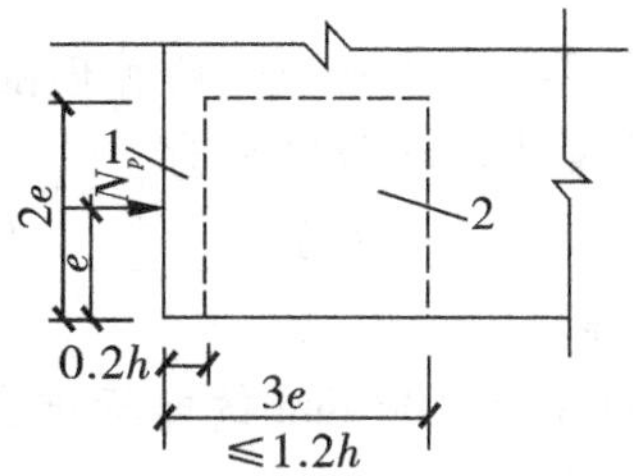

图 10-61 端部的间接钢筋示意图

1-间接钢筋配置区;2-端部锚固区

10.6.5.5 灌浆要求

孔道灌浆要求密实,水泥浆强度不应低于 M20,其水灰比宜为 0.4 ~0.45,为减少收缩,宜掺入 0.01% 水泥用量的铝粉。

10.6.5.6 非预应力构造筋

在后张法构件的预拉区和预压区中,应适当设置纵向非预应力构造钢筋。在预应力筋弯折处,应加密箍筋或沿弯折处内侧设置钢筋网片。

10.6.5.7 块体拼装要求

采用块体拼装的构件,其接缝平面应垂直于构件的纵向轴线。当接头承受内力时,缝隙间应灌筑不低于块体强度等级的细石混凝土(缝宽大于 20 mm)或水泥砂浆(缝宽不大于 20 mm);并根据需要在接头处及其附近区段内用加大截面或增设焊接网方式进行局部加强,必要时可设置钢板焊接接头;当接头不承受内力时,缝隙间应灌筑不低于 C15 的细石混凝土或 M15 的水泥砂浆。

基础知识与技能训练

基础知识训练

一、填空题

1. 检查热轧钢筋质量的指标有________、________、________、________。
2. 钢筋按外形分为________和________。
3. 在设计计算时,________作为软钢的强度计算指标。
4. 混凝土的变形有两类,分别是________和________。
5. 钢筋与混凝土的黏结力主要由________、________、________三部分组成。
6. 钢筋锚固长度的大小除了钢筋的表面形状外,还主要取决于________和________。
7. 钢筋的连接方式有________、________、________。

8. 为了提高光面钢筋的________，规范规定________光面钢筋末端必须做成________。

9. 当梁的承载力不能满足要求时，一般可采取________或________措施来提高其承载力。

10. 钢筋混凝土梁应进行两种极限状态的设计，分别是________和________。

11. 适筋梁的破坏阶段分为________、________和________。

12. 对于截面高度大于________的梁，必须沿梁全长设置箍筋。

二、判断题

1. 采用边长为100 mm的非标准立方体试块做抗压试验时，其抗压强度换算系数是0.95。（　）

2. 持续作用的应力值与混凝土轴心抗压强度的比值大小将决定混凝土徐变的大小。（　）

3. 受拉钢筋绑扎连接时同一连接区段的范围为1.3的搭接长度。（　）

4. 钢筋焊接连接同一连接区段的范围是35倍的较大钢筋直径。（　）

5. 带肋钢筋单面搭接焊时，搭接长度为8倍搭接钢筋的较大直径。（　）

三、选择题

1. 钢筋与混凝土这两种性质不同的材料能有效地结合在一起而共同工作，主要是由于（　）。

A. 混凝土对钢筋的保护

B. 混凝土对钢筋的握裹

C. 砼硬化后，钢筋与砼能很好黏结，且两者线膨系数接近

D. 两者线膨系数接近

2. 混凝土强度等级是根据混凝土的（　）确定的。

A. 立方体抗压强度设计值　　B. 立方体抗压强度标准值

C. 立方体抗压强度平均值　　D. 具有90%保证率的立方体抗压强度

3. 室外预制一钢筋混凝土板，养护过程中发现其表面出现微细裂缝，其原因应该是（　）。

A. 混凝土徐变变形　　B. 混凝土干缩变形

C. 混凝土与钢筋热胀冷缩变形不一致

4. 受压构件锚固长度比受拉钢筋的锚固长度（　）。

A. 大　　B. 小　　C. 相同

5. 当混凝土的强度等级由C20变为C30时，受拉钢筋的最小锚固长度（　）。

A. 增大　　B. 减小　　C. 不变

6. 在梁的配筋不变的条件下，梁高与梁宽相比，对正截面受弯承载力M_u（　）。

A. 梁高影响小　　B. 两者相当

C. 梁高影响大　　D. 不一定

7. 在双筋梁计算中满足$2a' \leq x \leq \xi_b h_o$时，表明（　）。

A. 拉筋不屈服，压筋屈服　　B. 拉筋屈服，压筋不屈服

C. 拉压筋均不屈服　　D. 拉压钢筋均屈服

8. 下列措施中,减小受弯构件挠度的措施不正确的为(　　)。

A. 提高混凝土强度　　B. 增大构件跨度

C. 增大截面高度　　D. 增大钢筋用量

9. 钢筋混凝土单向板中的受力钢筋沿(　　)布置。

A. 短边方向　　B. 长边方向　　C. 任意布置

10. 梁内弯起多排钢筋时,相邻上下弯点间距应小于等于 S_{max},其目的是保证(　　)。

A. 斜截面受剪能力　　B. 斜截面受弯能力

C. 正截面受弯能力　　D. 正截面受剪能力

11. 钢筋混凝土大偏心受压构件的破坏特征是(　　)。

A. 远离轴向力一侧的钢筋先受拉屈服,随后另一侧钢筋屈服,混凝土压碎

B. 远离轴向力一侧的钢筋应力不定,随后另一侧钢筋压屈,混凝土压碎

C. 靠近轴向力一侧的钢筋和混凝土应力不定,另一侧钢筋受压屈服,混凝土压碎

D. 靠近轴向力一侧的钢筋和混凝土先屈服和压碎,随后另一侧钢筋受压屈服

12. 大小偏压构件破坏特征的根本区别在于(　　)。

A. 受拉钢筋在截面破坏时是否达到抗拉屈服强度

B. 受压钢筋在截面破坏时是否达到抗压屈服强度

C. 混凝土在截面破坏时是否被压碎

13. 下列有关轴心受压构件纵筋的作用,错误的是(　　)

A. 帮助混凝土承受压力　　B. 增强构件的延性

C. 纵筋能减小混凝土的徐变变形　　D. 纵筋强度越高,越能增加构件承载力

14. 设计钢筋混凝土受扭构件时,《混凝土结构设计规范》(GB 50010—2010)规定,其受扭纵筋与受扭箍筋的配筋强度比应(　　),从而保证受扭纵筋和箍筋都能达到屈服强度。

A. <0.5　　B. >2.0

C. 不受限制　　D. 0.6~1.7

15. 钢筋混凝土受扭构件受扭纵筋与受扭箍筋的配筋强度比处于0.6~1.7时,说明构件破坏时,(　　)。

A. 仅纵筋达到屈服强度　　B. 仅箍筋达到屈服强度

C. 纵筋和箍筋均达到屈服强度　　D. 纵筋和箍筋均达不到屈服强度

四、简答题

1. 我国钢筋混凝土结构中使用的钢筋有几种?热轧钢筋的强度分哪几个等级,分别用什么符号表示?

2.《规范》对钢筋选用的规定是什么?

3. 什么叫钢筋的屈强比、伸长率?

4. 混凝土强度等级如何确定?

5. 混凝土轴心抗压强度、轴心抗拉强度是什么?它们与混凝土立方体抗压强度的关系是什么?

6. 什么叫混凝土的弹性模量？

7. 什么叫混凝土的徐变、收缩？徐变和收缩的区别是什么？如何防止？

8. 混凝土结构的环境类别分为哪几类？对耐久性的要求有哪些？

9. 钢筋的连接方式有哪些？分别有什么要求？

10. 梁中配有哪些钢筋，各有什么作用？其主要构造要求是什么？

11. 梁的正截面破坏形式有哪些？各有什么破坏特征？

12. 在受弯构件中，斜截面有哪几种破坏形态？它们的特点是什么？

13. 斜截面受剪承载力计算为什么要限制截面尺寸和最小配筋率？

14. 什么是抵抗弯矩图？

15. 在受弯构件挠度计算中，什么是“最小刚度原则”？

16. 在受压构件中配置箍筋的作用是什么？什么情况下需设置复合箍筋？

17. 轴心受压短柱、长柱的破坏特征各是什么？为什么轴心受压长柱的受压承载力低于短柱？承载力计算时如何考虑纵向弯曲的影响？

18. 偏心受压构件正截面的破坏形态有哪几种？破坏特征各是什么？如何判别大、小偏心受压？

19. 偏心受压构件正截面承载力计算时，什么情况下考虑二阶效应的影响？

20. 实际工程中，钢筋混凝土受拉构件一般在哪些方面应用？

21. 偏心受拉构件分为几类？如何划分？

22. 写出大、小偏心受拉构件的基本公式及适用条件。

23. 受拉构件纵向受力钢筋如何布置？

24. 简述钢筋混凝土受扭构件的破坏形式及各自的特点。

25. 在剪扭构件计算中，强度降低系数的意义是什么？

26. 在受扭构件中，配置纵向受扭纵筋及箍筋应注意哪些问题？

技能训练

1. 查看结构施工图，说出各种钢筋的名称及所采用的混凝土强度等级。

2. 熟悉热轧钢筋试验的取样及试验内容、混凝土试块的制作方法与强度试验方法。

3. 根据图 10-62 所示梁的平法标注，画出此梁各跨跨中和支座处的截面图，并说明梁中各钢筋的作用。

4. 说明图 10-63 中柱的平法标注的柱的尺寸及各种钢筋的名称、牌号、数量和作用。

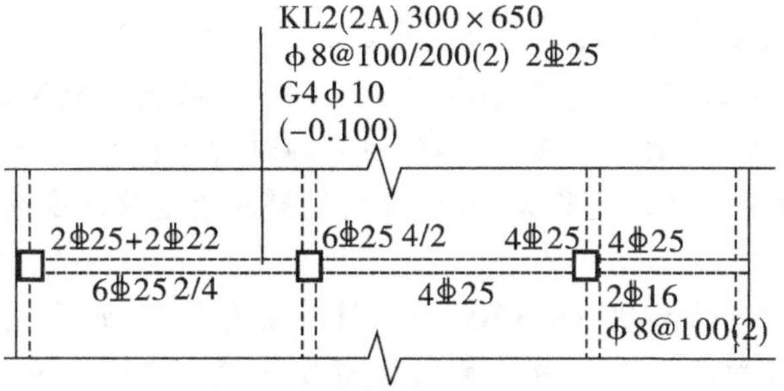

图 10-62 梁平法施工图

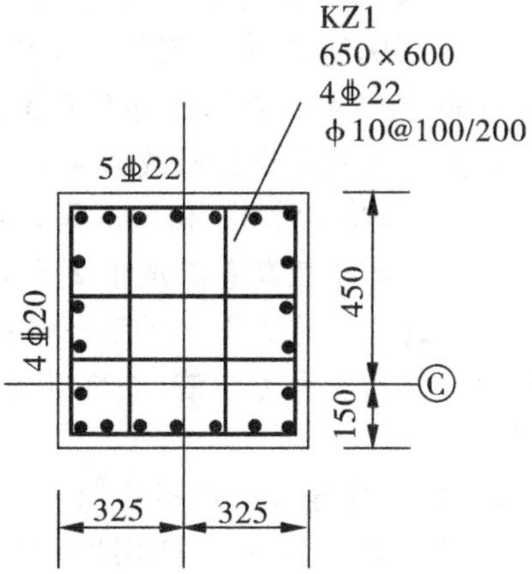

图 10-63 柱平法施工图

5. 举例说明在工程中哪些构件属于受扭构件？

6. 查阅工程结构施工图，判断结构施工图中，哪些构件中的哪些钢筋可以用来承受扭矩。

7. 已知矩形截面梁 $b\times h=200\ \text{mm}\times 450\ \text{mm}$，由设计荷载产生的弯矩 $\boldsymbol{M}=98\ \text{kN}\cdot\text{m}$，采用混凝土强度等级 C25，HRB400 钢筋。试求所需的纵向受拉钢筋截面面积 A_s。

8. 已知某教学楼室内走廊采用现浇简支在砖墙上的钢筋混凝土平板，计算跨度 $l=2.24\ \text{m}$，板厚 80 mm，板上作用有均布活荷载标准值为 2 kN/m^2，水磨石地面及细石混凝土垫层共 30 mm 厚（重度为 22 kN/m^3），混凝土强度等级采用 C25，HPB300 钢筋。试确定板的厚度及受拉钢筋截面面积。

9. 已知钢筋混凝土矩形梁截面尺寸 $b\times h=250\ \text{mm}\times 500\ \text{mm}$，混凝土强度等级为 C25，HRB400 钢筋，在受拉区配有 6Φ20（$A_s=1884\ \text{mm}^2$）纵向受拉钢筋，若承受弯矩设计值为 $\boldsymbol{M}=100\ \text{kN}\cdot\text{m}$，试验算该梁是否安全。

10. 已知 T 形截面梁 $b_f'=600\ \text{mm}$，$b=300\ \text{mm}$，$h_f'=100\ \text{mm}$，$h=800\ \text{mm}$，承受弯矩设计值 $\boldsymbol{M}=680\ \text{kN}\cdot\text{m}$，混凝土强度等级 C25，HRB400 级钢筋，试求钢筋截面面积 A_s。

11. 某肋形楼盖的次梁，跨度为 6 m，间距为 1.8 m，截面尺寸如图 10-64 所示。承受弯矩设计值 $\boldsymbol{M}=118\ \text{kN}\cdot\text{m}$，混凝土强度等级为 C25，HRB400 级钢筋，试进行截面配筋。

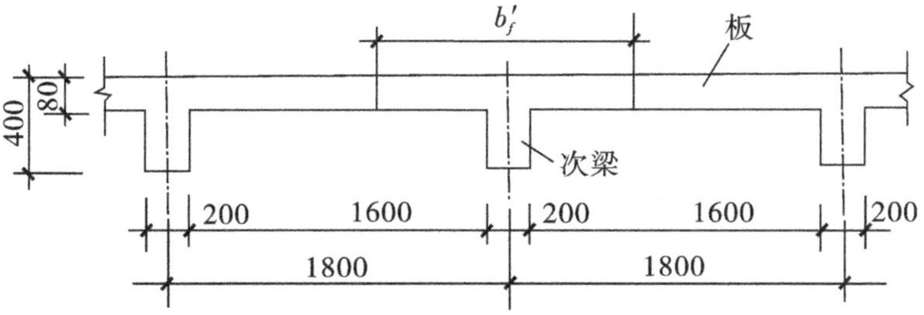

图 10-64 肋形楼盖次梁

12. 某矩形截面简支梁，净跨度 l_n=5.16 m，截面尺寸 $b \times h$=250 mm×550 mm，混凝土强度等级为C30，纵向受拉钢筋为HRB400，箍筋为HPB300，梁承受的均布荷载设计值 q=60 kN/m(包括梁自重)，根据正截面强度计算已配置2 ϕ25+2 ϕ22 的纵向受拉钢筋，试按仅配箍筋方式对梁进行斜截面承载力计算。

13. 已知某支撑在240 mm厚砖墙上的简支梁，计算跨度为6 m，净跨度5.76 m，承担楼板传来的均布恒荷载标准值2.5 kN/m，均布活荷载标准值2.5 kN/m，试设计此梁，并画出此梁的配筋施工图。提示：材料强度、截面尺寸应先确定，后分别进行正截面、斜截面承载力计算选出受力钢筋，必要时进行变形和裂缝验算，再结合构造要求绘出梁的配筋施工图。

14. 某钢筋混凝土矩形柱，截面尺寸 $b \times h$=400 mm×500 mm，计算长度 l_0=5 m，混凝土强度等级为C30，钢筋为HRB400级，承受考虑二阶效应后的弯矩设计值190 kN·m，轴向压力设计值510 kN。求对称配筋时纵筋截面面积。

15. 某钢筋混凝土矩形柱，截面尺寸 $b \times h$=500 mm×650 mm，计算长度 l_0=8.9 m，混凝土强度等级为C30，钢筋为HRB400级，柱顶截面承受弯矩设计值350 kN·m(柱外侧受拉)，柱底截面承受弯矩设计值210 kN·m(柱内侧受拉)，轴向压力设计值2500 kN。求对称配筋时钢筋的截面面积。

模块11 钢筋混凝土楼盖和楼梯

* 学习任务与目标

学习任务

1. 熟悉钢筋混凝土楼盖的分类、肋形楼盖的布置及受力特点。

2. 熟悉单向板肋形楼盖、双向板肋形楼盖的设计方法，掌握构造要求。

3. 熟悉楼梯的分类、设计内容与构造。

知识目标

1. 掌握楼盖的类型与结构布置原则。

2. 明确肋形楼盖的受力特点，掌握肋形楼盖的构造要求；了解弹性理论和塑性理论的有关概念和计算方法。

3. 掌握楼梯的分类与构造。

技能目标

1. 能分析肋形楼盖和楼梯的受力特点。

2. 能正确识读梁板结构施工图，指导钢筋下料。

3. 能分析解决工程中梁、板的配筋问题。

11.1 概述

楼盖和楼梯是建筑结构中的重要组成部分，占建筑屋总造价的比例是相当大的，因此合理选择楼盖和楼梯，正确地进行设计计算，将对整个房屋的使用和技术经济指标具有一定的影响。

11.1.1 楼盖类型

楼盖按施工方法可分现浇式、装配式和装配整体式楼盖三种形式，目前现浇楼盖应用最为广泛。

现浇楼盖按受力特点的不同,可分为单向板(或双向板)肋梁楼盖、井式楼盖、密肋楼盖和无梁楼盖。

(1)肋梁楼盖　一般由板、次梁和主梁组成,如图 11-1(a)(b)所示。其主要传力途径为板→次梁→主梁→柱或墙→基础→地基。肋梁楼盖的特点是用钢量较低,楼板上留洞方便,但支模较复杂。肋梁楼盖是现浇楼盖中使用最普遍的一种。分为单向板肋梁楼盖和双向板肋梁楼盖。

(2)井式楼盖　两个方向的柱网及梁的截面相同,由于是两个方向受力,梁的高度比肋梁楼盖小,故宜用于跨度较大且柱网呈方形的结构。如图 11-1(c)所示。

(3)密肋楼盖　由于梁肋的间距小,板厚很小,梁高也较肋梁楼盖小,结构自重较轻。双向密肋楼盖近年来采用预制塑料模壳克服了支模复杂的缺点而应用增多。如图 11-1(d)所示。

(4)无梁楼盖　又称板柱楼盖,板直接支承于柱上,其传力途径是荷载由板传至柱或墙。无梁楼盖的结构高度小,净空大,支模简单,但用钢量较大,常用于仓库、商店等柱网布置接近方形的建筑。当柱网较小时(3 ~4 m),柱顶可不设柱帽;当柱网较大(6 ~8 m)且荷载较大时,柱顶设柱帽以提高板的抗冲切能力。如图 11-1(e)所示。

在具体的实际工程中究竟采用何种楼盖形式,应根据房屋的性质、用途、平面尺寸、荷载大小、采光以及技术经济等因素进行综合考虑。

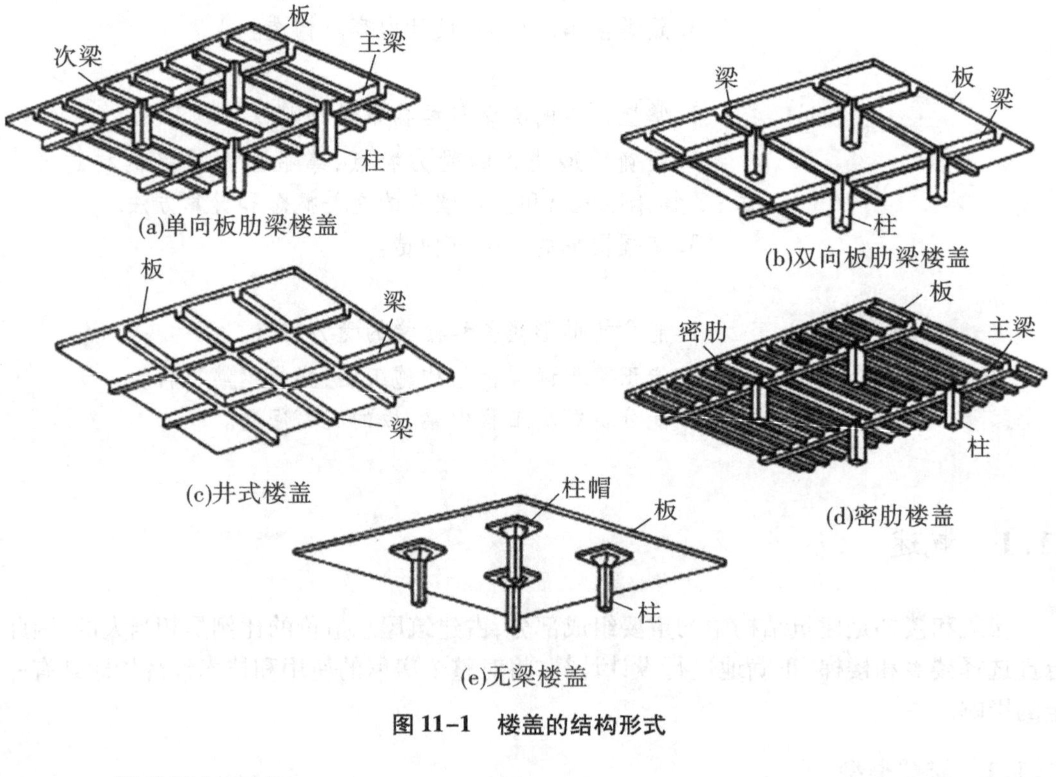

图 11-1　楼盖的结构形式

11.1.2　楼盖设计要求

楼盖要和墙、柱一起形成空间,来满足生产、生活要求,就必须具备承担并传递竖向荷载和水平荷载的能力，并要和墙、柱有可靠连接。为此楼盖应进行以下几方面的设计：

(1)在竖向荷载作用下，通过承载力和刚度计算来满足承载力和竖向刚度的要求；

(2)在水平荷载作用下，通过构造措施满足在楼盖自身水平面内的水平刚度和整体性；

(3)通过构造措施解决与竖向构件的可靠连接，以保证竖向力和水平力的传递。

11.2 单向板肋形楼盖

11.2.1 单向板和双向板的划分

所谓单向板是指在荷载作用下，只沿一个方向受力的板；所谓双向板是指在荷载作用下，沿两个方向均受力的板。

在工程中常见的单向板主要是两对边支承的板和单边嵌固的悬臂板。

对于四边支承的板、两邻边支承的板或三边支承板都属于双向板，只是沿两个方向传递的荷载不同(荷载如同水流一样，总是沿最短路线传递)，随着长短边比值的增大，沿长边传递的荷载逐渐减小，当长短边比值增大到一定程度，沿长边传递的荷载已经很小，为方便设计，这种情况下我们可以近似认为荷载只沿短边方向传递，即视为单向板。因此，对于四边支承的板(或邻边支承或三边支承)应按下列规定计算：

(1)当长边与短边长度之比大于或等于 3 时，可按沿短边方向受力的单向板计算。

(2)当长边与短边长度之比小于或等于 2 时，应按双向板计算。

(3)当长边与短边长度之比介于 2 和 3 之间时，宜按双向板计算；当按沿短边方向受力的单向板计算时，应沿长边方向布置足够数量的构造钢筋。

11.2.2 结构平面布置方案与注意事项

在单向板肋梁楼盖中，结构布置首先要根据使用要求考虑柱网和承重墙的布置，这一般在建筑设计时已经确定，因此结构布置主要是主梁和次梁的布置，柱网或承重墙的间距决定了主梁的跨度，主梁的间距决定了次梁的跨度，次梁的间距决定了板的跨度。进行结构平面布置时，应综合考虑建筑功能、造价及施工条件等因素，对楼盖设计的合理性、适用性和经济效益十分重要。

11.2.2.1 结构平面布置方案

(1)主梁横向布置，次梁纵向布置　如图 11-2(a)所示，此方案优点是主梁和柱可形成横向框架受力体系，房屋的横向刚度大，而各榀横向框架之间由纵向次梁相连，故房屋的纵向刚度亦大，整体性较好，并且在外纵墙上可开较大的窗口，有利于采光通风。

(2)主梁纵向布置，次梁横向布置　如图 11-2(b)所示，此方案优点是减小了主梁的截面高度，增大了室内净高，缺点是横向刚度差，不利于采光通风，因此这种布置方案仅适用于横向柱距比纵向柱距大很多或有集中通风要求的厂房结构。

(3)只布置次梁，不设主梁　如图 11-2(c)所示，仅适用于有中间走道的楼盖，如宾馆、宿舍、病房楼等可采用此种方案。

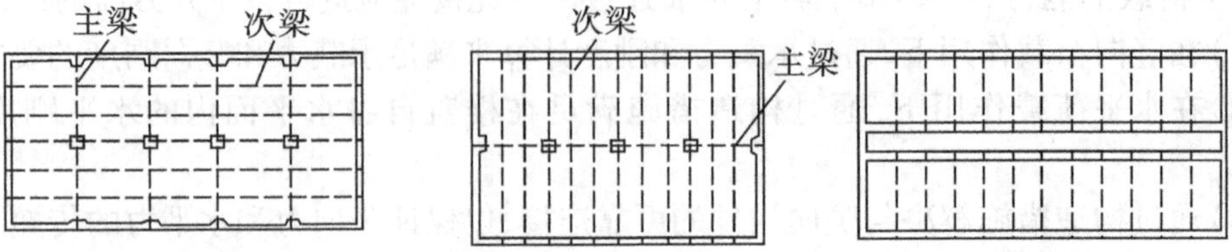

(a)主梁横向布置　(b)主梁纵向布置　(c)只布置次梁

图 11-2　梁的布置

11.2.2.2　结构平面布置注意事项

(1)梁格布置应规整统一　梁的布置应尽可能规则,即要使主梁间距、次梁间距保持一致,这样做可以方便设计、方便施工。

(2)保证受力合理　荷载传递要简捷,梁宜拉通;主梁跨间最好不要只布置 1 根次梁,以减小主梁跨间弯矩的不均匀;尽量避免把梁,特别是主梁搁置在门、窗过梁上;在楼、屋面上有机器设备、冷却塔、悬挂装置等荷载比较大的地方,宜设次梁。楼板上开有较大尺寸(大于 800 mm)的洞口时,应在洞口周边设置加劲的小梁。

(3)满足经济要求　根据工程实践,单向板、次梁和主梁的常用跨度如下:单向板为 1.7 ~2.7 m,荷载较大时取较小值,一般不宜超过 3 m;次梁为 4 ~6 m;主梁为 5 ~8 m。

(4)满足建筑要求　不封闭的阳台、厨房和卫生间的楼板面标高宜低于其他部位 30 ~50 mm(目前,有室内地面装修的,也常做平);当不做吊顶时,一个房间平面内不宜只放 1 根梁。

11.2.3　单向板肋形楼盖的设计方法

11.2.3.1　计算简图

(1)计算单元及负荷范围　为简化计算,在进行内力分析时,从实际结构中选取有代表性的一部分作为计算对象,这就是计算单元。如图 11-3 所示,对于单向板,可取 1 m 宽度的板带作为其计算单元,在此范围内,图中阴影线即表示了板的计算单元和负荷范围,主、次梁的负荷范围如图 11-3 中阴影所示。

(2)计算模型及简化假定　在现浇单向板肋梁楼盖中,板、次梁和主梁的计算模型一般为连续板或连续梁。其中,板一般可视为以次梁和边墙(或梁)为铰支承的多跨连续板;次梁一般可视为以主梁和边墙(或梁)为铰支承的多跨连续梁;对于支承在混凝土柱上的主梁,其计算模型应根据梁柱线刚度比而定,当主梁与柱的线刚度比≥3 时,主梁可视为以柱和边墙(或梁)为铰支承的多跨连续梁,否则应按梁、柱刚接的框架进行内力分析。

(3)计算跨度与跨数　梁、板的计算跨度是指在计算弯矩时所采用的跨间长度。可按表 11-1 采用。

当连续梁的某跨受到荷载作用时,它的相邻各跨也会受到影响而产生内力和变形,离该跨越远影响越小,超过两跨以上时,影响已很小,因此对于各跨跨度相同或跨度相差不超过 10% 的连续梁、板，若跨数超过五跨，可按五跨计算；当连续梁、板跨数≤五跨时，应按实际跨数计算。

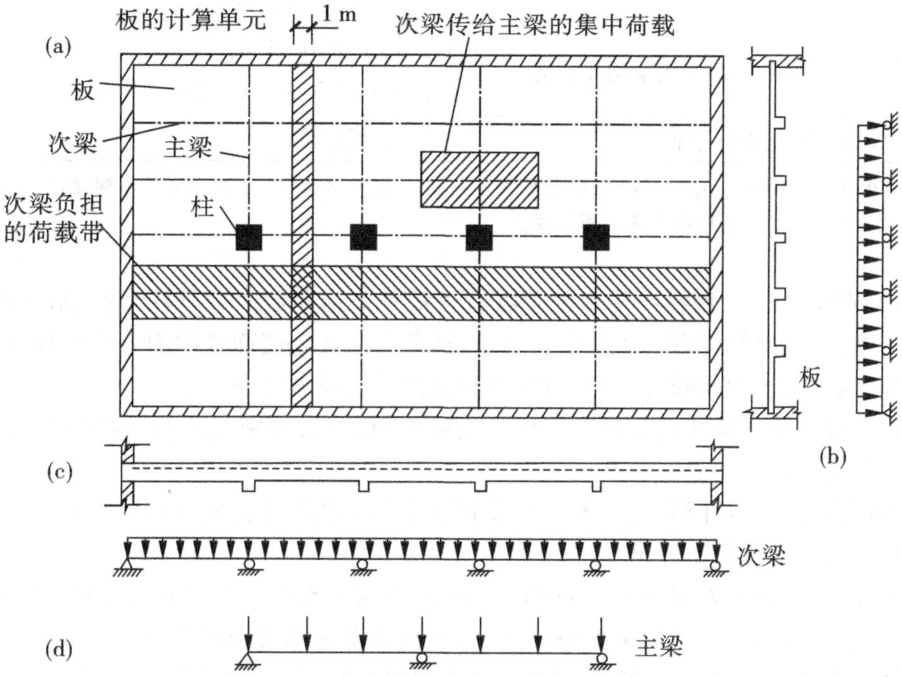

图 11-3　单向板肋梁楼盖的计算简图

(a)板、梁的计算单元及荷载计算范围；(b)板计算简图；(c)次梁计算简图；(d)主梁计算简图

表 11-1　梁、板的计算跨度

按弹性理论计算	单跨	两端搁置	$l_0=l_n+a\leqslant l_n+h$(板) $l_0=l_n+a\leqslant 1.05l_n$(梁)
		一端搁置、一端与支承构件整浇	$l_0=l_n+a/2\leqslant l_n+h/2$(板) $l_0=l_n+a/2+b/2\leqslant 1.025l_n+b/2$(梁)
		两端与支承构件整浇	$l_0=l_n$(板) $l_0=l_c$(梁)
	多跨	两端搁置	$l_0=l_n+a\leqslant l_n+h$(板) $l_0=l_n+a\leqslant 1.05l_n$(梁)
		一端搁置、一端与支承构件整浇	$l_0=l_n+b/2+a/2\leqslant l_n+b/2+h/2$(板) $l_0=l_n+b/2+a/2\leqslant 1.025l_n+b/2$(梁)
		两端与支承构件整浇	$l_0=l_c$(板和梁)

续表 11-1

按塑性理论计算	多跨	两端搁置	$l_0=l_n+a\leqslant l_n+h$(板) $l_0=l_n+a\leqslant 1.05l_n$(梁)
		一端搁置、一端与支承构件整浇	$l_0=l_n+a/2\leqslant l_n+h/2$(板) $l_0=l_n+a/2\leqslant 1.025l_n$(梁)
		两端与支承构件整浇	$l_0=l_n$(板和梁)

注：l_0—板、梁的计算跨度；l_c—支座中心线间距离；l_n—板、梁的净跨；h—板厚；a—板、梁端搁置的支承长度；b—中间支座宽度或与构件整浇的端支承长度。

(4)荷载计算　作用在结构上的荷载有恒荷载和活荷载两种，恒荷载包括构件自重、构造层重等，工业建筑还有永久性设备自重；活荷载主要是楼面或屋面可变荷载、雪荷载、屋面积灰荷载、施工活荷载等，以上荷载通常均按均布荷载考虑。

在确定板传给次梁的荷载及次梁传给主梁的荷载时，分别忽略板、次梁的连续性，按简支构件计算竖向反力。

在进行连续梁、板计算时，一般假设支座为铰接，即忽略支座对梁(板)的约束作用，这种假设与实际情况并不完全相符。

以板和次梁为例，如图 11-4 所示的连续板，当按铰支简图计算时，板绕支座的转角 θ 值较大。实际上，由于板与次梁整浇在一起，当板受荷弯曲在支座发生转动时，支承它的次梁将发生扭转，而次梁的扭转作用会阻止板的自由转动，使板支座转角减小，这样就减小了板的内力。为了使板、次梁的内力计算值更接近于实际，可采用折算荷载进行调整。

由于板、次梁支座转动主要是由活荷载不利布置产生的，因此采用保持总荷载不变，增大恒荷载，减小活荷载的简便方法进行修正，见式(11-1)、式(11-2)。

连续板
$$g'=g+\frac{q}{2};q'=\frac{q}{2} \tag{11-1}$$

连续次梁
$$g'=g+\frac{q}{4};q'=\frac{3q}{4} \tag{11-2}$$

式中　g、q——单位长度上恒荷载、活荷载设计值；

g'、q'——单位长度上折算恒荷载、折算活荷载设计值。

在连续主梁以及支座均为砖墙的连续梁、板中，上述影响较小，可不进行荷载折算。

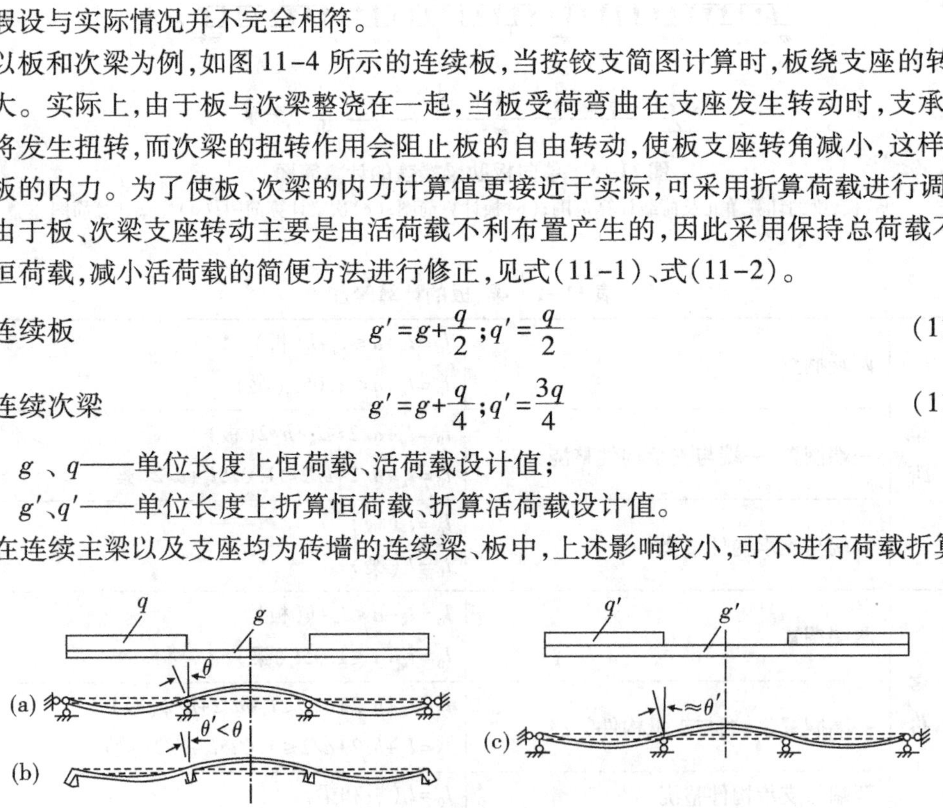

图 11-4　梁抗扭刚度的影响

(a)理想铰支座的变形；(b)支座弹性约束时的变形；(c)采用折算荷载时的变形

11.2.3.2　肋形楼盖的内力计算方法

(1)连续梁、板按弹性理论的内力计算

1)活荷载的最不利布置　楼盖所受荷载包括恒荷载和活荷载两部分,其中活荷载的位置是变化的。

为确定连续梁、板各控制截面的最不利内力,需研究活荷载如何布置会使某一截面的内力绝对值最大,这种布置称为活荷载的最不利布置。

如图 11-5 所示为五跨连续梁在不同跨间布置荷载时梁的弯矩图和剪力图,从中可以看出内力变化规律。例如:当活荷载作用在某跨时,该跨跨中为正弯矩,邻跨跨中为负弯矩,然后正负弯矩相间。分析其变化规律和不同组合后的效果,可以得出连续梁各截面活荷载最不利布置的原则:①求某跨跨内最大正弯矩时,应在本跨布置活荷载,然后隔跨布置;②求某跨跨内最大负弯矩时,本跨不布置活荷载,而在其左右邻跨布置,然后隔跨布置;③求某支座最大负弯矩或支座左、右截面最大剪力时,应在该支座左右两跨布置活荷载,然后隔跨布置。

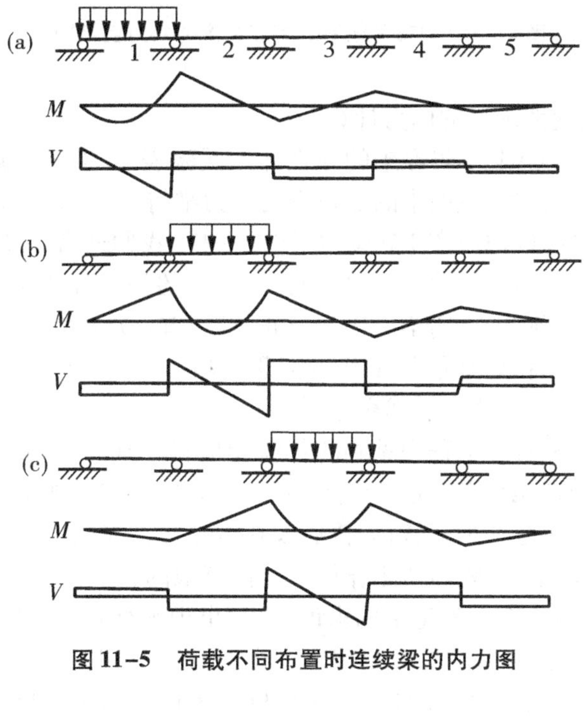

图 11-5　荷载不同布置时连续梁的内力图

2)内力计算　经过上述活荷载不利布置后,即可按力学中的方法求出最不利内力,然后与恒荷载下的对应截面内力叠加即可得到最终的最不利内力。

对于等截面等跨连续梁(板)或跨度差不超过 10% 的非等跨连续梁(板),可利用《建筑结构静力计算手册》求出最不利内力。

3)内力包络图　将同一结构在各种荷载的最不利组合作用下的内力图(弯矩图或剪力图)叠画在同一张图上,其外包线所形成的图形称为内力包络图,它反映出各截面可能产生的最大内力值,是设计时选择截面和布置钢筋的依据。图 11-6 所示为承受均布荷载的五跨连续梁的弯矩包络图和剪力包络图。

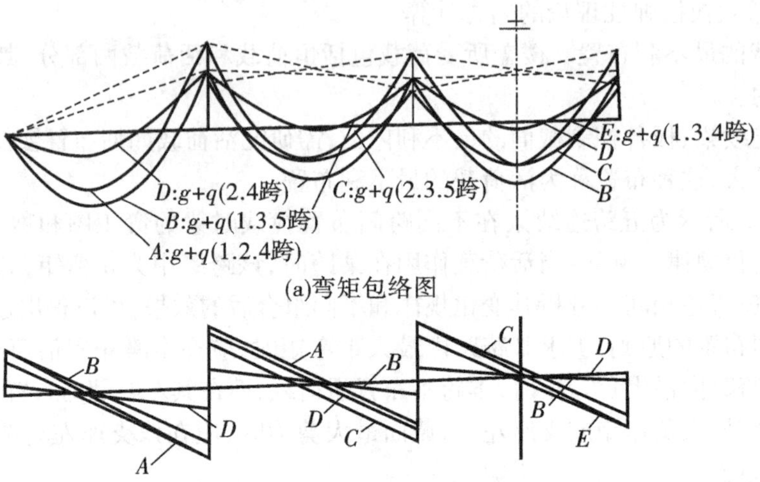

图 11-6 均布荷载下五跨连续梁的内力包络图

(2)连续梁、板按塑性理论的内力计算

1)塑性铰 钢筋混凝土并非理想的弹性体。试验表明,对于适筋梁来说,当某个截面达到承载能力极限状态时,截面中的受拉钢筋应力维持不变,应变不断增长,裂缝发展,变形急剧增加,于是梁绕该截面产生转动,如同铰一样,我们通常把梁中产生转动的这个塑性变形的集中区域,称为塑性铰。需要说明,混凝土的塑性性质可分为两个过程:第一过程是在塑性铰形成以前,即适筋梁工作的第Ⅱ阶段,有一定的塑性,但发展不充分;第二过程是在塑性铰形成以后,即适筋梁工作的第Ⅲ阶段,塑性发展比较充分。由此还可看出,塑性铰转动幅度越大,塑性发展越充分。

应该注意,塑性铰和实际工程中见到的普通铰是有区别的,主要是:①普通铰不能承受任何弯矩,而塑性铰则能承受一定的弯矩($M_y \leqslant M \leqslant M_u$);②普通铰集中于一点,而塑性铰则不是集中于一点,而是一个区域;③普通铰在两个方向都可产生无限的转动,而塑性铰则是有限转动的单向铰,只能沿弯矩作用方向做有限的转动。

2)塑性内力重分布 对于静定结构来说,一旦出现塑性铰,即变为可变体系,就意味着丧失承载能力;但对超静定结构来说,出现一个塑性铰,并不意味着破坏,而仅仅相当于减少了一个多余约束,只有当出现的塑性铰数目使结构变为可变体系,才会丧失承载能力。在这个过程中,由于混凝土的非弹性变形、裂缝的出现和发展以及塑性铰的出现等因素的影响,结构构件的刚度在各受力阶段不断变化,从而使结构的实际内力与变形明显不同于按刚度不变的弹性理论算得的结果,相当于内力经历了一个重新分布的过程,这个过程称为塑性内力重分布。

恰当地考虑内力重分布具有如下优点:①可以充分发挥结构的潜力,有效节约材料;②可以利用内力重分布的特性,合理调整钢筋布置,可以克服支座钢筋拥挤现象,从而方便施工;③根据内力重分布的规律,在一定条件下可以人为控制结构中的弯矩分布,使设计得到简化;④能更正确的估计结构的承载力和使用阶段的变形、裂缝。

3)考虑内力重分布的适用范围　考虑内力重分布的计算方法是以形成塑性铰为前提的,因此下列情况不宜采用:①在使用阶段不允许出现裂缝或对裂缝开展控制较严的混凝土结构;②处于三 a、三 b 类环境下的混凝土结构;③直接承受动力和重复荷载的混凝土结构;④要求有较高承载力储备的混凝土结构。

4)连续梁、板考虑塑性内力重分布的实用计算方法　考虑塑性内力重分布的计算方法很多,其中,弯矩调幅法最为实用、方便。弯矩调幅法简称调幅法,它是在弹性弯矩的基础上,根据需要,适当调整某些截面弯矩值。通常对那些弯矩绝对值较大的截面(比如连续梁的中间支座截面)进行弯矩调整(即让该截面首先出现塑性铰),然后按调整后的内力进行截面设计和配筋构造,是一种实用的设计方法。

采用弯矩调幅法应遵循以下原则:

①受力钢筋宜采用 HRB400 级、HRB500 热轧钢筋,混凝土强度等级范围宜为 C20 ~ C45 范围;截面的相对受压区高度 ξ 应满足 $0.1 \leqslant \xi \leqslant 0.35$。

②为了避免塑性铰出现过早、转动幅度过大,使梁的裂缝宽度及变形过大,应控制支座截面的弯矩调整幅度,调整幅度不宜超过 20%。

③连续梁、板各跨中截面的弯矩不宜调整,为满足结构的静力平衡条件并有一定的安全储备,结构跨中截面处弯矩应满足:

$$M_0 - \frac{|M_l| + |M_r|}{2} \leqslant M_c \tag{11-3}$$

式中　M_0——按简支梁计算的跨中弯矩设计值;

M_l、M_r——连续梁或连续单向板的左、右支座截面弯矩调幅后的设计值。

M_c——调整后的跨中截面弯矩。

为了方便计算,对工程中常用的承受均布荷载的等跨连续梁或等跨连续单向板,用调幅法导出内力系数,设计时可直接查表得出控制截面的内力系数并按式(11-4)、式(11-5)计算弯矩设计值 M 和剪力设计值 V。

$$M = \alpha_M (g + q) l_0^2 \tag{11-4}$$

$$V = \alpha_V (g + q) l_n \tag{11-5}$$

式中　α_M——连续梁、板的弯矩计算系数,按表 11-2 取值;

α_V——连续梁的剪力计算系数,按表 11-3 取值;

g、q——分别为作用在梁、板上的均布恒荷载和活荷载设计值;

l_0——计算跨度,按塑性理论方法计算时的计算跨度见表 11-1;

l_n——净跨度。

表 11-2 连续梁和连续单向板的弯矩计算系数 α_M

<table>
<tr><td colspan="2" rowspan="2">支承情况</td><td rowspan="2">端支座</td><td rowspan="2">边跨跨中</td><td colspan="3">截座位置</td></tr>
<tr><td>高端第二支座</td><td>中间支座</td><td>中间跨跨中</td></tr>
<tr><td colspan="2">梁板搁置在梁上</td><td>0</td><td>$\frac{1}{11}$</td><td rowspan="4">两端连续：
$-\frac{1}{10}$
三跨以上连续：
$-\frac{1}{11}$</td><td rowspan="4">$-\frac{1}{14}$</td><td rowspan="4">$\frac{1}{16}$</td></tr>
<tr><td>板</td><td rowspan="2">与梁整浇连接</td><td>$-\frac{1}{16}$</td><td rowspan="2">$\frac{1}{14}$</td></tr>
<tr><td>梁</td><td>$-\frac{1}{24}$</td></tr>
<tr><td colspan="2">梁与柱整浇连接</td><td>$-\frac{1}{16}$</td><td>$\frac{1}{14}$</td></tr>
</table>

注：①表中系数适用于荷载比 $q/g>0.3$ 的等跨连续梁和连续单向板；

②连续梁或连续单向板的各跨长度不等，但相邻两跨的长跨与短跨之比值小于 1.0 时，仍可采用表中弯矩系数值；计算支座弯矩时，应取相邻两跨中的较大值，计算跨中弯矩时，应取本跨长度。

表 11-3 连续梁的剪力计算系数 α_V

<table>
<tr><td rowspan="3">支承情况</td><td colspan="5">截面位置</td></tr>
<tr><td rowspan="2">端支座内侧</td><td colspan="2">高端第二支座</td><td colspan="2">中间支座</td></tr>
<tr><td>外侧</td><td>内侧</td><td>外侧</td><td>内侧</td></tr>
<tr><td>搁置在墙上</td><td>0.45</td><td>0.60</td><td rowspan="2">0.55</td><td rowspan="2">0.55</td><td rowspan="2">0.55</td></tr>
<tr><td>与梁或柱整体连接</td><td>0.50</td><td>0.55</td></tr>
</table>

11.2.4 单向板肋形楼盖的设计内容与构造

11.2.4.1 单向板的截面设计与构造要求

(1)截面设计

1)板的计算单元通常取为 1 m，按单筋矩形截面设计。

2)板一般能满足斜截面受剪承载力要求，设计时可不进行受剪承载力验算。

3)板的内拱作用，连续板受荷进入极限状态时，支座截面在负弯矩作用下上部开裂，而跨内截面则由于正弯矩的作用在下部开裂，这就使板中未开裂部分形如拱状(见图 11-7)，从支座到跨中各截面受压区合力作用点形成具有一定拱度的压力线。当板的周边具有足够的刚度(如板四周有限制水平位移的边梁)时，在竖向荷载作用下，周边将对它产生水平推力，该推力可减少板中各计算截面的弯矩，其减少程度则视板的边长比及边界条件而异。

对四周与梁整体连接的单向板（现浇连续板的内区格就属于这种情况），其中间跨的跨中截面及中间支座截面的计算弯矩可减少 20%，其他截面则不予降低(如板的角区格、边跨的跨中截面及第一支座截面的计算弯矩则不折减)，如图 11-8 所示。

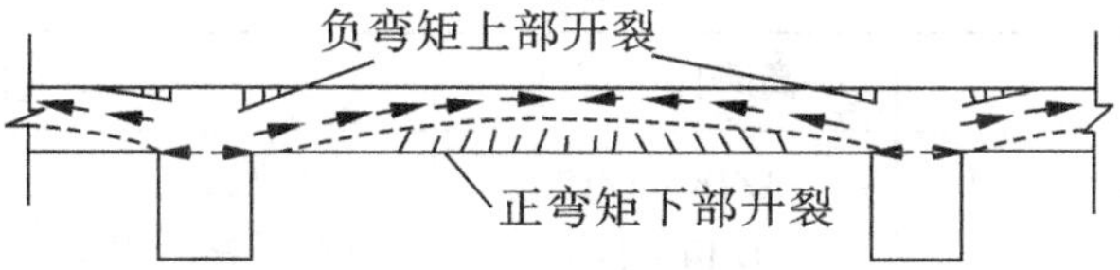

图 11-7　连续板的内拱作用

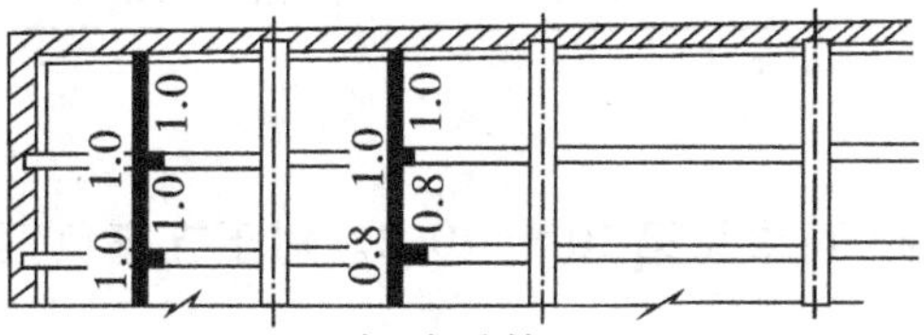

图 11-8　板的弯矩的折减系数

(2)构造要求

1)板的厚度:根据适用性要求,结合工程经验,规范规定现浇混凝土单向板的板厚 $h \geq l_0/30$, l_0为计算跨度。可参考表 11-4,板的配筋率一般为 0.4% ~0.8% 。

2)板的支承长度:应满足其受力钢筋在支座内锚固的要求,且一般不小于板厚,现浇板在砌体墙上的支承长度一般不小于板厚,也不宜小于 120 mm。

3)简支板或连续板下部纵向受力钢筋伸入支座的锚固长度不应小于 $5d$,d 为下部纵向受力钢筋的直径,且宜伸过支座中心线。当连续板内温度、收缩应力较大时,伸入支座的锚固长度宜适当增加。

表 11-4　混凝土梁、板截面的常规尺寸

构件种类		高跨比(h/l_0)	备注
单向板	简支 两端连续	≥1/30 ≥1/40	最小板厚: 屋面板　$h \geq 60$ mm 民用建筑楼板　$h \geq 60$ mm 工业建筑楼板　$h \geq 70$ mm 行车道下楼板　$h \geq 80$ mm
双向板	单跨简支 多跨连续	≥1/45 ≥1/50 (按短向跨度)	最小板厚:80 mm
悬臂板(根部)		≥1/12	最小板厚: 板的悬臂长度≤500 mm,$h \geq 60$ mm 板的悬臂长度=1200 mm,$h \geq 100$ mm

续表 11-4

构件种类	高跨比(h/l_0)	备注
多跨连续次梁	1/18 ~ 1/12	最小梁高:
多跨连续主梁	1/14 ~ 1/8	次梁　$h \geqslant l_0/25$
单跨简支梁	1/14 ~ 1/8	主梁　$h \geqslant l_0/15$
悬臂梁	1/8 ~ 1/6	宽高比:以 50 mm 为模数

4)板中受力钢筋

①钢筋的直径及间距　可参见第 10 章 10.2。对于支座负钢筋,为便于施工架立,宜采用较大直径。

②配筋方式　由于板在跨中一般承受正弯矩而在支座处承受负弯矩,因此在板跨中需配底部钢筋,而在支座处往往配板面钢筋,从而有两种配筋方式。

分离式配筋:跨中正弯矩钢筋宜全部伸入支座锚固;而在支座处另配负弯矩钢筋,其范围应能覆盖负弯矩区域并满足锚固要求,如图 11-9(c)所示。由于施工方便,分离式配筋已成为工程中主要采用的配筋方式。

弯起式配筋:将一部分跨中正弯矩钢筋在适当的位置(反弯点附近)弯起,并伸过支座后做负弯矩钢筋使用;延伸长度应满足覆盖负弯矩图和锚固的要求,如图 11-9(a)(b)。由于施工比较麻烦,目前弯起式配筋已很少应用。

为了保证锚固可靠,对于光面钢筋,板内伸入支座的下部正弯矩钢筋采用半圆弯钩。对于上部负钢筋,为了保证施工时钢筋的设计位置,宜做成直抵模板的直钩。因此,直钩部分的钢筋长度为板厚减净保护层厚。

③钢筋的弯起和截断　对承受均布荷载的等跨连续单向板或双向板,受力钢筋的弯起和截断的位置一般可按图 11-9 直接确定。

采用弯起式配筋时,跨中正弯矩钢筋可在距支座边 $l_n/6$ 处弯起 1/2 ~ 2/3,以承受支座上的负弯矩。

支座处的负弯矩钢筋,可在距支座边不小于 a 的距离处截断,其取值如下:

当 $q/g \leqslant 3$ 时,$a = l_n/4$;当 $q/g > 3$ 时,$a = l_n/3$。

其中 g,q 为恒荷载及活荷载设计值;l_n为板的净跨度。

图 11-9 所示的配筋要求,适用于承受均布荷载的等跨或相邻跨度相差不大于 20%的多跨连续板,可不必绘制弯矩包络图进行钢筋布置。如果板相邻跨度差超过 20%,或各跨荷载相差较大时,受力钢筋的弯起和截断的位置则应按弯矩包络图确定。

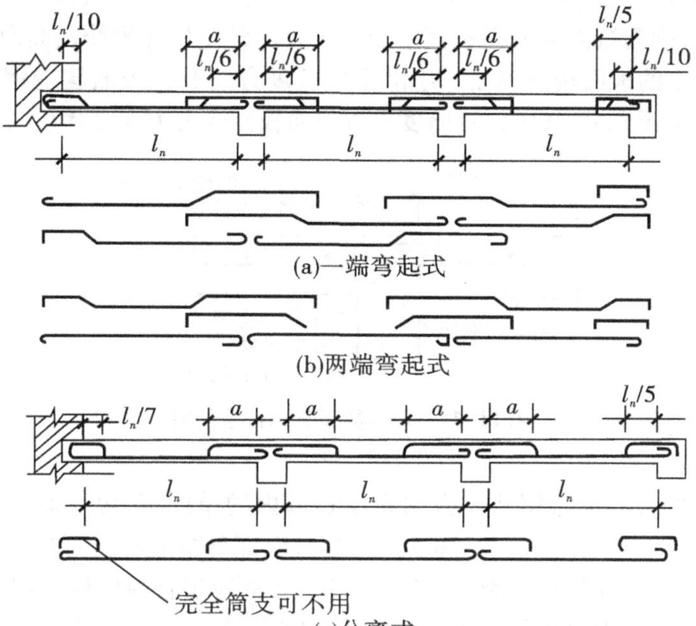

图 11-9　连续单向板的配筋方式

5）构造钢筋

①分布钢筋　当按单向板设计时，除沿受力方向布置受力钢筋外，尚应在垂直受力方向布置分布钢筋，分布钢筋应布置在受力钢筋的内侧，如图 11-10 所示。分布钢筋的作用和具体要求参见第 10 章 10.2。

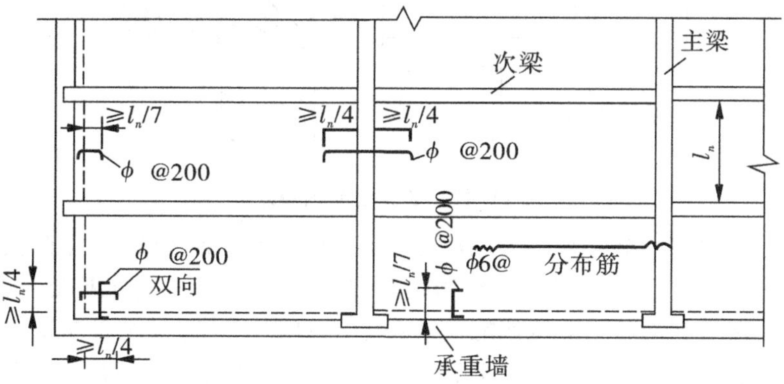

图 11-10　板的构造钢筋

②板面构造钢筋　按简支边或非受力边设计的现浇混凝土板，当与混凝土梁、墙整体浇筑或嵌固在砌体墙内时，由于边界约束产生一定的负弯矩，从而导致板面裂缝，因此应在板边或板角设置垂直于板边的防裂板面构造钢筋。

板面构造钢筋直径不宜小于 8 mm，间距不宜大于 200 mm，且单位宽度内的配筋面积不宜小于跨中相应方向板底钢筋截面面积的1/3。与混凝土梁、混凝土墙整体浇筑单向板的非受力方向,钢筋截面面积尚不宜小于受力方向跨中板底钢筋截面面积的1/3。

a. 垂直于主梁的板面构造钢筋　应沿主梁长度方向配置板面构造钢筋,从梁边伸入板内的长度不宜小于 $l_0/4$,其中计算跨度 l_0 对单向板按受力方向考虑(见图11-11)。

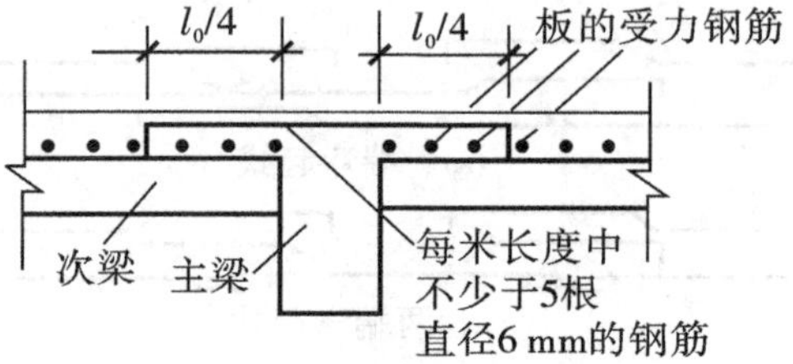

图11-11　与主梁垂直的构造钢筋

b. 嵌入墙内的板面构造钢筋　嵌固在承重墙内的单向板,由于墙的约束作用,板在墙边也会产生一定的负弯矩;垂直于板跨度方向,由部分荷载将就近传给支承墙,也会产生一定的负弯矩,使板面受拉开裂(见图11-12),为此应设置板面构造钢筋。板面构造钢筋从混凝土梁边、混凝土墙边伸入板内的长度不宜小于 $l_0/4$,砌体墙支座处钢筋伸入板内的长度不宜小于 $l_0/7$,其中计算跨度 l_0 对单向板按受力方向考虑(见图11-12)。

c. 板角构造钢筋　在板角部分除因传递荷载使板在两个正交方向引起负弯矩外,由于温度收缩影响产生的角部拉应力,也促使板角发生斜向裂缝。为此,板角部分的钢筋应沿两个垂直方向布置,或按放射状、斜向平行布置,并按受拉钢筋在梁内、墙内或柱内锚固(见图11-12),伸入板内的长度不宜小于 $l_0/4$。

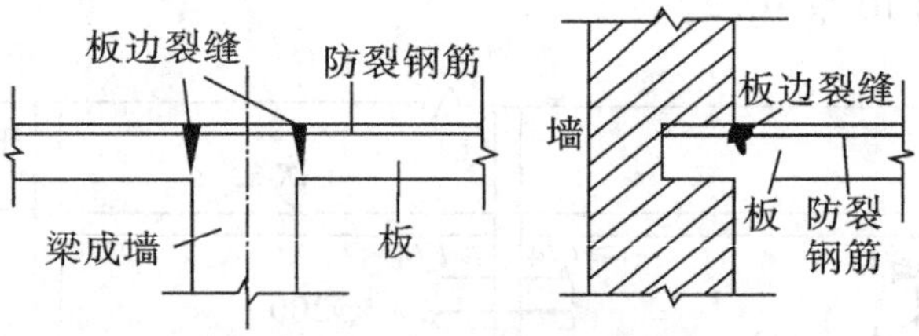

图11-12　约束边缘的裂缝

6)板的温度、收缩钢筋　在温度、收缩应力较大的现浇板区域内,应在板的表面双向配置防裂构造钢筋,由于受力钢筋和分布钢筋也可起到一定的抵抗温度、收缩应力的作用,所以主要应在未配钢筋的部位或配筋数量不足的部位设置温度收缩钢筋。温度收缩钢筋的间距不宜大于200 mm,板的上、下表面沿纵、横两个方向的配筋率均不宜小于0.1%。温度收缩钢筋可利用原有钢筋贯通布置,也可另行设置构造钢筋网,并与原有钢筋按受拉钢筋的要求搭接或在周边构件中锚固。

11.2.4.2　次梁的截面设计与构造要求

(1)截面设计

1)按正截面受弯承载力确定纵向受拉钢筋时,通常跨中按T形截面计算,支座因翼缘位于受拉区，按矩形截面计算。

2）按斜截面受剪承载力确定横向钢筋，当荷载、跨度较小时，一般只利用箍筋抗剪；当荷载、跨度较大时，宜在支座附近设置弯起钢筋，以减少箍筋用量。

3）次梁一般按考虑塑性内力重分布设计，其调幅截面的相对受压区高度应满足 $0.1\leqslant\xi\leqslant0.35$ 。

4）考虑弯矩调整后，连续梁和框架梁在斜截面受剪承载力计算中，为避免因出现剪切破坏而影响其内力重分布，在下列区段内应将计算所需的箍筋面积增大 20%：对集中荷载，取支座边至最近一个集中荷载之间的区段；对均布荷载，取支座边至距支座边为 $1.05h_0$ 的区段，此处 h_0 为梁截面有效高度。此外，箍筋的配箍率 ρ_{sv} 不应小于 $0.3f_t/f_{yv}$。

5）当次梁的截面尺寸满足表 11-4 的要求时，一般不必作为使用阶段的挠度和裂缝宽度验算。

（2）构造要求

1）截面尺寸：次梁的跨度 $l=4\sim6$ m，梁高 $h=(1/18\sim1/12)l$，梁宽 $b=(1/3\sim1/2)h$，应满足表 11-4 的规定。纵向钢筋的配筋率一般为 0.6% ~1.5%。

2）次梁在砌体墙上的支承长度 $a\geqslant240$ mm。

3）配筋要求：有关梁中钢筋的直径、间距及构造钢筋的规定可参照有关构造要求处理。

4）配筋方式：对于相邻跨度相差不超过 20%，且均布活荷载和恒荷载的比值 $q/g\leqslant3$ 的连续次梁，其纵向受力钢筋的弯起和截断，可按图 11-13 所示，否则应按弯矩包络图确定。

位于次梁下部的纵向钢筋除弯起的外，应全部伸入支座锚固，不得在跨间截断。

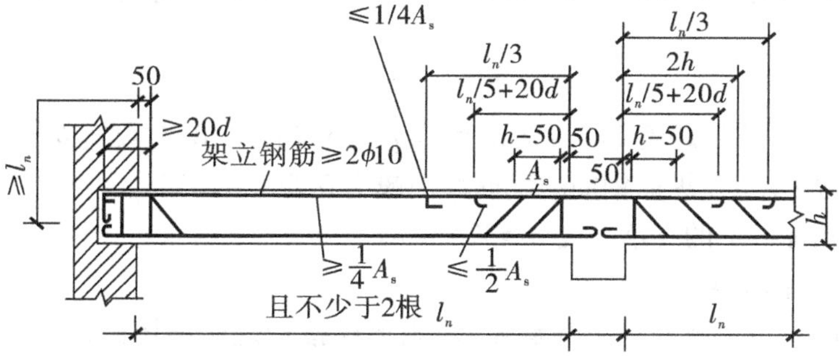

(a)设弯起钢筋

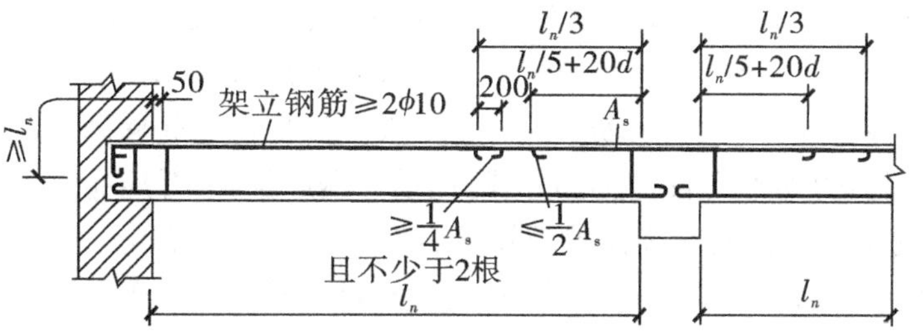

(b)不设弯起钢筋

图 11-13　梁配筋示意图

连续次梁因截面上、下均配置受力钢筋，所以一般均沿梁全长配置封闭式箍筋，第一根箍筋可距支座边 50 mm 处开始布置，同时在简支端的支座范围内，一般宜布置两根箍筋。

11.2.4.3 主梁的截面设计与构造要求

（1）截面设计

1）按正截面受弯承载力确定纵向受拉钢筋时，通常跨中按 T 形截面计算，支座因翼缘位于受拉区，按矩形截面计算。

2）斜截面受剪承载力确定横向钢筋，当荷载、跨度较小时，一般只利用箍筋抗剪；当荷载、跨度较大时，宜在支座附近设置弯起钢筋，以减少箍筋用量。

3）主梁支座截面的有效高度 h_0：在主梁支座处，由于板、次梁和主梁截面的上部纵向钢筋相互交叉重叠，如图 11-14 所示。主梁负筋位于板和次梁的负筋之下，因此主梁支座截面的有效高度减小。在计算主梁支座截面纵筋时，截面有效高度 h_0 可取为

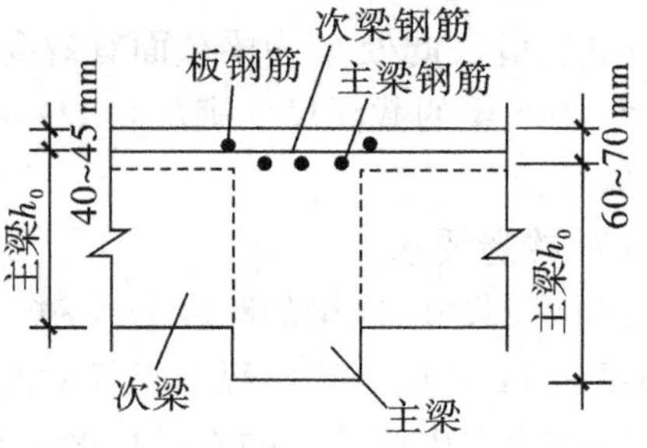

图 11-14 主梁支座处截面的有效高度

单排钢筋时，$h_0 = h-(60 \sim 70)$ mm；双排钢筋时，$h_0 = h-(80 \sim 90)$ mm。

4）主梁的内力计算通常按弹性理论方法进行，不考虑塑性内力重分布。这是因为主梁是比较重要的构件，需要有较大的承载力储备。

5）当主梁的截面尺寸满足表 11-4 的要求时，一般不必作为使用阶段的挠度和裂缝宽度验算。

（2）构造要求

1）截面尺寸：主梁的跨度 $l=5 \sim 8$ m，梁高 $h=(1/14 \sim 1/8)l$，梁宽 $b=(1/3 \sim 1/2)h$，应满足表 11-4 的规定。纵向钢筋的配筋率一般为 0.6% ~1.5%。

2）主梁在砌体墙上的支承长度 $a \geqslant 370$ mm。

3）配筋要求：同次梁。

4）主梁纵向受力钢筋的弯起和截断，原则上应按弯矩包络图确定，并满足有关构造要求。

5）主梁附加横向钢筋：主梁和次梁相交处，在主梁高度范围内受到次梁传来的集中荷载的作用，其腹部可能出现斜裂缝，如图 11-15(a)所示。因此，应在集中荷载影响区 s 范围内加设附加横向钢筋（箍筋、吊筋）以防止斜裂缝出现而引起局部破坏。位于梁下部或梁截面高度范围内的集中荷载，应全部由附加横向钢筋承担，并应布置在长度为 $s=2h_1+3b$ 的范围内。附加横向钢筋宜优先采用箍筋，如图 11-15(b)所示。当采用吊筋时，其弯起段应伸至梁上边缘，且末端水平段长度在受拉区不应小于 $20d$，在受压区不应小于 $10d$，此处 d 为吊筋的直径。

附加箍筋和吊筋的总截面面积按式(11-6)计算：

$$F \leqslant 2f_y A_{sb} \sin\alpha + m \times n \times f_{yv} A_{sv1} \tag{11-6}$$

式中　F——由次梁传递的集中力设计值；

f_y——附加吊筋的抗拉强度设计值；

f_{yv}——附加箍筋的抗拉强度设计值；

A_{sb}——一根附加吊筋的截面面积；

A_{sv1}——附加单肢箍筋的截面面积；

n——在同一截面内附加箍筋的肢数；

m——附加箍筋的排数；

α——附加吊筋与梁轴线间的夹角，一般为 45°，当梁高 h>800 mm 时，采用 60°。

在设计中，不允许用布置在集中荷载影响区内的受剪箍筋代替附加横向钢筋。此外，当传入集中力的次梁宽度 b 过大时，宜适当减小由 $s=2h_1+3b$ 所确定的附加横向钢筋布置宽度。当次梁与主梁高度差 h_1 过小时，宜适当增大附加横向钢筋的布置宽度。当主、次梁均承担有由上部墙、柱传来的竖向荷载时，附加横向钢筋宜在本规定的基础上适当增大。

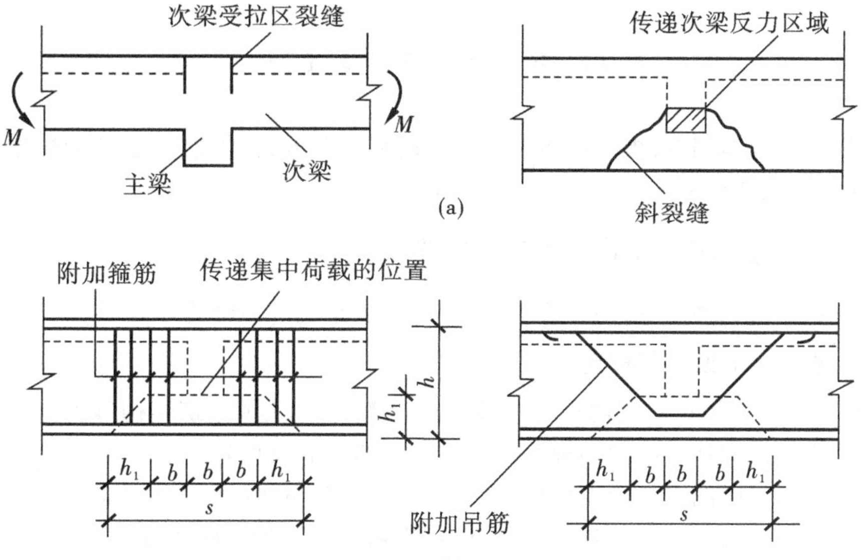

图 11-15　附加横向钢筋的布置

(a)次梁和主梁相交处的裂缝情况；(b)承受集中荷载处附加横向钢筋的布置

11.3　双向板肋形楼盖

11.3.1　双向板的受力特点

双向板肋形楼盖常用于工业建筑楼盖、公共建筑门厅部分以及横隔墙较多的民用房屋，一般当楼面荷载较大、建筑平面接近正方形（跨度小于 5 m）时，采用双向板楼盖比单向板楼盖更经济。

试验表明，承受均布荷载的四边简支双向板，随着荷载的增加，第一批裂缝首先出现在板底中央，之后沿对角线成45°向四角扩展；继续增加荷载，钢筋应力达到屈服点，裂缝显著开展；即将破坏时，在板顶四角附近出现了垂直对角线方向、大体呈环状的裂缝，这种裂缝的出现，促使板底裂缝进一步开展；此后，板随即破坏。双向板破坏时的板底、板顶裂缝如图 11-16 所示。

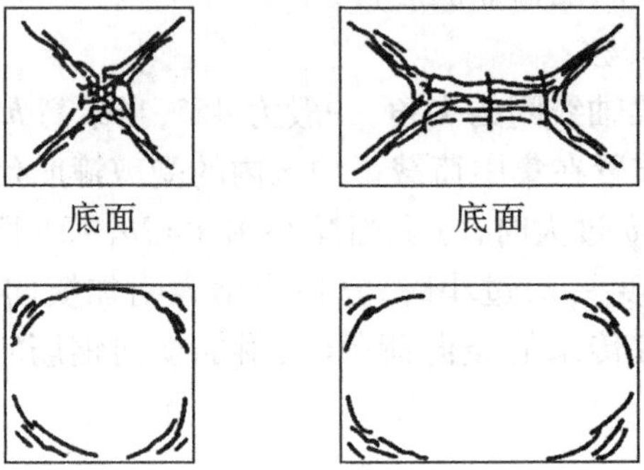

图 11-16 双向板破坏时裂缝分布

双向板在荷载作用下，板的四角有翘起的趋势。此外，板传给支座的压力沿边长不是均匀分布的，而是在每边的中心处达到最大值。

11.3.2 双向板肋形楼盖的设计内容与构造

双向板肋形楼盖的设计包括双向板和双向板支承梁的设计两项内容。

11.3.2.1 双向板的设计与构造

(1)双向板截面设计　双向板可按弹性理论设计，根据《建筑结构静力计算手册》提供的计算表格可方便地求出双向板两个方向上的跨中和支座弯矩。

基于双向板支座的水平推力作用，使板的跨中弯矩减小，因此截面设计时，为了考虑这一有利影响，对于四边与梁整体连接板的弯矩可乘以下列折减系数：

1)连续板中间区格的跨中及中间支座截面，折减系数为 0.8；

2)边区格的跨中及自楼板边缘算起的第二支座截面，当 $l_b/l<1.5$ 时，折减系数为 0.8；当 $1.5\leqslant l_b/l<2.0$ 时，折减系数为 0.9。l_b 为区格沿楼板边缘方向的跨度，l 为区格垂直于楼板边缘方向的跨度。

3)角区格的各截面不折减。

(2)截面有效高度的确定　考虑短跨方向的弯矩比长跨方向的大，因此应将短跨方向的跨中受拉钢筋放在长跨方向的外侧，以得到较大的截面有效高度。截面有效高度 h_0 对于一类环境下通常分别取值如下(h 为板厚，单位为 mm)：

短跨方向　$h_0=h-20$ (mm) (>C25)；$h_0=h-25$ (mm) (≤C25)

长跨方向　$h_0=h-30$ (mm) (>C25)；$h_0=h-35$ (mm) (≤C25)

(3)配筋计算　在求得板各跨跨中及各支座截面的弯矩设计值后,可根据正截面受弯承载力的计算来确定配筋。双向板在两个方向的配筋都应按计算确定。

板的计算宽度取 $b=1000$ mm,按单筋矩形截面设计。求截面配筋时,内力臂系数 γ 可在 0.90~0.95 范围中取值。

(4)双向板的构造要求

1)双向板的厚度　一般不宜小于 80 mm,也不大于 160 mm。同时为了保证板的刚度,板的厚度 h 还应符合:$h>l_x/40$,此处 l_x是较小跨度。

2)钢筋的配置　受力钢筋沿纵横两个方向设置,此时应将弯矩较大方向的钢筋设置在外层,另一方向的钢筋设置在内层。

板的配筋形式类似于单向板,有弯起式与分离式两种。沿墙边及墙角的板内构造钢筋与单向板楼盖相同。

按弹性理论计算时,可将板按纵横两个方向各划分为两个宽为 $l_x/4$(l_x为较小跨度)的边缘板带和一个中间板带(见图 11-17)。边缘板带的配筋为中间板带配筋的 50%。连续支座上的钢筋,应沿全支座均匀布置。

受力钢筋的直径、间距、弯起点及截断点的位置等均可参照单向板配筋的有关规定。

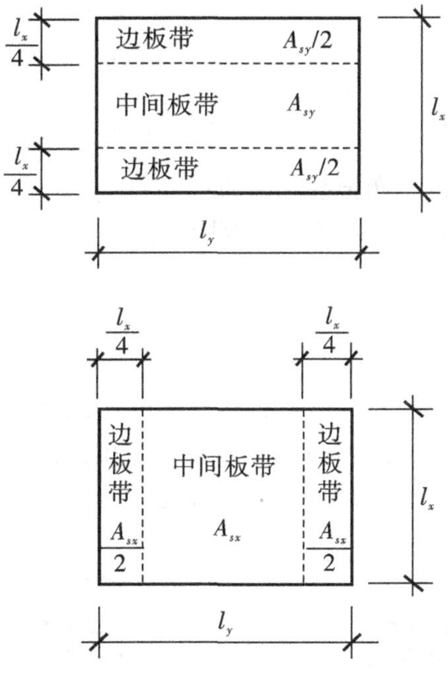

图 11-17　双向板配筋的分区和配筋量规定

11.3.2.2　双向板支承梁的设计

作用在双向板上的荷载一般会向最近的支座方向传递,对于支承梁承受的荷载范围,可近似认为,以 45°等分角线为界,分别传至两相邻支座。这样,沿短跨方向的支承梁,承受板面传来的三角形分布荷载;沿长跨方向的支承梁,承受板面传来的梯形分布荷载,如图 11-18 所示。

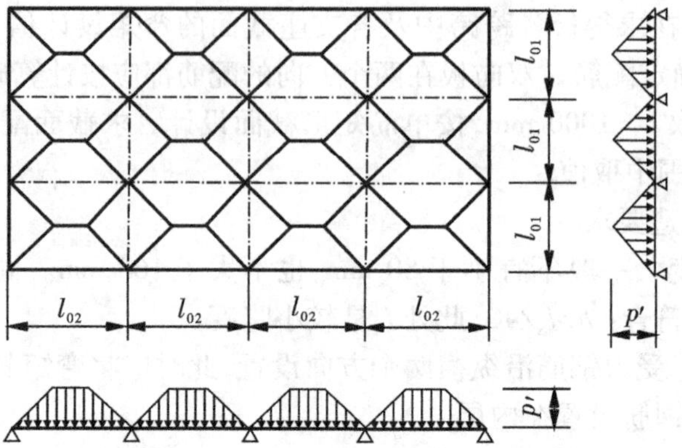

图 11-18　双向板支承梁承受的荷载

按弹性理论计算时,可采用支座弯矩等效的原则,取等效均布荷载p_e代替三角形荷载和梯形荷载,计算支承梁的支座弯矩。p_e的取值如下:

当三角形荷载作用时

$$p_e = \frac{5}{8}p' \tag{11-7}$$

当梯形荷载作用时

$$p_e = (1 - 2\alpha_1^2 + \alpha_1^3)p' \tag{11-8}$$

$$p' = p \cdot \frac{l_{01}}{2} = (g + q) \cdot \frac{l_{01}}{2}, \alpha_1 = \frac{l_{01}}{2l_{02}}$$

式中　g,q——作用在板面的均布恒载和活载;

l_{01},l_{02}——双向板的长跨与短跨的计算跨度。

11.4　楼梯

楼梯是建筑物中的重要组成部分,楼梯有多种形式,工程中最常见的是现浇楼梯板式楼梯和梁式楼梯,此外还有一些特殊形式的楼梯,如螺旋式楼梯和剪刀式楼梯等(见图11-19)。楼梯的结构设计是在建筑设计完成后进行的。本节主要介绍现浇楼梯板式楼梯和梁式楼梯。

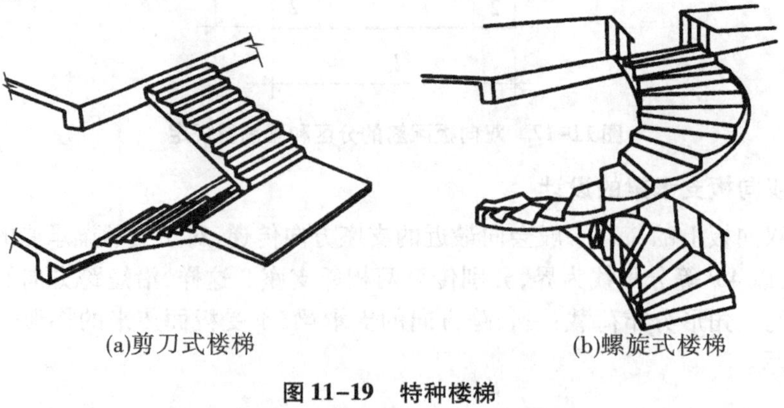

(a)剪刀式楼梯　　(b)螺旋式楼梯

图 11-19　特种楼梯

11.4.1　板式楼梯

板式楼梯由梯段板、平台板和平台梁组成(见图 11-20)。梯段是斜放的齿形板,支承在平台梁上和楼层梁上,底层下端一般支承在地垄墙上。板式楼梯的优点是下表面平整,施工支模较方便,外观较轻巧;缺点是斜板较厚,约为梯段板斜长的$\frac{1}{30}$~$\frac{1}{25}$,其混凝土用量和钢材用量都较多,一般适用于梯段板的水平投影净跨度不超过 3 m 时。

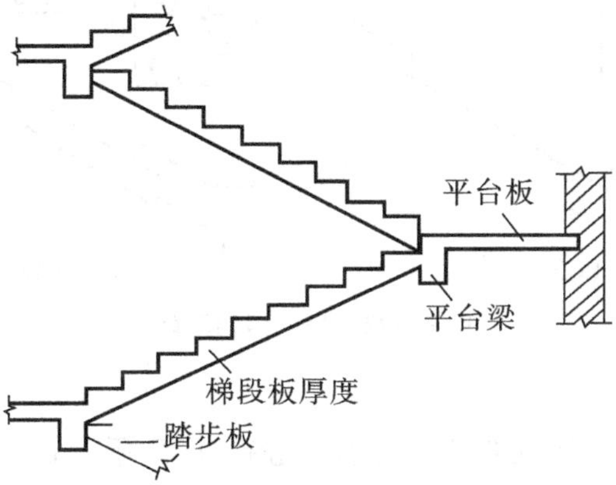

图 11-20　板式楼梯的组成

11.4.1.1　梯段板

梯段斜板按斜放的简支梁计算,斜板厚度不宜小于斜长的 1/30,常取 80~120 mm。

计算时,可将梯段板简化为两端支撑在平台梁上的简支斜板,最终可简化为两端简支的平板计算。如图 11-21 所示。

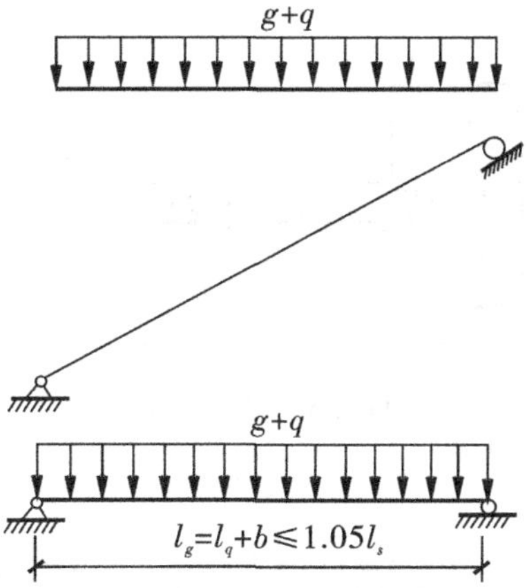

图 11-21　梯段板计算简图

虽然斜板按简支计算,但由于梯段板与平台梁整浇,平台对斜板的变形有一定约束作用,故计算板的跨中弯矩时,也可以近似取 $M_{\max}=(g+q)l^2/10$。为避免板在支座处产生裂缝，应在板上面配置一定量钢筋，一般直径和间距与受力钢筋直径和间距相同，长度为 $l_n/4$。分布钢筋要求每级踏步下不少于 1 ϕ 6。如图 11-22 所示。

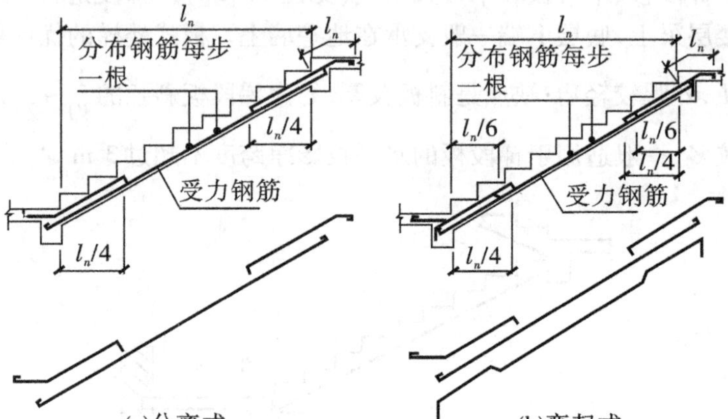

(a)分离式　　(b)弯起式

图 11-22　板式楼梯配筋

11.4.1.2　平台板

平台板一般都是单向板，可取 1 m 宽板带进行计算，平台板一端与平台梁整体连接，另一端可能支承在砖墙上，也可能与过梁整浇，跨中弯矩可近似取 $M=\frac{pl^2}{8}$（一端支承在砖墙时），或取 $M=\frac{pl^2}{10}$（两端与梁整浇）。考虑到板支座的转动会受到一定约束，一般在支座处板上面配置一定数量的构造负钢筋（可采用弯起式或分离式），分离式配筋伸出支承边缘长度为$\frac{l_n}{4}$，如图 11-23 所示。

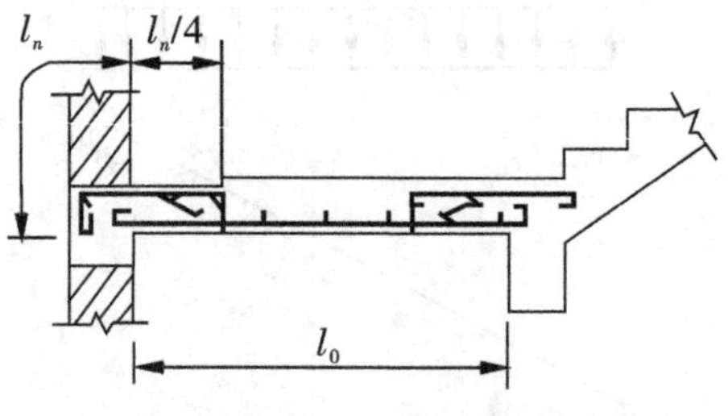

图 11-23　平台板配筋

11.4.1.3　平台梁

平台梁一般按简支梁计算。截面高度取$\frac{1}{12}\sim\frac{1}{8}$的计算跨度，承担荷载为平台板和梯段板传来的均布荷载。

11.4.2　梁式楼梯

梁式楼梯由踏步板，斜边梁和平台板、平台梁组成（见图 11-24）。其荷载传递为

梯段上荷载 —均布荷载→ 踏步板 —均布荷载→ 斜边梁 —集中荷载→ 平台梁 —集中荷载→ 侧墙(或框架梁)

平台板 —均布荷载→ 平台梁

11.4.2.1　踏步板

踏步板按两端简支在斜梁上的单向板考虑，计算时一般取一个踏步作为计算单元，踏步板为梯形截面（见图 11-25），板的计算高度可近似取平均高度 $h=\frac{h_1+h_2}{2}$，板厚一般不小于 30～40 mm，每一踏步一般需配置不少于 2 HPB300 6 的受力钢筋，沿斜向布置间距不大于 300 mm 的 HPB300 6 分布钢筋。

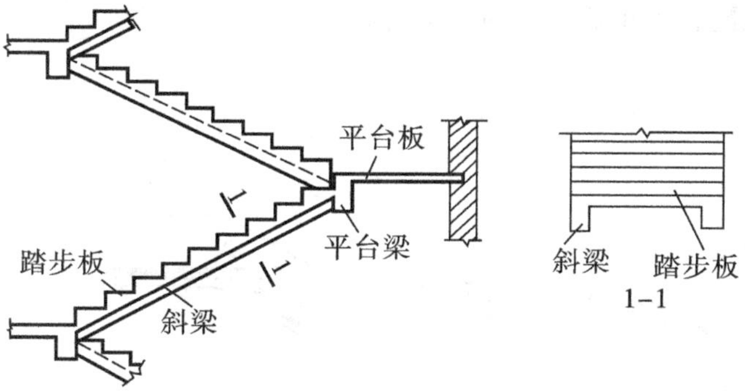

图 11-24　梁式楼梯的组成

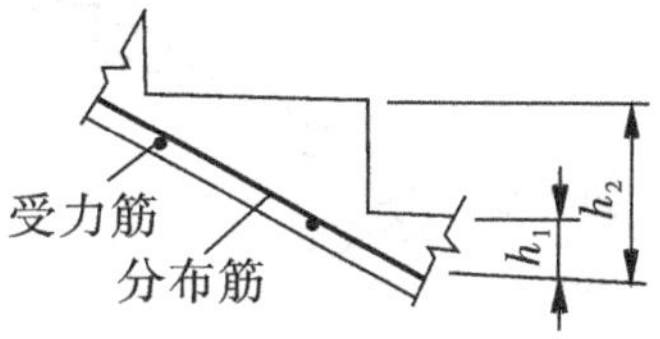

图 11-25　踏步板示意

11.4.2.2　斜边梁

斜边梁的内力计算特点与梯段斜板相同。踏步板可能位于斜边梁截面高度的上部，也可能位于下部，计算时可近似取为矩形截面。图 11-26 为斜边梁的配筋构造图。

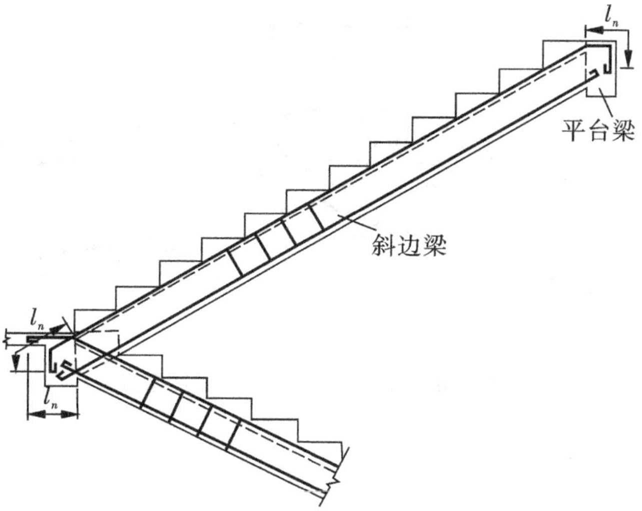

图 11-26　斜边梁的配筋构造图

11.4.2.3 平台板和平台梁

平台板的计算与构造同板式楼梯。平台梁主要承受斜边梁传来的集中荷载(由上、下楼梯斜梁传来)和平台板传来的均布荷载,平台梁一般按简支梁计算。

11.4.3 折线形楼梯

在房屋的首层,为满足净空高度的需要,有时需将第二梯段做成折线形,从而形成折线形楼梯。分为折板式楼梯和折梁式楼梯。

对于折板式楼梯(见图11-27),应注意,当内折角处于受拉区时,下部受拉纵筋不允许沿板底弯折,以免产生向外的合力将该处的混凝土崩脱,应将此处纵筋断开,各自延伸至受压区锚固,其锚固长度自内折角处算起不少于 $1.2l_a$。若板的弯折位置靠近楼层梁,板内可能出现负弯矩,则板上面还应配置承担负弯矩的短钢筋。

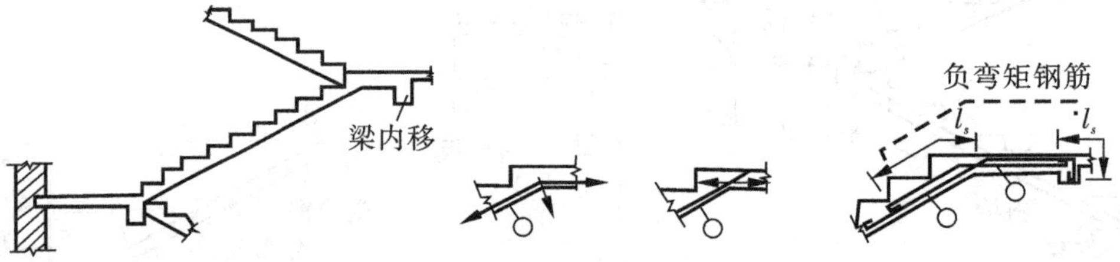

图11-27 折板式楼梯示意

对于折梁式楼梯,斜梁内折角处的受拉纵向钢筋也应分开配置,并各自延伸以满足锚固要求,同时还应在该处增设箍筋,如图11-28所示。

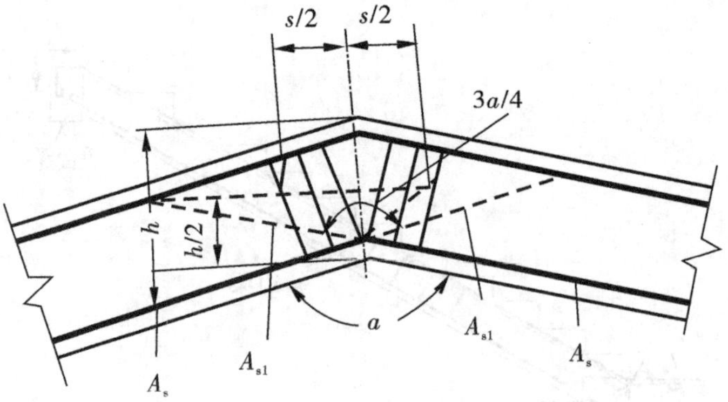

图11-28 折线形梁内折角处配筋示意

基础知识与技能训练

基础知识训练

一、填空题

1. 在单向板肋梁楼盖中，板的跨度一般以________为宜，次梁的跨度以________为宜，主梁的跨度以________为宜。
2. 多跨连续梁板的内力计算方法有________和________ 两种方法。
3. 在主梁与次梁交接处，主梁内应配置________。
4. 为了保证塑性铰有足够的转动能力，《规范》规定：相对受压区高度 $\xi \leq$________。
5. 对于超过五跨的多跨连续梁、板，可按________来计算其内力。当梁板跨度少于五跨时，仍按________计算。
6. 求某跨跨中截面最大正弯矩时，活荷载应在________。
7. 常用的现浇楼梯有________和________两种。
8. n 次超静定结构，当出现第________个塑性铰时，结构丧失承载能力。

二、选择题

1. 在计算钢筋混凝土肋梁楼盖连续次梁内力时，为考虑主梁对次梁的转动约束，用折算荷载代替实际计算荷载，其做法是(　　)。

   A. 减小恒载，减小活载　　B. 增大恒载，减小活载

   C. 减小恒载，增大活载　　D. 增大恒载，增大活载

2. 五跨连续梁边支座出现最大剪力时的活荷载布置为(　　)。

   A. 1,3,5　　B. 1,3,4

   C. 1,2,5　　D. 1,2,4

3. 弯矩调幅必须加以限制，主要是考虑到(　　)。

   A. 力的平衡　　B. 施工方便

   C. 使用要求　　D. 经济

4. 矩形简支双向板，板角在主弯矩作用下(　　)。

   A. 板面和板底均产生环状裂缝

   B. 板底产生对角裂缝；板面产生环状裂缝

   C. 均产生对角裂缝

   D. 板面产生对角裂缝；板底产生环状裂缝

5. 混凝土平面楼盖按结构型式主要可分为(　　)。

   A. 单(双)向板肋形楼盖、井式楼盖、密肋楼盖和无梁楼盖

   B. 钢筋混凝土楼盖、钢和钢筋混凝土组合楼盖、木楼盖

   C. 预应力楼盖、非预应力楼盖、部分预应力楼盖

   D. 现浇楼盖、装配式楼盖、装配整体式楼盖

6. 一般板不做抗剪计算，主要因为(　　)。

   A. 板内不便配箍筋

B. 板的宽度大于高度

C. 板一般承受均布荷载

D. 一般板的受剪承载力大于受弯承载力

三、简答题

1. 钢筋混凝土楼盖结构有哪几种主要类型？分别说出它们各自的优缺点和适用范围。

2. 单向板和双向板的受力特点如何？

3. 板、次梁和主梁的常用跨度各是多少？截面尺寸如何确定？

4. 连续梁、板跨中、支座截面弯矩及支座截面剪力的最不利荷载布置原则是什么？

5. 钢筋混凝土结构中的塑性铰与结构力学中的理想铰有何异同？

6. 现浇单向板肋形楼盖板、次梁和主梁的配筋计算和构造有哪些？

7. 单向板有哪些构造钢筋？为什么要配这些钢筋？

8. 板式楼梯和梁式楼梯配筋有何不同？

技能训练

阅读一套梁板结构施工图，说明梁、板、楼梯采用的材料强度，梁、板、楼梯中的各种钢筋的名称、作用及构造规定。

模块12 多高层房屋结构概论

*学习任务与目标

学习任务

1. 多高层房屋结构体系。
2. 框架结构的形式与布置;框架受力特点。
3. 现浇框架的构造要求。
4. 剪力墙结构的受力特点及构造。
5. 框架-剪力墙结构的受力特点及构造。

知识目标

1. 理解多高层钢筋混凝土房屋常用的结构体系特点。
2. 掌握框架结构的种类、结构布置;熟悉框架结构的受力特点。
3. 掌握框架结构的构造措施。
4. 了解剪力墙结构的受力特点;掌握剪力墙结构的构造要求。
5. 了解框架-剪力墙结构的受力特点;掌握框架-剪力墙结构的构造要求。

技能目标

1. 运用相关特点区分房屋的种类、适用范围。
2. 具有合理进行框架结构布置的能力。
3. 能够按照构造要求正确指导施工。
4. 明确剪力墙各构件的构造要求,能解决实际问题。
5. 明确框架-剪力墙各构件的构造要求,能解决实际问题。

12.1 多高层房屋结构体系和抗震设计规定

结构构件受力与传力的结构组成方式称为结构体系。目前,钢筋混凝土多层及高层房屋常用的结构体系有框架体系、框架-剪力墙体系、剪力墙体系和筒体体系等。《高层建筑混凝土结构技术规程》(JGJ3—2010)把十层及十层以上或高度大于28 m的住宅建筑和高度大于24 m的其他高层民用建筑称为高层建筑。

12.1.1 多高层房屋结构体系

12.1.1.1 框架结构

由梁和柱为主要构件组成的承受竖向和水平作用的结构称为框架结构(见图12-1)。框架结构体系的最大特点是承重结构和围护、分隔构件完全分开,墙只起围护、分隔作用。框架结构建筑平面布置灵活,空间划分方便,易于满足生产工艺和使用要求,构件便于标准化,具有较高的承载力和较好的整体性,因此,广泛应用于多层工业厂房及多高层办公楼、医院、旅馆、教学楼、住宅等。

框架结构在水平荷载下表现出抗侧移刚度小、水平位移大的特点,属于柔性结构,故随着房屋层数的增加,水平荷载逐渐增大,就将因侧移过大而不能满足要求;或形成肥梁胖柱而不经济。框架结构的适用高度为6~15层,非地震区也可建到15~20层。

柱截面为L形、T形、Z型或十字形(见图12-2)的框架结构称为异形柱框架。其柱截面厚度与墙厚相同,一般为180~300 mm。异形柱框架的最大优点是,柱截面宽度等于墙厚,室内墙面平整,便于布置。但其抗震性能较差,目前一般用于非抗震设计或按6、7度抗震设计的12层以下的建筑中。

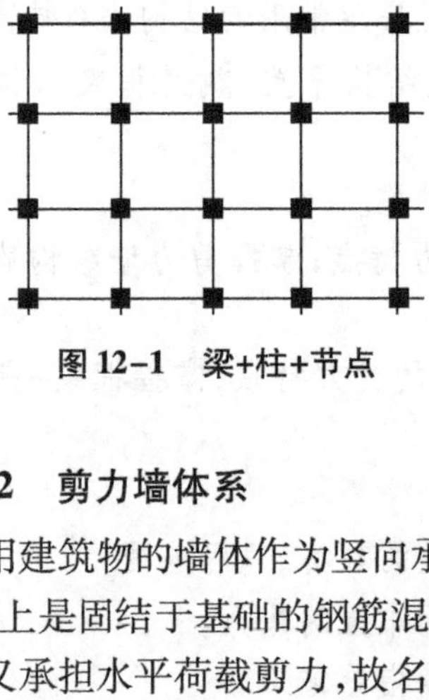

图12-1 梁+柱+节点

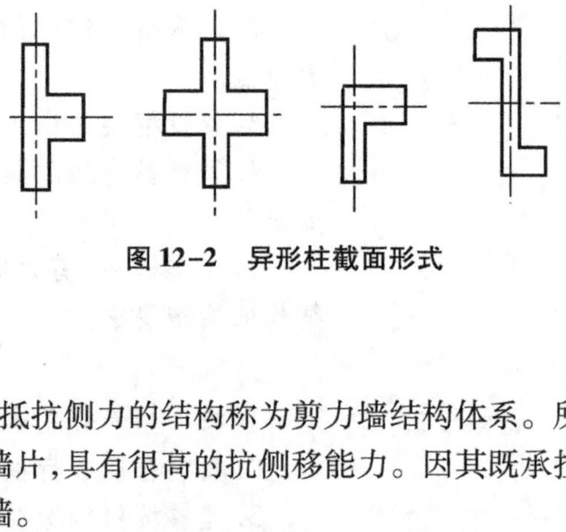

图12-2 异形柱截面形式

12.1.1.2 剪力墙体系

利用建筑物的墙体作为竖向承重和抵抗侧力的结构称为剪力墙结构体系。所谓剪力墙,实质上是固结于基础的钢筋混凝土墙片,具有很高的抗侧移能力。因其既承担竖向荷载剪力又承担水平荷载剪力,故名剪力墙。

一般情况下,剪力墙结构楼盖内不设梁,楼板直接支承在墙上,墙体既是承重构件,又起围护、分隔作用(见图12-3),钢筋混凝土剪力墙结构横墙多,侧向刚度大,整体性好,对承受水平力有利;无凸出墙面的梁柱,整齐美观,特别适合居住建筑,并可使用大模板、隧道模、桌模、滑升模板等先进施工方法,利于缩短工期,节省人力。但剪力墙体系的房间划分受到较大限制,因而一般用于住宅、旅馆等开间要求较小的建筑,适用高度为15~50层。当高层剪力墙结构的底部要求有较大空间时,可将底部一层或几层部分剪力墙设计为框支剪力墙,形成部分框支剪力墙体系(见图12-4)。部分框支剪力墙结构属竖向不规则结构，上、下层不同结构的内力和变形通过转换层传递，抗震性能较差，烈度为 9 度的地区不应采用。

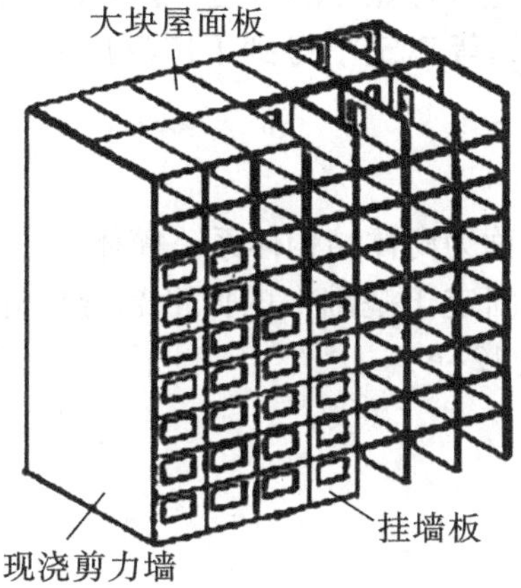

图 12-3　剪力墙结构体系

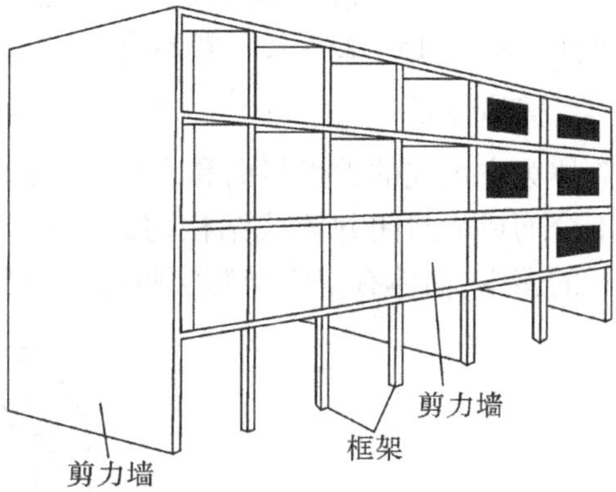

图 12-4　部分框支剪力墙体系

12.1.1.3　框架-剪力墙体系

为了弥补框架结构随房屋层数增加，水平荷载迅速增大而抗侧移刚度不足的缺点，可在框架结构中增设钢筋混凝土剪力墙，形成框架和剪力墙结合在一起共同承受竖向和水平力的框架-剪力墙体系（见图 12-5），简称框-剪体系。剪力墙可以是单片墙体，也可以是电梯井、楼梯井、管道井组成的封闭式井筒。

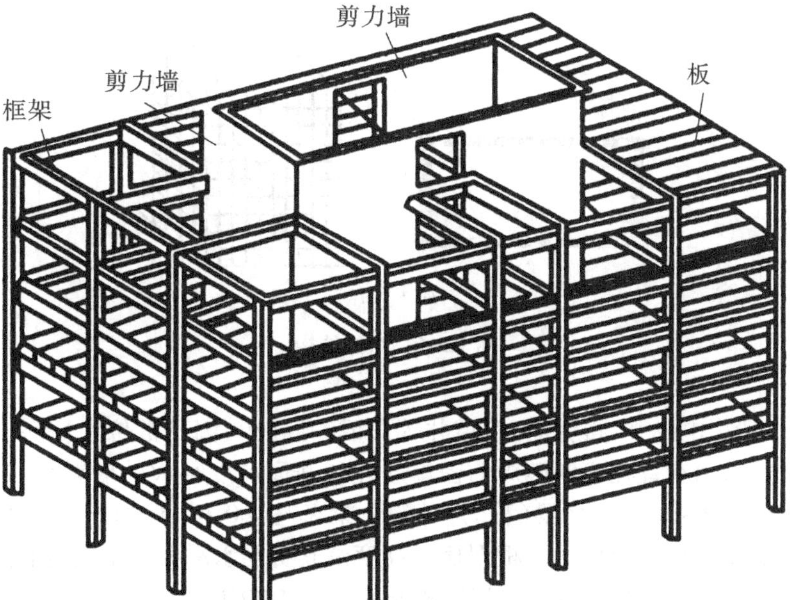

图 12-5　框架-剪力墙结构

框-剪体系的侧向刚度比框架结构大,大部分水平力由剪力墙承担,而竖向荷载主要由框架承受,因而用于高层房屋比框架结构更为经济合理;同时由于它只在部分位置上有剪力墙,保持了框架结构易于分割空间、立面易于变化等优点;此外,这种体系的抗震性能也较好。所以,框-剪体系在多层及高层办公楼、旅馆等建筑中得到了广泛应用。框-剪体系的适用高度为15~25层,一般不宜超过30层。

12.1.1.4 筒体体系

由筒体为主组成的承受竖向和水平作用的结构称为筒体结构体系。筒体是由若干片剪力墙围合而成的封闭井筒式结构,其受力与一个固定于基础上的筒形悬臂构件相似。根据开孔的多少,筒体有空腹筒和实腹筒之分(见图12-6)。

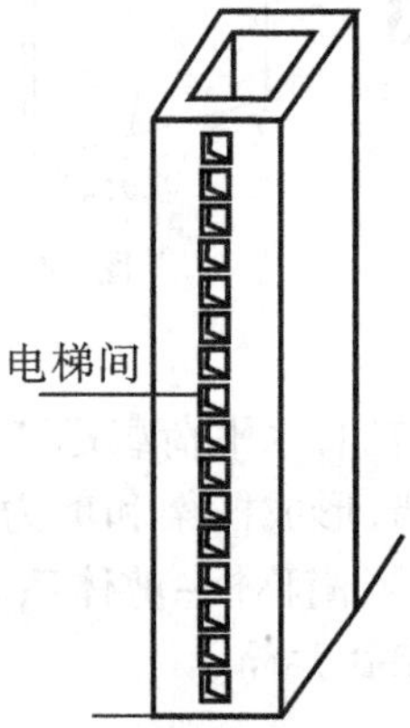

(a)实腹筒

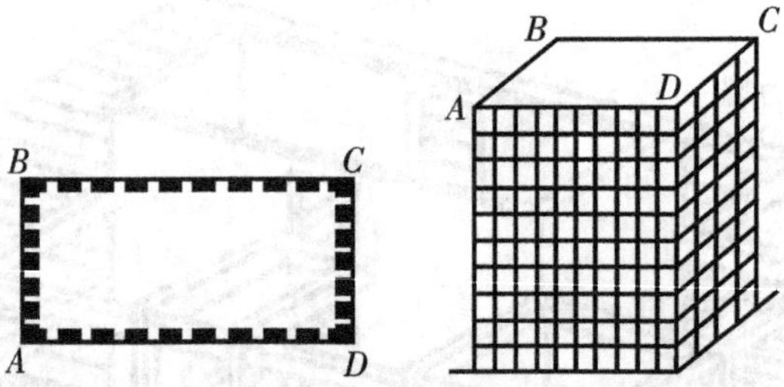

(b)框筒

图12-6 筒体结构

实腹筒一般由电梯井、楼梯间、管道井等形成,开孔少,因其常位于房屋中部,故又称核心筒。空腹筒,由布置在房屋四周的密排立柱和截面高度很大的横梁组成,又称框筒。立柱柱距一般1.22~3.0 m,横梁(称为窗裙梁)梁高一般0.6~1.22 m。筒体体系就是由核心筒、框筒等基本单元组成的。根据房屋高度及其所受水平力的不同,筒体体系可以布置成核心筒结构、框筒结构、筒中筒结构、框架-核心筒结构、成束筒结构和多重筒结构等形式(见图12-7),筒中筒结构通常采用框筒作为外筒、实腹筒作为内筒。

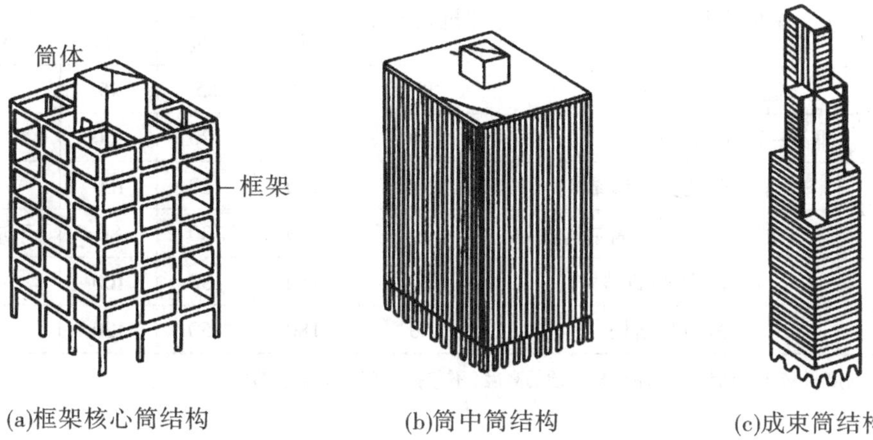

图 12-7 几种筒体结构透视图

除上述四种常用结构体系外,尚有悬挂结构、巨型框架结构、巨型桁架结构、悬挑结构等新的竖向承重结构体系(见图 12-8),但目前应用较少。

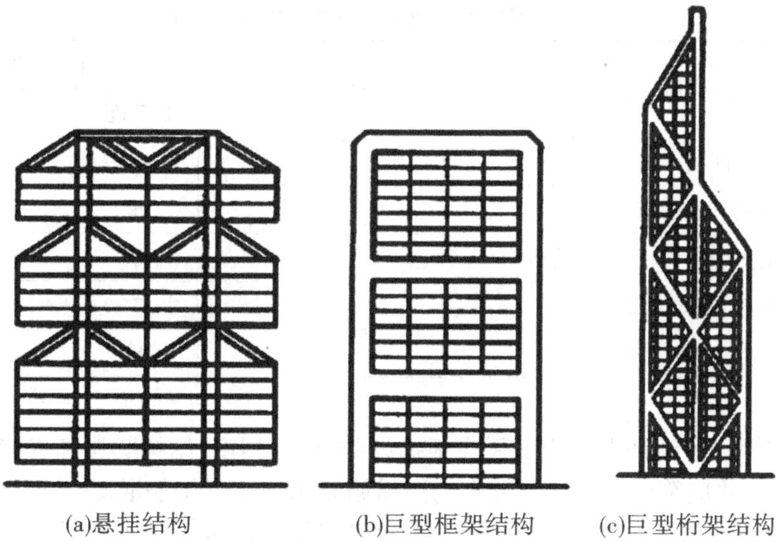

图 12-8 新的竖向承重结构体系

上述四种结构体系适用的最大高度见表 12-1。

表 12-1 钢筋混凝土房屋的最大适用高度 单位:m

结构体系		非抗震设计	设防烈度			
			6 度	7 度	8 度	9 度
框架结构		70	60	55	45	25
框架-剪力墙结构		140	130	120	100	50
剪力墙结构	全部落地剪力墙结构	150	140	120	100	60
	部分框支剪力墙结构	130	120	100	80	不应采用
筒体结构	框架-核心筒结构	160	150	130	100	70
	筒中筒结构	200	180	150	120	80

注:房屋高度指室外地面到主要屋面板板顶的高度(不包括局部突出屋顶部分)

12.1.2 抗震设计规定

(1)房屋高宽比限值 为使结构有较好的整体刚度,一般房屋结构高度和宽度的比值不宜超过表 12-2 所列限值。

表 12-2 钢筋混凝土高层建筑的最大高宽比

结构体系	非抗震设计	抗震设防烈度		
		6、7 度	8 度	9 度
框架结构	5	4	3	2
板柱-剪力墙结构	6	5	4	—
框架-剪力墙结构、剪力墙结构	7	6	5	4
框架-核心筒结构	8	7	6	4
筒中筒结构	8	8	7	5

(2)抗震等级 钢筋混凝土房屋应根据设防类别、烈度、结构类型和房屋高度采用不同的抗震等级,并应符合相应的计算和构造措施要求。现浇钢筋混凝土 A 级高度丙类建筑的抗震等级应按表 12-3 确定,对甲、乙类建筑应按本地区设防烈度提高一度的要求加强抗震构造措施,当设防烈度为 9 度时,A 级高度乙类建筑的抗震等级应按特一级采用,甲类建筑应采取更有效的抗震措施。B 级高度钢筋混凝土结构丙类建筑的抗震等级按《抗震规范》要求确定。

表 12-3　现浇钢筋混凝土框架房屋的抗震等级

结构类型		设防烈度									
		6		7			8			9	
框架结构	高度/m	≤24	>24	≤24	>24		≤24	>24		≤24	
	框架	四	三	三	二		二	一		一	
	大跨度框架	三		二			一			一	
框架-抗震墙结构	高度/m	≤60	>60	≤24	25~60	>60	≤24	25~60	>60	≤24	25~50
	框架	四	三	四	三	二	三	二	一	二	一
	抗震墙	三		三	二		二	一		一	
抗震墙结构	高度/m	≤80	>80	≤24	25~80	>80	≤24	25~80	>80	≤24	25~60
	抗震墙	四	三	四	三	二	三	二	一	二	一

注:①建筑场地为Ⅰ类时,除 6 度外应允许按表内降低一度所对应的抗震等级采取抗震构造措施,但相应的计算要求不应降低;②接近或等于高度分界时,应允许结合房屋不规则程度及场地、地基条件确定抗震等级;③大跨度框架指跨度不小于 18 m 的框架

不同的抗震等级,应按《规范》要求采取不同的抗震措施。其中对于受拉钢筋的抗震锚固长度 l_{aE} 按式(12-1)计算:

$$l_{aE}=\zeta_{aE}l_a \tag{12-1}$$

式中　ζ_{aE}——系数,抗震等级为一、二级取 1.15,三级取 1.05,四级取 1.0;

l_a——纵向受拉钢筋锚固长度。

对于特一级抗震等级应符合《高层建筑混凝土结构技术规程》(JGJ3—2010)的规定。

现浇钢筋混凝土结构钢筋的连接,可采用机械连接、焊接连接和绑扎连接,可参考 10.1.3 的相关要求。在地震区当采用绑扎搭接时,其搭接长度按式(12-2)计算:

$$l_{lE}=\zeta_l l_{aE} \tag{12-2}$$

式中　l_{aE}——纵向受拉钢筋的抗震搭接长度;

ζ_l——受拉钢筋搭接长度修正值,可采用表 10-14 中数值。

12.2　框架结构

12.2.1　框架结构的形式

按施工方法的不同,钢筋混凝土框架可分为全现浇式、全装配式、装配整体式及半现浇式四种形式。

(1)全现浇式框架　全现浇式框架的全部构件均为现浇钢筋混凝土构件。其优点是整体性及抗震性能好,预埋铁件少,较其他形式的框架节省钢材等。缺点是模板消耗量大,现场湿作业多,施工周期长,在寒冷地区冬季施工困难等,但当采用泵送混凝土施工工艺和工业化拼装式模板时,可以缩短工期和节省劳动力。对使用要求较高、功能复杂或处

于地震高烈度区域的框架房屋,宜采用全现浇式框架。

(2)全装配式框架　全装配式框架系指梁、板、柱全部预制,然后在现场通过焊接拼装连接成整体的框架结构。全装配式框架的构件可采用先进的生产工艺在工厂进行大批量生产,在现场以先进的组织处理方式进行机械化装配,因而构件质量容易保证,并可节约大量模板,改善施工条件,加快施工进度,但结构整体性差,节点预埋件多,总用钢量较全现浇框架多,施工需要大型运输和拼装机械,在地震区不宜采用。

(3)装配整体式框架　装配整体式框架是将预制梁、柱和板在现场安装就位后,焊接或绑扎节点区钢筋,在构件连接处现浇混凝土使之成为整体框架结构。与全装配式框架相比,装配整体式框架保证了节点的刚性,提高了框架的整体性,省去了大部分预埋铁件,节点用钢量减少,但增加了现场浇筑混凝土量。装配整体式框架是常用的框架形式之一。

(4)半现浇式框架　这种框架是将部分构件现浇、部分预制装配而形成的。常见的做法有两种:一种是梁、柱现浇,板预制;另一种是柱现浇,梁、板预制。半现浇式框架的施工方法比全现浇式简单,而整体受力性能比全装配优越。梁、柱现浇,节点构造简单,整体性较好;而楼板预制,又比全现浇框架节约模板,省去了现场支模的麻烦。半现浇式框架是目前采用最多的框架形式之一。

12.2.2　框架结构的布置

(1)承重框架布置方案　根据承重框架布置方向的不同,框架的结构布置方案可划分为以下三种:

1)横向框架承重　横向框架承重布置方案是板、连系梁沿房屋纵向布置,框架承重梁沿横向布置如图 12-9(a)所示,有利于增加房屋横向刚度。缺点是由于主梁截面尺寸较大,当房屋需要较大空间时,其净空较小。

2)纵向框架承重　纵向框架承重布置方案是板、连系梁沿房屋横向布置,框架承重梁沿纵向布置如图 12-9(b)所示。优点是通风、采光好,有利于楼层净高的有效利用,可设置较多的架空管道,故适用于某些工业厂房。因其横向刚度较差,在民用建筑中一般采用较少。

3)纵、横向框架混合承重　纵、横向框架混合承重布置方案是沿房屋的纵、横向布置承重框架如图 12-9(c)所示。纵、横向框架共同承担竖向荷载与水平荷载。当柱网平面尺寸为正方形或接近正方形时,或当楼面活荷载较大时,则常采用这种布置方案。纵、横向框架混合承重方案,多采用现浇钢筋混凝土整体式框架。

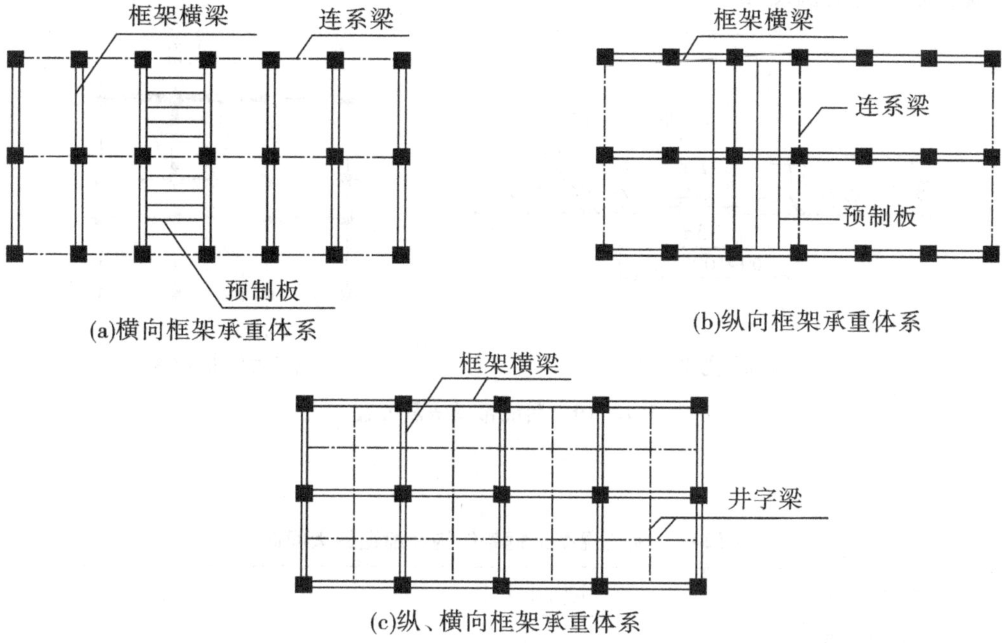

(a)横向框架承重体系　(b)纵向框架承重体系

(c)纵、横向框架承重体系

图 12-9　框架结构布置

(2)柱网布置和层高　框架结构的柱网布置既要满足生产工艺和建筑平面布置的要求,又要使结构受力合理,施工方便。柱网尺寸及层高应根据建筑功能要求、施工条件及材料设备各方面因素来确定。结构的框架布置主要是确定柱网尺寸,即平面框架的跨度(进深)及其间距(开间)。

1)工业厂房　一般采用 6 m 柱距,跨度则随柱网的布置方式不同分为内廊式和跨度组合式。厂房的层高一般根据车间的工艺设备、管道布置及通风采光等因素决定。常用的底层层高有 4.2 m、4.5 m、4.8 m、5.4 m、6.0 m、7.2 m 和 8.4 m。

2)民用建筑　民用建筑类型较多,功能要求各有不同,柱网及层高变化也较大,尺度一般较工业厂房小。柱网和层高通常按 300 mm 进级。

(3)变形缝设置　变形缝分为伸缩缝、沉降缝、防震缝三种。

1)伸缩缝　又称温度缝,主要与结构的长度有关,规范对钢筋混凝土框架结构伸缩缝的最大间距做了规定,见表 12-4。设置伸缩缝会造成多用材料、构造复杂和施工困难等问题,因此,目前工程中常采用留后浇带的方法。一般每 40 m 左右设一道,不超出表 12-4 的规定,后浇带宽 700 ~ 1000 mm,混凝土后浇,钢筋搭接长度 35d(d 为钢筋直径)(见图12-10)。留出后浇带后,施工过程中混凝土可以自由收缩,从而大大减少了收缩应力。混凝土的抗拉强度有较多部分用来抵抗温度应力,提高结构抵抗温度变化的能力,称为温度后浇带。

温度后浇带采用水泥混凝土灌筑,必要时拌完混凝土时在水泥中掺微量铝粉使其有一定的膨胀性,防止新老混凝土之间出现裂缝,一般可采用强度等级提高一级的混凝土灌筑。后浇带混凝土可在主体混凝土施工后 60 天浇筑,后浇混凝土施工时的温度尽量与主体混凝土施工时的温度相近。

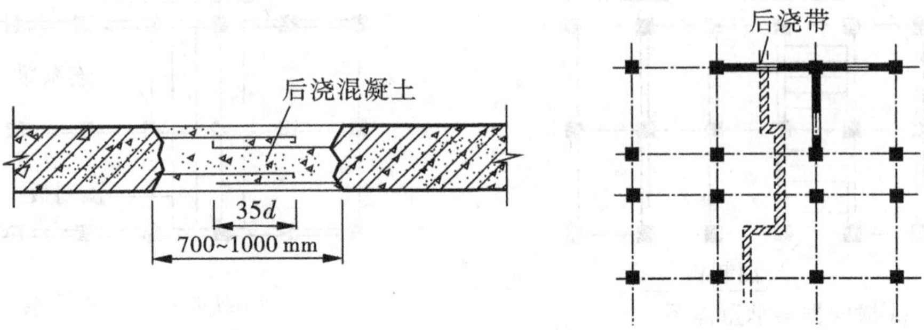

(a)后浇带做法 (b)后浇带位置

图 12-10 后浇带做法及位置

表 12-4 钢筋混凝土框架结构伸缩缝最大间距 单位:m

结构类别	室内或土中	露天
现浇式框架	55	35
装配式框架	75	50

2)沉降缝 沉降缝是为了防止地基不均匀沉降在房屋构件中产生裂缝而设置的。沉降缝不仅应贯通上部结构,而且应贯通基础本身。沉降缝用来划分同一高层建筑中层数相差很多、荷载相差很大的各部分。目前,在设计与施工中采取设置沉降后浇带的做法,来调整各部分沉降,减少其差异,降低由沉降差产生的内力。沉降后浇带的构造做法同温度后浇带,差别是沉降后浇带要等到主体结构完成后才能浇筑混凝土。

3)防震缝 在有抗震设防要求的多高层建筑物中,通常都要求在适当的部位设置防震缝。设置防震缝后,应使各结构单元简单规则,刚度和质量分布均匀,以避免地震作用下的扭转效应。抗震设计的高层建筑在下列情况下宜设防震缝:①平面长度和外伸长度尺寸超出了规程限值而又没有采取加强措施时;②各部分结构刚度相差很远,采取不同材料和不同结构体系时;③各部分质量相差很大时;④各部分有较大错层时。

在需要同时设置一种以上变形缝时,应合并设置。

设变形缝容易造成多用材料、构造复杂和施工困难,且对整体性和空间刚度不利,基础防水也不宜处理,因此在多层及高层建筑结构中,应尽量少设缝或不设缝,比如用后浇带来处理。

12.2.3 框架结构的计算简图与受力特点

(1)计算简图 任何框架结构都是一个空间结构,当横向、纵向的各榀框架布置规则合理,各自的刚度和荷载分布都比较均匀时,可以忽略相互之间的空间联系,简化为一系列横向和纵向平面框架,使计算大大简化(见图 12-11)。在计算简图中,框架梁、柱以其轴线表示，梁柱连接区以节点表示。梁的跨度取其节点间的长度。柱高，首层取基础顶面至一层梁顶之间的高度，一般层取层高。

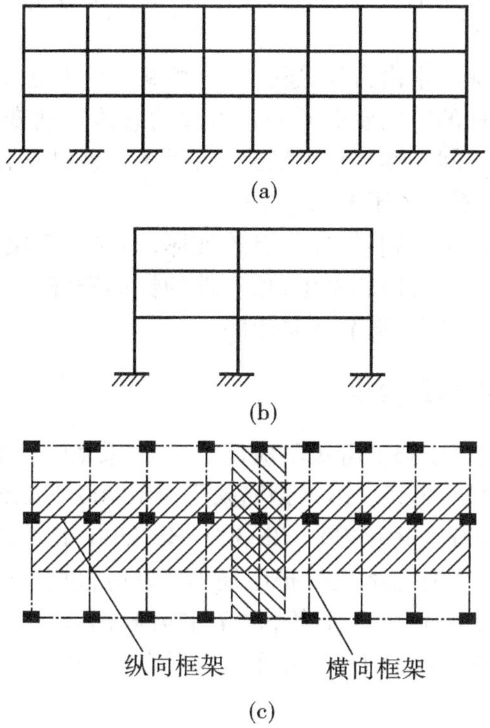

图 12-11　框架计算简图

(2)框架上的荷载　框架结构承担的荷载分竖向荷载和水平荷载两类。竖向荷载包括恒载(结构自重及建筑装修材料重量等)及活载(楼面及屋顶使用荷载、雪荷载等)。水平荷载主要是风荷载以及水平地震荷载等。

(3)框架结构的受力特点

1)竖向荷载作用下的受力特点　框架在竖向荷载作用下，可以采用分层法和弯矩二次分配法求解内力。其受力特点如下：

弯矩的分布特点：对于框架梁，弯矩图呈抛物线形分布，跨中截面出现最大正弯矩，支座截面出现最大负弯矩；对于框架柱，弯矩图呈线性分布，柱上下端弯矩最大。

剪力的分布特点：对于框架梁，剪力图呈线性变化，端部支座截面剪力最大；对于框架柱，剪力图沿层高呈均匀分布。

2)水平荷载作用下的受力特点　框架在水平荷载作用下，可以把荷载简化为结点水平集中荷载，采用反弯点法和 D 值法求解内力。其内力特点如下：

弯矩的分布特点：框架梁、柱弯矩图均呈线性分布，梁、柱的支座截面分别产生最大正弯矩和最大负弯矩。

剪力的分布特点：对于框架梁，剪力图呈均匀变化；对于框架柱，剪力图沿层高呈均匀分布。

由上可知，框架梁的控制截面（按其内力进行配筋的截面）在跨中和支座，跨中截面的最不利内力为$+M_{max}$，支座截面的最不利内力为$-M_{max}$和V_{max}；框架柱的控制截面在柱的端部截面，其最不利内力可能主要有以下三种：①$|M_{max}|$及相应的N、V，②$|N_{max}|$及相应的M、V，③N_{min}及相应的M、V。

框架在荷载作用下，除产生内力外，还会产生侧移。一是由梁柱弯曲引起的变形，称为总体剪切变形；二是由柱的轴向变形不一致引起的总体弯曲变形。两项叠加的结果仍具有剪切变形的特点，其层间侧移越往上层越小，属于柔性结构体系。框架结构，其楼层层间最大位移与层高之比不宜大于1/550。

抗震设计时，应遵守以下原则：框架节点的破坏，不应先于梁、柱；柱的破坏不应先于梁；梁的受剪破坏不应先于受弯破坏发生；预埋件的锚固破坏，不应先于连接件。归纳起来就是“强柱弱梁”“强剪弱弯”“强节点弱构件”。

12.2.4 现浇框架结构的构造要求

钢筋混凝土框架的混凝土强度等级不应低于C20，采用强度等级400 MPa及以上钢筋时，混凝土强度等级不应低于C25。纵向钢筋采用HRB400、HRB500、HRBF400、HRBF500钢筋，箍筋宜采用HRB400、HRBF400、HPB300、HRB500、HRBF500级钢筋，也可采用HRB335、HRBF335钢筋。梁柱混凝土保护层最小厚度应根据框架所处环境条件确定。

框架梁截面形状一般有矩形、T形等，框架主梁截面高度可按主梁跨度的（1/10～1/18）确定，且不宜大于净跨度的1/4，截面宽度不宜小于截面高度的1/4，且不宜小于200 mm。

框架柱截面形状一般有矩形、工字形、圆形等，矩形截面柱边长不宜小于250 mm，圆形直径不宜小于350 mm，截面高宽比不宜大于3。柱的截面宽度和高度，四级抗震等级或不超过2层时不宜小于300 mm，一、二、三级且超过2层时不宜小于400 mm；圆柱的直径，四级抗震等级或不超过2层时不宜小于350 mm，一、二、三级且超过2层时不宜小于450 mm。

（1）框架梁　框架梁应满足受弯构件的构造要求，地震区还应满足抗震设计的要求。梁端箍筋加密区的长度、箍筋最大间距和最小直径应按表12-5采用，当梁端纵向受拉钢筋配筋率大于2%时，表中箍筋最小直径数值应增大2 mm。

表12-5　梁端箍筋加密区的长度、箍筋最大间距和最小直径　　单位：mm

抗震等级	加密区（采用较大值）	箍筋最大间距（采用最小值）	箍筋最小直径
一	$2h_b$或500	$h_b/4$或$6d$或100	10
二	$1.5h_b$或500	$h_b/4$或$8d$或100	8
三	$1.5h_b$或500	$h_b/4$或$8d$或150	8
四	$1.5h_b$或500	$h_b/4$或$8d$或150	6

注：①d为纵向钢筋直径；h_b为梁截面高度。②箍筋直径大于12 mm、数量不少于4肢且肢距不大于150 mm时，一、二级的最大间距允许适当放宽，但不得大于150 mm

沿梁全长顶面和底面的配筋，一、二级不应少于2ϕ14，且分别不应少于梁两端顶面和底面纵向钢筋中较大截面面积的1/4；三、四级不应少于2ϕ12。一、二、三级框架梁内贯通中柱的每根纵向钢筋直径，对矩形截面柱，不宜大于柱在该方向截面尺寸的1/20；对圆形截面柱，不宜大于纵向钢筋所在位置柱截面弦长的1/20。

梁端加密区的箍筋肢距，一级不宜大于200 mm和20倍箍筋直径的较大值，二、三级不宜大于250 mm和20倍箍筋直径的较大值，四级不宜大于300 mm。

(2)框架柱　柱纵向钢筋宜对称配筋；截面尺寸大于400 mm的柱，纵向钢筋间距不宜大于200 mm；总配筋率不应大于5%；柱纵向钢筋的绑扎接头应避开柱端的箍筋加密区。

柱箍筋在规定的范围内应加密。其加密范围：柱端，取截面高度(圆柱直径)、柱净高的1/6和500 mm三者的最大值；底层柱，柱根不小于柱净高的1/3；当有刚性地面时，除柱端外尚应取刚性地面上下各500 mm；剪跨比不大于2的柱、因设置填充墙等形成的柱净高与柱截面高度之比不大于4的柱、框支柱、一级和二级框架的角柱，取全高。

加密区柱的箍筋间距和直径，一般情况下，应按表12-6采用。

表12-6　柱箍筋加密区的箍筋最大间距和最小直径　　单位：mm

抗震等级	箍筋最大间距(采用最小值)	箍筋最小直径
一	6*d*或100	10
二	8*d*或100	8
三	8*d*或150或柱根100	8
四	8*d*或150或柱根100	6或柱根8

注：*d*为柱纵筋最小直径；柱根指底层柱下端箍筋加密区

柱箍筋加密区箍筋肢距，一级不宜大于200 mm，二、三级不宜大于250 mm，四级不宜大于300 mm。至少每隔一根纵向钢筋宜在两个方向有箍筋或拉筋约束；采用拉筋复合箍时，拉筋宜紧靠纵向钢筋并钩住箍筋。

(3)框架节点构造要求

1)现浇框架节点　构件连接是框架设计的一个重要组成部分。只有通过构件之间的相互连接，结构才能成为一个整体。现浇框架的连接构造，主要是梁与柱、柱与柱之间的配筋构造。

框架梁、柱的纵向钢筋在框架节点区的锚固和搭接(有抗震设防要求)，应符合下列要求(见图12-12)：

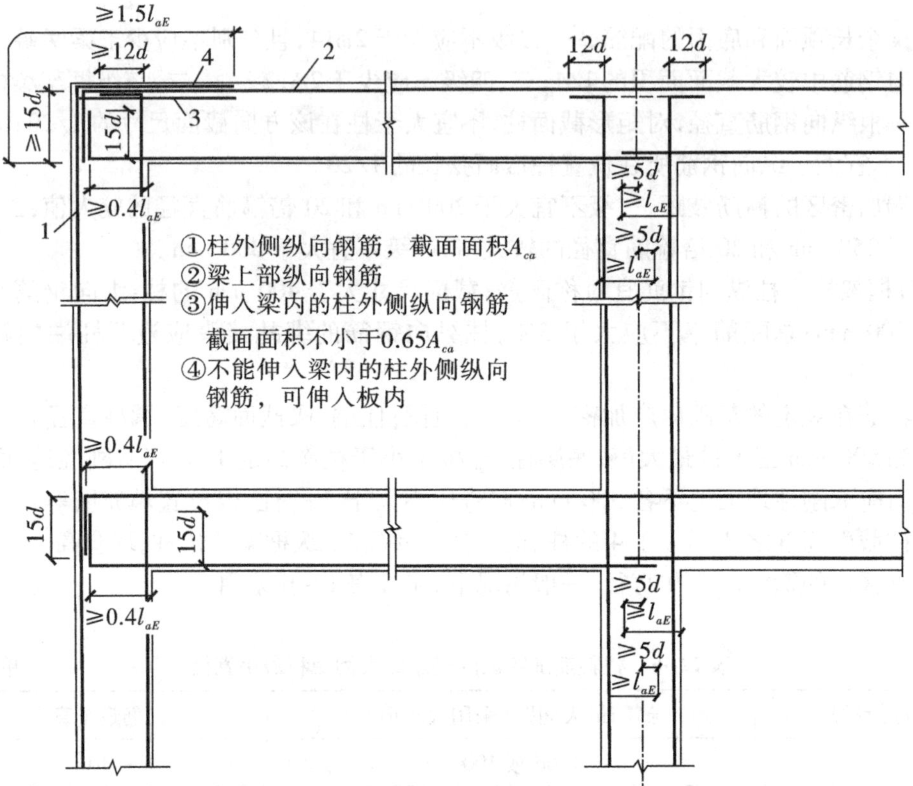

图 12-12　抗震设计框架梁纵向钢筋在节点内的锚固与搭接

①顶层中节点柱纵向钢筋和边节点柱内侧纵向钢筋应伸至柱顶；当从梁底边计算的直线锚固长度不小于 l_{aE}时，可不必水平弯折，否则应向柱内或梁、板水平弯折；当充分利用柱纵向钢筋的抗拉强度时，其锚固段弯折前的竖直投影长度不应小于 $0.5l_{abE}$，弯折后的水平投影长度不宜小于 12 倍的柱纵向钢筋直径。

②顶层端节点处，在梁宽范围以内的柱外侧纵向钢筋可与梁上部纵向钢筋搭接，搭接长度不应小于 $1.5l_{aE}$；在梁宽范围以外的柱外侧纵向钢筋可伸入现浇板内，其伸入长度与伸入梁内的相同。当柱外侧纵向钢筋的配筋率大于 1.2% 时，伸入梁内的柱纵向钢筋宜分两批截断，其截断点之间的距离不宜小于 20 倍的柱纵向钢筋直径。

③梁上部纵向钢筋伸入端节点的锚固长度，直线锚固时不应小于 l_{aE}，且伸过柱中心线的长度不宜小于 5 倍的梁纵向钢筋直径；当柱截面尺寸不足时，梁上部纵向钢筋应伸至节点对边并向下弯折，锚固段弯折前的水平投影长度不应小于 $0.4l_{abE}$，弯折后的竖直投影长度应取 15 倍的梁纵向钢筋直径。

④当计算中不利用梁下部纵向钢筋的强度时，其伸入节点内的锚固长度应取不小于 12 倍的梁纵向钢筋直径。当计算中充分利用梁下部钢筋的抗拉强度时，梁下部纵向钢筋可采用直线方式或向上 90°弯折方式锚固于节点内，直线锚固时的锚固长度不应小于 l_{aE}；弯折锚固时，锚固段的水平投影长度不应小于 $0.4l_{aE}$，竖直投影长度应取 15 倍的梁纵

向钢筋直径。

2)装配整体式框架节点　装配整体式框架节点的构造直接影响整个框架的整体性。目前工程中采用的接头形式较多,常见的几种节点做法见图12-13。

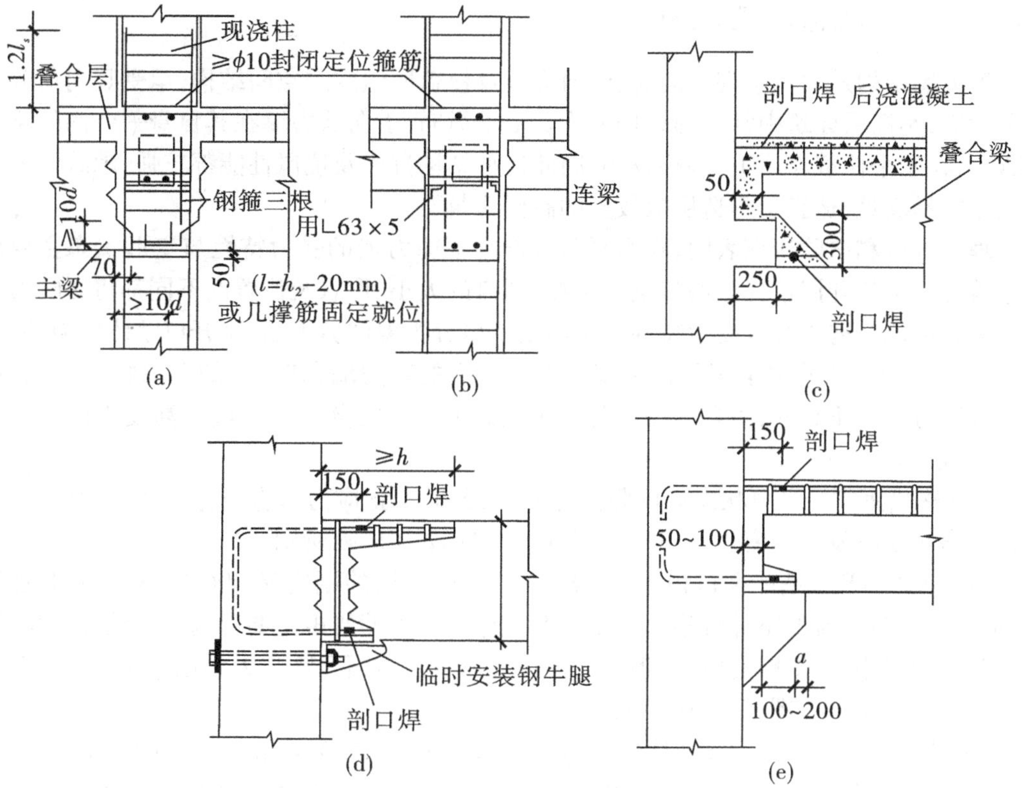

图12-13　装配整体式框架节点

(a)(b)预制梁、现浇柱节点(用工具式非承重柱模);(c)暗牛腿式节点;(d)齿槽式节点;(e)明牛腿式节点

3)框架柱与填充墙的连接构造　框架的填充墙或隔墙应优先选用预制轻质墙板,并必须与框架牢固的连接。抗震设计时,砌体填充墙及隔墙应具有自身稳定性,并应符合下列要求:

①砌体的砂浆强度等级不应低于M5,墙顶应与框架梁或楼板密切结合。

②砌体填充墙应沿框架柱全高每隔500 mm左右设置2根直径6 mm的拉筋。拉筋伸入墙内的长度:6、7度时不应小于墙长的1/5且不应小于700 mm,8、9度时宜沿墙全长贯通。

③墙长大于5 m时,墙顶与梁(板)宜有钢筋拉筋;墙长大于层高的2倍时,宜设置钢筋混凝土构造柱;墙高超过4 m时,墙体半高处(或门洞上皮)宜设置与柱连接且沿墙全长贯通的钢筋混凝土水平系梁。

12.3 剪力墙结构

12.3.1 剪力墙结构的受力特点

剪力墙结构是由一系列纵向、横向剪力墙及楼盖所组成的空间结构，承受竖向荷载和水平荷载，是高层建筑中常用的结构形式。由于纵向、横向剪力墙在其自身平面内的刚度都很大，在水平荷载作用下，侧移较小，因此这种结构抗震及抗风性能都较强，承载力要求也比较容易满足，适宜于建造层数较多的高层建筑。

理论分析和试验研究表明，在水平荷载作用下剪力墙的受力特性与变形状态主要取决于剪力墙上的开洞情况。洞口是否存在，洞口的大小、形状及位置的不同都将影响剪力墙的受力性能。剪力墙按受力特性的不同主要可分为整体剪力墙、小开口整体剪力墙、双肢墙（多肢墙）和壁式框架等几种类型。不同类型的剪力墙，其相应的受力特点、计算简图和计算方法也不相同，主要表现为各墙肢截面上应力的分布和沿墙肢高度方向上弯矩的变化规律。

（1）整截面墙的受力状态如同竖向悬臂梁，截面上正应力呈直线分布，沿墙肢的高度方向上弯矩既不发生突变也不出现反弯点。如图 12-14（a）所示。

（2）整体小开口墙的通口很小，连梁刚度很大，墙肢的刚度又相对较小时，此时连梁的约束作用很强，墙的整体性很好。水平荷载作用产生的弯矩主要由墙肢的轴力承担，墙肢自身弯矩很小，弯矩图有突变，但基本上没反弯点。截面上正应力接近直线分布。弯曲仍以弯曲性为主。如图 12-14（b）所示。

（3）双肢墙介于整体小开口墙和独立悬臂墙之间，连梁对墙肢有一定的约束作用，墙肢弯矩图有突变，并有反弯点存在，墙肢局部弯矩较大，整个截面上正应力已不再呈直线分布。变形曲线为弯曲型。如图 12-14（c）所示。

（4）壁式框架是指墙面洞口较大，以至于连梁与墙肢的刚度接近，墙肢中弯矩与框架柱相似，其弯矩图不仅在楼层处有突变，而且在大多数楼层中都出现反弯点。变形曲线以剪切型为主。可见，由于连梁对墙肢的约束作用，使墙肢弯矩产生突变，突变值的大小主要取决于连梁与墙肢的相对刚度比。如图 12-14（d）所示。

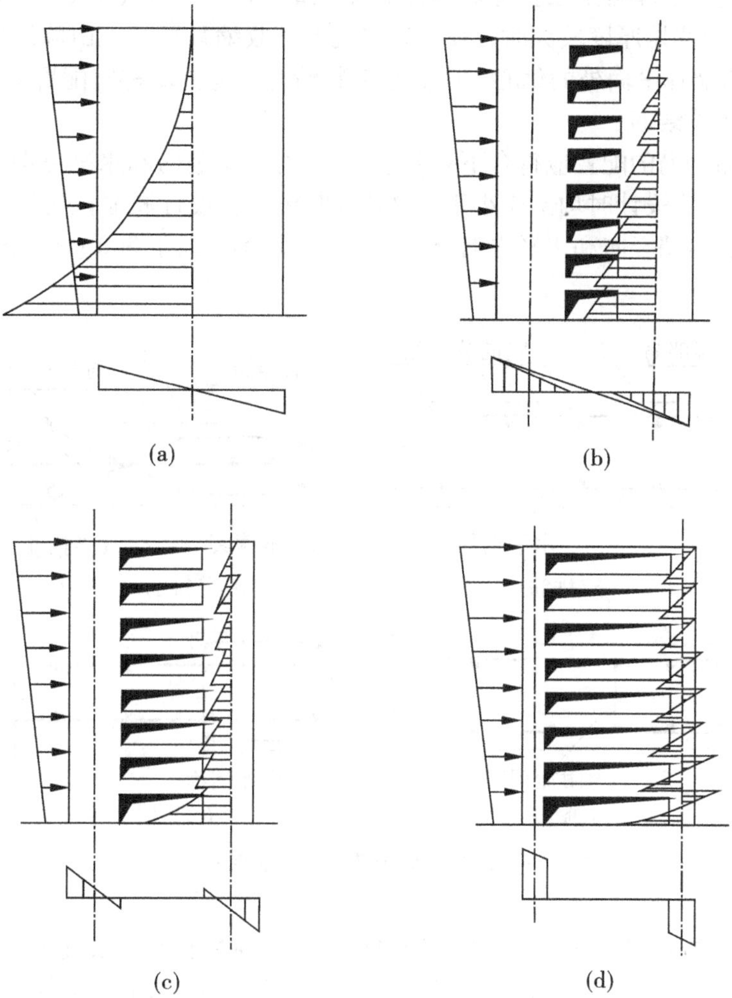

图 12–14 剪力墙在水平荷载作用下的轴力特点

12.3.2 剪力墙结构的构造要求

为保证墙体的稳定及浇灌混凝土的质量,钢筋混凝土剪力墙的截面厚度不应小于楼层净高的 1/25,也不应小于 140 mm。采用装配式楼板时,楼板搁置不能切断或过多削弱剪力墙沿高度的连续性,剪力墙至少应有 60% 面积与上层相连。在决定墙厚时也应考虑这一因素。

钢筋混凝土剪力墙中,混凝土不宜低于 C20 级。

剪力墙两端和洞口两侧应按规定设置边缘构件。边缘构件分约束边缘构件和构造边缘构件,边缘构件包括暗柱、端柱和翼墙。非抗震设计时,应设置构造边缘构件。剪力墙墙肢两端的竖向受力钢筋不宜少于 4ϕ12 的钢筋或 2ϕ16 的钢筋;沿该竖向钢筋方向宜配置直径不小于 6 mm、间距为 250 mm 的拉筋。

剪力墙的配筋有单排及双排配筋两种形式，如图 12-15(a)(b)(c)(d)所示。单排配筋施工方便，但当墙厚度较大时，表面易出现温度收缩裂缝。在山墙及楼梯间一侧的剪力墙，常常有墙体平面外的偏心。因此在多数情况下剪力墙都宜配置双排钢筋，双排钢筋之间要设置拉结筋。

剪力墙分布钢筋的配置应符合下列要求：一般剪力墙竖向和水平方向分布筋的配筋率，一、二、三级抗震设计时均不应小于 0.25%，四级抗震设计和非抗震设计时均不应小于0.2%；一般剪力墙竖向和水平方向分布钢筋间距均不应大于 300 mm，分布钢筋直径均不应小于 8 mm。

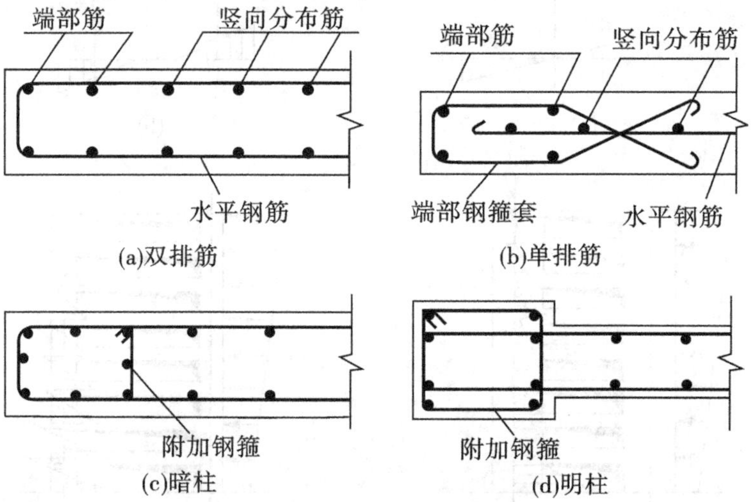

图 12-15 剪力墙截面配筋形式

剪力墙上开洞时，洞口边缘必须配置钢筋，必要时应配斜筋以抵抗洞口角部的应力集中。当洞口较大，按整体小开口墙或联肢墙计算剪力墙内力时，洞口边的钢筋按连梁及墙肢截面计算要求配置，如洞口较小，按整体计算时，洞口按构造要求配置钢筋。每边不少 2ϕ12，钢筋伸过洞口边至少 600 mm 或 l_a，如图 12-16 所示。当开的洞口很小(如穿管道需要的小洞)，未切断分布筋时，可利用分布筋作为洞口边的钢筋。当洞口切断分布筋时，则洞口边应放置构造钢筋，其面积不小于切断的分布筋或不小于 2ϕ8。

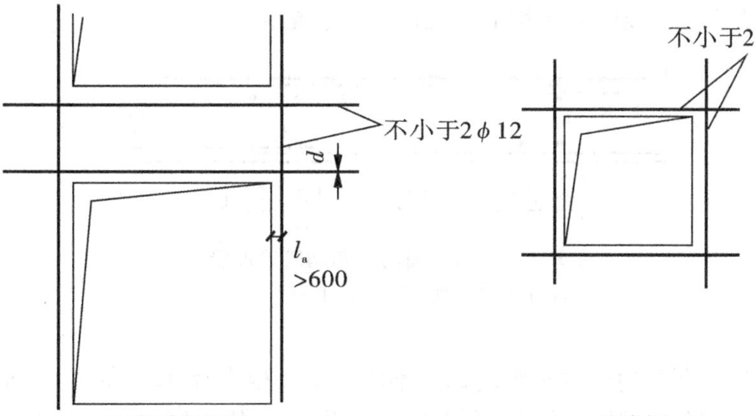

(a)门窗洞口　　　　(b)小洞口

图 12-16　洞口配筋

注:抗震时锚固长度为 l_{aE}

12.4　框架-剪力墙结构

12.4.1　框架-剪力墙结构的受力特点

框架-剪力墙结构是由框架和剪力墙两类抗侧力单元组成,这两类抗侧力单元的变形和受力特点不同。剪力墙的变形以弯曲型为主,框架的变形以剪切型为主。在框-剪结构中,框架和剪力墙由楼盖连接起来而共同变形。

框-剪结构协同工作时,由于剪力墙的刚度比框架大得多,因此剪力墙负担大部分水平力;另外,框架和剪力墙分担水平力的比例,房屋上部、下部是变化的。在房屋下部,由于剪力墙变形增大,框架变形减小,使得下部剪力墙担负更多剪力,而框架下部担负的剪力较少。在上部,情况恰好相反,剪力墙担负外载减小,而框架担负剪力增大。这样,就使框架上部和下部所受剪力均匀化。从协同变形曲线可以看出,框架结构的层间变形在下部小于纯框架,在上部小于纯剪力墙,因此各层的层间变形也将趋于均匀化。

12.4.2　框架-剪力墙结构的构造要求

框-剪结构中,剪力墙是主要的抗侧力构件,承担着大部分剪力,因此构造上应加强。

剪力墙的厚度不应小于 160 mm,也不应小于 $h/20$(h 为层高)。

剪力墙墙板的竖向和水平方向分布钢筋的配筋率均不应小于 0.2%,直径不应小于 8 mm,间距不应大于 300 mm,并至少采用双排布置。各排分布钢筋间应设拉筋,拉筋直径不小于 6 mm,间距不应大于 600 mm。

剪力墙周边应设置梁(或暗梁)和端柱组成边框。墙中的水平和竖向分布钢筋宜分别贯穿柱、梁或锚入周边的柱、梁中,锚固长度为 l_a。端柱的箍筋应沿全高加强配置。

剪力墙水平和竖向分布钢筋的搭接长度不应小于 $1.2l_a$。同排水平分布钢筋的搭接接头之间以及上、下相邻水平分布钢筋的搭接接头之间沿水平方向的净距不宜小于

500 mm(见图 12-17)。竖向分布钢筋可在同一高度搭接。

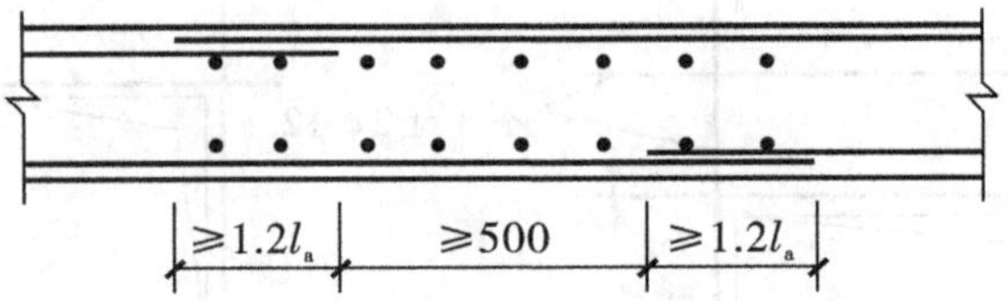

图 12-17　剪力墙内分布钢筋的连接

注:抗震设计时,图中锚固长度为 l_{aE}

剪力墙洞口上、下两边的水平纵向钢筋不应少于 2 根直径 12 mm 的钢筋，钢筋截面面积分别不宜小于洞口截断面的水平分布钢筋总截面面积的 1/2。纵向钢筋自洞口边伸入墙内的长度不应小于 l_a。剪力墙洞口边梁应沿全长配置箍筋，箍筋不宜小于 6@150。在顶层洞口连系梁纵向钢筋伸入墙内的锚固长度范围内,应设置间距不大于 150 mm 的箍筋,箍筋直径宜与该连系梁跨内箍筋相同(见图 12-18)。同时,门窗洞边的竖向钢筋应按受拉钢筋锚固在顶层连系梁高度范围内。

图 12-18　连系梁配筋构造

注:抗震设计时,图中锚固长度为 l_{aE}

当剪力墙墙面开有非连续小洞口(其各边长度小于 800 mm)，且在整体计算中不考虑其影响时,应将洞口处被截断的分布筋量分别集中配置在洞口上、下和左、右两边,且钢筋直径不应小于 12 mm,如图 12-19(a)所示。穿过连系梁的管道宜预埋套管,洞口上、下的有效高度不宜小于梁高的 1/3,且不宜小于 200 mm,洞口处宜配置补强钢筋,如图

12-19(b)所示。

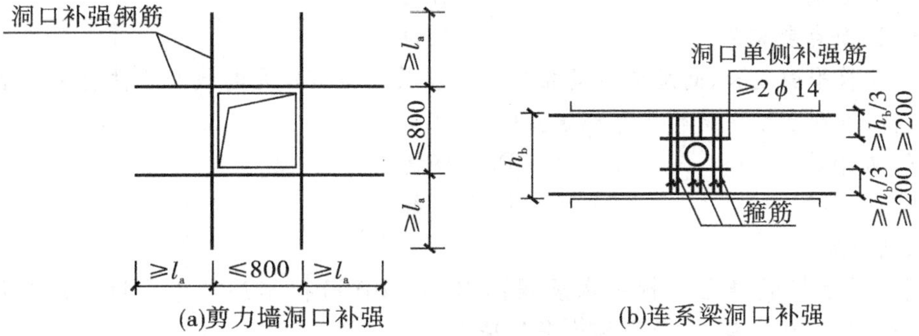

图 12-19 洞口补强配筋示意图

注:抗震设计时,图中锚固长度为 l_{aE}

剪力墙端部应按构造配置不少于 4ϕ12 mm 的纵向钢筋,沿纵向钢筋应配置不少于直径 6 mm、间距为 250 mm 的拉筋。

基础知识与技能训练

基础知识训练

一、填空题

1. 常用的多高层建筑结构体系有________、________、________和________。

2. 框架结构的形式有________、________、________和________。

3. 承重框架结构的布置方案有________、________和________。

4. 剪力墙按洞口大小和分布不同,可以分为________________、________、________、________和________。

5. 剪力墙结构承受房屋的________和________荷载。

6. 变形缝有________、________、________三种。

二、选择题

1. 框架结构按施工方法可分为(　　)。

A. 现浇式框架　　B. 装配式框架

C. 装配整体式框架　　D. 横向承重框架

2. 框架结构常见的柱网布置形式有(　　)。

A. 内廊式　　B. 跨度组合式

C. 横向承重框架　　D. 纵向承重框架

3. 变形缝包括(　　)。

A. 伸缩缝　　B. 沉降缝

C. 防震缝　　D. 施工缝

4. 框架结构设计中,“梁比柱的屈服尽可能先发生和多出现,底层柱的塑性铰最晚形成,同一层中各柱两端的屈服过程越长越好”这一原则称为(　　)。

A. 强柱弱梁　　B. 强剪弱弯

C. 强节点弱构件　　D. 延性设计

5. 当建筑平面过长、高度或刚度相差过大以及各结构单元的地基条件有较大差异时,钢筋混凝土框架结构应考虑设置(　　)。

A. 伸缩缝　　B. 沉降缝

C. 防震缝　　D. 施工缝

三、判断题

1.《高层建筑混凝土结构技术规程》(JGJ3—2010)把十层及十层以上或高度大于28 m的房屋称为高层房屋,否则称为多层房屋。(　　)

2. 框架结构以梁和柱为主要承重构件。(　　)

3. 剪力墙结构抗侧移能力不大,不能承受水平荷载——剪力。(　　)

4. 框架-剪力墙结构体系可用于较高(10~20层)的高层建筑。(　　)

5. 房屋有较大错层者,且楼面高差较大处宜设置沉降缝。(　　)

6. 沉降缝应该从基础底部断开。(　　)

四、简答题

1. 钢筋混凝土多层与高层建筑结构体系有哪几种?各种体系的适用范围是什么?

2. 按施工方法不同,钢筋混凝土框架结构有哪几种形式?各有何优缺点?

3. 简述有抗震设防要求时现浇框架的节点构造要求?

4. 抗震设计时梁、柱箍筋的构造要求有何不同?

技能训练

1. 观察宿舍楼,判断它属于什么类型的结构。

2. 观察一高层建筑,判断它属于什么类型的结构。

模块13 砌体结构

*学习任务与目标

学习任务

1. 熟悉砌体结构的概念及分类以及材料选用；掌握砌体受压的特点及影响抗压强度的因素。

2. 掌握混合结构房屋的结构布置、静力计算方案和设计内容；掌握混合结构房屋的构造以及防止墙体开裂的措施。

3. 熟悉过梁和挑梁的受力特点；掌握过梁和挑梁的构造。

知识目标

1. 掌握砌体结构概念及分类、砌体材料种类及特点。

2. 理解砌体受压及局部受压特点，掌握影响砌体抗压强度的因素。

3. 掌握混合结构房屋的结构布置方案、墙体构造及防止墙体开裂的措施。

4. 熟悉并掌握过梁和挑梁的构造。

技能目标

1. 能合理选用材料，熟悉块体和砂浆强度的检测方法，能看懂砌体的结构施工图，明确块体和砂浆所用的强度等级和种类，分析解决砌体施工质量问题。

2. 能结合实际，提出提高砌体受压承载力和局部受压承载力的措施。

3. 能根据施工图纸和工程实物判断结构的布置方案；能明确影响墙体承载力和稳定性的因素，并据此分析解决工程实际中的相关问题。

4. 能识别实际工程中的过梁和挑梁，分析配筋的合理性，解决相关实际问题。

13.1 砌体材料和砌体的力学性能

砌体结构是指由块体和砂浆砌筑而成的墙、柱作为建筑物主要受力构件的结构。它是砖砌体、砌块砌体和石砌体结构的统称。

砌体结构适用于以受压为主的结构。民用建筑物中的墙体、柱、基础、过梁等,工业建筑物和构筑物中的承重墙、烟囱、小型水池、围护墙、地沟等,交通工程中的拱桥、隧道、涵洞、挡土墙等,水利工程中的石坝、渡槽、围堰等都可以用砌体结构建造。

13.1.1 砌体材料

13.1.1.1 块体

(1)砖

1)烧结普通砖　烧结普通砖是由煤矸石、页岩、粉煤灰或黏土为主要原料,经焙烧而成的实心砖(实心砖的孔洞率不大于15%)。包括烧结黏土砖、烧结煤矸石砖、烧结页岩砖和烧结粉煤灰砖等。烧结黏土砖保温、隔热及耐久性良好,但为节约耕地,我国已禁止使用实心黏土砖。烧结普通砖采用标准砖的规格,尺寸240 mm×115 mm×53 mm,干重约有2.5 kg,分手工砖和机制砖两种。

2)非烧结普通砖　主要有蒸压灰砂普通砖和蒸压粉煤灰普通砖。蒸压灰砂普通砖是以石灰等钙质材料和砂等硅质材料为主要原料,经坯料制备、压制排气成型、高压蒸汽养护而成的实心砖。蒸压粉煤灰普通砖是以石灰、消石灰(如电石渣)或水泥等钙质材料与粉煤灰等硅质材料及集料(砂等)为主要原料,掺加适量石膏,经坯料制备、压制排气成型、高压蒸汽养护而成的实心砖。其规格采用标准砖的规格。

硅酸盐砖当长期受热高于200 ℃以及受冷热交替作用或有酸性侵蚀时应避免采用,其耐久性较差。MU15和MU15以上的蒸压灰砂砖可用于基础及其他部位。蒸压粉煤灰砖用于基础或受冻融和干湿交替作用的建筑部位时必须使用一等砖。

3)混凝土砖　以水泥为胶结材料,以砂、石等为主要集料,加水搅拌成型,养护制成的一种砖。分为混凝土普通砖和混凝土多孔砖。混凝土普通砖的规格主要有240 mm×115 mm×53 mm、240 mm×115 mm×90 mm等,是一种实心砖。混凝土多孔砖是一种多孔的混凝土半盲孔砖,其规格主要有240 mm×115 mm×90 mm、240 mm×190 mm×90 mm、190 mm×190 mm×90 mm等。

4)烧结多孔砖　烧结多孔砖是以煤矸石、页岩、粉煤灰或黏土为主要原料,经焙烧而成、孔洞率不大于35%,孔的尺寸小而数量多,主要用于承重部位的砖。

在我国孔洞率大于或等于15%的砖可视为多孔砖,它具有保温、隔热性能好等优点,但砌筑较为麻烦、劳动强度较大。这类砖的孔型和规格并不统一,占全国空心砖总产量的90%以上的承重黏土空心砖的三种主要规格是:KM1、KP1及KP2三种砖的孔洞型式未规定。编号中的字母K表示空心,M表示模数,P表示普通。模数空心砖KM1的规格为190 m×190 mm×90 mm,普通空心砖KP1的规格为240 mm×115 mm×90 mm,KP2的规格为240 mm×180 mm×115 mm。承重黏土空心砖为竖孔空心砖,强度较高,常用于砌筑承重墙，使用时孔洞垂直于受压面。其强度等级是按抗压极限强度，根据规定的试验方法得到的破坏压力折算到受压毛面积上划分的，在设计计算中不必考虑孔洞率的影响。图13-1为竖孔空心砖的三种型号。

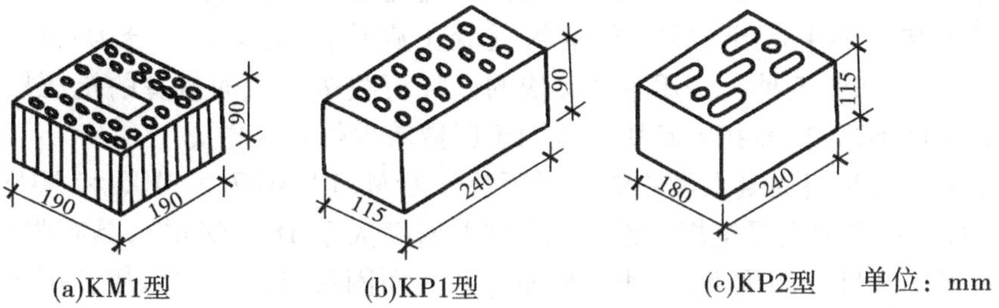

图13-1　竖孔空心砖

水平孔空心砖一般多用于非承重墙，也有用于预应力配筋楼盖中，其孔洞率一般在30%以上，孔大而少，使用时孔洞平行于承压面，强度较低。图13-2为水平孔空心砖。

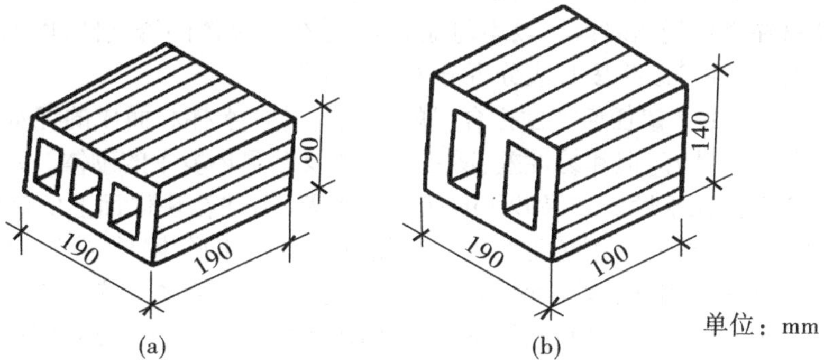

图13-2　水平孔空心砖

《砌体结构设计规范》(GB 50003—2011)规定，承重结构的块体强度等级按下列规定采用：

烧结普通砖、烧结多孔砖的强度等级分为MU30、MU25、MU20、MU15和MU10五级。块材强度等级的符号为MU，如MU15表示该块材的强度为15 MPa。MU10、MU15两种砖的强度等级常用。

蒸压灰砂普通砖、蒸压粉煤灰普通砖的强度等级分为MU25、MU20和MU15三种。

混凝土普通砖、混凝土多孔砖的强度等级分为MU30、MU25、MU20和MU15四种。

自承重墙的空心砖的强度等级分为MU10、MU7.5、MU5和MU3.5四种。

(2)砌块　用混凝土、轻混凝土及硅酸盐等很多材料均可制作砌块。砌块的规格尚不统一，我国当前采用的主要类型为实心砌块、空心砌块和微孔砌块。砌块主要是指硅酸盐类砌筑制品，可用以砌筑墙体和楼面等。使用地区不同采用砌块类型也不相同。如上海、浙江常用粉煤灰硅酸盐砌块，广西、贵州、四川常用混凝土小型砌块，北京常用加气混凝土砌块，江苏、河南常用煤矸石硅酸盐砌块等。一般把高度在 350 mm 以内的砌块称为小型砌块，高度为 350 ~900 mm 的砌块称为中型砌块，目前小型砌块使用较多。混凝土小型空心砌块是由普通混凝土或轻集料混凝土制成，主规格尺寸为 390 mm×190 mm×190 mm，空心率为 25% ~50% 的空心砌块，简称混凝土砌块或砌块。

用于承重结构的混凝土砌块、轻集料混凝土砌块的强度等级分为：MU20、MU15、MU10、MU7.5 和 MU5 五种。是用单个砌块的破坏荷载按毛截面折算的抗压极限强度确定的。因其强度不高，目前我国砌块一般用于层数较少的建筑中。

自承重墙的轻集料混凝土砌块的强度等级分为 MU10、MU7.5、MU5 和 MU3.5 四种。

(3)石材　建筑中主要是指天然岩石（重力密度大于 18 kN/m^3），具有强度高、抗冻性和抗气性及耐久性好的优点，但开采和加工繁重而困难，传热性高，故多用于房屋的基础、勒脚部位以及用作重要房屋的贴面等。

石材的强度等级分为 MU100、MU80、MU60、MU50、MU40、MU30、MU20 七种，是根据边长为 70 mm 的立方体试块的抗压强度来划分的。

13.1.1.2　砂浆

砂浆在砌体中的作用是将砌体内的块体黏结成整体，并因在铺砌时填平了块体不平的表面而使块材在砌体受压时能比较均匀地受力，减少了砌体的透气性，增加了砌体的隔热性、防冻性和密实性。砂浆按其成分可分为以下几类。

(1)水泥砂浆　由不掺任何塑性掺合料的水泥与砂加水拌和而成的纯水泥砂浆。其硬化快、强度高、耐久性好，但和易性差，适用于水中及潮湿环境中的砌体。砂浆的质量在很大程度上取定于其保水性。如果砂浆的保水性很差，新铺在块体面上的砂浆的水分很快被吸去（被吸去的水分超过了正常范围），则使砂浆难以抹平，降低了砌体质量，甚至砂浆不能进行正常硬化作用，砌体强度会大为降低。水泥砂浆保水性较差，容易发生泌水、离析等现象。因此，在强度等级相同的条件下，用水泥砂浆砌筑的砌体强度要比用其他砂浆时低。

(2)混合砂浆　混合砂浆就是在水泥砂浆中掺入适量塑性掺和料（如石灰膏、黏土等）拌合而成的，有水泥石灰混合砂浆、水泥黏土混合砂浆，适用于地下水位以上的砌体。一般墙体中常用混合砂浆，其强度、耐久性、保水性、和易性均较好，砌筑质量容易保证。

(3)非水泥砂浆　这类砂浆不含水泥，如石灰砂浆、黏土砂浆和石膏砂浆等，和易性好、硬化慢、强度低、抗水性差，仅适用于地面以上气候干燥地区的低层建筑及临时性辅助房屋。

此外，还有专门用于砌筑混凝土砌块的砌筑砂浆，简称砌块专用砂浆。专门用于砌筑蒸压灰砂砖、蒸压粉煤灰砖的砌筑砂浆。

烧结普通砖、烧结多孔砖、蒸压灰砂砖和蒸压粉煤灰砖砌体采用的普通砂浆的强度等级分为 M15、M10、M7.5、M5 和 M2.5 五种。毛料石、毛石砌体采用的砂浆强度等级分为 M7.5、M5 和 M2.5 三种。当验算施工阶段砂浆尚未硬化的新砌砌体强度时，可按砂浆强度为零来确定。砂浆的强度等级符号为 M。

蒸压灰砂砖和蒸压粉煤灰砖砌体采用的专用砌筑砂浆强度等级分为 Ms15、Ms10、Ms7.5 和 Ms5 四种。

混凝土普通砖、混凝土多孔砖、单排孔混凝土砌块和煤矸石混凝土砌块砌体采用的砂浆强度等级分为Mb20、Mb15、Mb10、Mb7.5和Mb5五种。

双排孔或多排孔轻集料混凝土砌块砌体采用的砂浆强度等级分为Mb10、Mb7.5和Mb5三种。

砂浆的强度等级是用边长为70.7 mm的钢试模做成的立方体试块，在室温为20 ℃左右的自然条件下养护24 h后，再在同样条件下继续养护到达28天加压测得的抗压强度平均值(MPa)。确定砂浆强度等级时应采用同类块体为砂浆强度试块底模。

总之，砌体结构的主要发展方向是要求块体具有轻质高强，砂浆具有高强度，特别是高黏结强度；在施工方面则要求采用机械化和工业化方法；利用工业废料制作砌体；在砌体中配筋等。

13.1.1.3 砌体材料的选择

砌体所用块体和砂浆，主要应依据砌体结构的使用要求、重要性、使用年限、结构构件的受力特点、工作环境等因素来考虑；也要考虑各地区砌体材料选择的工程经验。在地震设防区，砌体材料还应符合现行抗震规范的有关要求。

对于一般房屋，承重砌体用的砖常用MU20、MU15、MU10；石材常用MU50、MU40、MU30、MU20；砂浆常用M5、M7.5、M10，对受力较大的重要部位可用M10。

13.1.1.4 砌体结构的耐久性

砌体结构的耐久性包括两个方面，一是对配筋砌体结构构件的钢筋的保护，二是对砌体材料的保护。砌体结构的耐久性与钢筋混凝土结构既有相同之处但又有一些优势。相同处是砌体结构中的钢筋保护增加了砌体部分，而比混凝土结构的耐久性好，无筋砌体尤其是烧结类砖砌体的耐久性更好。无筋高强度等级砖石结构经历数百年和上千年考验，其耐久性是不容置疑的。对非烧结块材、多孔块材处于冻胀或某些侵蚀环境条件下其耐久性易于受损，故提高其砌体材料的强度等级是最有效和普遍采用的方法。

砌体结构的耐久性应根据环境类别和设计使用年限进行设计。砌体结构的环境类别见表13-1。

表13-1 砌体结构的环境类别

环境类别	条件
1	正常居住及办公建筑的内部干燥环境
2	潮湿的室内或室外环境，包括与无侵蚀性土和水接触的环境
3	严寒和使用除冰盐的潮湿环境(室内或室外)
4	与海水直接接触的环境，或处于滨海地区的盐饱和的气体环境
5	有化学侵蚀的气体、液体或固态形式的环境，包括有侵蚀性土壤的环境

设计使用年限为50年时，砌体材料的耐久性应符合以下要求：

(1)地面以下或防潮层以下的砌体、潮湿房间的墙或环境类别2的砌体，所用材料的最低强度等级应按表13-2的要求采用。

表 13-2 地面以下或防潮湿层以下的砌体所用材料的最低强度等级

潮湿程度	烧结普通砖	混凝土普通砖、蒸压普通砖	混凝土砌块	石材	水泥砂浆
稍潮湿的	MU15	MU20	MU7.5	MU30	M5
很潮湿的	MU20	MU20	MU10	MU30	M7.5
含水饱和的	MU20	MU25	MU15	MU40	M10

注:①在冻胀地区,地面以下或防潮层以下的砌体,不宜采用多孔砖,如采用时,其孔洞应用不低于 M10 的水泥砂浆预先灌实。当采用混凝土空心砌块时,其孔洞应采用强度不低于 Cb20 的混凝土预先灌实。②对安全等级为一级或设计使用年限大于 50 年的房屋,表中材料强度等级应至少提高一级

(2)处于环境类别 3 ~5 等有侵蚀性介质的砌体材料应符合下列规定:

1)不应采用蒸压灰砂普通砖、蒸压粉煤灰普通砖;

2)应采用实心砖,砖的强度等级不应低于 MU20,水泥砂浆的强度等级不应低于 M10;

3)混凝土砌块的强度等级不应低于 MU15,灌孔混凝土的强度等级不应低于 Cb30,砂浆的强度等级不应低于 Mb10;

4)应根据环境条件对砌体材料的抗冻指标、耐酸碱性能提出要求,或符合有关规范的规定。

设计使用年限为 50 年时,砌体灰缝中钢筋外露砂浆保护层厚度不应小于 15 mm。关于砌体中有关钢筋的其他耐久性规定可参阅《砌体结构设计规范》(GB 50003—2011)。

13.1.2 砌体的力学性能

13.1.2.1 砌体的受压破坏特征

以砖砌体为例,根据轴心受压试验分析,可知砖砌体的受压破坏过程大致经历三个阶段(见图 13-3):

由开始加载到个别砖块上出现微细可见裂缝为止称为第Ⅰ阶段,该阶段砌体的横向变形较小,应力应变呈直线关系,因此也称弹性阶段。出现微细可见裂缝时轴向荷载约为砖砌体破坏时极限荷载的(50% ~70%)。此时若荷载不增加,原有裂缝也不再扩展。

继续加载,个别砖块上的裂缝裂通,并沿竖向灰缝通过若干皮砖,当荷载增加到破坏荷载的(80% ~90%)时,形成平行于加载方向的纵向间断裂缝,此阶段称为第Ⅱ阶段。在此阶段若荷载不增加,裂缝发展可以稳定,不会出现新的裂缝。

如果再继续加载,将进入第Ⅲ阶段,此阶段的特点是荷载增加不多,裂缝发展很快,此后即使不增加荷载,裂缝仍能不断增加,形成上下贯通的裂缝,将砌体分割成若干半砖小柱,这时砌体横向变形明显增大,向外鼓出,半砖小柱丧失稳定而破坏。

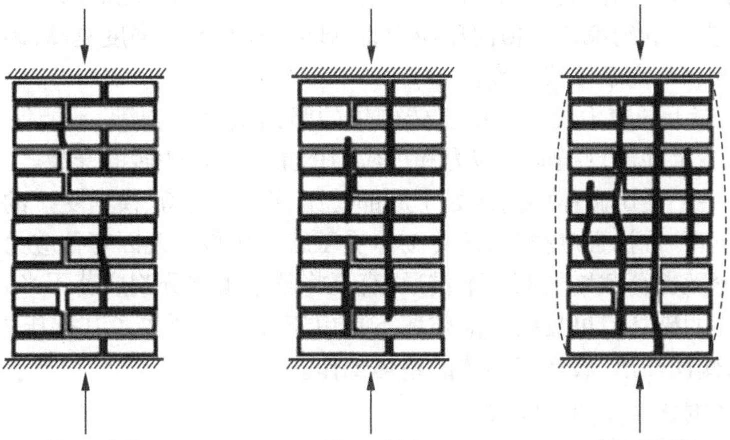
(a)第Ⅰ阶段　(b)第Ⅱ阶段　(b)第Ⅲ阶段

图13-3 砖砌标准试件受压破坏过程

13.1.2.2 砌体的受压状态分析

通过试验研究发现,轴心受压砖砌体在远小于砖的抗压强度下,个别砖块就出现裂缝;轴心受压砖砌体的抗压强度远小于砖的抗压强度,产生这种现象的原因有三个方面。

(1)砂浆铺砌的不均匀性　由于砂浆层的非均匀性以及砖表面的不规整,使得砖与砂浆并非全面接触,而是支承在凹凸不平的砂浆层上,导致单块砖在砌体内不是均匀受压,而是将压力集中在几个局部区域而且上下不对应,因此砌体中的砖不仅受压,还受弯、受剪、局部受压,如图13-4(a)所示。

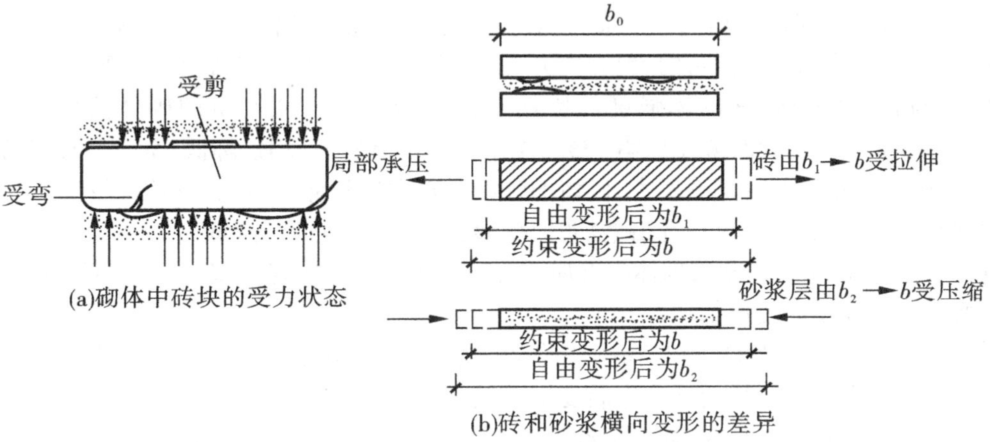

图13-4 砖砌体中的实际受力状态

(2)砌体横向变形时砖和砂浆的交互作用　由于砖与砂浆的横向变形系数不同,以及砖和砂浆间的黏结力和摩擦力,使二者不能自由变形。一般砖的横向变形较中等强度等级以下的砂浆小,在砖和砂浆的交互作用下,两者之间产生相对变形,如图13-4(b)所示,砖受砂浆的约束影响使砖产生横向拉力,从而加快了砖的裂缝的出现和发展。

此外,砂浆受砖的约束产生横向压应力,使砂浆三向受压,强度提高,因此低强度砂浆砌筑的砌体强度有时高于砂浆强度。

(3)竖向灰缝上的应力集中　由于砖砌体的竖向灰缝不饱满,不能保证砌体的整体性,导致竖向灰缝上易出现横向拉应力和剪应力的集中而加快砖的开裂。

综上所述,中心受压砌体中的砖处于局部受压、受弯、受剪、横向受拉的复杂应力状态下。由于砖的抗弯、抗拉强度很低,故砖砌体受压后砖块将出现因弯拉应力而产生的竖向裂缝。这种裂缝随着荷载增加而上下贯通,直至将整个砌体分割成若干半砖小柱,小柱失稳导致整个砌体的破坏。可见砌体的破坏不是由于砖受压耗尽了其抗压强度,而是由于形成半砖小柱,侧向凸出,破坏了砌体的整体工作。

13.1.2.3　影响砌体抗压强度因素

(1)块体和砂浆的强度　试验表明,砖的强度等级提高一倍时,约可使砌体抗压强度提高50%;砂浆强度等级提高一倍,砌体抗压强度约可提高20%。砖的强度等级越高,抗折强度越大即砖不容易开裂,因而砖砌体的抗压强度能在较大程度上提高;砂浆的强度等级越高,受压后它的横向变形越小,减少了砂浆与块材横向变形的差异,使砖受侧向拉应力减小,因而在一定程度上提高砖砌体抗压强度。当砌体抗压强度需提高时,用提高砖的强度等级比提高砂浆的强度等级更有效。用高抗弯而低抗压强度的砖砌成的砌体强度可能比高抗压而低抗弯强度的砖砌成的砌体高。

(2)块体的尺寸和形状　砖的厚度增加,其抗折强度增加,砖砌体的抗压强度提高了;但同时砖的厚度增加,砖变重了,带来砖尺寸模数问题,工人砌筑不便。砖的形状规整与否也直接影响砌体的抗压强度。表面不平整的砖,在压力作用下其弯、剪应力都将增大,使砌体的抗压强度降低。

(3)砂浆铺砌时的流动性　砂浆的和易性(包括流动性和保水性)好,易于砌筑均匀密实,可降低砌体内块体的弯曲、剪切应力,使砌体的抗压强度得到提高。试验表明,纯水泥砂浆的和易性欠佳,其砌体强度约比用水泥石灰混合砂浆砌筑的砌体抗压强度低15%。苏联试验指出此时降低成本13%,湖南大学的试验,平均仅降低5%。砂浆流动性太大,一般其硬化后的变形率增大,砌体的强度会较大地降低。因此对不用石灰而加有机塑化剂的水泥砂浆砌体,流动性虽增加,但变形也大,其强度应予降低(约10%)。对重力密度小于15 kN/m^{3}的轻砂浆砌体强度应予降低(约15%),因轻砂浆变形率明显较大,使砖内弯剪应力及横向变形都增大。

(4)砌筑质量　砌筑质量是指砌体的砌筑方式、灰缝砂浆的饱满度、砂浆层的铺砌厚度等。一般要求水平灰缝的砂浆饱满度不得低于80%。在保证质量的前提下,快速砌筑对砌体强度起有利影响。灰缝的标准厚度为10 mm。湖南大学的资料,灰缝厚度8~16 mm时,砌体抗压强度将分别为标准厚度10 mm的0.77~1.11。灰缝厚度过薄或过厚砖砌体强度都降低。一顺一丁的砌合方式最好,三顺一丁其次,五顺一丁较差。砌筑质量与工人的技术水平有关,若以中等技术水平的工人砌筑的砌体强度为1,高级熟练工人的可达1.3~1.5,低级不熟练工人的仅及0.7~0.9。当砂浆稠度为80~90 mm时,砖的最佳含水率为8%~10%。干砖和含水饱和砖砌体强度都降低。

13.1.2.4 砌体的强度指标

(1)砌体的抗压强度 根据影响砌体抗压强度的因素,《砌体结构设计规范》规定,当块体和砂浆的强度等级确定后,龄期为 28 天的以毛截面计算的各类砌体抗压强度设计值 f,单位为 MPa。当施工质量控制等级为 B 级时,可查表 13-3 ~ 表 13-9。

表 13-3 烧结普通砖和烧结多孔砖砌体抗压强度设计值 单位:MPa

砖强度等级	砂浆强度等级					砂浆强度
	M15	M10	M7.5	M5	M2.5	0
MU30	3.94	3.27	2.93	2.59	2.26	1.15
MU25	3.60	2.98	2.68	2.37	2.06	1.05
MU20	3.22	2.67	2.39	2.12	1.84	0.94
MU15	2.79	2.31	2.07	1.83	1.60	0.82
MU10	—	1.89	1.69	1.50	1.30	0.67

注:当烧结多孔砖的孔洞率大于 30% 时,表中数值应乘以 0.9

表 13-4 蒸压灰砂砖和蒸压粉煤灰砖砌体的抗压强度设计值 单位:MPa

砖强度等级	砂浆强度等级				砂浆强度
	M15	M10	M7.5	M5	0
MU25	3.6	2.98	2.68	2.37	1.05
MU20	3.22	2.67	2.39	2.12	0.94
MU15	2.79	2.31	2.07	1.83	0.82

注:当采用专用砂浆砌筑时,其抗压强度设计值按标准数值采用

表 13-5 混凝土普通砖和混凝土多孔砖砌体的抗压强度设计值 单位:MPa

砖强度等级	砂浆强度等级					砂浆强度
	Mb20	Mb15	Mb10	Mb7.5	Mb5	0
MU30	4.61	3.94	3.27	2.93	2.59	1.15
MU25	4.21	3.60	2.98	2.68	2.37	1.05
MU20	3.77	3.22	2.67	2.39	2.12	0.94
MU15	—	2.79	2.31	2.07	1.83	0.82

表 13-6 单排孔混凝土砌块和轻集料混凝土砌块对孔砌筑砌体的抗压强度设计值 单位:MPa

砌块强度等级	砂浆强度等级					砂浆强度
	Mb20	Mb15	Mb10	Mb7.5	Mb5	0
MU20	6.30	5.68	4.95	4.44	3.94	2.33
MU15	—	4.61	4.02	3.61	3.20	1.89
MU10	—	—	2.79	2.50	2.22	1.31
MU7.5	—	—	—	1.93	1.71	1.01
MU5	—	—	—	—	1.19	0.70

注:①对独立柱或厚度为双排组砌的砌块砌体,应按表中数值乘以 0.7;②对 T 形截面墙体、柱,应按表中数值乘以 0.85;③单排孔混凝土砌块对孔砌筑时,灌孔砌体抗压强度设计值 f_g 参阅规范

表 13-7 双排孔或多排孔轻集料混凝土砌块砌体的抗压强度设计值 单位:MPa

砌块强度等级	砂浆强度等级			砂浆强度
	Mb10	Mb7.5	Mb5	0
MU10	3.08	2.76	2.45	1.44
MU7.5	—	2.13	1.88	1.12
MU5	—	—	1.31	0.78
MU3.5	—	—	0.95	0.56

注:①表中的砌块为火山渣、浮石和陶粒轻骨料混凝土砌块;②对厚度方向为双排组砌的轻集料混凝土砌块砌体的抗压强度设计值,应按表中数值乘以 0.8

表 13-8 毛料石(块体高度为 180 ~ 350 mm)砌体的抗压强度设计值 单位:MPa

毛料石强度等级	砂浆强度等级			砂浆强度
	M7.5	M5	M2.5	0
MU100	5.42	4.80	4.18	2.13
MU80	4.85	4.29	3.73	1.91
MU60	4.20	3.71	3.23	1.65
MU50	3.83	3.39	2.95	1.51
MU40	3.43	3.04	2.64	1.35
MU30	2.97	2.63	2.29	1.17
MU20	2.42	2.15	1.87	0.95

注:对细料石砌体、粗料石砌体和干砌勾缝石砌体,表中数值分别乘以调整系数 1.4、1.2 和 0.8

表 13-9 毛石砌体的抗压强度设计值 单位：MPa

毛石强度等级	砂浆强度等级			砂浆强度
	M7.5	M5	M2.5	0
MU100	1.27	1.12	0.98	0.34
MU80	1.13	1.00	0.87	0.30
MU60	0.98	0.87	0.76	0.26
MU50	0.90	0.80	0.69	0.23
MU40	0.80	0.71	0.62	0.21
MU30	0.69	0.61	0.53	0.18
MU20	0.56	0.51	0.44	0.15

(2)砌体的轴心抗拉、抗弯及抗剪强度　砌体主要用作受压，但在某些情况下可能会受拉、受弯及受剪，比如砖砌圆形水池是砌体轴心受拉的典型实例。土压力作用下的带壁柱挡土墙和风荷载作用下的围墙，是砌体弯曲受拉的实例。影响砌体轴心抗拉、抗弯及抗剪强度的主要因素是砂浆的黏结强度。

施工质量控制等级为 B 级时，各类砌体的轴心抗拉强度设计值(f_t)、弯曲抗拉强度设计值(f_{tm})及抗剪强度设计值(f_v)可查表 13-10。

表 13-10 沿砌体灰缝截面破坏时砌体的 f_t、f_{tm} 及 f_v 单位：MPa

强度类别	破坏特征及砌体种类		砂浆强度等级			
			≥M10	M7.5	M5	M2.5
轴心抗拉	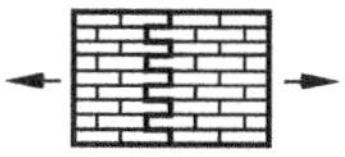 沿齿缝	烧结普通砖、烧结多孔砖	0.19	0.16	0.13	0.09
		混凝土普通砖、混凝土多孔砖	0.19	0.16	0.13	0.09
		蒸压灰普通砂砖、蒸压粉煤灰普通砖	0.12	0.10	0.08	0.06
		混凝土和轻集料混凝土砌块	0.09	0.08	0.07	—
		毛石	—	0.07	0.06	—

续表 13-10

强度类别	破坏特征及砌体种类		砂浆强度等级			
			≥M10	M7.5	M5	M2.5
曲抗拉	 沿齿缝	烧结普通砖、烧结多孔砖	0.33	0.29	0.23	0.17
		混凝土普通砖、混凝土多孔砖	0.33	0.29	0.23	—
		蒸压灰普通砂砖、蒸压粉煤灰普通砖	0.24	0.20	0.16	—
		混凝土和轻集料混凝土砌块	0.11	0.09	0.08	—
		毛石	—	0.11	0.09	0.07
	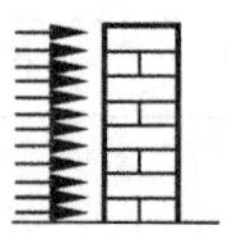 沿通缝	烧结普通砖、烧结多孔砖	0.17	0.14	0.11	0.08
		混凝土普通砖、混凝土多孔砖	0.17	0.14	0.11	—
		蒸压灰普通砂砖、蒸压粉煤灰普通砖	0.12	0.10	0.08	—
		混凝土和轻集料混凝土砌块	0.08	0.06	0.05	—
抗剪	烧结普通砖、烧结多孔砖		0.17	0.14	0.11	0.08
	混凝土普通砖、混凝土多孔砖		0.17	0.14	0.11	—
	蒸压灰普通砂砖、蒸压粉煤灰普通砖		0.12	0.10	0.08	—
	混凝土和轻集料混凝土砌块		0.09	0.08	0.06	—
	毛石		—	0.19	0.16	0.11

注:①对于用形状规则的块体砌筑的砌体,当搭接长度与块体高度的比值小于1时,其轴心抗拉强度设计值f_t和弯曲抗拉强度设计值f_{tm}应按表中数值乘以搭接长度与块体高度比值后采用;

②表中数值是依据普通砂浆砌筑的砌体确定,采用经研究性试验且通过技术鉴定的专用砂浆砌筑的蒸压灰砂普通砖、蒸压粉煤灰 普通砖砌体,其抗剪强度设计值按相应普通砂浆强度等级砌筑的烧结普通砖砌体采用;

③对混凝土普通砖、混凝土多孔砖、混凝土和轻集料混凝土砌块砌体,表中的砂浆强度分别为:≥Mb10、Mb7.5及Mb5

13.1.2.5 各类砌体强度设计值的调整系数

砌体规范规定,下列情况的各类砌体,其强度设计值应乘以调整系数γ_a:

(1)对无筋砌体构件,其砌体截面面积$A<0.3\ m^2$时,γ_a为其截面面积加0.7,即$\gamma_a=0.7+A$,A的单位为m^2;对配筋砌体构件,其砌体截面面积$A<0.2\ m^2$时,$\gamma_a=0.8+A$;

(2)当砌体用强度等级小于M5的水泥砂浆砌筑时,其抗压强度调整系数γ_a为0.9;对轴心抗拉、弯曲抗拉和抗剪强度设计值,γ_a为0.8;

(3)当验算施工中房屋的构件时,γ_a为1.1。

13.2 砌体结构构件的承载力计算

13.2.1 砌体受压构件破坏分析

砌体受压分为轴心受压和偏心受压。当轴向压力的偏心距 $e=M/N$ 为零时为轴心受压。当轴向压力的偏心距 $e=M/N$ 不为零时属于偏心受压，偏心距较小时，截面全部受压，只是压应力分布不均匀；偏心距较大时，截面大部分受压，小部分受拉。

实际工程经验表明，无筋砌体受压，如果偏心距较大，构件的承载力将明显下降，而且偏心距过大还可能使截面受拉边出现过大的水平裂缝，从经济和合理性角度看都不宜采用，因此，《砌体结构设计规范》(GB 50003—2011)规定：无筋砌体轴向力偏心距 e 不应超过 $0.6y$（y 为截面重心到偏心压力所在一侧边缘的距离）。

试验分析还表明，除偏心距对承载力的影响外，高厚比对受压构件承载力也有较大影响，高厚比越大，承载力越低。高厚比（用 β 表示）是指砌体的计算高度 H_0 与对应计算高度方向的截面尺寸 h 之比，即 $\beta=H_0/h$。我们通过引入影响系数 φ 来反映偏心距和高厚比对承载力的综合影响。

13.2.2 无筋砌体受压构件的承载力计算

13.2.2.1 计算公式

当 $e\leqslant 0.6y$ 时，无筋砌体受压构件的承载力计算公式为

$$N \leqslant \varphi f A \tag{13-1}$$

式中 N——荷载设计值产生的轴向力；

f——砌体抗压强度设计值，见表 13-3 ~ 表 13-9；

φ——高厚比 β 和轴向力的偏心距 e 对受压构件承载力的影响系数；

A——截面面积，对各类砌体均可按毛截面计算。

关于影响系数 φ，可按以下公式计算：

当 $\beta\leqslant 3$ 时

$$\varphi = \frac{1}{1+\frac{e}{h}} \tag{13-2}$$

当 $\beta>3$ 时

$$\varphi = \frac{1}{1+\left(\frac{e}{h}+\beta\sqrt{\frac{\alpha}{12}}\right)} \tag{13-3}$$

式中 e——轴向力偏心距；

h——矩形截面的轴向力偏心方向的边长，当计算 T 形截面时，h 应改用 h_T；

α——与砂浆强度有关的系数，当砂浆强度 ≥M5 时，$\alpha=0.0015$；当砂浆强度为 M2.5时，$\alpha=0.002$；当砂浆强度为 0 时，$\alpha=0.09$。

需要说明，在确定影响系数 φ[即按式(13-3)计算]时，高厚比 β 应引入修正系数 γ_β，即

对矩形截面 $$\beta=\frac{H_0}{h}\gamma_\beta \tag{13-4}$$

对 T 形截面 $$\beta=\frac{H_0}{h_T}\gamma_\beta \tag{13-5}$$

式中 H_0——受压构件的计算高度，按表 13-13 采用；

h——矩形截面轴向力偏心方向的边长，当轴心受压时为截面较小边长；

h_T——T 形截面的折算厚度，可近似取 $3.5i$ 计算，i 为截面回转半径；

γ_β——承载力计算时，不同砌体材料的高厚比修正系数，可按下列要求取值：对烧结普通砖、烧结多孔砖砌体取 1.0；对混凝土普通砖、混凝土多孔砖、混凝土及轻集料混凝土砌块砌体取 1.1；对蒸压灰砂砖、蒸压粉煤灰砖、细料石砌体取 1.2；对粗料石和毛石砌体取 1.5。

在确定 T 形截面（带壁柱墙）的折算厚度 h_T时，需要首先确定其翼缘宽度，可按下列规定取用：

多层房屋，当有门窗洞口时，可取窗间墙宽度；当无门窗洞口时，可取壁柱宽度加上壁柱高度的 2/3。

单层房屋，可取壁柱宽度加 2/3 壁柱高度，但不大于窗间墙宽度和相邻壁柱间的距离。

13.2.2.2 注意事项

（1）矩形截面构件，当轴向力偏心方向的截面边长大于另一方向的边长时，除按偏心受压计算外，还应对较小边长方向，按轴心受压进行验算。

（2）在承载力验算时，一定要满足 $e\leqslant0.6y$ 的要求，若不满足，则应采取措施减小偏心距，可以设置中心装置、缺口垫块或改变截面尺寸，也可采用配筋砌体。

（3）确定砌体抗压强度时，一定要注意是否需要引入强度调整系数 γ_a。

（4）T 形截面折算厚度 h_T 可按如下步骤计算：

确定 T 形截面形心轴位置→求截面惯性矩 $I\rightarrow i=\sqrt{\frac{I}{A}}\rightarrow h_T=3.5i$

【例 13-1】 砖柱截面为 490 mm×370 mm，采用强度等级为 MU10 的黏土砖与 M5 的混合砂浆，砖砌体自重 19 kN/m^3，柱底承受轴心压力设计值为 170 kN，柱计算高度 $H_0=$ 5 m，试验算柱底截面是否安全？

解 （1）求影响系数 φ

由 MU10 的黏土砖与 M5 混合砂浆查表 13-3 得砌体抗压强度设计值 $f=1.5$ MPa

截面面积 $A=0.49\times0.37=0.18\ \text{m}^2<0.3\ \text{m}^2$

则砌体强度设计值应乘以调整系数 $\gamma_a=A+0.7=0.18+0.7=0.88$

由 $\beta=\gamma_\beta\frac{H_0}{h}=1\times\frac{5000}{370}=13.5>3$ 和 $\frac{e}{h}=0$ 得（M5 砂浆，$\alpha=0.0015$）：

$$\varphi=\frac{1}{1+12\left(\frac{e}{h}+\beta\sqrt{\frac{\alpha}{12}}\right)^2}=\frac{1}{1+12\left(0+13.5\sqrt{\frac{0.0015}{12}}\right)^2}=0.785$$

(2)验算承载力

$N=170\ kN<\varphi\gamma_a fA=0.785\times0.88\times1.5\times490\times370=187863\ N=187.863\ kN$

故柱截面安全。

13.3 砌体局部受压计算

压力仅作用在砌体部分面积上的受力状态称为局部受压。局部受压是砌体结构中常见的一种受力状态,如在混合结构房屋中,支承梁的砖墙及支承钢筋混凝土柱的砖基础顶面等,均产生局部受压。局部受压分为局部均匀受压和局部不均匀受压。

13.3.1 局部受压破坏特点

砌体上作用的局部压力会沿着一定的压力扩散角逐渐地分布到砌体全截面上。因此,砌体按全截面受压验算,承载力是足够的,但在局部承压面下一定范围内有时却出现了砌体局部压缩的裂缝,这就是局部受压承载力不足的破坏现象。

砌体局部受压时,不利的一面是在较小的承压面上承受较大的压力,有利的一面是砌体局部抗压强度会高于其砌体抗压强度。实验和理论都证明,在局部压力作用下,局部受压砌体在产生纵向变形时还会发生横向变形,而周围未直接受压的砌体会像套箍一样阻止其横向变形,局部受压砌体处于双向或三向受压状态,因此局部抗压强度得到提高(称为"套箍强化")。

在局部压力作用下,起套箍作用的砌体产生的环向拉应力一旦大于砌体抗拉强度时,就会发生局部受压破坏。试验表明,砖砌体局部受压可能有三种破坏形态:

(1)因竖向裂缝发展而破坏　当$\frac{A_0}{A_l}$(A_0为影响局部抗压强度的计算面积,A_l为局部受压面积)不太大时,在局部压力作用下,第一批裂缝多发生在 1 ~2 皮砖以下的砌体内,并随压力的增大逐渐增多且向上、向下发展,导致破坏,如图 13-5(a)所示,称之为"先裂后坏"。

(2)劈裂破坏　当$\frac{A_0}{A_l}$大于某一值时,局部受压构件受荷后未发生较大变形,一旦构件外侧出现与受力方向一致的竖向裂缝,构件立即开裂而导致破坏,破坏时犹如刀劈,裂缝少而集中,故称之为劈裂破坏或"一裂就坏",这种破坏发生前无明显征兆,如图 13-5(b)所示。

(3)局压面积处局部破坏　这种破坏发生在局部受压构件的材料强度很低时,因局部受压面积A_l内砌体材料被压碎而使整个构件丧失承载力,此时构件外侧未发生竖向裂缝,故称之为"未裂先坏"。

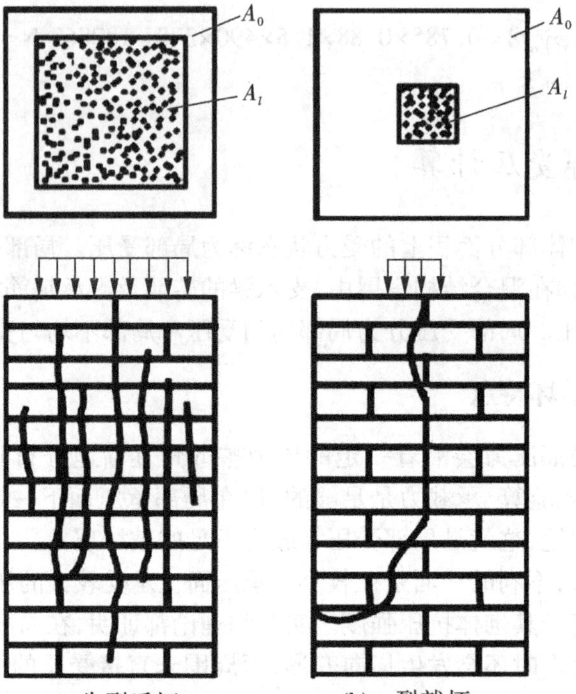

(a)先裂后坏　(b)一裂就坏

图 13-5　砌体局部受压破坏

三种破坏形态中,“一裂就坏”与“未裂先坏”表现出明显的脆性,工程设计中必须避免发生。一般应按“先裂后坏”来考虑设计。

13.3.2　砌体局部均匀受压

砌体截面中受局部均匀受压时的承载力应按式(13-6)计算:

$$N_l \leqslant \gamma f A_l \tag{13-6}$$

式中　N_l——局部受压面积上轴向力设计值;

γ——砌体局部抗压强度提高系数,局部受压面积小于 0.3 m^2时,可不考虑强度调整系数 γ_a 的影响;

A_l——局部受压面积。

砌体局部抗压强度提高系数 γ 按式(13-7)计算:

$$\gamma = 1 + 0.35\sqrt{\frac{A_0}{A_l} - 1} \tag{13-7}$$

式中　A_0——影响砌体局部抗压强度的计算面积,按图 13-6 规定计算。

此外,为了防止出现突然的劈裂破坏,按式(13-7)计算出的 γ 还应符合相应限制(见图 13-6)。

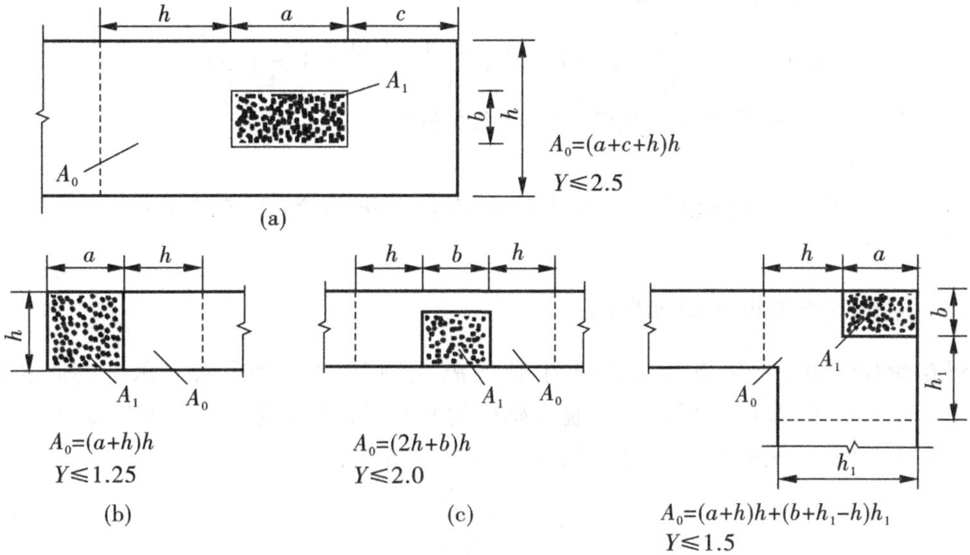

图13-6　影响局部抗压强度的面积 A_0

应当注意,对要求灌孔的混凝土砌块砌体,局部抗压强度提高系数 γ 应小于或等于1.5;对未灌孔的混凝土砌块砌体,局部抗压强度提高系数 γ 为1.0;对多孔砖砌体,孔洞难以灌实时,应按 $\gamma=1.0$ 取用。

【例13-2】　截面为200 mm×240 mm的钢筋混凝土柱支承在砖墙上,砖墙用MU10黏土砖和M5混合砂浆砌筑,墙厚为240 mm,柱底轴向力设计值 $N=90$ kN,试进行局部受压承载力计算。如图13-7所示。

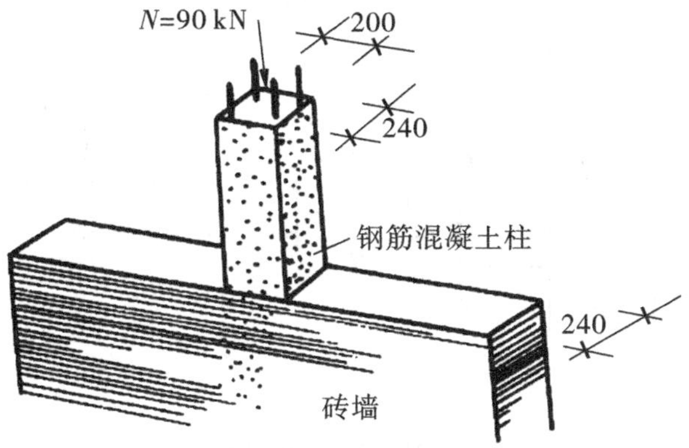

图13-7　例13-2题图

解　局部受压面积 $A_l=200\times240=48000\ \text{mm}^2$

影响砌体局部抗压强度的计算面积按图13-6(c)计算:

$$A_0=(b+2h)h=(200+2\times240)\times240=163200\ \text{mm}^2$$

砌体局部抗压强度提高系数：

$$\gamma = 1 + 0.35\sqrt{\frac{A_0}{A_l} - 1} = 1 + 0.35\sqrt{\frac{163200}{48000} + 1} = 1.54 < 2.0$$

由表 13-2 查得砌体抗压强度设计值 $f=1.5$ MPa。

由式(13-6)得

$$N_l = 90\ \text{kN} < \gamma f A_l = 1.54 \times 1.5 \times 48000 = 110880\ \text{N} = 110.88\ \text{kN}$$

满足要求。

13.3.3 梁端支承处砌体局部受压

梁在荷载作用下产生挠度，梁端发生倾角 θ（见图 13-8），使梁端支承处砌体的局部压应力分布不均匀，梁端头部有上翘脱离砌体的趋势，导致梁端有效支承长度 $a_0 \leq a$（梁端实际支承长度）。有效支承长度 a_0 可按式(13-8)计算：

$$a_0 = 10\sqrt{\frac{h_c}{f}} \tag{13-8}$$

式中 h_c——梁的截面高度，mm；

f—— 砌体的抗压强度设计值，MPa。

梁端砌体的压应力由两种情况产生：一种为局部受压面积 $A_l(=a_0 b)$ 上由上部墙体传来的均匀压应力 σ_0（计算时取一开间为计算单元，以该单元所受的荷载除以窗间墙面积得出），其合力为 $\sigma_0 A_l = N_0$；另一种为 A_l 面积上由本层的竖向荷载传来的梁端非均匀压应力，其合力为 N_l。N_l 作用点到墙内边缘的距离应取 $0.4a_0$。

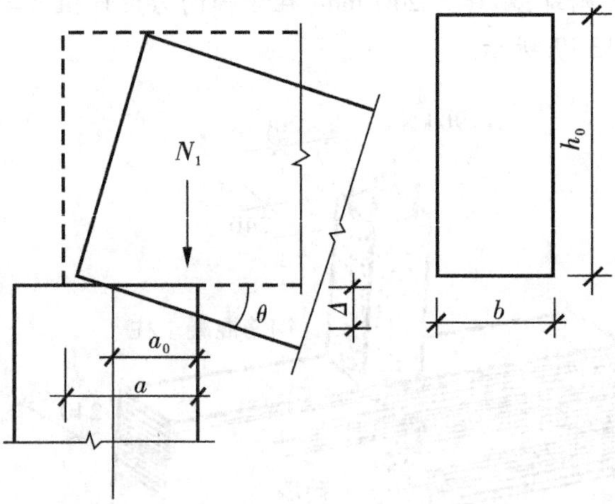

图 13-8 梁端支承处砌体的局部受压

梁端有可能下陷，原压在梁顶面上的砌体与梁顶面逐渐脱开，上部荷载通过内拱作用卸至梁端两侧砌体，使 N_0 有所折减。梁端上部砌体的内拱作用（见图 13-9），用上部荷载折减系数 ψ 反映这一情况，计算公式如下：

$$\psi = 1.5 - 0.5\frac{A_0}{A_l} \tag{13-9}$$

式(13-9)的计算结果应满足 $0 \leqslant \psi \leqslant 1$ 的要求。$\psi = 0$ 时,即不考虑上部荷载的作用;$\psi = 1$ 时,即上部压力 N_0 将全部作用在梁端局部受压面积上。

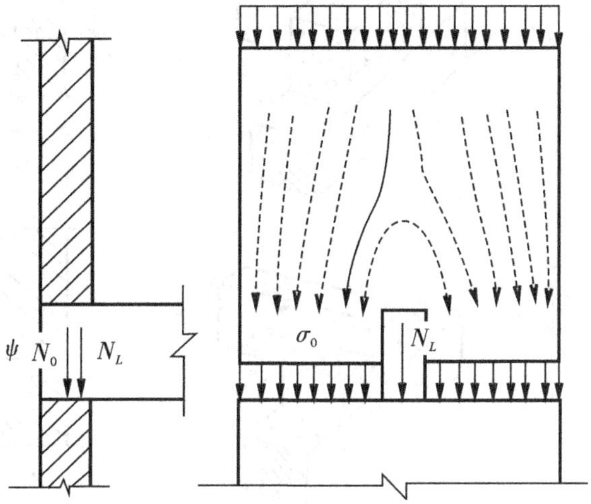

图 13-9 梁端支承处砌体的内拱作用

梁端支承处砌体的局部受压承载力应按式(13-10)计算:

$$\psi N_0 + N_l \leqslant \eta\gamma f A_l \tag{13-10}$$

式中 ψ——上部荷载的折减系数,按式(13-9)计算;

N_0——局部受压面积内上部轴向力设计值,$N_0 = \sigma_0 A_l$,σ_0 为上部平均压应力设计值;

η——梁端底面压应力图形的完整系数,一般可取 0.7,对于过梁和墙梁可取 1.0;

A_l——局部受压面积,$A_l = a_0 b$,b 为梁宽,a_0 为梁端有效支承长度,按式(13-8)计算。

当梁端支承处砌体局部受压承载力不足时,可采取如下措施来提高局部受压承载力:①在梁端下支承处设置预制的混凝土或钢筋混凝土刚性垫块,或将垫块与梁端现浇成整体;②当梁端下正好设有钢筋混凝土梁(如圈梁)时,可利用此钢筋混凝土梁,把梁端支座压力传到下面一定宽度的墙上,此钢筋混凝土梁称为垫梁。设置垫块或垫梁后,其砌体局部受压承载力是否满足要求,尚需进一步验算。

13.3.4 梁下设有刚性垫块时砌体局部受压承载力计算

梁端下支承处设置刚性垫块,要求垫块高度 $t_b \geqslant 180$ mm,自梁侧边挑出长度每边应 $\leqslant t_b$,伸入墙内长度应满足 $a_b \geqslant a$(梁的实际支承长度,见图 13-10)。在带壁柱墙的壁柱内设刚性垫块时,其计算面积 A_0 应取壁柱面积,不计算翼缘部分,同时壁柱上垫块伸入翼墙内的长度不应小于 120 mm。现浇垫块与梁端整体浇筑时,垫块可在梁高范围内设置。

钢筋混凝土垫块按构造配筋,做成上下封闭骨架,钢筋总用量不小于垫块体积的

0.05%，一般用 C20 混凝土。

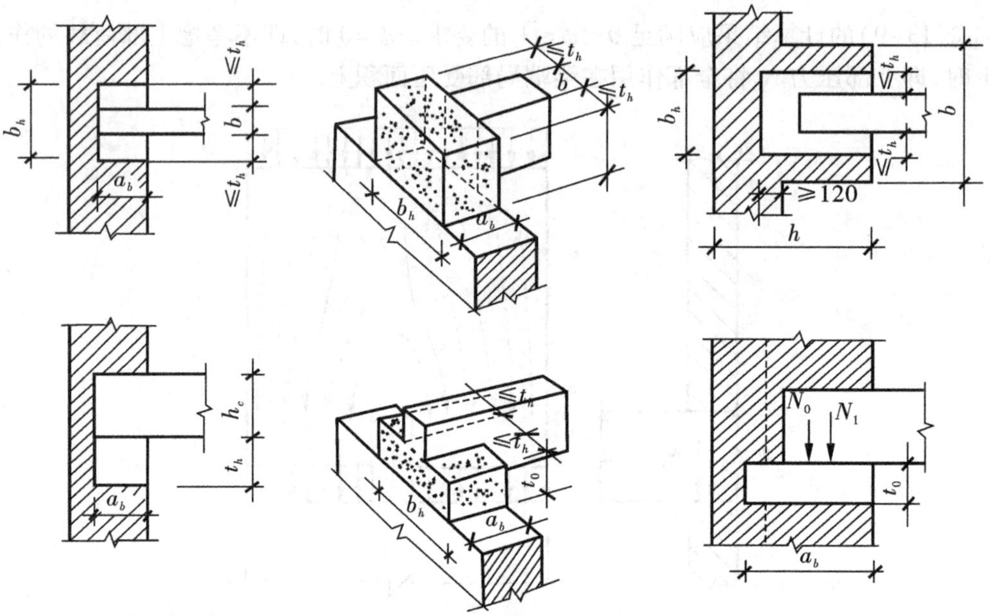

(a)预制垫块　　(b)现浇垫块　　(c)壁柱上的垫块

图 13-10　梁端刚性垫块（$A_b=a_b b_b$）

刚性垫块上梁端有效支承长度 a_0（垫块上表面）可按式（13-11）确定：

$$a_0=\delta_1\sqrt{\frac{h_c}{f}} \tag{13-11}$$

式中　δ_1——刚性垫块的修正系数，垫块上 N_l 的作用位置可取 $0.4a_0$ 处，按表 13-11 采用。

表 13-11　系数 δ_1 值

δ_0/f	0	0.2	0.4	0.6	0.8
δ_1	5.4	5.7	6.0	6.9	7.8

因上部传来的局部受压面积上的轴向力不易在垫块周围墙体形成内拱作用，因此不考虑 ψ 的影响，同时试验和理论分析还表明，梁通过垫块加在砌体上的轴向力可按不考虑纵向弯曲影响（$\beta\leqslant3$）的偏心受压对砌体进行验算，因而垫块下砌体承载力的计算公式如下：

$$N_0+N_l\leqslant\varphi\gamma_1 fA_b \tag{13-12}$$

式中　N_0——垫块面积 A_b 内上部轴向力设计值，$N_0=\sigma_0A_b$；

φ——垫块上 N_0 及 N_l 合力的影响系数，应采用 $\beta\leqslant3$ 时的 φ 值，即 $\varphi=\dfrac{1}{1+12(e/h)^2}$，

这里 e 为 N_0、N_l 合力对垫块中心的偏心距，h 为垫块伸入墙内长度即 a_b；

γ_1——垫块外砌体面积的有利影响系数，γ_1 应为 0.8γ，但不小于 1.0，γ 为砌体局部抗压强度提高系数，按式(11-7)以 A_b代替 A_l 计算得出；

A_b——垫块面积，$A_b = a_b b_b$，a_b为垫块伸入墙内的长度，b_b为垫块的宽度。

现浇垫块和预制垫块下的局部受压有些区别，但为简化计算，也可按式(13-12)计算。

13.3.5　梁端下设有垫梁时砌体局部受压承载力计算

梁端下设置垫梁，一般是大梁或屋架端部支承在钢筋混凝土圈梁上的情况，该圈梁即为垫梁，为长度大于 πh_0的柔性垫梁。垫梁受力情况与垫块不同，如图 13-11 所示，垫梁下砌体的竖向压应力分布范围为 πh_0，并且砌体竖向压应力的最大值与砌体抗压强度之比在 1.5 以上，因此按弹性理论得到梁下砌体局部受压承载力的计算公式：

$$N_0 + N_l \leqslant 2.4\delta_2 f b_b h_0 \tag{13-13}$$

式中　N_0——垫梁 $\pi h_0 b_b/2$ 范围内上部轴向力设计值，$N_0 = \pi h_0 b_b \sigma_0/2$；

b_b——垫梁宽度；

h_0——垫梁折算高度，$h_0 = 2\sqrt[3]{E_b I_b / Eh}$，其中 E_b、I_b分别为垫梁的弹性模量和截面惯性矩，E 为砌体的弹性模量，h 为墙厚；

δ_2——垫梁底面压应力分布系数，当荷载沿墙厚方向均匀分布时 $\delta_2 = 1.0$，不均匀分布时 $\delta_2 = 0.8$。

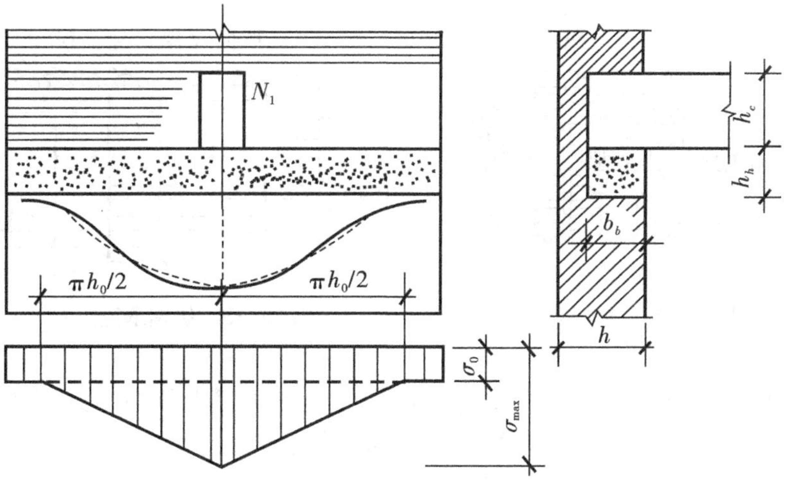

图 13-11　垫梁局部受压时竖向压应力分布

13.4 混合结构房屋墙体计算及构造

13.4.1 房屋结构布置方案与房屋静力计算方案

混合结构通常是指主要承重构件由不同材料组成的房屋,即屋盖、楼盖等水平承重构件采用钢筋混凝土或钢木材料,而墙、柱、基础等竖向承重构件采用砌体材料的承重结构体系。

混合结构房屋的优点主要在于墙体既是承重结构又是围护结构,且墙体材料具有地方性,造价较低。目前我国民用和公共建筑以及一小部分小型工业建筑中普遍采用。

13.4.1.1 房屋结构布置方案

按结构的承重体系和荷载的传递路线,房屋的结构布置方案可分为四种类型,分别是横墙承重体系、纵墙承重体系、纵横墙承重体系和内框架承重体系。

(1)横墙承重方案　如图 13-12 所示,楼板直接搁置在横墙上,横墙是主要的竖向承重构件。横墙承重方案的主要特点是:横墙间距小,数量多,房屋横向刚度大,楼盖结构简单,施工方便,纵墙不承重,便于设置大的门窗洞口,但房间布置不灵活。

(2)纵墙承重方案　如图 13-13 所示,纵墙是主要的竖向承重构件。纵墙承重方案的特点是横墙数量较少,可布置大房间,平面布置灵活,但房屋横向刚度差,梁支承在纵墙上,楼盖跨度较大,用料多,但墙体用料较少。

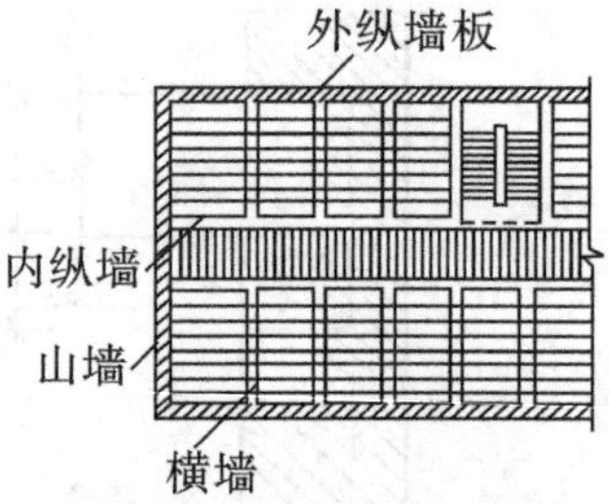

图 13-12　横墙承重方案

图 13-13　纵墙承重方案

(3)纵横墙承重方案　如图 13-14 所示,板支承在横墙上,梁支承在纵墙上,纵横墙都是竖向承重构件。纵横墙承重方案的特点是墙体与屋(楼)盖布置较灵活,房间可以有较大的空间,且房屋的纵横向刚度均较大,结构整体性能好,砌体受力均匀,在多层房屋中实际上多采用这种承重方案。

历次大地震震害情况表明,震害随砌体房屋高度而加剧,特别是高烈度区尤为严重。因此,在抗震设防地区,选用以上承重体系时,必须严格执行《建筑抗震设计规范》中关于房屋总高度和总层数等方面规定。

(4)内框架承重方案　当房屋需要较大空间,且允许中间设柱时,可取消房屋的内承重墙,用钢筋混凝土柱代替。由钢筋混凝土柱及楼(屋)盖组成钢筋混凝土内框架,楼盖及屋盖梁在外墙上仍然支承在砌体墙或壁柱上。这种由内框架和外承重纵墙共同承担竖向荷载的承重方案称为内框架承重方案,如图 13-15 所示。

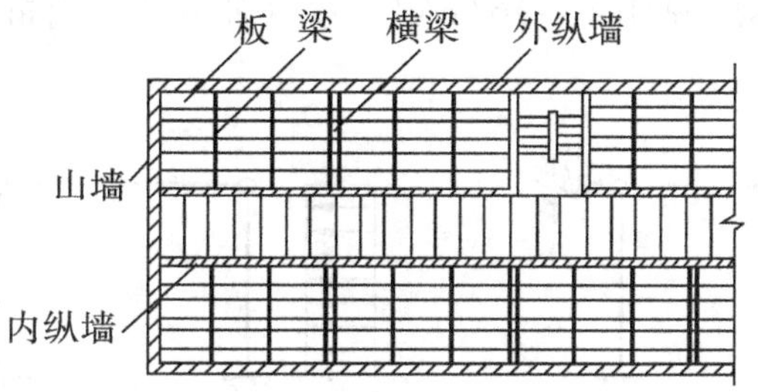

图 13-14 纵横墙承重方案

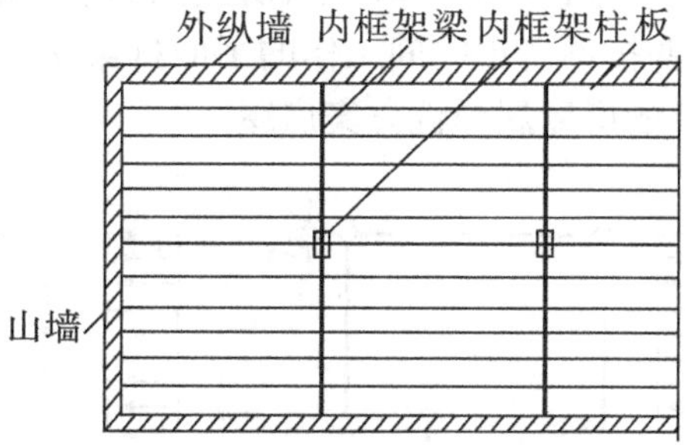

图 13-15 内框架承重方案

内框架承重体系有以下特点:可以取得较大的室内空间而不增加梁的跨度;与框架相比可节约水泥与钢材用量,降低造价,但房屋空间刚度差,砖墙基础和柱基础的沉降难以协调一致。

13.4.1.2 房屋静力计算方案

混合结构房屋是由屋盖、楼盖、墙、柱和基础等主要承重构件组成的一个空间受力体系,各承载构件不同程度地参与工作,共同承受房屋上的各种荷载作用。房屋中是否设置横墙(山墙)以及横墙的间距,屋盖、楼盖的水平刚度,都对房屋的空间刚度及结构内力产生影响。

为方便计算,《砌体结构设计规范》根据屋(楼)盖类型不同以及横墙间距的大小不同,将混合结构的房屋静力计算方案分成三种,即刚性方案、弹性方案、刚弹性方案,见表 13-12。

表 13-12 房屋的静力计算方案

序号	屋盖或楼盖类别	刚性方案	刚弹性方案	弹性方案
1	整体式、装配整体式和装配式无檩体系钢筋混凝土屋(楼)盖	$s<32$	$32\leqslant s\leqslant 72$	$s>72$
2	装配式有檩体系钢筋混凝土屋盖、轻钢屋盖和有密铺望板的木屋(楼)盖	$s<20$	$20\leqslant s\leqslant 48$	$s>48$
3	冷摊瓦木屋盖和石棉水泥瓦轻钢屋盖	$s<16$	$16\leqslant s\leqslant 36$	$s>36$

注:①s 为房屋横墙间距,单位为 m;②对无山墙或伸缩缝处无横墙的房屋,应按弹性方案房屋考虑

(1)刚性方案 当房屋的横墙间距较小、楼盖和屋盖的水平刚度较大时,房屋的空间刚度较大,因而在荷载作用下,房屋的水平位移很小,可视墙、柱顶端的水平位移等于零。在确定墙、柱的计算简图时,楼盖和屋盖均可视作墙、柱的带水平连杆的不动铰支承,墙柱内力按不动铰支承的竖向构件计算[见图 13-16(a)]。按这种方法进行静力计算的房屋

属刚性方案房屋。

(2)弹性方案　当房屋的横墙间距较大、楼盖和屋盖的水平刚度较差时,房屋的空间刚度较差,在荷载作用下,房屋的墙、柱顶端的相对位移较大。此时屋架、大梁与墙柱为铰接,并按不考虑空间工作的平面排架进行计算[见图 13-16(c)]。按这种方法进行静力计算的房屋属弹性方案房屋。

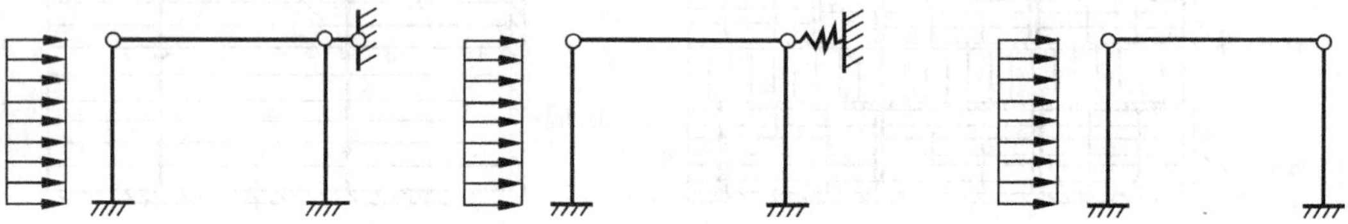

(a)刚性方案　(b)刚弹性方案　(c)弹性方案

图 13-16　房屋静力计算方案

(3)刚弹性方案　房屋的空间刚度介于上述两种方案之间。在荷载作用下,纵墙顶端的相对水平位移较弹性方案房屋的要小,但又不可以忽略不计。静力计算时,可根据房屋空间刚度的大小,将其水平荷载作用下的反力进行折减,然后按平面排架或框架进行计算。按照这种方法进行静力计算的房屋属刚弹性方案房屋见[图 13-16(b)]。

13.4.2　混合结构房屋墙体的高厚比验算

13.4.2.1　墙、柱计算高度的确定

对墙体进行承载力计算或验算高厚比时所采用的高度,称为计算高度,用 H_0 表示。它是由实际高度 H 并根据房屋类别和构件两端支承条件而确定的。按照弹性稳定理论分析结果并结合工程实践经验,《规范》规定构件计算高度 H_0 按表 13-13 采用。

表 13-13　受压构件的计算高度

房屋类别			柱		带壁柱墙或周边拉结的墙		
			排架方向	垂直排架方向	$s>2H$	$2H\geqslant s>H$	$s\leqslant H$
无吊车的单层和多层房屋	单跨	弹性方案	$1.5H$	$1.0H$	$1.5H$		
		刚弹性方案	$1.2H$	$1.0H$	$1.2H$		
	多跨	弹性方案	$1.25H$	$1.0H$	$1.25H$		
		刚弹性方案	$1.10H$	$1.0H$	$1.1H$		
	刚性方案		$1.0H$	$1.0H$	$1.0H$	$0.4s+0.2H$	$0.6s$

注:①表中 s 为房屋横墙间距;②对于上段为自由端的构件,$H_0=2H$;③自承重墙的计算高度应根据周边支持或拉结条件确定

表中 H 为构件的实际高度,按下列规定选用:

(1)在房屋底层　为楼板顶面到构件下端支点的距离。下端支点的位置,可取在基

础顶面。当埋置较深且有刚性地坪时,可取室外地面下500 mm处。

(2)在房屋其他层 为楼板或其他水平支点间的距离。

(3)对于无壁柱的山墙 可取层高加山墙尖高度的1/2;对于带壁柱的山墙,可取壁柱处的山墙高度。

13.4.2.2 墙、柱高厚比验算

混合结构房屋中的墙、柱是受压构件,结构设计时,除满足承载力要求外,墙、柱还应满足高厚比要求。这是因为高厚比过大,可能会引起墙体产生倾斜、鼓肚等现象,还可能因振动等原因而产生不应有的危险,同时也是保证墙体刚度和稳定性的一项重要构造措施。

(1)矩形截面墙、柱的高厚比验算公式

$$\beta = \frac{H_0}{h} \leqslant \mu_1\mu_2[\beta] \tag{13-14}$$

式中 H_0——墙、柱计算高度,按表13-13采用;

h——墙厚或矩形柱与H_0相对应的边长;

μ_1——自承重墙允许高厚比修正系数,对承重墙、柱取1.0;

μ_2——有门窗洞口墙允许高厚比的修正系数,无门窗洞口时$\mu_2=1.0$;

$[\beta]$——墙、柱允许高厚比按表13-14采用。

1)允许高厚比$[\beta]$ 墙、柱高厚比的最大允许限值称为允许高厚比。影响允许高厚比的因素有砂浆的强度等级、砌体的类型、构件的类型(墙、柱)、荷载作用方式及构件的重要性和门窗洞口的削弱、施工质量等。《砌体规范》根据以往设计经验和现阶段材料质量及施工技术水平确立了无洞口的承重墙允许高厚比(见表13-14)。

表13-14 墙、柱的允许高厚比$[\beta]$值

砌体类型	砂浆强度等级	墙	柱
无筋砌体	M2.5	22	15
	M5.0或Mb5.0、Ms5.0	24	16
	≥M7.5或Mb7.5、Ms7.5	26	17
配筋砌块砌体	—	30	21

注:①毛石墙柱允许高厚比应按表中数值降低20%;②组合砖砌体构件的允许高厚比,可按表中数值提高20%,但不得大于28;③验算施工阶段砂浆尚未硬化的新砌砌体高厚比时,允许高厚比对墙取14,对柱取11

2)自承重墙允许高厚比修正系数 应按下列规定采用:

①当$h=240$ mm时,$\mu_1=1.2$;当$h=90$ mm时,$\mu_1=1.5$;当240 mm>h>90 mm时,μ_1可按插入法取值(提示:$h=120$ mm时,$\mu_1=1.44$)。

②对于上端为自由端墙的允许高厚比,除按上述规定提高外尚可提高30%;

③对于厚度小于90 mm的墙,当双面用不低于M10的水泥砂浆抹面,包括抹面层的墙厚不小于90 mm时,可按墙厚等于90 mm验算高厚比。

3)有门窗洞口墙允许高厚比修正系数　对于有门窗洞口的墙体,包括承重墙和非承重墙,由于截面削弱,对稳定不利,《规范》采用系数μ_2对允许高厚比加以修正(见图 13-17)。

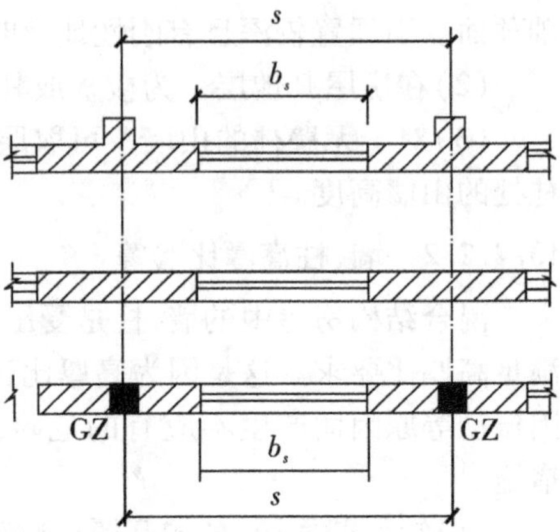

图 13-17　洞口宽度

$$\mu_2=1-0.4\frac{b_s}{s} \tag{13-15}$$

式中　s——相邻窗间墙之间或壁柱之间的距离;

b_s——在宽度s范围内门窗洞口的宽度。

式(13-15)中,当μ_2小于 0.7 时,应采用 0.7;当洞口高度等于或小于墙高的 1/5 时,μ_2应取 1.0;当洞口高度大于或等于墙高的 4/5 时,可按独立墙段验算高厚比。

需要说明:①当与墙连接的相邻两横墙间的距离$s\leqslant\mu_1\mu_2[\beta]h$时,墙的高度可不受允许高厚比限制;②变截面柱的高厚比可按上、下截面分开验算,验算上柱高厚比时,墙、柱的允许高厚比$[\beta]$按表 12-3 中数乘以 1.3 后采用。

(2)带壁柱墙的高厚比验算　带壁柱墙的高厚比验算包括两部分内容,即带壁柱的整片墙的高厚比验算和壁柱间墙体的高厚比验算。

1)带壁柱整片墙的高厚比验算　将壁柱看作墙体的一部分,整片墙截面为 T 形,该计算截面的翼缘宽度b_f可按下列规定采用:

① 多层房屋当有门窗洞口时可取窗间墙宽度当无门窗洞口时每侧翼墙宽度可取壁柱高度的 1/3;

②单层房屋可取壁柱宽加 2/3 墙高但不大于窗间墙宽度和相邻壁柱间距离;

整片墙高厚比验算公式为

$$\beta=\frac{H_0}{h_T}\leqslant\mu_1\mu_2[\beta] \tag{13-16}$$

式中　h_T——带壁柱墙截面的折算厚度,$h_T=3.5i$;

i——带壁柱墙截面的回转半径,$i=\sqrt{\frac{I}{A}}$;

I,A——分别为带壁柱墙截面的惯性矩和面积;

H_0——带壁柱墙的计算高度,注意:此时表 13-2 中s为带壁柱墙相邻横墙间的距离。

2)壁柱间墙的高厚比验算　可按式(13-14)验算,注意此时表 13-13 中s为壁柱之间的距离(见图 13-18)。

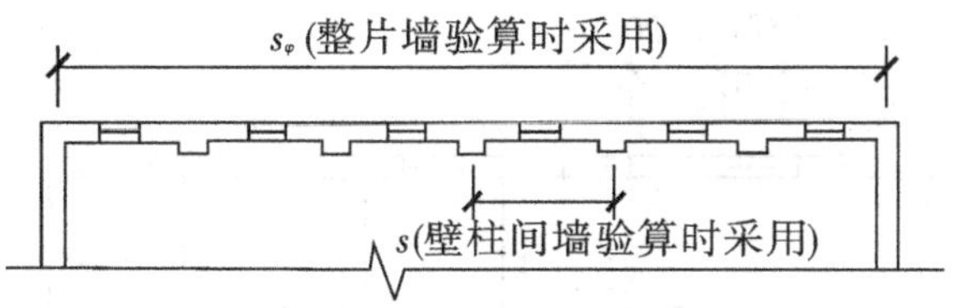

图 13-18 带壁柱墙验算

(3)带构造柱墙的高厚比验算

1)整片墙高厚比验算

$$\beta=\frac{H_0}{h}\leqslant\mu_1\mu_2\mu_c[\beta] \tag{13-17}$$

式中 μ_c——带构造柱墙高厚比[β]提高系数,可按式(13-18)计算

$$\mu_c=1+\gamma\frac{b_c}{l} \tag{13-18}$$

式中 γ——系数,对细石料、半细石料砌体,$\gamma=0$;对混凝土砌块、粗石料、毛石料及砌体,$\gamma=1.0$;其他砌体 $\gamma=1.5$;

b_c——构造柱沿墙长方向的宽度;

l——构造柱间距,此时 s 取相邻构造柱间距。

当$\frac{b_c}{l}>0.25$ 时,取$\frac{b_c}{l}=0.25$;当$\frac{b_c}{l}<0.05$ 时,取$\frac{b_c}{l}=0$。

2)构造柱间墙的高厚比验算 构造柱间墙的高厚比验算仍可式(13-14)进行验算,此时可将构造柱视为构造柱间墙的不动铰支座,在计算 H_0 时,s 取相邻构造柱间距离,而且不论带构造柱墙体的静力计算方案时属于何种计算方案,H_0 一律按表 13-13 中刚性方案考虑。

应当注意,考虑构造柱有利作用的高厚比验算不适用于施工阶段。由于在施工过程中大多是先砌墙后浇注构造柱,应注意采取措施,保证带构造柱墙在施工阶段的稳定性。

设有钢筋混凝土圈梁的带壁柱墙或带构造柱墙,当 $b/s\geqslant1/30$ 时,圈梁可视作壁柱间墙或构造柱间墙的不动铰支点(b 为圈梁宽度)。这是由于圈梁的水平刚度较大,能够限制壁柱间墙体或构造柱间墙的侧向变形的缘故。如果不满足上述条件且墙体不允许增加圈梁的宽度,可按墙体平面外等刚度原则增加圈梁高度,此时,圈梁仍可以看作壁柱间墙或构造柱间墙的不动铰支点。

【例 13-3】 某办公楼平面如图 13-19 所示,屋盖、楼盖采用预制钢筋混凝土空心板,墙体采用 MU10 烧结页岩砖和 M5 水泥混合砂浆砌筑,外墙厚 370 mm,内纵墙及横墙厚 240 mm 底层墙高 4.6 m(下端支点取基础顶面);隔墙厚 120 mm,高 3.6 m,隔墙用 M2.5 砂浆;纵墙上窗洞宽 1800 mm,门洞宽 1000 mm,施工质量控制等级为 B 级,试验算各墙的高厚比。

解 (1)确定房屋的静力计算方案

最大横墙间距 $s=3.6\times3=10.8$ m<32 m,屋盖、楼盖类别属于第一类,查表可得属于刚性方案。

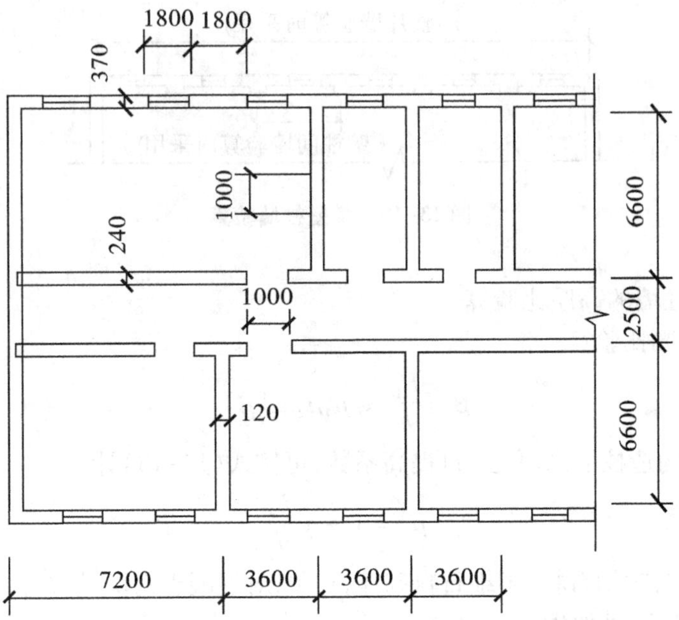

图 13-19　某办公楼平面图

(2)外纵墙高厚比验算

外纵墙是承重墙，$s=10.8\ \text{m}>2H=2\times4.6=9.2\ \text{m}$，故 $H_0=1.0H=4.6\ \text{m}$

$$\mu_1=1,\mu_2=1-0.4\frac{b_s}{s}=1-0.4\times\frac{1.8}{3.6}=0.8$$

高厚比 $\beta=\frac{H_0}{h}=\frac{4600}{370}=12.4<\mu_2[\beta]=0.8\times24=19.2$，满足要求。

(3)内纵墙高厚比验算

$$\mu_1=1,\mu_2=1-0.4\frac{b_s}{s}=1-0.4\times\frac{1.0}{10.8}=0.96$$

高厚比 $\beta=\frac{H_0}{h}=\frac{4600}{240}=19.2<\mu_2[\beta]=0.96\times24=23$，满足要求。

(4)横墙高厚比验算

由于横墙的厚度、砂浆、墙高均与内纵墙相同，且横墙上无洞口，计算高度也小，故不必验算。

(5)隔墙高厚比验算

$H=3.6\ \text{m}$，由于隔墙是后砌，与纵墙拉结不好，可按两侧无拉结考虑，则计算高度 $H_0=1.0H=3.6\ \text{m}$。

$$\beta=\frac{H_0}{h}=\frac{3600}{120}=30<\mu_1[\beta]=1.44\times22=31.68$$，满足要求。

13.4.3　混合结构房屋承载力计算

多层房屋墙体设计时，除进行高厚比验算外，还需验算承重墙控制截面的承载力。

《规范》规定,刚性方案房屋只要满足如下要求时,可不考虑风荷载对外墙内力的影响,而仅按竖向荷载验算墙体承载力。

(1)洞口水平截面面积不超过全截面面积的2/3;

(2)层高和总高不超过表13-15中所规定的数值;

(3)屋面自重不小于0.8 kN/m²。

表13-15 刚性方案房屋外墙不考虑风荷载影响时最大高度

基本风压/(kN/m²)	层高/m	总高/m
0.4	4.0	28
0.5	4.0	24
0.6	4.0	18
0.7	3.5	18

注:对于多层混凝土砌块房屋,当外墙厚度不小于190 mm、层高不大于2.8 m、总高度不大于19.6 m、基本风压不达意0.7 kN/m²时,可不考虑风荷载的影响

13.4.3.1 多层房屋承重纵墙计算

(1)选取计算单元 多层砖房的承重纵墙多开设洞口,窗洞的宽度一般比较一致,可取有代表性的、宽度等于一个开间的窗间墙或门间墙作为计算单元,如图13-20中的阴影线部分的窗间墙。

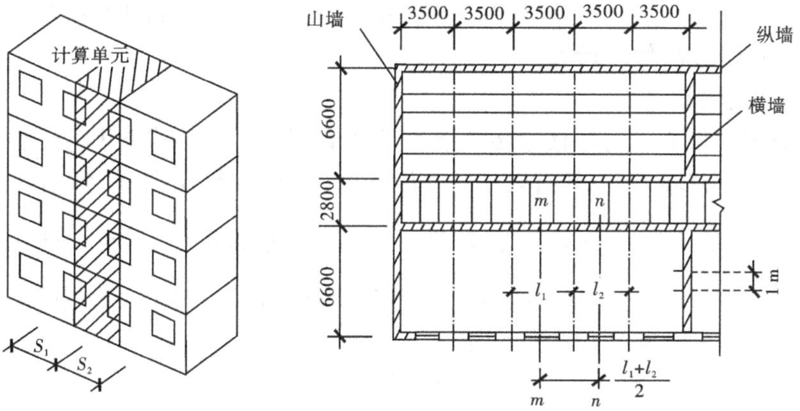

图13-20 多层房屋承重纵墙计算单元

当开间尺寸不一致时,通常选取荷载较大,墙截面较小的一个开间作为计算单元,其宽度为$\frac{l_1+l_2}{2}$。

对于承重内纵墙,可根据墙上的开洞情况,取门中或墙中至墙中的一段墙体作为计算单元。

(2)确定计算简图　竖向载荷作用下,多层砖房的墙体如同竖向连续梁一样工作。这个连续梁以各层楼盖为支点[图 13-21(b)]。

由于楼盖的梁或板是嵌砌在墙内的,墙体在楼盖支撑处截面被削弱,这样上下墙体在楼盖处的连续性也被削弱了。因此,实际上被削弱的墙体截面所能传递的弯矩是不大的。为了简化计算,可以假设墙体在楼盖处为铰接,每层墙是一个以楼盖为支点的竖向简支梁,梁的跨度等于层高。在基础顶面处,由于多层砖房的底部竖向载荷较大,而弯矩较小,也可以近似假设墙体在基础处为铰接[图 13-21(c)(d)]。这样简化后,每层楼盖通过梁或板传下来的偏心荷载只对本层墙体产生弯矩。上面各层传下来的荷载,

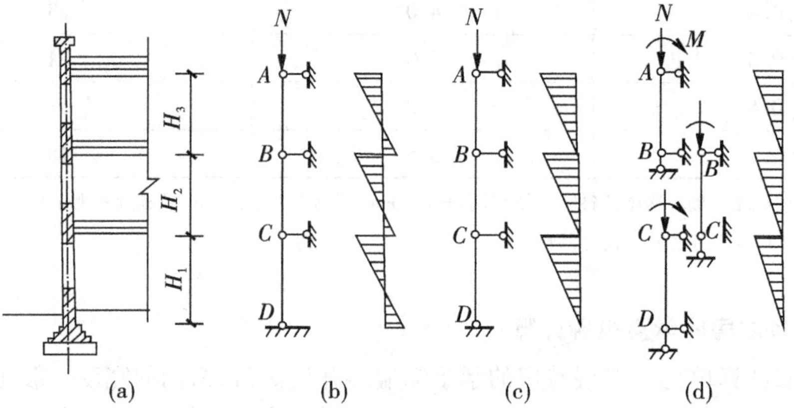

图 13-21　多层房屋承重纵墙计算简图

可以认为是通过上层墙体截面重心传下来的集中荷载。实践表明,这种假设既偏于安全,又基本符合情况,便于计算。

(3)载荷和内力计算

1)竖向荷载的偏心　每层楼盖传到墙上的荷载,包括梁、板自重和楼、屋盖所承受的活荷载。梁端支撑在墙体上,其有效支承长度为 a_0,梁端支承压力 N_1 到墙内边的距离为 $0.40a_0$,N_1 作用在墙上的偏心距 e_1 取值为:对于矩形截面墙、柱,$e_1=\frac{h}{2}-0.40a_0$(h 为墙厚);对于带壁柱的墙,$e_1=y_0-0.40a_0$,y_0 为带壁柱墙截面形心到墙内边的距离。

2)内力计算　梁作用于墙上的弯矩:

$$\boldsymbol{M}_1=N_1e_1 \tag{13-19}$$

(4)计算截面的选择　计算截面即为墙体承载力的控制截面,验算时,一般选取内力较大、截面尺寸较小的截面作为计算截面。如有门窗洞口的纵墙,其计算截面取窗间墙截面,每层墙体可取两个控制截面,上截面可取墙体顶部位于大梁(或板)底的墙截面Ⅰ-Ⅰ(见图 13-22)。此截面弯矩最大,对此截面进行偏心受压和梁底局部受压等强度计算。下截面可取墙体下部位于大梁(或板)稍上的墙截面Ⅱ-Ⅱ(见图 13-22)。对于底层墙体下截面应取基础顶面处的截面作为控制截面,该处截面的轴向力最大,弯矩为 0。其他截面一般不起控制作用。

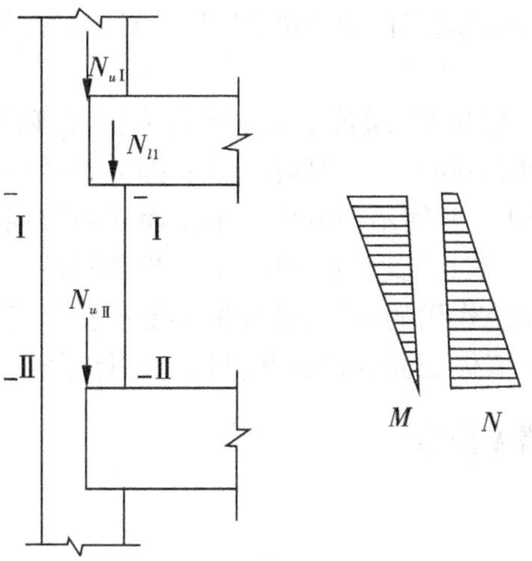

图 13-22　墙体承载力的控制截面

若几层墙体的截面和砂浆强度等级相同，则仅需检验其中最下一层控制截面的承载力；若砂浆强度等级有变化，则开始降低强度等级的这一层也应该验算。

如墙体承载力不满足要求，可采用下述方法提高墙体承载力。

1）提高砂浆强度等级。

2）加大墙厚或加壁柱。

3）采用网状配筋砌体或组合砌体。

13.4.3.2　承重横墙的计算

（1）计算单元和计算简图的确定　横墙承受两侧楼板直接传来的均布荷载，横墙上一般门窗洞口较少，通常取 1 m 的一段墙体作为计算单元，其受荷范围为横墙两侧各$\frac{1}{2}$开间，如图 13-23 所示。

（2）荷载和内力计算　横墙承受的荷载和纵墙相同，但对中间墙则承受两边楼、屋盖传来的竖向力 N_l 和 N_l'（见图 13-24）。其作用点到墙内边的距离为 $0.4a_0$（a_0 为板的有效支承长度）。

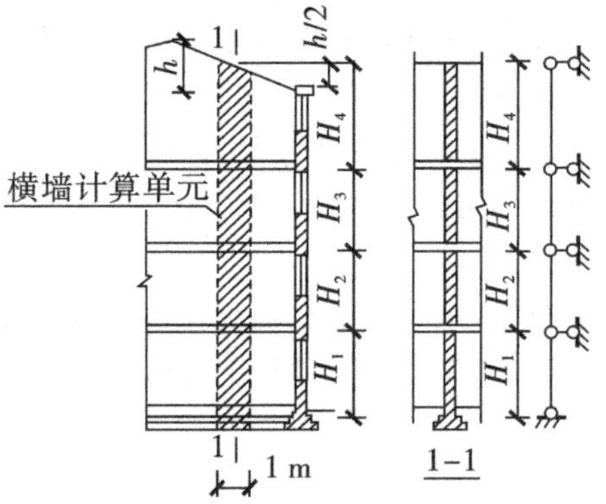

图 13-23　计算单元与计算简图

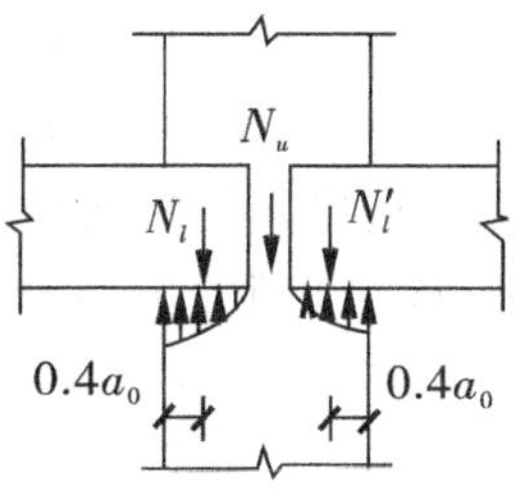

图 13-24　横墙上轴向力的偏心计算

本层墙体的自重作用在本层墙体中心处；由上层墙传来的竖向力为 N 作用在上层墙体的下端截面重心处。

(3)计算截面的选择　两边楼、屋盖传来的竖向力为 N_l 和 N'_l 相同时，沿整个墙体高度承受轴向压力。这时，控制截面应取墙体的底部，因为该截面承受的竖向力最大。如果两边的楼、屋盖由于构造不同、开间不同或用途不同而导致竖向力 N_l 和 N'_l 不同时，则作用在墙顶上的荷载为偏心荷载，因此应按偏心受压验算横墙的上部截面；当活荷载很大时，也应考虑仅一侧有活荷载作用的情况，并按偏心受压验算横墙的上部截面。

对横墙承重体系，验算墙体截面的选择和纵墙承重体系相同。

13.4.4 混合结构房屋墙体构造

13.4.4.1 一般构造

(1)墙体所用材料的最低强度等级及地面以下或防潮层以下的砌体潮湿房间的墙所用材料的最低强度等级的规定参见 13.1。

(2)跨度大于 6 m 的屋架和跨度大于下列数值的梁，应在支承处砌体上设置混凝土或钢筋混凝土垫块，当墙中设有圈梁时垫块与圈梁宜浇成整体。

1)对砖砌体为 4.8 m；

2)对砌块和料石砌体为 4.2 m；

3)对毛石砌体为 3.9 m。

(3)当梁跨度大于或等于下列数值时其支承处宜加设壁柱或采取其他加强措施：

1)对 240 mm 厚的砖墙为 6 m；

2)对 180 mm 厚的砖墙为 4.8 m；

3)对砌块、料石墙为 4.8 m。

(4)预制钢筋混凝土板在混凝土圈梁上的支承长度不应小于 80 mm，板端伸出的钢筋应与圈梁可靠连接，且同时浇筑；预制钢筋混凝土板在墙上的支承长度不应小于 100 mm。

(5)墙体转角处和纵横墙交接处应沿竖向每隔 400 ~ 500 mm 设拉结钢筋，其数量为每 120 mm 墙厚不少于 1 根直径 6 mm 的钢筋；或采用焊接钢筋网片，埋入长度从墙的转角或交接处算起，对实心砖墙没变不小于 500 mm，对多孔砖墙和砌块墙不小于 700 mm。

(6)填充墙隔墙应分别采取措施与周边构件可靠连接。

(7)山墙处的壁柱或构造柱宜砌至山墙顶部，且屋面构件应与山墙可靠拉结。

(8)混凝土砌块房屋宜将纵横墙交接处，距墙中心线每边不小于 300 mm 范围内的孔洞，采用不低于 Cb20 灌孔，混凝土灌实高度应为墙身全高。

(9)砌块墙与后砌隔墙交接处，应沿墙高每 400 mm 在水平灰缝内设置不少于 2 根直径不小于 4 mm、横筋间距不应大于 200 mm 的焊接钢筋网片(见图 13-25)。

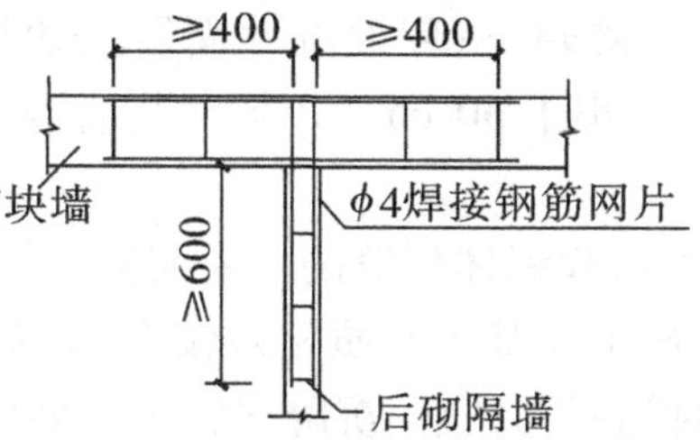

图 13-25 砌块墙与后砌隔墙交接处钢筋网片

(10)砌块砌体应分皮错缝搭砌,上下皮搭砌长度不应小于 90 mm。当搭砌长度不满足上述要求时,应在水平灰缝内设置不少于 2 根直径不小于 4 mm 的焊接钢筋网片(横向钢筋的间距不应大于 200 mm),网片每端均应超过该垂直缝长度不得小于 300 mm。

(11)承重的独立砖柱截面尺寸不应小于 240 mm×370 mm。毛石墙的厚度不一小于 350 mm,毛料石柱较小变成不宜小于 400 mm。注意当有振动荷载时,墙、柱不宜用毛石砌体。

13.4.4.2 防止墙体开裂措施

引起墙体产生裂缝的原因主要有三个:①受外荷载作用;②由于地基不均匀沉降;③由于温度变化引起的。为避免墙体产生裂缝,除满足承载力要求外,还应采取如下措施:

(1)防止温度和收缩引起墙体开裂的主要措施

1)设置伸缩缝。伸缩缝的间距可按表 13-16 采用。

表 13-16 砌体房屋温度伸缩缝的最大间距 单位:m

屋盖或楼盖类别		间距
整体式或装配整体式钢筋混凝土结构	有保温层或隔热层的屋盖、楼盖	50
	无保温或隔热层的屋盖	40
装配式无檩体系钢筋混凝土结构	有保温层或隔热层的屋盖、楼盖	60
	无保温或隔热层的屋盖	50
装配式有檩体系钢筋混凝土结构	有保温层或隔热层的屋盖	75
	无保温或隔热层的屋盖	60
瓦材屋盖、木屋盖或楼盖轻钢屋盖		100

注:①对烧结普通砖多孔砖配筋砌块砌体房屋,取表中数值;对石砌体蒸压灰砂砖蒸压粉煤灰砖和混凝土砌块房屋,取表中数值乘以 0.8 的系数;当有实践经验并采取有效措施时可不遵守本表规定;

②在钢筋混凝土屋面上挂瓦的屋盖,应按钢筋混凝土屋盖采用;

③层高大于 5 m 的烧结普通砖、多孔砖、配筋砌块、砌体结构单层房屋、其伸缩缝间距可按表中数值乘以 1.3;

④温差较大且变化频繁地区和严寒地区不采暖的房屋及构筑物墙体的伸缩缝的最大间距,应按表中数值予以适当减小;

⑤墙体的伸缩缝应与结构的其他变形缝相重合,在进行立面处理时,必须保证缝隙的伸缩作用。

2)房屋错层处应设置伸缩缝。钢筋混凝土圈梁应避免在房屋中部中断或转折。

3)屋盖上宜设置保温层或隔热层;屋面刚性面层及砂浆找平层应设置分隔缝,分隔缝间距不宜大于6 m,其缝宽不小于30 mm,并与女儿墙隔开;门窗洞口两侧及窗台下设构造钢筋等。

(2)防止地基不均匀沉降引起墙体裂缝的主要措施

1)设置沉降缝。如果基础下地基土性质相差较大,房屋各部分的高度、荷载、结构刚度不同,以及高低层的施工时间不同,宜用沉降缝将房屋划分几个刚度较好的单元。沉降缝的宽度见表13-17。

表13-17 房屋沉降缝宽度 单位:mm

房屋层数	沉降缝宽度
二~三	50~80
四~五	80~120
五层以上	不小于120

2)加强房屋整体刚度。对三层和三层以上的房屋,长高比宜小于等于2.5;合理布置承重横墙的间距;在墙体内设置钢筋混凝土圈梁等。

增大基础圈梁的刚度,还可以在基础墙体中增设短构造柱,使其将基础与基础圈梁连接成整体,增大基础墙的刚度。

3)在底层的窗台下墙体灰缝内设置3道焊接钢筋网片或2根直径6 mm钢筋,并伸入两边窗间墙内不小于600 mm,窗间墙宽度较小时,钢筋网片或钢筋可通长设置。

4)在顶层和底层设置通长钢筋混凝土窗台梁,窗台梁的高度宜为块高的模数,梁内纵筋不少于4根,直径不小于10 mm,箍筋直径不小于6 mm,间距不大于200 mm,Cb20混凝土。

13.5 过梁与挑梁

13.5.1 过梁

13.5.1.1 过梁类型

混合结构房屋中门窗洞口上部所设置的梁称为过梁,其作用是承受门窗等洞口上面一部分砌体自重,以及上层楼面梁板传来的均布荷载或集中荷载。根据所用材料的不同,过梁分为砖砌过梁和钢筋混凝土过梁两大类(见图13-26)。砖砌过梁按其构造不同,又分为砖砌平拱过梁、砖砌弧拱过梁和钢筋砖过梁等几种形式。

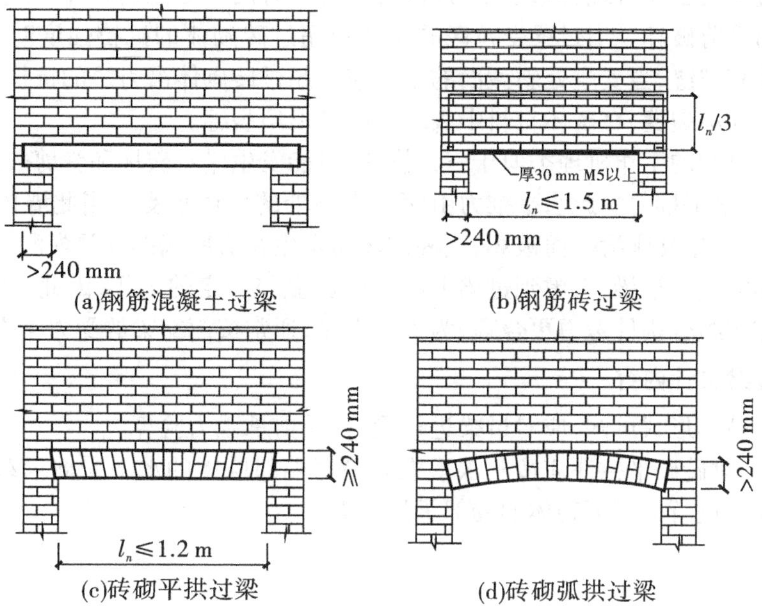

图13-26 过梁分类

钢筋混凝土过梁的特点是施工方便、跨度较大、抗震性能好等,因而在地震区被广泛采用。

砖砌过梁节约钢材水泥、造价低廉、砌筑方便,但对振动荷载和地基不均匀沉降较敏感,跨度也不宜过大。

砖砌过梁跨度应满足下列要求:对钢筋砖不应超过 1.5 m;对砖砌平拱不应超过 1.2 m;常用跨度在 1.2 m 以内。

13.5.1.2 过梁构造要求

(1)砖砌过梁计算高度内砂浆不宜低于 M5(Mb5、Ms5)。

(2)砖砌平拱过梁用竖砖砌筑部分的高度不应小于 240 mm。

(3)钢筋砖过梁钢筋砖过梁净跨 l_n 不宜超过 1.5 m。其底面砂浆层处的钢筋,直径不小于 5 mm,间距不宜大于 120,钢筋伸入支座砌体内的长度不宜小于 240 mm,砂浆层厚度不宜小于 30 mm。

(4)钢筋混凝土过梁端部的支承长度,不宜小于 240 mm。

13.5.1.3 过梁受力特点

过梁上的荷载包括砌体自重和过梁计算高度范围内的梁、板荷载。试验表明,当过梁上墙体达到一定高度后,过梁上的墙体形成的内拱将产生卸载作用,使一部分荷载直接传给支座。《规范》规定过梁上的荷载取值如下:对梁板传来的荷载,只考虑梁、板下的墙体高度小于洞口净跨度范围内的梁、板荷载值。对墙体荷载(砖砌体),当过梁上的墙体高度小于过梁净跨度的 1/3 时,按实际墙高计算荷载;当过梁上的墙体高度大于过梁净跨度的 1/3 时,按 1/3 高的墙体荷载计算。

钢筋砖过梁的工作机理类似于带拉杆的三铰拱，有两种可能的破坏形式：正截面受弯破坏和斜截面受剪破坏。当过梁受拉区的拉应力超过砖砌体的抗拉强度时，则在跨中受拉区会出现垂直裂缝；当支座处斜截面的主拉应力超过砖砌体沿齿缝的抗拉强度时，在靠近支座处会出现斜裂缝，在砌体材料中表现为阶梯形斜裂缝。

砖砌平拱过梁的工作机理类似于三铰拱，除可能发生受弯破坏和受剪破坏，在跨中开裂后，还会产生水平推力。此水平推力由两端支座处的墙体承受。当此墙体的灰缝抗剪强度不足时，会发生支座滑动而破坏，这种破坏易发生在房屋端部的门窗洞口处墙体上。

对于钢筋混凝土过梁，考虑到过梁上的砌体也参与一定的工作，因此，实际钢筋混凝土过梁的工作按组合构件考虑更合理，为方便起见，通常按简支梁的受力考虑。

13.5.1.4 过梁设计内容

由过梁的破坏形式可知，应对过梁进行受弯、受剪承载力验算。

除此之外，对砖砌平拱还应按其水平推力验算端部墙体的水平受剪承载力。对钢筋混凝土过梁还应进行梁端下砌体的局部承压计算。

13.5.2 挑梁

挑梁是一种在砌体结构房屋中常用的钢筋混凝土构件，一端埋入砌体内，另一端悬出墙面，依靠压在其上部的砌体重量以及上部传来的荷载共同平衡悬挑部分承担的荷载，屋面挑檐、凸阳台、雨篷、外走廊等均属于挑梁范围。

挑梁本身的承载力，应按《混凝土结构设计规范》的规定进行计算，本节重点讨论挑梁的抗倾覆验算和挑梁下砌体的局部受压承载力验算以及有关构造要求。

13.5.2.1 挑梁受力性能

试验研究结果表明，挑梁在受力后，在悬臂荷载所引起的弯矩和剪力作用下，埋入段将产生挠曲变形。但这种变形受到上下砌体的约束，当荷载增加到一定程度时，随着挑梁埋入段前段下面砌体压缩变形的增加，挑梁的上表面将与上部砌体脱开，而形成一段水平裂缝，见图 13-27*A* 处。随着荷载的进一步增大，挑梁埋入段后部对上面砌体的压应力使这部分砌体的压缩变形增大到一定程度时，在挑梁与下部砌体之间也将形成一段水平裂缝，见图 13-27②处。

随着荷载的增大，挑梁对砌体的压应力也不断地增大；如果挑梁本身有足够的强度，则周围砌体即可能出现以下两种形式的破坏：

(1)倾覆破坏　当悬臂荷载较大，而挑梁埋入段较短，且砌体强度足够，埋入段前段下面的砌体发生局部破坏，则可能在埋入段尾部以外的墙体中产生 $\alpha \geqslant 45°$（试验平均值为 57°）的斜裂缝（见图 13-27③）。出现阶梯形斜裂缝的过程中，由于墙体的整体性尚未完全破坏，挑梁仍处于平衡状态，如果这条斜裂缝进一步发展，直至斜裂缝贯通将墙体分割成两部分，表明挑梁处于临界状态。此时，荷载稍微增加，斜裂缝以内的墙体以及

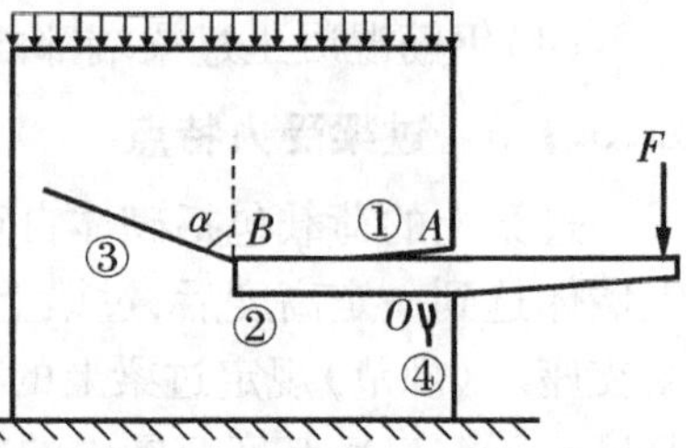

图 13-27　挑梁破坏形态图

这个范围内的其他抗倾覆荷载已不能有效地抵抗挑梁倾覆，挑梁发生倾覆破坏。

(2)挑梁下砌体的局部受压破坏　当挑梁埋段较长，且砌体强度较低时，由于挑梁下墙边砌体的局部压应力随外荷载的增加而不断增大，可能在尾部墙体中的斜裂缝出现以前，发生将挑梁埋入段前下方砌体局部压碎的情况。根据受力分析结果，从砌体结构角度出发，砌体中挑梁应进行抗倾覆验算，挑梁下砌体的局部受压承载力验算。

13.5.2.2 挑梁构造要求

挑梁设计除应符合现行国家标准《混凝土结构设计规范》(GB 50010—2010)的有关规定外，尚应满足下列要求：

(1)挑梁埋入砌体内的长度 l_1 与挑出长度 l 之比宜大于1.2；但当挑梁埋入端上部无砌体时，l_1 宜大于 $2l$。

(2)梁内纵向受力钢筋至少应有1/2的钢筋面积伸入梁的尾端，且不少于 $2\phi12$，其余钢筋伸入支座内的长度不应少于 $2l_1/3$。

基础知识与技能训练

基础知识训练

一、选择题

1. 砌体结构中对墙、柱高厚比验算是保证(　　)。
   A. 砌体构件不致丧失稳定
   B. 砌体构件侧向不致刚度不足
   C. 砌体截面不致承载不足
   D. 砌体结构的刚性方案
2. 混合结构房屋中，验算墙、柱高厚比是为了(　　)。
   A. 满足稳定性要求　　B. 满足承载力要求
   C. 节省材料
3. 影响砌体结构墙、柱允许高厚比[β]值的主要因素是(　　)。
   A. 块材的强度等级　　B. 砂浆的强度等级
   C. 是否设置有壁柱　　D. 房屋的静力计算方案
4. 设计墙体时，当验算高厚比不满足要求时，可增加(　　)。
   A. 拉接墙间距　　B. 墙体高度
   C. 墙体厚度　　D. 建筑面积
5. 砌体结构中，墙体的高厚比验算与下列何项无关。(　　)
   A. 稳定性　　B. 承载大小
   C. 开洞及洞口大小　　D. 是否承重墙
6. 影响砌体抗拉、抗剪、抗弯强度的主要因素是(　　)。
   A. 块材的抗压强度　　B. 砂浆的抗压强度
   C. 砂浆的黏结强度　　D. 砂浆的流动性

7. 地面及防潮层以下稍潮湿的环境，砌体所用材料的最低强度等级是（　　）。

A. 烧结砖 MU10，砂浆 M5　　B. 烧结砖 MU15，砂浆 M5

C. 烧结砖 MU10，砂浆 M7.5　　D. 烧结砖 MU15，砂浆 M7.5

二、判断题

1. 墙、柱的高厚比系指墙、柱的计算高度 H_0 与墙厚或矩形截面柱边长 h 的比值。（　　）

2. 砌体结构墙、柱允许高厚比 $[\beta]$ 值随砂浆的强度等级的提高而增大。（　　）

3. 自承重墙的计算高度应根据周边支持或拉结条件确定。（　　）

4. 夹心复合墙的外叶墙宜在建筑墙体适当部位设置控制缝，其间距宜为 6 ~ 8 m。（　　）

5. 钢筋混凝土过梁的支承长度不宜小于 240 mm。（　　）

6. 挑梁埋入砌体内的长度 l_1 与挑出长度 l 之比宜大于 1.2；但当挑梁埋入端上部无砌体时，l_1 宜大于 $2l$。（　　）

三、填空题

1. 影响砌体抗压强度的因素有________、________、________、________。

2. 影响砌体受压承载力的因素除了材料强度和构件尺寸外，还有____和____。

3. 砌体局部受压的破坏形态有________、________和________。

4. 砌体局部受压承载力验算中，局部抗压强度提高系数 γ 受到限制的原因是______________________________。

5. 当受压砌体的偏心距 $e>0.6y$ 时，应采取________、________和________等措施来解决。

6. 过梁的形式有________、________、________和钢筋混凝土过梁等。

7. 钢筋砖过梁有两种可能的破坏形式：________和________。

8. 如果挑梁本身有足够的强度，则周围砌体即可能出现一下两种形式的破坏：________破坏和________破坏。

四、简答题

1. 什么是砌体结构？

2. 砌体的种类有哪些？

3. 块体的种类有哪些？

4. 砂浆有哪几种？

5. 砂浆的强度等级有哪些？

6. 一般房屋块体和砂浆强度等级如何选用？

7. 影响砌体抗压强度的主要因素是什么？

8. 提高砌体抗压强度的有效措施是什么？

9. 为什么采用混合砂浆砌筑的砌体抗压强度高于采用相同强度等级的纯水泥砂浆？

10. 为什么单块砖的抗压强度远高于砌体的抗压强度？

11. 在混合结构房屋的结构布置分为哪几种承重方案？它们各有何优缺点？

12. 混合结构的房屋静力计算方案有几种？如何确定房屋静力计算方案？

13. 怎样验算带壁柱墙高厚比?

14. 墙体产生裂缝的原因有哪些? 如何防止?

15. 画出竖向荷载作用下多层及单层刚性方案房屋计算简图,并加以解释。

16. 在砌体房屋墙、柱的承载力验算中,选择哪些部位和截面既能减少计算工作量又能保证安全可靠?

17. 过梁有几种形式? 其适用范围又如何?

18. 如何确定过梁上荷载?

19. 挑梁的破坏形态有哪几种? 挑梁承载力计算内容包括哪几方面?

20. 试分析砌体轴心受压构件的破坏特征。

21. 无筋砌体为什么要限制 $e \leqslant 0.6y$?

22. 砌体局部受压有哪几种情况? 受力有何特点?

23. 砌体局部受压时,抗压强度为什么会提高?

24. 局部受压计算中,梁端有效支承长度 a_0 与哪些因素有关? 如何确定?

技能训练

1. 结合实际,指出提高砌体承载力和局压承载力的措施。

2. 截面为 490 mm×900 mm 的砖柱,采用 MU10 强度等级的烧结普通砖及 M7.5 的混合砂浆砌筑,施工质量控制等级为 B 级,柱的计算高度 $H_0=5$ m,柱顶承受轴向压力设计值 $N=155$ kN。试验算此柱是否满足承载力要求。

3. 某大梁截面 $b \times h=200$ mm×500 mm,跨度 6.8 m,窗间墙截面为 1200 mm×370 mm,梁端实际支撑长度为 240 mm,梁端轴向压力设计值 $N_l=70$ kN,梁底局部受压面积上部轴向力设计值 $N_0=310$ kN,采用 MU10 黏土砖和 M5 混合砂浆砌筑。试验算梁端支承处砌体的局部受压承载力。当不满足时,可考虑采取措施。

4. 阅读一套结构施工图,说明块体和砂浆所用的种类及其强度等级。

5. 参观实验室,弄清块体和砂浆的试验内容和方法。

6. 参观施工现场,判断砌体的施工质量。

7. 结合实际工程的施工,找出影响墙体承载力和稳定性的因素,据此提出保证墙体承载力和稳定性的措施,来满足设计要求。

8. 查阅工程结构施工图中有关过梁、墙梁、挑梁的配筋图,并结合实物分析此类构件的钢筋配置情况,进一步熟悉有关构造。

参考文献

[1]张春玲,苏德利.建筑力学[M].北京:北京邮电大学出版社,2013.
[2]刘青宜,万群伟.建筑力学[M].西安:西北工业大学出版社,2013.
[3]刘玉清,张成.建筑力学[M].北京:化学工业出版社,2010.
[4]刘思俊.结构力学[M].北京:机械工业出版社,2012.
[5]石立安.建筑力学[M].2 版.北京:北京大学出版社,2013.
[6]陈克森,李文川,李燕飞.建筑力学与结构[M].南京:南京大学出版社,2012.
[7]冯朝印,刘青宜.建筑力学与结构[M].郑州:黄河水利出版社,2013.
[8]叶腾.建筑力学[M].北京:北京出版社,2015.
[9]胡兴福.建筑结构[M].北京:中国建筑工业出版社,2012.
[10]杨文选,韩应军.建筑结构[M].武汉:武汉大学出版社,2015.
[11]冯朝印,刘青宜.建筑力学与结构[M].郑州:黄河水利出版社,2013.
[12]黄明.混凝土结构与砌体结构[M].重庆:重庆大学出版社,2005.
[13]曾燕,曹广占.钢筋混凝土与砌体结构[M].北京:水利水电出版社,2007.
[14]宋占海.建筑结构设计[M].北京:中国建筑工业出版社,2007.
[15]王铁成.混凝土结构(下)[M].天津:天津大学出版社,2004.
[16]刘立新.砌体结构[M].2 版.武汉:武汉理工大学出版社,2003.
[17]高健.建筑力学[M].杭州:浙江大学出版社,2011.
[18]葛若东.建筑力学[M].北京:中国建筑工业出版社,2004.
[19]赵萍.建筑力学[M].北京:北京理工大学出版社,2011.